FIELDBUS AND
ITS APPLICATION TECHNOLOG

现场总线及其应用技术

/ 第3版 /

李正军 李潇然◎编著

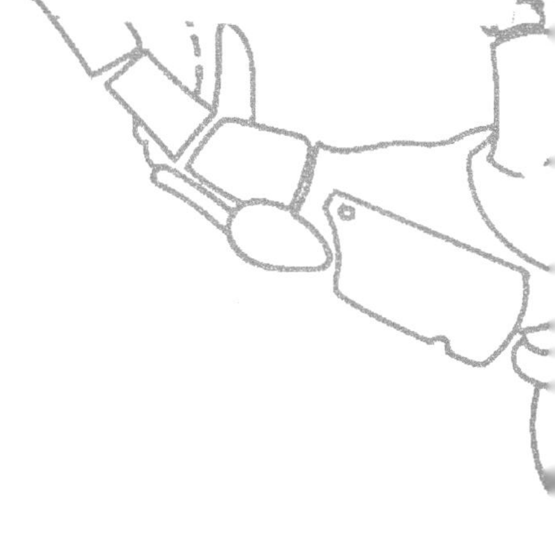

本书从科研、教学和工程应用出发，理论联系实际，全面、系统地介绍了现场总线技术、工业以太网技术及其应用系统设计，力求所讲内容具有较强的可移植性、先进性、系统性、应用性、资料开放性，起到举一反三的作用。

全书共分9章，主要内容包括：现场总线与工业以太网概述、CAN现场总线与应用系统设计、CAN FD现场总线与应用系统设计、PROFIBUS-DP现场总线、基金会现场总线、CC-Link现场总线与开发应用、DeviceNet现场总线、工业以太网，以及基于现场总线与工业以太网的新型DCS的设计。全书内容丰富，体系先进，结构合理，理论与实践相结合，尤其注重工程应用技术。

本书是在作者教学与科研实践经验的基础上，结合现场总线技术30多年的发展历程编写而成的，书中详细地介绍了作者在现场总线与工业以太网应用领域的最新科研成果，给出了大量的应用设计实例。

本书适合从事现场总线与工业以太网控制系统设计的工程技术人员作为参考书，同时也可作为高等院校各类自动化、机器人、自动检测、机电一体化、人工智能、电子与电气工程、计算机应用、信息工程等专业的本科及研究生教材。

为了配合读者的学习需求和教师的教学需求，本书还配有相关的电子资源，需要的读者可登录www.cmpedu.com免费注册，审核通过后下载，或联系编辑索取（微信：15910938545；电话：010-88379739）。

图书在版编目(CIP)数据

现场总线及其应用技术/李正军，李潇然编著．—3版．—北京：机械工业出版社，2023.6

(工业自动化技术丛书)

ISBN 978-7-111-73197-9

Ⅰ．①现…　Ⅱ．①李…　②李…　Ⅲ．①总线-技术　Ⅳ．①TP336

中国国家版本馆CIP数据核字(2023)第088777号

机械工业出版社(北京市百万庄大街22号　邮政编码100037)
策划编辑：李馨馨　　责任编辑：李馨馨　秦　菲
责任校对：樊钟英　李　杉　责任印制：张　博

北京建宏印刷有限公司印刷

2023年8月第3版第1次印刷
184mm×260mm・28.25印张・733千字
标准书号：ISBN 978-7-111-73197-9
定价：99.00元

电话服务	网络服务
客服电话：010-88361066	机　工　官　网：www.cmpbook.com
010-88379833	机　工　官　博：weibo.com/cmp1952
010-68326294	金　书　网：www.golden-book.com
封底无防伪标均为盗版	机工教育服务网：www.cmpedu.com

前　言

本书是在《现场总线及其应用技术第 2 版》的基础上修改而成的。经过 30 多年的发展，现场总线已经成为工业控制系统中重要的通信网络，并在不同的领域和行业得到了广泛的应用。近几年，无论是在工业、电力、交通，还是在工业机器人等运动控制领域，工业以太网都得到了迅速发展和应用。

在汽车领域，随着人们对数据传输带宽要求的增加，传统的 CAN 总线由于带宽的限制难以满足这种增加的需求。此外为了缩小 CAN 网络（最大 1 Mbit/s）与 FlexRay（最大 10 Mbit/s）网络的带宽差距，Bosch 公司于 2011 年推出了 CAN FD 方案。

本次修订过程中，删除了第 2 版中较为烦琐的或一般性技术的章节内容，如第 2 章、第 3 章、不常用的 CAN 总线收发器等；删除了 LonWorks 智能控制网络和 WorldFIP 现场总线，增加了 CAN FD 现场总线；对现场总线与工业以太网概述、CAN 现场总线、PROFIBUS 现场总线、CC-Link 现场总线等章节进行了修改或重新编写，使得本书更为精炼、实用。由于 EtherCAT 的“On Fly”模式提高了数据传送的效率，其应用越来越广泛，因此在工业以太网一章中，重新编写了 EtherCAT 一节。读者如需要进一步了解 EtherCAT 技术，请参考由机械工业出版社出版的《EtherCAT 工业以太网应用技术》（ISBN 978-7-111-64818-5）一书。

本书首次讲述了 PROFIBUS-DP 从站软件设计的 C 语言源代码，非常方便读者移植，一定会提高读者的开发进度，并大大节约成本。另外，本书基于 STM32F4 嵌入式微控制器详细讲述了 CAN 通信转换器的设计实例，并给出了详细的 C 语言源代码。

2018 年 9 月，总部位于美国加州的 Adesto Technologies（阿德斯托技术）公司收购了 Echelon 公司，原 Echelon 公司的 LonWorks 产品如 TMPN3150B1AF、开发工具 Lonbuilder 和 Nodebuilder 等早已停止供货。Adesto Technologies 公司现在主推 FT 智能收发器系列，同时推出了低成本的开发工具和协议栈，并在工业控制与物联网领域得到了广泛的应用。读者如需要了解 Adesto Technologies 公司最新的 LonWorks 技术和产品，请参考由机械工业出版社出版的《现场总线与工业以太网应用教程》（ISBN 978-7-111-67785-7）一书。

本书共 9 章。第 1 章介绍了现场总线与工业以太网，同时讲述了现场总线设备；第 2 章详述了 CAN 的技术规范、CAN 独立通信控制器、CAN 总线收发器、CAN 总线节点设计实例、基于 PCI 总线的 CAN 智能网络通信适配器及设备驱动程序 WDM 的开发实例、CAN 智能测控节点的设计、CAN 通信转换器的设计，最后讲述了 CANopen；第 3 章详述了 CAN FD 通信协议和 CAN FD 控制器 MCP2517FD、CAN FD 高速收发器、CAN FD 收发器隔离器件和 MCP2517FD 的应用程序设计；第 4 章详述了 PROFIBUS 通信协议、PROFIBUS 通信控制器 SPC3 和主站通信网络接口卡 CP5611，以 PMM2000 电力网络仪表为例，详述了 PROFIBUS-DP 通信模块的硬件电路设计、PROFIBUS-DP 通信模块从站软件的开发和从站的 GSD 文件的编写，最后介绍了 PROFIBUS-DP 从站的测试方法；第 5 章介绍了 FF 基金会现场总线，包括 FF 的物理层和数据链路层、FF 现场总线访问子层 FAS、现场总线报文规范层、系统管理、设备描述、FF 通信适配器 FB3050、典型功能块及其应用；第 6 章讲述了 CC-Link 现场总线与开发应用，包括 CC-Link 现场网络概述、CC-Link/CC-Link/LT 通信规范、CC-Link 通信协议、CC-Link IE 网络、

CC-Link 产品的开发流程、CC-Link 产品的开发方案及 CC-Link 现场总线的应用；第7章详述了 DeviceNet 现场总线，包括 DeviceNet 的概述、DeviceNet 连接、DeviceNet 报文协议、DeviceNet 的通信对象和设备描述、DeviceNet 节点的开发等，第8章讲述了 EtherCAT、SERCOS、POWERLINK、EPA 和 PROFINET 工业以太网；第9章根据编者承担的国家重点科研攻关课题的最新研究成果，详细讲述基于现场总线与工业以太网的新型 DCS 的设计，包括新型 DCS 概述、现场控制站的组成、新型 DCS 通信网络、新型 DCS 控制卡的硬件设计、新型 DCS 控制卡的软件设计、控制算法的设计和模拟量输入/输出、热电偶输入、热电阻输入、数字量输入/输出和脉冲量各种测控板卡的设计技术。

本书是作者科研实践和教学的总结，许多实例取自作者20多年来的现场总线与工业以太网科研攻关课题。对本书中所引用的参考文献的作者，在此一并向他们表示真诚的感谢。由于编者水平有限，书中错误和不妥之处在所难免，敬请广大读者不吝指正！

编者

目　　录

第1章　现场总线与工业以太网概述

现场总线技术经过30多年的发展，现在已进入稳定发展期。近几年，工业以太网技术的研究与应用得到了迅速的发展，以其应用广泛、通信速率高、成本低廉等优势进入工业控制领域，成为新的热点。本章首先对现场总线与工业以太网进行了概述，讲述了现场总线的产生、现场总线的本质、现场总线的特点、现场总线标准的制定、现场总线的现状和现场总线网络的实现。同时讲述了工业以太网技术及其通信模型、实时以太网和实时工业以太网模型分析、企业网络信息集成系统。然后介绍了比较流行的现场总线FF、CAN和CAN FD、DeviceNet、LonWorks、PROFIBUS、CC-Link、ControlNet、AS-i、P-Net、HART和CIP，同时对常用的工业以太网EtherCAT、SERCOS、POWERLINK、PROFINET、EPA和HSE进行了介绍。最后讲述了现场总线设备。

1.1　现场总线概述

现场总线（Fieldbus）自产生以来，一直是自动化领域技术发展的热点之一，被誉为自动化领域的计算机局域网，各自动化厂商纷纷推出自己的现场总线产品，并在不同的领域和行业得到了越来越广泛的应用，现在已处于稳定发展期。近几年，无线传感网络与物联网（IoT）技术也融入工业测控系统中。

按照IEC对现场总线一词的定义，现场总线是一种应用于生产现场，在现场设备之间、现场设备与控制装置之间实现双向、串行、多节点数字通信的技术。这是由IEC/TC65负责测量和控制系统数据通信部分国际标准化工作的SC65/WG6定义的。它作为工业数据通信网络的基础，沟通了生产过程现场级控制设备之间及其与更高控制管理层之间的联系。它不仅是一个基层网络，还是一种开放式、新型全分布式控制系统。这项以智能传感、控制、计算机、数据通信为主要内容的综合技术，已受到世界范围的关注而成为自动化技术发展的热点，并将引发自动化系统结构与设备的深刻变革。

1.1.1　现场总线的产生

在过程控制领域，从20世纪50年代至今一直都在使用着一种信号标准，那就是4~20 mA的模拟信号标准。20世纪70年代，数字式计算机进入测控系统，而此时的计算机提供的是集中式控制处理。20世纪80年代微处理器在控制领域得到应用，微处理器被嵌入各种仪器设备中，形成了分布式控制系统。在分布式控制系统中，各微处理器被指定一组特定任务，通信则由一个带有附属“网关”的专有网络提供，网关的程序大部分是由用户编写的。

随着微处理器的发展和广泛应用，产生了以IC代替常规电子线路，以微处理器为核心，实施信息采集、显示、处理、传输及优化控制等功能的智能设备。一些具有专家辅助推断分析与决策能力的数字式智能化仪表产品，其本身具备了诸如自动量程转换、自动调零、自校正、自诊断等功能，还能提供故障诊断、历史信息报告、状态报告、趋势图等功能。通信技术的发展，促使传送数字化信息的网络技术开始广泛应用。同时，基于质量分析的维护管理、安全相关系统的测试记录、环境监视需求的增加，都要求仪表能在现场处理信息，并在必要时允许被管理和访问，这些也使现场仪表与上级控制系统的通信量大增。另外，从实际应用的角度，控制界也不断在控制精度、可操作性、可维护性、可移植性等方面提出新需求。由此，导致了现场总线的产生。

现场总线就是用于现场智能化装置与控制室自动化系统之间的一个标准化的数字式通信链路，可进行全数字化、双向、多站总线式的信息数字通信，实现相互操作以及数据共享。现场总线的主要目的是用于控制、报警和事件报告等工作。现场总线通信协议的基本要求是响应速度和操作的可预测性的最优化。现场总线是一个低层次的网络协议，在其之上还允许有上级的监控和管理网络，负责文件传送等工作。现场总线为引入智能现场仪表提供了一个开放平台——基于现场总线的分布式控制系统（Fieldbus Control System，FCS），将是继分布式控制系统（Distributed Control System，DCS）后的又一代控制系统。

1.1.2　现场总线的本质

由于标准实质上并未统一，所以对现场总线也有不同的定义。但现场总线的本质含义主要表现在以下6个方面。

1. 现场通信网络

用于过程以及制造自动化的现场设备或现场仪表互连的通信网络。

2. 现场设备互连

现场设备或现场仪表是指传感器、变送器和执行器等，这些设备通过一对传输线互连，传输线可以使用双绞线、同轴电缆、光纤和电源线等，并可根据需要因地制宜地选择不同类型的传输介质。

3. 互操作性

现场设备或现场仪表种类繁多，没有任何一家制造商可以提供一个工厂所需的全部现场设备，所以，互相连接不同制造商的产品是不可避免的。用户不希望为选用不同的产品而在硬件或软件上花很大气力，而希望选用各制造商性能价格比最优的产品，并将其集成在一起，实现“即接即用”；用户希望对不同品牌的现场设备统一组态，构成需要的控制回路。这些就是现场总线设备互操作性的含义。现场设备互连是基本的要求，只有实现互操作性，用户才能自由地集成FCS。

4. 分散功能块

FCS废弃了DCS的输入/输出单元和控制站，把DCS控制站的功能块分散地分配给现场仪表，从而构成虚拟控制站。例如，流量变送器不仅具有流量信号变换、补偿和累加输入模块，而且有PID控制和运算功能块。调节阀的基本功能是信号驱动和执行，还内含输出特性补偿模块，也可以有PID控制和运算模块，甚至有阀门特性自检验和自诊断功能。功能块分散在多台现场仪表中，并可统一组态，供用户灵活选用各种功能块，构成所需的控制系统，实现彻底的分散控制。

5. 通信线供电

通信线供电方式允许现场仪表直接从通信线上获取能量，对于要求本征安全的低功耗现场仪表，可采用这种供电方式。众所周知，化工、炼油等企业的生产现场有可燃性物质，所有现场设备都必须严格遵循安全防爆标准，现场总线设备也不例外。

6. 开放式互连网络

现场总线为开放式互连网络，它既可与同层网络互连，也可与不同层网络互连，还可以实现网络数据库的共享。不同制造商的网络互连十分简便，用户不必在硬件或软件上花太多气力。通过网络对现场设备和功能块统一组态，把不同厂商的网络及设备融为一体，构成统一的 FCS。

1.1.3　现场总线的特点和优点

1. 现场总线的结构特点

现场总线打破了传统控制系统的结构形式。

传统模拟控制系统采用一对一的设备连线，按控制回路分别进行连接。位于现场的测量变送器与位于控制室的控制器之间，控制器与位于现场的执行器、开关、电动机之间均为一对一的物理连接。

现场总线控制系统由于采用了智能现场设备，能够把原先 DCS 中处于控制室的控制模块、各输入/输出模块置入现场设备，加上现场设备具有通信能力，现场的测量变送仪表可以与阀门等执行机构直接传送信号，因而控制系统功能能够不依赖控制室的计算机或控制仪表，直接在现场完成，实现了彻底的分散控制。现场总线控制系统（FCS）与传统控制系统（如 DCS）结构对比如图 1-1 所示。

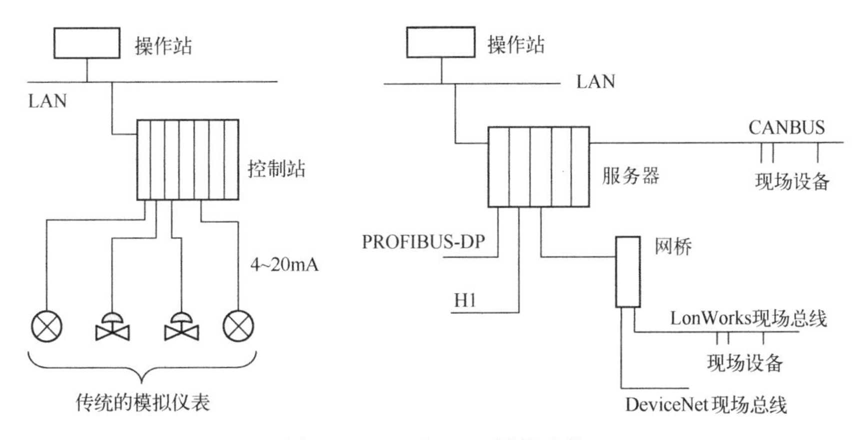

图 1-1　FCS 与 DCS 结构比较

由于采用数字信号替代模拟信号，因而可实现一对电线上传输多个信号，如运行参数值、多个设备状态、故障信息等，同时又为多个设备提供电源，现场设备以外不再需要模拟/数字、数字/模拟转换器件。这样就为简化系统结构、节约硬件设备、节约连接电缆与各种安装、维护费用创造了条件。表 1-1 为 FCS 与 DCS 的详细对比。

表 1-1　FCS 和 DCS 的详细对比

	FCS	DCS
结构	一对多：一对传输线接多台仪表，双向传输多个信号	一对一：一对传输线接一台仪表，单向传输一个信号
可靠性	可靠性好：数字信号传输抗干扰能力强，精度高	可靠性差：模拟信号传输不仅精度低，而且容易受干扰

（续）

	FCS	DCS
失控状态	操作员在控制室既可以了解现场设备或现场仪表的工作状况，也能对设备进行参数调整，还可以预测或寻找故障。设备和仪表始终处于操作员的远程监视与可控状态之中	操作员在控制室既不了解模拟仪表的工作状况，也不能对其进行参数调整，更不能预测故障，导致操作员对仪表处于“失控”状态
互换性	用户可以自由选择不同制造商提供的性能价格比最优的现场设备和仪表，并将不同品牌的仪表互连。即使某台仪表故障，换上其他品牌的同类仪表照样工作，实现“即接即用”	尽管模拟仪表统一了信号标准（4~20）mA DC，可是大部分技术参数仍由制造厂自定，致使不同品牌的仪表无法互换
仪表	智能仪表除了具有模拟仪表的检测、变换、补偿等功能外，还具有数字通信能力，并且具有控制和运算的能力	模拟仪表只具有检测、变换、补偿等功能
控制	控制功能分散在各个智能仪表中	所有的控制功能都集中在控制站中

2. 现场总线的技术特点

（1）系统的开放性

开放系统是指通信协议公开，不同厂家的设备之间可进行互连并实现信息交换，现场总线开发者就是要致力于建立统一的工厂底层网络的开放系统。这里的开放是指对相关标准的一致性、公开性，强调对标准的共识与遵从。一个开放系统，可以与任何遵守相同标准的其他设备或系统相连。一个具有总线功能的现场总线网络系统必须是开放的，开放系统把系统集成的权利交给了用户，用户可按自己的需要和对象把来自不同供应商的产品组成大小随意的系统。

（2）互操作性与互用性

这里的互操作性（Interoperability），是指实现互连设备间、系统间的信息传送与沟通，可实行点对点或一点对多点的数字通信。而互用性则意味着不同生产厂家的性能类似的设备可进行互换而实现互用。

（3）现场设备的智能化与功能自治性

它将传感测量、补偿计算、工程量处理与控制等功能分散到现场设备中完成，仅靠现场设备即可完成自动控制的基本功能，并可随时诊断设备的运行状态。

（4）系统结构的高度分散性

由于现场设备本身已可完成自动控制的基本功能，使得现场总线已构成一种新的全分布式控制系统的体系结构。从根本上改变了现有DCS集中与分散相结合的集散控制系统体系，简化了系统结构，提高了可靠性。

（5）对现场环境的适应性

工作在现场设备前端，作为工厂网络底层的现场总线，是专为在现场环境工作而设计的，它可支持双绞线、同轴电缆、光缆、射频、红外线、电力线等，具有较强的抗干扰能力，能采用两线制实现送电与通信，并可满足本质安全防爆要求等。

3. 现场总线的优点

由于现场总线的以上特点，特别是现场总线系统结构的简化，使控制系统从设计、安装、投运到正常生产运行及检修维护，都体现出优越性。

（1）节省硬件数量与投资

由于现场总线系统中分散在设备前端的智能设备能直接执行多种传感、控制、报警和计算功能，因而可减少变送器的数量，不再需要单独的控制器、计算单元等，也不再需要 DCS 的信号调理、转换、隔离技术等功能单元及其复杂接线，还可以用工控 PC 作为操作站，从而节省了一大笔硬件投资，由于控制设备的减少，还可减少控制室的占地面积。

（2）节省安装费用

现场总线系统的接线十分简单，由于一对双绞线或一条电缆上通常可挂接多个设备，因而电缆、端子、槽盒、桥架的用量大大减少，连线设计与接头校对的工作量也大大减少。当需要增加现场控制设备时，无须增设新的电缆，可就近连接在原有的电缆上，既节省了投资，也减少了设计、安装的工作量。据有关典型试验工程的测算资料，可节约安装费用 60%以上。

（3）节约维护开销

由于现场控制设备具有自诊断与简单故障处理的能力，并通过数字通信将相关的诊断维护信息送往控制室，用户可以查询所有设备的运行、诊断维护信息，以便早期分析故障原因并快速排除，缩短了维护停工时间，同时由于系统结构简化、连线简单而减少了维护工作量。

（4）用户具有高度的系统集成主动权

用户可以自由选择不同厂商所提供的设备来集成系统。避免因选择了某一品牌的产品被“框死”了设备的选择范围，不会为系统集成中不兼容的协议、接口而一筹莫展，使系统集成过程中的主动权完全掌握在用户手中。

（5）提高了系统的准确性与可靠性

由于现场总线设备的智能化、数字化，与模拟信号相比，它从根本上提高了测量与控制的准确度，减少了传送误差；同时，由于系统的结构简化，设备与连线减少，现场仪表内部功能加强；减少了信号的往返传输，提高了系统的工作可靠性。

此外，由于它的设备标准化和功能模块化，因而还具有设计简单、易于重构等优点。

1.1.4　现场总线标准的制定

数字技术的发展完全不同于模拟技术，数字技术标准的制定往往早于产品的开发，标准决定着新兴产业的健康发展。

IEC TC65（负责工业测量和控制的第 65 标准化技术委员会）于 1999 年底通过的 8 种类型的现场总线是 IEC 61158 最早的国际标准。

最新的 IEC61158 Ed. 4 标准于 2007 年 7 月出版。IEC 61158 第四版由多个部分组成，主要包括以下内容。

- IEC 61158-1 总论与导则。
- IEC 61158-2 物理层服务定义与协议规范。
- IEC 61158-300 数据链路层服务定义。
- IEC 61158-400 数据链路层协议规范。
- IEC 61158-500 应用层服务定义。
- IEC 61158-600 应用层协议规范。

IEC61158 Ed. 4 标准包括的现场总线类型如下。

- Type 1　　IEC 61158（FF 的 H1）。
- Type 2　　CIP 现场总线。
- Type 3　　PROFIBUS 现场总线。

- Type 4　P-Net 现场总线。
- Type 5　FF HSE 现场总线。
- Type 6　SwiftNet 被撤销。
- Type 7　WorldFIP 现场总线。
- Type 8　INTERBUS 现场总线。
- Type 9　FF H1 以太网。
- Type 10　PROFINET 实时以太网。
- Type 11　TCnet 实时以太网。
- Type 12　EtherCAT 实时以太网。
- Type 13　Ethernet Powerlink 实时以太网。
- Type 14　EPA 实时以太网。
- Type 15　Modbus-RTPS 实时以太网。
- Type 16　SERCOS Ⅰ、Ⅱ现场总线。
- Type 17　VNET/IP 实时以太网。
- Type 18　CC-Link 现场总线。
- Type 19　SERCOS Ⅲ现场总线。
- Type 20　HART 现场总线。

每种总线都有其产生的背景和应用领域。总线是为了满足自动化发展的需求而产生的，由于不同领域的自动化需求各有其特点，因此在某个领域中产生的总线技术一般对这一特定领域的满足度高一些，应用多一些，适用性好一些。

工业以太网的引入成为新的热点。工业以太网正在工业自动化和过程控制市场上迅速增长，几乎所有远程I/O接口技术的供应商均提供一个支持TCP/IP的以太网接口，如Siemens、Rockwell、GE Fanuc等，他们销售各自的PLC产品，但同时提供与远程I/O和基于PC的控制系统相连接的接口。

1.1.5　现场总线的现状

国际电工技术委员会/国际标准协会（IEC/ISA）自1984年起着手现场总线标准工作，但统一的标准至今仍未完成。同时，世界上许多公司也推出了自己的现场总线技术，但太多存在差异的标准和协议，会给实践带来复杂性和不便，影响开放性和互操作性。因而在最近几年里开始标准统一工作，减少现场总线协议的数量，以达到单一标准协议的目标。各种协议标准合并的目的是为了达到国际上统一的总线标准，以实现各家产品的互操作性。

1. 多种总线共存

现场总线国际标准IEC61158中采用了8种协议类型，以及其他一些现场总线。每种总线都有其产生的背景和应用领域。随着时间的推移，占有市场80%左右的总线将只有六七种，而且其应用领域比较明确，如FF、PROFIBUS-PA适用于冶金、石油、化工、医药等流程行业的过程控制，PROFIBUS-DP、DeviceNet适用于加工制造业，LonWorks、PROFIBUS-FMS、DeviceNet适用于楼宇、交通运输、农业。但这种划分又不是绝对的，相互之间又有渗透。

2. 每种总线各有其应用领域

每种总线都力图拓展其应用领域，以扩张其势力范围。在一定应用领域中已取得良好业绩的总线，往往会进一步根据需要向其他领域发展。如PROFIBUS在DP的基础上又开发出PA，以适用于流程工业。

3. 每种总线各有其国际组织

大多数总线都成立了相应的国际组织，力图在制造商和用户中创造影响，以取得更多方面的支持，同时也想显示出其技术是开放的。如 WorldFIP 国际用户组织、FF 基金会、PROFIBUS 国际用户组织、P-Net 国际用户组织及 ControlNet 国际用户组织等。

4. 每种总线均有其支持背景

每种总线都以一个或几个大型跨国公司为背景，公司的利益与总线的发展息息相关，如 PROFIBUS 以 Siemens 公司为主要支持，ControlNet 以 Rockwell 公司为主要背景，WorldFIP 以 Alstom 公司为主要后台。

5. 设备制造商参加多个总线组织

大多数设备制造商都积极参加不止一个总线组织，有些公司甚至参加 2~4 个总线组织。道理很简单，装置是要挂在系统上的。

6. 多种总线均作为国家和地区标准

每种总线大多将自己作为国家或地区标准，以加强自己的竞争地位。现在的情况是：P-Net 已成为丹麦标准，PROFIBUS 已成为德国标准，WorldFIP 已成为法国标准。上述 3 种总线于 1994 年成为并列的欧洲标准 EN50170，其他总线也都形成了各组织的技术规范。

7. 协调共存

在激烈的竞争中出现了协调共存的前景。这种现象在欧洲标准制定时就出现过，欧洲标准 EN50170 在制定时，将德国、法国、丹麦 3 个标准并列于一卷之中，形成了欧洲的多总线标准体系，后又将 ControlNet 和 FF 加入欧洲标准的体系。各重要企业，除了力推自己的总线产品之外，也都力图开发接口技术，将自己的总线产品与其他总线相连接，如施耐德公司开发的设备能与多种总线相连接。在国际标准中，也出现了协调共存的局面。

8. 工业以太网引入工业领域

工业以太网的引入成为新的热点。工业以太网正在工业自动化和过程控制市场上迅速增长，几乎所有远程 I/O 接口技术的供应商均提供一个支持 TCP/IP 的以太网接口，如 Siemens、Rockwell、GE Fanuc 等，销售各自的 PLC 产品，但同时提供与远程 I/O 和基于 PC 的控制系统相连接的接口。

1.1.6　现场总线网络的实现

现场总线的基础是数字通信，通信就必须有协议，从这个意义上讲，现场总线就是一个定义了硬件接口和通信协议的标准。国际标准化组织（International Standardization Organization，ISO）的开放系统互联（Open System Interconnection，OSI）协议，是为计算机互联网而制定的七层参考模型，它对任何网络都是适用的，只要网络中所要处理的要素是通过共同的路径进行通信。目前，各个公司生产的现场总线产品没有一个统一的协议标准，但是各公司在制定自己的通信协议时，都参考 OSI 七层协议标准，且大都采用了其中的第 1 层、第 2 层和第 7 层，即物理层、数据链路层和应用层，并增设了第 8 层即用户层。

1. 物理层

物理层定义了信号的编码与传送方式、传送介质、接口的电气及机械特性、信号传输速率等。现场总线有两种编码方式：Manchester 和 NRZ，前者同步性好，但频带利用率低，后者刚好相反。Manchester 编码采用基带传输，而 NRZ 编码采用频带传输。调制方式主要有 CPFSK

和 COFSK。现场总线传输介质主要有有线电缆、光纤和无线介质。

2. 数据链路层

数据链路层又分为两个子层，即介质访问控制（Medium Access Control，MAC）层和逻辑链路控制（Logical Link Control，LLC）层。MAC 层的功能是对传输介质传送的信号进行发送和接收控制，而 LLC 层则是对数据链进行控制，保证数据传送到指定的设备上。现场总线网络中的设备可以是主站，也可以是从站，主站有控制收发数据的权利，而从站则只有响应主站访问的权利。

关于 MAC 层，目前有三种协议。

1）集中式轮询协议：其基本原理是网络中有主站，主站周期性地轮询各个节点，被轮循的节点允许与其他节点通信。

2）令牌总线协议：这是一种多主站协议，主站之间以令牌传送协议进行工作，持有令牌的站可以轮询其他站。

3）总线仲裁协议：其机理类似于多机系统中并行总线的管理机制。

3. 应用层

应用层可以分为两个子层，上面子层是应用服务层（FMS 层），为用户提供服务；下面子层是现场总线存取层（FAS 层），实现数据链路层的连接。

应用层的功能是进行现场设备数据的传送及现场总线变量的访问。它为用户应用提供接口，定义了如何应用读、写、中断和操作信息及命令，同时定义了信息、句法（包括请求、执行及响应信息）的格式和内容。应用层的管理功能在初始化期间初始化网络，指定标记和地址。同时按计划配置应用层，也对网络进行控制，统计失败和检测新加入或退出网络的装置。

4. 用户层

用户层是现场总线标准在 OSI 模型之外新增加的一层，是使现场总线控制系统开放与互操作性的关键。

用户层定义了从现场装置中读、写信息和向网络中其他装置分派信息的方法，即规定了供用户组态的标准“功能模块”。事实上，各厂家生产的产品实现功能块的程序可能完全不同，但对功能块特性描述、参数设定及相互连接的方法是公开统一的。信息在功能块内经过处理后输出，用户对功能块的工作就是选择“设定特征”及“设定参数”，并将其连接起来。功能块除了输入/输出信号外，还输出表征该信号状态的信号。

1.2 工业以太网概述

1.2.1 以太网技术

20 世纪 70 年代早期，国际上公认的第一个以太网系统出现于 Xerox 公司的 Palo Alto Research Center（PARC），它以无源电缆作为总线来传送数据，在 1000 m 的电缆上连接了 100 多台计算机，并以曾经在历史上表示传播电磁波的以太（Ether）来命名，这就是如今以太网的鼻祖。以太网发展的历史见表 1-2。

表 1-2　以太网的发展简表

标准及重大事件	标志内容，时间（速度）
Xerox 公司开始研发	1972 年
首次展示初始以太网	1976 年（2.94 Mbit/s）
标准 DIX V1.0 发布	1980 年（10 Mbit/s）
IEEE 802.3 标准发布	1983 年，基于 CSMA/CD 访问控制
10 Base-T	1990 年，双绞线
交换技术	1993 年，网络交换机
100 Base-T	1995 年，快速以太网（100 Mbit/s）
千兆以太网	1998 年
万兆以太网	2002 年
40GbE 和 100GbE 802.3ba	2010 年
25GbE 以太网	2016 年
200GbE 和 400GbE 以太网	2017 年
800GbE 和 1.6TbE 以太网	未来

IEEE 802 代表 OSI 七层参考模型中的一个 IEEE 802.n 标准系列，IEEE 802 介绍了此系列标准协议情况。主要描述了此 LAN/MAN（局域网/城域网）系列标准协议概况与结构安排。IEEE 802.n 标准系列已被接纳为国际标准化组织（ISO）的标准，其编号命名为 ISO 8802。以太网的主要标准见表 1-3。

表 1-3　以太网的主要标准

标　　准	内 容 描 述
IEEE 802.1	体系结构与网络互联、管理
IEEE 802.2	逻辑链路控制
IEEE 802.3	CSMA/CD 媒体访问控制方法与物理层规范
IEEE 802.3i	10 Base-T 基带双绞线访问控制方法与物理层规范
IEEE 802.3j	10 Base-F 光纤访问控制方法与物理层规范
IEEE 802.3u	100 Base-T、FX、TX、T4 快速以太网
IEEE 802.3x	全双工
IEEE 802.3z	千兆以太网
IEEE 802.3ae	10 Gbit/s 以太网标准
IEEE 802.3af	以太网供电
IEEE 802.11	无线局域网访问控制方法与物理层规范
IEEE 802.3az	100 Gbit/s 的以太网技术规范

1.2.2　工业以太网技术

人们习惯将用于工业控制系统的以太网统称为工业以太网。如果仔细划分，按照国际电工委员会 SC65C 的定义，工业以太网是用于工业自动化环境、符合 IEEE 802.3 标准、按照 IEEE 802.1D“媒体访问控制（MAC）网桥”规范和 IEEE 802.1Q“局域网虚拟网桥”规范、对其没有进行任何实时扩展（Extension）而实现的以太网。通过采用减轻以太网负荷、提高网络速度、交换式以太网和全双工通信、信息优先级和流量控制以及虚拟局域网等技术，可以将工业以太网的实时响应时间缩短到5~10 ms，相当于现有的现场总线。采用工业以太网，由于具有相同的通信协议，能实现办公自动化网络和工业控制网络的无缝连接。

以太网与工业以太网比较见表1-4。

表1-4　以太网与工业以太网的比较

项目	工业以太网设备	商用以太网设备
元器件	工业级	商用级
接插件	耐腐蚀、防尘、防水，如加固型RJ45、DB-9、航空插头等	一般RJ45
工作电压	24 V DC	220 V AC
电源冗余	双电源	一般没有
安装方式	DIN导轨和其他固定安装	桌面、机架等
工作温度	-40 ~85℃或-20 ~70℃	5 ~40℃
电磁兼容性标准	EN 50081-2（工业级EMC） EN 50082-2（工业级EMC）	办公室用EMC
MTBF值	至少10年	3~5年

工业以太网即应用于工业控制领域的以太网技术，它在技术上与商用以太网兼容，但又必须满足工业控制网络通信的需求。在产品设计时，在材质的选用、产品的强度、可靠性、抗干扰能力、实时性等方面满足工业现场环境的应用。一般而言，工业控制网络应满足以下要求。

1）具有较好的响应实时性：工业控制网络不仅要求传输速度快，而且在工业自动化控制中还要求响应快，即响应实时性好。

2）可靠性和容错性要求：既能安装在工业控制现场，又能够长时间连续稳定运行，在网络局部链路出现故障的情况下，能在很短的时间内重新建立网络链路。

3）力求简洁：减小软硬件开销，从而降低设备成本，同时也可以提高系统的健壮性。

4）环境适应性要求：包括机械环境适应性（如耐振动、耐冲击）、气候环境适应性（工作温度要求为-40~85℃，至少为-20~70℃，并要耐腐蚀、防尘、防水）、电磁环境适应性或电磁兼容性EMC应符合EN50081-2/EN50082-2标准。

5）开放性好：由于以太网技术被大多数的设备制造商所支持，并且具有标准的接口，系统集成和扩展更加容易。

6）安全性要求：在易爆可燃的场合，工业以太网产品还需要具有防爆要求，包括隔爆、本质安全。

7）总线供电要求：即要求现场设备网络不仅能传输通信信息，而且能够为现场设备提供工作电源。这主要是从线缆铺设和维护方便考虑，同时总线供电还能减少线缆，降低成本。IEEE 802.3af标准对总线供电进行了规范。

8）安装方便：适应工业环境的安装要求，如采用DIN导轨安装。

1.2.3　工业以太网通信模型

工业以太网协议在本质上仍基于以太网技术，在物理层和数据链路层均采用了IEEE 802.3标准，在网络层和传输层则采用被称为以太网“事实上的标准”的TCP/IP协议簇（包括 UDP、TCP、IP、ICMP、IGMP 等协议），它们构成了工业以太网的低四层。在高层协议上，工业以太网协议通常都省略了会话层、表示层，而定义了应用层，有的工业以太网协议还定义了用户层（如 HSE）。工业以太网的通信模型如图 1-2 所示。

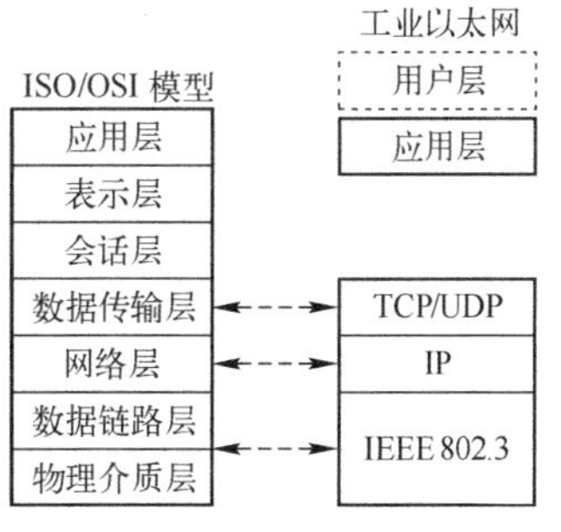

图 1-2　工业以太网的通信模型

工业以太网与商用以太网相比，具有以下特征。

（1）通信实时性

在工业以太网中，提高通信实时性的措施主要包括采用交换式集线器、使用全双工（Full-Duplex）通信模式、采用虚拟局域网（VLAN）技术、提高质量服务（QoS）、有效的应用任务调度等。

（2）环境适应性和安全性

首先，针对工业现场的振动、粉尘、高温和低温、高湿度等恶劣环境，对设备的可靠性提出了更高的要求。工业以太网产品针对机械环境、气候环境、电磁环境等方面的需求，在线缆、接口、屏蔽等方面做出专门的设计，符合工业环境的要求。

在易燃易爆的场合，工业以太网产品通过隔爆和本质安全两种方式来提高设备的生产安全性。

在信息安全方面，利用网关构建系统的有效屏障，对经过它的数据包进行过滤。同时随着加密解密技术与工业以太网的进一步融合，工业以太网的信息安全性也得到了进一步的保障。

（3）产品可靠性设计

工业控制的高可靠性通常包含三个方面内容。

1）可使用性好，网络自身不易发生故障。

2）容错能力强，网络系统局部单元出现故障，不影响整个系统的正常工作。

3）可维护性高，故障发生后能及时发现和及时处理，通过维修使网络及时恢复。

（4）网络可用性

在工业以太网系统中，通常采用冗余技术提高网络的可用性，主要有端口冗余、链路冗余、设备冗余和环网冗余。

1.2.4　工业以太网的优势

以太网发展到工业以太网，从技术方面来看，与现场总线相比，工业以太网具有以下优势。

1）应用广泛。以太网是目前应用最为广泛的计算机网络技术，受到广泛的技术支持。几乎所有的编程语言都支持 Ethernet 的应用开发，如 Java、Visual C++、Visual Basic 等。这些编程语言由于广泛使用，并受到软件开发商的高度重视，具有很好的发展前景。因此，如果采用以太网作为现场总线，可以保证有多种开发工具、开发环境供选择。

2）成本低廉。由于以太网的应用广泛，受到硬件开发与生产厂商的高度重视与广泛支持，有多种硬件产品供用户选择，硬件价格也相对低廉。

3）通信速率高。目前以太网的通信速率为 10 Mbit/s、100 Mbit/s、1000 Mbit/s、10 Gbit/s，其速率比目前的现场总线快得多，以太网可以满足对带宽有更高要求的需要。

4）开放性和兼容性好，易于信息集成。工业以太网因为采用由 IEEE 802.3 所定义的数据传输协议这一开放的标准，所以被 PLC 和 DCS 厂家广泛接受。

5）控制算法简单。以太网没有优先权控制意味着访问控制算法可以很简单。它不需要管理网络上当前的优先权访问级。还有一个好处是：没有优先权的网络访问是公平的，任何站点访问网络的可能性都与其他站相同，没有哪个站可以阻碍其他站的工作。

6）软硬件资源丰富。大量的软件资源和设计经验可以显著降低系统的开发和培训费用，从而可以显著降低系统的整体成本，并大大加快系统的开发和推广速度。

7）不需要中央控制站。令牌环网采用了“动态监控”的思想，需要有一个站负责管理网络的各种“家务”。传统令牌环网如果没有动态监测是无法运行的。以太网不需要中央控制站，它不需要动态监测。

8）可持续发展潜力大。以太网的广泛使用使它的发展一直受到广泛的重视和大量的技术投入，由此保证了以太网技术不断地持续向前发展。

9）易于连接Internet。能实现办公自动化网络与工业控制网络信息的无缝集成。

1.2.5　实时以太网

工业以太网一般应用于通信实时性要求不高的场合。对于响应时间小于5 ms的应用，工业以太网已不能胜任。为了满足高实时性能应用的需要，各大公司和标准组织纷纷提出各种提升工业以太网实时性的技术解决方案。这些方案建立在IEEE 802.3标准的基础上，通过对其和相关标准的实时扩展提高实时性，并且做到与标准以太网的无缝连接，这就是实时以太网（Realtime Ethernet，RTE）。

根据IEC 61784-2-2010标准定义，所谓实时以太网，就是根据工业数据通信的要求和特点，在ISO/IEC 8802-3协议基础上，通过增加一些必要的措施，使之具有实时通信能力。

1）网络通信在时间上的确定性，即在时间上，任务的行为可以预测。

2）实时响应适应外部环境的变化，包括任务的变化、网络节点的增/减、网络失效诊断等。

3）减少通信处理延迟，使现场设备间的信息交互在极小的通信延迟时间内完成。

2007年出版的IEC 61158现场总线国际标准和IEC 61784-2实时以太网应用国际标准收录了10种实时以太网技术和协议，见表1-5。

表1-5　IEC国际标准收录的工业以太网

技术名称	技术来源	应用领域
Ethernet/IP	美国Rockwell公司	过程控制
PROFINET	德国Siemens公司	过程控制、运动控制
P-NET	丹麦Process-Data A/S公司	过程控制
Vnet/IP	日本Yokogawa横河	过程控制
TC-net	东芝公司	过程控制
EtherCAT	德国Beckhoff公司	运动控制
Ethernet Powerlink	奥地利B&R公司	运动控制
EPA	浙江大学、浙江中控公司等	过程控制、运动控制
Modbus/TCP	法国Schneider-electric公司	过程控制
SERCOS Ⅲ	德国Hilscher公司	运动控制

1.2.6　实时工业以太网模型分析

实时工业以太网采用不同的实时策略来提高实时性能，根据其提高实时性策略的不同，实现模型可分为 3 种。实时工业以太网实现模型如图 1-3 所示。

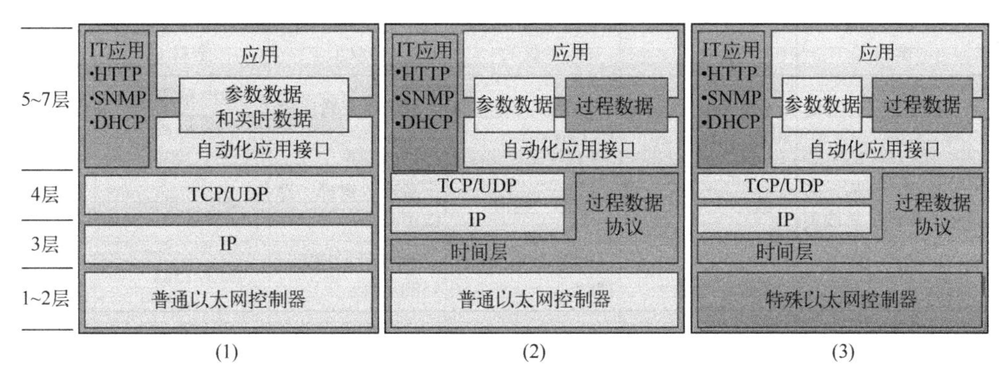

图 1-3　实时工业以太网实现模型

图 1-3 中情况（1）基于 TCP/IP 实现，在应用层上做修改。此类模型通常采用调度法、数据帧优先级机制或使用交换式以太网来滤除商用以太网中的不确定因素。这一类工业以太网的代表有 Modbus/TCP 和 Ethernet/IP。此类模型适用于实时性要求不高的应用中。

图 1-3 中情况（2）基于标准以太网实现，在网络层和传输层上进行修改。此类模型将采用不同机制进行数据交换，对于过程数据采用专门的协议进行传输，TCP/IP 用于访问商用网络时的数据交换。常用的方法有时间片机制。采用此模型的典型协议包含 Ethemet POWERLINK、EPA 和 PROFINET RT。

图 1-3 中情况（3）基于标准的以太网物理层，对数据链路层进行了修改。此类模型一般采用专门硬件来处理数据，实现高实时性。通过不同的帧类型来提高确定性。基于此结构实现的以太网协议有 EtherCAT、SERCOS Ⅲ和 PROFINET IRT。

对于实时以太网的选取应根据应用场合的实时性要求。

工业以太网的三种实现如表 1-6 所示。

表 1-6　工业以太网的三种实现

技术特点	说　明	应用实例
基于 TCP/IP 实现	特殊部分在应用层	Modbus/TCP Ethernet/IP
基于以太网实现	不仅实现了应用层，而且在网络层和传输层做了修改	Ethernet POWERLINK PROFINET RT
修改以太网实现	不仅在网络层和传输层做了修改，而且改进了底下两层，需要特殊的网络控制器	EtherCAT SERCOS Ⅲ PROFINET IRT

1.2.7　几种实时工业以太网的比较

几种实时工业以太网的对比见表 1-7。

表 1-7　几种实时工业以太网的对比

实时工业以太网	EtherCAT	SERCOS Ⅲ	PROFINET IRT	POWERLINK	EPA	Ethernet/IP
管理组织	ETG	IGS	PNO	EPG	EPA 俱乐部	ODVA
通信机构	主/从	主/从	主/从	主/从	C/S	C/S
传输模式	全双工	全双工	半双工	半双工	全双工	全双工
实时特性	100 轴，响应时间 100 μs	8 个轴，响应时间 32.5 μs	100 轴，响应时间 1 ms	100 轴，响应时间 1 ms	同步精度为 μs 级，通信周期为 ms 级	1~5 ms
拓扑结构	星形、线形、环形、树形、总线型	线形、环形	星形、线形	星形、树形、总线型	树形、星形	星形、树形
同步方法	时间片+IEEE 1588	主节点+循环周期	时隙调度+IEEE 1588	时间片+IEEE 1588	IEEE 1588	IEEE 1588
同步精度	100 ns	<1 μs	1 μs	1 μs	500 ns	1 μs

几个实时工业以太网数据传输速率对比如图 1-4 所示。实验中有 40 个轴（每个轴 20 B 输入和输出数据），50 个 I/O 站（总计 560 个 EtherCAT 总线端子模块），2000 个数字量，200 个模拟量，总线长度 500 m。结果测试得到 EtherCAT 网络循环时间是 276 μs，总线负载 44%，报文长度 122 μs，性能远远高于 SERCOS Ⅲ、PROFINET IRT 和 POWERLINK。

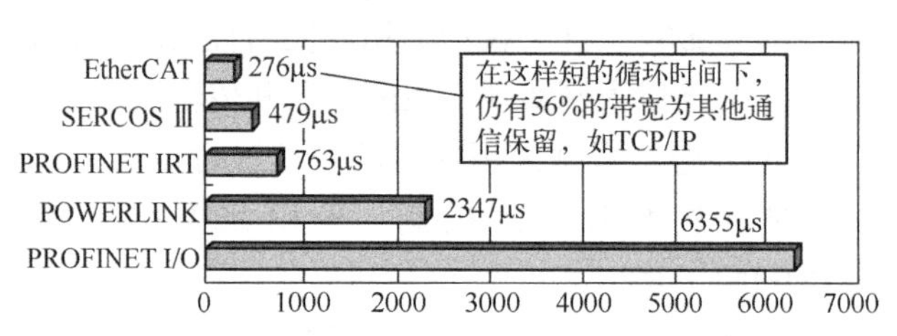

图 1-4　几个实时工业以太网数据传输速率对比

根据对比分析可以得出，EtherCAT 实施工业以太网各方面性能都很突出。EtherCAT 循环时间短、高速、高同步、易用和低成本等特性使其在机器人控制、机床应用、CNC 功能、包装机械、测量应用、超高速金属切割、汽车工业自动化、机器内部通信、焊接机器、嵌入式系统、变频器、编码器等领域获得广泛的应用。

同时因拓扑的灵活，无需交换机或集线器、网络结构没有限制、自动连接检测等特点，使其在大桥减震系统、印刷机械、液压/电动冲压机、木材交工设备等领域具有很高的应用价值。

国外很多企业对 EtherCAT 的技术研究已经比较深入，而且已经开发出了比较成熟的产品。如德国 BECKHOFF、美国 Kollmorgen（科尔摩根）、NI、SEW、TrioMotion、MKS、Omron、CopleyControls、意大利 Phase 等自动化设备公司都推出了一系列支持 EtherCAT 的驱动设备。国内对 EtherCAT 技术的研究尚处于起步阶段，而且国内的 EtherCAT 市场基本都被国外的企业所占领。

1.3　企业网络信息集成系统

1.3.1　企业网络信息集成系统的层次结构

现场总线本质上是一种控制网络，因此网络技术是现场总线的重要基础。现场总线网络和

Internet、Intranet 等类型的信息网络不同，控制网络直接面向生产过程，因此要求有很高的实时性、可靠性、数据完整性和可用性。为满足这些特性，现场总线对标准的网络协议做了简化，一般只包括 ISO/OSI 七层模型中的 3 层：物理层、数据链路层和应用层。此外，现场总线还要完成与上层工厂信息系统的数据交换和传递。综合自动化是现代工业自动化的发展方向，在完整的企业网构架中，企业网络信息集成系统应涉及从底层现场设备网络到上层信息网络的数据传输过程。

基于上述考虑，统一的企业网络信息集成系统应具有 3 层结构，企业网络信息集成系统的层次结构如图 1-5 所示，自底向上依次为：过程控制层（Process Control System，PCS）、制造执行层（Manufacture Execute System，MES）、企业资源规划层（Enterprise Resource Planning，ERP）。

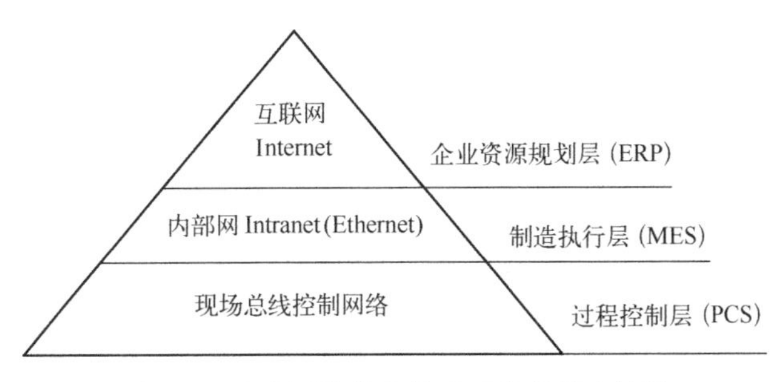

图 1-5　企业网络信息集成系统的层次结构

1. 过程控制层

现场总线是将自动化最底层的现场控制器和现场智能仪表设备互连的实时控制通信网络，遵循 ISO 的 OSI 参考模型的全部或部分通信协议。现场总线控制系统则是用开放的现场总线控制通信网络将自动化生产中最底层的现场控制器和现场智能仪表设备互连的实时网络控制系统。

依照现场总线的协议标准，智能设备采用功能块的结构，通过组态设计，完成数据采集、A/D 转换、数字滤波、温度压力补偿、PID 控制等各种功能。智能转换器对传统检测仪表电流电压进行数字转换和补偿。此外，总线上应有 PLC 接口，便于连接原有的系统。

现场设备以网络节点的形式挂接在现场总线网络上，为保证节点之间实时、可靠的数据传输，现场总线控制网络必须采用合理的拓扑结构。常见的现场总线网络拓扑结构有以下几种。

（1）环形网

其特点是时延确定性好，重载时网络效率高，但轻载时等待令牌产生不必要的时延，传输效率下降。

（2）总线网

其特点是节点接入方便，成本低。轻载时时延小，但网络通信负荷较重时时延加大，网络效率下降。此外传输时延不确定。

（3）树形网

其特点是可扩展性好，频带较宽，但节点间通信不便。

（4）令牌总线网

结合环形网和总线网的优点，即物理上是总线网，逻辑上是令牌网。这样，网络传输时延确定无冲突，同时节点接入方便，可靠性好。

过程控制层通信介质不受限制，可用双绞线、同轴电缆、光纤、电力线、无线、红外线等各种形式。

2. 制造执行层

这一层从现场设备中获取数据，完成各种控制、运行参数的监测、报警和趋势分析等功能，另外还包括控制组态的设计和下装。制造执行层的功能一般由上位计算机完成，它通过扩展槽中网络接口板与现场总线相连，协调网络节点之间的数据通信，或者通过专门的现场总线接口（转换器）实现现场总线网段与以太网段的连接，这种方式使系统配置更加灵活。这一层处于以太网中，因此其关键技术是以太网与底层现场设备网络间的接口，主要负责现场总线协议与以太网协议的转换，保证数据包的正确解释和传输。制造执行层除上述功能外，还为实现先进控制和远程操作优化提供支撑环境，如实时数据库、工艺流程监控、先进控制以及设备管理等。

3. 企业资源规划层

企业资源规划层的主要目的是在分布式网络环境下构建一个安全的远程监控系统。首先要将中间监控层的数据库中的信息转入上层的关系数据库中，这样远程用户就能随时通过浏览器查询网络运行状态以及现场设备的工况，对生产过程进行实时的远程监控。赋予一定的权限后，还可以在线修改各种设备参数和运行参数，从而在广域网范围内实现底层测控信息的实时传递。这样，企业各个实体将能够不受地域的限制监视与控制工厂局域网里的各种数据，并对这些数据进行进一步的分析和整理，为相关的各种管理、经营决策提供支持，实现管控一体化。目前，远程监控实现的途径就是通过 Internet，主要方式是租用企业专线或者利用公众数据网。由于涉及实际的生产过程，必须保证网络安全，可以采用的技术包括防火墙、用户身份认证以及密钥管理等。

在整个现场总线控制网络模型中，现场设备层是整个网络模型的核心，只有确保总线设备之间可靠、准确、完整的数据传输，上层网络才能获取信息并实现监控功能。当前对现场总线的讨论大多停留在底层的现场智能设备网段，但从完整的现场总线控制网络模型出发，应更多地考虑现场设备层与中间监控层、Internet 应用层之间的数据传输与交互问题，以及实现控制网络与信息网络的紧密集成。

4. 现场总线与局域网的区别

现场总线与数据网络相比，主要有以下特点。

1）现场总线主要用于对生产、生活设备的控制，对生产过程的状态检测、监视与控制，或实现“家庭自动化”等；数据网络则主要用于通信、办公，提供如文字、声音和图像等数据信息。

2）现场总线和数据网络具有各自的技术特点：控制网络信息/控制网络最低层，要求具备高度的实时性、安全性和可靠性，网络接口尽可能简单，成本尽量降低，数据传输量一般较小；数据网络则需要适应大批量数据的传输与处理。

3）现场总线采用全数字式通信，具有开放式、全分布、互操作性等特点。

4）在现代生产和社会生活中，这两种网络将具有越来越紧密的联系。两者的不同特点决定了它们的需求互补以及它们之间需要信息交换。控制网络信息与数据网络信息的结合，沟通了生产过程现场控制设备之间及其与更高控制管理层网络之间的联系，可以更好地调度和优化生产过程，提高产品的产量和质量，为实现控制、管理、经营一体化创造了条件。现场总线与管理信息网络特性比较见表1-8。

表 1-8 现场总线与管理信息网络特性比较

特 性	现场总线	管理信息网络
监视与控制能力	强	弱
可靠性与故障容限	高	高
实时响应	快	中
信息报文长度	短	长
OSI 相容性	低	中、高
体系结构与协议复杂性	低	中、高
通信功能级别	中级	大范围
通信速率	低、中	高
抗干扰能力	强	中

国际标准化组织（ISO）提出的 OSI 参考模型是一种七层通信协议，该协议每层采用国际标准，其中，第 1 层是物理介质层，第 2 层是数据链路层，第 3 层是网络层，第 4 层是数据传输层，第 5 层是会话层，第 6 层是表示层，第 7 层是应用层。现场总线体系结构是一种实时开放系统，从通信角度看，一般是由 OSI 参考模型的物理介质层、数据链路层、应用层 3 层模式体系结构和通信媒质构成的，如 Bitbus、CAN、WorldFIP 和 FF 现场总线等。另外，也有采用在前 3 层基础上再加数据传输层的 4 层模式体系结构，如 PROFIBUS 等。但 LonWorks 现场总线却比较独特，它是采用包括全部 OSI 协议在内的七层模式体系结构。

现场总线作为低带宽的底层控制网络，可与 Internet 及 Intranet 相连，它作为网络系统最显著的特征是具有开放统一的通信协议。由于现场总线的开放性，不同设备制造商提供的遵从相同通信协议的各种测量控制设备可以互连，共同组成一个控制系统，使得信息可以在更大范围内共享。

1.3.2 现场总线的作用

现场总线控制网络处于企业网络的底层，或者说，它是构成企业网络的基础。而生产过程的控制参数与设备状态等信息是企业信息的重要组成部分。企业网络各功能层次的网络类型如图 1-6 所示。从图中可以看出，除现场的控制网络外，上面的 ERP 和 MES 都采用以太网。

企业网络系统早期的结构复杂，功能层次较多，包括从过程控制、监控、调度、计划、管理到经营决策等。随着互联网的发展和以太网技术的普及，企业网络早期的 TOP/MAP 式多层分布式子网的结构逐渐被以太网、FDDI 主干网所取代。企业网络系统的结构层次趋于扁平化，同时对功能层次的划分也更为简化。底层为控制网络所处的现场控制层（FCS），最上层为企业资源规划层（ERP），而将传统概念上的监控、计划、管理、调度等多项控制管理功能交错的部分，都包罗在中间的制造执行层（MES）中。图中的 ERP 与 MES 功能层大多采用以太网技术构成数据网络，网络节点多为各种计算机及外设。随着互联网技术的发展与普及，在 ERP 与 MES 层的网络集成与信息交互问题得到了较好的解决。它们与外界互联网之间的信息交互也相对比较容易。

控制网络的主要作用是为自动化系统传递数字信息。它所传输的信息内容主要是生产

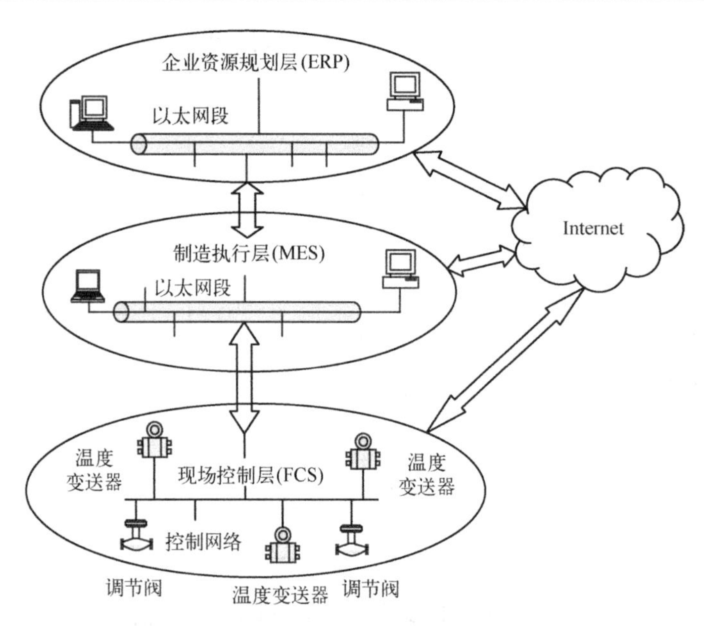

图 1-6　企业网络各功能层次的网络类型

装置运行参数的测量值、控制量、阀门的工作位置、开关状态、报警状态、设备的资源与维护信息、系统组态、参数修改、零点量程调校信息等。企业的管理控制一体化系统需要这些控制信息的参与，优化调度等也需要集成不同装置的生产数据，并能实现装置间的数据交换。这些都需要在现场控制层内部，在 FCS 与 MES、ERP 各层之间，方便地实现数据传输与信息共享。

目前，现场控制层所采用的控制网络种类繁多，本层网络内部的通信一致性很差，个异性强，有形形色色的现场总线，再加上 DCS、PLC、SCADA 等。控制网络从通信协议到网络节点类型都与数据网络存在较大差异。这些差异使得控制网络之间、控制网络与外部互联网之间实现信息交换的难度加大，实现互连和互操作存在较多障碍。因此，需要从通信一致性、数据交换技术等方面入手，改善控制网络的数据集成与交换能力。

1.3.3　现场总线与上层网络的互联

由于现场总线所处的特殊环境及所承担的实时控制任务是普通局域网和以太网技术难以取代的，因而现场总线至今依然保持着它在现场控制层的地位和作用。但现场总线需要同上层与外界实现信息交换。

目前，现场总线与上层网络的连接方式一般有三种。一是采用专用网关完成不同通信协议的转换，把现场总线网段或 DCS 连接到以太网上，图 1-7 为通过网关连接现场总线网段与上层网络的示意图。二是将现场总线网卡和以太网卡都置入工业 PC 的 PCI 插槽内，在 PC 内完成数据交换，在图 1-8 中采用现场总线的 PCI 卡，实现现场总线网段与上层网络的连接。三是将 Web 服务器直接置入 PLC 或现场控制设备内，借助 Web 服务器和通用浏览工具实现数据信息的动态交互。这是近年来互联网技术在生产现场直接应用的结果，但它需要有一直延伸到工厂底层的以太网支持。正是因为控制设备内嵌 Web 服务器，使得现场总线的设备有条件直接通向互联网，与外界直接沟通信息。而在这之前，现场总线设备是不能直接与外界沟通信息的。

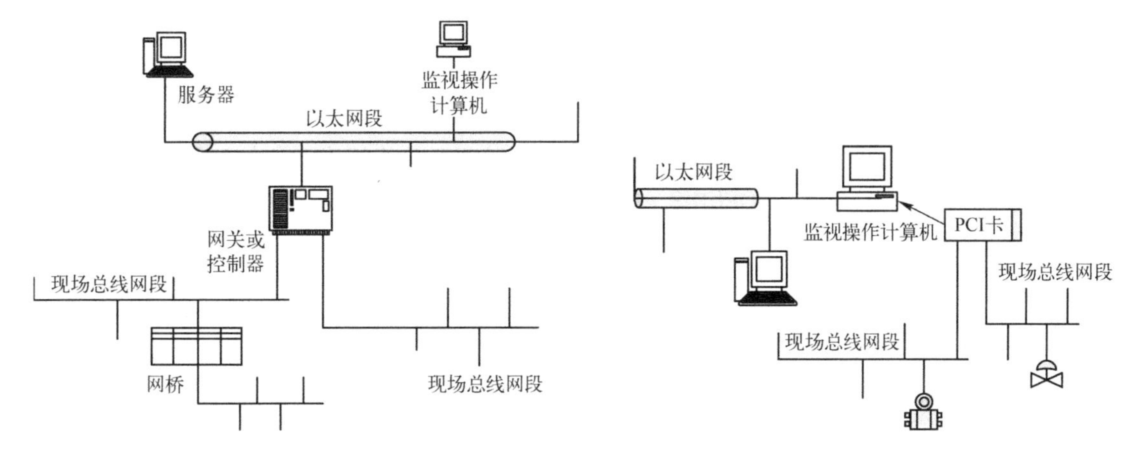

图 1-7　通过网关连接现场总线网段与上层网络　　图 1-8　采用 PCI 卡连接现场总线网段与上层网络

现场总线与互联网的结合拓宽了测量控制系统的范围和视野，为实现跨地区的远程控制与远程故障诊断创造了条件。人们可以在千里之外查看生产现场的运行状态，方便地实现偏远地段生产设备的无人值守，远程诊断生产过程或设备的故障，在办公室查询并操作家中的各类电器等设备。

1.3.4　现场总线网络集成应考虑的因素

应用现场总线要适合企业的需要，选择现场总线应考虑以下因素。

1. 控制网络的特点

1）适应工业控制应用环境，要求实时性强，可靠性高，安全性好。

2）网络传输的是测控数据及其相关信息，因而多为短帧信息，传输速率低。

3）用户从满足应用需要的角度去选择、评判。

2. 标准支持

国际、国家、地区、企业标准。

3. 网络结构

支持的介质；网络拓扑；最大长度/段；本质安全；总线供电；最大电流；可寻址的最大节点数；可挂接的最大节点数；介质冗余等。

4. 网络性能

传输速率；时间同步准确度；执行同步准确度；媒体访问控制方式；发布/预订接收能力；报文分段能力（报文大小限制，最大数据/报文段）；设备识别；位号名分配；节点对节点的直接传输；支持多段网络；可寻址的最大网段数。

5. 测控系统应用考虑

功能块；应用对象；设备描述。

6. 市场因素

供应商供货的成套性、持久性、地区性、产品互换性和性能价格比。

7. 其他因素

一致性测试；互操作测试机制。

1.4　现场总线简介

由于技术和利益的原因，目前国际上存在着几十种现场总线标准，比较流行的主要有FF、CAN、DeviceNet、LonWorks、PROFIBUS、HART、INTERBUS、CC-Link、ControlNet、WorldFIP、P-Net、SwiftNet等现场总线。

1.4.1　FF

基金会现场总线（Foundation Fieldbus，FF）是在过程自动化领域得到广泛支持和具有良好发展前景的技术。以美国Fisher-Rousemount公司为首，联合Foxboro、横河、ABB、西门子等80家公司制定了ISP协议；以Honeywell公司为首、联合欧洲等地的150家公司制定了WorldFIP。1994年9月，制定上述两种协议的多家公司成立了现场总线基金会，致力于开发出国际上统一的现场总线协议。它以ISO/OSI开放系统互连模型为基础，取其物理层、数据链路层、应用层为FF通信模型的相应层次，并在应用层上增加了用户层。

基金会现场总线分低速H1和高速H2两种通信速率。H1的传输速率为31.25 kbit/s，通信距离可达1900 m（可加中继器延长），可支持总线供电，支持本质安全防爆环境。H2的传输速率为1 Mbit/s和2.5 Mbit/s两种，其通信距离为750 m和500 m。物理传输介质可支持双绞线、光缆和无线发射，协议符合IEC1158-2标准。

其物理媒介的传输信号采用曼彻斯特编码，每位发送数据的中心位置或是正跳变，或是负跳变。正跳变代表0，负跳变代表1，从而使串行数据位流中具有足够的定位信息，以保持发送双方的时间同步。接收方既可根据跳变的极性来判断数据的“1”“0”状态，也可根据数据的中心位置精确定位。

为满足用户需要，Honeywell、Ronan等公司已开发出可完成物理层和部分数据链路层协议的专用芯片，许多仪表公司已开发出符合FF协议的产品，H1总线已通过α测试和β测试，完成了由13个不同厂商提供设备而组成的FF现场总线工厂试验系统。H2总线标准也已形成。1996年10月，在芝加哥举行的ISA96展览会上，由现场总线基金会组织实施，向世界展示了来自40多家厂商的70多种符合FF协议的产品，并将这些分布在不同楼层展览大厅不同展台上的FF展品，用醒目的橙红色电缆互连为七段现场总线演示系统，各展台现场设备之间可实地进行现场互操作，展现了基金会现场总线的成就与技术实力。

1.4.2　CAN和CAN FD

控制器局域网（Controller Area Network，CAN）最早由德国Bosch公司提出，用于汽车内部测量与执行部件之间的数据通信。其总线规范现已被ISO国际标准组织制定为国际标准，得到了Motorola、Intel、Philips、Siemens、NEC等公司的支持，已广泛应用在离散控制领域。

CAN协议也是建立在国际标准组织的开放系统互连模型基础上的，不过，其模型结构只有3层，只取OSI的物理层、数据链路层和应用层。其信号传输介质为双绞线，在40 m的距离时，通信速率最高可达1 Mbit/s；在通信速率为5 kbit/s时，直接传输距离最远可达10 km，最多可挂接设备110个。

CAN的信号传输采用短帧结构，每一帧的有效字节数为8个，因而传输时间短，受干扰的概率低。当节点严重错误时，具有自动关闭的功能以切断该节点与总线的联系，使总线上的其他节点及通信不受影响，具有较强的抗干扰能力。

CAN 支持多主方式工作，网络上任何节点均可在任意时刻主动向其他节点发送信息，支持点对点、一点对多点和全局广播方式接收/发送数据。它采用总线仲裁技术，当几个节点同时在网络上传输信息时，优先级高的节点可继续传输数据，而优先级低的节点则主动停止发送，从而避免了总线冲突。

已有多家公司开发生产了符合 CAN 协议的通信控制器，如 NXP 公司的 SJA1000、Mirochip 公司的 MCP2515、内嵌 CAN 通信控制器的 ARM 和 DSP 等。还有插在 PC 上的 CAN 总线适配器，具有接口简单、编程方便、开发系统价格便宜等优点。

在汽车领域，随着人们对数据传输带宽要求的增加，传统的 CAN 总线由于带宽的限制难以满足这种增加的需求。

当今社会，汽车已经成为生活中不可缺少的一部分，人们希望汽车不仅仅是一种代步工具，更是生活及工作范围的一种延伸。在汽车上就像待在自己的办公室和家里一样，可以打电话、上网、娱乐和工作。

因此，汽车制造商为了提高产品竞争力，将越来越多的功能集成到了汽车上。电子控制单元（Electronic Control Unit，ECU）大量增加使总线负载率急剧增大，传统的 CAN 总线越来越显得力不从心。

此外，为了缩小 CAN 网络（最大 1 Mbit/s）与 FlexRay（最大 10 Mbit/s）网络的带宽差距，Bosch 公司于 2011 年推出了 CAN FD（CAN with Flexible Data-Rate）方案。

1.4.3　DeviceNet

在现代控制系统中，不仅要求现场设备完成本地的控制、监视、诊断等任务，还要能通过网络与其他控制设备及 PLC 进行点对点通信，因此现场设备多设计成内置智能式。基于这样的现状，美国 Rockwell Automation 公司于 1994 年推出了 DeviceNet 网络，实现低成本、高性能的工业设备的网络互连。

DeviceNet 是一种低成本的通信连接，它将工业设备连接到网络，从而免去了昂贵的硬接线。DeviceNet 又是一种简单的网络解决方案，在提供多供货商同类部件间的可互换性的同时，减少了配线和安装工业自动化设备的成本和时间。DeviceNet 的直接互连性不仅改善了设备间的通信，而且提供了相当重要的设备级诊断功能，这是通过硬接线 I/O 接口很难实现的。

DeviceNet 是一个开放式网络标准。规范和协议都是开放的，厂商将设备连接到系统时，无须购买硬件、软件或许可权。任何人都能以少量的复制成本从开放式 DeviceNet 供货商协会（Open DeviceNet Vendor Association，ODVA）获得 DeviceNet 规范。任何制造 DeviceNet 产品的公司都可以加入 ODVA，并参加对 DeviceNet 规范进行增补的技术工作组。

DeviceNet 规范的购买者将得到一份不受限制的，真正免费的开发 DeviceNet 产品的许可。寻求开发帮助的公司可以通过任何渠道购买使其工作简易化的样本源代码、开发工具包和各种开发服务。关键的硬件可以从世界上最大的半导体供货商那里获得。

DeviceNet 具有如下特点。

1）DeviceNet 基于 CAN 总线技术，可连接开关、光电传感器、阀组、电动机起动器、过程传感器、变频调速设备、固态过载保护装置、条形码阅读器、I/O 和人机界面等，传输速率为 125~500 kbit/s，每个网络的最大节点数是 64 个，干线长度 100~500 m。

2）DeviceNet 使用的通信模式是：生产者/客户（Producer/Consumer）。该模式允许网络上的所有节点同时存取同一源数据，网络通信效率更高；采用多信道广播信息发送方式，各个客户可在同一时间接收到生产者所发送的数据，网络利用率更高。生产者/客户模式与传统的“源/目的”通信模式相比，前者采用多信道广播式，网络节点同步化，网络效率高；后者采用应答式，如果要向多个设备传送信息，则需要对这些设备分别进行“呼”“应”通信，即使是同一信息，也需要制造多个信息包，这样，增加了网络的通信量，网络响应速度受限制，难以满足高速的、对时间苛求的实时控制。

3）设备可互换性。各个销售商所生产的符合 DeviceNet 网络和行规标准的简单装置（如按钮、电动机起动器、光电传感器、限位开关等）都可以互换，为用户提供灵活性和可选择性。

4）DeviceNet 网络上的设备可以随时连接或断开，而不会影响网上其他设备的运行，方便维护和减少维修费用，也便于系统的扩充和改造。

5）DeviceNet 网络上的设备安装比传统的 I/O 布线更加节省费用，尤其是当设备分布在几百米范围内时，更有利于降低布线安装成本。

6）利用 RS Network for DeviceNet 软件可方便地对网络上的设备进行配置、测试和管理。网络上的设备以图形方式显示工作状态，一目了然。

现场总线技术具有网络化、系统化、开放性的特点，需要多个企业相互支持、相互补充来构成整个网络系统。为便于技术发展和企业之间的协调，统一宣传推广技术和产品，通常每一种现场总线都有一个组织来统一协调。DeviceNet 总线的组织机构是开放式设备网络供货商协会，它是一个独立组织，管理 DeviceNet 技术规范，促进 DeviceNet 在全球的推广与应用。

ODVA 实行会员制，会员分供货商会员（Vendor Member）和分销商会员（Distributor Member）。ODVA 现有供货商会员 310 个，其中包括 ABB、Rockwell、Phoenix Contact、Omron、Hitachi、Cutler-Hammer 等几乎所有世界著名的电气和自动化元件生产商。

ODVA 的作用是帮助供货商会员向 DeviceNet 产品开发者提供技术培训、产品一致性试验工具和试验，支持成员单位对 DeviceNet 协议规范进行改进；出版符合 DeviceNet 协议规范的产品目录，组织研讨会和其他推广活动，帮助用户了解掌握 DeviceNet 技术；帮助分销商开展 DeviceNet 用户培训和 DeviceNet 专家认证培训，提供设计工具，解决 DeviceNet 系统问题。

DeviceNet 是一种比较年轻的，也是较晚进入中国的现场总线。但 DeviceNet 价格低、效率高，特别适用于制造业、工业控制、电力系统等行业的自动化，适合于制造系统的信息化。

2000 年 2 月，上海电器科学研究所与 ODVA 签署合作协议，共同筹建 ODVA China，目的是把 DeviceNet 这一先进技术引入中国，促进我国自动化和现场总线技术的发展。

2002 年 10 月 8 日，DeviceNet 现场总线被批准为国家标准。DeviceNet 中国国家标准编号为 GB/T 18858.3-2012，名称为《低压开关设备和控制设备　控制器——设备接口（CDI）第 3 部分：DeviceNet》。该标准于 2013 年 2 月 1 日开始实施。

1.4.4 LonWorks

美国 Echelon 公司于 1992 年成功推出了 LonWorks 智能控制网络。LON（Local Operating Networks）总线是该公司推出的局部操作网络，Echelon 公司开发了 LonWorks 技术，为 LON 总线设计和成品化提供了一套完整的开发平台。其通信协议 LonTalk 支持 OSI/RM 的所有七层模型，这是 LON 总线最突出的特点。LonTalk 协议通过神经元芯片（Neuron Chip）上的硬件和固件（Firmware）实现，提供介质存取、事务确认和点对点通信服务；还有一些如认证、优先级传输、单一/广播/组播消息发送等高级服务。网络拓扑结构可以是总线型、星形、环形和混合型，可实现自由组合。另外，通信介质支持双绞线、同轴电缆、光纤、射频、红外线和电力线等。应用程序采用面向对象的设计方法，通过网络变量把网络通信的设计简化为参数设置，大大缩短了产品开发周期。

LonWorks 控制网络技术可用于各主要工业领域，如工厂厂房自动化、生产过程控制、楼宇及家庭自动化、农业、医疗和运输业等，为实现智能控制网络提供完整的解决方案。如中央电视塔美丽夜景的灯光秀是由 LonWorks 控制的，T21/T22 次京沪豪华列车是基于 LonWorks 的列车监控系统控制着整个列车的空调暖通、照明、车门及消防报警等系统。Echelon 公司有四个主要市场——商用楼宇（包括暖通空调、照明、安防、门禁和电梯等子系统）、工业、交通运输系统和家庭领域。

高可靠性、安全性、易于实现和互操作性使得 LonWorks 产品应用非常广泛。它广泛应用于过程控制、电梯控制、能源管理、环境监视、污水处理、火灾报警、采暖通风和空调控制、交通管理、家庭网络自动化等。LON 总线已成为当前最流行的现场总线之一。

LonWorks 网络协议已成为诸多组织、行业的标准。消费电子制造商协会（Consumer Electronics Manufactures Association，CEMA）将 LonWorks 协议作为家庭网络自动化的标准（EIA-709）。1999 年 10 月，ANSI 接纳 LonWorks 网络的基础协议作为一个开放工业标准，包含在 ANSI/EIA709.1 中。国际半导体设备与材料协会（Semiconductor Equipment and Material International，SEMI）明确采纳 LonWorks 网络技术作为其行业标准，还有许多国际行业协会采纳 LonWorks 协议标准，这将巩固 LonWorks 产品在诸行业领域的应用地位，推动 LonWorks 技术的发展。

LonWorks 使用的开放式通信协议 LonTalk 为设备之间交换控制状态信息建立了一种通用的标准。在 LonTalk 协议的协调下，以往那些相应的系统和产品融为一体，形成了一个网络控制系统。LonTalk 协议最大的特点是对 OSI 七层协议的支持，是直接面向对象的网络协议，这是其他的现场总线所不支持的。具体实现就是网络变量这一形式。网络变量使节点之间的数据传递只是通过各个网络变量的绑定便可完成。又由于硬件芯片的支持，实现了实时性和接口的直观、简洁的现场总线应用要求。Neuron 芯片是 LonWorks 技术的核心，它不仅是 LON 总线的通信处理器，同时也是用于采集和控制的通用处理器，LonWorks 技术中所有关于网络的操作实际上都是通过它来完成的。按照 LonWorks 标准网络变量来定义数据结构，也可以解决和不同厂家产品的互操作性问题。为了更好地推广 LonWorks 技术，1994 年 5 月，由全球许多大公司，如 ABB、Honeywell、Motorola、IBM、TOSHIBA、HP 等，组成了一个独立的行业协会 LonMark，负责定义、发布、确认产品的互操作性标准。LonMark 是与 Echelon 公司无关的 LonWorks 用户标准化组织，按照 LonMark 规范设计的 LonWorks 产品，均可以非常容易地集成在一起，用户不必为网络日后的维护和扩展费用担心。LonMark 协会的成立，对于推动 LonWorks 技术的推广和发展起到了极大的推动作用。许多公司在其产品上采纳了 LonWorks 技术，如 Honeywell 将 LonWorks 技术用于其楼宇自控系统，因此，LON 总线成为现场总线的主流之一。

2005 年之前，LonWorks 技术的核心是神经元芯片（Neuron Chip）。神经元芯片主要有 3120 和 3150 两大系列，生产厂家最早的有 Motorola 公司和 TOSHIBA 公司，后来生产神经元芯片的厂家是 TOSHIBA 公司和美国的 Cypress 公司。TOSHIBA 公司生产的神经元芯片型号为 TMPN3120 和 TMPN3150 两个系列。TMPN3120 不支持外部存储器，它本身带有 EEPROM；

TMPN3150 支持外部存储器，适合功能较为复杂的应用场合。Cypress 公司生产的神经元芯片型号为 CY7C53120 和 CY7C53150 两个系列。

目前，国内教科书上讲述的 LonWorks 技术仍然采用 TMPN3120 和 TMPN3150 神经元芯片。

2005 年之后，上述神经元芯片不再给用户供货，Echelon 公司主推 FT 智能收发器和 Neuron 处理器。

2018 年 9 月，总部位于美国加州的 Adesto Technologies（阿德斯托技术）公司收购了 Echelon 公司。

Adesto 公司是创新的、特定应用的半导体和嵌入式系统的领先供应商，这些半导体和嵌入式系统构成了物联网边缘设备在全球网络上运行的基本组成部分。半导体和嵌入式技术组合优化了连接物联网设备，用于工业、消费、通信和医疗应用。

通过专家设计、无与伦比的系统专业知识和专有知识产权，Adesto 公司使客户能够在对物联网最重要的地方区分他们的系统——更高的效率、更高的可靠性和安全性、集成的智能和更低的成本。广泛的产品组合涵盖从物联网边缘服务器、路由器、节点和通信模块到模拟、数字和非易失性存储器（Non-Volatile Memory，NVM）技术，这些技术以标准产品、专用集成电路（Application-Specific Integrated Circuit，ASIC）和 IP 核的形式交付给用户。

Adesto 公司成功推出的 FT 6050 智能收发器和 Neuron 6050 处理器是用于现代化和整合智能控制网络的片上系统。

1.4.5　PROFIBUS

PROFIBUS 是作为德国国家标准 DIN19245 和欧洲标准 EN50170 的现场总线，ISO/OSI 模型也是它的参考模型。由 PROFIBUS-DP、PROFIBUS-FMS、PROFIBUS-PA 组成了 PROFIBUS 系列。

DP 型用于分布式外设间的高速传输，适合于加工自动化领域的应用。FMS 意为现场信息规范，适用于纺织、楼宇自动化、可编程控制器、低压开关等一般自动化，而 PA 型则是用于过程自动化的总线类型，它遵从 IEC1158-2 标准。该项技术是由西门子公司为主的十几家德国公司、研究所共同推出的。它采用了 OSI 模型的物理层、数据链路层，由这两部分形成了其标准第一部分的子集，DP 型隐去了第 3~7 层，而增加了直接数据连接拟合作为用户接口，FMS 型只隐去第 3~6 层，采用了应用层，作为标准的第二部分。PA 型的标准目前还处于制定过程之中，其传输技术遵从 IEC1158-2（H1）标准，可实现总线供电与本质安全防爆。

PROFIBUS 支持主-从系统、纯主站系统、多主多从混合系统等几种传输方式。主站具有对总线的控制权，可主动发送信息。对多主站系统来说，主站之间采用令牌方式传递信息，得到令牌的站点可在一个事先规定的时间内拥有总线控制权，并事先规定好令牌在各主站中循环一周的最长时间。按 PROFIBUS 的通信规范，令牌在主站之间按地址编号顺序，沿上行方向进行传递。主站在得到控制权时，可以按主-从方式，向从站发送或索取信息，实现点对点通信。主站可对所有站点广播（不要求应答），或有选择地向一组站点广播。

PROFIBUS 的传输速率为 9.6 kbit/s~12 Mbit/s，最大传输距离在 9.6 kbit/s 时为 1200 m，1.5 Mbit/s 时为 200 m，可用中继器延长至 10 km。其传输介质可以是双绞线，也可以是光缆，最多可挂接 127 个站点。

1.4.6 CC-Link

1996 年 11 月，以三菱电机为主导的多家公司以“多厂家设备环境、高性能、省配线”理念开发、公布和开放了现场总线 CC-Link，第一次正式向市场推出了 CC-Link 这一全新的多厂商、高性能、省配线的现场网络。并于 1997 年获得日本电机工业会（JEMA）颁发的杰出技术成就奖。

CC-Link 是 Control & Communication Link（控制与通信链路系统）的简称，即在工控系统中，可以将控制和信息数据同时以 10 Mbit/s 的速率高速传输的现场网络。CC-Link 具有性能卓越、应用广泛、使用简单、节省成本等突出优点。作为开放式现场总线，CC-Link 是唯一起源于亚洲地区的总线系统，CC-Link 的技术特点尤其适合亚洲人的思维习惯。

1998 年，汽车行业的马自达、五十铃、雅马哈、通用、铃木等也成为 CC-Link 的用户，而且 CC-Link 迅速进入中国市场。

为了使用户能更方便地选择和配置自己的 CC-Link 系统，2000 年 11 月，CC-Link 协会（CC-Link Partner Association，CLPA）在日本成立。主要负责 CC-Link 在全球的普及和推进工作。为了全球化的推广能够统一进行，CLPA 在全球设立了众多的驻点，分布在美国、欧洲、中国、新加坡、韩国等国家和地区，负责在不同地区从各个方面推广和支持 CC-Link 用户和成员的工作。

CLPA 由“Woodhead”“Contec”“Digital”“NEC”“松下电工”和“三菱电机”6 个常务理事会员发起。到 2002 年 3 月底，CLPA 在全球拥有 252 家会员公司，其中包括浙大中控、中科软大等几家中国大陆地区的会员公司。

CC-Link 是一个技术先进、性能卓越、应用广泛、使用简单、成本较低的开放式现场总线，其在中国的技术发展和应用有着广阔的前景。

1. CC-Link 现场网络的组成与特点

CC-Link 现场总线由 CC-Link、CC-Link/LT、CC-Link Safety、CC-Link IE Control、CC-Link IE Field、SLMP 组成。

CC-Link 协议已经获得许多国际和国家标准认可，如：

- 国际化标准组织 ISO 15745（应用集成框架）。
- IEC 国际组织 61784/61158（工业现场总线协议的规定）。
- SEMIE54. 12。
- 中国国家标准 GB/T 19760. 20081。
- 韩国工业标准 KSB ISO 15745-5。

CC-Link 网络层次结构如图 1-9 所示。

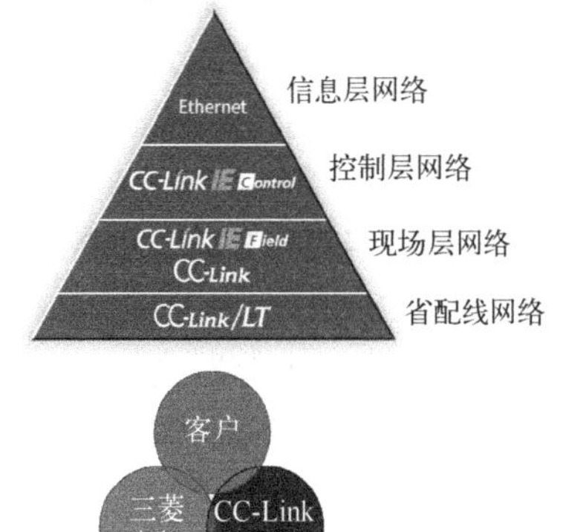

图 1-9　CC-Link 网络层次结构

（1）CC-Link 是基于 RS485 的现场网络。CC-Link 提供高速、稳定的输入/输出响应，并具有优越的灵活扩展潜能。

1）丰富的兼容产品，超过 1500 个品种。

2）轻松、低成本开发网络兼容产品。

3）CC-Link Ver. 2 提供高容量的循环通信。

(2) CC-Link/LT 是基于 RS485 高性能、高可靠性、省配线的开放式网络。

它解决了安装现场复杂的电缆配线或不正确的电缆连接，继承了 CC-Link 诸如开放性、高速和抗噪声等优点，通过简单设置和方便的安装步骤来降低工时，适用于小型 I/O 应用场合的低成本网络。

1）能轻松、低成本地开发主站和从站。

2）适合于节省控制柜和现场设备内的配线。

3）使用专用接口，能通过简单的操作连接或断开通信电缆。

(3) CC-Link Safety 专门基于满足严苛的安全网络要求打造而成。

(4) CC-Link IE Control 是基于以太网的千兆控制层网络，采用双工传输路径，稳定可靠。其核心网络打破了各个现场网络或运动控制网络的界限，通过千兆大容量数据传输，实现控制层网络的分布式控制。凭借新增的安全通信功能，可以在各个控制器之间实现安全数据共享。作为工厂内使用的主干网，实现在大规模分布式控制器系统和独立的现场网络之间协调管理。

1）采用千兆以太网技术，实现超高速、大容量的网络型共享内存通信。

2）冗余传输路径（双回路通信），实现高度可靠的通信。

3）具有强大的网络诊断功能。

(5) CC-Link IE Field 是基于以太网的千兆现场层网络。针对智能制造系统设计，它能够在连有多个网络的情况下，以千兆传输速度实现对 I/O 的“实时控制+分布式控制”。为简化系统配置，增加了安全通信功能和运动通信功能。在一个开放的、无缝的网络环境，它集高速 I/O 控制、分布式控制系统于一个网络中，可以随着设备的布局灵活敷设电缆。

1）千兆传输能力和实时性，使控制数据和信息数据之间的沟通畅通无阻。

2）网络拓扑的选择范围广泛。

3）具有强大的网络诊断功能。

(6) SLMP 可使用标准帧格式跨网络进行无缝通信，使用 SLMP 实现轻松连接，若与 CSP+ 相结合，可以延伸至生产管理和预测维护领域。

CC-Link 是高速的现场网络，它能够同时处理控制和信息数据。在高达 10 Mbit/s 的通信速度时，CC-Link 可以达到 100 m 的传输距离并能连接 64 个逻辑站。CC-Link 的特点如下。

1）高速和高确定性的输入/输出响应。

除了能以 10 Mbit/s 的高速通信外，CC-Link 还具有高确定性和实时性等通信优势，能够使系统设计者轻松构建稳定的控制系统。

2）CC-Link 对众多厂商产品提供兼容性。

CLPA 提供“存储器映射规则”，为每一类型产品定义数据。该定义包括控制信号和数据分布。众多厂商按照这个规则开发 CC-Link 兼容产品。用户不需要改变链接或控制程序，很容易将该处产品从一种品牌换成另一种品牌。

3）传输距离容易扩展。

通信速率为 10 Mbit/s 时，最大传输距离为 100 m。通信速率为 156 kbit/s 时，传输距离可以达到 1.2 km。使用电缆中继器和光中继器可扩展传输距离。CC-Link 支持大规模的应用并减少了配线和设备安装所需的时间。

4）省配线。

CC-Link 显著地减少了复杂生产线上所需的控制线缆和电源线缆的数量。它减少了配线和安装的费用，使完成配线所需的工作量减少并极大改善了维护工作。

5）依靠RAS功能实现高可靠性。

RAS的可靠性、可使用性、可维护性功能是CC-Link另外一个特点，该功能包括备用主站、从站脱离、自动恢复、测试和监控，它提供了高可靠性的网络系统并使网络瘫痪的时间最小化。

6）CC-Link V2.0提供更多功能和更优异的性能。

通过2倍、4倍、8倍等扩展循环设置，最大可以达到RX、RY各8192点和RWw、RWr各2048字（Word）。每台最多可链接点数（占用4个逻辑站时）从128位、32字扩展到896位、256字。CC-Link V2.0与CC-Link V1.10相比，通信容量最大增加到8倍。

CC-Link在包括汽车制造、半导体制造，传送系统和食品生产等各种自动化领域提供简单安装和省配线的优秀产品，除了这些传统的优点外，CC-Link V2.0还能够满足如半导体制造过程中的“In-Situ”监视和“APC（先进的过程控制）”、仪表和控制中的“多路模拟-数字数据通信”等需要大容量和稳定的数据通信领域的要求，这增加了开放的CC-Link网络在全球的吸引力。新版本V2.0的主站可以兼容新版本V2.0从站和V1.10的从站。

CC-Link工业网络结构如图1-10所示。

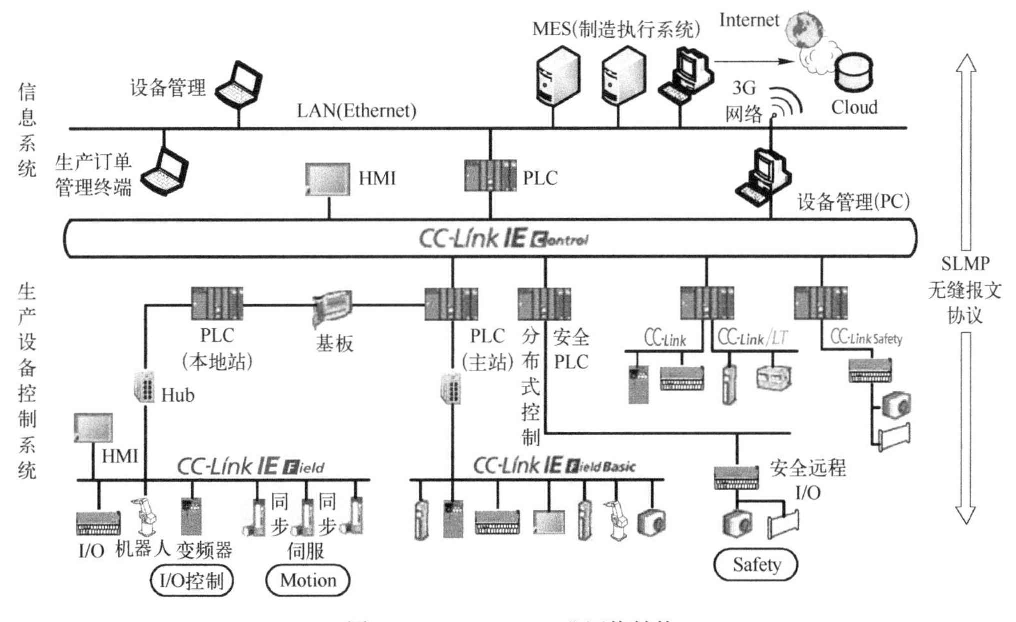

图1-10　CC-Link工业网络结构

2. CC-Link Safety系统构成与特点

CC-Link Safety构筑了最优化的工厂安全系统，并成为GB/Z 29496.1.2.3-2013控制与通信网络CC-Link Safety规范。国际标准的制定呼吁安全网络的重要性，帮助制造业构筑工厂生产线的安全系统、实现安全系统的节省配线、提高生产效率，以及构建与控制系统紧密结合的安全网络。

CC-Link Safety系统构成如图1-11所示。

CC-Link Safety的特点如下。

1）高速通信的实现：实现10 Mbit/s的安全通信速度，凭借与CC-Link同样的高速通信，可构筑具有高度响应性能的安全系统。

图1-11　CC-Link Safety系统构成

2）通信异常的检测：能实现可靠紧急停止的安全网络，具备检测通信延迟或缺损等所有通信出错的安全通信功能，发生异常时能可靠停止系统。

3）原有资源的有效利用：可继续利用原有的网络资源，可使用CC-Link专用通信电缆，在连接报警灯等设备时，可使用原有的CC-Link远程站。

4）RAS功能：集中管理网络故障及异常信息，安全从站的动作状态和出错代码传送至主站管理，还可通过安全从站、网络的实时监视，解决前期故障。

5）兼容产品开发的效率化：Safety兼容产品开发更加简单，CC-Link Safety技术已通过安全审查机构审查，可缩短兼容产品的安全审查时间。

1.4.7　ControlNet

1. ControlNet的历史与发展

工业现场控制网络的许多应用不仅要求在控制器和工业器件之间紧耦合，还应有确定性和可重复性。在ControlNet出现以前，没有一个网络在设备或信息层能有效实现这样的功能要求。

ControlNet是由在北美（包括美国、加拿大等）地区的工业自动化领域中技术和市场占有率稳居第一位的美国罗克韦尔自动化公司（Rockwell Automation）于1997年推出的一种新的面向控制层的实时性现场总线网络。

ControlNet是一种最现代化的开放网络，它提供如下功能。

1）在同一链路上同时支持I/O信息，控制器实时互锁以及对等通信报文传送和编程操作。

2）对于离散和连续过程控制应用场合，均具有确定性和可重复性。

ControlNet采用了一种全新的解决方案——生产者/消费者（Producer/Consumer）模型，它具有精确同步化的功能。ControlNet是目前世界上增长最快的工业控制网络之一（网络节点数年均以180%的速度增长）。

近年来，ControlNet广泛应用于交通运输、汽车制造、冶金、矿山、电力、食品、造纸、石油、化工、娱乐及很多其他领域的工厂自动化和过程自动化。世界上许多知名的大公司，包括福特汽车公司、通用汽车公司、巴斯夫公司、柯达公司、现代集团公司等以及美国宇航局等政府机关都是ControlNet的用户。

2. ControlNet International简介

为了促进ControlNet技术的发展、推广和应用，罗克韦尔等22家公司于1997年7月联合发起成立了控制网国际组织（ControlNet International，CI）。同时，罗克韦尔将 ControlNet 技术转让给了 CI。CI 是一个为用户和供货厂商服务的非营利性的独立组织，它负责 ControlNet 技术规范的管理和发展，并通过开发测试软件提供产品的一致性测试，出版 ControlNet 产品目录，进行 ControlNet 技术培训等，促进世界范围内 ControlNet 技术的推广和应用。因而，ControlNet 是开放的现场总线。CI 在全世界范围内拥有包括 Rockwell Automation、ABB、Honeywell、Toshiba 等 70 家著名厂商组成的成员单位。

CI 的成员可以加入 ControlNet 特别兴趣小组（Special Interest Group），它们由两个或多个对某类产品有共同兴趣的供货商组成。它们的任务是开发设备行规（Device Profile），目的是让加入 ControlNet 的所有成员对 ControlNet 某类产品的基本标准达成一致意见，这样使得同类的产品可以达到互换性和互操作性。SIG 开发的成果经过同行们审查再提交 CI 的技术审查委员会，经过批准，其设备行规将成为 ControlNet 技术规范的一部分。

3. ControlNet 简介

ControlNet 是一个高速的工业控制网络，在同一电缆上同时支持 I/O 信息和报文信息（包括程序、组态、诊断等信息），集中体现了控制网络对控制（Control）、组态（Configuration）、采集（Collect）等信息的完全支持，ControlNet 以生产者/消费者这一先进的网络模型为基础，该模型为网络提供更高的有效性、一致性和柔韧性。

从专用网络到公用标准网络，工业网络开发商给用户带来了许多好处，但是也带来了许多互不相容的网络，如果将网络的扁平体系和高性能的需要加以考虑就会发现，为了增强网络的性能，有必要在自动化和控制网络这一层引进一种包含市场上所有网络优良性能的全新的网络，另外还应考虑的是数据的传输时间是可预测的，以及保证传输时间不受设备加入或离开网络的影响。所有的这些现实问题推动了 ControlNet 的开发和发展，它正是满足不同需要的一种实时的控制层的网络。

ControlNet 协议的制定参照了 OSI 七层协议模型，并参照了其中的 1、2、3、4、7 层。既考虑到网络的效率和实现的复杂程度，没有像 LonWorks 一样采用完整的 7 层；又兼顾到协议技术的向前兼容性和功能完整性，与一般现场总线相比增加了网络层和传输层。这对和异种网络的互连和网络的桥接功能提供了支持，更有利于大范围的组网。

ControlNet 中网络和传输层的任务是建立和维护连接。这一部分协议主要定义了未连接报文管理（Unconnected Message Manager，UCMM）、报文路由（Message Router）对象和连接管理（Connection Management）对象及相应的连接管理服务。以下将对 UCMM、报文路由等分别进行介绍。

ControlNet 上可连接以下典型的设备。

- 逻辑控制器（如可编程逻辑控制器、软控制器等）。
- I/O 机架和其他 I/O 设备。
- 人机界面设备。
- 操作员界面设备。
- 电动机控制设备。
- 变频器。
- 机器人。
- 气动阀门。
- 过程控制设备。

- 网桥/网关等。

关于具体设备的性能及其生产商，用户可以向CI索取ControlNet产品目录（Product Catalog）。

ControlNet网络上可以连接多种设备：同一网络支持多个控制器、每个控制器拥有自己的I/O设备、I/O机架的输入量支持多点传送（Multicast）。

ControlNet提供了市场上任何单一网络不能提供的性能。

1）高速（5 Mbit/s）的控制和I/O网络，增强的I/O性能和点对点通信能力，多主机支持，同时支持编程和I/O通信的网络，可以从任何一个节点，甚至是适配器访问整个网络。

2）柔性的安装选择。使用可用的多种标准的低价的电缆，可选的媒体冗余，每个子网可支持最多99个节点，并且可放在主干网的任何地方。

3）先进的网络模型，对I/O信息实现确定和可重复的传送，媒介访问算法确保传送时间的准确性，生产者/消费者模型最大限度优化了带宽的利用率，支持多主机、多点传送和点对点的应用关系。

4）使用软件进行设备组态和编程，并且使用同一网络。

ControlNet物理媒介可以使用电缆和光纤，电缆使用RG-6/U同轴电缆（和有线电视电缆相同），其特点是廉价、抗干扰能力强、安装简单，使用标准BNC连接器和无源分接器（Tap），分接器允许节点放置在网络的任何地方，每个网段可延伸到1000 m，并且可用中继器（Repeater）进行扩展。在户外、危险及高电磁干扰环境下可使用光纤，当与同轴电缆混接时可延伸到25 km，其距离仅受光纤的质量限制。

媒质访问控制使用时间片算法（Time Slice）保证每个节点之间同步带宽的分配。根据实时数据的特性，带宽预先保留或预订（Scheduled）用来支持实时数据的传送，余下的带宽用于非实时或未预订（Unscheduled）数据的传送，实时数据包括I/O信息和控制器之间对等信息的互锁（Interlocking），而非实时数据则包括显性报文（Explicit Messaging）和连接的建立。

传统的网络支持两类产品（如主机和从机），ControlNet支持3类产品。

- 设备供电：设备采用外部供电。
- 网络模型：生产者/消费者。
- 连接器：标准同轴电缆BNC。
- 物理层介质：RG6同轴电缆、光纤。
- 网络节点数：99个最大可编址节点，不带中继器的网段最多48个节点。
- 带中继器最大拓扑：（同轴电缆）5000 m，（光纤）30 km。
- 应用层设计：面向对象设计，包括设备对象模型、类/实例/属性、设备行规（Profile）。
- I/O数据触发方式：轮询（Poll），周期性发送（Cyclic）/状态改变发送（Change Of State）。
- 网络刷新时间：可组态2~100 ms。
- I/O数据点数：无限多个。
- 数据分组大小：可变长0~510 B。
- 网络和系统特性：可带电插拔，确定性和可重复性，可选本征安全，网络重复节点检测，报文分段传送（块传送）。

1.4.8　AS-i

AS-i（Actuator-Sensor interface）是执行器-传感器接口的英文缩写。它是一种用来在控制器（主站，Master）和传感器/执行器（从站，Slave）之间双向交换信息和主从结构的总线网络，它属于现场总线下面设备级的底层通信网络。

一个 AS-i 总线中的主站最多可以带 31 个从站，从站的地址为 5 位，可以有 32 个地址，但“0”地址留作地址自动分配时的特殊用途。一个 AS-i 的主站又可以通过网关（Gateway）和 PROFIBUS-DP 现场总线连接，作为它的一个从站。

AS-i 总线用于具有开关量特征的传感器/执行器中，也可用于各种开关电器中。AS-i 是总线供电，即两条传输线既传输信号，又向主站和从站提供电源。AS-i 主站由带有 AS-i 主机电路板的可编程序控制器（PLC）或工业计算机（IPC）组成，它是 AS-i 总线的核心。AS-i 从站一般可分为两种，一种是智能型开关装置，它本身就带有从机专用芯片和配套电路，形成一体化从站，这种智能化传感器/执行器或其他开关电器就可以直接和 AS-i 网线连接。第二种使用专门设计的 AS-i 接口“用户模块”。在这种“用户模块”中带有从机专用芯片和配套电路，它除了有通信接口外，一般还带有 8 个 I/O 接口，这样它就可以和 8 个普通的开关元件相连接构成分离型从站。AS-i 总线主站和从站之间的通信采用非屏蔽、非绞线的双芯电缆。其中一种是普通的圆柱形电缆，另一种为专用的扁平电缆，由于采用一种特殊的穿刺安装方法把线压在连接件上，所以安装和拆卸都很方便。

AS-i 总线的发展是由 11 家公司联合资助和规划的，并得到德国科技部的支持，现已成立了 AS-i 国际协会（AS-International Association），它的任务是规划 AS-i 部件的开发和系统的定义，进行有关标准化的工作，组织产品的标准测试和软件认证，以保证 AS-i 产品的开放性和互操作性。

1.4.9　P-Net

P-Net 现场总线由丹麦 Process-Data A/S 公司提出，1984 年开发出第一个多主控器现场总线的产品，主要应用于农业、水产、饲养、林业、食品等行业，现已成为欧洲标准 EN 50170 的第一部分、IEC 61158 类型 4。P-Net 采用了 ISO/OSI 模型的物理层、数据链路层、网络层、服务器和应用层。

P-Net 是一种多主控器主从式总线（每段最多可容纳 32 个主控器），使用屏蔽双绞线电缆，传输距离 1.2 km，采用 NRZ 编码异步传输，数据传输速率为 76.8 kbit/s。

P-Net 总线只提供了一种传输速率，它可以同时应用在工厂自动化系统的几个层次上，而各层次的运输速率保持一致。这样构成的多网络结构使各层次之间的通信不需要特殊的耦合器，几个总线分段之间可实现直接寻址，它又称为多网络结构。

P-Net 总线访问采用一种“虚拟令牌传递”的方式，总线访问权通过虚拟令牌在主站之间循环传递，即通过主站中的访问计数器和空闲总线位周期计数器，确定令牌的持有者和持有令牌的时间。这种基于时间的循环机制，不同于采用实报文传递令牌的方式，节省了主控制器的处理时间，提高了总线的传输效率，而且它不需要任何总线仲裁的功能。

P-Net 不采用专用芯片，它对从站的通信程序仅需几千字节的编码，因此它结构简单，易于开发和转化。

1.4.10　HART

HART（Highway Addressable Remote Transducer，可寻址远程传感器高速通道）开放通信协议，是美国 Rosemount 公司于 1985 年推出的一种用于现场智能仪表和控制室设备之间的双向通信协议。

HART并不是真正的现场总线，而是从模拟控制系统向现场总线过渡的一块“踏脚石”。它在4~20 mA的模拟信号上叠加FSK（Frequency Shift Keying，频移键控）数字信号，可以兼容模拟和数字两种信号。符合HART协议的现场仪表，在不中断过程信号传输的情况下，在同一模拟回路上可以同时进行数字通信，使用户获得了诊断和维护的信息以及更多的过程数据。

HART通信模型采用物理层、数据链路层和应用层三层，支持点对点主从应答方式和多点广播方式。HART通信基于命令，其应用层具有强大的命令集。HART命令可分为三类。

第一类是通用命令，适用于遵守HART协议的所有产品，目的是使来自不同供应商的使用HART协议的设备之间具有互操作性，并在日常工厂操作中访问数据，即读取过程测量值，上限、下限范围，以及其他一些信息，如生产厂家、型号、位号及描述等。

第二类是普通命令，用来访问那些大多数但并非全部设备所具有的功能。这些命令可选，但如果实现这些功能，则必须被说明，如写阻尼时间常数等常用的操作。

第三类是特殊命令，适用于遵守HART协议的特殊设备，它不要求设备间的统一，大多数用于设备参数组态、标校等。

由于HART采用模拟/数字混合信号，难以开发通用的通信接口芯片。HART能利用总线供电，可满足本质安全防爆的要求，并可用于以手持编程器与管理系统主机为主设备的双主设备系统。

尽管从发展趋势看，HART协议技术最终会被全数字化的现场总线通信协议所替代，但它是从模拟信号到数字信号的最有效的过渡方式，所以仍然具有十分广阔的市场。

1.4.11　CIP

CIP（Common Industrial Protocol，通用工业协议）作为一种为工业应用开发的应用层协议，由ODVA（Open DeviceNet Vendor Association）和CI（Control Net International）两大工业网络组织共同推出。它被DeviceNet、ControlNet和EtherNet/IP三种网络采用，已成为国际标准，因此这三种网络相应地统称为CIP网络。DeviceNet、ControlNet、EtherNet/IP各自的规范中都有CIP的定义（称为CIP规范），三种规范对CIP的定义大同小异，只是在与网络底层有关的部分不一样。

CIP网络功能强大，可传输多种类型的数据，完成以前需要两个网络才能完成的任务，而且支持多种通信模式和多种I/O数据触发方式。同时，CIP网络基于生产者/消费者（Producer/Consumer）模型的方式发送对时间有苛求的报文，具有良好的实时性、确定性、可重复性和可靠性。

其中，DeviceNet具有节点成本低、网络供电等特点；ControlNet具有通信波特率高、支持介质冗余和本质安全等特点；而EtherNet/IP作为一种工业以太网，具有高性能、低成本、易使用、易于和内部网甚至Internet进行信息集成等特点。所以，一般设备层网络为DeviceNet，控制层网络为ControlNet，信息层网络为EtherNet/IP。

在Rockwell提出的这三层网络结构中，DeviceNet主要应用于工业控制网络的底层，即设备层。它将基本工业设备如传感器、阀组、电动机起动器、条形码阅读器和操作员接口等连接到网络，从而避免了昂贵和烦琐的接线。DeviceNet的许多特性沿袭于CAN，采用短帧传输，每帧的最大数据为8个字节；采用无破坏性的逐位仲裁技术；网络最多可连接64个节点；数据传输速率为 128 kbit/s、256 kbit/s、512 kbit/s；支持点对点、多主或主/从通信方式；采用 CAN 的物理和数据链路层规约。DeviceNet 满足了工业控制网络底层的众多要求，在提供多供货商同类部件间的可互换性的同时，减少了配线和安装自动化设备的成本和时间，从而在离散控制领域中占有一席之地。

在北美和日本，CIP 网络在同类产品中占有最高的市场份额，在其他地区也呈现出强劲的发展势头，并已广泛应用于汽车工业、半导体产品制造业、食品加工工业、搬运系统、电力系统、包装、石油、化工、钢铁、水处理、楼宇自动化、机器人、制药和冶金等领域。

1.5　工业以太网简介

1.5.1　EtherCAT

EtherCAT 是由德国 BECKHOFF 公司开发的，并且在 2003 年底成立了 ETG 工作组（Ethernet Technology Group）。EtherCAT 是一个可用于现场级的超高速 I/O 网络，它使用标准的以太网物理层和常规的以太网卡，介质可为双绞线或光纤。

1. 以太网的实时能力

目前，有许多方案力求实现以太网的实时能力。例如，CSMA/CD 介质存取过程方案，即禁止高层协议访问过程，而由时间片或轮循方式所取代的一种解决方案。另一种解决方案则是通过专用交换机精确控制时间的方式来分配以太网包。

这些方案虽然可以在某种程度上快速准确地将数据包传送给所连接的以太网节点，但是，输出或驱动控制器重定向所需要的时间以及读取输入数据所需要的时间都要受制于具体的实现方式。

如果将单个以太网帧用于每个设备，从理论上讲，其可用数据率非常低。例如，最短的以太网帧为 84 B（包括内部的包间隔 IPG）。如果一个驱动器周期性地发送 4 B 的实际值和状态信息，并相应地同时接收 4 B 的命令值和控制字信息，那么，即便是总线负荷为 100%时，其可用数据率也只能达到 4/84 = 4.8%。如果按照 10 μs 的平均响应时间估计，则速率将下降到 1.9%。对所有发送以太网帧到每个设备（或期望帧来自每个设备）的实时以太网方式而言，都存在这些限制，但以太网帧内部所使用的协议则是例外。

一般常规的工业以太网的传输方法都采用先接收通信帧，进行分析后作为数据送入网络中各个模块的通信方式，而 EtherCAT 的以太网协议帧中已经包含了网络中各个模块的数据。

数据的传输采用移位同步的方法进行，即在网络的模块中得到其相应地址数据的同时，数据帧可以传送到下一个设备，相当于数据帧通过一个模块时输出相应的数据后，立即转入下一个模块。由于这种数据帧的传送从一个设备到另一个设备的延迟时间仅为微秒级，所以与其他以太网解决方法相比，性能得到了提高。在网络段的最后一个模块结束整个数据传输的工作，形成了一个逻辑和物理环形结构。所有传输数据与以太网的协议相兼容，同时采用双工传输，提高了传输的效率。

2. EtherCAT 的运行原理

EtherCAT 技术突破了其他以太网解决方案的系统限制：通过该项技术，无须接收以太网数据包，将其解码，之后再将过程数据复制到各个设备。EtherCAT 从站设备在报文经过其节点时读取相应的编址数据，同样，输入数据也是在报文经过时插入报文中。整个过程中，报文只有几纳秒的时间延迟。

由于发送和接收的以太网帧压缩了大量的设备数据，所以有效数据率可达90%以上。100 Mbit/s TX 的全双工特性完全得以利用，因此，有效数据率可大于100 Mbit/s。

符合IEEE 802.3标准的以太网协议无须附加任何总线即可访问各个设备。耦合设备中的物理层可以将双绞线或光纤转换为LVDS，以满足电子端子块等模块化设备的需求。这样，就可以非常经济地对模块化设备进行扩展。

EtherCAT的通信协议模型如图1-12所示。EtherCAT通过协议内部可区别传输数据的优先权，组态数据或参数的传输是在一个确定的时间中通过一个专用的服务通道进行，EtherCAT系统的以太网功能与传输的IP兼容。

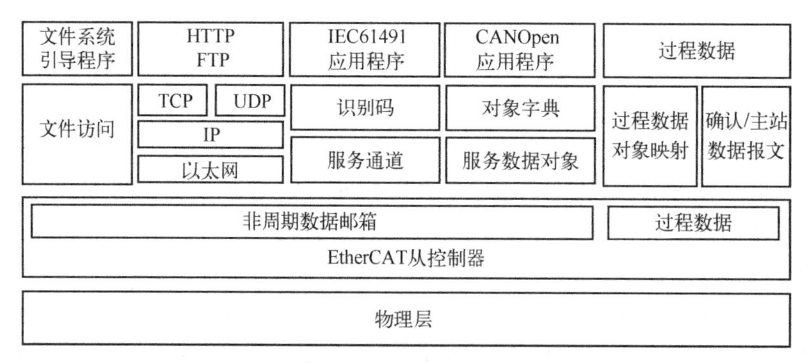

图1-12　EtherCAT通信协议模型

3. EtherCAT的技术特征

EtherCAT是用于过程数据的优化协议，凭借特殊的以太网类型，它可以在以太网帧内直接传送。EtherCAT帧可包括几个EtherCAT报文，每个报文都服务于一块逻辑过程映像区的特定内存区域，该区域最大可达4 GB。数据顺序不依赖于网络中以太网端子的物理顺序，可任意编址。从站之间的广播、多播和通信均得以实现。当需要实现最佳性能，且要求EtherCAT组件和控制器在同一子网操作时，则直接采用以太网帧传输。

然而，EtherCAT不仅限于单个子网的应用。EtherCAT UDP将EtherCAT协议封装为UDP/IP数据报文，这意味着任何以太网协议栈的控制均可编址到EtherCAT系统之中，甚至通信还可以通过路由器跨接到其他子网中。显然，在这种变体结构中，系统性能取决于控制的实时特性和以太网协议的实现方式。因为UDP数据报文仅在第一个站才完成解包，所以EtherCAT网络自身的响应时间基本不受影响。

另外，根据主/从数据交换原理，EtherCAT也非常适合控制器之间（主/从）的通信。自由编址的网络变量可用于过程数据以及参数、诊断、编程和各种远程控制服务，满足广泛的应用需求。主站/从站与主站/主站之间的数据通信接口也相同。从站到从站的通信则有两种机制以供选择。

一种机制是，上游设备和下游设备可以在同一周期内实现通信，速度非常快。由于这种方法与拓扑结构相关，因此适用于由设备架构设计所决定的从站到从站的通信，如打印或包装应用等。

而对于自由配置的从站到从站的通信，则可以采用第二种机制：数据通过主站进行中继。这种机制需要两个周期才能完成，但由于EtherCAT的性能非常卓越，因此该过程耗时仍然快于采用其他方法所耗费的时间。

EtherCAT 仅使用标准的以太网帧，无任何压缩。因此，EtherCAT 以太网帧可以通过任何以太网 MAC 发送，并可以使用标准工具。

EtherCAT 使网络性能达到了一个新境界。借助于从站硬件集成和网络控制器主站的直接内存存取，整个协议的处理过程都在硬件中得以实现，因此，完全独立于协议栈的实时运行系统、CPU 性能或软件实现方式。

超高性能的 EtherCAT 技术可以实现传统的现场总线系统难以实现的控制理念。EtherCAT 使通信技术和现代工业 PC 所具有的超强计算能力相适应，总线系统不再是控制理念的瓶颈，分布式 I/O 可能比大多数本地 I/O 接口运行速度更快。EtherCAT 技术原理具有可塑性，并不束缚于 100 Mbit/s 的通信速率，甚至有可能扩展为 1000 Mbit/s 的以太网。

现场总线系统的实际应用经验表明，有效性和试运行时间关键取决于诊断能力。只有快速而准确地检测出故障，并明确标明其所在位置，才能快速排除故障。因此，在 EtherCAT 的研发过程中，特别注重强化诊断特征。

试运行期间，驱动或 I/O 端子等节点的实际配置需要与指定的配置进行匹配性检查，拓扑结构也需要与配置相匹配。由于整合的拓扑识别过程已延伸至各个端子，因此，这种检查不仅可以在系统启动期间进行，也可以在网络自动读取时进行。

可以通过评估 CRC 校验，有效检测出数据传送期间的位故障。除断线检测和定位之外，EtherCAT 系统的协议、物理层和拓扑结构还可以对各个传输段分别进行品质监视，与错误计数器关联的自动评估还可以对关键的网络段进行精确定位。此外，对于电磁干扰、连接器破损或电缆损坏等一些渐变或突变的错误源而言，即便它们尚未过度应变到网络自恢复能力的范围，也可对其进行检测与定位。

选择冗余电缆可以满足快速增长的系统可靠性需求，以保证设备更换时不会导致网络瘫痪。可以很经济地增加冗余特性，仅需在主站设备端增加一个标准的以太网端口，无需专用网卡或接口，并将单一的电缆从总线型拓扑结构转变为环形拓扑结构即可。当设备或电缆发生故障时，也仅需一个周期即可完成切换。因此，即使是针对运动控制要求的应用，电缆出现故障时也不会有任何问题。EtherCAT 也支持热备份的主站冗余。由于在环路中断时 EtherCAT 从站控制器将立刻自动返回数据帧，一个设备的失败不会导致整个网络的瘫痪。

为了实现 EtherCAT 安全数据通信，EtherCAT 安全通信协议已经在 ETG 组织内部公开。EtherCAT 被用作传输安全和非安全数据的单一通道。传输介质被认为是“黑色通道”而不被包括在安全协议中。EtherCAT 过程数据中的安全数据报文包括安全过程数据和所要求的数据备份。这个“容器”在设备的应用层被安全地解析。通信仍然是单一通道的，这符合 IEC61784-3 附件中的模型 A。

EtherCAT 安全协议已经由德国技术监督局（TÜV）评估为满足 IEC61508 定义的 SIL3 等级的安全设备之间传输过程数据的通信协议。设备上实施 EtherCAT 安全协议必须满足安全目标的需求。

4. EtherCAT 的实施

由于 EtherCAT 无需集线器和交换机，因此，在环境条件允许的情况下，可以节省电源、安装费用等设备方面的投资，只需使用标准的以太网电缆和价格低廉的标准连接器即可。如果环境条件有特殊要求，则可以依照 IEC 标准，使用增强密封保护等级的连接器。

EtherCAT 技术是面向经济的设备而开发的，如 I/O 端子、传感器和嵌入式控制器等。EtherCAT 使用遵循 IEEE 802.3 标准的以太网帧。这些帧由主站设备发送，从站设备只是在以太网帧经过其所在位置时才提取和/或插入数据。因此，EtherCAT 使用标准的以太网 MAC，这正是其在主站设备方面智能化的表现。同样，EtherCAT 从站控制器采用 ASIC 芯片，在硬件中处理过程数据协议，确保提供最佳实时性能。

EtherCAT 接线非常简单，并对其他协议开放。传统的现场总线系统已达到了极限，而 EtherCAT 则突破建立了新的技术标准。可选择双绞线或光纤，并利用以太网和因特网技术实现垂直优化集成。使用 EtherCAT 技术，可以用简单的线性拓扑结构替代昂贵的星形以太网拓扑结构，无需昂贵的基础组件。EtherCAT 还可以使用传统的交换机连接方式，以集成其他以太网设备。其他实时以太网方案需要与控制器进行特殊连接，而 EtherCAT 只需要价格低廉的标准以太网卡（NIC）便可实现。

EtherCAT 拥有多种机制，支持主站到从站、从站到从站以及主站到主站之间的通信。它实现了安全功能，采用技术可行且经济实用的方法，使以太网技术可以向下延伸至 I/O 级。EtherCAT 功能优越，可以完全兼容以太网，可将因特网技术嵌入简单设备中，并最大化地利用了以太网所提供的巨大带宽，是一种实时性能优越且成本低廉的网络技术。

5. EtherCAT 的应用

EtherCAT 广泛适用于以下应用。

- 机器人。
- 机床。
- 包装机械。
- 印刷机。
- 塑料制造机器。
- 冲压机。
- 半导体制造机器。
- 试验台。
- 测试系统。
- 抓取机器。
- 电厂。
- 变电站。
- 材料处理应用。
- 行李运送系统。
- 舞台控制系统。
- 自动化装配系统。
- 纸浆和造纸机。
- 隧道控制系统。
- 焊接机。
- 起重机和升降机。
- 农场机械。
- 海岸应用。
- 锯木厂。
- 窗户生产设备。
- 楼宇控制系统。

- 钢铁厂。
- 风机。
- 家具生产设备。
- 铣床。
- 自动引导车。
- 娱乐自动化。
- 制药设备。
- 木材加工机器。
- 平板玻璃生产设备。
- 称重系统。

1.5.2 SERCOS

SERCOS（Serial Real-time Communication Specification，串行实时通信协议）是一种用于工业机械电气设备的控制单元和数字伺服装置之间高速串行实时通信的数字交换协议。

1986 年，德国电力电子协会与德国机床协会联合召集了欧洲一些机床、驱动系统和 CNC 设备的主要制造商（Bosch、ABB、AMK、Banmuller、Indramat、Siemens、Pacific Scientific 等）组成了一个联合小组。该小组旨在开发出一种用于数字控制器与智能驱动器之间的开放性通信接口，以实现 CNC 技术与伺服驱动技术的分离，从而使整个数控系统能够模块化、可重构与可扩展，达到低成本、高效率、强适应性地生产数控机床的目的。经过多年的努力，此技术终于在 1989 年德国汉诺威国际机床博览会上展出，这标志着 SERCOS 总线正式诞生。1995 年，国际电工委员会把 SERCOS 接口采纳为标准 IEC 61491，1998 年，SERCOS 接口被确定为欧洲标准 EN61491。2005 年基于以太网的 SERCOSⅢ面世，并于 2007 年成为国际标准 IEC61158/61784。迄今为止，SERCOS 已发展了三代，SERCOS 接口协议成为当今唯一专门用于开放式运动控制的国际标准，得到了国际大多数数控设备供应商的认可。到今天已有 200 多万个 SERCOS 站点在工业实际中使用，超过 50 个控制器和 30 个驱动器制造厂推出了基于 SERCOS 的产品。

SERCOS 接口技术是构建 SERCOS 通信的关键技术，经 SERCOS 协会组织和协调，推出了一系列 SERCOS 接口控制器，通过它们能方便地在数控设备之间建立起 SERCOS 通信。

SERCOS 目前已经发展到了 SERCOS Ⅲ，继承了 SERCOS 协议在驱动控制领域的优良实时和同步特性，是基于以太网的驱动总线，物理传输介质也从仅仅支持光纤扩展到了以太网线 CAT5e，拓扑结构也支持线性结构。借助于新一代的通信控制芯片 netX，使用标准的以太网硬件将运行速率提高到 100 Mbit/s。在第一、二代时，SERCOS 只有实时通道，通信只能在主从（Master and Slaver MS）之间进行。SERCOSⅢ扩展了非实时的 IP 通道，在进行实时通信的同时可以传递普通的 IP 报文，主站和主站、从站和从站之间可以直接通信，在保持服务通道的同时，还增加了 SERCOS 消息协议 SMP（SERCOS Messaging Protocol）。

SERCOS 接口成为国际标准以来，已经得到了广泛应用。至今全世界有多家公司拥有 SERCOS 接口产品（包括数字伺服驱动器、控制器、输入/输出组件、接口组件、控制软件等）及技术咨询和产品设计服务。SERCOS 接口已经广泛应用于机床、印刷机、食品加工和包装、机器人、自动装配等领域。2000 年 ST 公司开发出了 SERCON816 ASIC 控制器，把传输速率提高到了 16 Mbit/s，大大提高了 SERCOS 接口能力。

SERCOS 总线的众多优点，使得它在数控加工中心、数控机床、精密齿轮加工机械、印刷机械、装配线和装配机器人等运动控制系统中获得了广泛应用。目前，很多厂商如西门子、伦茨等公司的伺服系统都具有 SERCOS 总线接口。国内 SERCOS 接口用户有多家，其中包括清华大学、沈阳第一机床厂、华中数控集团、北京航空航天大学、上海大众汽车厂、上海通用汽车厂等单位。

1. SERCOS 总线的技术特性

SERCOS 接口规范使控制器和驱动器间数据交换的格式及从站数量等进行组态配置。在初始化阶段，接口的操作根据控制器和驱动器的性能特点来具体确定。所以，控制器和驱动器都可以执行速度、位置或扭矩控制方式。灵活的数据格式使得 SERCOS 接口能用于多种控制结构和操作模式，控制器可以通过指令值和反馈值的周期性数据交换来达到与环上所有驱动器精确同步，其通信周期可在 62.5 μs、125 μs、250 μs 及 250 μs 的整数倍间进行选择。在 SERCOS 接口中，控制器与驱动器之间的数据传送分为周期性数据传送和非周期性数据传送（服务通道数据传送）两种，周期性数据交换主要用于传送指令值和反馈值，在每个通信周期数据传送一次。非周期数据传送则是用于自控制器和驱动器之间交互的参数（IDN），独立于任何制造厂商。它提供了高级的运动控制能力，内含用于 I/O 控制的功能，使机器制造商不需要使用单独的 I/O 总线。

SERCOS 技术发展到了第三代基于实时以太网技术，将其应用从工业现场扩展到了管理办公环境，并且由于采用了以太网技术不仅降低了组网成本还增加了系统柔性，在缩短最少循环时间（31.25 μs）的同时，还采用了新的同步机制，同步精度小于 20 ns，并且实现了网上各个站点的直接通信。

SERCOS 采用环形结构，使用光纤作为传输介质，是一种高速、高确定性的总线，16 Mbit/s 的接口实际数据通信速率已接近以太网。采用普通光纤为介质时的环传输距离可达 40 m，可最多连接 254 个节点。实际连接的驱动器数目取决于通信周期时间、通信数据量和速率。系统确定性由 SERCOS 的机械和电气结构特性保证，与传输速率无关，系统可以保证毫秒精确度的同步。

SERCOS 总线协议具有如下技术特性。

（1）标准性

SERCOS 标准是唯一的有关运动控制的国际通信标准。其所有的底层操作、通信、调度等，都按照国际标准的规定设计，具有统一的硬件接口、通信协议、命令码 IDN 等。其提供给用户的开发接口、应用接口、调试接口等都符合 SERCOS 国际通信标准 IEC 61491。

（2）开放性

SERCOS 技术是由国际上很多知名的研究运动控制技术的厂家和组织共同开发的，SERCOS 的体系结构、技术细节等都是向世界公开的，SERCOS 标准的制定是 SERCOS 开放性的一个重要方面。

（3）兼容性

因为所有的 SERCOS 接口都是按照国际标准设计，支持不同厂家的应用程序，也支持用户自己开发的应用程序。接口的功能与具体操作系统、硬件平台无关，不同的接口之间可以相互替代，移植花费的代价很小。

（4）实时性

SERCOS 接口的国际标准中规定 SERCOS 总线采用光纤作为传输环路，支持 2/4/8/

16 Mbit/s的传输速率。

（5）扩展性

每一个 SERCOS 接口可以连接 8 个节点，如果需要更多的节点则可以通过 SERCOS 接口的级联方式扩展。通过级联，每一个光纤环路上最多可以有 254 个节点。

另外，SERCOS 总线接口还具有抗干扰性能好、即插即用等其他优点。

2. SERCOS Ⅲ总线

（1）SERCOS Ⅲ总线概述

由于 SERCOS Ⅲ是 SERCOSII 技术的一个变革，与以太网结合以后，SERCOS 技术已经从专用的伺服接口向广泛的实时以太网转变。原来优良的实时特性仍然保持，新的协议内容和功能扩展了 SERCOS 在工业领域的应用范围。

在数据传输上，硬件连接既可以用光缆也可以用 CAT5e 电缆；报文结构方面，为了应用以太网硬实时的环境，SERCOS Ⅲ增加了一个与非实时通道同时运行的实时通道。该通道用来传输 SERCOS Ⅲ报文，也就是传输命令值和反馈值；参数化的非实时通道与实时通道一起传输以太网信息和基于 IP 的信息，包括 TCP/IP 和 UDP/IP。数据采用标准的以太网帧来传输，这样实时通道和非实时通道可以根据实际情况进行配置。

SERCOS Ⅲ系统是基于环状拓扑结构的。支持全双工以太网的环状拓扑结构可以处理冗余；线状拓扑结构的系统则不能处理冗余，但在较大的系统中能节省很多电缆。由于是全双工数据传输，当在环上的一处电缆发生故障时，通信不会中断，此时利用诊断功能可以确定故障地点；并且能够在不影响其他设备正常工作的情况下得到维护。SERCOS Ⅲ不使用星形的以太网结构，数据不经过路由器或转换器，从而可以使传输延时减少到最小。安装 SERCOS Ⅲ网络不需要特殊的网络参数。在 SERCOS Ⅲ系统领域内，连接标准的以太网设备和其他第三方部件的以太网端口可以交换使用，如 P1 与 P2。Ethernet 协议或者 IP 内容皆可以进入设备并且不影响实时通信。

SERCOS Ⅲ协议是建立在已被工业实际验证的 SERCOS 协议之上，它继承了 SERCOS 在伺服驱动领域的高性能和高可靠性，同时将 SERCOS 协议搭载到以太网的通信协议 IEEE 802.3 之上，使 SERCOS Ⅲ迅速成为基于实时以太网的应用于驱动领域的总线。针对前两代 SERCOS，SERCOS Ⅲ的主要特点如下。

- 高传输速率，达到全双工 100 Mbit/s。
- 采用时隙技术避免了以太网的报文冲突，提高了报文的利用率。
- 向下兼容，兼容以前 SERCOS 总线的所有协议。
- 降低了硬件的成本。
- 集成了 IP。
- 使从站之间可以交叉通信（Cross Communication，CC）。
- 支持多个运动控制器的同步（Control to Control，C2C）。
- 扩展了对 I/O 等控制的支持。
- 支持与安全相关的数据传输。
- 增加了通信冗余、容错能力和热插拔功能。

（2）SERCOS Ⅲ系统特性

SERCOS Ⅲ系统具有如下特性。

1）实时通道的实时数据的循环传输。

在SERCOS主站和从站或从站和从站之间，可以利用服务通道进行通信设置、参数和诊断数据的交换。为了保持兼容性，服务通道在SERCOS Ⅰ-Ⅱ中仍旧存在。在实时通道和非实时通道之间，循环通信和100 Mbit/s的带宽能够满足各种用户的需求。这就为SERCOS Ⅲ的应用提供了更广阔的空间。

2）为集中式和分布式驱动控制提供了很好的方案。

SERCOS Ⅲ的传输数据率为100 Mbit/s，最小循环时间是31.25 μs，对应8轴与6 B。当循环时间为1 ms时，对应254轴12 B，可见在一定的条件下支持的轴数足够多，这就为分布式控制提供了良好的环境。分布式控制中在驱动控制单元所有的控制环都是封闭的；集中式控制中仅在当前驱动单元中的控制环是封闭的，中心控制器用来控制各个轴对应的控制环。

3）从站与从站（CC）或主站与主站（C2C）之间皆可通信。

在前两代SERCOS技术中，由于光纤连接的传输单向性，站与站之间不能够直接进行数据交换。SERCOS Ⅲ中数据传输采用的是全双工的以太网结构，不但从站之间可以直接通信而且主站和主站之间也可以直接进行通信，通信的数据包括参数、轴的命令值和实际值，保证了在硬件实时系统层的控制器同步。

4）SERCOS安全。

在工厂的生产中，为了减少人机的损害，SERCOS Ⅲ增加了系统安全功能，在2005年11月SERCOS安全方案通过了TÜV Rheinland认证，并达到了IEC61508中的SL3标准，带有安全功能的系统将于2007年底面世。安全相关的数据与实时数据或其他标准的以太网协议数据在同一个物理层媒介上传输。在传输过程中最多可以有64 bit安全数据植入SERCOS Ⅲ数据报文中，同时安全数据也可以在从站与从站之间进行通信。由于安全功能独立于传输层，除了SERCOS Ⅲ外，其他的物理层媒介也可以应用，这种传输特性为系统向安全等级低一层的网络扩展提供了便利条件。

5）IP通道。

利用IP通信时，可以在无控制系统的条件下和SERCOS Ⅲ系统进行通信，这对于调试前对设备的参数设置相当方便。IP通道为以下操作提供了灵活和透明的大容量数据传输：设备操作、调试和诊断、远程维护、程序下载和上传以及度量来自传感器等的记录数据和数据质量。

6）SERCOS Ⅲ硬件模式和I/O。

随着SERCOS Ⅲ系统的面世，新的硬件在满足该系统要求的情况下，开始支持更多的驱动和控制装置以及I/O模块，这些装置将逐步被定义和标准化。

为了使SERCOS Ⅲ系统的功能在工程中得到很好的应用，欧洲很多自动化生产商已经开始对系统的主站卡和从站卡进行了开发，各项功能得到了不断完善。一种方案是采用了FPGA（现场可编程门阵列）技术，目前产品有Spartan-3和Cyclone Ⅱ。另一种是SERCOS Ⅲ控制器集成在一个可以支持多种协议的标准的通用控制器（GPCC）上。SERCOS Ⅲ的数据结构和系统特性表明该系统更好地实现了伺服驱动单元和I/O单元的实时性、开放性，以及很高的经济价值、实用价值和潜在的竞争价值。可以确信基于SERCOSIII的系统将在未来的工业领域中占有十分重要的地位。

1.5.3　POWERLINK

POWERLINK 是由奥地利 B&R 公司开发的，2002 年 4 月公布了 Ethernet POWERLINK 标准，其主攻方向是同步驱动和特殊设备的驱动要求。POWERLINK 通信协议模型如图 1-13 所示。

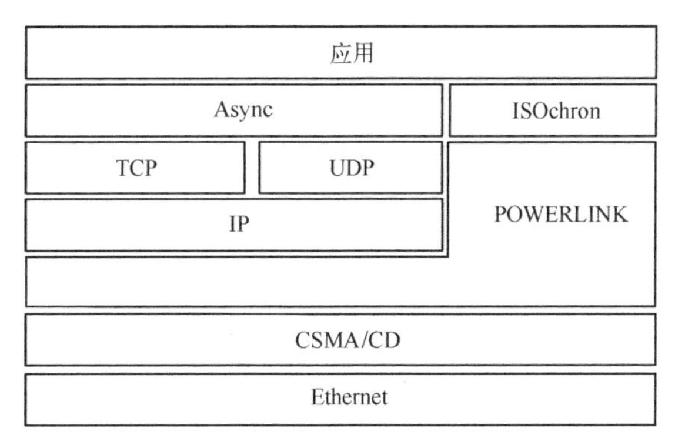

图 1-13　POWERLINK 通信协议模型

POWERLINK 协议对第 3 和第 4 层的 TCP（UDP）/IP 栈进行了实时扩展，增加的基于 TCP/IP 的 Async 中间件用于异步数据传输，ISOchron 等中间件用于快速、周期的数据传输。POWERLINK 栈控制着网络上的数据流量。POWERLINK 避免网络上数据冲突的方法是采用时间片网络通信管理机制（Slot Communication Network Management，SCNM）。SCNM 能够做到无冲突的数据传输，专用的时间片用于调度等时同步传输的实时数据；共享的时间片用于异步的数据传输。在网络上，只能指定一个站为管理站，它为所有网络上的其他站建立一个配置表和分配的时间片，只有管理站能接收和发送数据，其他站只有在管理站授权下才能发送数据，因此，POWERLINK 需要采用基于 IEEE 1588 的时间同步。

1. POWERLINK 通信模型

POWERLINK 是 IEC 国际标准，同时也是中国的国家标准（GB/T 27960）。如图 1-14 所示，POWERLINK 是一个 3 层的通信网络，它规定了物理层、数据链路层和应用层，这 3 层均属于 OSI 模型中规定的 7 层协议。

如图 1-15 所示，具有 3 层协议的 POWERLINK 在应用层上可以连接各种设备，例如 I/O、阀门、驱动器等。在物理层之下连接了 Ethernet 控制器，用来收发数据。由于以太网控制器的种类很多，不同的以太网控制器需要不同的驱动程序，因此在“Ethernet 控制器”和“POWERLINK 传输”之间有一层“Ethernet 驱动器”。

2. POWERLINK 网络拓扑结构

由于 POWERLINK 的物理层采用标准的以太网，因此以太网支持的所有拓扑结构它都支持。而且可以使用集线器和交换机等标准的网络设备，这使得用户可以非常灵活地组网，如菊花链、树形、星形、环形和其他任意组合。

网络中的每个节点都有一个节点号，POWERLINK 通过节点号来寻址节点，而不是通过节点的物理位置来寻址。

由于协议独立的拓扑配置功能，POWERLINK 的网络拓扑与机器的功能无关。因此 POWERLINK 的用户无须考虑任何网络相关的需求，只需专注满足设备制造的需求。

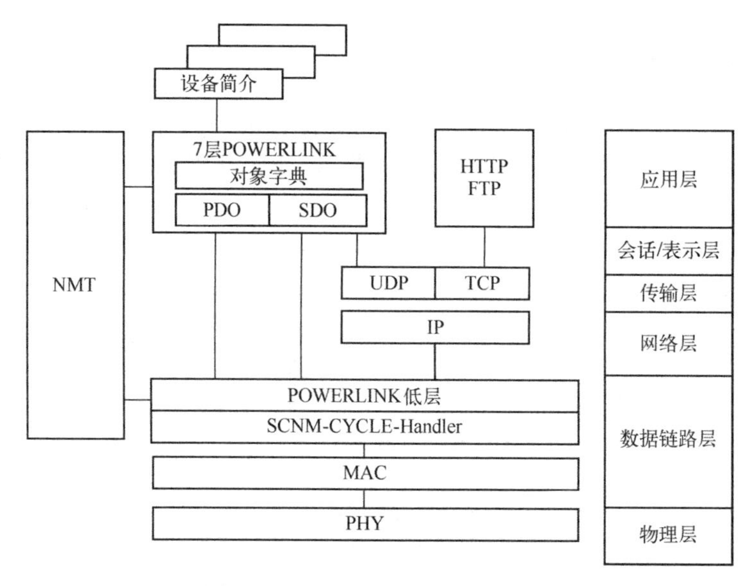

图1-14　POWERLINK的OSI模型

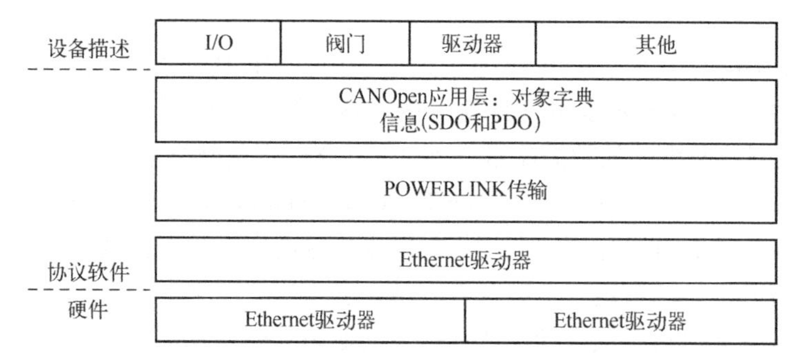

图1-15　POWERLINK通信模型的层次

3. POWERLINK的功能和特点

（1）一“网”到底

POWERLINK物理层采用普通以太网的物理层，因此可以使用工厂中现有的以太网布线，从机器设备的基本单元到整台设备、生产线，再到办公室，都可以使用以太网，从而实现一“网”到底。

1）多路复用。

网络中不同的节点具有不同的通信周期，兼顾快速设备和慢速设备，使网络设备达到最优。

一个POWERLINK周期中既包含同步通信阶段，也包括异步通信阶段。同步通信阶段即周期性通信，用于周期性传输通信数据；异步通信阶段即非周期性通信，用于传输非周期性的数据。

因此POWERLINK网络可以适用于各种设备，如图1-16所示。

2）大数据量通信。

POWERLINK每个节点的发送和接收分别采用独立的数据帧，每个数据帧最大为1490 B，与一些采用集束帧的协议相比，通信量提高数百倍。在集束帧协议里，网络中所有节点的发送

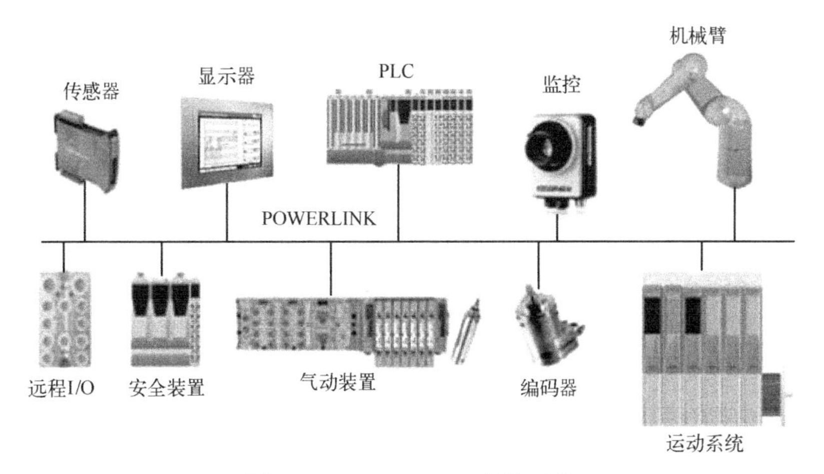

图 1-16　POWERLINK 网络系统

和接收共用一个数据帧，这种机制无法满足大数据量传输的场合。

在过程控制中，网络的节点数多，每个节点传输的数据量大，因而 POWERLINK 很受欢迎。

3）故障诊断。

组建一个网络，网络启动后，可能会由于网络中的某些节点配置错误或者节点号冲突等，导致网络异常。需要有一些手段来诊断网络的通信状况，找出故障的原因和故障点，从而修复网络异常。

POWERLINK 的诊断有两种工具：Wireshark 和 Omnipeak。

诊断的方法是将待诊断的计算机接入 POWERLINK 网络中，由 Wireshark 或 Omnipeak 自动抓取通信数据包，分析并诊断网络的通信状况及时序。这种诊断不占用任何宽带，并且是标准的以太网诊断工具，只需要一台带有以太网接口的计算机即可。

4）网络配置。

POWERLINK 使用开源的网络配置工具 openCONFIGURATOR，用户可以单独使用该工具，也可以将该工具的代码集成到自己的软件中，成为软件的一部分。使用该软件可以方便地组建、配置 POWERLINK 网络。

（2）节点的寻址

POWERLINKMAC 的寻址遵循 IEEE 802.3，每个设备的地址都是唯一的，称为节点 ID。因此新增一个设备就意味着引入一个新地址。节点 ID 可以通过设备上的拨码开关手动设置，也可以通过软件设置，拨码 FF 默认为软件配置地址。此外还有三个可选方法，POWERLINK 也可以支持标准 IP 地址。因此，POWERLINK 设备可以通过万维网随时随地被寻址。

（3）热插拔

POWERLINK 支持热插拔，而且不会影响整个网络的实时性。根据这个属性，可以实现网络的动态配置，即可以动态地增加或减少网络中的节点。

实时总线上，热插拔能力带给用户两个重要的好处：当模块增加或替换时，无须重新配置；在运行的网络中替换或激活一个新模块不会导致网络瘫痪，系统会继续工作，无论是不断扩展还是本地替换，其实时能力不受影响。在某些场合中系统不能断电，如果不支持热插拔，则会造成即使小机器一部分被替换，都不可避免地导致系统停机。

配置管理是POWERLINK系统中最重要的一部分。它能本地保存自己和系统中所有其他设备的配置数据，并在系统启动时加载。这个特性可以实现即插即用，这使得初始安装和设备替换非常简单。

POWERLINK允许无限制地即插即用，因为该系统集成了CANopen机制。新设备只需插入就可立即工作。

(4) 冗余

POWERLINK的冗余包括3种：双网冗余、环网冗余和多主冗余。

1.5.4 PROFINET

PROFINET是由PROFIBUS国际组织（PROFIBUS International，PI）提出的基于实时以太网技术的自动化总线标准，将工厂自动化和企业信息管理层IT技术有机地融为一体，同时又完全保留了PROFIBUS现有的开放性。

PROFINET支持除星形、总线型和环形之外的拓扑结构。为了减少布线费用，并保证高度的可用性和灵活性，PROFINET提供了大量的工具帮助用户方便地实现PROFINET的安装。特别设计的工业电缆和耐用连接器满足EMC和温度要求，并且在PROFINET框架内形成标准化，保证了不同制造商设备之间的兼容性。

PROFINET满足了实时通信的要求，可应用于运动控制。它具有PROFIBUS和IT标准的开放透明通信，支持从现场级到工厂管理层通信的连续性，从而增加了生产过程的透明度，优化了公司的系统运作。作为开放和透明的概念，PROFINET亦适用于Ethernet和任何其他现场总线系统之间的通信，可实现与其他现场总线的无缝集成。PROFINET同时实现了分布式自动化系统，提供了独立于制造商的通信、自动化和工程模型，将通信系统、以太网转换为适应于工业应用的系统。

PROFINET提供标准化的独立于制造商的工程接口。它能够方便地把各个制造商的设备和组件集成到单一系统中。设备之间的通信链接以图形形式组态，无须编程。PROFINET最早建立自动化工程系统与微软操作系统及其软件的接口标准，使得自动化行业的工程应用能够被Windows操作系统所接收，将工程系统、实时系统以及Windows结合为一个整体，PROFINET的系统结构如图1-17所示。

PROFINET为自动化通信领域提供了一个完整的网络解决方案，包括诸如实时以太网、运动控制、分布式自动化、故障安全以及网络安全等当前自动化领域的热点问题。PROFINET包括8大主要模块，分别为实时通信、分布式现场设备、运动控制、分布式自动化、网络安装、IT标准集成与信息安全、故障安全和过程自动化。同时PROFINET也实现了从现场级到管理层的纵向通信集成，一方面，方便管理层获取现场级的数据，另一方面，原本在管理层存在的数据安全性问题也延伸到了现场级。为了保证现场网络控制数据的安全，PROFINET提供了特有的安全机制，通过使用专用的安全模块，可以保护自动化控制系统，使自动化通信网络的安全风险最小化。

PROFINET是一个整体的解决方案，PROFINET的通信协议模型如图1-18所示。

RT实时通道能够实现高性能传输循环数据和时间控制信号、报警信号；IRT同步实时通道实现等时同步方式下的数据高性能传输。PROFINET使用了TCP/IP和IT标准，并符合基于工业以太网的实时自动化体系，覆盖了自动化技术的所有要求，能够实现与现场总线的无缝集成。更重要的是PROFINET所有的事情都在一条总线电缆中完成，IT服务和TCP/IP开放性没

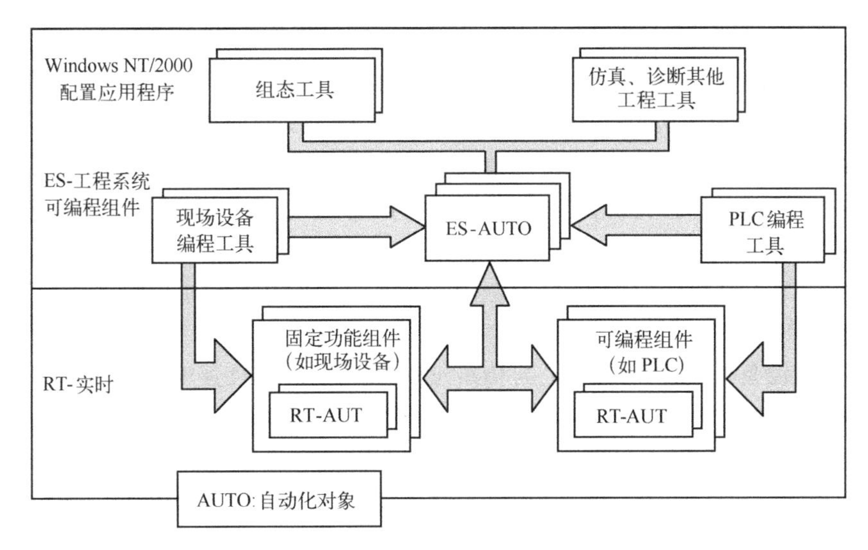

图 1-17　PROFINET 的系统结构

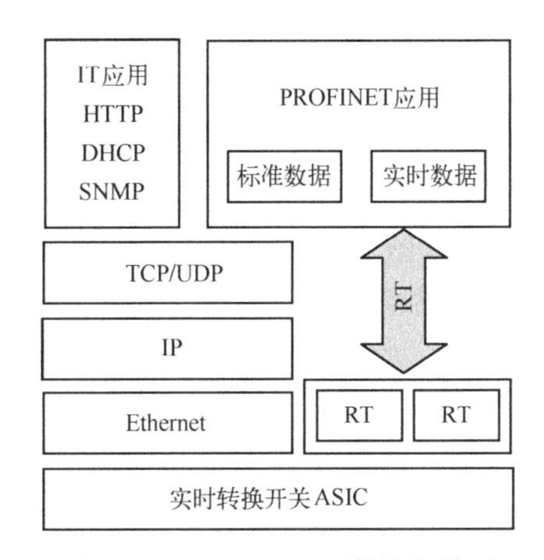

图 1-18　PROFINET 通信协议模型

有任何限制，它可以满足用于所有客户从高性能到等时同步可以伸缩的实时通信需要的统一的通信。

作为一种工业以太网标准，PROFINET 将原有的 PROFIBUS 与互联网技术相结合，利用高速以太网的主要优点克服了 PROFIBUS 总线的传输速率限制，无须对原有 PROFIBUS 系统或其他现场总线系统做任何改变，就能完成与这些系统的无缝集成，能够将现场控制层和企业信息管理层有机地融合为一体。

PROFINET 解决了工业以太网和实时以太网的技术统一。它在应用层使用了大量软件新技术，如 COM、OPC、XML、TCP/IP、ActiveX 等，推出了基于组件对象模型的分布式自动化系统，规定了 PROFINET 现场总线和标准以太网之间的开放、透明的通信，提供了一个独立于制造商，包括设备层和系统层的系统模型。由于 PROFINET 能透明地兼容现场工业控制网络和办公室以太网，因此 PROFINET 可以在整个工厂内实现统一的网络构架，实现“E 网到底”。

PROFINET 的主要技术特点如下。

1）PROFINET 的基础是组件技术。组件对象模型（Component Object Model，COM）是微

软公司提出的一种面向对象的设计技术，允许基于预制组件的应用开发。PROFINET使用此类组件模型，为自动化应用量身做了COM对象。在PROFINET中，每个设备都被看作一个具有COM接口的自动化设备，都拥有一个标准组件，组件中定义了单个过程内、同设备上的两个过程之间以及不同设备的两个过程之间的通信。设备的功能是通过对组件进行特定的编程来完成的，同类设备具有相同的内置组件，对外提供相同的COM接口，为不同厂家的设备之间提供了良好的互换性和互操作性。

2）PROFINET采用标准以太网和TCP/IP协议簇，再加上应用层的DCOM（Distributed COM）来完成节点之间的通信和网络寻址。

3）通过代理设备实现PROFINET与传统PROFIBUS系统及其他现场总线系统的无缝集成。当现有的PROFIBUS网段通过一个代理设备连接到PROFINET网络中时，代理设备既是一个系统的主站，又是一个PROFINET站点。作为PROFIBUS主站，代理设备协调PROFIBUS站点间的数据传输。与此同时，作为PROFINET站点，又负责在PROFNET上进行数据交换。代理设备可以是一个控制器，也可以是一个路由器。

4）PROFINET支持总线型、树形、星形和冗余环形结构。

5）PROFINET采用100 Mbit/s以太网交换技术，并且可以使用标准网络设备，允许主/从站点在任一时刻发送数据，甚至可以双向同时收发数据。

6）PROFINET支持生产者/用户通信方式。生产者/用户通信方式用于控制器和现场I/O交换信息，生产者直接发送数据给用户，无须用户提出要求。

7）借助于简单网络管理协议，PROFINET可以在线调试和维护现场设备。PROFINET支持统一诊断，可高效定位故障点。当故障信号出现时，故障设备向控制器发出一个故障中断信号，控制器调用相应的故障处理程序。诊断信息可以直接从设备中读出并显示在监视站上。通道故障也会发出故障通知，由控制器确认并处理。

1.5.5　EPA

2004年5月，由浙江大学牵头，重庆邮电大学作为第4核心成员制定的新一代现场总线标准——《用于工业测量与控制系统的EPA通信标准》（简称EPA标准）成为我国第一个拥有自主知识产权并被IEC认可的工业自动化领域国际标准（IEC/PAS 62409）。

EPA（Ethernet for Plant Automation）系统是一种分布式系统，它是利用ISO/IEC 8802-3、IEEE 802.11、IEEE 802.15等协议定义的网络，将分布在现场的若干个设备、小系统以及控制、监视设备连接起来，使所有设备一起运作，共同完成工业生产过程和操作过程中的测量和控制。EPA系统可以用于工业自动化控制环境。

EPA标准定义了基于ISO/IEC 8802-3、IEEE 802.11、IEEE 802.15以及RFC 791、RFC 768和RFC 793等协议的EPA系统结构、数据链路层协议、应用层服务定义与协议规范以及基于XML的设备描述规范。

1. EPA技术与标准

EPA根据IEC 61784-2的定义，在ISO/IEC 8802-3协议的基础上，进行了针对通信确定性和实时性的技术改造，其通信协议模型如图1-19所示。

除了ISO/IEC 8802-3/IEEE 802.11/IEEE 802.15、TCP(UDP)/IP以及IT应用协议等组件外，EPA通信协议还包括EPA实时性通信进程、EPA快速实时性通信进程、EPA应用实体和EPA通信调度管理实体。针对不同的应用需求，EPA确定性通信协议簇包含了以下几个部分。

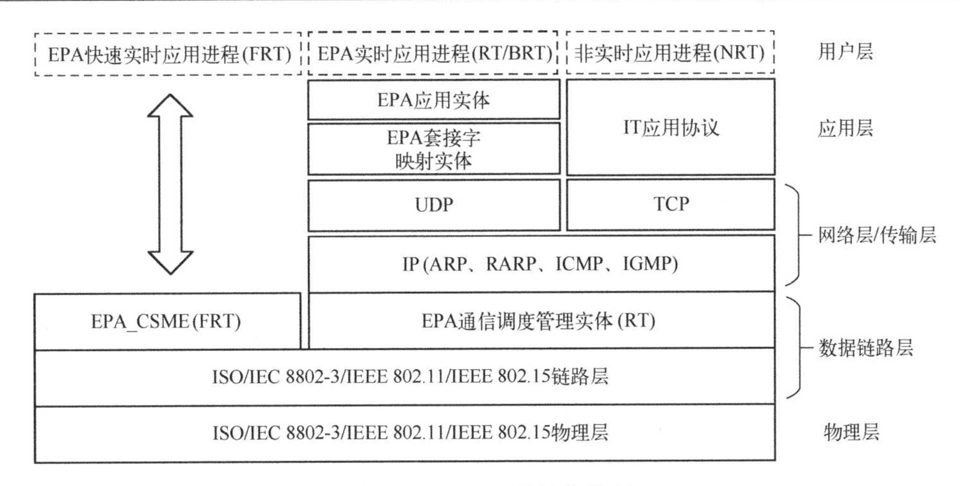

图 1-19　EPA 通信协议模型

(1) 非实时性通信协议（N-Real-Time，NRT）

非实时通信是指基于 HTTP、FTP 以及其他 IT 应用协议的通信方式，如 HTTP 服务应用进程、电子邮件应用进程、FTP 应用进程等进程运行时进行的通信。在实际 EPA 应用中，非实时通信部分应与实时性通信部分利用网桥进行隔离。

(2) 实时性通信协议（Real-Time，RT）

实时性通信是指满足普通工业领域实时性需求的通信方式，一般针对流程控制领域。利用 EPA_CSME 通信调度管理实体，对各设备进行周期数据的分时调度，以及非周期数据按优先级进行调度。

(3) 快速实时性通信协议（Fast Real-Time，FRT）

快速实时性通信是指满足强实时控制领域实时性需求的通信方式，一般针对运动控制领域。FRT 快速实时性通信协议部分在 RT 实时性通信协议上进行了修改，包括协议栈的精简和数据复合传输，以此满足如运动控制领域等强实时性控制领域的通信需求。

(4) 块状数据实时性通信协议（Block Real-Time，BRT）

块状数据实时性通信是指对于部分大数据量类型的成块数据进行传输，以满足其实时性需求的通信方式，一般指流媒体（如音频流、视频流等）数据。在 EPA 协议栈中针对此类数据的通信需求定义了 BRT 块状数据实时性通信协议及块状数据的传输服务。

EPA 标准体系包括 EPA 国际标准和 EPA 国家标准两部分。

EPA 国际标准包括一个核心技术国际标准和四个 EPA 应用技术标准。以 EPA 为核心的系列国际标准为新一代控制系统提供了高性能现场总线完整解决方案，可广泛应用于过程自动化、工厂自动化（包括数控系统、机器人系统运动控制等）、汽车电子等，可将工业企业综合自动化系统网络平台统一到开放的以太网技术上来。

基于 EPA 的 IEC 国际标准体系有如下协议。

1) EPA 现场总线协议（IEC 61158/Type14）在不改变以太网结构的前提下，定义了专利的确定性通信协议，避免工业以太网通信的报文碰撞，确保了通信的确定性，同时也保证了通信过程中不丢包，它是 EPA 标准体系的核心协议，该标准于 2007 年 12 月 14 日正式发布。

2) EPA 分布式冗余协议（Distributed Redundancy Protocol，DRP）（IEC 62439-6-14）针

对工业控制以及网络的高可用性要求，采用专利的设备并行数据传输管理和环网链路并行主动故障探测与恢复技术，实现了故障的快速定位与快速恢复，保证了网络的高可靠性。

3）EPA 功能安全通信协议 EPASafety（IEC 61784-3-14）针对工业数据通信中存在的数据破坏、重传、丢失、插入、乱序、伪装、超时、寻址错误等风险，采用专利的工业数据加解密方法、工业数据传输多重风险综合评估与复合控制技术，将通信系统的安全完整性水平提高到 SIL3 等级，并通过德国莱茵 TÜV 的认证。

4）EPA 实时以太网应用技术协议（IEC 61784-2/CPF 14）定义了三个应用技术行规，即 EPA-RT、EPA-FRT 和 EPA-nonRT。其中 EPA-RT 用于过程自动化，EPA-FRT 用于工业自动化，EPA-nonRT 用于一般工业场合。

5）EPA 线缆与安装标准（IEC 61784-5-14）定义了基于 EPA 的工业控制系统在设计、安装和工程施工中的要求。从安装计划，网络规模设计，线缆和连接器的选择、存储、运输、保护、路由以及具体安装的实施等各个方面提出了明确的要求和指导。

EPA 国家标准包括《用于测量与控制系统的 EPA 系统结构与通信规范》《EPA 一致性测试规范》《EPA 互可操作测试规范》《EPA 功能块应用规范》《EPA 实时性能测试规范》《EPA 网络安全通用技术条件》等。

2. EPA 确定性通信机制

为提高工业以太网通信的实时性，一般采用以下措施。

- 提高通信速率。
- 减小系统规模，控制网络负荷。
- 采用以太网的全双工交换技术。
- 采用基于 IEEE 802.3p 的优先级技术。

采用上述措施可以使其不确定性问题得到相当程度的缓解，但不能从根本上解决以太网通信不确定性的问题。

EPA 采用分布式网络结构，并在原有以太网协议栈中的数据链路层增加了通信调度子层——EPA 通信调度管理实体（EPA_CSME），定义了宏周期，并将工业数据划分为周期数据和非周期数据，对各设备的通信时段（包括发送数据的起始时刻、发送数据所占用的时间片）和通信顺序进行了严格的划分，以此实现分时调度。通过 EPA_CSME 实现的分时调度确保了各网段内各设备的发送时间内无碰撞发生的可能，以此达到了确定性通信的要求。

3. EPA-FRT 强实时通信技术

EPA-RT 标准是根据流程控制需求制定的，其性能完全满足流程控制对实时、确定通信的需求，但没有考虑到其他控制领域的需求，如运动控制、飞行器姿态控制等强实时性领域，在这些领域，提出了比流程控制领域更为精确的时钟同步要求和实时性要求，且其报文特征更为明显。

相比于流程控制领域，运动控制系统对数据通信的强实时性和高同步精度提出了更高的要求。

1）高同步精度的要求。由于一个控制系统中存在多个伺服和多个时钟基准，为了保证所有伺服协调一致的运动，必须保证运动指令在各个伺服中同时执行。因此高性能运动控制系统必须有精确的同步机制，一般要求同步偏差小于 1 μs。

2）强实时性的要求。在带有多个离散控制器的运动控制系统中，伺服驱动器的控制频率取决于通信周期。高性能运动控制系统中，一般要求通信周期小于 1 ms，周期抖动小于 1 μs。

EPA-RT 系统的同步精度为微秒级，通信周期为毫秒，虽然可以满足大多数工业环境的应用需求，但对高性能运动控制领域的应用却有所不足，而 EPA-FRT 系统的技术指标必须满足高性能运动控制领域的需求。

针对这些领域需求，对其报文特点进行分析，EPA 给出了对通信实时性的性能提高方法，其中最重要的两个方面为协议栈的精简和对数据的传输，以此解决特殊应用领域的实时性要求。如在运动控制领域中，EPA 就针对其报文周期短、数据量小但交互频繁的特点提出了 EPA-FRT 扩展协议，满足了运动控制领域的需求。

4. EPA 的技术特点

EPA 具有以下技术特点。

(1) 确定性通信

以太网由于采用 CSMA/CD（载波侦听多路访问/冲突检测）介质访问控制机制，因此具有通信“不确定性”的特点，并成为其应用于工业数据通信网络的主要障碍。虽然以太网交换技术、全双工通信技术以及 IEEE 802.1P&Q 规定的优先级技术在一定程度上避免了碰撞，但也存在着一定的局限。

(2)“E”网到底

EPA 是应用于工业现场设备间通信的开放网络技术，采用分段化系统结构和确定性通信调度控制策略，解决了以太网通信的不确定性问题，使以太网、无线局域网、蓝牙等广泛应用于工业/企业管理层、过程监控层网络的 COTS（Commercial Off-The-Shelf）技术直接应用于变送器、执行机构、远程 I/O、现场控制器等现场设备间的通信。采用 EPA 网络，可以实现工业/企业综合自动化智能工厂系统中从底层的现场设备层到上层的控制层、管理层的通信网络平台基于以太网技术的统一，即所谓的“‘E（Ethernet）’网到底”。

(3) 互操作性

除了解决实时通信问题外，还为用户层应用程序定义了应用层服务与协议规范，包括系统管理服务、域上载/下载服务、变量访问服务、事件管理服务等。至于 ISO/OSI 通信模型中的会话层、表示层等中间层次，为降低设备的通信处理负荷，可以省略，而在应用层直接定义与 TCP/IP 的接口。

为支持来自不同厂商的 EPA 设备之间的互可操作，《EPA 标准》采用可扩展标记语言（Extensible Markup Language，XML）为 EPA 设备描述语言，规定了设备资源、功能块及其参数接口的描述方法。用户可采用微软提供的通用 DOM 技术对 EPA 设备描述文件进行解释，而无需专用的设备描述文件编译和解释工具。

(4) 开放性

EPA 完全兼容 IEEE 802.3、IEEE 802.1P&Q、IEEE 802.1D、IEEE 802.11、IEEE 802.15 以及 UDP（TCP）/IP 等协议，采用 UDP 传输 EPA 协议报文，以减少协议处理时间，提高报文传输的实时性。

(5) 分层的安全策略

对于采用以太网等技术所带来的网络安全问题，《EPA 标准》规定了企业信息管理层、过程监控层和现场设备层三个层次，采用分层化的网络安全管理措施。

(6) 冗余

EPA 支持网络冗余、链路冗余和设备冗余，并规定了相应的故障检测和故障恢复措施，如设备冗余信息的发布、冗余状态的管理、备份的自动切换等。

1.5.6 HSE

FF 现场总线最初包括1996年发布的低速总线 H1（31.25 kbit/s）和高速总线 H2（1 Mbit/s 和2.5 Mbit/s）两部分。但随着多媒体技术的发展和工业自动化水平的提高，控制网络的实时信息传输量越来越大，H2 的设计能力已不能满足实时信息传输的带宽要求。鉴于此，现场总线基金会放弃原有的 H2 总线计划，取而代之的是将现场总线技术与成熟的高速商用以太网技术相结合的新型高速现场总线——FF HSE（High Speed Ethernet）。

HSE 定位于实时控制网络与 Internet 的结合。由 HSE 连接设备将 H1 网段信息传送到以太网主干上并进一步送到企业 ERP 和管理系统。操作员主控室可以使用网络浏览器查看现场运行状况。现场设备同样也可以从网络获取控制信息。

HSE 的通信结构是一个增强型的标准以太网模式，如图1-20所示。底层采用标准以太网 IEEE 802.3u 的最新技术和 CSMA/CD 链路控制协议来进行介质的访问控制。网络层和传输层采用 TCP/IP 协议簇。HSE 系统和网络管理代理、功能块、HSE 管理代理和现场设备访问代理都位于应用层和用户层中，提供设备的描述和访问。功能块中添加任何专用设备即可直接连入高速网络，同时也从另一方面增强了 HSE 设备的互操作性。

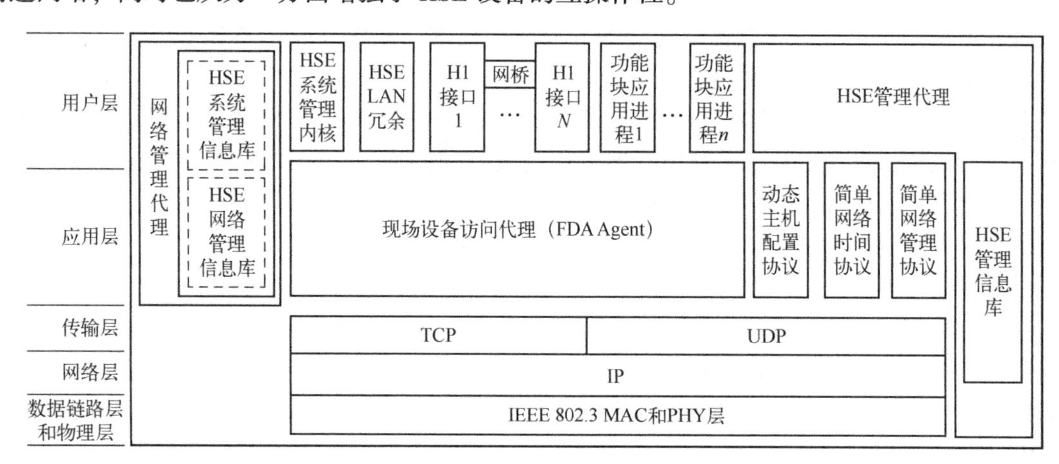

图1-20　HSE 通信结构与通信模型对应关系

网络层和传输层采用 TCP/IP 协议簇，实现面向连接和无连接的数据传输，并为动态主机配置协议（DHCP）、简单网络时间协议（SNTP）、简单网络管理协议（SNMP）和现场设备访问代理（FDA Agent）提供传输服务。

HSE 设备可分为4类：主机设备、连接设备、网关设备和以太网现场设备，其功能分别为对系统进行组态、监控和管理，将 H1 总线段连入 FF-HSE 网络，实现与其他标准总线通信，连接高速 I/O 设备或 PLC。HSE 可直接使用以太网的交换设备、路由器等，通过双绞线或光纤等将 HSE 设备连接起来，建立 HSE 总线控制网络。

HSE 的特色之一是它的冗余设计。HSE 冗余提供通信路径冗余（冗余网络）和设备冗余两类，允许所有端口通过选择连接。通信路径冗余是 HSE 交换机、连接设备和主机系统之间的物理层介质冗余，或称介质冗余。冗余路径对应用是透明的，当其中一条路径发生中断时，可选用另一条路径通信。而设备冗余是为了防止由于单个 HSE 设备的故障造成控制失败，在同一网络中附加多个相同设备。HSE 的容错处理方法增强了控制网络的可靠性和安全性。

另外，HSE 不仅支持 FF 所有标准功能块，而且增加了灵活功能块（Flexible Function Blocks，FFB），以实现离散控制，这是 HSE 的又一特色。灵活功能块是具体应用于混合、离散控制和 I/O 子系统集成的功能模块，它包含了 8 个通道的多路模拟量输入/输出、离散量输入/输出和特殊应用块，并使用 IEC 61131-3 定义的标准编程语言。灵活功能块的应用包括联动驱动、监控数据获取、批处理、先进 I/O 子系统接口等，它支持多路技术、PLC 和网关，可以说给用户提供了一个标准化的企业综合协议。

习题

1. 什么是现场总线？
2. 什么是工业以太网？它有哪些优势？
3. 现场总线有什么优点？
4. 简述企业网络的体系统结构。
5. 简述 CAN 现场总线的特点。
6. 工业以太网的主要标准有哪些？
7. 画出工业以太网的通信模型。工业以太网与商用以太网相比，具有哪些特征？
8. 画出实时工业以太网实现模型，并对实现模型进行说明。

第2章 CAN现场总线与应用系统设计

20世纪80年代初，德国的BOSCH公司提出了用CAN（Controller Area Network）控制器局域网络来解决汽车内部的复杂硬信号接线。目前，其应用范围已不再局限于汽车工业，而向过程控制、纺织机械、农用机械、机器人、数控机床、医疗器械及传感器等领域发展。CAN总线以其独特的设计、低成本、高可靠性、实时性、强抗干扰能力等特点得到了广泛的应用。

本章首先介绍了CAN现场总线的特点和CAN的技术规范，然后详述了经典的CAN独立通信控制器SJA1000、CAN总线收发器和CAN总线节点的设计实例。最后以一个CAN通信转换器的设计实例，详述了CAN应用系统设计。

2.1 CAN的特点

1993年11月，ISO正式颁布了道路交通运输工具、数据信息交换、高速通信控制器局域网国际标准ISO 11898 CAN高速应用标准及ISO 11519 CAN低速应用标准，这为控制器局域网的标准化、规范化铺平了道路。CAN具有如下特点。

1）CAN为多主方式工作，网络上任一节点均可以在任意时刻主动地向网络上其他节点发送信息而不分主从，通信方式灵活，且无需站地址等节点信息。利用这一特点可方便地构成多机备份系统。

2）CAN网络上的节点信息分成不同的优先级，可满足不同的实时要求，高优先级的数据最多可在134 μs内得到传输。

3）CAN采用非破坏性总线仲裁技术。当多个节点同时向总线发送信息时，优先级较低的节点会主动退出发送，而最高优先级的节点可不受影响地继续传输数据，从而大大节省了总线冲突仲裁时间，尤其是在网络负载很重的情况下也不会出现网络瘫痪情况（以太网则可能）。

4）CAN只需通过报文滤波即可实现点对点、一点对多点及全局广播等几种方式传送接收数据，无需专门的“调度”。

5）CAN的直接通信距离最远可达10 km（速率5 kbit/s以下）；通信速率最高可达1 Mbit/s（此时通信距离最长为40m）。

6）CAN上的节点数主要取决于总线驱动电路，目前可达110个；报文标识符可达2032种（CAN 2.0A），而扩展标准（CAN 2.0B）的报文标识符类型几乎不受限制。

7）采用短帧结构，传输时间短，受干扰概率低，具有极好的检错效果。

8）CAN的每帧信息都有CRC校验及其他检错措施，数据出错率极低。

9）CAN的通信介质可为双绞线、同轴电缆或光纤，选择灵活。

10）CAN节点在错误严重的情况下具有自动关闭输出功能，以使总线上其他节点的操作不受影响。

2.2　CAN 的技术规范

控制器局域网（CAN）为串行通信协议，能有效地支持具有很高安全等级的分布实时控制。CAN 的应用范围很广，从高速的网络到低价位的多路接线都可以使用 CAN。在汽车电子行业里，使用 CAN 连接发动机控制单元、传感器、刹车系统等，其传输速度可达 1 Mbit/s。同时，可以将 CAN 安装在卡车本体的电子控制系统里，诸如车灯组、电气车窗等，用以代替接线配线装置。

制定技术规范的目的是为了在任何两个 CAN 设备之间建立兼容性。可是，兼容性有不同的方面，比如电气特性和数据转换的解释。为了达到设计透明度以及实现柔韧性，CAN 被细分为以下不同的层次：CAN 对象层（The Object Layer）、CAN 传输层（The Transfer Layer）、物理层（The Physical Layer）。

对象层和传输层包括所有由 ISO/OSI 模型定义的数据链路层的服务和功能。对象层的作用范围包括：查找被发送的报文、确定由实际要使用的传输层接收哪一个报文、为应用层相关硬件提供接口。

在这里，定义对象处理较为灵活，传输层的作用主要是传送规则，也就是控制帧结构、执行仲裁、错误检测、出错标定、故障界定。总线上什么时候开始发送新报文及什么时候开始接收报文，均在传输层里确定。位定时的一些普通功能也可以看作是传输层的一部分。当然，传输层的修改是受到限制的。

物理层的作用是在不同节点之间根据所有的电气属性进行位信息的实际传输。当然，同一网络内，物理层对于所有的节点必须是相同的。

2.2.1　CAN 的基本概念

1. 报文

总线上的信息以不同格式的报文发送，但长度有限制。当总线开放时，任何连接的单元均可开始发送一个新报文。

2. 信息路由

在 CAN 系统中，一个 CAN 节点不使用有关系统结构的任何信息（如站地址）。这时包含如下重要概念。

系统灵活性——节点可在不要求所有节点及其应用层改变任何软件或硬件的情况下，接入 CAN 网络。

报文通信——一个报文的内容由其标识符 ID 命名。ID 并不指出报文的目的，但描述数据的含义，以便网络中的所有节点有可能借助报文滤波决定该数据是否使它们激活。

成组——由于采用了报文滤波，所有节点均可接收报文，并同时被相同的报文激活。

数据相容性——在 CAN 网络中，可以确保报文同时被所有节点或者没有节点接收，因此，系统的数据相容性是借助于成组和出错处理达到的。

3. 位速率

CAN 的位速率在不同的系统中是不同的，而在一个给定的系统中，此速率是固定的。

4. 优先权

在总线访问期间，标识符定义了一个报文静态的优先权。

5. 远程数据请求

需要数据的节点通过发送一个远程帧，可以请求另一个节点发送一个相应的数据帧，该数据帧与对应的远程帧以相同标识符 ID 命名。

6. 多主站

当总线开放时，任何节点均可开始发送报文，具有最高优先权报文的发送节点获得总线访问权。

7. 仲裁

当总线开放时，任何单元均可开始发送报文，若同时有两个或更多的单元开始发送，总线访问冲突运用逐位仲裁规则，借助标识符 ID 解决。这种仲裁规则可以使信息和时间均无损失。若具有相同标识符的一个数据帧和一个远程帧同时发送，数据帧优先于远程帧。仲裁期间，每一个发送器都对发送位电平与总线上检测到的电平进行比较，若相同则该单元可继续发送。当发送一个“隐性”电平（Recessive Level），而在总线上检测为“显性”电平（Dominant Level）时，该单元退出仲裁，并不再传送后续位。

8. 故障界定

CAN 节点有能力识别永久性故障和短暂扰动，可自动关闭故障节点。

9. 连接

CAN 串行通信链路是一条众多单元均可被连接的总线。理论上，单元数目是无限的，实际上，单元总数受限于延迟时间和（或）总线的电气负载。

10. 单通道

由单一进行双向位传送的通道组成的总线，借助数据重同步实现信息传输。在 CAN 技术规范中，实现这种通道的方法不是固定的，例如，通道可以是单线（加接地线）、两条差分连线、光纤等。

11. 总线数值表示

总线上具有两种互补逻辑数值：显性电平和隐性电平。在显性位与隐性位同时发送期间，总线上数值将是显性位。例如，在总线的“线与”操作情况下，显性位由逻辑“0”表示，隐性位由逻辑“1”表示。在 CAN 技术规范中未给出表示这种逻辑电平的物理状态（如电压、光、电磁波等）。

12. 应答

每次通信，所有接收器均对接收报文的相容性进行检查，应答一个相容报文，并标注一个不相容报文。

2.2.2 CAN 的分层结构

CAN 遵从 OSI 模型，按照 OSI 标准模型，CAN 结构划分为两层：数据链路层和物理层。而数据链路层又包括逻辑链路控制子层（LLC）和媒体访问控制子层（MAC），而在 CAN 技术规范 2.0A 的版本中，数据链路层的 LLC 和 MAC 子层的服务和功能被描述为“目标层”和“传送层”。CAN 的分层结构和功能如图 2-1 所示。

LLC 子层的主要功能是：为数据传送和远程数据请求提供服务，确认由 LLC 子层接收的报文实际已被接收，并为恢复管理和通知超载提供信息。在定义目标处理时，存在许多灵活性。MAC 子层的功能主要是传送规则，亦即控制帧结构、执行仲裁、错误检测、出错标定和故障界定。为开始一次新的发送，MAC 子层需要确定总线是否开放或者是否马上开始接收。

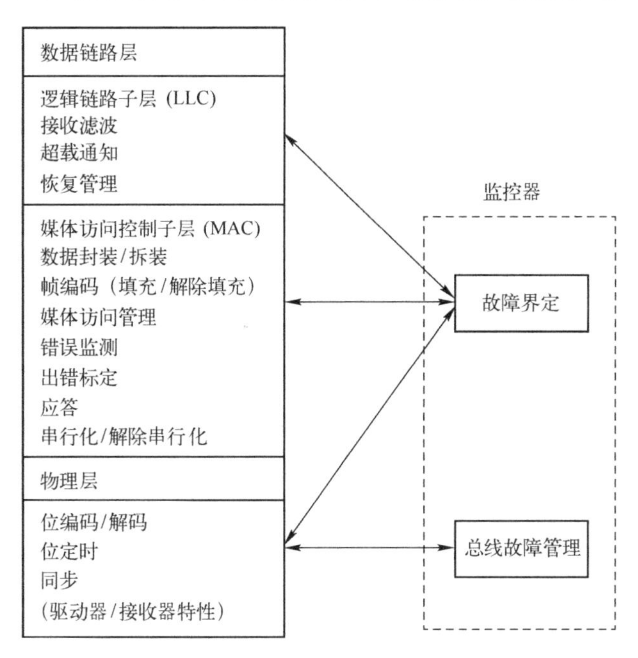

图 2-1　CAN 的分层结构和功能

位定时特性也是 MAC 子层的一部分。MAC 子层特性不存在修改的灵活性。物理层的功能是有关全部电气特性在不同节点间的实际传送。自然，在一个网络内，物理层的所有节点必须是相同的，然而，在选择物理层时存在很大的灵活性。

CAN 技术规范 2.0B 定义了数据链路中的 MAC 子层和 LLC 子层的一部分，并描述与 CAN 有关的外层。物理层定义信号怎样进行发送，因此，物理层涉及位定时、位编码和同步的描述。在这部分技术规范中，未定义物理层中的驱动器/接收器特性，以便允许根据具体应用，对发送媒体和信号电平进行优化。MAC 子层是 CAN 协议的核心。它描述由 LLC 子层接收到的报文和对 LLC 子层发送的认可报文。MAC 子层可响应报文帧、仲裁、应答、错误检测和标定。MAC 子层由称为故障界定的一个管理实体监控，它具有识别永久故障或短暂扰动的自检机制。LLC 子层的主要功能是报文滤波、超载通知和恢复管理。

2.2.3　报文传送和帧结构

在进行数据传送时，发出报文的单元称为该报文的发送器。该单元在总线空闲或丢失仲裁前恒为发送器。如果一个单元不是报文发送器，并且总线不处于空闲状态，则该单元为接收器。

对于报文发送器和接收器，报文的实际有效时刻是不同的。对于发送器而言，如果直到帧结束末尾一直未出错，则对于发送器报文有效。如果报文受损，将允许按照优先权顺序自动重发。为了能同其他报文进行总线访问竞争，总线一旦空闲，重发送立即开始。对于接收器而言，如果直到帧结束的最后一位一直未出错，则对于接收器报文有效。

构成一帧的帧起始、仲裁场、控制场、数据场和 CRC 序列均借助位填充规则进行编码。当发送器在发送的位流中检测到 5 位连续的相同数值时，将自动地在实际发送的位流中插入一个补码位。数据帧和远程帧的其余位场采用固定格式，不进行填充，出错帧和超载帧同样是固定格式，也不进行位填充。

报文中的位流按照非归零（NRZ）码方法编码，这意味着一个完整位的位电平要么是显性，要么是隐性。

报文传送由4种不同类型的帧表示和控制：数据帧携带数据由发送器至接收器；远程帧通过总线单元发送，以请求发送具有相同标识符的数据帧；出错帧由检测出总线错误的任何单元发送；超载帧用于提供当前和后续的数据帧的附加延迟。

数据帧和远程帧借助帧间空间与当前帧分开。

1. 数据帧

数据帧由7个不同的位场组成，即帧起始、仲裁场、控制场、数据场、CRC场、应答场和帧结束。数据场长度可为0。CAN 2.0A数据帧的组成如图2-2所示。

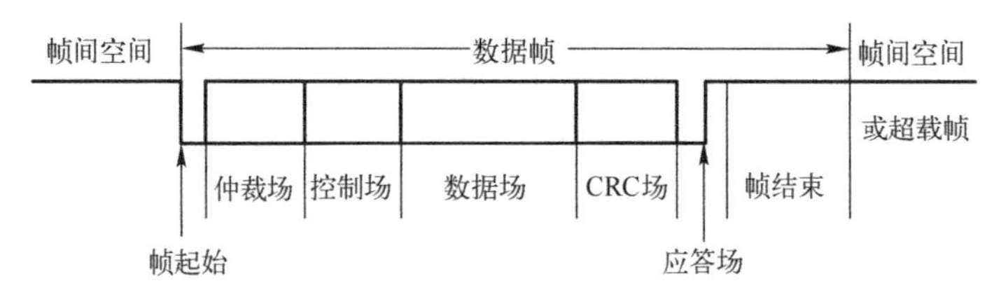

图2-2　数据帧组成

在CAN 2.0B中存在两种不同的帧格式，其主要区别在于标识符的长度，具有11位标识符的帧称为标准帧，而包括29位标识符的帧称为扩展帧。标准格式和扩展格式的数据帧结构如图2-3所示。

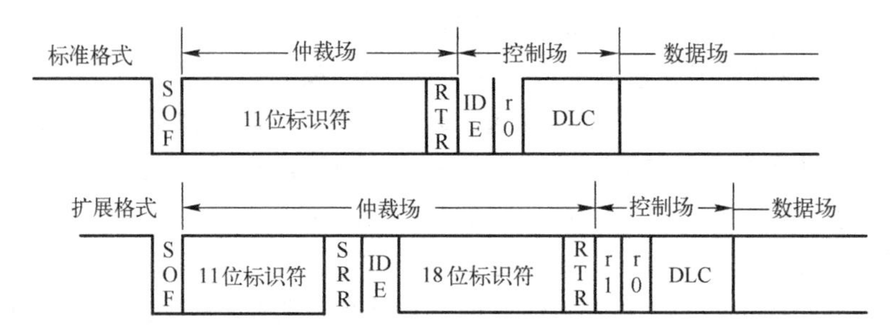

图2-3　标准格式和扩展格式数据帧结构

为使控制器设计相对简单，报文并不要求执行完全的扩展格式（例如，以扩展格式发送报文或由报文接收数据），但必须不加限制地执行标准格式。如新型控制器至少具有下列特性，则可被认为同CAN技术规范兼容：每个控制器均支持标准格式；每个控制器均接收扩展格式报文，即不至于因为它们的格式而破坏扩展帧。

CAN 2.0B对报文滤波特别加以描述，报文滤波以整个标识符为基准。屏蔽寄存器可用于选择一组标识符，以便映像至接收缓存器中，屏蔽寄存器的每一位值都需是可编程的。它的长度可以是整个标识符，也可以仅是其中一部分。

（1）帧起始（SOF）

SOF标志数据帧和远程帧的起始，它仅由一个显性位构成。只有在总线处于空闲状态时，才允许站开始发送。所有站都必须与首先开始发送的那个站的帧起始前沿同步。

（2）仲裁场

仲裁场由标识符和远程发送请求（RTR）组成。仲裁场组成如图2-4所示。

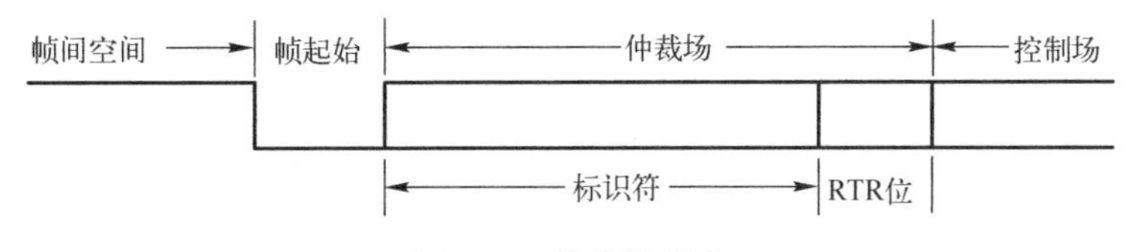

图 2-4　仲裁场组成

对于 CAN 2.0B 标准，标识符的长度为 11 位，这些位以从高位到低位的顺序发送，最低位为 ID.0，其中最高 7 位（ID.10~ID.4）不能全为隐性位。

RTR 位在数据帧中必须是显性位，而在远程帧中必须为隐性位。

CAN 2.0B 标准格式和扩展格式的仲裁场格式不同。在标准格式中，仲裁场由 11 位标识符和远程发送请求位 RTR 组成，标识符位为 ID.28~ID.18，而在扩展格式中，仲裁场由 29 位标识符和替代远程请求 SRR 位、标识位和远程发送请求位组成，标识符位为 ID.28~ID.0。

为区别标准格式和扩展格式，将 CAN 2.0B 标准中的 r1 改记为 IDE 位。在扩展格式中，先发送基本 ID，其后是 IDE 位和 SRR 位。扩展 ID 在 SRR 位后发送。

SRR 位为隐性位，在扩展格式中，它在标准格式的 RTR 位上被发送，并替代标准格式中的 RTR 位。这样，标准格式和扩展格式的冲突由于扩展格式的基本 ID 与标准格式的 ID 相同而得以解决。

IDE 位对于扩展格式属于仲裁场，对于标准格式属于控制场。IDE 在标准格式中以显性电平发送，而在扩展格式中为隐性电平。

（3）控制场

控制场由 6 位组成，如图 2-5 所示。

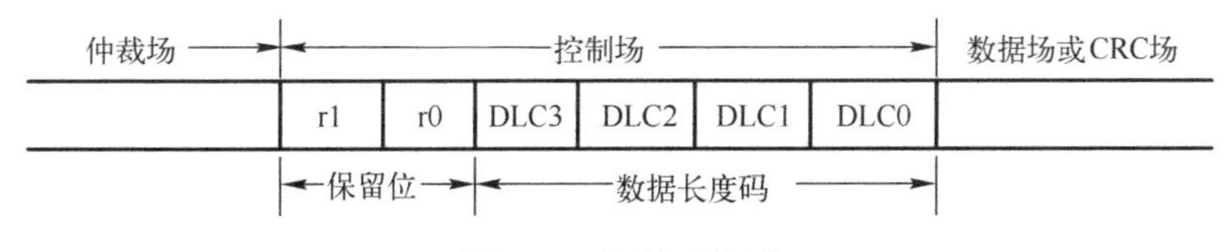

图 2-5　控制场组成

由图可见，控制场包括数据长度码和两个保留位，这两个保留位必须发送显性位，但接收器认可显性位与隐性位的全部组合。

数据长度码 DLC 指出数据场的字节数目。数据长度码为 4 位，在控制场中被发送。数据字节的允许使用数目为 0~8，不能使用其他数值。

（4）数据场

数据场由数据帧中被发送的数据组成，它可包括 0~8 个字节，每个字节 8 位。首先发送的是最高有效位。

（5）CRC 场

CRC 场包括 CRC 序列，后随 CRC 界定符。CRC 场结构如图 2-6 所示。

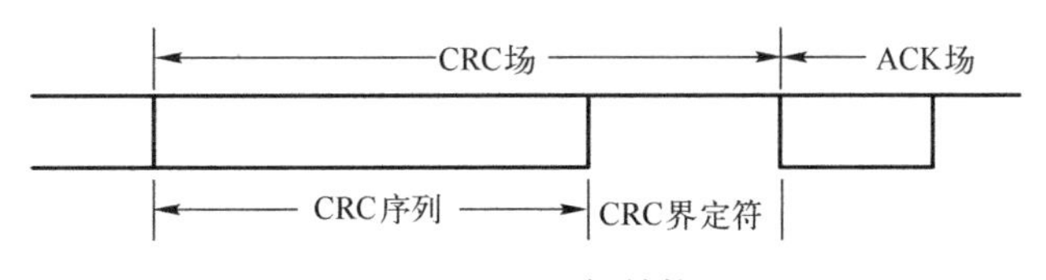

图 2-6　CRC 场结构

CRC序列由循环冗余码求得的帧检查序列组成，最适用于位数小于127（BCH码）的帧。为实现CRC计算，被除的多项式系数由包括帧起始、仲裁场、控制场、数据场（若存在的话）在内的无填充的位流给出，其15个最低位的系数为0，此多项式被发生器产生的下列多项式除（系数为模2运算）：

$$X^{15}+X^{14}+X^{10}+X^{8}+X^{7}+X^{4}+X^{3}+1$$

发送/接收数据场的最后一位后，CRC-RG包含CRC序列。CRC序列后面是CRC界定符，它只包括一个隐性位。

（6）应答场（ACK）

应答场为两位，包括应答间隙和应答界定符，如图2-7所示。

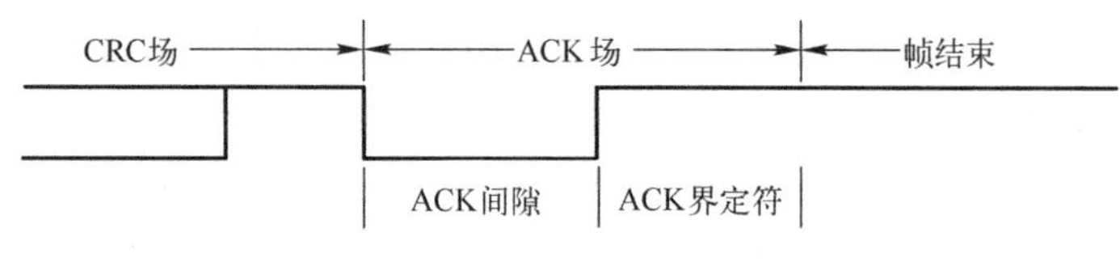

图2-7　应答场组成

在应答场中，发送器送出两个隐性位。一个正确地接收到有效报文的接收器，在应答间隙，将此信息通过发送一个显性位报告给发送器。所有接收到匹配CRC序列的站，通过在应答间隙内把显性位写入发送器的隐性位来报告。

应答界定符是应答场的第二位，并且必须是隐性位。因此，应答间隙被两个隐性位（CRC界定符和应答界定符）包围。

（7）帧结束

每个数据帧和远程帧均由7个隐性位组成的标志序列界定。

2. 远程帧

远程帧由6个不同分位场组成：帧起始、仲裁场、控制场、CRC场、应答场和帧结束。

同数据帧相反，远程帧的RTR位是隐性位。远程帧不存在数据场。DLC的数据值是没有意义的，它可以是0~8中的任何数值。远程帧的组成如图2-8所示。

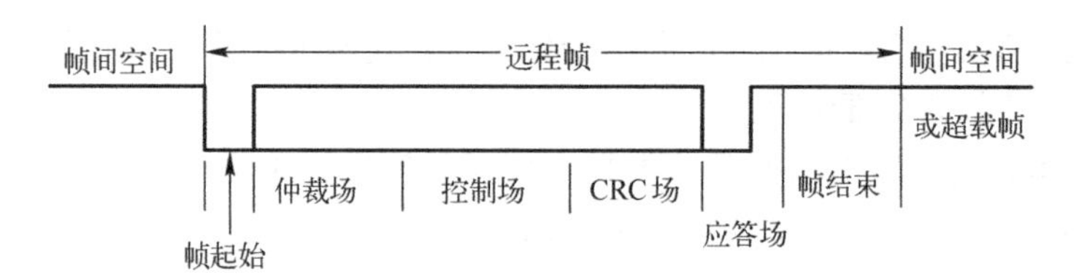

图2-8　远程帧的组成

3. 出错帧

出错帧由两个不同场组成，第一个场由来自各帧的错误标志叠加得到，随后的第二个场是出错界定符。出错帧的组成如图2-9所示。

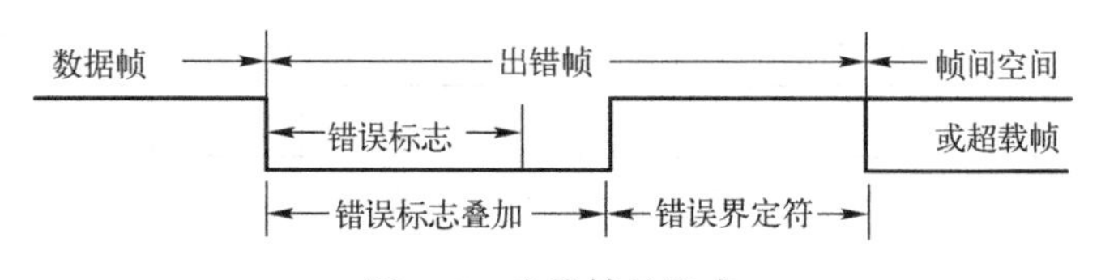

图2-9　出错帧的组成

为了正确地终止出错帧，一种“错误认可”节点可以使总线处于空闲状态至少三个位时间（如果错误认可接收器存在本地错误），因而总线不允许被加载至 100%。

错误标志具有两种形式，一种是活动错误标志（Active Error Flag），另一种是认可错误标志（Passive Error Flag），活动错误标志由 6 个连续的显性位组成，而认可错误标志由 6 个连续的隐性位组成，除非被来自其他节点的显性位冲掉重写。

4. 超载帧

超载帧包括两个位场：超载标志和超载界定符，如图 2-10 所示。

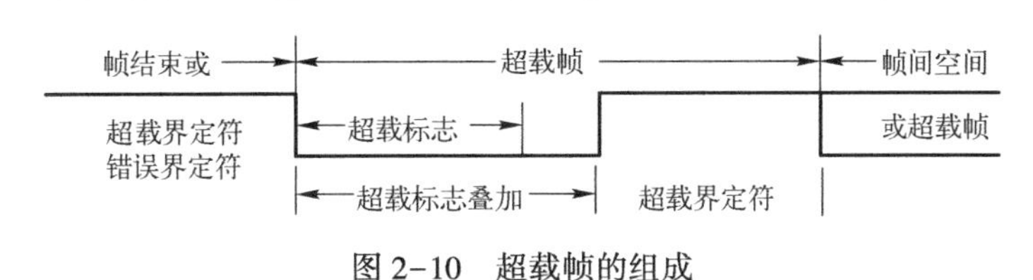

图 2-10　超载帧的组成

存在两种导致发送超载标志的超载条件：一个是要求延迟下一个数据帧或远程帧的接收器的内部条件；另一个是在间歇场检测到显性位。由前一个超载条件引起的超载帧起点，仅允许在期望间歇场的第一位时间开始，而由后一个超载条件引起的超载帧在检测到显性位的后一位开始。在大多数情况下，为延迟下一个数据帧或远程帧，两种超载帧均可产生。

超载标志由 6 个显性位组成。全部形式对应于活动错误标志形式。超载标志形式破坏了间歇场的固定格式，因而，所有其他站都将检测到一个超载条件，并且由它们开始发送超载标志（在间歇场第三位期间检测到显性位的情况下，节点将不能正确理解超载标志，而将 6 个显性位的第一位理解为帧起始）。第 6 个显性位违背了引起出错条件的位填充规则。

超载界定符由 8 个隐性位组成。超载界定符与错误界定符具有相同的形式。发送超载标志后，站监视总线直到检测到由显性位到隐性位的发送。在此站点上，总线上的每一个站均完成送出其超载标志，并且所有站一致地开始发送剩余的 7 个隐性位。

5. 帧间空间

数据帧和远程帧被称为帧间空间的位场分开。

帧间空间包括间歇场和总线空闲场，对于前面已经发送报文的“错误认可”站还有暂停发送场。对于非“错误认可”或已经完成前面报文的接收器，其帧间空间如图 2-11 所示；对于已经完成前面报文发送的“错误认可”站，其帧间空间如图 2-12 所示。

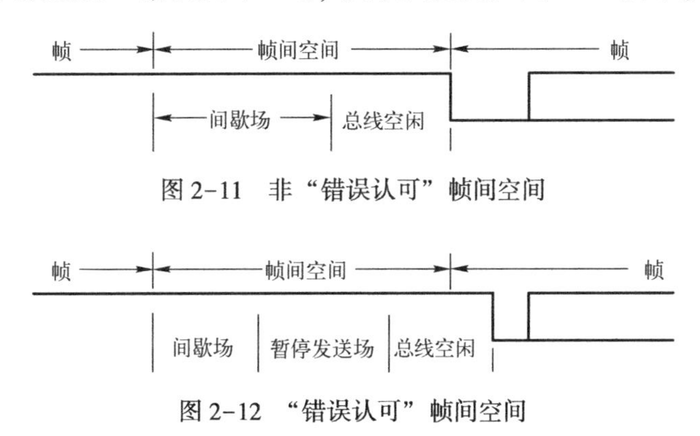

图 2-11　非“错误认可”帧间空间

图 2-12　“错误认可”帧间空间

间歇场由 3 个隐性位组成。间歇期间，不允许启动发送数据帧或远程帧，它仅起标注超载条件的作用。

总线空闲周期可为任意长度。此时，总线是开放的，因此任何需要发送的站均可访问总线。在其他报文发送期间，暂时被挂起的待发报文紧随间歇场从第一位开始发送。此时总线上的显性位被理解为帧起始。

暂停发送场是指：错误认可站发完一个报文后，在开始下一次报文发送或认可总线空闲之前，它紧随间歇场后送出8个隐性位。如果其间开始一次发送（由其他站引起），本站将变为报文接收器。

2.2.4 错误类型和界定

1. 错误类型

CANBUS有五种错误类型。

（1）位错误：向总线送出一位的某个单元同时也在监视总线，当监视到总线位数值与送出的位数值不同时，则在该位时刻检测到一个位错误。例外情况是，在仲裁场的填充位流期间或应答间隙送出隐性位而检测到显性位时，不视为位错误。送出认可错误标注的发送器在检测到显性位时，也不视为位错误。

（2）填充错误：在使用位填充方法进行编码的报文中，出现了第6个连续相同的位电平时，将检出一个位填充错误。

（3）CRC错误：CRC序列是由发送器CRC计算的结果组成的。接收器以与发送器相同的方法计算CRC。若计算结果与接收到的CRC序列不相同，则检出一个CRC错误。

（4）形式错误：当固定形式的位场中出现一个或多个非法位时，则检出一个形式错误。

（5）应答错误：在应答间隙，发送器未检测到显性位时，则由它检出一个应答错误。

检测到出错条件的站通过发送错误标志进行标定。当任何站检出位错误、填充错误、形式错误或应答错误时，由该站在下一位开始发送出错标志。

当检测到CRC错误时，出错标志在应答界定符后面那一位开始发送，除非其他出错条件的错误标志已经开始发送。

在CAN总线中，任何一个单元可能处于下列三种故障状态之一：错误激活（Error Active）、错误认可（Error Passive）和总线关闭。

检测到出错条件的站通过发送出错标志进行标定。对于错误激活节点，其为活动错误标志；而对于错误认可节点，其为认可错误标志。

错误激活单元可以照常参与总线通信，并且当检测到错误时，送出一个活动错误标志。不允许错误认可节点送出活动错误标志，它可参与总线通信，但当检测到错误时，只能送出认可错误标志，并且发送后仍被错误认可，直到下一次发送初始化。总线关闭状态不允许单元对总线有任何影响（如输出驱动器关闭）。

2. 错误界定

为了界定故障，在每个总线单元中都设有两种计数：发送出错计数和接收出错计数。

2.2.5 位定时与同步的基本概念

1. 正常位速率

正常位速率为在非重同步情况下，借助理想发送器每秒发出的位数。

2. 正常位时间

正常位时间即正常位速率的倒数。正常位时间可分为几个互不重叠的时间段。这些时间段包括：同步段（SYNC-SEG）、传播段（PROP-SEG）、相位缓冲段 1（PHASE-SEG1）和相位缓冲段 2（PHASE-SEG2），如图 2-13 所示。

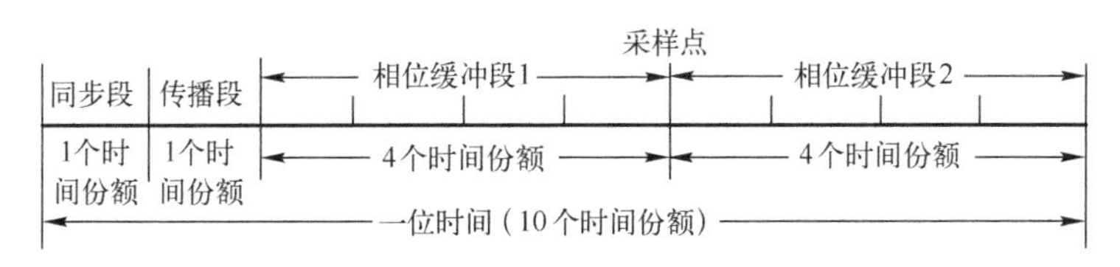

图 2-13　位时间的各组成部分

3. 同步段

同步段用于同步总线上的各个节点。

4. 传播段

传播段用于补偿网络内的传输延迟时间，它是信号在总线上传播时间、输入比较器延迟和驱动器延迟之和的两倍。

5. 相位缓冲段 1 和相位缓冲段 2

相位缓冲段 1 和相位缓冲段 2 用于补偿沿的相位误差，通过重同步，这两个时间段可被延长或缩短。

6. 采样点

在采样点上，仲裁电平被读，并被理解为各位的数值，位于相位缓冲段 1 的终点。

7. 信息处理时间

信息处理时间是指由采样点开始，保留用于计算子序列位电平的时间。

8. 时间份额

时间份额是由振荡器周期派生出的一个固定时间单元。存在一个可编程的分度值，其整体数值范围为 1~32，以最小时间份额为起点，时间份额可为：

$$时间份额 = m \times 最小时间份额$$

其中，m 为分度值。

正常位时间中各时间段长度数值：SYNC-SEG 为一个时间份额；PROP-SEG 长度可编程为 1~8 个时间份额；PHASE-SEG1 可编程为 1~8 个时间份额；PHASE-SEG2 长度为 PHASE-SEG1 和信息处理时间的最大值；信息处理时间长度小于或等于 2 个时间份额。在位时间中，时间份额的总数必须被编程为至少 8~25。

9. 硬同步

硬同步后，内部位时间从 SYNC-SEG 重新开始，因而，硬同步强迫由于硬同步引起的沿处于重新开始的位时间同步段之内。

10. 重同步跳转宽度

由于重同步的结果，PHASE-SEG1 可被延长或 PHASE-SEG2 可被缩短。这两个相位缓冲段的延长或缩短的总和上限由重同步跳转宽度给定。重同步跳转宽度可编程为 1~4（PHASE-SEG1）之间。

时钟信息可由一位数值到另一位数值的跳转获得。由于总线上出现连续相同位位数的最大值是确定的，这提供了在帧期间重新将总线单元同步于位流的可能性。

11. 沿相位误差

沿相位误差由沿相对于SYNC-SEG的位置给定，以时间份额度量。相位误差的符号定义如下。

若沿处于SYNC-SEG之内，则$e=0$；

若沿处于采样点之前，则$e>0$；

若沿处于前一位的采样点之后，则$e<0$。

12. 重同步

当引起重同步沿的相位误差小于或等于重同步跳转宽度编程值时，重同步的作用与硬同步相同。当相位误差大于重同步跳转宽度且相位误差为正时，则PHASE-SEG1延长总数为重同步跳转宽度。当相位误差大于重同步跳转宽度且相位误差为负时，则PHASE-SEG2缩短总数为重同步跳转宽度。

2.3　CAN独立通信控制器SJA1000

SJA1000是一种独立控制器，用于汽车和一般工业环境中的局域网络控制。它是Philips公司的PCA82C200 CAN控制器（BasicCAN）的替代产品，而且它增加了一种新的工作模式（PeliCAN），这种模式支持具有很多新特点的CAN 2.0B协议，SJA1000具有如下特点。

1）与PCA82C200独立CAN控制器引脚和电气兼容。

2）PCA82C200模式（即默认的BasicCAN模式）。

3）扩展的接收缓冲器（64 B、先进先出FIFO）。

4）与CAN 2.0B协议兼容（PCA82C200兼容模式中的无源扩展结构）。

5）同时支持11位和29位标识符。

6）位速率可达1 Mbit/s。

7）PeliCAN模式扩展功能：

- 可读/写访问的错误计数器。
- 可编程的错误报警限制。
- 最近一次错误代码寄存器。
- 对每一个CAN总线错误的中断。
- 具有详细位号（Bit Position）的仲裁丢失中断。
- 单次发送（无重发）。
- 只听模式（无确认、无激活的出错标志）。
- 支持热插拔（软件位速率检测）。
- 接收过滤器扩展（4 B代码，4 B屏蔽）。
- 自身信息接收（自接收请求）。
- 24 MHz时钟频率。
- 可以和不同微处理器接口。
- 可编程的CAN输出驱动器配置。
- 增大的温度范围（-40～+125℃）。

2.3.1　SJA1000 内部结构

SJA1000 CAN 控制器主要由以下几部分构成。

1. 接口管理逻辑（IML）

接口管理逻辑解释来自 CPU 的命令，控制 CAN 寄存器的寻址，向主控制器提供中断信息和状态信息。

2. 发送缓冲器（TXB）

发送缓冲器是 CPU 和 BSP（位流处理器）之间的接口，能够存储发送到 CAN 网络上的完整报文。缓冲器长 13 个字节，由 CPU 写入，BSP 读出。

3. 接收缓冲器（RXB，RXFIFO）

接收缓冲器是接收过滤器和 CPU 之间的接口，用来接收 CAN 总线上的报文，并存储接收到的报文。接收缓冲器（RXB，13 B）作为接收 FIFO（RXFIFO，64 B）的一个窗口，可被 CPU 访问。

CPU 在此 FIFO 的支持下，可以在处理报文的时候接收其他报文。

4. 接收过滤器（ACF）

接收过滤器将其数据和接收的标识符相比较，以决定是否接收报文。在纯粹的接收测试中，所有的报文都保存在 RXFIFO 中。

5. 位流处理器（BSP）

位流处理器是一个在发送缓冲器、RXFIFO 和 CAN 总线之间控制数据流的序列发生器。它还执行错误检测、仲裁、总线填充和错误处理。

6. 位时序逻辑（BTL）

位时序逻辑监视串行 CAN 总线，并处理与总线有关的位定时。在报文开始，由隐性到显性的变换同步 CAN 总线上的位流（硬同步），接收报文时再次同步下一次传送（软同步）。BTL 还提供了可编程的时间段来补偿传播延迟时间、相位转换（如由于振荡漂移）和定义采样点和每一位的采样次数。

7. 错误管理逻辑（EML）

EML 负责传送层中调制器的错误界定。它接收 BSP 的出错报告，并将错误统计数字通知 BSP 和 IML。

2.3.2　SJA1000 引脚功能

SJA1000 为 28 引脚 DIP 和 SO 封装，引脚如图 2-14 所示。

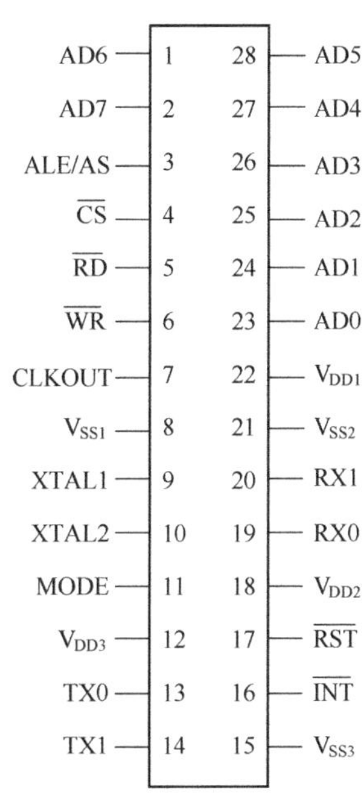

图 2-14　SJA1000 引脚图

引脚功能介绍如下。

AD7～AD0：地址/数据复用总线。

ALE/AS：ALE 输入信号（Intel 模式）；AS 输入信号（Motorola 模式）。

$\overline{CS}$：片选输入，低电平允许访问 SJA1000。

$\overline{RD}$：微控制器的 $\overline{RD}$ 信号（Intel 模式）或 E 使能信号（Motorola 模式）。

$\overline{WR}$：微控制器的 $\overline{WR}$ 信号（Intel 模式）或 R/$\overline{W}$ 信号（Motorola 模式）。

CLKOUT：SJA1000产生的提供给微控制器的时钟输出信号；此时钟信号通过可编程分频器由内部晶振产生；时钟分频寄存器的时钟关闭位可禁止该引脚。

V_{SS1}：接地端。

XTAL1：振荡器放大电路输入，外部振荡信号由此输入。

XTAL2：振荡器放大电路输出，使用外部振荡信号时，此引脚必须保持开路。

MODE：模式选择输入。1=Intel模式，0=Motorola模式。

V_{DD3}：输出驱动的5V电压源。

TX0：由输出驱动器0到物理线路的输出端。

TX1：由输出驱动器1到物理线路的输出端。

V_{SS3}：输出驱动器接地端。

$\overline{INT}$：中断输出，用于中断微控制器；$\overline{INT}$在内部中断寄存器各位都被置位时被激活；$\overline{INT}$是开漏输出，且与系统中的其他$\overline{INT}$是线或的；此引脚上的低电平可以把IC从睡眠模式中激活。

$\overline{RST}$：复位输入，用于复位CAN接口（低电平有效）；将$\overline{RST}$引脚通过电容连到V_{SS}，通过电阻连到V_{DD}可自动上电复位（例如，$C=1\mu F$；$R=50k\Omega$）。

V_{DD2}：输入比较器的5V电压源。

RX0，RX1：由物理总线到SJA1000输入比较器的输入端；显性电平将会唤醒SJA1000的睡眠模式；如果RX1比RX0的电平高，读出为显性电平，反之读出为隐性电平；如果时钟分频寄存器的CBP位被置位，就忽略CAN输入比较器以减少内部延时（此时连有外部收发电路）；这种情况下只有RX0是激活的；隐性电平被认为是高电平，而显性电平被认为是低电平。

V_{SS2}：输入比较器的接地端。

V_{DD1}：逻辑电路的5V电压源。

2.3.3 SJA1000工作模式

SJA1000在软件和引脚上都是与它的前一款——PCA82C200独立控制器兼容的。在此基础上它增加了很多新的功能。为了实现软件兼容，SJA1000增加修改了两种模式。

1）BasicCAN模式：PCA82C200兼容模式。

2）PeliCAN模式：扩展特性。

工作模式通过时钟分频寄存器中的CAN模式位来选择。复位默认模式是BasicCAN模式。

在PeliCAN模式下，SJA1000有一个含很多新功能的重组寄存器。SJA1000包含了设计在PCA82C200中的所有位及一些新功能位，PeliCAN模式支持CAN 2.0B协议规定的所有功能（29位标识符）。

SJA1000的主要新功能如下。

1）接收、发送标准帧和扩展帧格式信息。

2）接收FIFO（64B）。

3）用于标准帧和扩展帧的单/双接收过滤器（含屏蔽和代码寄存器）。

4）读/写访问的错误计数器。

5）可编程的错误限制报警。

6）最近一次的误码寄存器。

7）对每一个 CAN 总线错误的错误中断。

8）具有详细位号的仲裁丢失中断。

9）一次性发送（当错误或仲裁丢失时不重发）。

10）只听模式（CAN 总线监听，无应答，无错误标志）。

11）支持热插拔（无干扰软件驱动的位速率检测）。

12）硬件禁止 CLKOUT 输出。

2.3.4　BasicCAN 功能介绍

1. BasicCAN 地址分配

SJA1000 对微控制器而言是内存管理的 I/O 器件。两器件的独立操作是通过像 RAM 一样的片内寄存器修正来实现的。

SJA1000 的地址区包括控制段和报文缓冲器。控制段在初始化加载时，是可被编程来配置通信参数的（如位定时等）。微控制器也是通过这个段来控制 CAN 总线上的通信的。在初始化时，CLKOUT 信号可以被微控制器编程指定一个值。

应发送的报文写入发送缓冲器。成功接收报文后，微控制器从接收缓冲器中读出接收的报文，然后释放空间以便下一次使用。

微控制器和 SJA1000 之间状态、控制和命令信号的交换都是在控制段中完成的。在初始化程序加载后，接收代码寄存器、接收屏蔽寄存器、总线定时寄存器 0 和 1 以及输出控制寄存器就不能改变了。只有控制寄存器的复位位被置高时，才可以再次初始化这些寄存器。

在复位模式和工作模式中访问寄存器是不同的。当硬件复位或控制器掉电时会自动进入复位模式。工作模式是通过置位控制寄存器的复位请求位激活的。

BasicCAN 地址分配见表 2-1。

表 2-1　BasicCAN 地址分配

段	CAN 地址	工作模式		复位模式	
		读	写	读	写
控制	0	控制	控制	控制	控制
	1	(FFH)	命令	(FFH)	命令
	2	状态	-	状态	-
	3	中断	-	中断	-
	4	(FFH)	-	接收代码	接收代码
	5	(FFH)	-	接收屏蔽	接收屏蔽
	6	(FFH)	-	总线定时 0	总线定时 0
	7	(FFH)	-	总线定时 1	总线定时 1
	8	(FFH)	-	输出控制	输出控制
	9	测试	测试	测试	测试
发送缓冲器	10	标识符（10~3）	标识符（10~3）	(FFH)	-
	11	标识符（2~0） RTR 和 DLC	标识符（2~0） RTR 和 DLC	(FFH)	-
	12	数据字节 1	数据字节 1	(FFH)	-

（续）

段	CAN 地址	工作模式		复位模式	
		读	写	读	写
发送缓冲器	13	数据字节 2	数据字节 2	(FFH)	-
	14	数据字节 3	数据字节 3	(FFH)	-
	15	数据字节 4	数据字节 4	(FFH)	-
	16	数据字节 5	数据字节 5	(FFH)	-
	17	数据字节 6	数据字节 6	(FFH)	-
	18	数据字节 7	数据字节 7	(FFH)	-
	19	数据字节 8	数据字节 8	(FFH)	-
接收缓冲器	20	标识符（10~3）	标识符（10~3）	标识符（10~3）	标识符（10~3）
	21	标识符（2~0） RTR 和 DLC	标识符（2~0） RTR 和 DLC	标识符（2~0） RTR 和 DLC	标识符（2~0） RTR 和 DLC
	22	数据字节 1	数据字节 1	数据字节 1	数据字节 1
	23	数据字节 2	数据字节 2	数据字节 2	数据字节 2
	24	数据字节 3	数据字节 3	数据字节 3	数据字节 3
	25	数据字节 4	数据字节 4	数据字节 4	数据字节 4
	26	数据字节 5	数据字节 5	数据字节 5	数据字节 5
	27	数据字节 6	数据字节 6	数据字节 6	数据字节 6
	28	数据字节 7	数据字节 7	数据字节 7	数据字节 7
	29	数据字节 8	数据字节 8	数据字节 8	数据字节 8
	30	(FFH)	-	(FFH)	-
	31	时钟分频器	时钟分频器	时钟分频器	时钟分频器

2. 控制段

(1) 控制寄存器（CR）

控制寄存器的内容是用于改变 CAN 控制器的状态。这些位可以被微控制器置位或复位，微控制器可以对控制寄存器进行读/写操作。控制寄存器各位的功能见表 2-2。

表 2-2　控制寄存器（地址 0）

位	符号	名　称	值	功　能
CR. 7	-	-	-	保留
CR. 6	-	-	-	保留
CR. 5	-	-	-	保留
CR. 4	OIE	超载中断使能	1	使能：如果数据超载位置位，微控制器接收一个超载中断信号（见状态寄存器）
			0	禁止：微控制器不从 SJA1000 接收超载中断信号
CR. 3	EIE	错误中断使能	1	使能：如果出错或总线状态改变，微控制器接收一个错误中断信号（见状态寄存器）
			0	禁止：微控制器不从 SJA1000 接收错误中断信号

（续）

位	符号	名　　称	值	功　　能
CR. 2	TIE	发送中断使能	1	使能：当报文被成功发送或发送缓冲器可再次被访问时（例如，一个夭折发送命令后），SJA1000 向微控制器发出一次发送中断信号
			0	禁止：SJA1000 不向微控制器发送中断信号
CR. 1	RIE	接收中断使能	1	使能：报文被无错误接收时，SJA1000 向微控制器发出一次中断信号
			0	禁止：SJA1000 不向微控制器发送中断信号
CR. 0	RR	复位请求	1	常态：SJA1000 检测到复位请求后，忽略当前发送/接收的报文，进入复位模式
			0	非常态：复位请求位接收到一个下降沿后，SJA1000 回到工作模式

（2）命令寄存器（CMR）

命令位初始化 SJA1000 传输层上的动作。命令寄存器对微控制器来说是只写存储器。如果去读这个地址，返回值是“1111 1111”。两条命令之间至少有一个内部时钟周期，内部时钟的频率是外部振荡频率的 1/2。命令寄存器各位的功能见表 2-3。

表 2-3　命令寄存器（地址 1）

位	符号	名称	值	功　　能
CMR. 7	–	–	–	保留
CMR. 6	–	–	–	保留
CMR. 5	–	–	–	保留
CMR. 4	GTS	睡眠	1	睡眠：如果没有 CAN 中断等待和总线活动，SJA1000 进入睡眠模式
			0	唤醒：SJA1000 正常工作模式
CMR. 3	CDO	清除超载状态	1	清除：清除数据超载状态位
			0	无作用
CMR. 2	RRB	释放接收缓冲器	1	释放：接收缓冲器中存放报文的内存空间将被释放
			0	无作用
CMR. 1	AT	夭折发送	1	常态：如果不是在处理过程中，等待处理的发送请求将忽略
			0	非常态：无作用
CMR. 0	TR	发送请求	1	常态：报文被发送
			0	非常态：无作用

（3）状态寄存器（SR）

状态寄存器的内容反映了 SJA1000 的状态。状态寄存器对微控制器来说是只读存储器，各位的功能见表 2-4。

表 2-4　状态寄存器（地址 2）

位	符号	名称	值	功　　能
SR. 7	BS	总线状态	1	总线关闭：SJA1000 退出总线活动
			0	总线开启：SJA1000 进入总线活动

（续）

位	符号	名称	值	功　能
SR.6	ES	出错状态	1	出错：至少出现一个错误计数器满或超过 CPU 报警限制
			0	正常：两个错误计数器都在报警限制以下
SR.5	TS	发送状态	1	发送：SJA1000 正在传送报文
			0	空闲：没有要发送的报文
SR.4	RS	接收状态	1	接收：SJA1000 正在接收报文
			0	空闲：没有正在接收的报文
SR.3	TCS	发送完毕状态	1	完成：最近一次发送请求被成功处理
			0	未完成：当前发送请求未处理完毕
SR.2	TBS	发送缓冲器状态	1	释放：CPU 可以向发送缓冲器写报文
			0	锁定：CPU 不能访问发送缓冲器；有报文正在等待发送或正在发送
SR.1	DOS	数据超载状态	1	超载：报文丢失，因为 RXFIFO 中没有足够的空间来存储它
			0	未超载：自从最后一次清除数据超载命令执行，无数据超载发生
SR.0	RBS	接收缓冲状态	1	满：RXFIFO 中有可用报文
			0	空：无可用报文

（4）中断寄存器（IR）

中断寄存器允许识别中断源。当寄存器的一位或多位被置位时，$\overline{\text{INT}}$（低电位有效）引脚被激活。该寄存器被微控制器读过之后，所有位被复位，这将导致$\overline{\text{INT}}$引脚上的电平漂移。中断寄存器对微控制器来说是只读存储器，各位的功能见表2-5。

表2-5　中断寄存器（地址3）

位	符号	名称	值	功　能
IR.7	-	-	-	保留
IR.6	-	-	-	保留
IR.5	-	-	-	保留
IR.4	WUI	唤醒中断	1	置位：退出睡眠模式时此位被置位
			0	复位：微控制器的任何读访问将清除此位
IR.3	DOI	数据超载中断	1	置位：当数据超载中断使能位被置为1时，数据超载状态位由低到高地跳变，将其置位
			0	复位：微控制器的任何读访问将清除此位
IR.2	EI	错误中断	1	置位：错误中断使能时，错误状态位或总线状态位的变化会置位此位
			0	复位：微控制器的任何读访问将清除此位
IR.1	TI	发送中断	1	置位：发送缓冲器状态从低到高的跳变（释放）和发送中断使能时，此位被置位
			0	复位：微控制器的任何读访问将清除此位
IR.0	RI	接收中断	1	置位：当接收 FIFO 不空和接收中断使能时置位此位
			0	复位：微控制器的任何读访问将清除此位

(5) 验收代码寄存器 (ACR)

复位请求位被置高 (当前) 时，这个寄存器是可以访问 (读/写) 的。如果一条报文通过了接收过滤器的测试而且接收缓冲器有空间，那么描述符和数据将被分别顺次写入 RXFIFO。当报文被正确接收完毕，则有：

- 接收状态位置高 (满)。
- 接收中断使能位置高 (使能)，接收中断置高 (产生中断)。

验收代码位 (AC.7~AC.0) 和报文标识符的高 8 位 (ID.10~ID.3) 必须相等，或者验收屏蔽位 (AM.7~AM.0) 的所有位为 1。即如果满足以下等式，则予以接收。

$$[(ID.10\sim ID.3)\equiv(AC.7\sim AC.0)]\vee(AM.7\sim AM.0)\equiv 11111111$$

验收代码寄存器各位功能见表 2-6。

表 2-6　验收代码寄存器 (地址 4)

BIT 7	BIT 6	BIT 5	BIT 4	BIT 3	BIT 2	BIT 1	BIT 0
AC. 7	AC. 6	AC. 5	AC. 4	AC. 3	AC. 2	AC. 1	AC. 0

(6) 验收屏蔽寄存器 (AMR)

如果复位请求位置高 (当前)，这个寄存器可以被访问 (读/写)。验收屏蔽寄存器定义验收代码寄存器的哪些位对接收过滤器是“相关的”或“无关的” (即可为任意值)。

当 AM.i=0 时，是“相关的”；当 AM.i=1 时，是“无关的” (i=0,1,…,7)。

验收屏蔽寄存器各位的功能见表 2-7。

表 2-7　验收屏蔽寄存器 (地址 5)

BIT 7	BIT 6	BIT 5	BIT 4	BIT 3	BIT 2	BIT 1	BIT 0
AM. 7	AM. 6	AM. 5	AM. 4	AM. 3	AM. 2	AM. 1	AM. 0

3. 发送缓冲区

发送缓冲区的全部内容见表 2-8。缓冲区是用来存储微控制器要 SJA1000 发送的报文的。它被分为描述符区和数据区。发送缓冲区的读/写只能由微控制器在工作模式下完成。在复位模式下读出的值总是“FFH”。

表 2-8　发送缓冲区

区	CAN 地址	名称	位							
			7	6	5	4	3	2	1	0
描述符区	10	标识符字节 1	ID. 10	ID. 9	ID. 8	ID. 7	ID. 6	ID. 5	ID. 4	ID. 3
	11	标识符字节 2	ID. 2	ID. 1	ID. 0	RTR	DLC. 3	DLC. 2	DLC. 1	DLC. 0
数据区	12	TX 数据 1	发送数据字节 1							
	13	TX 数据 2	发送数据字节 2							
	14	TX 数据 3	发送数据字节 3							
	15	TX 数据 4	发送数据字节 4							
	16	TX 数据 5	发送数据字节 5							
	17	TX 数据 6	发送数据字节 6							
	18	TX 数据 7	发送数据字节 7							
	19	TX 数据 8	发送数据字节 8							

(1) 标识符 (ID)

标识符有11位 (ID0~ID10)。ID10是最高位，在仲裁过程中是最先被发送到总线上的。标识符就像报文的名字。它在接收器的接收过滤器中被用到，也在仲裁过程中决定总线访问的优先级。标识符的值越低，其优先级越高。这是因为在仲裁时有许多前导显性位所致。

(2) 远程发送请求 (RTR)

如果此位置1，总线将以远程帧发送数据。这意味着此帧中没有数据字节。然而，必须给出正确的数据长度码，数据长度码由具有相同标识符的数据帧报文决定。

如果RTR位没有被置位，数据将以数据长度码规定的长度来传送数据帧。

(3) 数据长度码 (DLC)

报文数据区的字节数根据数据长度码编制。在远程帧传送中，因为RTR被置位，数据长度码是不被考虑的。这就迫使发送/接收数据字节数为0。然而，数据长度码必须正确设置以避免两个CAN控制器用同样的识别机制启动远程帧传送而发生总线错误。数据字节数是0~8，是以如下方法计算的：

$$数据字节数=8\times DLC.3+4\times DLC.2+2\times DLC.1+DLC.0$$

为了保持兼容性，数据长度码不超过8。如果选择的值超过8，则按照DLC规定认为是8。

(4) 数据区

传送的数据字节数由数据长度码决定。发送的第一位是地址12单元的数据字节1的最高位。

4. 接收缓冲区

接收缓冲区的全部列表和发送缓冲区类似。接收缓冲区是RXFIFO中可访问的部分，位于CAN地址20~29。

标识符、远程发送请求位和数据长度码与发送缓冲区的相同，只不过是在地址20~29。RXFIFO共有64B的报文空间。在任何情况下，FIFO中可以存储的报文数取决于各条报文的长度。如果RXFIFO中没有足够的空间来存储新的报文，CAN控制器会产生数据溢出。数据溢出发生时，已部分写入RXFIFO的当前报文将被删除。这种情况将通过状态位或数据溢出中断(中断允许时，即使除了最后一位整个数据块被无误接收也使接收报文无效) 反映到微控制器。

5. 寄存器的复位值

检测到有复位请求后将中止当前接收/发送的报文而进入复位模式。当复位请求位出现了1到0的变化时，CAN控制器将返回操作模式。

2.3.5 PeliCAN功能介绍

CAN控制器的内部寄存器对CPU来说是内部在片存储器。因为CAN控制器可以工作于不同模式 (操作/复位)，所以必须区分两种不同内部地址的定义。从CAN地址32起所有的内部RAM (80B) 被映像为CPU的接口。

必须特别指出的是：在CAN的高端地址区的寄存器是重复的，CPU 8位地址的最高位不参与解码。CAN地址128和地址0是连续的。PeliCAN的详细功能说明请参考SJA1000数据手册。

2.3.6　BasicCAN 和 PeliCAN 的公用寄存器

1. 总线时序寄存器 0

总线时序寄存器 0（BTR0）见表 2-9，它定义了波特率预置器（Baud Rate Prescaler-BRP）和同步跳转宽度（SJW）的值。复位模式有效时，这个寄存器是可以被访问（读/写）的。

如果选择的是 PeliCAN 模式，此寄存器在操作模式中是只读的。在 BasicCAN 模式中总是“FFH”。

表 2-9　总线时序寄存器 0（地址 6）

BIT 7	BIT 6	BIT 5	BIT 4	BIT 3	BIT 2	BIT 1	BIT 0
SJW. 1	SJW. 0	BRP. 5	BRP. 4	BRP. 3	BRP. 2	BRP. 1	BRP. 0

（1）波特率预置器位域

位域 BRP 使得 CAN 系统时钟的周期 t_{SCL} 是可编程的，而 t_{SCL} 决定了各自的位定时。CAN 系统时钟由如下公式计算。

$$t_{SCL}=2t_{CLK}\times(32\times BRP.5+16\times BRP.4+8\times BRP.3+4\times BRP.2+2\times BRP.1+BRP.0+1)$$

式中，t_{CLK} = XTAL 的振荡周期 = $1/f_{XTAL}$

（2）同步跳转宽度位域

为了补偿在不同总线控制器的时钟振荡器之间的相位漂移，任何总线控制器必须在当前传送的任一相关信号边沿重新同步。同步跳转宽度 t_{SJW} 定义了一个位周期可以被一次重新同步缩短或延长的时钟周期的最大数目，它与位域 SJW 的关系是：

$$t_{SJW}=t_{SCL}\times(2\times SJW.1+SJW.0+1)$$

2. 总线时序寄存器 1

总线时序寄存器 1（BTR1）见表 2-10，定义了一个位周期的长度、采样点的位置和在每个采样点的采样数目。在复位模式中，这个寄存器可以被读/写访问。在 PeliCAN 模式的操作模式中，这个寄存器是只读的；在 BasicCAN 模式中，BTR 1 总是“FFH”。

表 2-10　总线时序寄存器 1（地址 7）

BIT 7	BIT 6	BIT 5	BIT 4	BIT 3	BIT 2	BIT 1	BIT 0
SAM	TSEG2. 2	TSEG2. 1	TSEG2. 0	TSEG1. 3	TSEG1. 2	TSEG1. 1	TSEG1. 0

（1）采样位

采样位（SAM）的功能说明见表 2-11。

表 2-11　采样位的功能说明

位	值	功　　能
SAM	1	3 次：总线采样 3 次；建议在低/中速总线（A 和 B 级）上使用，这对过滤总线上的毛刺波是有效的
	0	单次：总线采样 1 次；建议使用在高速总线上（SAE C 级）

（2）时间段 1 和时间段 2 位域

时间段 1（TSEG1）和时间段 2（TSEG2）决定了每一位的时钟周期数目和采样点的位置，

如图2-15所示，其中：

$$t_{SYNCSEG}=1\times t_{SCL}$$

$$t_{TSEG1}=t_{SCL}\times(8\times TSEG1.3+4\times TSEG1.2+2\times TSEG1.0+1)$$

$$t_{TSEG2}=t_{SCL}\times(4\times TSEG2.2+2\times TSEG2.1+TSEG2.1+1)$$

式中，$t_{SYNCSEG}$为同步段时间。

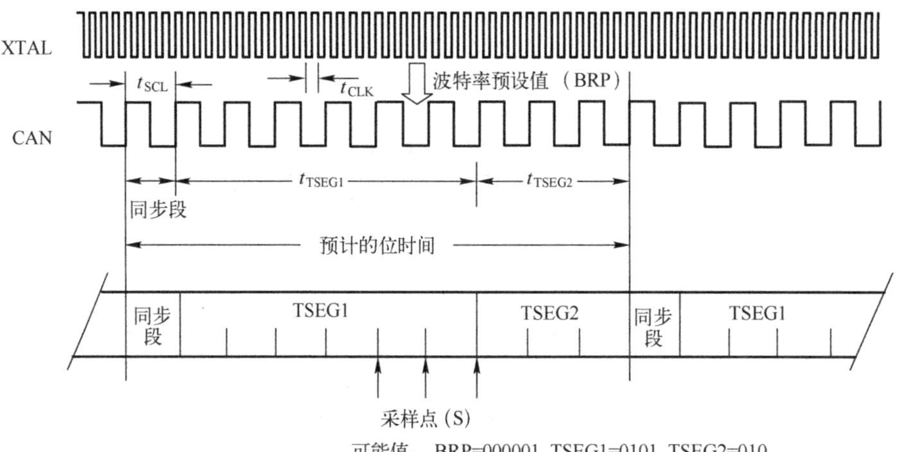

图2-15　位周期的总体结构

3. 输出控制寄存器

输出控制寄存器（OCR）见表2-12，允许由软件控制建立不同输出驱动的配置。在复位模式中此寄存器可被读/写访问。在PeliCAN模式的操作模式中，这个寄存器是只读的；在BasicCAN模式中，该寄存器总是“FFH”。

表2-12　输出控制寄存器（地址8）

BIT 7	BIT 6	BIT 5	BIT 4	BIT 3	BIT 2	BIT 1	BIT 0
OCTP1	OCTN1	OCPOL1	OCTP0	OCTN0	OCPOL0	OCMODE1	OCMODE0

当SJA1000在睡眠模式中时，TX0和TX1引脚根据输出控制寄存器的内容输出隐性的电平。在复位状态（复位请求=1）或外部复位引脚$\overline{RST}$被拉低时，输出TX0和TX1悬空。

发送的输出阶段可以有不同的模式。

（1）正常输出模式

正常模式中位序列（TXD）通过TX0和TX1送出。输出驱动引脚TX0和TX1的电平取决于被OCTPx、OCTNx（悬空、上拉、下拉、推挽）编程的驱动器的特性和被OCPOLx编程的输出端极性。

（2）时钟输出模式

TX0引脚在这个模式中和正常模式中是相同的。然而，TX1上的数据流被发送时钟（TXCLK）取代。发送时钟（非翻转）的上升沿标志着一个位周期的开始。时钟脉冲宽度是$1\times t_{SCL}$。

（3）双相输出模式

与正常输出模式相反，这里位的表现形式是时间的变量而且会反复。如果总线控制器被发送器从总线上电流退耦，则位流不允许含有直流成分。这一点由下面的方案实现：在隐性位期间所有输出呈现“无效”（悬空），而显性位交替在TX0和TX1上发送，即第一个显性位在

TX0 上发送，第二个在 TX1 上发送，第三个在 TX0 上发送，以此类推。

(4) 测试输出模式

在测试输出模式中，下一次系统时钟的上升沿 RX 上的电平反映到 TXx 上，系统时钟（$f_{OSC}/2$）与输出控制寄存器中编程定义的极性相对应。

4. 时钟分频寄存器

时钟分频寄存器（CDR）控制输出给微控制器的 CLKOUT 频率，它可以使 CLKOUT 引脚失效。另外，它还控制着 TX1 上的专用接收中断脉冲、接收比较器旁路和 BasicCAN 模式与 PeliCAN 模式的选择。硬件复位后寄存器的默认状态是 Motorola 模式（0000 0101，12 分频）和 Intel 模式（0000 0000，2 分频）。

软件复位（复位请求/复位模式）或总线关闭时，此寄存器不受影响。

保留位（CDR.4）总是 0。应用软件应向此位写 0，目的是与将来可能使用此位的特性兼容。

2.4 CAN 总线收发器

CAN 作为一种技术先进、可靠性高、功能完善、成本低的远程网络通信控制方式，已广泛应用于汽车电子、自动控制、电力系统、楼宇自控、安防监控、机电一体化、医疗仪器等自动化领域。目前，世界众多著名半导体生产商推出了独立的 CAN 通信控制器，而有些半导体生产商（如 Intel、NXP、Mirochip、Samsung、NEC、ST、TI 等公司），还推出了内嵌 CAN 通信控制器的 MCU、DSP 和 ARM 微控制器。为了组成 CAN 总线通信网络，NXP 和安森美（ON 半导体）等公司推出了 CAN 总线驱动器。

2.4.1 PCA82C250/251CAN 总线收发器

PCA82C250/251 收发器是协议控制器和物理传输线路之间的接口。此器件对总线提供差动发送能力，对 CAN 控制器提供差动接收能力，可以在汽车和一般的工业应用上使用。

PCA82C250/251 收发器的主要特点如下。

1) 完全符合 ISO 11898 标准。

2) 高速率（最高达 1 Mbit/s）。

3) 具有抗汽车环境中的瞬间干扰，保护总线能力。

4) 斜率控制，降低射频干扰（Radio Frequency Interference，RFI）。

5) 差分收发器，抗宽范围的共模干扰，抗电磁干扰（Electromagnetic Interference，EMI）。

6) 热保护。

7) 防止电源和地之间发生短路。

8) 低电流待机模式。

9) 未上电的节点对总线无影响。

10) 可连接 110 个节点。

11) 工作温度范围：-40～+125℃。

1. 功能说明

PCA82C250/251 驱动电路内部具有限流电路，可防止发送输出级对电源、地或负载短路。虽然短路出现时功耗增大，但不至于使输出级损坏。若结温超过大约 160℃，则两个发送器输出端极限电流将减小，由于发送器是功耗的主要部分，因而限制了芯片的温升。器件的所有其他部分将继续工作。PCA82C250采用双线差分驱动，有助于抑制汽车等恶劣电气环境下的瞬变干扰。

引脚Rs用于选定PCA82C250/251的工作模式。有3种不同的工作模式可供选择：高速、斜率控制和待机。

2. 引脚介绍

PCA82C250/251为8引脚DIP和SO两种封装，引脚如图2-16所示。

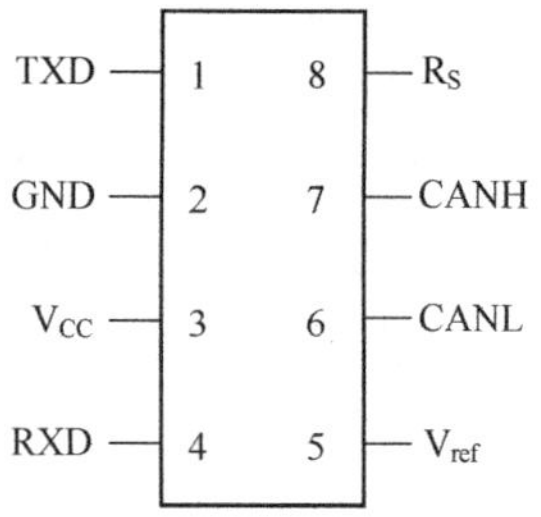

TXD
1
8
R_S
GND
2
7
CANH
V_{CC}
3
6
CANL
RXD
4
5
V_{ref}

图2-16　PCA82C250/251引脚图

引脚介绍如下。

TXD：发送数据输入。

GND：地。

V_{CC}：电源电压4.5 V~5.5 V。

RXD：接收数据输出。

V_{ref}：参考电压输出。

CANL：低电平CAN电压输入/输出。

CANH：高电平CAN电压输入/输出。

R_S：斜率电阻输入。

PCA82C250/251收发器是协议控制器和物理传输线路之间的接口。如在ISO11898标准中描述的，它们可以用高达1 Mbit/s的位速率在两条有差动电压的总线电缆上传输数据。

这两个器件都可以在额定电源电压分别是12V（PCA82C250）和24V（PCA82C251）的CAN总线系统中使用。它们的功能相同，根据相关的标准，可以在汽车和普通的工业应用上使用。PCA82C250和PCA82C251还可以在同一网络中互相通信，而且它们的引脚和功能兼容。

2.4.2　TJA1051 CAN总线收发器

1. 功能说明

TJA1051是一款高速CAN收发器，是CAN控制器和物理总线之间的接口，为CAN控制器提供差动发送和接收功能。该收发器专为汽车行业的高速CAN应用设计，传输速率高达1 Mbit/s。

TJA1051是高速CAN收发器TJA1050的升级版本，改进了电磁兼容（EMC）和静电放电（ESD）性能，具有如下特性。

1）完全符合ISO 11898-2标准。

2）收发器在断电或处于低功耗模式时，在总线上不可见。

3）TJA1051T/3和TJA1051TK/3的I/O接口可直接与3~5 V的微控制器接口连接。

TJA1051是高速CAN网络节点的最佳选择，TJA1051不支持可总线唤醒的待机模式。

2. 引脚介绍

TJA1051有SO8和HVSON8两种封装。TJA1051引脚如图2-17所示。

TXD
1
8
S
GND
2
7
CANH
V_{CC}
3
6
CANL
RXD
4
5
n.c./V_{IO}

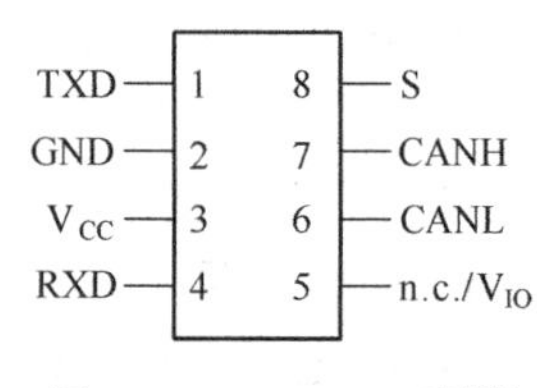

图2-17　TJA1051引脚

TJA1051的引脚介绍如下。

TXD：发送数据输入。

GND：接地。

V_{CC}：电源电压。

RXD：接收数据输出，从总线读出数据。

n. c.：空引脚（仅 TJA1051T）。

V_{IO}：I/O 电平适配（仅 TJA1051T/3 和 TJA1051TK/3）。

CANL：低电平 CAN 总线。

CANH：高电平 CAN 总线。

S：待机模式控制输入。

2.5　CAN 总线节点设计实例

2.5.1　CAN 总线节点硬件设计

采用 AT89S52 单片微控制器、独立 CAN 通信控制器 SJA1000、CAN 总线驱动器 PCA82C250 及复位电路 IMP708 的 CAN 应用节点电路如图 2-18 所示。

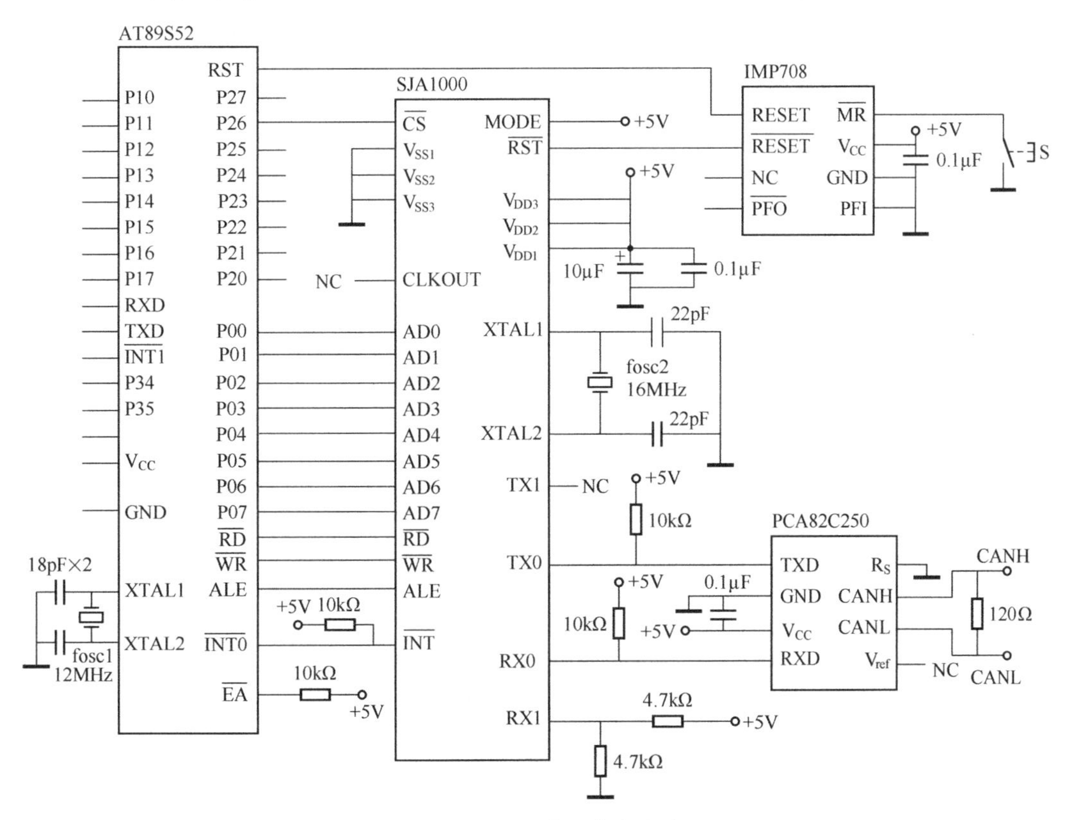

图 2-18　CAN 应用节点电路

在图 2-18 中，IMP708 具有两个复位输出 RESET 和 $\overline{\text{RESET}}$，分别接至 AT89S52 单片微控制器和 SJA1000 CAN 通信控制器。当按下按键 S 时，为手动复位。

2.5.2　程序设计

1. BasicCAN 程序设计

CAN 应用节点的程序设计主要分为三部分：初始化子程序、发送子程序、接收子程序。

（1）CAN 初始化子程序

1）程序流程图。CAN 初始化子程序流程图如图 2-19 所示。

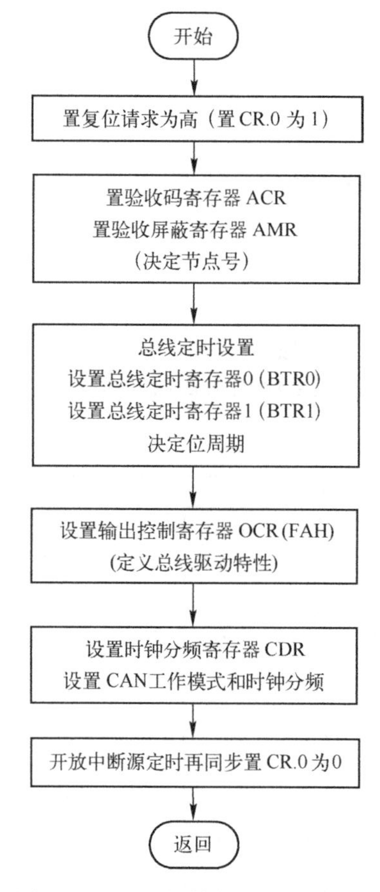

图 2-19　CAN 初始化子程序流程图

2）程序清单。CAN 初始化子程序清单如下。

```
NODE    EQU    30H       ;节点号缓冲区
NBTR0   EQU    31H       ;总线定时寄存器 0 缓冲区
NBTR1   EQU    32H       ;总线定时寄存器 1 缓冲区
TXBF    EQU    40H       ;RAM 内发送缓冲区
RXBF    EQU    50H       ;RAM 内接收缓冲区
CR      EQU    0BF00H    ;控制寄存器
CMR     EQU    0BF01H    ;命令寄存器
SR      EQU    0BF02H    ;状态寄存器
IR      EQU    0BF03H    ;中断寄存器
ACR     EQU    0BF04H    ;接收码寄存器
AMR     EQU    0BF05H    ;接收码屏蔽寄存器
BTR0    EQU    0BF06H    ;总线定时寄存器 0
```

```
BTR1    EQU    0BF07H     ;总线定时寄存器 1
OCR     EQU    0BF08H     ;输出控制寄存器
CDR     EQU    0BF1FH     ;时钟分频寄存器
RXB     EQU    0BF14H     ;接收缓冲器
TXB     EQU    0BF0AH     ;发送缓冲器
```

入口条件：将本节点号存入 NODE 单元。

波特率控制字存入 NBTR0 和 NBTR1 单元。

出口条件：无。

```
CANINI:  MOV    DPTR,#CR        ;写控制寄存器
         MOV    A,#01H          ;置复位请求为高
         MOVX   @DPTR,A
CANI1:   MOVX   A,@DPTR         ;判复位请求有效
         JNB    ACC.0,CANI1
         MOV    DPTR,#ACR       ;写接收码寄存器
         MOV    A,NODE          ;设置节点号
         MOVX   @DPTR,A
         MOV    DPTR,#AMR       ;写接收码屏蔽寄存器
         MOV    A,#00H
         MOVX   @DPTR,A
         MOV    DPTR,#BTR0      ;写总线定时寄存器 0
         MOV    A,NBTR0         ;设置波特率
         MOVX   @DPTR,A
         MOV    DPTR,#BTR1      ;写总线定时寄存器 1
         MOV    A,NBTR1
         MOVX   @DPTR,A
         MOV    DPTR,#OCR       ;写输出控制寄存器
         MOV    A,#0FAH
         MOVX   @DPTR,A
         MOV    DPTR,#CDR       ;写时钟分频寄存器
         MOV    A,#00H          ;将 CAN 工作模式设为
                                ;BasicCAN 模式时钟 2 分频
         MOVX   @DPTR,A
         MOV    DPTR,#CR        ;写控制寄存器
         MOV    A,#0EH          ;开放中断源
         MOVX   @DPTR,A
         RET
```

3）通信波特率的计算。假设 BTR0=43H，BTR1=2FH，计算通信波特率。通信波特率由 BTR0 和 BTR1 决定。

① BTR0 各位功能如下。

D7	D6	D5	D4	D3	D2	D1	D0
SJW.1	SJW.0	BRP.5	BRP.4	BRP.3	BRP.2	BRP.1	BRP.0

系统时钟 t_{SCL} 的计算：

$$t_{SCL}=2t_{CLK}(32BRP.5+16BRP.4+8BRP.3+4BRP.2+2BRP.1+BRP.0+1)$$

$$BTR0=43H=01000011B$$

本例中，

$$t_{CLK}=\frac{1}{f_{CLK}}=\frac{1}{16\times10^6}\text{s}$$

$$t_{SCL}=2\times\frac{1}{16\times10^6}\times(0+0+0+0+2+1+1)\text{ s}=2\times\frac{1}{16\times10^6}\times4\text{ s}=\frac{1}{2\times10^6}\text{s}$$

同步跳转宽度的计算：

为补偿不同总线控制器时钟振荡器之间的相移，任何总线控制器必须同步于当前进行发送的相关信号沿。

$$T_{SJW}=t_{SCL}\times(2SJW.1+SJW.0+1)=t_{SCL}\times(0+1+1)=2t_{SCL}$$

② BTR1 各位功能如下。

D7	D6	D5	D4	D3	D2	D1	D0
SAM	TSEG2.2	TSEG2.1	TSEG2.0	TSEG1.3	TSEG1.2	TSEG1.1	TSEG1.0

根据 BTR1 计算 t_{TSEG1} 和 t_{TSEG2}：

$$t_{TSEG1}=t_{SCL}\times(8TSEG1.3+4TSEG1.2+2TSEG1.1+TSEG1.0+1)$$

$$t_{TSEG2}=t_{SCL}\times(4TSEG2.2+2TSEG2.1+TSEG2.0+1)$$

$$BTR1=2FH=00101111B$$

$$t_{TSEG1}=t_{SCL}\times(8+4+2+1+1)=16t_{SCL}$$

$$t_{TSEG2}=t_{SCL}\times(0+2+0+1)=3t_{SCL}$$

③ 位周期的计算如下。

$$\begin{aligned}T&=T_{SYNCSEG}+t_{TSEG1}+t_{TSEG2}\\&=1t_{SCL}+16t_{SCL}+3t_{SCL}=20t_{SCL}=20\times\frac{1}{2\times10^6}=\frac{10}{10^6}=\frac{1}{10^5}\text{s}\end{aligned}$$

$$\text{通信波特率}=\frac{1}{T}=1/\frac{1}{10^5}=10^5\text{bit/s}=100\text{ kbit/s}$$

在 CAN 总线系统的实际应用中，经常会遇到要估算一个网络的最大总线长度和节点数的情况。下面分析当采用 PCA82C250 作为总线驱动器时，影响网络的最大总线长度和节点数的相关因素以及估算的方法。若采用其他驱动器，则也可以参照该方法进行估算。

由 CAN 总线所构成的网络，其最大总线长度主要由以下三个方面的因素所决定。

1）互连总线节点间的回路延时（由 CAN 总线控制器和驱动器等引入）和总线线路延时。

2）由于各节点振荡器频率的相对误差而导致的位时钟周期的偏差。

3）由于总线电缆串联等效电阻和总线节点的输入电阻而导致的信号幅度的下降。

传输延迟时间对总线长度的影响主要是由于 CAN 总线的特点（非破坏性总线仲裁和帧内应答）所决定的。比如，在每帧报文的应答场（ACK 场），要求接收报文正确的节点在应答间隙将发送节点的隐性电平拉为显性电平，作为对发送节点的应答。由于这些过程必须在一个位时间内完成，所以总线线路延时以及其他延时之和必须小于 1/2 个位时钟周期。非破坏性总线仲裁和帧内应答本来是 CAN 总线区别于其他现场总线最显著的优点之一，在这里却成了一个缺点。缺点主要表现在其限制了 CAN 总线速度进一步提高的可能性，当需要更高的速度时则无法满足要求。

CAN 任意两个节点之间的传输距离与其通信波特率有关，当采用 Philips 公司的 SJA1000 CAN 通信控制器时，并假设晶振频率为 16 MHz，通信距离与通信波特率关系如表 2-13 所示。

表 2-13　通信距离与通信波特率关系

位速率/bit · s^{-1}	最大总线长度/m	总线定时	
		BTR0	BTR1
1 M	40	00H	14H
500 k	130	00H	1CH
250 k	270	01H	1CH
125 k	530	03H	1CH
100 k	620	43H	2FH
50 k	1. 3 k	47H	2FH
20 k	3. 3 k	53H	2FH
10 k	6. 7 k	67H	2FH
5 k	10 k	7FH	7FH

（2）CAN 接收子程序

1）程序流程图。CAN 接收子程序流程图如图 2-20 所示。

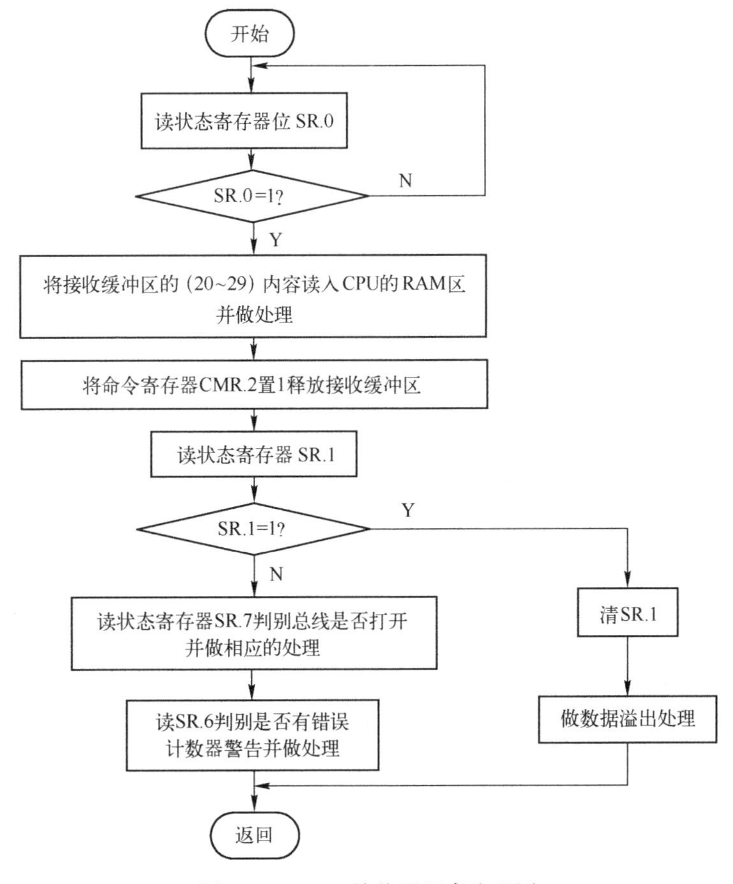

图 2-20　CAN 接收子程序流程图

2）程序清单。CAN 接收子程序清单如下。

入口条件：无。

出口条件：接收的描述符、数据长度及数据放在 RXBF 开始的缓冲区中。

```
RXSB:     MOV     DPTR,#SR            ;读状态寄存器,判别接收缓冲区是否已满
          MOVX    A,@DPTR
          JNB     ACC.0,RXSB
RXSB1:    MOV     DPTR,#RXB           ;将接收的数据放在 CPU RAM 区
          MOV     R0,#RXBF
          MOVX    A,@DPTR
          MOV     @R0,A
          INC     R0
          INC     DPTR
          MOVX    A,@DPTR
          MOV     @R0,A
          MOV     B,A
RXSB2:    INC     DPTR
          INC     R0
          MOVX    A,@DPTR
          MOV     @R0,A
          DJNZ    B,RXSB2
          MOV     DPTR,#CMR           ;接收完毕释放接收缓冲区
          MOV     A,#04H
          MOVX    @DPTR,A
          MOV     DPTR,#SR            ;读此状态寄存器
          MOVX    A,@DPTR
          JB      ACC.1,DATAOVER      ;判别数据溢出
          JB      ACC.7,BUSWRONG      ;判别总线状态
          JB      ACC.6,CNTWRONG      ;判别错误计数器状态
          SJMP    RECEEND
DATAOVER:
          做相应的数据溢出错误处理
          SJMP    RECEEND
BUSWRONG:
          做总线错误处理
          SJMP    RECEEND
CNTWRONG:
          做计数错误处理
RECEEND:
          RET
```

(3) CAN 发送子程序

1) 程序流程图。CAN 发送子程序流程图如图 2-21 所示。

2) 程序清单。

CAN 发送子程序清单如下。

入口条件：将要发送的描述符存入 TXBF；
　　　　　将要发送的数据长度存入 TXBF+1；
　　　　　将要发送的数据存入 TXBF+2 开始的单元。

出口条件：无。

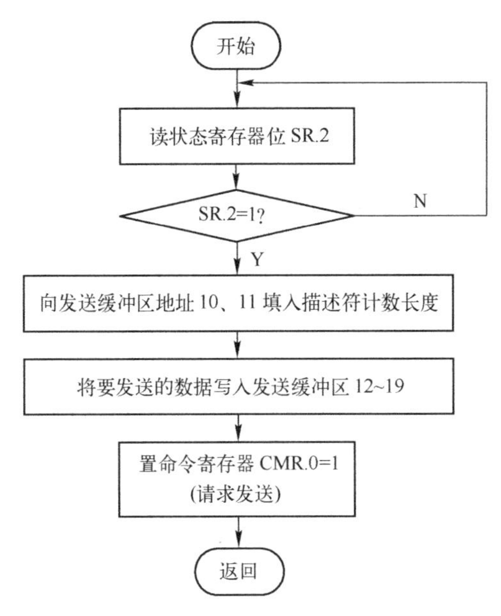

图 2-21　CAN 发送子程序流程图

```
TXSB:   MOV     DPTR , #SR        ;读状态寄存器
        MOVX    A , @ DPTR        ;判别发送缓冲区状态
        JNB     ACC. 2 , TXSB
        MOV     R1 , #TXBF
        MOV     DPTR  , #TXB
TX1:    MOV     A , @ R1          ;向发送缓冲区 10 填入标识符
        MOVX    @ DPTR , A
        INC     R1
        INC     DPTR
        MOV     A , @ R1          ;向发送缓冲区 11 填入数据长度
        MOVX    @ DPTR , A
        MOV     B , A
TX2:    INC     R1
        INC     DPTR
        MOV     A , @ R1          ;向发送缓冲区 12~19 送数据
        MOVX    @ DPTR , A
        DJNZ    B, TX2
        MOV     DPTR  , #CMR      ;置 CMR. 0 为 1 请求发送
        MOV     A , #01H
        MOVX    @ DPTR, A
        RET
```

2. PeliCAN 程序设计

(1) 初始化子程序

程序清单如下。

```
NBTR0   EQU   30H     ;波特率控制字 0
NBTR1   EQU   31H     ;波特率控制字 1
AMRBF   EQU   32H     ;验收屏蔽寄存器缓冲区
ACRBF   EQU   36H     ;验收代码寄存器缓冲区
```

```
TXBF      EQU    40H          ;RAM内发送缓冲区
RXBF      EQU    50H          ;RAM内接收缓冲区
MOD       EQU    0BF00H       ;模式寄存器
CMR       EQU    0BF01H       ;命令寄存器
SR        EQU    0BF02H       ;状态寄存器
IE        EQU    0BF03H       ;中断寄存器
IER       EQU    0BF04H       ;中断使能寄存器
BTR0      EQU    0BF06H       ;总线定时寄存器0
BTR1      EQU    0BF07H       ;总线定时寄存器1
OCR       EQU    0BF08H       ;输出控制寄存器
ALC       EQU    0BF0BH       ;仲裁丢失捕捉寄存器
ECC       EQU    0BF0CH       ;错误代码捕捉寄存器
EWLR      EQU    0BF0DH       ;错误报警限额寄存器
RXERR     EQU    0BF0EH       ;RX错误计数器
TXERR     EQU    0BF0FH       ;TX错误计数器
TXB       EQU    0BF10H       ;发送缓冲区
RXB       EQU    0BF10H       ;接收缓冲区
ACR       EQU    0BF10H       ;验收代码寄存器
AMR       EQU    0BF14H       ;验收屏蔽寄存器
RMC       EQU    0BF1DH       ;RX报文计数器
RBSA      EQU    0BF1EH       ;RX缓冲区起始地址
CDR       EQU    0BF1FH       ;时钟分频器
```

入口条件：波特率控制字存入NBTR0和NBTR1中；
　　　　　验收代码寄存器内容在ACRBF开始的4个单元；
　　　　　验收屏蔽寄存器内容在AMRBF开始的4个单元。
出口条件：无。

```
CANI:    MOV     DPTR,#MOD      ;模式寄存器
         MOV     A,#09H         ;进入复位模式,对SJA1000进行初始化
         MOVX    @DPTR,A
         MOV     DPTR,#CDR      ;时钟分频寄存器
         MOV     A,#88H         ;选择PeliCAN模式,关闭时钟输出
         MOVX    @DPTR,A
         MOV     DPTR,#IER      ;中断允许寄存器
         MOV     A,#0DH         ;开放发送中断、溢出中断和错误警告中断
         MOVX    @DPTR,A
         MOV     DPTR,#AMR      ;接收屏蔽寄存器
         MOV     R6,#4
         MOV     R0,#AMRBF      ;接收屏蔽寄存器内容在单片机片内RAM中的首址
CANI1:   MOV     A,@R0
         MOVX    @DPTR,A        ;接收屏蔽寄存器赋初值
         INC     DPTR
         DJNZ    R6,CANI1
         MOV     DPTR,#ACR      ;接收代码寄存器
         MOV     R6,#4
         MOV     R0,#ACRBF      ;接收代码寄存器内容在单片机片内RAM中的首址
CANI2:   MOV     A,@R0
         MOVX    @DPTR,A        ;接收代码寄存器赋初值
         INC     DPTR
```

```
        DJNZ    R6,CANI2
        MOV     DPTR,#BTR0        ;总线定时寄存器 0
        MOV     A,#03H
        MOVX    @ DPTR,A
        MOV     DPTR,#BTR1        ;总线定时寄存器 1
        MOV     A,#0FFH           ;设置波特率
        MOVX    @ DPTR,A
        MOV     DPTR,#OCR         ;输出控制寄存器
        MOV     A,#0AAH
        MOVX    @ DPTR,A
        MOV     DPTR,#RBSA        ;接收缓存器起始地址寄存器
        MOV     A,#0              ;设置接收缓存器 FIFO 起始地址为 0
        MOVX    @ DPTR,A
        MOV     DPTR,#TXERR       ;发送错误计数寄存器
        MOV     A,#0              ;清除发送错误计数寄存器
        MOVX    @ DPTR,A
        MOV     DPTR,#ECC         ;错误代码捕捉寄存器
        MOVX    A,@ DPTR          ;清除错误代码捕捉寄存器
        MOV     DPTR,#MOD         ;方式寄存器
        MOV     A,#08H            ;设置单滤波接收方式,并返回工作状态
        MOVX    @ DPTR,A
        RET
```

(2) CAN 接收子程序

接收子程序负责节点报文的接收以及其他情况处理。接收子程序比发送子程序要复杂一些，因为在处理接收报文的过程中，同时要对诸如总线关闭、错误报警、接收溢出等情况进行处理。SJA1000 报文的接收主要有两种方式：中断接收方式和查询接收方式。如果对通信的实时性要求不是很强，建议采用查询接收方式。两种接收方式的编程思路基本相同，下面给出以查询方式接收报文的接收子程序清单。

入口条件：无。

出口条件：接收的报文放在 RXBF 开始的缓冲区中。

```
RXSB:   MOV     DPTR,#SR            ;状态寄存器地址
        MOVX    A,@ DPTR
        ANL     A,#0C3H             ;读取总线关闭、错误状态、接收溢出、有数据等位状态
        JNZ     RXSB0
        RET                         ;无上述状态,结束
RXSB0:  JNB     ACC.7,RXSB2
RXSB1:  MOV     DPTR,#IR            ;IR 中断寄存器;出现总线关闭
        MOVX    A,@ DPTR            ;读中断寄存器,清除中断位
        MOV     DPTR,#MOD           ;方式寄存器地址
        MOV     A,#08H
        MOVX    @ DPTR,A            ;将方式寄存器复位请求位清 0
        ⋮                           ;错误处理
        RET
RXSB2:  MOV     DPTR,#IR            ;总线正常
        MOVX    A,@ DPTR            ;读取中断寄存器,清除中断位
        JNB     ACC.3,RXSB4
RXSB3:  MOV     DPTR,#CMR           ;数据溢出
```

```
        MOV     A,#0CH
        MOVX    @DPTR,A         ;在命令寄存器中清除数据溢出和释放接收缓冲区
        RET
        NOP
RXSB4:  JB      ACC.0,RXSB5     ;IR.0=1,接收缓冲区有数据
        LJMP    RXSB8           ;IR.0=0,接收缓冲区无数据,退出接收
        NOP
RXSB5:  MOV     DPTR,#RXB       ;接收缓冲区首地址(16),准备读取数据
        MOVX    A,@DPTR         ;读取数据帧格式字
        JNB     ACC.6,RXSB6     ;RTR=1是远程请求帧,远程帧无数据场
        MOV     DPTR,#CMR
        MOV     A,#04H          ;CMR.2=1释放接收缓冲区
        MOVX    @DPTR,A         ;只有接收了数据才能释放接收缓冲区
        ⋮                       ;发送对方请求的数据
        LJMP    RXSB8           ;退出接收
RXSB6:  MOV     DPTR,#RXB       ;读取并保存接收缓冲区的数据
        MOV     R1,#RXBF        ;CPU片内接收缓冲区首址
        MOVX    A,@DPTR         ;读取数据帧格式字
        MOV     @R1,A           ;保存
        ANL     A,#0FH          ;截取低4位是数据场长度(0~8)
        ADD     A,#4            ;加4个字节的标识符(ID)
        MOV     R6,A
RXSB7:  INC     DPTR
        INC     R1
        MOVX    A,@DPTR
        MOV     @R1,A
        DJNZ    R6,RXSB7        ;循环读取与保存
        MOV     DPTR,#CMR
        MOV     A,#04H          ;释放CAN接收缓冲区
        MOVX    @DPTR,A
RXSB8:  MOV     DPTR,#ALC       ;释放仲裁丢失捕捉寄存器和错误捕捉寄存器
        MOVX    A,@DPTR
        MOV     DPTR,#ECC
        MOVX    A,@DPTR
        RET
```

(3) CAN发送子程序

发送子程序负责节点报文的发送。发送时用户只需将待发送的数据按特定格式组合成一帧报文，送入SJA1000发送缓存区中，然后启动SJA1000发送即可。当然在向SJA1000发送缓存区送报文之前，必须先进行判断。发送程序分发送远程帧和数据帧两种，远程帧无数据场。

入口条件：将要发送的报文存入TXBF开始的单元。

出口条件：无。

1）发送数据帧子程序。

```
TXDSB:  MOV     DPTR,#SR        ;状态寄存器
        MOVX    A,@DPTR         ;从SJA1000读入状态寄存器值
        JB      ACC.4,TXDSB     ;判断是否正在接收,正在接收则等待
TXDSB0: MOVX    A,@DPTR
        JNB     ACC.3,TXDSB0    ;判断上次发送是否完成,未完成则等待发送完成
```

```
TXDSB1:  MOVX   A,@DPTR
         JNB    ACC.2,TXDSB1          ;判断发送缓冲区是否锁定,锁定则等待
TXDSB2:  MOV    DPTR,#TXB             ;SJA1000 发送缓存区首址
         MOV    A,#88H                ;发送扩展帧格式数据帧,数据场长度为 8 个字节
         MOVX   @DPTR,A
         INC    DPTR
         MOV    A,#ID0                ;4 个字节标识符(ID0~ID3,共 29 位),根据实际情况赋值
         MOVX   @DPTR,A
         INC    DPTR
         MOV    A,#ID1
         MOVX   @DPTR,A
         INC    DPTR
         MOV    A,#ID2
         MOVX   @DPTR,A
         INC    DPTR
         MOV    A,#ID3
         MOVX   @DPTR,A
         MOV    R0,#TXBF              ;单片微控制器片内 RAM 发送数据区首址,数据内容由
                                      ;用户定义
TXDSB3:  MOV    A,@R0
         INC    DPTR
         MOVX   @DPTR,A
         INC    R0
         CJNE   R0,#TXBF+8,TXDSB3     ;向发送缓冲区写 8 个字节
         MOV    DPTR,#CMR             ;命令寄存器地址
         MOV    A,#01H
         MOVX   @DPTR,A               ;启动 SJA1000 发送
         RET
```

2）发送远程帧。

```
TXRSB:   MOV    DPTR,#SR              ;状态寄存器
         MOVX   A,@DPTR               ;从 SJA1000 读入状态寄存器值
         JB     ACC.4,TXRSB           ;判断是否正在接收,正在接收则等待
TXRSB0:  MOVX   A,@DPTR
         JNB    ACC.3,TXRSB0          ;判断上次发送是否完成,未完成则等待发送完成
TXRSB1:  MOVX   A,@DPTR
         JNB    ACC.2,TXRSB1          ;判断发送缓冲区是否锁定,锁定则等待
TXRSB2:  MOV    DPTR,#TXB             ;SJA1000 发送缓存区首址
         MOV    A,#0C8H               ;发送扩展帧格式远程帧,请求数据长度为 8 个字节,可改
         MOVX   @DPTR,A               ;变
         INC    DPTR
         MOV    A,#ID0                ;4 个字节标识符(ID0~ID3,共 29 位),根据实际情况赋值
         MOVX   @DPTR,A
         INC    DPTR
         MOV    A,#ID1
         MOVX   @DPTR,A
         INC    DPTR
         MOV    A,#ID2
         MOVX   @DPTR,A
         INC    DPTR
```

```
MOV     A,#ID3
MOVX    @DPTR,A         ;远程帧无数据场
MOV     DPTR,#CMR       ;命令寄存器地址
MOV     A,#01H
MOVX    @DPTR,A         ;启动SJA1000发送
RET
```

2.6　基于PCI总线的CAN智能网络通信适配器的设计

2.6.1　SCADA系统结构

基于CAN现场总线的数据采集与监控（SCADA）系统结构如图2-22所示。

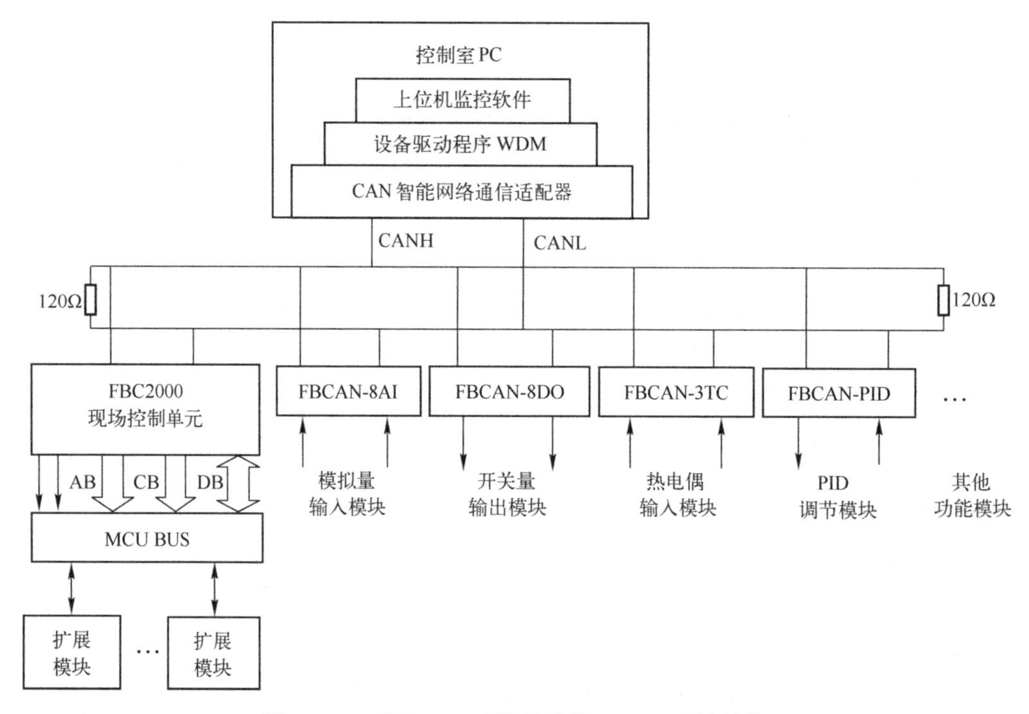

图2-22　基于CAN现场总线的SCADA系统结构

在图2-22中，该系统主要由上位计算机及监控软件、基于PCI总线的CAN智能网络通信适配器及与其相配套的设备驱动程序（WDM）、FBC2000现场控制单元和基于CAN现场总线的FBCAN系列智能测控模块等设备单元构成。

FBC2000现场控制单元和FBCAN系列智能测控模块完成对工业现场各种信号的实时采集和控制功能，并通过CAN现场总线将现场数据信息传输到CAN智能网络通信适配器。基于上位PC平台的监控软件通过WDM驱动程序完成与CAN智能网络通信适配器的数据交互，读取CAN智能网络通信适配器接收到的来自工业现场的数据，实现数据的存储、显示和报表，供用户观察现场的实时信息。用户还可以通过上位机监控软件，将所需的控制信息通过CAN智能网络通信适配器由CAN现场总线传输至FBC2000现场控制单元和FBCAN系列智能测控模块以控制相应的执行机构。

上位计算机通常选用 PC，因为 PC 有很多 PCI 总线插槽，利用插入 PCI 总线插槽上的 CAN 智能网络通信适配器，使得系统很容易与其他生产管理部门联网，便于统一调度和管理。另外，选用 PC 还可以充分利用现有的软件工具和开发环境，方便快捷地设计功能丰富的计算机软件。比如可利用 VC6.0 开发出基于 PC 平台的上位机监控程序。

CAN 智能网络通信适配器是基于 PCI 总线的板卡，采用 Cypress 公司生产的 PCI 接口芯片 CY7C09449PV，内置的双口 RAM 作为数据通信的缓冲区和通信仲裁区，以实现网络数据的并行高速交换。

FBC2000 现场控制单元为采用 Philips 公司生产的 P80C592 微控制器和 WSI 公司生产的 PSD813F2 单片机可编程外围芯片组成的“MCU+PSD”结构的嵌入式监控系统，作为基于 CAN 现场总线的 SCADA 系统中的一个多功能下位机单元，负责与现场仪表、传感器、执行机构等连接。具有应用编程（IAP）功能，利用此功能可以实现用户程序的下载、修改、清除、执行和系统内核程序的自升级等。该现场控制单元带有光电隔离的 CAN 通信接口和 Modbus 通信接口；用户可以根据实际情况选择其一。FBC2000 现场控制单元提供多种功能的外部扩展功能模块，如模拟量输入/输出模块和数字量输入/输出模块等。

基于 CAN 现场总线的 SCADA 系统中的下位机除 FBC2000 现场控制单元外，还包括基于 CAN 现场总线的 FBCAN 系列智能测控模块，包括数字量输入/输出模块（FBCAN-8DI/FBCAN-8DO）、模拟量输入/输出模块（FBCAN-8AI/FBCAN-4AO）、热电阻/热电偶测温模块（FBCAN-4RTD/ FBCAN-3TC）、脉冲量计数模块（FBCAN-2CT）和 PID 调节模块（FBCAN-PID）。

网络拓扑结构采用总线式结构。这种结构比环形结构信息吞吐率低，但结构简单、成本低，并且采用无源抽头连接，系统可靠性高。选用 CAN 现场总线连接各个智能测控节点，组成 SCADA 系统。关于智能测控节点的设计将在下面各章节中介绍，本节主要介绍基于 PCI 总线的 CAN 智能网络通信适配器的设计。

计算机的扩展槽通常采用两种接口标准，一种是过去计算机常用的 ISA 总线，另一种是 Intel 公司推出的 PCI 总线。然而基于 ISA 总线的数据传输系统结构最大的缺点就是传输速率太低，不能实现数据的高速传输。PCI 作为局部外部总线，一边建立与处理器和存储器的总线接口，另一边为外部设备提供了高速通道，定义了 32 位数据总线，并可扩展为 64 位，使用 33 MHz 时钟频率，最大数据传输速率可达到 132~264 Mbit/s，支持无限读写猝发操作，支持即插即用，支持并发工作方式，即多组外围设备可与 CPU 并发工作。PCI 总线在推出以后，以其突出的性能备受计算机和通信业界的喜爱，已经成为 Pentium 以上计算机的主流总线。

开发 PCI 设备，需要有硬件的支持，即要选择 PCI 总线接口的控制芯片。一种方法是采用可编程逻辑器件（如 CPLD 或 FPGA）实现通用 PCI 总线接口，但是由于采用这种方法需要自行完成 PCI 总线的各个功能，开发工作量较大。另一种方法是采用专用芯片实现通用 PCI 总线接口，现在有多家生产专用芯片的厂商提供这方面的芯片，如 Cypress 公司提供的 CY7C09449PV，TI 公司提供的 PCI2040，AMCC 公司提供的 S5933/S5920，PLX 公司提供的 PCI9030/9052/9054/9656 系列芯片。这些专用芯片可以实现完整的 PCI 主控模块和目标模块接口功能，将复杂的 PCI 总线接口转换为相对简单的用户接口，这样开发者只要设计转换后的总线接口即可。

此处采用 PCI 控制器 CY7C09449PV、AT89S52CPU、CAN 通信控制器 SJA1000 等设计 PCI-CAN 智能网络适配器。下面分别从 PCI 总线、PCI 控制器 CY7C09449PV、总体硬件构成等方面介绍该适配器的开发设计。

2.6.2　PCI 总线概述

1. PCI 总线的发展和基本特点

PCI 总线（Peripheral Component Interconnect Special Interest Group，PCISIG），即外设部件互连，是由 Intel 公司提出的。IBM 公司为保护自身的利益，将计算机总线由 ISA 总线升级到 MCA 总线，且没有对外公开总线的技术标准。于是，Compaq、AST、Epson、HP 等 9 家公司在 1988 年联合推出了一种兼容性更强的 EISA 总线。到了 1991 年下半年，Intel 公司首先提出了 PCI 总线的概念，并与 IBM、AST、HP、DEC 100 多家公司联合共谋计算机总线的发展大业，于 1993 年推出了 PCI 局部总线。PCI 总线不是由 ANSI 通过的标准，但由于它是由厂家自发制定执行的标准，具有众多的优点，拥护者和执行者众多，成了事实上的标准。现在，最新的 PCI 规范版本是 2.3。

PCI 总线宽度 32 位，可升级到 64 位；最高工作频率 33 MHz，支持猝发工作方式，传输速率更高；具有低随机访问延迟（对从总线上的主控寄存器到从属寄存器的写访问延迟为 60 ns）；处理器/内存子系统能力完全一致；具有隐含的中央仲裁器；多路复用体系结构减少了引脚数和 PCI 部件；PCI 扩展板单独工作在 ISA、EISA、MC 系统中，减少了用户的开发成本。

对 PCI 扩展卡及元件，能够自动配置，实现设备的即插即用；处理器独立，不依赖任何 CPU，支持多种处理器及将来待开发的更高性能处理器；支持 64 位地址；多主控制允许任何 PCI 主设备和从设备之间进行点对点访问；PCI 提供数据和地址的奇偶校验功能，保证了数据的完整性和准确性。

在一个 PCI 应用系统中，如果某设备取得了总线控制权，就称其为主设备；而被主设备选中以进行通信的设备称为“从设备”或“目标设备”。对于相应的接口信号线，通常分为必备的和可选的两大类。PCI 总线共有 100 个引脚，如果只作为目标设备，至少需要 47 条，如作为主设备则需要 49 条。利用这些信号便可处理数据、地址，实现控制、仲裁机系统功能。

信号类型共分为 5 种，分别是 IN、OUT、T/S、S/T/S、OD。按信号的作用不同，又把信号分为系统信号（2 个）、地址和数据信号（37 个）、接口控制信号（7 个）、仲裁信号（2 个）、错误报告信号（2 个）、中断信号（4 个）、高速缓存支持信号（2 个）、64 位扩展信号（39 个）和测试信号（5 个）等。

2. 总线命令字

PCI 的总线命令字有四位，64 位扩展位，命令字有 8 位。本设计使用位命令字，其定义如下。

C/BE[3::0]#	命令类型	C/BE[3::0]#	命令类型
0000	中断响应	010x/100x	保留
0001	特殊周期	0110	读内存
0010	I/O 读	0111	写内存
1011	I/O 写	1010	读配置内存
1011	写配置内存	1110	存储器在线读
1100	重复读存储器	1111	写存储器和使能无效
1101	双地址周期		

3. PCI 总线基本协议

PCI 上的基本总线传输机制是突发成组传输。一个突发传输由一个地址器和一个（多个）数据器组成。PCI 支持存储器空间和 I/O 空间的突发传输。这里的突发传输是指主桥，位于主处理机和 PCI 总线之间，如图 2-23 所示。可以将多个存储器写访问在不产生副作用的前提下合并为一次传输。一个设备通过将基址寄存器的预取位置 1，来表示允许预读数据和合并写数据。一个桥可利用初始化时配置软件所提供的地址范围，来区分哪些地址空间可以合并，哪些不能合并。当遇到要写的后续数据不可预取或者一个对任何范围的读操作时，在缓冲器的数据合并操作必须停止并将以前的合并结果清洗。但其后的写操作，如果是在预取范围内，便可与更后面的写操作合并，但无论如何不能与前面合并过的数据合并。

只要处理机发出的一系列写数据（双字）所隐含的地址顺序相同，主桥路总是可以将它们组合成突发数据。例如，若处理机的写顺序是 DWORD0、DWORD2、DWORD3，那么主桥路即可将它们组合成一次突发传输。PCI 的突发顺序可以是 DWORD0、DWORD1、DWORD2 到 DWORD3 结束，中间可插入位访问的 DWORD1（双字），只要对应该双字的字节使能信号不触发即可。合并的原则是只要后面的 DWORD 地址比前面的高就行。当读操作不会在被寻址的从设备上引起副作用时，桥路便可将单个的处理机读请求转变为一次突发读。

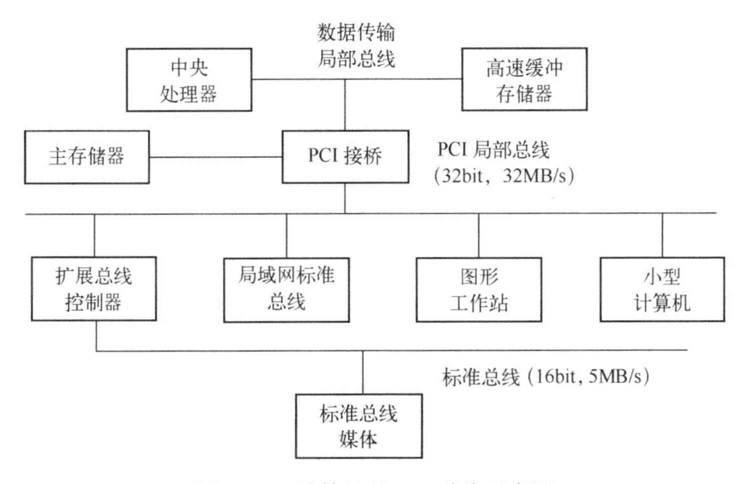

图 2-23　计算机的 PCI 总线示意图

配置空间是 PCI 总线的一大特色，它主要定义了 PCI 从设备的编程模式以及寄存器结构空间的使用规则，遵守这些规则，就可以正确读写设备使用的数据。PCI 的配置空间是长度为 256 B 的一段内存空间，前 64 B（头域）包含 PCI 接口的信息，可以通过它来访问 PCI 接口，剩下的 192 B 是设备特定的。配置空间的头部被分成两部分，前 16 B 对于所有类型的设备或适配器定义都相同，剩下的 48 B 根据设备支持的基本功能不同而结构布局也不同。

PC 上电时，加电软件需要在启动设备之前建立恒定的地址映像，它需要决定系统中有多少内存以及系统中需要多少 I/O 控制器地址空间。决定之后 POST 软件把 I/O 控制器映射到适当的位置执行系统引导，使设备独立于映射，为此设立了基地址寄存器，基地址寄存器位于配置空间的预定义头域位置。所有基地址寄存器的 0 位只读，用来确定寄存器是映射到内存还是 I/O 空间。映射到内存空间的基地址寄存器必须在 0 位上返回 0，映射到 I/O 空间的基地址寄存器必须在 0 位上返回 1。

在 PC 上电期间，系统的 BIOS 发现有新的 PCI 设备产生时读取该 PCI 设备的配置需求后根据系统资源的情况给该PCI设备分配相应的资源。在PCI板卡上所扩展的存储器或者I/O控制器的映射地址空间的基地址就存放于配置空间的基地址寄存器中。利用该基地址就可以对扩展的存储器或者I/O控制器进行控制。

PCI规范除了对信号及信号的时序关系有严格的要求外，还有严格的电气规范和机械规范。电气规范定义了所有PCI元件、系统和扩展卡的电气特性和规定。PCI电气规范定义了5 V和3.3 V两种信号环境，5 V元件可工作在3.3 V的环境中，反之亦然。

2.6.3　PCI控制器CY7C09449PV

1. 简介

CY7C09449PV是Cypress公司生产的半导体PCI-DP系列的PCI接口控制器之一，它提供了可与多种常用的微处理器直接连接的PCI主/从接口，一个128 kbit的双端口SRAM用作局部微处理器和PCI总线间的共享存储器。CY7C09449PV给设计者提供了一种将应用连接到PCI总线的简单方法。它同时提供一个I_2O消息单元，具有消息队列和中断能力。

CY7C09449PV控制器的主要特点为：具有128 kbit的双端口共享存储器；可以作为主设备和从设备接口使用，符合PCI 2.2规范；内置主桥能力；可以直接与多种微处理器接口；具有I_2O（Intelligent Input & Output）信息传送单元，包括4个深度为32的FIFO；它的局部总线时钟频率最高可达50 MHz；采用单一3.3 V电源供电，与3 V和5 V的PCI总线信号兼容。

2. 功能说明

CY7C09449PV包括许多共享资源，它为局部总线和PCI总线之间进行高效的数据传输提供了通道。其结构如图2-24所示。

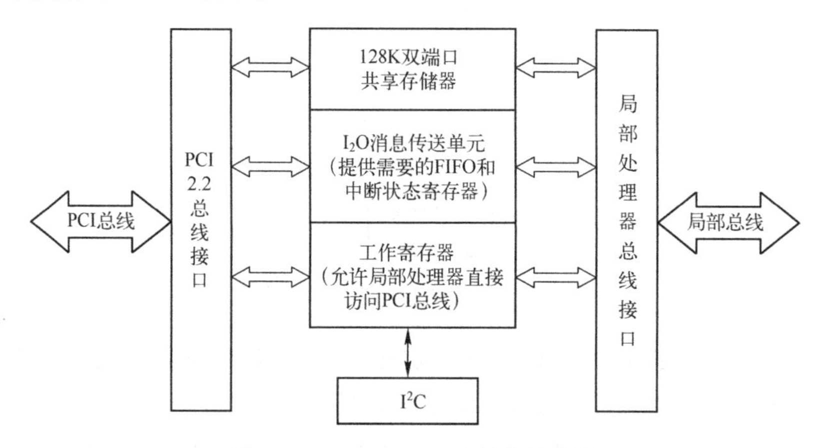

图2-24　CY7C09449PV结构示意图

CY7C09449PV内部基本的资源是一个128 kbit的双端口存储器。这个存储器既可以连接到PCI总线上，又可以连接到局部微处理器总线上。这个共享存储器可同时被两个总线访问，用于过程间通信。

无论是从局部总线还是PCI总线，CY7C09449PV都可以变成PCI总线的主设备，作为直接存储器（DMA）将数据移入内部共享存储器或者将数据从内部共享存储器中移出。CY7C09449PV可以直接存取PCI总线的任意数量的32 bit双字（DWORD）数据，最多可达16 KB。它使用PCI总线的最大突发能力以达到最大传输效率，并且可以在整个32位PCI寻址空间上传输数据。

CY7C09449PV 作为 PCI 总线的主设备时，在每次交易中可以选择优化的 PCI 命令来实现相应的 PCI 请求。这种方式使系统平台的效率最大化。PCI 的桥功能（PCI-PCI 和 HOST-PCI 桥）使用提高了预存储和存储一致性的命令。CY7C09449PV 可以作为任意主设备请求和访问 PCI 总线。但是，它自身并不包括 PCI 总线仲裁功能。标准 PC 的 PCI 总线包括这一功能，嵌入式系统可能需要实现这一功能。

CY7C09449PV 提供了从局部总线直接访问 PCI 总线的机制。使用这一功能，局部处理器可以直接驱动 CY7C09449PV 来运行对任意地址空间的任何类型的 PCI 主设备周期。这就意味着 CY7C09449PV 能够运行 PCI 配置周期，可以用作主桥。

4 个先入先出（FIFO）存储单元向用户提供了另一种资源。这些资源既可以从 PCI 总线访问，也可以从局部总线进行访问。当使用 CY7C09449PV 的 I_2O 消息单元功能时，4 个 FIFO 就作为 CY7C09449PV 的 I_2O 消息单元的一部分。I_2O 消息单元包括 4 个 FIFO 和 I_2O 系统中断寄存器。CY7C09449PV 的共享存储器可用来存储 I_2O 消息帧缓冲，而其他的共享存储器仍可用于通常的操作。当局部处理器使用 CY7C09449PV 的直接访问机制时可以实现有效的 I_2O 消息机制。它可用来接收和发送指向其他 I_2O 服务器的消息指针。

CY7C09449PV 提供了可完成总线间通信的两个资源，即邮箱寄存器和仲裁标志。局部处理器可通过写邮箱寄存器引起主机中断的方法来传送数据，反之亦然。这一功能可通过 CY7C09449PV 操作寄存器的中断屏蔽来使能，仲裁标志是用来处理软件和系统过程之间的资源分配和共享的 4 对标志位。

CY7C09449PV 包括一个中断控制器，它具有用于 PCI 总线和局部总线的中断屏蔽和命令/状态寄存器。中断源包括 DMA 完成、邮箱、FIFO 不空、FIFO 溢出、PCI 主设备异常、PCI 从设备异常，并且具有一个外部中断输入引脚。中断控制器用来表明到 PCI 总线和局部总线的中断。CY7C09449PV 中断控制器没有实现 PCI 总线系统的中断控制器功能。标准 PC 机的 PCI 总线包含了这些功能，嵌入式系统可能需要实现这些功能。

通过 I^2C 串行接口可使用非易失性的串行 EEPROM 来存储 CY7C09449PV 的初始化参数。这些参数是 PCI 配置和局部总线设置参数。在响应 PCI 总线或局部总线交易前，CY7C09449PV 在复位和装入初始化参数后可访问 EEPROM。当通过这一接口方式连接时，主机和局部处理器可访问各种各样的 I^2C 串行设备。

CY7C09449PV 的局部总线具有柔性的、可配置的接口，可与多种工业标准微处理器接口。大多数情况下，不需要外部接口逻辑（即“无缝连接”）。

3. 信号终结

PCI 总线信号应按 PCI2.2 规范终结。通常终结是由 PCI 系统提供。如果 CY7C09449PV 被用于插卡或者其他设备作为 PCI 总线的一部分，就不能使用终结。对于嵌入式系统来说，终结是系统设计的一部分，而不是 CY7C09449PV 的一部分。任何 PCI 系统在所使用的每一个 PCI 总线控制信号中都必须加上一个上拉。这些信号是：/FRAME、/IRDY、/TRDY、/DEVSEL、/STOP、/SERR、/PERR、/LOCK、/INTA、/INTB、/INTC、/INTD、/REQ64 和/ACK64。具体要求参考 PCI2.2 规范的 4.3 节——系统（主板）规范。

所有局部系统和局部总线接口的输入信号必须始终被驱动。没有使用的输入引脚必须被驱动为高或者低（上拉为 V_{DD}，或下拉为 Ground）。SCL 和 SDA 必须用 2.2～10 k 的上拉电阻接到 V_{DD}上。无论这些信号是否使用都要连接上拉电阻。

4. 存储器映射

CY7C09449PV 的内部资源见表 2-14。

表 2-14　存储器映射

存储器单元内容	地址（字节偏移）	大小/KB
I_2O 相关寄存器	0X0000-0X03FF	1
工作寄存器	0X0400-0X07FF	1
保留	0X0800-0X1FFF	6
PCI 总线直接存取空间	0X2000-0X3FFF	8
共享存储器	0X4000-0X7FFF	16

PCI 总线从基址寄存器 0（BAR0）指定的偏移处开始访问 CY7C09449PV 资源，除非有其他说明。当 SELECT#引脚有效时，也可从局部总线访问这些资源。PCI I/O 也可通过基址寄存器 1（BAR1）指定的 PCI I/O 指针来访问这些存储器映射。存储器映射占有连续的 32 KB 地址空间。

5. PCI 总线的配置空间

CY7C09449PV 的 PCI 总线工作在 PCI 规范 2.2 版。本节主要介绍 PCI 配置空间中的几个将在本系统中使用到的寄存器。

CY7C09449PV 的 PCI 配置空间大小为 256 B，其各个寄存器的名称和偏移量如图 2-25 所示。

PCI 配置空间				
31	16	15	0	地址,字节偏移
设备 ID，只读		售方 ID，只读		0X00
状态，控制与状态寄存器		命令，控制与状态寄存器		0X04
类型码，只读 24　23　8			版本 ID，只读	0X08
BIST(未使用) 0X00	头类型 0X00	等待定时器 读/写	超高速缓冲存储器大小，读/写	0X0C
基地址寄存器#0~32KB的存储器空间，读/写				0X10
基地址寄存器#1~8KB的 I/O 空间，读/写				0X14
基地址寄存器#2（未使用）0X0000				0X18
基地址寄存器#3（未使用）0X0000				0X1C
基地址寄存器#4（未使用）0X0000				0X20
基地址寄存器#5（未使用）0X0000				0X24
Cardbus CIS 指针，只读				0X28
子系统设备 ID，只读		子系统售方 ID，只读		0X2C
扩展 ROM 基地址（未使用）0X0000				0X30
保留　0X0000				0X34
保留　0X0000				0X38
MAX_LAT，只读	MIN_LAT，只读	中断引脚，只读	中断线，只读	0X3C

图 2-25　PCI 配置空间示意图

售方（Vendor）ID 和设备（Device）ID 寄存器中均为只读寄存器，存储的值为主机系统识别设备的标号，其中 Vendor ID 的默认值为 0x12BE，Device ID 的默认值为 0x3042。

另外两个重要的寄存器是内存空间基地址寄存器 BAR0（Base Address Register 0（Memory Type Access））和 I/O 空间基地址寄存器 BAR1（Base Address Register 1（I/O Type Access）），均为标准的 PCI 基地址寄存器，分别存储了由主机（Windows）系统自动分配的内存空间和 I/O 空间的基地址。BAR0 和 BAR1 的内容默认为 0X00000000 和 0X00000001。

由于 CY7C09449PV 可以向主机发送中断，所以 Windows 还会分配一个中断号，存储在中断引脚（Interrupt pin）寄存器中。

6. 局部总线

CY7C09449PV 提供了可以与几个处理器类型直接连接的可配置的局部处理器总线接口。这个接口通过 CLKIN 信号同步。CLKIN 信号可以连接到一个局部处理器、PCI 时钟的一个缓冲输出或者一个独立的时钟源。为了在 PCI 时钟频率下运行局部接口，可以将 PCLKOUT[2:0] 的任意一个引脚连接到 CLKIN 上。

基本的局部处理器总线交易包括一个地址周期，紧接着是一个或多个数据周期。接口信号通常分为那些与地址周期相匹配的信号（ALE、/STROBE、/SELECT、/READ、/WRITE 与 ADR[14:2]）以及那些与数据周期相匹配的信号（/RDY_IN、RDY_IN、/BLAST、/BE[3:0] 与 DQ[31:0]）。CY7C09449PV 驱动/RDY_OUT 来表明局部处理器总线需要一个等待周期，同时也暗示在读访问 CY7C09449PV 时 DQ[31:0]上的数据有效。请注意：某些 CY7C09449PV 局部总线信号的极性可以配置，它们是：ALE、/BLAST、/RDY_OUT 和/STROBE。同时/READ 和/WRITE 信号也具有特殊的信号组合方式。

基本局部总线时钟周期是从地址周期开始的。地址周期是在 CLKIN 的上升沿/STROBE 和 /SELECT 信号都有效时定义的。同时，对 /READ 和/WRITE 信号进行采样以确定这次访问是读操作还是写操作。如果这次访问是读操作，那么在 CLKIN 的下一个上升沿，CY7C09449PV 开始驱动 DQ 总线。

有两种方法可以获取输入到 CY7C09449PV 的地址。当 ALE 信号始终有效时，地址在地址周期被锁存，即当/STROBE 和/SELECT 信号有效时，在 CLKIN 的上升沿锁存在 ADR[14:2] 引脚上的地址。第二种方法是用 ALE 信号的下降沿来锁存地址。CY7C09449PV 在处理地址之前仍需要一个有效的地址周期（在 CLKIN 的上升沿/STROBE 和/SELECT 信号都有效）。当 /STROBE 和/SELECT 信号都有效时，在 CLKIN 的上升沿和 ALE 信号的下降沿之前地址信号必须是有效和稳定的。

地址周期后是等待周期和数据周期。在等待周期和数据周期，/STROBE 可能是有效的也可能是无效的。在 CLKIN 的上升沿，当输入信号 RDY_IN 和/RDY_IN 及输出信号 RDY_OUT 都有效时，就产生数据周期。如果任一个准备好的信号是无效的，那么下一个时钟周期就是等待周期。在写周期的数据周期将采样/BE[3:0]的引脚以确定要写入哪些数据字节，同时锁存 DQ 引脚上的数据。

在数据周期将会采样/BLAST 信号判断是否是最后一个数据周期。一种模式下，在地址周期该信号是无效的，表明在传输过程中有更多的数据周期，并且在地址周期捕获的地址必须要不断更新。在数据周期该信号是有效的，表明这是传输过程的最后一个数据周期。另一种模式下，/BLAST 信号在每个周期都是有效的，在最后一个数据周期变为无效状态。在这两种情况下，如果存取操作是读操作，CY7C09449PV 都会在数据周期的/CLKIN 的上升沿同步停止驱动

DQ总线，为数据周期作准备。

8位接口是通过置局部总线配置寄存器的BW[1:0]='00'来选择的。只用了数据总线的DQ[7:0]。数据总线中未被使用的引脚DQ[31:8]必须被置为低电平或高电平而不能悬空。局部地址总线的最低两位应接到字节使能引脚/BE[3:2]上。连接方式如下：/BE[3]=A1，/BE[2]=A0，/BE[1]接逻辑高电平，/BE[0]接/RDY_IN信号。

注意：只使用了数据线DQ[7:0]，未使用的DQ[31:8]必须被置为低电平或高电平而不能悬空。局部地址总线的最低两位A1和A0必须分别连接到字节使能引脚/BE [3]和/BE[2]上，在地址周期它们必须有效。

在突发操作中，BE#[3:2]用局部总线的A0和A1作为输入。8位接口的突发方式不需要从一个DWORD的边界开始。在一个/BE [3:2]等于11(A[1:0]='11')的数据周期之后，内部DWORD地址将会自动增加。

2.6.4　CAN智能网络通信适配器的设计

1. 系统功能

CAN智能网络通信适配器主要是用来承担上位计算机和CAN智能测控节点等下位机之间的数据交互任务的。当现场有数据要送到监控PC时，智能网络通信适配器负责接收来自现场的数据信息，并立即转发给PC进行监视和处理；当PC有监控命令、输出信息或组态参数需要传送至下位机时，智能网络适配器也要实现转发功能，及时地将PC的数据发送至CAN网络，并由目标下位机接收，以控制相应下位机单元的动作。

2. 硬件结构和工作过程

基于PCI总线的CAN智能网络通信适配器硬件结构如图2-26所示。适配器主要由CAN总线驱动器PCA82C250、CAN通信控制器SJA1000、INTEL80C88CPU、译码电路EPM7064和EEPROM以及与PC相连接的PCI控制器CY7C09449PV等构成。板内INTEL80C88内部的监控程序控制CAN总线的接收、发送及数据处理，并通过内含双口RAM的PCI控制器CY7C09449PV与PC进行通信，实现下位机智能测控节点与上位PC的数据交换。

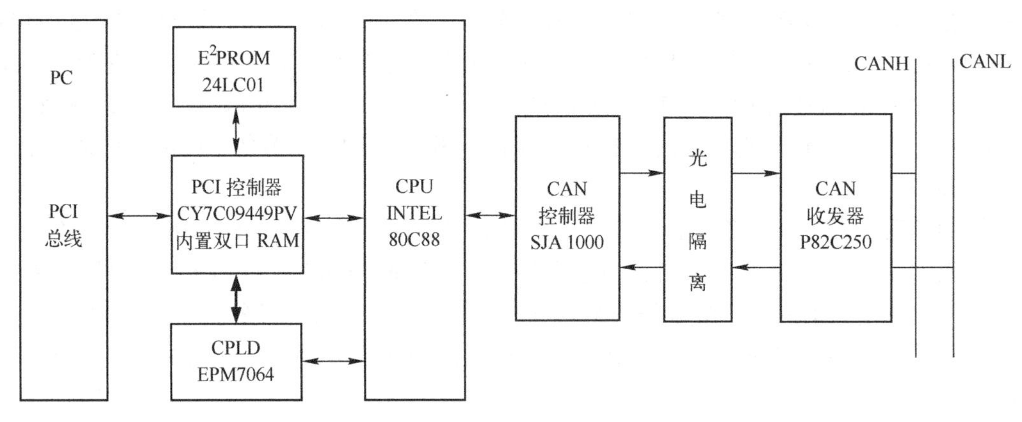

图2-26　CAN智能网络通信适配器硬件结构

PC一侧采用的PCI接口芯片是Cypress公司生产的半导体PCI-DP系列的PCI接口控制器CY7C09449，其主要特点上文已有叙述。本设计中通过对其内置的128 kbit的双端口SRAM的访问实现PC与INTEL80C88的数据交互。

INTEL80C88CPU 一侧负责实现与 CAN 总线网络的通信。CAN 通信控制器选用 Philips 公司生产的能支持 CAN2.0B 协议并与 82C200 完全兼容的 SJA1000，如把它视为存储器映射的寄存器，则易于与 INTEL80C88CPU 接口。SJA1000 具有 BasicCAN 模式和 PeliCAN 两种模式。PeliCAN 工作方式支持 CAN 2.0B 协议，并具有许多新特点。SJA1000 具有完成高性能通信协议所要求的全部必要特性，可完成物理层和数据链路层的所有功能。

应用程序对 CAN 智能网络通信适配器操作时，首先对 CAN 智能网络通信适配器进行初始化，初始化工作包括对 SJA1000 工作方式的初始化，即对 CAN 总线工作方式的初始化，如对 CAN 通信波特率的初始化等。

为增强 CAN 总线的差动发送和接收能力，设计中采用了 CAN 总线收发接口电路 82C250。82C250 是 CAN 总线控制器和物理总线的接口。该芯片可以提供对 CAN 总线的差动发送和接收能力，最初为汽车的高速通信应用而设计，具有抗汽车环境的瞬间干扰、保护总线的能力，可以通过调整 CAN 总线上通信脉冲的斜率来降低射频干扰。在 SJA1000 与 82C250 之间接入光电耦合器可增强系统的抗干扰能力。

译码功能是由 EPM7064S 来实现的。EPM7064SLC42-10 是 ALTERA 公司的 MAX7000S 系列芯片的一种。该芯片基于该公司的第二代 MAX（Multiple Array Matrix）结构，采用先进的 CMOS EEPROM 技术，内含 1250 个逻辑门和 64 个宏单元，同时该芯片满足 IEEE 1149 JTAG（Joint Test Action Group，联合测试行动小组）技术规范，具有 ISP（在系统可编程）的特性，通过对其逻辑和功能进行设计，可简化 CAN 智能网络通信适配器的设计，提高系统的可靠性，缩小板卡的尺寸，而且有方便的重组功能，有利于该板卡的功能扩展。

INTEL80C88CPU 通过对 CY7C09449 的内置双口 RAM 的访问实现与上位 PC 机的通信。

上电复位后 INTEL80C88CPU 处在监控状态，下传数据时，上位机监控程序首先调用虚拟设备驱动程序（WDM）得到双口 RAM 映射空间的线性地址，然后将下传数据写入双口 RAM，放入其指定的发送缓冲器。INTEL80C88CPU 内监控程序把上位 PC 发送到双口 RAM 的数据通过 SJA1000 发送到 CAN 总线网络上，网络中的所有智能测控模块都会收到此信息。在此信息中包含了一个节点号，只有预设的智能测控模块的节点号与信息中所包含的节点号相同的测控模块才会接收并处理数据，判断是配置信息或者是监控命令信息，并做出相应的反应。

上传数据时，CAN 总线网络上的智能测控模块将检测到的现场状态等信息通过 SJA1000 发送到 CAN 总线上。网络适配器上的 INTEL80C88CPU 在运行监控程序的过程中，通过 SJA1000 接收来自 CAN 总线网络上的信息，在监控程序中将智能测控模块发来的数据信息存放到双口 RAM 中，上位机监控软件通过加载设备驱动程序（WDM）提供的双口 RAM 的线性地址，利用此线性地址查询双口 RAM 中开辟出的固定的数据接收缓冲区内的数据，然后进行存储、显示、打印报表等处理。

基于 PCI 总线的 CAN 智能网络通信适配器的外形如图 2-27 所示。

3. CAN 数据包格式

CAN 通信数据传输采用短帧结构，每帧最多发送 8 B 的有效数据，在传输的数据量超过 8 B 的有效数据时，给用户编程带来了一定的困难。为此，定义了如图 2-28 所示的 CAN 的数据包格式，利用该格式，只需要将待传输的数据进行相应的解包和打包操作即可实现数据的单帧和多帧传输，有效地简化了数据通信。

图 2-27　CAN 智能网络通信适配器的外形

标志：0AAH数据包发送成功，055H发送失败
源节点号
目的节点号
保留
数据包内的数据字节数 (1~250)
命令
第1个数据字节
…
第250个数据字节

a)

标志：0AAH数据包接收成功，055H接收失败
源节点号
目的节点号
保留
数据包内的数据字节数 (1~250)
命令
第1个数据字节
…
第250个数据字节

b)

图 2-28　发送数据包和接收数据包格式
a）发送数据包格式　b）接收数据包格式

采用图 2-28 所示的 CAN 数据包格式，无论是单帧传输还是多帧传输，只要把数据填入相应的发送缓冲区即可，在接收方，则将数据解包并放至接收缓冲区。

与上述定义的数据包格式相对应，CAN 的多帧数据传输帧结构如图 2-29 所示。

在图 2-29 中，当发送的有效数据个数不超过 4 个时，一帧数据即可传输；当有效数据超过 4 个时，则需要多帧传输。此处的“地址变址”是指从发送缓冲区所取的存放于本帧的第一个有效数据的存储地址相对于缓冲区首地址的偏移量，如第一帧中“地址变址”为 4，第二帧中的“地址变址”为 10。“地址变址”的设置，使得对数据包的解包和打包实现起来较容易。

4. 设备驱动程序 WDM 的开发

Windows 操作系统（Windows98，Windows2000）为了保证系统的安全性、稳定性和可移植性，对底层操作采取了屏蔽的策略，对应用程序访问硬件资源进行了限制。上层的应用程序无权直接访问硬件资源，需要通过编制的设备驱动程序（WDM）实现对硬件资源、外围设备

（如 PCI 设备）等的控制，如获取 PCI 资源配置情况，把分配的物理地址映射到线性地址以及对局部总线工作方式的控制等。

第 1 帧	第 2 帧		第 M 帧
目标节点 ID	目标节点 ID		目标节点 ID
帧标志、本帧字节数	帧标志、本帧字节数		帧标志、本帧字节数
源节点 ID	源节点 ID		源节点 ID
地址变址	地址变址	…	地址变址
保留	第 4 个数据字节		第 $N-5$ 个数据字节
数据字节数	第 5 个数据字节		第 $N-4$ 个数据字节
命令	第 6 个数据字节		第 $N-3$ 个数据字节
第 1 个数据字节	第 7 个数据字节		第 $N-2$ 个数据字节
第 2 个数据字节	第 8 个数据字节		第 $N-1$ 个数据字节
第 3 个数据字节	第 9 个数据字节		第 N 个数据字节

图 2-29　CAN 多帧数据传输帧结构

WDM（Win32 Driver Model）作为 Windows 的最新一代驱动程序模型，其运行平台是 Windows 98/Me/NT/2000/XP 等操作系统，运行在系统的内核态。

开发 WDM 的方式有两种：选用 DDK 开发和选用第三方软件工具开发。本系统开发选用 NuMega 公司提供的 DriverWorks 软件。以下详细介绍 CAN 智能网络适配器 WDM 的开发步骤。

（1）开发工具及其安装。

开发之初需建立 WDM 驱动程序的开发环境。首先需安装 Visual C++6.0、相应操作系统的 DDK 和 NuMega 公司的 DriverStudio 工具软件包，在 DriverStudio 的安装过程中，软件包提供了 DriverWorks、Softice 等工具，其中 DriverWorks 用于为用户开发 WDM 创建整体架构，用户必须选择该安装选项并安装；而 Softice 作为调试工具能有效地帮助开发者调试、查看 WDM 的工作过程等，建议在安装过程中安装该工具。由于 DriverWorks 所用的类库是对 DDK 库函数的封装，还必须在 VC 中编译 Numega\DriverWorks\目录下的 vdwlibs. dsw 创建自己的库文件。否则在编译 WDM 时会产生编译错误。

（2）利用 DriverWorks 创建 WDM 架构。

1）在 DriverWorks 安装成功后，运行其中的驱动开发向导 Driver Wizard，弹出画面如图 2-30 所示。

驱动开发向导将开发 WDM 作为一个项目（Project）创建，此处要求用户输入要创建的项目名称及创建位置。

2）输入项目名称及所在位置后，向导要求用户选择 WDM 的工作平台，如图 2-31 所示。

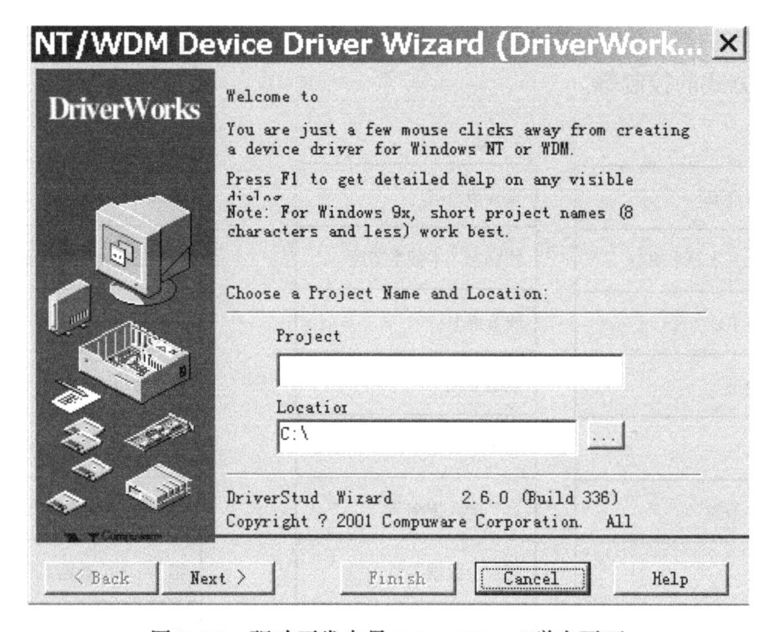

图 2-30　驱动开发向导 Driver Wizard 弹出画面

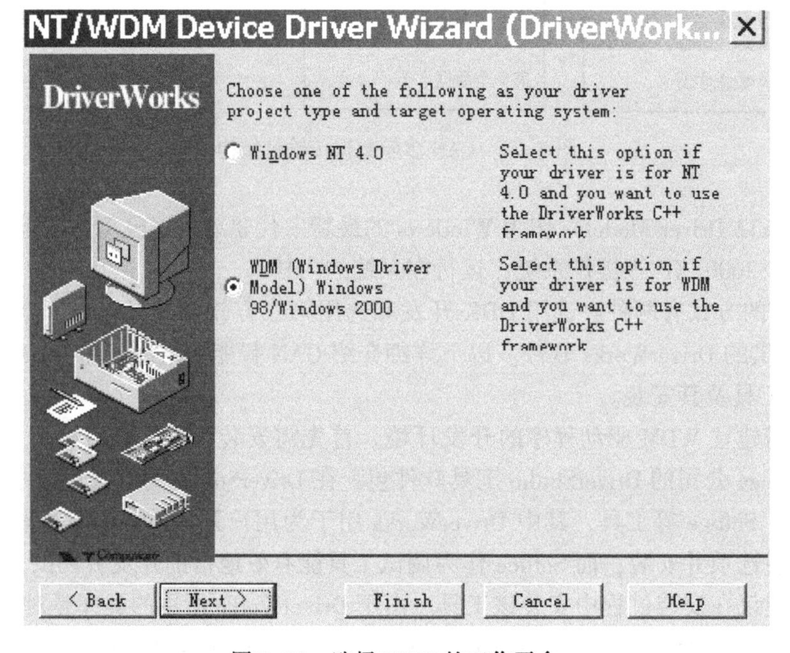

图 2-31　选择 WDM 的工作平台

3）单击“Next”按钮之后，向导要求用户选择硬件总线类型，包括 ISA、PCI、USB、1394 等多种总线类型，用户选择与自己的硬件所匹配的总线类型即可。此处选择 PCI。选择 PCI 总线之后，将 PCI 控制器芯片提供的 PCI Vendor ID 和 PCI Device ID 填入空格内，其他默认即可。硬件总线类型选择如图 2-32 所示。

4）在 Driver Works 所创建的 WDM 架构中，提供了一个基于 C++的 Driver Class（驱动类）和对应于该类的 C++文件，如图 2-33 所示。此处要求用户输入该驱动类和文件的名称，默认的类名和文件名与项目名相同。

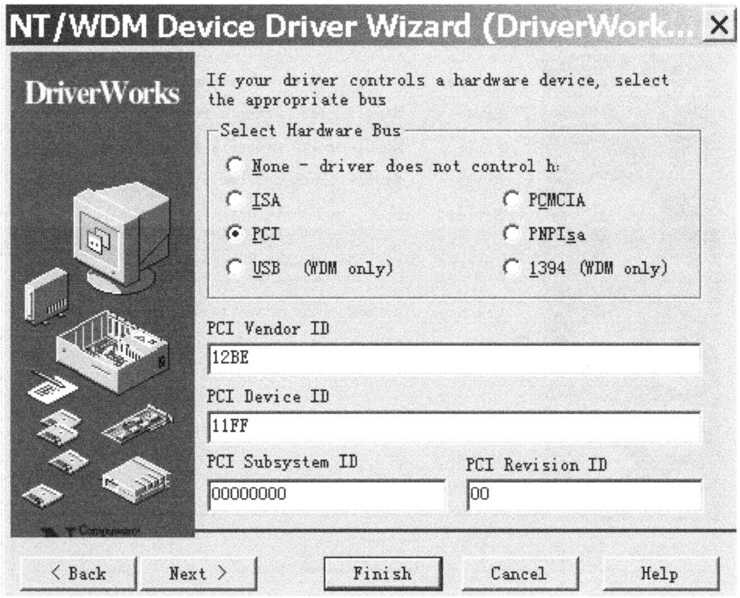

图 2-32　硬件总线类型选择

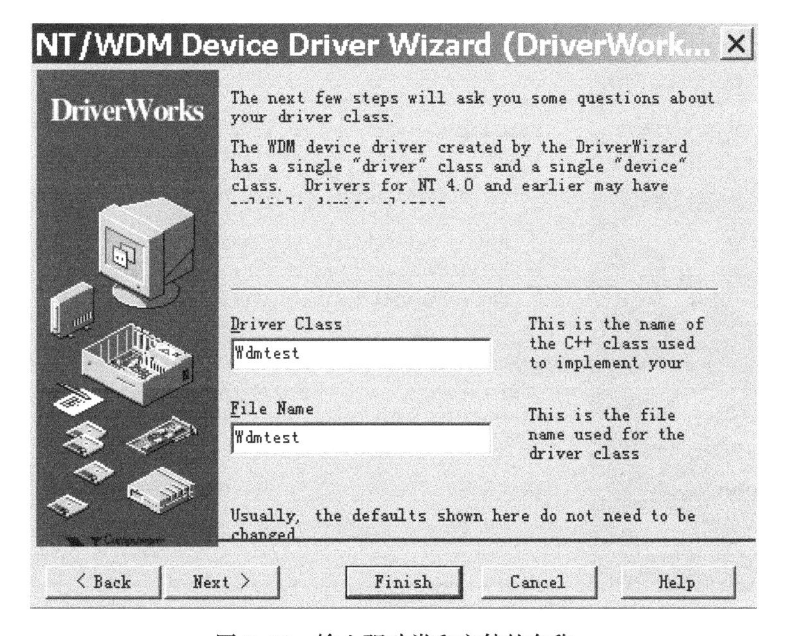

图 2-33　输入驱动类和文件的名称

5）选择驱动程序要处理的请求类型。选择所需的类型后，在架构中会添加相应的句柄以处理来自应用程序的请求。这些请求包括读请求、写请求、流请求、I/O 消息请求（来自应用程序）、I/O 消息请求（来自其他驱动程序）等。此处仅选取了“Device Control”，如图 2-34 所示。

6）选择对 I/O 请求包（IRP）的处理方式。大多数硬件驱动程序在一段时间内只能处理一个 I/O 请求，对其余的 I/O 请求则按队列排序进行处理。这个功能是对较复杂的驱动程序配备的 I/O 队列管理功能，用户开发简单驱动程序时可以选择默认选项或“None”选项，此处选择“None”，如图 2-35 所示。

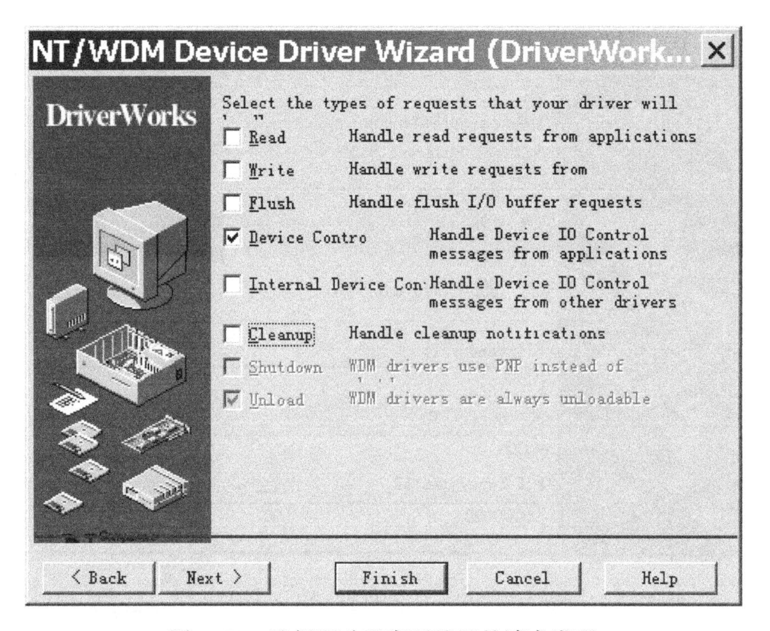

图2-34　选择驱动程序要处理的请求类型

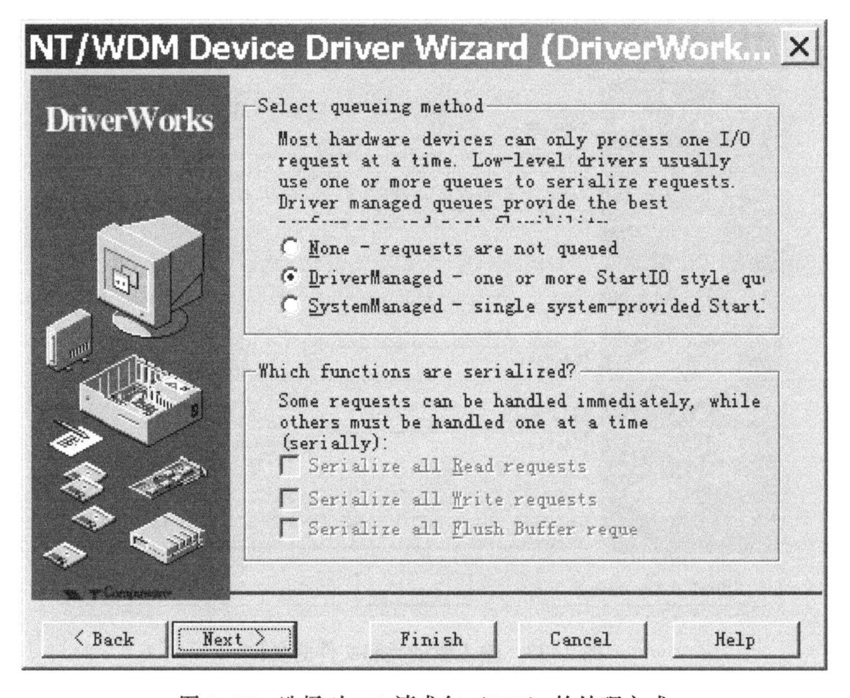

图2-35　选择对I/O请求包（IRP）的处理方式

7）设置设备启动时从注册表中装载的标识参数，如图2-36所示。当设备启动执行DriverEntry例程时，将从注册表中装载此处所设定的参数，此处选择默认即可。

8）选择设备文件中的类名，通常取默认值，如图2-37所示。

在图2-37中，还有四种选择：资源设置（Resources）、接口方式（Interface）、缓冲方式（Buffers）、电源管理（Power）。

在图2-38所示的资源设置中，设置了一个I/O端口资源。

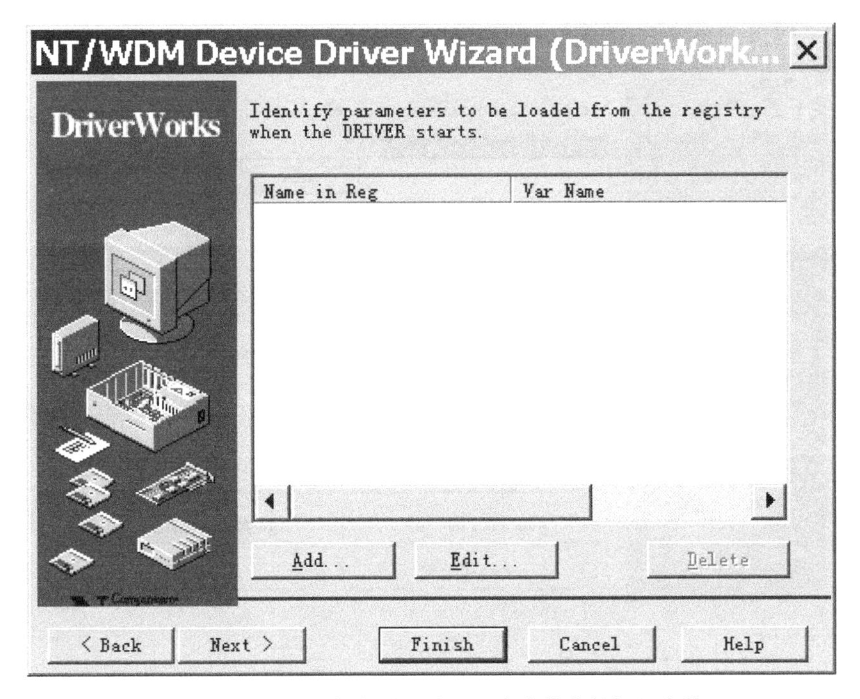

图 2-36　设置设备启动时从注册表中装载的标识参数

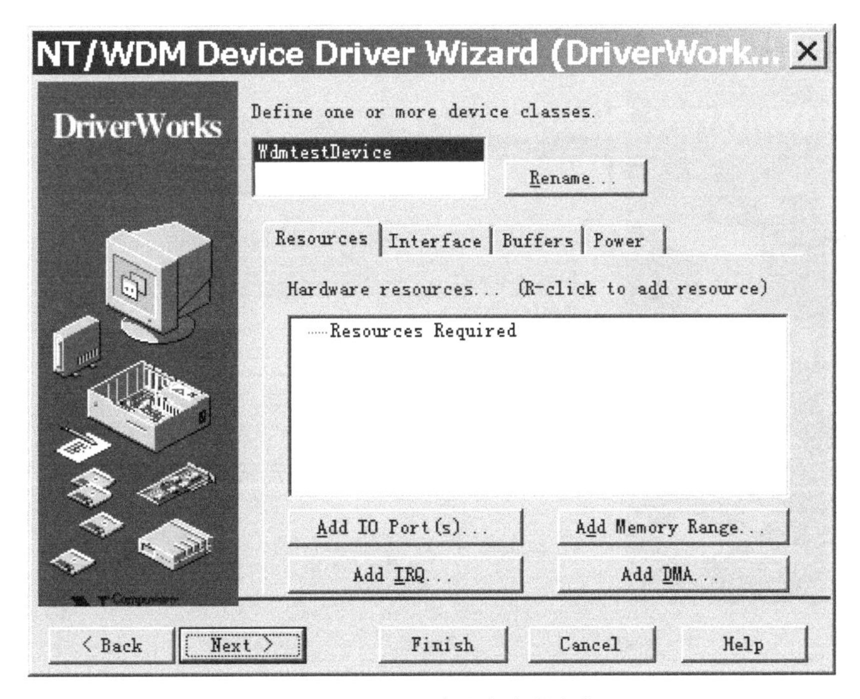

图 2-37　选择设备文件中的类名

在用 CreatFile( ) 函数打开设备时，WDM 只能用 GUID 标识，而 NT 可用符号名标识，如图 2-39 所示。

对另外两个设置界面“缓冲方式”和“电源管理”，对应用程序和 WDM 之间的数据传输的缓冲方式，可以选择 Buffered 或 Direct，WDM 支持电源管理，这两项按默认选项即可。

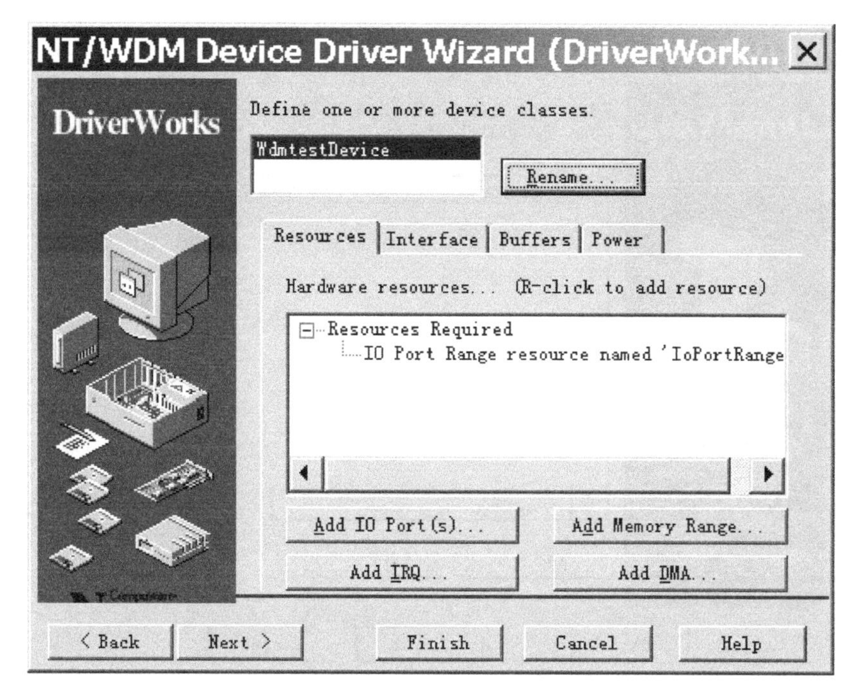

图 2-38　I/O 端口资源设置

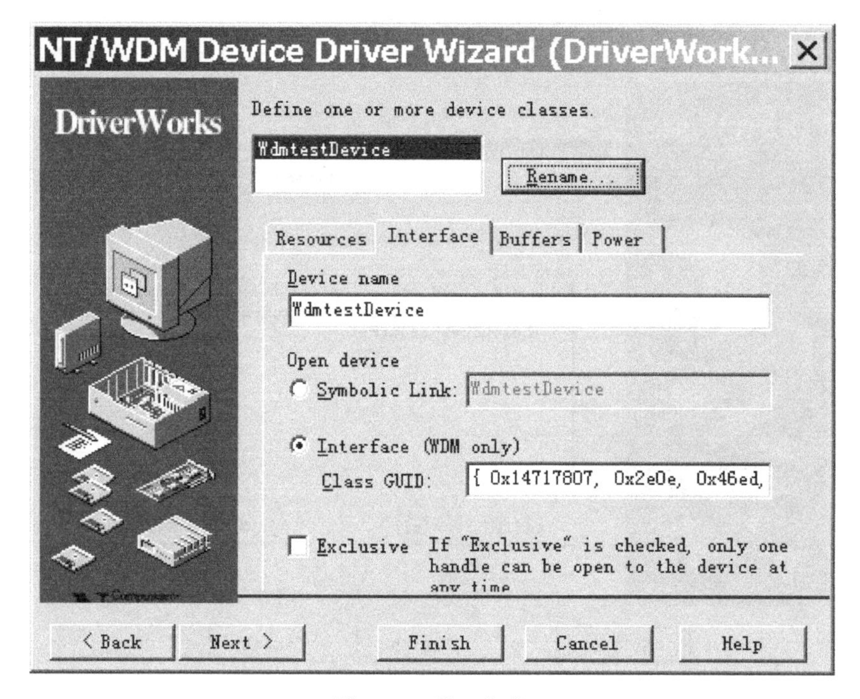

图 2-39　接口方式

9）定义应用程序调用 DeviceIoControl( ) 函数对 WDM 驱动程序通信的控制命令。

如图 2-40 所示，这里定义了控制命令 WDMTEST_IOCTL_PCI_CON 和 WDMTEST_IOCTL_MEM。

10）选择是否生成一个 WIN32 Console 应用程序，另外还可以进行 Debug 跟踪代码等一些调试方面的选择，如图 2-41 所示。

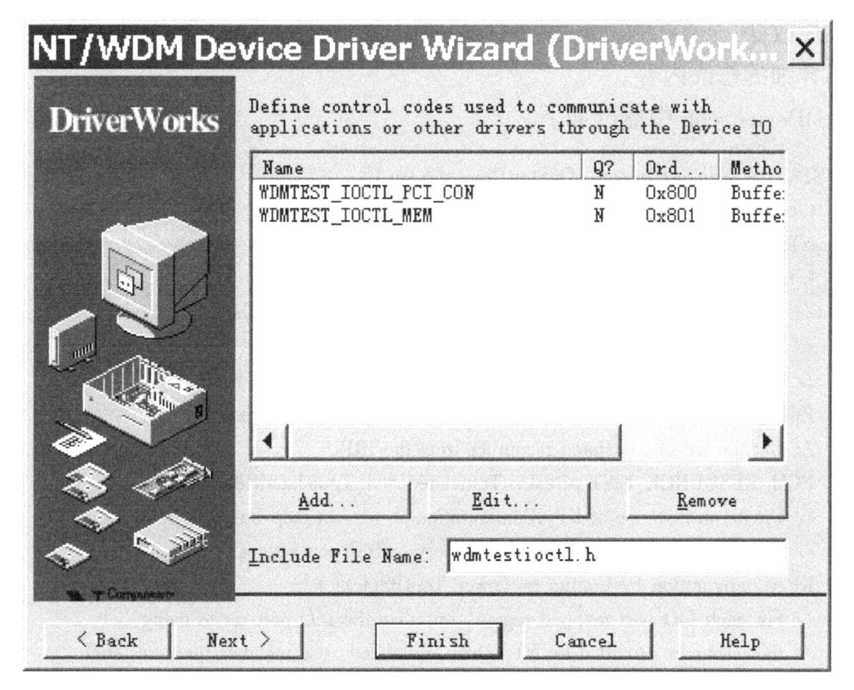

图 2-40　定义 DeviceIoControl 的控制命令

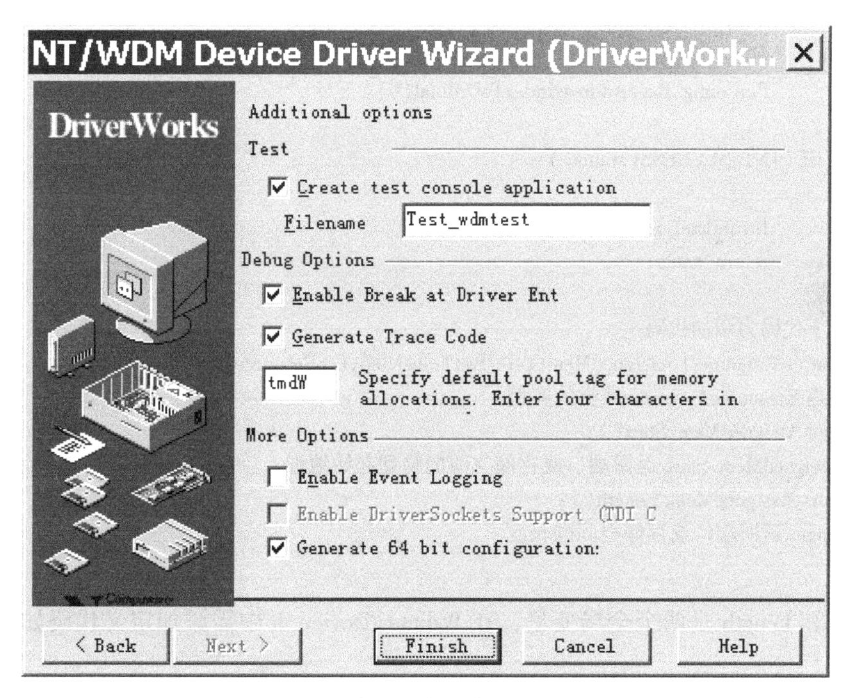

图 2-41　应用程序生成和调试选择

之后单击“Finish”按钮即可生成用户定制的 WDM 架构。

(3) 对架构的修改及补充

由 DriverWorks 生成特定的 WDM 框架后，用户还需要对其进行修改和补充才能完成在硬件和用户程序间通信的任务。

打开生成的 VC 工程文件 Wdmtest. dsw，修改其中的 WdmtestDevice. cpp 和 WdmtestDevice. h，

其他文件则不用改变。

下面列出详细的修改内容。

在 WdmtestDevice. cpp 中修改如下。

```
NTSTATUS WdmtestDevice::OnStartDevice(KIrp I)
{   t << "Entering WdmtestDevice::OnStartDevice\n";
    NTSTATUS status = STATUS_SUCCESS;
    I.Information() = 0;
    // The default Pnp policy has already cleared the IRP with the lower device
    // Initialize the physical device object.
    // Get the list of raw resources from the IRP
    PCM_RESOURCE_LIST pResListRaw = I.AllocatedResources();
    // Get the list of translated resources from the IRP
    PCM_RESOURCE_LIST pResListTranslated = I.TranslatedResources();
    // Create an instance of KPciConfiguration so we can map Base Address
    // Register indicies to ordinals for memory or I/O port ranges.
    KPciConfiguration PciConfig(m_Lower.TopOfStack());
    // For each I/O port mapped region, initialize the I/O port range using
    // the resources provided by NT. Once initialized, use member functions such
    // as inb/outb, or the array element operator to access the ports range.
    status = m_IoPortRange2.Initialize(
        pResListTranslated,
        pResListRaw,
        PciConfig.BaseAddressIndexToOrdinal(0)
        );
    if (!NT_SUCCESS(status))
    {
        Invalidate();
        return status;
    }
//以下代码为添加代码
KresourceAssignment AssignedMem(pResListTranslated,CmResourceTypeMemory,0);
//创建 KresourceAssignment 类的实例
config=AssignedMem.Start();
// AssignedMem.Start 返回端口或存储空间的物理起始地址
Length=AssignedMem.Length();
//Length 返回端口或存储空间的长度
}
```

其中，Config 和 Length 是两个全局变量，在 WdmtestDevice. h 中需添加定义代码如下。

```
PHYSICAL_ADDRESS config;
ULONG Length;
```

当设备开始工作时，调用上述函数，操作系统自动分配相关资源，并且在设备停止或被移去时资源被释放。针对以上情况，PCI 板卡资源配置的获取应该在该函数响应处获取，即在 NTSTATUS KpnpDevice::OnStartDevice(KIrp I)的处理函数中获取。

驱动程序利用专用类 Kresource Assignment 来获取设备资源请求。该类将获得一个指定类型设备资源的内部数据结构的指针。当用户程序发出读取 PCI 资源的请求时，驱动程序把通过

KresourceAssignment 类获得的局部配置寄存器以及双口 RAM 的物理地址和存储单元长度传给用户程序。

在头文件中定义 MemBase、MemLength 两个全局变量，用作用户程序和驱动程序的接口。定义如下。

```
ULONG MemBase;                    //内存基地址
ULONG MemLength;                  //内存的长度
```

在 WdmtestDevice. cpp 中修改如下代码。

```
NTSTATUS WdmtestDevice::IOCTL_PCI_CON_Handler(KIrp I)
{
    NTSTATUS status = STATUS_SUCCESS;

    t << "EnteringWdmtestDevice::IOCTL_PCI_CON_Handler, " << I << EOL;
//以下为代码添加部分
MemBase=Config. LowPart;
MemLength=Length;
        //以上为代码添加部分
      I. Information() = sizeof(pci_cfg);        //I. Information() = 0;
    return status;
}
```

把获取的 PCI 资源的物理地址映射到用户空间。前面获得的 MemBase 是物理地址，在用户程序中，需要获得线性地址对双口 RAM 进行操作。实现物理地址到线性地址的映射可以采用类 KmemoryToProcessMap。当驱动程序处理用户程序发出的映射要求时，调用 KmemoryTo-ProcessMap 构造函数，并把线性地址的指针返回给用户程序。类的定义可以参看 DriverWorks 的帮助文档。在 WdmtestDevice. cpp 中修改如下。

```
KmemoryToProcessMap MemRegion;                        //创建实例
NTSTATUS WdmtestDevice::IOCTL_MEM_Handler(KIrp I)
{
    NTSTATUS status = STATUS_SUCCESS;

    t << "Entering WdmtestDevice::IOCTL_MEM_Handler, " << I << EOL;
//以下为添加代码
        ULONG Address=Phy_Address. LowPart;   //Phy_Address 是获取的双口 RAM 的物理地址
    MemRegion =new (NonPagedPool) KMemoryToProcessMap(
                Address,                        //物理内存地址
                mem_length,                     // 字节数
                (HANDLE)-1,                     // 目前的例程
                FALSE,                          // 不映射到内核区
                NULL,                           // 任意地址单元
                ViewShare                       // view 可以继承
                    );
// 没有足够的内存或者构造失败的处理例程
if ( !MemRegion||!NT_SUCCESS( MemRegion->ConstructorStatus() ) )
    {I. Information() = 0;
    return   FALSE;
    }
```

```
  //如果能成功映射,执行下面的例程
mdr_LinearAddress=MemRegion->ProcessAddress();
}
```

其中 mdr_LinearAddress 是全局变量代表线性地址首地址的指针，用作用户程序与驱动程序的接口，定义在 Deviceioctl. h 中，定义如下。

```
PVOID mdr_LinearAddress;
```

用户程序利用获取的 PVOID 类型线性地址的指针，把它强制转换为所需类型 PBYTE，就可以进行对双口 RAM 的读写操作。

对 I/O 的处理：局部总线的配置寄存器被映射到 128 B 的内存空间和 I/O 空间，通过写相应内存空间或 I/O 空间可以改变局部总线的工作方式。

I/O 空间在 NTSTATUS WdmtestDevice::OnStartDevice(KIrp I)处理函数中进行了默认的初始化。

驱动程序在处理用户程序发出的 I/O 操作请求时，通过调用 KioRange 类的成员函数 inb、outb、inw、outw、ind、outd 即可对 I/O 空间进行读写。

如对 I/O 的写操作如下。

```
ULONG Address;
UCHAR Data;
m_IoPortRange. Outb(Address,Data);
```

在上述 WDM 的编制过程中，未对 I/O 空间进行处理，因此无相应代码修改。

经过以上步骤后，编译后即可生成 Wdmtest. sys 驱动文件。

2.7　CAN 智能测控节点的设计

2.7.1　CAN 智能测控节点的一般结构

在基于 CAN 现场总线的 SCADA 系统中，需要设计对工业现场实现测控的智能节点。

CAN 智能测控节点的结构如图 2-42 所示。

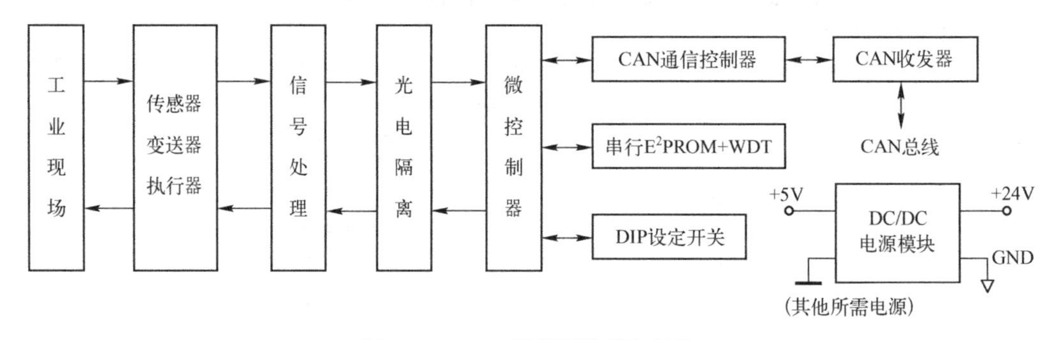

图 2-42　CAN 智能测控节点结构

在图 2-42 中，以微控制器为核心，通过光电耦合器与工业现场相连。信号处理部分主要包括 A/D 电路、D/A 电路、低通滤波电路、信号放大电路、电流/电压转换电路，实现过程输入通道和过程输出通道的功能。串行 E^2PROM 和 WDT 电路用于存放设定参数及监视微控制器的正常工作，DIP 设定开关用于通信波特率和通信地址的设定。CAN 通信控制器和 CAN 收发器实现 CAN 网络功能。另外，还有 DC/DC 电源模块，将输入的 24 V 电源转换成+5 V 和其他所需电源。

下面以 FBCAN-8DI 八路数字量输入模块为例介绍智能测控节点的设计。

2.7.2　FBCAN-8DI 八路数字量输入智能节点的设计

1. 硬件结构

FBCAN-8DI 八路数字量输入智能节点的硬件结构框图如图 2-43 所示。

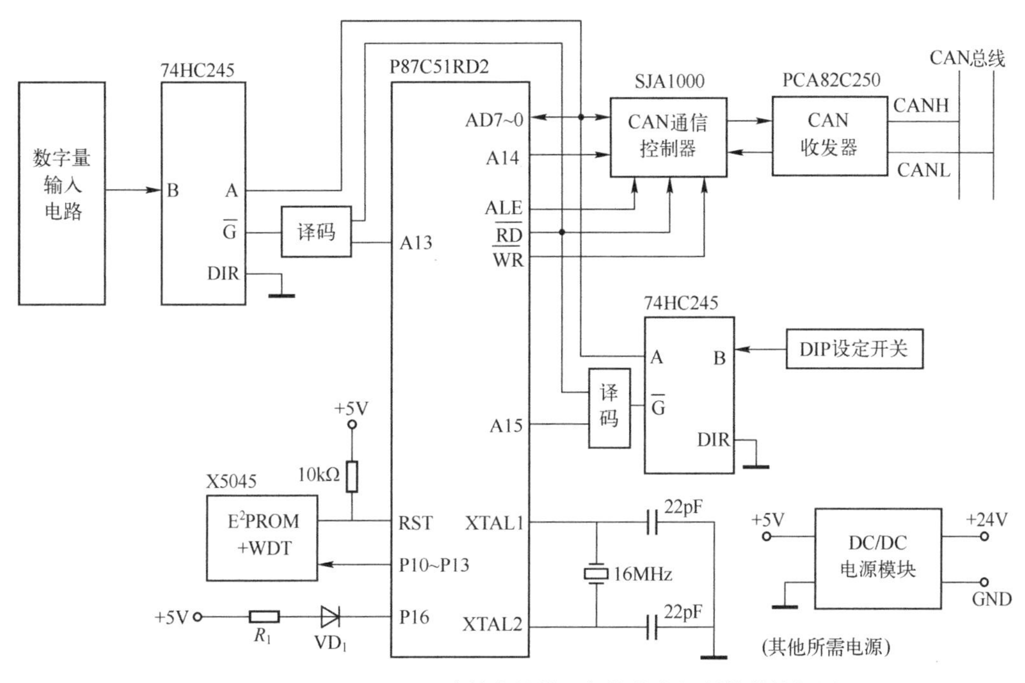

图 2-43　FBCAN-8DI 八路数字量输入智能节点的硬件结构框图

在图 2-43 中，微控制器选用 Philips 公司的 P87C51RD2，采用 74HC245 三态缓冲器读取数字量的状态，CAN 通信控制器和收发器采用 Philips 公司的 SJA1000 和 PCA82C250，通过 74HC245 读取设定开关的状态，X5045 为 Xicor 公司的串行 E^2PROM 和 WDT 一体化的电路，DC/DC 电路可选用功率为 2 W 的电源模块，VD1 为状态指示灯。在该智能节点的设计中，设定开关的口地址为 7FFFH，SJA1000 的地址为 BF00H，读取数字量的口地址为 DFFFH。

2. 数字量输入电路

数字量输入电路如图 2-44 所示。

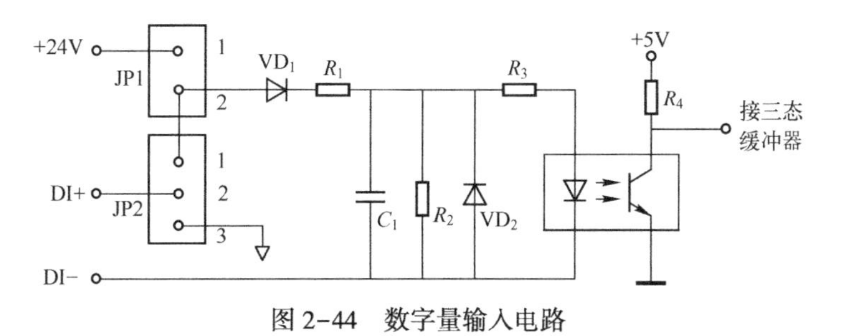

图 2-44　数字量输入电路

当跳线器JP1的1-2短路，跳线器JP2的1-2断开、2-3短路时，输入端DI+和DI-可以接一干接点信号。

当跳线器JP1的1-2断开，跳线器JP2的1-2短路、2-3断开时，输入端DI+和DI-可以接有源接点。

在图2-44中，开关量输入端所用电源为+24 V，也可以是+15 V或+5 V电源，只需改变电阻R_1的阻值即可。

3. DC/DC电源电路

在智能节点的设计中，供电电源一般为+24 V，而智能节点内部通常需要+5 V或其他电源（如放大器、A/D、D/A等器件所需电源），因此需要将+24 V电源进行DC/DC变换，产生所需电源，图2-45为将+24 V变成+5 V的DC/DC转换电路。

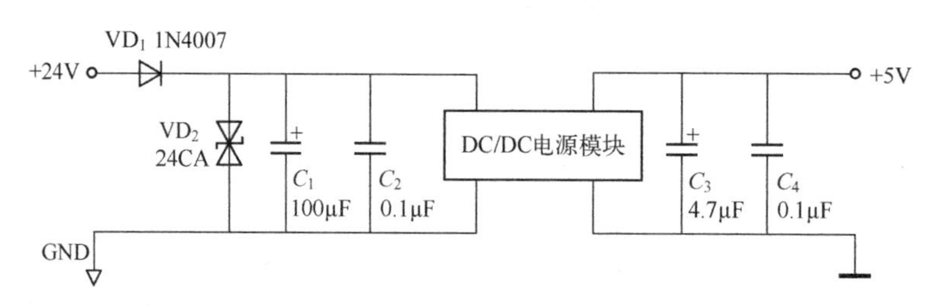

图2-45　DC/DC转换电路

在图2-45中，VD_1为防止电源反接二极管，VD_2为TVS抗浪涌二极管，C_1和C_2为滤波电容。

4. 程序设计

在FBCAN-8DI智能节点的设计中，采用第2.6节介绍的CAN数据包格式。程序主要包括主程序、读取数字量状态子程序、定时器0中断服务程序、CAN数据包接收中断服务程序、CAN数据包发送子程序。另外，还有参数配置程序、网络检查程序、WDT及串行E^2PROM数据读写等程序。

程序清单从略。

2.8　CAN通信转换器的设计

2.8.1　CAN通信转换器概述

CAN通信转换器可以将RS-232、RS-485或USB串行口转换为CAN现场总线。

1. CAN通信转换器性能指标

CAN通信转换器的性能指标如下。

- 支持CAN2.0A和CAN2.0B协议，与ISO11898兼容。
- 可方便地实现RS232接口与CAN总线的转换。
- CAN总线接口为DB9针式插座，符合CIA标准。
- CAN总线波特率可选，最高可达1 Mbit/s。
- 串口波特率可选，最高可达115200 bit/s。
- 由PCI总线或微机内部电源供电，无须外接电源。

- 隔离电压 2000 Vrms。
- 外形尺寸：130 mm×110 mm。

2. CAN 节点地址设定

CAN 通信转换器上的 JP1 用于设定通信转换器的 CAN 节点地址。跳线短接为“0”，断开为“1”。

3. 串口速率和 CAN 总线速率设定

CAN 通信转换器上的 JP2 用于设定串口及 CAN 通信波特率。其中 JP2.1~JP2.3 用于设定串口波特率，见表 2-15。JP2.4~JP2.6 用于设定 CAN 波特率，见表 2-16。

表 2-15　串口波特率设定

串口波特率/bit·s^{-1}	JP2.3	JP2.2	JP2.1
2400	0	0	0
9600	0	0	1
19200	0	1	0
38400	0	1	1
57600	1	0	0
115200	1	0	1

表 2-16　CAN 波特率设定

CAN 波特率/kbit·s^{-1}	JP2.6	JP2.5	JP2.4
5	0	0	0
10	0	0	1
20	0	1	0
40	0	1	1
80	1	0	0
200	1	0	1
400	1	1	0
800	1	1	1

4. 通信协议

CAN 通信转换器的通信协议格式如下。

开始字节（40H）+CAN 数据包(1~256 B)+校验字节(1 B)+结束字节（23H）

校验字节为从开始字节（包括开始字节 40H）到 CAN 帧中最后一个数据字节（包括最后一个数据字节）之间的所有字节的异或和。结束符为 23H，表示数据结束。

2.8.2　STM32F4 嵌入式微控制器简介

ST 公司生产的 STM32F4 系列嵌入式微控制器的引脚和软件完全兼容 STM32F1 系列，如果 STM32F1 系列的用户想要更大的 SRAM 容量、更高的性能和更快速的外设接口，则可轻松地从 STM32F1 升级到 STM32F4 系列。

除引脚和软件兼容的 STM32F1 系列外，STM32F4 的主频（168 MHz）高于 STM32F1 系列(72 MHz)，并支持单周期 DSP 指令和浮点单元、更大的 SRAM 容量（192 KB）、512 KB~1 MB 的嵌入式闪存以及影像、网络接口和数据加密等更先进的外设。

STM32F4 的单周期 DSP 指令将会催生数字信号控制器（DSC）市场，适用于高端电机控制、医疗设备和安全系统等应用。

1. STM32F4 系列嵌入式微控制器的技术优势

STM32F4 系列嵌入式微控制器具有如下技术优势。

1）采用多达 7 重 AHB 总线矩阵和多通道 DMA 控制器，支持程序执行和数据传输并行处理，数据传输速率极快。

2）内置的单精度 FPU 提升控制算法的执行速度给目标应用增加更多功能，提高代码执行效率，缩短研发周期，减少了定点算法的缩放比和饱和负荷。

3）高集成度：最高 1 MB 片上闪存、192 KB SRAM、复位电路、内部 RC 振荡器、PLL 锁相环、低于 1 μA 的实时时钟（误差低于 1 s）。

4）在电池或者较低电压供电且要求高性能处理、低功耗运行的应用中，STM32F4 更多的灵活性可实现高性能和低功耗的目的；在待机或电池备用模式下，4 KB 备份 SRAM 数据仍然能保存；在 VBAT 模式下实时时钟功耗小于 1 μA；内置可调节稳压器，准许用户选择高性能或低功耗工作模式。

5）出色的开发工具和软件生态系统，提供各种集成开发环境、元语言工具、DSP 固件库、低价入门工具、软件库和协议栈。

6）优越且具有创新性的外设。

7）互联性：相机接口、加密/哈希硬件处理器、支持 IEEE 1588V210/100 M 以太网接口、2 个 USB OTG（其中 1 个支持高速模式）。

8）音频：音频专用锁相环和 2 个全双工 I2S。

9）最多 15 个通信接口（包括 6 个 10.5 Mbit/s 的 USART、3 个 42 Mbit/s 的 SPI，3 个 I2C、2 个 CAN 和 1 个 SDIO）。

10）模拟外设：2 个 12 位 DAC，3 个 12 位 ADC，采样速率达到 2.4 MSPS，在交替模式下达 7.2 MSPS。

11）最多 17 个定时器：16 位和 32 位定时器，最高频率 168 MHz。

2. STM32F4 系列产品介绍

STM32F4 系列嵌入式微控制器产品介绍如下。

（1）STM32F405xx 和 STM32F407xx 系列

STM32F405xx 和 STM32F407xx 系列是 Cortex-M4F 32 位 RISC、核心频率高达 168 MHz 的 DSC。Cortex-M4 的浮点单元（FPU）支持所有 ARM 单精度的数据处理指令和数据类型的单精度，同时实现了一套完整的 DSP 指令和内存保护单元（MPU），从而提高应用程序的安全性。

STM32F405xx 和 STM32F407xx 系列采用高速存储器，高达 4 KB 的备份 SRAM，增强的 IO 均连接到两条 APB 外设总线，包括两个 AHB 总线和一个 32 位的多 AHB 总线矩阵。

所有 STM32F405xx 和 STM32F407xx 系列设备提供 3 个 12 位 ADC、2 个 DAC、低功耗 RTC、12 个通用 16 位定时器，包括 2 个 PWM 定时器，电动机控制，2 个通用 32 位定时器，1 个真正的数字随机发生器（RNG），并且配备了标准和先进的通信接口。

STM32F405xx 和 STM32F407xx 系列主要通信接口如下。

- 3 个 IC 接口。
- 3 个 SPI 接口，2 个 IS 全双工接口。
- 可以通过专用的内部音频 PLL 或允许通过外部时钟来提供同步时钟。

- 4 个 USART，加上 2 个 UART。
- 1 个全速 USB OTG 和 1 个高速 USB OTG（使用 ULPI）。
- 2 个 CAN 总线接口。
- 1 个 SDIO/MMC 接口。
- 以太网和相机接口（STM32F407xx 上有）。

STM32F405xx 和 STM32F407xx 系列工作在-40~+105℃之间，电源 1.8~3.6 V。当设备工作在 0~70℃且 PDR_ON 连接到 VSS 时，电源电压可降至 1.7 V。具有一套全面的省电模式，允许低功耗应用设计。

STM32F405Xx 和 STM32F407xx 系列设备提供的封装，范围为 64~176 引脚。

STM32FE405x 和 STM32F407x 微控制器系列的上述特点，使其应用范围广。如电动机驱动和应用控制、医疗设备、变频器、断路器、打印机和扫描仪、报警系统、可视对讲、空调、家用音响设备等。

（2）STM32F415 和 STM32F417

STM32F415 和 STM32F417 在 STM32F405 和 STM32F407 的基础增加了一个硬件加密/哈希处理器。此处理器包含 AES128、AES192、AES256、TripleDES、HASH（MD5，SHA-1）算法硬件加速器，处理性能十分出色，例如，AES-256 加密速度最高达到 149.33 MB/s。

2.8.3　CAN 通信转换器微控制器主电路的设计

CAN 通信转换器微控制器主电路的设计如图 2-46 所示。

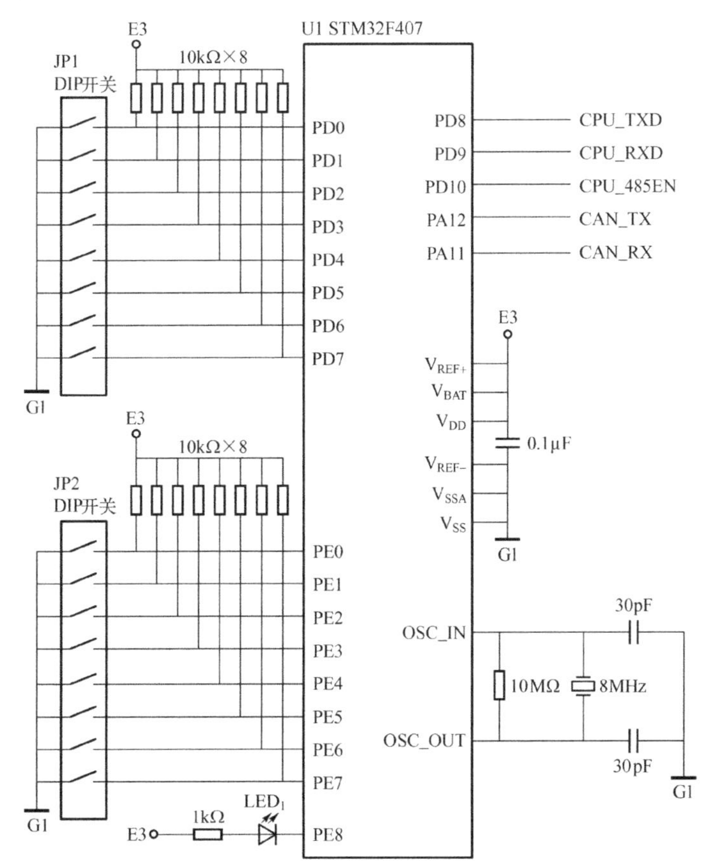

图 2-46　CAN 通信转换器微控制器主电路的设计

主电路采用ST公司的STM32F407嵌入式微控制器，利用其内嵌的UART串口和CAN控制器设计转换器，体积小、可靠性高，实现了低成本设计。LED1为通信状态指示灯，JP1和JP2设定CAN节点地址和通信波特率。

STM32F4嵌入式微控制器内嵌的CAN控制器特点如下。

1）STM32F4中有bxCAN（Basic Extended CAN）控制器，支持CAN协议2.0A和2.0B标准。

2）支持最高的通信速率为1 Mbit/s。

3）可以自动接收和发送CAN报文，支持使用标准D和扩展ID的报文。

4）外设中具有3个发送邮箱，发送报文的优先级可以使用软件控制，还可以记录发送的时间；具有两个3级深度的接收FIFO，可使用过滤功能只接收或不接收某些ID号的报文。

5）可配置成自动重发。

6）不支持使用DMA进行数据收发。

2.8.4 CAN通信转换器UART驱动电路的设计

CAN通信转换器UART驱动电路的设计如图2-47所示。MAX3232为MAXIM公司的RS-232电平转换器，适合3.3V供电系统；ADM487为ADI公司的RS-485收发器。

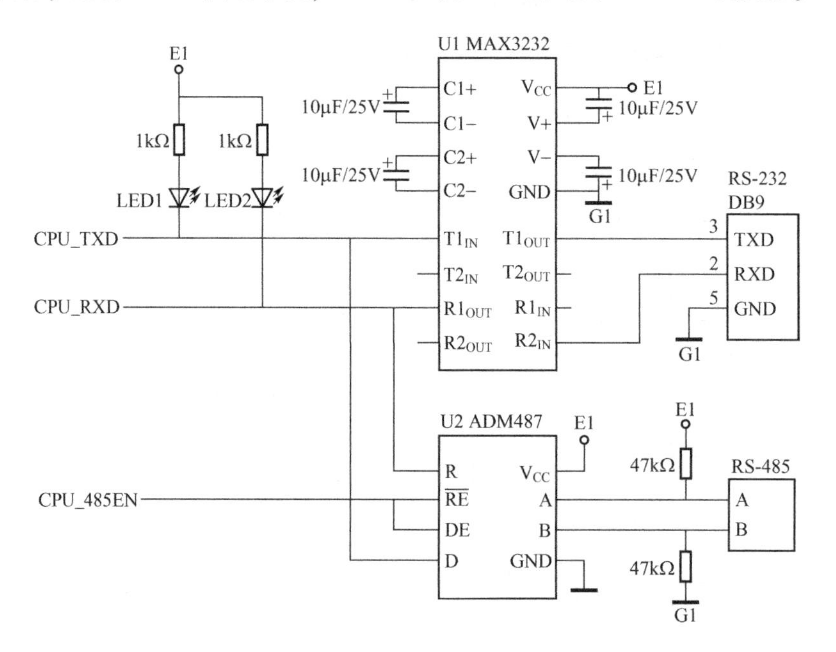

图2-47　CAN通信转换器UART驱动电路的设计

2.8.5 CAN通信转换器CAN总线隔离驱动电路的设计

CAN通信转换器CAN总线隔离驱动电路的设计如图2-48所示。采用6N137高速光耦合器实现CAN总线的光电隔离，TJA1051为NXP公司的CAN收发器。

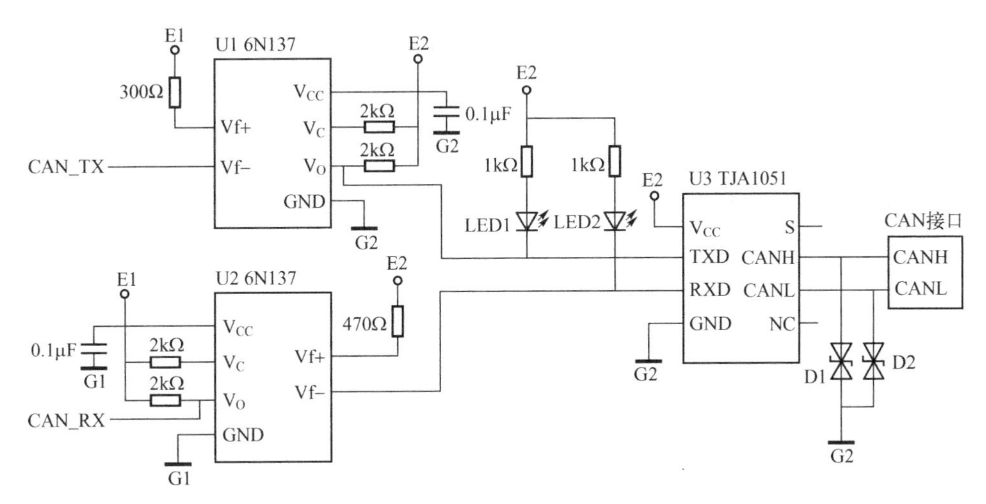

图 2-48　CAN 通信转换器 CAN 总线隔离驱动电路的设计

2.8.6　CAN 通信转换器 USB 接口电路的设计

CAN 通信转换器 USB 接口电路的设计如图 2-49 所示。CH340G 为 USB 转 UART 串口的接口电路，实现 USB 到 CAN 总线的转换。

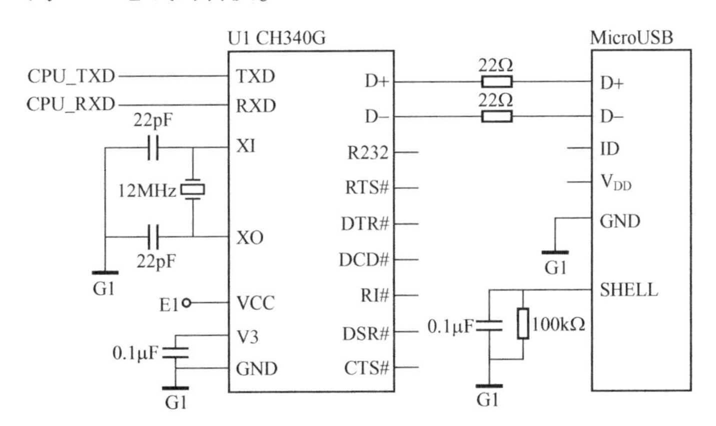

图 2-49　CAN 通信转换器 USB 接口电路的设计

2.8.7　CAN 通信转换器的程序设计

CAN 通信转换器的源程序设计清单如下。

采用 ST 公司的 STM32F407 微控制器，编译器为 KEIL4 或 KEIL5。

头文件:main. h

```
/****************************************************************/
#ifndef _MAIN__H_
#define _MAIN__H_

#ifdef   CAN_GLOBALS
#define CAN_EXT
#else
#define CAN_EXT extern
```

```
#endif

typedef unsigned char   u8;
/*************************************************************
*    MACRO    PROTOTYPES
*************************************************************/

#define LED_LED1          GPIO_Pin_8       //LED1 指示灯标志位
#define TriggLed1         GPIOE->ODR = GPIOE->IDR ^ LED_LED1

#define RS485_TX_EN      GPIO_SetBits(GPIOD, GPIO_Pin_10)
#define RS485_RX_EN      GPIO_ResetBits(GPIOD, GPIO_Pin_10)
/*************************************************************
*   VARIABLES
*************************************************************/
CAN_EXT   u8   SerialCounter;
CAN_EXT   u8   CANRecvOvFlg,COMRecvStFlg,COMRecvOvFlg;
CAN_EXT   u8   CANRecvBuf[256];         //CAN 接收和发送缓冲区
CAN_EXT   u8   USARTRecvBuf[260];       //USART 接收和发送缓冲区
/*************************************************************
*   FUNCTION    PROTOTYPES
*************************************************************/
extern void CANRecvDispose(void);          //CAN 接收数据子程序

#endif
```

主程序:main. c

```
/*************************************************************/
#define   CAN_GLOBALS
#include "stm32f4xx.h"
#include "main.h"
/*************************************************************
*   FUNCTION    PROTOTYPES
*************************************************************/
void RCC_Configuration(void);
void NVIC_Configuration(void);
void GPIO_Configuration(void);
void SysTick_Configuration(void);
void CAN_RegInit(void);                 //CAN 初始化
void USART_Configuration(void);         //串口初始化函数调用
void CANTxData(void);                   //CAN 发送数据子程序
void COMTxData(void);                   //串口发送数据子程序
void IWDG_Configuration(void);          //配置独立 WDT
/*************************************************************
*    DATA   ARRAYPROTOTYPES
*************************************************************/
int main(void)
{
/*ST 固件库中的启动文件已经执行了 SystemInit() 函数,该函数在 system_stm32f4xx.c 文件中,主
要功能是配置 CPU 系统的时钟,内部 Flash 访问时序,配置 FSMC 用于外部 SRAM */
```

```
/*配置 rcc */
RCC_Configuration();
/*配置系统时钟 */
SysTick_Configuration();
/* NVIC 配置 */
NVIC_Configuration();
/*配置 GPIO 端口 */
GPIO_Configuration();
/*配置 IWDG */
IWDG_Configuration();
/*配置 USART */
USART_Configuration();
/*配置 CAN */
CAN_RegInit();
SerialCounter=0;
GPIOE->ODR = GPIOE->IDR & ~LED_LED1; //点亮 LED1
RS485_RX_EN;                         //使能 RS485 接收

for(;;)
{
    IWDG_ReloadCounter();            //重装独立 WDT
    if(CANRecvOvFlg == 0xAA)
    {
        CANRecvOvFlg=0;              //CAN 接收完成清 0
        SerialCounter = 0;
        TriggLed1;                   //LED1 取反
        COMTxData();                 //串口发送数据
    }
    if(COMRecvOvFlg == 0xAA)
    {
        COMRecvOvFlg=0;              //串口接收完成清 0
        TriggLed1;                   //LED1 取反
        CANTxData();                 //CAN 发送数据
    }
}
}

/*****************************************************************
*函数名称:SysTick 配置
*描述:将 SysTick 配置为每 68 ms 生成一个中断。
*输入:无
*输出:无
*返回值:无
*****************************************************************/
void SysTick_Configuration(void)
{
  /*设置 SysTick 优先级 0 */
  SysTick->LOAD =(SystemCoreClock /8)/1000*68 - 1; /* 设置重载寄存器 */
  NVIC_SetPriority (SysTick_IRQn, 0); /*设置 Systick 中断的优先级*/
  SysTick->CTRL= SysTick_CTRL_TICKINT_Msk; /*使能 SysTick IRQ */
```

```
}/* 选择(HCLK/8)作为 SysTick 时钟源 */

/******************************************************************
 *函数名称:RCC 配置
 *描述:配置不同的系统时钟
 *输入:无
 *输出:无
 *返回值:无
 ******************************************************************/
void RCC_Configuration(void)
{
/*使能 GPIOA GPIOD GPIOE AFIO 时钟 */
RCC_AHB1PeriphClockCmd(RCC_AHB1Periph_GPIOA|RCC_AHB1Periph_GPIOD|RCC_AHB1Periph_
GPIOE, ENABLE);
/*使能 CAN、USART 时钟 */
RCC_APB1PeriphClockCmd(RCC_APB1Periph_CAN1| RCC_APB1Periph_USART3, ENABLE);
}

/******************************************************************
 *函数名称:NVIC 配置
 *描述:配置向量表的基地址
 *输入:无
 *输出:无
 *返回值:无
 ******************************************************************/
void NVIC_Configuration(void)
{

NVIC_InitTypeDef NVIC_InitStructure;

#ifdef  VECT_TAB_RAM
/*设置向量表的基地址为 0x20000000 */
NVIC_SetVectorTable(NVIC_VectTab_RAM, 0x0);
#else  /* VECT_TAB_FLASH  */
/*设置向量表的基地址为 0x08000000 */
NVIC_SetVectorTable(NVIC_VectTab_FLASH, 0x0);
#endif
/*为抢占优先级配置一位*/
NVIC_PriorityGroupConfig(NVIC_PriorityGroup_1);

/*使能 CAN 接收中断 */
NVIC_InitStructure.NVIC_IRQChannel=CAN1_RX0_IRQn;
NVIC_InitStructure.NVIC_IRQChannelPreemptionPriority = 1;
NVIC_InitStructure.NVIC_IRQChannelSubPriority = 0;
NVIC_InitStructure.NVIC_IRQChannelCmd = ENABLE;
NVIC_Init(&NVIC_InitStructure);

/*使能 USART 接收中断 */
NVIC_InitStructure.NVIC_IRQChannel=USART3_IRQn;
NVIC_InitStructure.NVIC_IRQChannelSubPriority = 1;
```

```
NVIC_Init( &NVIC_InitStructure) ;
}

/******************************************************************
 * 函数名称:GPIO 配置
 * 描述:配置不同的 GPIO 端口
 * 输入:无
 * 输出:无
 * 返回值:无
******************************************************************/
void GPIO_Configuration( void)
{
GPIO_InitTypeDef GPIO_InitStructure;

/* 将 PD0~PD7 配置为输入浮空 */
GPIO_InitStructure. GPIO_Pin = 0x00FF;
GPIO_InitStructure. GPIO_Mode = GPIO_Mode_IN;
GPIO_InitStructure. GPIO_PuPd = GPIO_PuPd_NOPULL;
GPIO_Init( GPIOD, &GPIO_InitStructure) ;

/* 将 PE0~PE7 配置为输入浮空 */
GPIO_Init( GPIOE, &GPIO_InitStructure) ;

/* 将 PE8 配置为输出上拉 */
GPIO_InitStructure. GPIO_Pin = GPIO_Pin_8;
GPIO_InitStructure. GPIO_Mode = GPIO_Mode_OUT;        /* 设为输出口 */
GPIO_InitStructure. GPIO_OType = GPIO_OType_PP;       /* 设为推挽模式 */
GPIO_InitStructure. GPIO_PuPd = GPIO_PuPd_NOPULL;     /* 上下拉电阻不使能 */
GPIO_InitStructure. GPIO_Speed = GPIO_Speed_50MHz;
GPIO_Init( GPIOE, &GPIO_InitStructure) ;

/* USART 引脚重映射到 PD8:TXD,PD9:RXD */

/* 配置 USART 引脚 RXD:PD9 */
GPIO_InitStructure. GPIO_Pin = GPIO_Pin_9;
GPIO_InitStructure. GPIO_Mode = GPIO_Mode_AF;         /* 设为复用功能 */
GPIO_InitStructure. GPIO_PuPd = GPIO_PuPd_NOPULL;     /* 上下拉电阻不使能 */
GPIO_Init( GPIOD, &GPIO_InitStructure) ;

/* 配置 USART 引脚 TXD:PD8 */
GPIO_InitStructure. GPIO_Pin = GPIO_Pin_8;
GPIO_InitStructure. GPIO_Mode = GPIO_Mode_AF;         /* 设为复用功能 */
GPIO_InitStructure. GPIO_OType = GPIO_OType_PP;       /* 设为推挽模式 */
GPIO_InitStructure. GPIO_PuPd = GPIO_PuPd_UP;         /* 内部上拉电阻使能 */
GPIO_InitStructure. GPIO_Speed = GPIO_Speed_50MHz;
GPIO_Init( GPIOD, &GPIO_InitStructure) ;

GPIO_PinAFConfig( GPIOD,GPIO_PinSource8,GPIO_AF_USART3) ; //设置串口引脚功能映射
GPIO_PinAFConfig( GPIOD,GPIO_PinSource9,GPIO_AF_USART3) ;
```

```
/*配置 RS485_EN 引脚:PD10*/
GPIO_InitStructure.GPIO_Pin = GPIO_Pin_10;
GPIO_InitStructure.GPIO_Mode = GPIO_Mode_OUT;       /*设为输出口 */
GPIO_InitStructure.GPIO_OType = GPIO_OType_PP;      /*设为推挽模式 */
GPIO_InitStructure.GPIO_PuPd = GPIO_PuPd_NOPULL;    /*上下拉电阻不使能 */
GPIO_InitStructure.GPIO_Speed = GPIO_Speed_50MHz;
GPIO_Init(GPIOD, &GPIO_InitStructure);

/* CAN 引脚 PA12:TXD,PA11:RXD*/

/*配置 CAN 引脚 RX:PA11*/
GPIO_InitStructure.GPIO_Pin = GPIO_Pin_11;
GPIO_InitStructure.GPIO_Mode = GPIO_Mode_AF;        /*设为复用功能 */
GPIO_InitStructure.GPIO_PuPd = GPIO_PuPd_UP;        /* 上拉电阻使能 */
GPIO_Init(GPIOA, &GPIO_InitStructure);
/*配置 CAN 引脚 TX: PA12*/
GPIO_InitStructure.GPIO_Pin = GPIO_Pin_12;
GPIO_InitStructure.GPIO_Mode = GPIO_Mode_AF;        /*复用模式 */
GPIO_InitStructure.GPIO_OType = GPIO_OType_PP;      /*输出类型为推挽 */
GPIO_InitStructure.GPIO_PuPd = GPIO_PuPd_UP;        /* 内部上拉电阻使能 */
GPIO_InitStructure.GPIO_Speed = GPIO_Speed_50MHz;
GPIO_Init(GPIOA, &GPIO_InitStructure);

GPIO_PinAFConfig(GPIOA,GPIO_PinSource11,GPIO_AF_CAN1); //设置 CAN 引脚功能映射
GPIO_PinAFConfig(GPIOA,GPIO_PinSource12,GPIO_AF_CAN1);

}

/*********************************************************************
*   独立 WDT 初始化程序
*********************************************************************/
void IWDG_Configuration(void)
{
    /*IWDG 超时等于 100ms
    (超时可能会因 LSI 频率分散而有所不同)*/
    /*启用对 IWDG_PR 和 IWDG_RLR 寄存器的写访问*/
    IWDG_WriteAccessCmd(IWDG_WriteAccess_Enable);

    /*对于 stm32f103 IWDG 计数器时钟:40kHz(LSI)/ 16 = 2.5kHz */
    /*对于 STM32F4 07,IWDG 计数器时钟:32kHz(LSI)/ 16 = 2kHz */
    IWDG_SetPrescaler(IWDG_Prescaler_16);

    /*对于 STM32F4 07, 2400*16/32=1200ms */
    IWDG_SetReload(2400);

    /*重载 IWDG 计数器 */
    IWDG_ReloadCounter();

    /*使能 IWDG (LSI 振荡器将由硬件使能)*/
    IWDG_Enable();
```

```
}

/*****************************************************************
 *   CAN 寄存器初始化函数
 *****************************************************************/
void CAN_RegInit(void)
{
    CAN_InitTypeDefCAN_InitStructure;
    CAN_FilterInitTypeDef   CAN_FilterInitStructure;

    u8  CAN_BS1[8] = {CAN_BS1_10tq,CAN_BS1_10tq,CAN_BS1_10tq,CAN_BS1_10tq,CAN_BS1_
10tq,\CAN_BS1_10tq,CAN_BS1_10tq,CAN_BS1_5tq,};
    u8  CAN_BS2[8] = {CAN_BS2_7tq,CAN_BS2_7tq,CAN_BS2_7tq,CAN_BS2_7tq,CAN_BS2_7tq,
\CAN_BS2_7tq,CAN_BS2_7tq,CAN_BS2_3tq,};
    u16 CAN_Prescaler[8] = {400,200,100,50,25,10,5,5};
    //5 kbit/s,10 kbit/s,20 kbit/s,40 kbit/s,80 kbit/s,200 kbit/s,400 kbit/s,800 kbit/s
    u8  CANBaudIndex,CANAddr;

    CANBaudIndex = ((u8)GPIOE->IDR&0x38)>>3;
    CANAddr = (u8)GPIOD->IDR;
    CAN_DeInit(CAN1);                                          //CAN 接口重置
    CAN_StructInit(&CAN_InitStructure);

    /* CAN 单元初始化 */
    CAN_InitStructure.CAN_TTCM=DISABLE;                        //禁用时间触发连接模式 ID
    CAN_InitStructure.CAN_ABOM=DISABLE;                        //禁用自动总线关闭模式
    CAN_InitStructure.CAN_AWUM=DISABLE;                        //禁用自动唤醒模式
    CAN_InitStructure.CAN_NART=DISABLE;                        //禁用自动发送失败消息
        CAN_InitStructure.CAN_RFLM=DISABLE;                    //禁用新消息刷新旧消息
        CAN_InitStructure.CAN_TXFP=ENABLE;            //哪个消息先发送取决于哪个请求先发送
    CAN_InitStructure.CAN_Mode=CAN_Mode_Normal;     //CAN 可以保持正常模式
    CAN_InitStructure.CAN_SJW=CAN_SJW_1tq;
    CAN_InitStructure.CAN_BS1=CAN_BS1[CANBaudIndex];
    CAN_InitStructure.CAN_BS2=CAN_BS2[CANBaudIndex];
    CAN_InitStructure.CAN_Prescaler=CAN_Prescaler[CANBaudIndex];
    CAN_Init(CAN1,&CAN_InitStructure);                         //CAN 初始化
    /* CAN 过滤器初始化 */
    CAN_FilterInitStructure.CAN_FilterNumber=1;                //使用过滤器 1
    CAN_FilterInitStructure.CAN_FilterMode=CAN_FilterMode_IdMask; //掩码
    CAN_FilterInitStructure.CAN_FilterScale=CAN_FilterScale_16bit;  //11 bit ID
    CAN_FilterInitStructure.CAN_FilterIdHigh=(u16)CANAddr<<8;
    CAN_FilterInitStructure.CAN_FilterIdLow=(u16)CANAddr<<8;
    CAN_FilterInitStructure.CAN_FilterMaskIdHigh=0x0000;       //ff00
    CAN_FilterInitStructure.CAN_FilterMaskIdLow=0x0000;        //ff00
    CAN_FilterInitStructure.CAN_FilterFIFOAssignment=CAN_FIFO0;  //FIFO0
    CAN_FilterInitStructure.CAN_FilterActivation=ENABLE;
    CAN_FilterInit(&CAN_FilterInitStructure);

    CAN_ITConfig(CAN1,CAN_IT_FMP0,ENABLE);                     //使能接收中断
    return;
```

```
}

/*************************************************************
*   串口初始化函数
*************************************************************/
void USART_Configuration(void)                              //串口初始化函数
{
    //串口参数初始化
    u8 Index;
    USART_InitTypeDef USART_InitStructure;                  //串口设置恢复默认参数
    u32  BaudRate[8] = {2400,9600,19200,38400,57600,115200};

    Index = ((u8)GPIOE->IDR & 0x07);
    //初始化参数设置
    USART_InitStructure.USART_BaudRate = BaudRate[Index];         //波特率 9600 bit/s,
    USART_InitStructure.USART_WordLength = USART_WordLength_8b;   //字长 8 位
    USART_InitStructure.USART_StopBits = USART_StopBits_1;        //1 位停止位
    USART_InitStructure.USART_Parity = USART_Parity_No;           //无奇偶校验位

    USART_InitStructure.USART_HardwareFlowControl = USART_HardwareFlowControl_None;
    //打开 Rx 接收和 Tx 发送功能
    USART_InitStructure.USART_Mode = USART_Mode_Rx | USART_Mode_Tx;

    USART_Init(USART3, &USART_InitStructure);                     //初始化
    //使能 USART3 接收中断
    USART_ITConfig(USART3, USART_IT_RXNE, ENABLE);
    USART_ITConfig(USART3, USART_IT_TXE, DISABLE);

    USART_Cmd(USART3, ENABLE);                                    //启动串口
}

/*************************************************************
*     CAN 发送数据子程序
*************************************************************/
void CANTxData(void)
{
    u8 i,j,FrameNum,datanum,lastnum,offset;
    u8 TransmitMailbox;
    u32 delay;
    CanTxMsg TxMessage;
    datanum = USARTRecvBuf[4] + 3;                                //总字节个数
    FrameNum = (datanum%6)? (datanum/6+1):(datanum/6);
    lastnum = datanum-(FrameNum-1) *6+2;
    TxMessage.IDE=CAN_ID_STD;
    TxMessage.RTR=CAN_RTR_DATA;
    offset = 3;
    for(i=1;i<=FrameNum;i++)
    {
        if(i == FrameNum)                                         //最后一帧
        {
```

```
            TxMessage.StdId=(u32)USARTRecvBuf[2]<<3 | 1;      //标识符 ID.0=1
            TxMessage.DLC=lastnum;
            TxMessage.Data[0]=USARTRecvBuf[1];
            TxMessage.Data[1]=offset;
            for(j=0;j<lastnum-2;j++)
            {
                TxMessage.Data[2+j]=USARTRecvBuf[offset+j];
            }
            TransmitMailbox = CAN_Transmit(CAN1,&TxMessage);
            delay = 0;
            while(CAN_TransmitStatus(CAN1,TransmitMailbox)!=CANTXOK) //等待发送成功
            {
                delay++;
                if(delay == 3600000)
                {
                    break;                                    //超时等待 50 ms
                }
            }
            return;
        }
        else                                                  //不是最后一帧
        {
            TxMessage.StdId=(u32)USARTRecvBuf[2]<<3 | 0;      //标识符 ID.0=0
            TxMessage.DLC=0x08;
            TxMessage.Data[0]=USARTRecvBuf[1];
            TxMessage.Data[1]=offset;
            for(j=0;j<6;j++)
            {
                TxMessage.Data[2+j]=USARTRecvBuf[offset+j];
            }
            TransmitMailbox = CAN_Transmit(CAN1,&TxMessage);
            offset += 6;                                      //地址变址
            delay = 0;
            while(CAN_TransmitStatus(CAN1,TransmitMailbox)!=CANTXOK) //等待发送成功
            {
                delay++;
                if(delay == 3600000)
                {
                    break;                                    //超时等待 50 ms
                }
            }
        }
    }
}

/**************************************************************
*   串口发送数据子程序
**************************************************************/
void COMTxData(void)
{
```

```
    u8  i,j,TotalNum,XorData=0;

    RS485_TX_EN;                                            //使能 RS485 发送
    //波特率为 9600 bit/s 的情况下,89 为临界值,为保证可靠使能 RS485,取循环次数为 150
    for(i=0;i<150;i++)
        for(j=0;j<100;j++);

    TotalNum = CANRecvBuf[4] + 5;                           //总有效数据个数
    for(i=1;i<=TotalNum;i++)                                //求异或和
    XorData ^= CANRecvBuf[i];
    USART_SendData(USART3,0x40);                            //发送开始字节
    while(USART_GetFlagStatus(USART3,USART_FLAG_TXE) == RESET);
    for(i=1;i<=TotalNum;i++)
    {
        USART_SendData(USART3,CANRecvBuf[i]);               //发送有效数据
        while(USART_GetFlagStatus(USART3,USART_FLAG_TXE) == RESET);
    }
    USART_SendData(USART3,XorData);                         //发送异或和
    while(USART_GetFlagStatus(USART3,USART_FLAG_TXE) == RESET);
    USART_SendData(USART3,0x23);                            //发送结束字节
    while(USART_GetFlagStatus(USART3,USART_FLAG_TXE) == RESET);

    for(i=0;i<150;i++)
        for(j=0;j<100;j++);
    RS485_RX_EN;                                            //使能 RS485 接收

    return;
}
```

中断程序:stm32f103vbxx_it.c

```
/**************************************************************************/
#define IT_EXT
#include "stm32f4xx_it.h"
//#include "stm32f10x_dly.h"
#include "main.h"
/***************************************************************************
 * 函数名称:延迟递减
 * 说明:插入一个延迟时间
 * 输入:nTime  指定延迟时间长度,以毫秒为单位
 * 输出:无
 * 返回值:无
**************************************************************************/
volatile unsigned long TimingDly;
void TimingDly_Discrease(void)
{
    if(TimingDly)
    {
        TimingDly--;
    }
    return;
```

```
}

/*****************************************************************
*函数名称:SysTick 中断函数
*说明:此函数处理 SysTick 中断。
*输入:无
*返回值:无
*****************************************************************/
void SysTickHandler(void)
{
    TimingDly_Discrease();                              //调用延迟量消减函数
    //LED 控制子程序
    COMRecvStFlg = 0;                                   //开始接收标志清 0
    SerialCounter = 0;                                  //串口接收个数清 0
    COMRecvOvFlg = 0;
    SysTick->CTRL &= ~SysTick_CTRL_ENABLE_Msk;          //关闭时钟
}

/*****************************************************************
*函数名称:USB_LP_CAN_RX0_IRQ 中断函数
*说明:此功能处理 USB 低优先级或 CAN RX0 中断
*输入:无
*返回值:无
*****************************************************************/
void USB_LP_CAN_RX0_IRQHandler(void)
{
    u8 offset,num,j;
    static u8 FirstFrameFlg=0;
    CanRxMsg RxMessage;

    RxMessage.StdId=0x00;
    RxMessage.ExtId=0x00;
    RxMessage.IDE=0;
    RxMessage.DLC=0;
    RxMessage.FMI=0;
    RxMessage.Data[0]=0x00;
    RxMessage.Data[1]=0x00;

    CAN_Receive(CAN1,CAN_FIFO0, &RxMessage);

    if(FirstFrameFlg == 0)                              //数据包第一帧
    {
      CANRecvBuf[1]=RxMessage.Data[0];                  //源节点
      CANRecvBuf[2]=(RxMessage.IDE==CAN_ID_STD)? RxMessage.StdId>>3:RxMessage.ExtId
>>21;
          FirstFrameFlg = 1;
    }
    offset=RxMessage.Data[1];
    j=0;
    num=RxMessage.DLC;
```

```
    num-=2;
    while(num--)
    {
        CANRecvBuf[offset++]=RxMessage.Data[2+j];
        j++;
    }
    if(RxMessage.StdId&0x01)
    {
        CANRecvBuf[0]=0xAA;                                 //数据接收完成
        FirstFrameFlg=0;                                    //第一帧标志重新清0
        CANRecvOvFlg=0xAA;                                  //CAN数据包接收完成标志
    }
    else
    {
        CANRecvBuf[0]=0x55;                                 //数据未接收完成
    }
    return;
}

/*****************************************************************
*函数名称:USART3_IRQ中断函数
*说明:此函数处理USART3全局中断请求
*输入:无
*输出:无
*****************************************************************/
void USART3_IRQHandler(void)
{
    u8 index,tmp,XORData=0;
    tmp = USART_ReceiveData(USART3);
    USARTRecvBuf[SerialCounter++] = tmp;
    if(COMRecvStFlg == 0x55)                                //串口开始接收
    {
        if(tmp == 0x23)                                     //结束字节
        {
            if((SerialCounter -8) == USARTRecvBuf[4])       //判断字节个数
            {
                for(index=1;index<SerialCounter-2;index++)
                XORData ^= USARTRecvBuf[index];             //求值异或
                if(XORData == USARTRecvBuf[SerialCounter-2]) //判断异或和
                {
                    COMRecvStFlg = 0;                       //开始接收标志清0
                    SerialCounter = 0;                      //串口接收个数清0
                    COMRecvOvFlg = 0xAA;                    //串口接收完成置1
                    SysTick->CTRL &= ~SysTick_CTRL_ENABLE_Msk;//关闭时钟
                }
            }
        }
    }
    else
    {
```

```
            if(tmp == 0x40)
            {
                COMRecvStFlg = 0x55;                              //串口开始接收置 1
                SysTick->VAL = 0;                                 //清除计数值
                SysTick->CTRL |= SysTick_CTRL_ENABLE_Msk;         //启动时钟
            }
        }
    }
```

2.9　CANopen

2.9.1　CANopen 通信和设备模型

1. 通信层和参考模型

所有标准的工业通信系统均必须符合国际标准化组织（ISO）所定义的 OSI（开放系统互联模型）开放协议标准。CANopen 通信系统，可根据该模型来描述，如图 2－50 所示。CANopen 功能均被映射到一个或多个 CAN 报文。

应用层	CANopen 应用层 (CiA 301、CiA 302)
表示层	
会话层	
传输层	
网络层	
数据链路层	ISO 11898-1
物理层	ISO 11898-2、CiA 303-1

图 2-50　CANopen 数据通信模型的简化图

预定义 CANopen 消息使用的是基本的报文格式（带 11 位标识符）。CANopen 规范和建议文档包含一些扩展的定义，其中部分为用户专用的定义。

在 CANopen 中仅需要一部分网络层、传输层、会话层或表示层的功能，CANopen 应用层（CiA 301）对此进行了具体描述。CANopen 应用层具体描述了通信服务和通信协议。除此之外，还对形式上属于通信协议且不是 ISO 应用层组成部分的一些特定通信对象的数据内容进行了描述。在 CANopen 标准中还包括网络管理。规范 CiA 305 对层设置服务（LSS）进行了描述。LSS 可以对位速率和设备标识（节点 ID）进行设置和修改。CiA 305 规范对用于可编程 CANopen 设备和与安全相关的数据通信也进行了描述。此外，还有一些基于 CANopen 规范的设备子规范、接口规范以及应用规范，这些规范主要用来定义过程数据、配置参数及其与通信对象的映射关系。

2. 对象的描述与定义

为了达到各种不同的兼容性等级，所有的过程数据、配置参数和诊断信息都必须用同一个对象模型来描述。CANopen 规范通过 3 套属性来描述一个对象。

（1）对象描述

对象描述包括对象的名称及其唯一的标识符（索引）。此外用户还可设定对象的类型：变量（仅由一个元素构成）、数组（由多个相同的元素构成）以及记录（由不同的元素构成）。包含在对象描述中的数据类型描述了各组成部分的编码和长度。CANopen 规范已经预先定义了数据类型，但用户也可以自定义数据类型。在类别（Category）属性中具体规定了是否必须采用该对象（强制性的），或者有设备制造商决定是否采用该对象（选择性的）。

（2）入口描述

入口描述可以为数组和记录（子对象）设定一个名称及其唯一的标识符（子索引）。假如是变量，其子索引总是为 00h。数组和记录的子索引 00h 的数据类型通常为 UNSIGNED8，并且包含最高子索引。另外，还有一些其他的属性，包括元素类别、访问权限设定以及在某一过程数据对象中传输该对象的许可（PDO 映射）。此外，用户还可以设置上电或复位后的默认值以及默认值的范围。

（3）值定义描述

该描述详细规定了对象的含义，包括物理单位、乘数、偏置量和编码。如果某一子对象由多个部分组成，则子对象的每个部分都要单独定义。值定义也包括图形描述，比如各个部分在对象中的排列方式，以及最低有效位的位置和最高有效位的位置。

2.9.2　CANopen 物理层

CANopen 的物理层相当于 CAN 控制器中采用的子层 PLS（物理信息）、MAU（介质访问单元）和 MDI（介质专用接口），这些子层均位于驱动模块中，并通过连接器和电缆实现。

在许多工业应用中均采用 DIN 46912 规定的 9 针 D-Sub 连接器，见表 2-17。

这种连接装置由一个插座和一个插头构成。该连接器为 CiA 102 规定的端口配置，也适用于 CANopen。

表 2-17　9 针 D-Sub 连接器的引脚分配

引　脚	信　号	说　明
1	-	保留
2	CAN_L	总线导线（低电平表示显性位）
3	CAN_GND	CAN 的接地线
4	-	保留
5	CAN_SHLD	CAN 的导线屏蔽层（可选）
6	GND	接地线（可选）
7	CAN_H	总线导线（高电平表示显性位）
8	-	保留
9	CAN_V+	收发器和光耦合器（可选）的正极电源

物理媒介对于“显性位”和“隐性位”的阐述是 CAN 访问机制和除错管理的基本前提条件。图 2-51 提供了一种简单的 CAN 总线驱动方式（集电极开路耦合），Sx 为发送信号，Ex 为接收信号。该图表示了显性电平和隐形电平的形成原理，隐性电平为 5 V，显性电平接近 0 V。

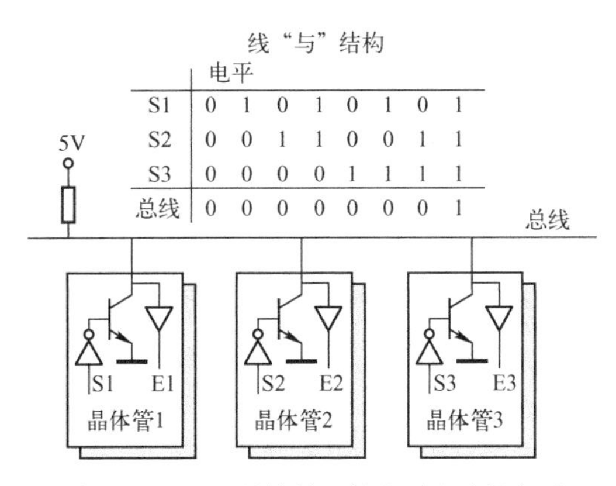

图 2-51　CAN 总线的显性电平和隐性电平

2.9.3　CANopen 应用层

CANopen 应用层详细定义了通信服务和其他相关的通信协议。通信对象、过程参数和配置参数一起保存在设备的对象字典中。通信对象中的标识符可以通过“预定义主/从连接集”或应用子协议中定义的“预连接”来分配。通信协议由各种不同的 CAN 报文来实现。由于大多数的通信对象都可以被“破坏”或“生成”，所以通信对象的优先级必须根据实际的应用来分配。通信对象的分配方式与应用对象的动态分配方式与应用对象的动态分配方式相结合，使得系统集成商有了更多的方式进行参数配置，也就是说，在设计通信参数方面的自由度变得更大。

CANopen 规范中所定义的基本通信服务构成了应用程序与 CANopen 应用层之间的接口。基本服务有以下 4 种。

1）请求：应用程序请求 CANopen 软件的一种通信服务。

2）指示：CANopen 软件向应用程序报告某一事件或应执行的任务。

3）响应：应用程序对 CANopen 软件报告的事件或任务做出的应答。

4）确认：CANopen 软件向应用程序确认 CANopen 软件已经执行了任务。

CANopen 应用层的服务类型分为两种，一种是仅在一个设备中执行的服务，比如局部服务和提供者启动的服务；另一种是多个设备通过网络进行通信的服务，比如确认和未确认的服务。

1. 基本原理

由于 CAN 只对物理层和数据链路层进行了定义，因此，为了能在设备之间通过 CAN 进行通信，用户还需要进行一些与应用相关的定义。首先，将网络中可用的 CAN 标识符分配给每个设备。这样才能知道哪些消息的优先级高，哪些消息的优先级低，设备之间是否具有优先顺序，或 CAN 标识符中是否包含预设功能。其次，为了不让系统中出现功能不同但 CAN 报文相同的情况，用户还要做出一些相关的定义。

除了上述定义外，传输的数据内容也要定义，主要包括数据内容的传输格式以及数据读取规则。

通信单元由 CAN 收发器、CAN 控制器以及 CANopen 协议栈组成。协议栈中包括实现通信的通信对象（如过程数据对象（PDO）和服务数据对象（SDO））和状态机。通信单元提供数据传输所需的所有机制和通信对象，符合 CANopen 规范的数据可以利用这些机制通过 CAN 接口进行传输。

在CANopen设备的应用单元中，对设备的基本功能进行定义或描述。例如：在I/O设备中，可以访问设备的数字或模拟输入/输出接口；在驱动控制系统中，可以实现轨迹发生器或速度控制模块的控制。

对象字典是应用单元与通信单元之间的接口，实际上是设备的所有参数列表。应用单元和通信单元都可访问这个参数列表。对象字典中的词目进行读或写。例如，为通信对象配置不同的CAN标识符。如果应用对象是一个调节器，那么对象字典中的词目就是调节器的参数。

2. 通信对象

CANopen应用层详细描述了各种不同类型的通信对象（COB），这些通信对象都是由一个或多个CAN报文实现的。通信对象分为以下4种类型。

1）过程数据对象（PDO消息），用来传输实时数据。

2）服务数据对象（SDO服务器消息和SDO客户端消息），用来读/写其他CANopen设备的对象字典。

3）预定义对象（同步、时间和紧急报文）。

4）网络管理对象，用来控制NMT状态机（NMT消息）和监测设备（心跳、启动报文）。

（1）过程数据对象

在许多集中式控制系统中，各种设备都可能会定时传输其所有的过程数据。通常情况下，控制主机会通过轮询的方法来查询从机的过程数据，按照一定的顺序进行查询。从机则把各自过程数据应答给控制主机。

在CANopen中，过程数据被分为几个单独的段，每个段最多为8个字节，这些段就是过程数据对象（PDO）。过程数据对象由一个CAN报文构成，过程数据对象的优先级由对应的CAN标识符决定。过程数据对象分接收过程数据对象（RPDO）和发送过程数据对象（TPDO）两种。

（2）服务数据对象

CANopen设备为用户提供了一种访问内部设备数据的标准途径，设备数据由一种固定的结构（即对象字典）管理，同时也能通过这个结构来读取。对象字典中的条目可以通过服务数据对象（SDO）来访问，此外，一个CANopen设备必须提供至少一个SDO服务器，该服务器被称为默认的SDO服务器。而与之对应的SDO客户端通常在CANopen管理器中实现。因此，为了让其他CANopen设备或配置工具也能访问默认SDO服务器，CANopen管理器必须引入一个SDO管理器。

被访问对象字典的设备必须具有一个SDO管理器，这样才能保证正确地解释标准的SDO传输协议，并确保正确地访问对象字典。SDO之间的数据交换通常都是由SDO客户端发起的，它可以是CANopen网络中任意一个设备中的SDO客户端。

（3）预定义对象

CANopen还定义了三个特定对象：同步对象、时间标记对象、应急对象。

1）同步对象（Synchronization Object）：同步对象通过外部事件同步所有设备。在网络上有一个设备是同步发生器，它的唯一功能就是产生同步信号，网络上的任何设备在接收到同步信号后都必须同步。同步信号是一个短报文，它只是一个CAN报文，而没有任何数据，但它可具有多达8个字节的用户专用数据。

2）时间标记对象（Time Stamp Object）：时间标记对象利用系统时钟同步本地时钟。一个通用的时间帧参考提供给设备，它包含一个时间和日期的值，相关的 CAN 帧有标识符 256 和一个 6 个字节长度的数据字段。

3）应急对象（Emergency Object）：应急对象被用来传递应用设备的状态信息。由设备内部出现致命错误来触发。因此应急对象适用于中断类型的报警信号。每个“错误事件”（Errorevent）只能发送一次应急对象，只有当设备发生新的应急事件时，才可以再发送应急对象。CANopen 通信标准规定了应急错误代码，它是一个单一的具有 8 个数据字节的 CAN 帧。

（4）网络管理对象

网络管理对象（NMT）映象到一个单一的带有两个字节数据长度的 CAN 帧，它的标识符为 0，第一个字节包含命令说明符，第二个字节包含必须执行此命令的设备的节点标识符，当节点标识符为 0 时，所有的从节点必须执行此命令。由 NMT 主站发送的 NMT 对象强制节点转换成另一个状态。

3. 对象字典

在对象字典中，CANopen 设备的所有对象都是以标准化方式进行描述的。对象字典是所有数据结构的集合，这些数据结构涉及设备的应用程序、通信以及状态机。对象字典利用对象来描述 CANopen 设备的全部功能，并且它也是通信接口与应用程序之间的接口。

对象字典中的对象可以通过一个已知的 16 位索引来识别，对象可以是一个变量、一个数组或一种结构；数组和结构中的单元又可以通过 8 位子索引进行访问（不允许嵌套结构）。

CANopen 协议已经将对象字典进行了分配，见表 2-18。

这样用户就可以通过同一索引和子索引获得所有设备中的通信对象，以及用于某种设备类别的对象（设备、应用或接口子协议）。而制造商相关的属性则保存在事先保留的索引范围内（即制造商定义的范围），而且索引的结构也已固定。

表 2-18　对象字典的结构

索　引	对　象
0000h	保留
0001h~001Fh	静态数据类型
0020h~003Fh	复杂数据类型
0040h~005Fh	制造商特定的数据类型
0060h~007Fh	设备子协议定义的静态数据类型
0080h~009Fh	设备子协议定义的复杂数据类型
00A0h~0FFFh	保留
1000h~1FFFh	通信对象
2000h~5FFFh	制造商特定的对象
6000h~9FFFh	标准化设备子协议对象
A000h~AFFFh	符合 IEC 61131-3 的网络变量
B000h~BFFFh	用于 CANopen 路由器/网关的系统变量
C000h~FFFFh	保留

4. 网络管理系统

网络管理系统（NMT）负责启动网络和监控设备。为了节约网络资源（尤其是CAN标识符和总线带宽），将CANopen网络管理系统设计成一种主/从机系统。对于那些出于安全原因要求在网络中包含多个NMT主机的应用而言，可以采用一个“动态主机”(Flying NMT Master)。当活动的NMT主机出现故障时，另一个设备将会自动承担NMT主机的义务。

在CANopen网络中只允许有一个活动的NMT主机，通常为中央控制器（即应用主机）。原则上每一种设备（包括传感器）均可执行NMT主机功能。如果网络中有多个设备都具有NMT主机功能，则只有一个能配置成主机。有关配置NMT主机的详细信息可在用于编程CANopen设备的“框架规范”(CiA 302）中找到。

2.9.4　CANopen设备子协议

设备子协议的作用是定义一种至少可以部分互换的设备。设备子协议定义过程数据和PDO映射以及设备的功能特性，包括特定设备类的状态机。除此之外，设备子协议还可以设定配置参数和诊断数据。首批CANopen设备子协议是在1996年发布的，由于设备功能日新月异，这些设备子协议也随之不断地修改完善。除了用于I/O模块、传感器、电动和液压驱动器的通用设备子协议之外，随后还开发出了用于编码器、倾角传感器、控制手柄以及RFID读卡器设备的专用设备子协议，其中一部分已经在通用子协议的附录中进行了定义。此外，还制定了专门用于准直透镜、剂量计（医疗设备）以及输纱设备的子协议。

1. I/O模块的子协议

用于通用I/O模块的CANopen设备子协议（CiA 401）是CiA通过的第一个设备子协议。该协议规定，I/O设备均可通过SDO进行配置。此外，根据I/O设备实现的功能，可以将它们设置成发送或接收过程数据对象。

2. 驱动和运动控制设备子协议

驱动和运动控制子协议CiA 402所涉及的对象非常多，而且规模也十分庞大，它是国际标准IEC 61800-7的组成部分。IEC 61800-7主要包括3个部分。

1）第一部分：一般定义。

2）第二部分：运行模式与驱动对象。

3）第三部分：CANopen对象的映射（如PDO映射）。

整个设备子协议大约包含400个对象（包括所有的子索引），共占用1500 B内存。它还包含部分CANopen通信子协议，因此其规模可能更加庞大。另外，它还包含多个PDO通信连接以及同步和紧急报文服务。

3. 传感器和测量设备的子协议

制定传感器和测量设备的子协议（CiA 404）的主要目的是为了满足如下应用需求，即对温度、压力、流量等物理量进行测量、调节，而且测量值又不便于转化为标准模拟信号（0~10 V或0~20 mA）。

为此，选择一个带有7个功能块的模块结构，该结构支持多达199个通道，这远远超过实际所需的数量。在使用唯一一种设备子协议的情况下，这些通道不仅可以支持单通道压力传感器，也能支持带有传感器输入端的8通道温度控制器。

要想知道设备中含有哪些功能，可以利用SDO读取对象字典中的索引1000 h。1000 h索引中的32位值不仅包含设备子协议的编号而且还包含有关功能块的信息。

4. 编码器和凸轮转换机构子协议

编码器通常用于自动化技术领域，它可以根据不同的测量原理来采集角度和位移，然后将信息提供给其他设备。编码器还可以用来检测速度、加速度和加加速度（加加速度是速度的二阶导数）。用于编码器的设备子协议（CiA 406）不仅描述了这种类型的传感器，而且还描述了编码器中的凸轮转换机构。过程数据通过事件触发的 PDO 发送，或由预定义的发送 PDO 同步发送。CANopen 联网编码器的主要优点在于可以借助 SDO 传输来配置设备参数。

5. 液压阀的子协议

德国机械设备制造业联合会（VDMA）的流体技术专业协会，于 1997 年 4 月创立了“总线系统-连接可调阀标准化”委员会，创建该委员会的目的，在于为固定式液压系统中的水压和气压部件制定一个与总线无关的子协议。液压阀在液压驱动装置中的使用环境，决定了相关部件和参数的相似性，因此，“总线系统-连接可调阀标准化”委员会与 VDMA 的“液压驱动装置”委员会，联合制定了一个不但可用于诸如液压连续可调阀和液压泵之类的简单设备，也可用于向液压驱动装置这类比较复杂的设备。该子协议也适用于相应的气压部件。

用于比例阀的 CANopen 子协议（即压力驱动和液压比例阀的设备子协议 CiA 408）是 CANopen 规范对上述 VDMA 设备子协议的反映。除固定式液压设备以外，设备子协议也会考虑到移动液压系统的要求（如用于建筑机械的液压系统）。

6. 倾角传感器的子协议

倾角传感器可测量物体与垂直线之间的偏差角度（二维）。在日常生活中，常常会用到这种传感器，例如在移动起重机设备中，这类传感器可提供两个角度值，即纵向偏差值和侧向偏差值。

倾角传感器子协议中还定义了一些可以通过 SDO 来读/写的配置参数，比如偏移量、预设值和一些工作参数。

7. 织布机的子协议

CiA 工作小组专门制定了一个用于输纱设备的 CANopen 子协议。该协议定义了输纱设备与织布机管理器的通信接口，允许织布机支持多个输纱设备。

8. 蓄电池和充电器的子协议

不同类型的蓄电池充电过程可能各不相同。充电器要想自动优化充电过程，就必须先了解待充电电池的相关信息。蓄电池的信息通过标准化 CANopen 接口进行传输。蓄电池设备子协议定义了有关蓄电池的 CANopen 接口，充电器设备子协议则描述相应的 CANopen 接口。这两个子协议是专为电动车辆（如叉式装卸机）而制定的，但也适用于其他有关蓄电池的应用。

9. 医疗器械的子协议

CANopen 是医疗设备中最常见的一种嵌入式网络，它主要用于计算机断层扫描装置（CT）、磁共振（MR）和血管造影设备（AG）中，而且有些设备中还包含不止一个 CANopen 网络。CANopen 网络从上到下有规律地分为几层，位于最底层（深度嵌入式网络）的是通用 I/O 模块、电驱动器和操纵装置，它们之间相互连接。再上一层连接的是由第三方制造商生产的各种子系统（嵌入式网络），最典型的子系统有手术台、X 射线发生器、立架和弓形臂以及准直器。准直器可用来聚集 X 射线，因此其中必须装有多个电驱动器和滤波器，并通过 CiA 412 协议中定义的标准化 CANopen 接口与外界进行通信。

2.9.5 CANopen 设备与网络

1. CANopen 设备的分类

具有网络管理（Network Management，NMT）主机功能的设备通常称为 CANopen 主站设备，一般也具有服务数据（Service Data Object，SDO）客户端功能。反之，具有网络管理从机功能的设备通常称为 CANopen 从站设备，且必须具备服务数据服务器功能。这样 CANopen 主站设备就可以控制从站以及读写 CANopen 从站设备的对象字典。

（1）CANopen 从站特性

CANopen 从站在 CANopen 网络中拥有唯一的节点地址，并且能独立完成特定的功能，如数据采集、电机控制等。对实时性要求较高的数据，通常通过实时过程数据（Process Data Object，PDO）进行传输，因此 CANopen 从站应当支持一定数量的 PDO 传输功能。根据 CANopen 协议 DS301 V4.02 的定义，每个从站都预定义了 4 个 TPDO（Transmit Process Data Object）和 4 个 RPDO（Receive Process Data Object）。为了实现对从站的配置需求，从站必须具备 SDO 服务器功能，另外从站还应具有节点/寿命保护或心跳报文、生产紧急报文等功能。每个 CANopen 从站都需要有一个对象字典，描述从站所具有的通信参数和应用参数。

（2）CANopen 主站特性

CANopen 主站在网络中所起的作用有别于 CANopen 从站。通常 CANopen 主站在网络中负责网络管理（NMT）、从站参数配置（SDO）、实时数据的处理（PDO）以及错误处理，其并不一定具有特定的功能，但它也有自己的对象字典和唯一的节点地址。

（3）CANopen 网关

CANopen 网关是一种将具备其他协议的网络设备连接到 CANopen 网络中的设备。这种设备通常具备有两个协议接口，并且适应两种不同的网络，完成两个网络中不同设备间的数据交换，这种设备也可称为协议转换器。现在市面上常见的 CANopen 网关设备有 CANopen 协议转 Modbus 协议的网关、CANopen 协议转 DeviceNet 协议的网关、CANopen 协议转 profibus 的网关等，可根据不同的网络需求选择不同的网关设备。

（4）CANopen 嵌入式模块

为了使设备快速地实现 CANopen 通信的功能，现在市面上众多的厂商提供了一种小体积的嵌入式 CANopen 模块。这种模块最大的特点就是体积小，容易直接嵌入用户的 PCB 中，易于使用，且集成了完整的 CANopen 协议栈，能够快速稳定地与其他的 CANopen 设备进行通信。甚至使用者无须深入地了解 CANopen 协议，由于这个特点，CANopen 模块在众多的领域得到了广泛的应用。

（5）中继器、网桥和集线器

中继器、网桥和集线器是工作于 CANopen 的物理层和链路层的设备（CAN Bus），这类设备可以延长 CAN 总线的通信距离并且改变网络的拓扑结构，且可以接入不同速率的 CAN 通信网络中。在复杂和网络结构或通信距离较远的 CANopen 网络中，通常会使用以上设备。

2. CANopen 网络结构

由于 CANopen 是一种基于 CAN 总线的应用层协议，因此其网络组建与 CAN 总线一致，为典型的总线型结构，从站和主站都挂接在该总线上。通常在一个 CANopen 网络中，只有一个主站设备和若干个从站设备。CANopen 网络在布线时，应当选用带屏蔽的双绞线，以提高总线抗干扰能力。

（1）基本的 CANopen 网络结构

图 2-52 所示为 CANopen 网络的基本结构。在该网络中有一个 CANopen 主站，负责管理网络中的所有从站，每个设备都有一个独立的节点地址（Node ID）。从站与从站之间也能建立实时通信，通常需要事先对各个从站进行配置，使各个从站之间能够建立独立的 PDO 通信。

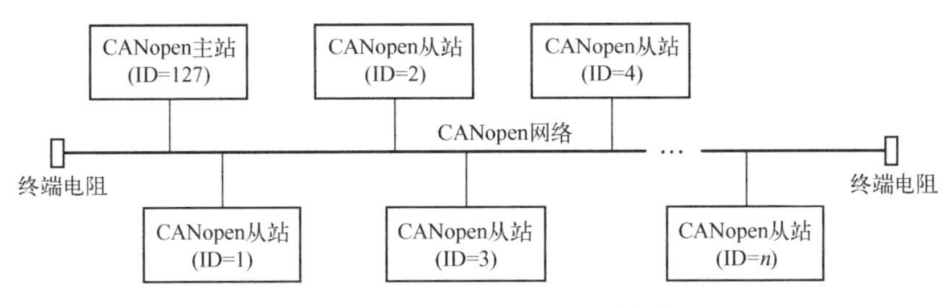

图 2-52　CANopen 网络的基本结构

（2）复杂的 CANopen 网络结构

图 2-53 所示为带有网关设备的 CANopen 网络的基本结构。与基本的 CANopen 网络相比，该网络中增加了一个 CANopen 网关设备。该网关设备可以是 CANopen 转 DeviceNet、Profibus、Modbus 或其他网络的设备。在 CANopen 网络中，也可把该网关设备作为一个从站设备或者 CANopen 主站设备。当 CANopen 网络中的总线长度相当长时，网桥在其中可以起到延长总线距离的作用，另外网桥也可以起到隔离左右两条总线的作用，并且左右两条总线可以根据实际情况而选择不同的通信波特率。

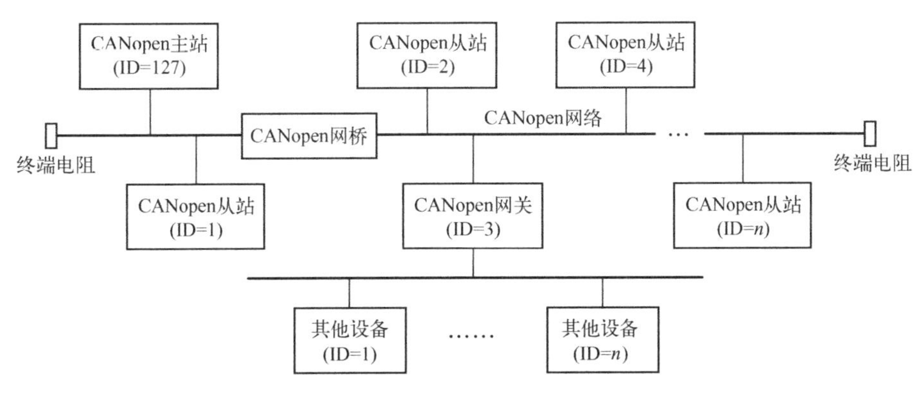

图 2-53　带网关设备的 CANopen 网络的基本结构

习题

1. 什么是位填充技术？
2. 什么是仲裁？
3. 画出 CAN 的分层结构和功能图。
4. 画出 CAN 2.0A 数据帧的组成图。
5. SJA1000 具有哪些特点？
6. SJA1000 CAN 控制器主要由哪几部分构成？
7. SJA1000 的主要新功能是什么？

8. CAN 收发器的作用是什么?

9. 常用的 CAN 总线收发器有哪些?

10. 采用你熟悉的一种单片机或单片微控制器设计一 CANBUS 硬件节点电路，使用 SJA1000 独立 CAN 控制器，假设节点号为 26，通信波特率为 250 kbit/s。

① 画出硬件电路图;

② 画出 CAN 初始化程序流程图;

③ 编写 CAN 初始化程序。

11. 画出基于 CAN 现场总线的数据采集与监控（SCADA）系统结构图。

12. CY7C09449PV 控制器的主要特点是什么?

13. 画出基于 PCI 总线的 CAN 智能网络通信适配器硬件结构图。

14. 画出 CAN 智能测控节点的结构图。

15. 画出 CANopen 数据通信模型。

16. 什么是对象字典?

17. CANopen 设备子协议有哪几种?

第3章　CAN FD现场总线与应用系统设计

在汽车领域，随着人们对数据传输带宽要求的增加，传统的CAN总线由于带宽的限制难以满足这种增加的需求。此外为了缩小CAN网络（最大1 Mbit/s）与FlexRay（最大10 Mbit/s）网络的带宽差距，BOSCH公司2011年推出了CAN FD（CAN with Flexible Data-Rate）方案。

本章首先介绍了CAN FD通信协议，然后详述了CAN FD控制器MCP2517FD，并给出了微控制器与MCP2517FD的接口电路，同时讲述了CAN FD高速收发器和CAN FD收发器隔离器件。最后讲述了MCP2517FD的应用程序设计，主要包括MCP2517FD的初始化程序、MCP2517FD接收报文程序和MCP2517FD发送报文程序。

3.1　CAN FD通信协议

3.1.1　CAN FD概述

对于汽车产业发展方向，新能源和智能化一直是人们讨论的两个主题。在汽车智能化的过程中，CAN FD协议由于其优越的性能受到了广泛的关注。

CAN FD是CAN总线的升级换代设计，它继承了CAN总线的主要特性，提高了CAN总线的网络通信带宽，改善了错误帧漏检率，同时可以保持网络系统大部分软硬件特别是物理层不变。CAN FD协议充分利用CAN总线的保留位进行判断以及区分不同的帧格式。在现有车载网络中应用CAN FD协议时，需要加入CAN FD控制器，但是CAN FD也可以参与到原来的CAN通信网络中，提高了网络系统的兼容性。

CAN FD（CAN with Flexible Data-Rate）继承了CAN总线的主要特性。CAN总线采用双线串行通信协议，基于非破坏性仲裁技术、分布式实时控制、可靠的错误处理和检测机制使CAN总线有很高的安全性，但CAN总线带宽和数据场长度却受到制约。CAN FD总线弥补了CAN总线带宽和数据场长度的制约，CAN FD总线与CAN总线的区别主要在以下两个方面。

1. 可变速率

CAN FD采用了两种位速率：从控制场中的BRS位到ACK场之前（含CRC分界符）为可变速率，其余部分为原CAN总线用的速率，即仲裁段和数据控制段使用标准的通信波特率，而数据传输段就会切换到更高的通信波特率。两种速率各有一套位时间定义寄存器，它们除了采用不同的位时间单位外，位时间各段的分配比例也可不同。

在CAN中，所有的数据都以固定的帧格式发送。帧类型有5种，其中数据帧包含数据段和仲裁段。

当多个节点同时向总线发送数据时，对各个消息的标识符（即ID号）进行逐位仲裁，如果某个节点发送的消息仲裁获胜，那么这个节点将获取总线的发送权，仲裁失败的节点则立即停止发送并转变为监听（接收）状态。

在同一条CAN线上，所有节点的通信速率必须相同。这里所说的通信速率，指的就是波特率。也就是说，CAN在仲裁阶段，用于仲裁ID的仲裁段和用于发送数据的数据段，波特率是必须相同的。而CAN FD协议对于仲裁段和数据段来说有两个独立的波特率。即在仲裁段采用标准CAN位速率通信，在数据段采用高位速率通信，这样一来缩短了位时间，从而提高了位速率。

数据段的最大波特率并没有明确的规定，很大程度上取决于网络拓扑和ECU系统等。不过在ISO 11898-2:2016标准中，规定波特率最高可达5 Mbit/s的时序要求。汽车厂商正在考虑根据应用软件和网络拓扑，使用不同的波特率组合。

例如，在诊断和升级应用中，数据段的波特率可以使用5 Mbit/s，而在控制系统中，可以使用500 kbit/s～2 Mbit/s。相对于传统CAN报文有效数据场的8 B，CAN FD对有效数据场长度做了很大的扩充，数据场长度最大可达到64 B。

2. CAN FD数据帧

CAN FD对数据场的长度做了很大的扩充，DLC最大支持64 B，在DLC小于等于8时与原CAN总线是一样的，大于8时有一个非线性的增长，所以最大的数据场长度可达64 B。

(1) CAN FD数据帧帧格式

CAN FD数据帧在控制场新添加EDL位、BRS位、ESI位，采用了新的DLC编码方式、新的CRC算法（CRC场扩展到21位）。

CAN FD标准帧格式如图3-1所示，CAN FD扩展帧格式如图3-2所示。

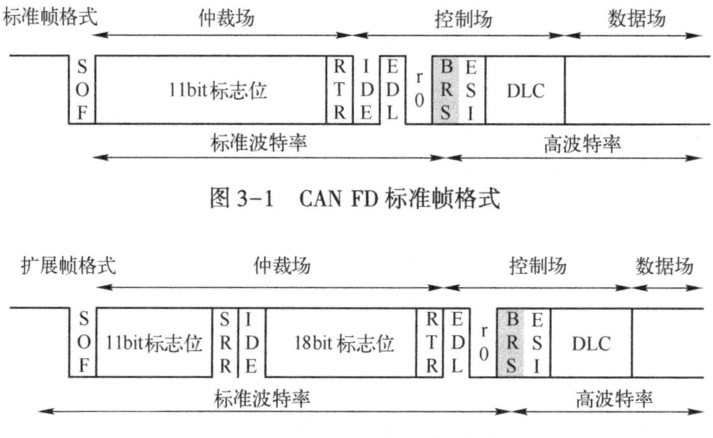

图3-1　CAN FD标准帧格式

图3-2　CAN FD扩展帧格式

(2) CAN FD数据帧中新添加位

CAN FD数据帧中新添加位如图3-3所示。

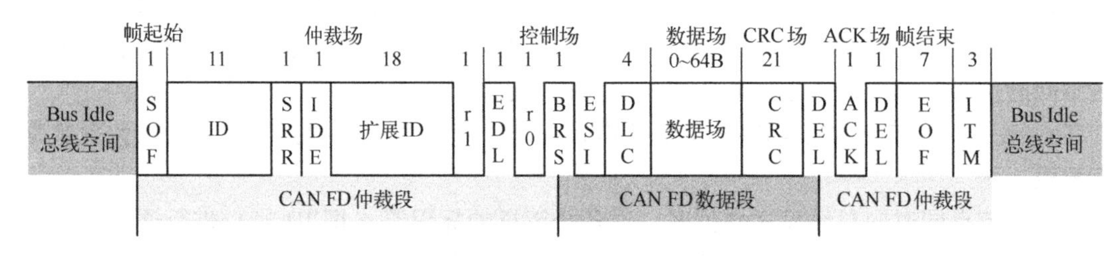

图3-3　CAN FD数据帧中新添加位

EDL（Extended Data Length）位：原CAN数据帧中的保留位r，该位功能为隐性，表示CAN FD报文，采用新的DLC编码和CRC算法。该功能位为显性，表示CAN报文。

BRS（Bit Rate Switch）位：该功能位为隐性，表示转换可变速率；为显性，表示不转换可变速率。

ESI（Error State Indicator）位：该功能位为隐性，表示发送节点处于被动错误状态（Error Passive）；为显性，表示发送节点处于主动错误状态（Error Active）。

EDL位可以表示CAN报文还是CAN FD报文。BRS位表示位速率转换，该位为隐性时，表示报文BRS位到CRC界定符之间使用转换速率传输，其余场位使用标准位速率，该位为显性时，表示报文以正常的CAN FD总线速率传输；通过ESI位可以方便地获悉当前节点所处的状态。

（3）CAN FD数据帧中新的CRC算法

CAN总线由于位填充规则对CRC的干扰，造成错帧漏检率未达到设计意图。CAN FD对CRC算法做了改变，即CRC以含填充位的位流进行计算。在校验和部分为避免再有连续位超过6个，就确定在第一位以及以后每4位添加一个填充位加以分割，这个填充位的值是上一位的反码，作为格式检查，如果填充位不是上一位的反码，就做出错处理。CAN FD的CRC场扩展到了21位。由于数据场长度有很大变化区间，所以要根据DLC大小应用不同的CRC生成多项式。CRC-17适合于帧长小于210位的帧，CRC-21适合于帧长小于1023位的帧。

（4）CAN FD数据帧新的DLC编码

CAN FD数据帧采用了新的DLC编码方式，在数据场长度在0~8B时，采用线性规则，数据场长度为12~64B时，使用非线性编码。

CAN FD白皮书在论及与原CAN总线的兼容性时指出：CAN总线系统可以逐步过渡到CAN FD系统，网络中所有节点要进行CAN FD通信都得有CAN FD协议控制器，但是CAN FD协议控制器也能参加标准CAN总线的通信。

（5）CAN FD位时间转换

CAN FD有两套位时间配置寄存器，应用于仲裁段的第一套的位时间较长，而应用于数据段的第二套位时间较短。首先对BRS位进行采样，如果显示隐性位，即在BRS采样点转换成较短的位时间机制，并在CRC界定符位的采样点转换回第一套位时间机制。为保证其他节点同步CAN FD，选择在采样点进行位时间转换。

3.1.2　CAN和CAN FD报文结构

1. 帧起始（Start of Frame）

帧起始如图3-4所示。

单一显性位之前最多有11个隐性位。

2. 总线电平（Bus Levels）

总线电平如图3-5所示。

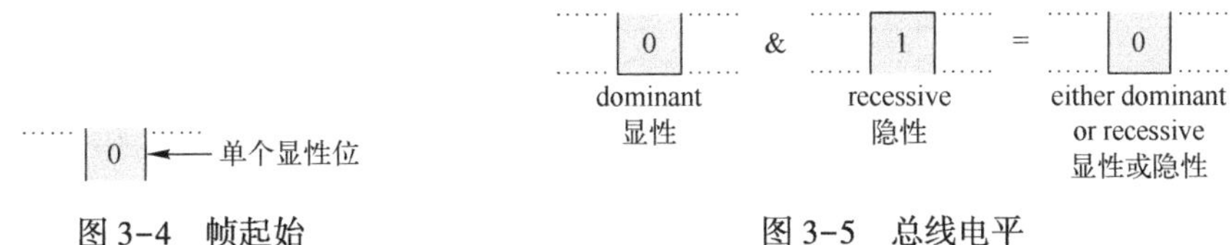

图3-4　帧起始　　　　图3-5　总线电平

显性位“0”或隐性位“1”均可代表一位，当许多发送器同时向总线发送状态位的时候，显性位始终会比隐性位优先占有总线，这就是总线逐位仲裁原则。

3. 总线逐位仲裁机制（Bitwise Bus Arbitration）

如图3-6所示，控制器1发送ID为0x653的报文，控制器2发送ID为0x65B的报文（图3-6中标示的第3位）。控制器失去总线，会等待总线空闲之后再重新发送。

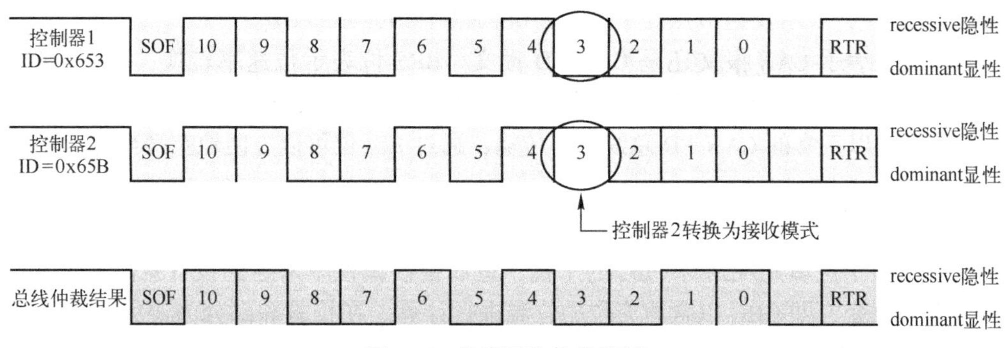

图3-6　总线逐位仲裁机制

4. 位时间划分（Bit Time Segmentation）

位时间划分如图3-7所示。

SYNC同步段：在同步段中产生边沿。

TSEG1时间段1：时间段1用来补偿网络中的最大信传输延迟并可以延长重同步时间。

TSEG2时间段2：时间段2作为时间保留位可以缩短重同步时间。

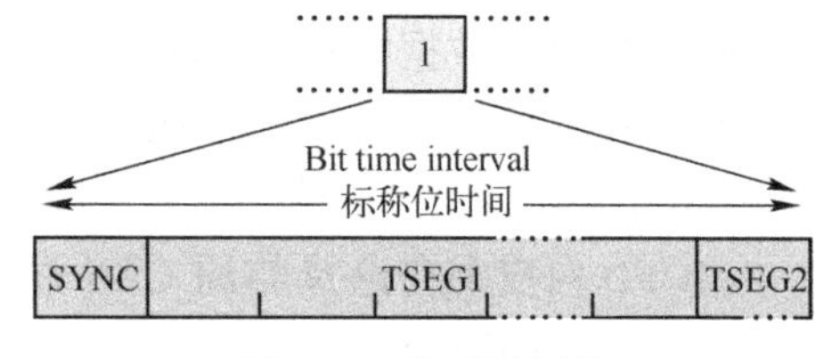

图3-7　位时间划分

CAN的同步包括硬同步和重同步两种方式，同步规划如下。

1）一个位时间内只允许一种同步方式。

2）任何一个跳变边沿都可用于同步。

3）硬同步发生在帧起始SOF部分，所有接收节点调整各自当前位的同步段，使其位于发送的帧起始SOF位内。

4）当跳变沿落在同步段之外时，重同步发生在一个帧的其他位场内。

5）帧起始到仲裁场有多个节点同时发送的情况下，发送节点对跳变沿不进行重同步，发送器比接收器慢（信号边沿滞后）。

发送器比接收器慢（信号边沿滞后）的情况如图3-8所示。

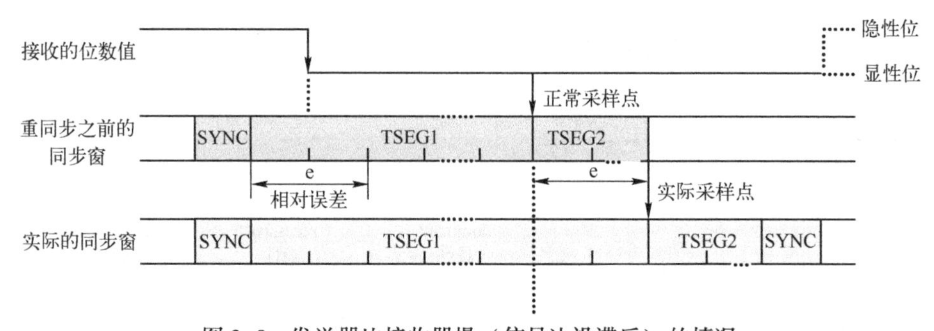

图3-8　发送器比接收器慢（信号边沿滞后）的情况

发送器比接收器快（信号边沿超前）的情况如图 3-9 所示。

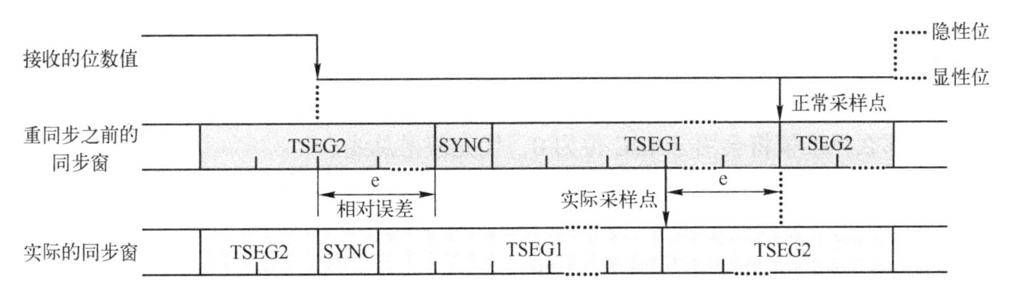

图 3-9　发送器比接收器快（信号边沿超前）的情况

CAN FD 协议对于仲裁段和数据段来说有两个独立的比特率，但其仲裁段比特率与标准的 CAN 帧有相同的位定时时间，而数据段比特率会大于或等于仲裁段比特率且由某一独立的配置寄存器设置。

5. 位填充（Bit Stuffing）

CAN 协议规定，CAN 发送器如果检测到连续传输 5 个极性相同的位，则会自动在实际发送的比特流后面插入一个极性相反的位。接收节点 CAN 控制器检测到连续传输 5 个极性相同的位，则会自动将后面极性相反的填充位去除。位填充如图 3-10 所示。

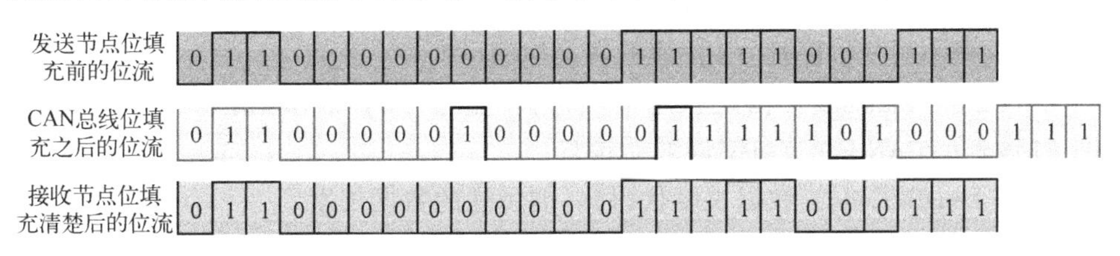

图 3-10　位填充

CAN FD 帧会在 CRC 序列第一个位之前自动插入一个固定的填充位，且独立于前面填充位的位置。CRC 序列中每四个位后面会插入一个远程固定填充位。

6. 仲裁段（Arbitration Field）

仲裁段如图 3-11 所示。

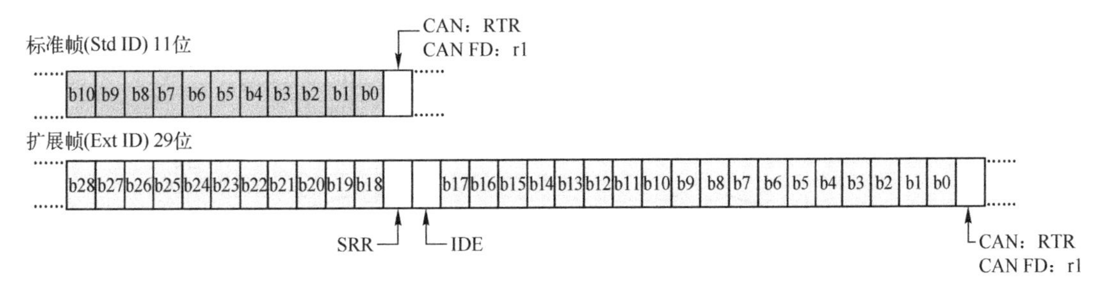

图 3-11　仲裁段

RTR（Remote Transmission Request）远程帧标志位：显性（0）= 数据帧，隐性（1）= 远程帧。

SRR（Substitute RTR bit for 29 bit ID）代替远程帧请求位：用 RTR 代替 29 位 ID。

IDE（Identifier Extension）标志位扩展位：显性（0）= 11 位 ID，隐性（1）= 29 位 ID。

rl（Reserved for future use）：保留位供未来使用，且 CAN FD 不支持远程帧。

由于显性（逻辑“0”）优先级大于隐性（逻辑“1”），所以较小的帧 ID 值会获得较高的优先级，优先占有总线。如果同时涉及标准帧（Std ID）与扩展帧（Ext ID）的仲裁，首先标准帧会与扩展帧中的 11 个最大有效位（b28~b18）进行竞争，若标准帧与扩展帧具有相同的前 11 位 ID，那么标准帧将会由于 IDE 位为 0，优先获得总线。

7. 控制段（Control Field）

CAN Format CAN 帧格式如图 3-12 所示。

CAN FD Format CAN 帧格式如图 3-13 所示。

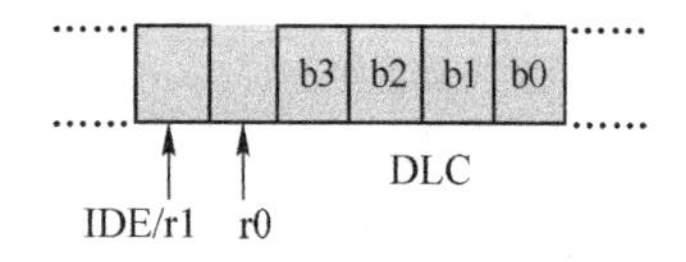

图 3-12　CAN Format CAN 帧格式

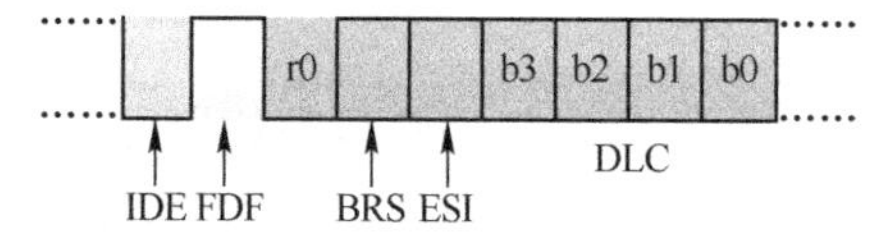

图 3-13　CAN FD Format CAN 帧格式

IDE（Identifier Extension，标志位扩展位）：CAN FD 帧中不存在。

r0 rl（Reserved for future use）：保留位供未来使用。

FDF（FD frame format，FD 帧结构）：FD 帧结构中为隐性。

BRS（Bit Rate Switch，比特率转换）：CAN FD 数据段以 BRS 采样点作为起始点，显性（0）表示转换速率不可变，隐性（1）表示转换速率可变。

ESI（Error State Indicator，错误状态指示符）：显性（0）表示 CAN FD 节点错误主动状态，隐性（1）表示 CAN FD 节点错误被动状态。

DLC（Data Length Code，数据长度代码）：要发送的数据长度。

8. CAN FD-数据比特率可调（CAN FD-Flexible Data Rate）

CAN FD 帧由仲裁段和数据段两段组成，如图 3-14 所示。

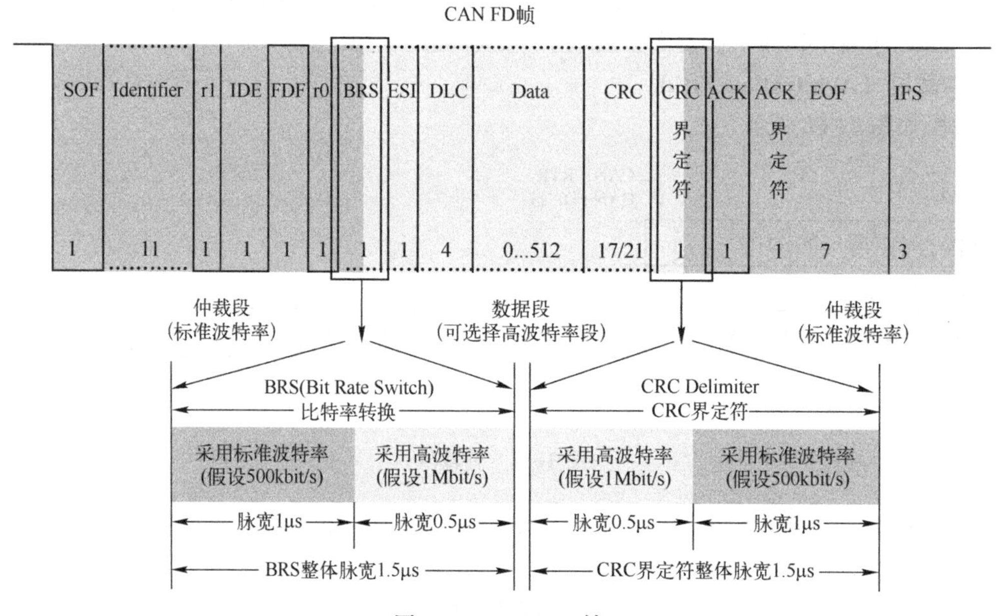

图 3-14　CAN FD 帧

配置过程中可以使数据段比特率比仲裁段比特率高。其中控制段的 BRS 是数据段比特率加速过渡阶段，BRS 阶段前半段为仲裁段，采用标准比特率传输（假设 500 kbit/s），脉宽为 2 μs；后半段为数据段，采用高比特率传输（假设 1 Mbit/s），脉宽为 1 μs，计算 BRS 整体脉宽则是分别取两种比特率脉宽的一半进行累加，计算可得到如图 3-14 所示 BRS 整体脉宽为 1.5 μs，CRC 界定符同理。

FDF（FD Frame format，FD 帧结构）：FD 帧结构中为隐性。

BRS（Bit Rate Switch，比特率转换）：CAN FD 数据段以 BRS 采样点作为起始点，显性（0）表示转换速率不可变，隐性（1）表示转换速率可变。

ESI（Error State Indicator，错误状态指示符）：显性（0）表示 CAN FD 节点错误主动状态，隐性（1）表示 CAN FD 节点错误被动状态。

CRC Del（CRC Delimiter，CRC 界定符）：CAN FD 数据段以 CRC 界定符采样点作为结束点，由于段转换的存在，CAN FD 控制器为了使接收位位数达到两位，则会接收带有 CRC 界定符的帧。

ACK：CAN FD 控制器会接收一个两位的 ACK，用于补偿控制器与接收器之间的段选择关系。

9. 循环冗余校验段（Cyclic Redundancy Check Field）

CAN 帧 CRC 格式如图 3-15 所示。

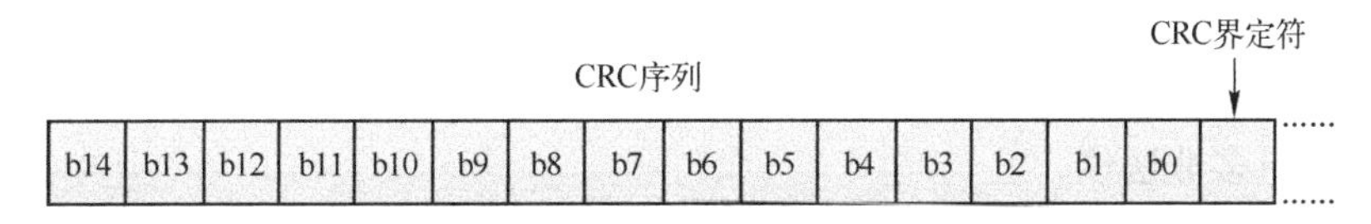

图 3-15　CAN 帧 CRC 格式

CAN FD 帧 CRC 格式如图 3-16 所示。

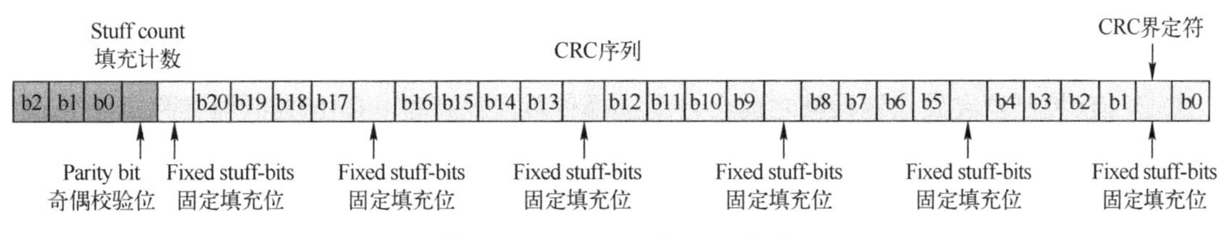

图 3-16　CAN FD 帧 CRC 格式

CAN FD 帧 CRC 格式见表 3-1。

表 3-1　CAN FD 帧 CRC 格式

Stuff count 填充计数	Grey code 格雷码	Parity bit 奇偶校验码	Fixed stuff-bits 固定填充位
0	000	0	1
1	001	1	0
2	010	0	1
3	011	1	0
4	100	0	1
5	101	1	0

（续）

Stuff count 填充计数	Grey code 格雷码	Parity bit 奇偶校验码	Fixed stuff-bits 固定填充位
6	110	0	1
7	111	1	0

CAN 帧的 CRC 段见表 3-2。在 CAN FD 协议标准化的过程中，通信的可靠性也得到了提高。由于 DLC 的长度不同，在 DLC 大于 8 B 时，CAN FD 选择了两种新的 BCH 型 CRC 多项式。

表 3-2　CAN 帧的 CRC 段

Data Length 数据长度	CRC Length CRC 长度	CRC Polynom CRC 多项式
CAN（0~8 B）	15	$x^{15}+x^{14}+x^{10}+x^{8}+x^{7}+x^{4}+x^{3}+1$
CAN FD（0~16 B）	17	$x^{17}+x^{16}+x^{14}+x^{13}+x^{11}+x^{6}+x^{4}+x^{3}+x^{1}+1$
CAN FD（17~64 B）	21	$x^{21}+x^{20}+x^{13}+x^{11}+x^{7}+x^{4}+x^{3}+1$

10. 错误检测机制（Error Detecting）

“位检测”导致“位错误”：节点检测到的位与自身送出的位数值不同；仲裁或 ACK 位期间送出“隐性”位，而检测到“显性”位不导致位错误。

“填充检测”导致“填充错误”：在使用位填充编码的帧场（帧起始至 CRC 序列）中，不允许出现 6 个连续相同的电平位。

“格式检测”导致“格式错误”：固定格式位场（如 CRC 界定符、ACK 界定符、帧结束等）含有一个或更多非法位。

“CRC 检测”导致“CRC 错误”：计算的 CRC 序列与接收到的 CRC 序列不同。

“ACK 检测”导致“ACK 错误”：发送节点在 ACK 位期间未检测到“显性”。

11. 传输错误状态检测（Transmission Error Status Detecting）

每一个 CAN 控制器都会有一个接收错误计数器和一个发送错误计数器用于处理检测到的传输错误，然后依据相关协议与规则进行错误数量增加或减少的统计。

CAN FD 控制器在发送错误帧之前会自动选择仲裁段比特率。CAN 控制器如果处于错误主动状态，则产生显性错误帧；如果处于错误被动状态，则产生隐性错误帧。

CAN 控制器错误状态转换如图 3-17 所示。

CAN 控制器接收错误计数器（REC）如图 3-18 所示。

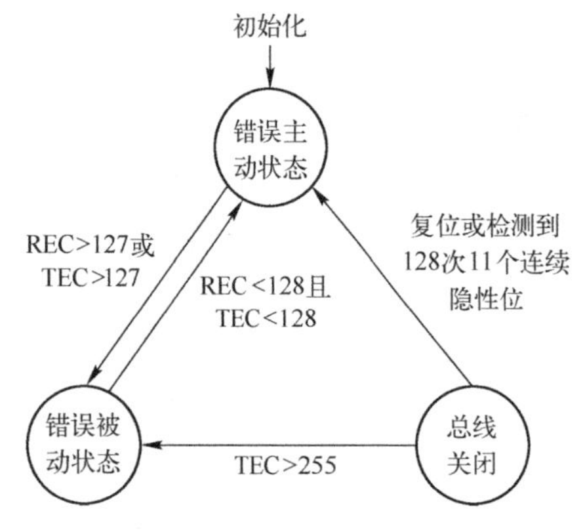

图 3-17　CAN 控制器错误状态转换

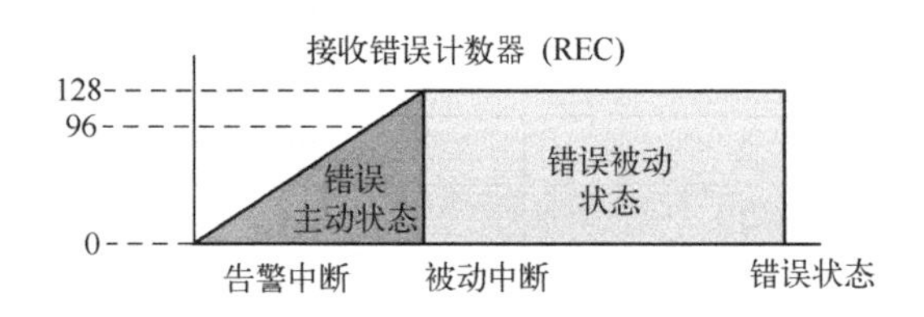

图 3-18　CAN 控制器接收错误计数器（REC）

CAN 控制器发送错误计数器（TEC）如图 3-19 所示。

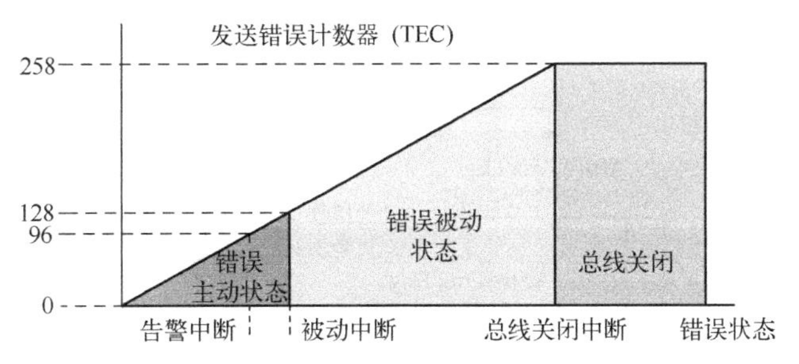

图 3-19　CAN 控制器发送错误计数器（TEC）

12. 数据段（Data Field）

CAN 和 CAN FD 帧数据长度码见表 3-3。

表 3-3　CAN 和 CAN FD 帧数据长度码

	CAN 和 CAN FD								CAN	CAN FD							
Data Bytes	0	1	2	3	4	5	6	7	8	8	12	16	20	24	32	48	64
DLC3	0	0	0	0	0	0	0	0	1	1	1	1	1	1	1	1	1
DLC2	0	0	0	0	1	1	1	1	0/1	0	0	0	0	1	1	1	1
DLC1	0	0	1	1	0	0	1	1	0/1	0	0	1	1	0	0	1	1
DLC0	0	1	0	1	0	1	0	1	0/1	0	1	0	1	0	1	0	1

CAN FD 对数据场的长度做了很大的扩充，DLC 最大支持 64 B，在 DLC 小于等于 8 时与原 CAN 总线是一样的，大于 8 时则有一个非线性的增长，最大的数据场长度可达 64 B。

13. 主要的错误计数规则（Main Error Counting Rules）

主要的错误计数规则如下。

1）CAN 控制器复位时，错误计数器初始化归零。

2）CAN 控制器检测到一次无效传输时 REC 加 1。

3）接收器首次发送错误标志时，REC 加 1。

4）报文成功接收 REC 减 1。

5）报文传输过程中检测到错误时，TEC 加 8。

6）报文成功发送时，TEC 减 1。

7）在 TEC<127 且子序列错误被动状态标记保持隐性的情况下 TEC 加 8。

8）TES>255 情况下 CAN 控制器与总线断开连接。

9）REC 为 128，以及 REC 或 TEC 为零时，错误计数不会增加。

14. Acknowledge Field 确认段

Acknowledge Field 确认段如图 3-20 所示。

图 3-20　Acknowledge Field 确认段

某报文无论是否应该发送至某一节点，该 CAN 节点凡是接收到一个正确传输时，都必须发送一个显性位以示应答，如果没有节点正确接收到报文，则 ACK 保持隐性。

15. 错误帧详情（Acknowledgement Details ACK）

当CAN/CAN FD节点不允许信息传输时，错误帧详情如图3-21所示。

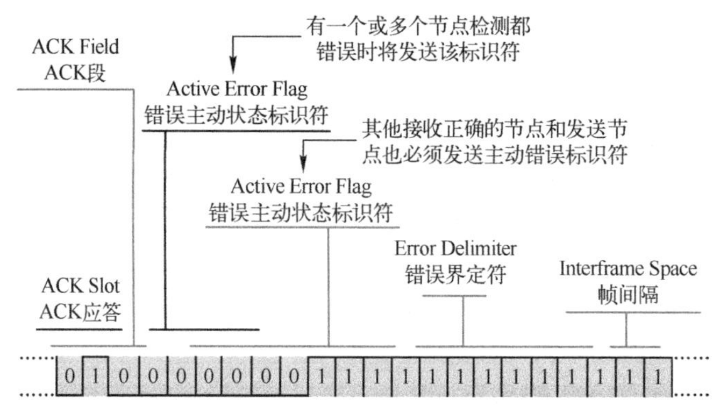

图3-21 错误帧详情

错误帧详情说明如下。

1）该情况下假设的是有两个或多个处于错误主动状态的接收器接入总线。

2）单次发送后，只允许一个接收器发送一个确认标识，如果有多个接收器同时发出确认标识，则会通过发送错误主动标识符拒绝接收后面的帧。

3）如果所有接收器都发送确认标识，会导致EOF帧结束部分7个隐性位中检测到一个显性位，进而导致格式错误，随后接收器便会发送错误主动标识符。

4）接收器检测到格式错误时，会随即发出一个错误主动状态标识符，发送器如果检测出格式错误，则会在发送一个错误主动状态标识符之后自动在空闲状态下尝试发送同一报文。

16. 帧结束（End of Frame）

帧结束为7个隐性位。如果某一位出现一个显性电平：

1~6位发送器或接收器检测到一个帧结构错误。此时接收器丢弃该帧，同时产生一个错误标记（接收器CAN控制器处于错误主动状态，则产生显性错误帧；如果处于错误被动状态，则产生隐性错误帧）。如果是显性错误帧，则发送器重新发送该帧。

7位该位对于接收器有效，但对于发送器无效。如果此位出现显性错误帧，则接收器已经把报文接收成功，而发送器又重新发送，则该帧就被接收器接收两次，这时就需要由高层协议来处理。

17. 帧间空间（Interframe Space）

错误主动状态TX节点帧间空间如图3-22所示。错误被动状态TX节点帧间空间如图3-23所示。

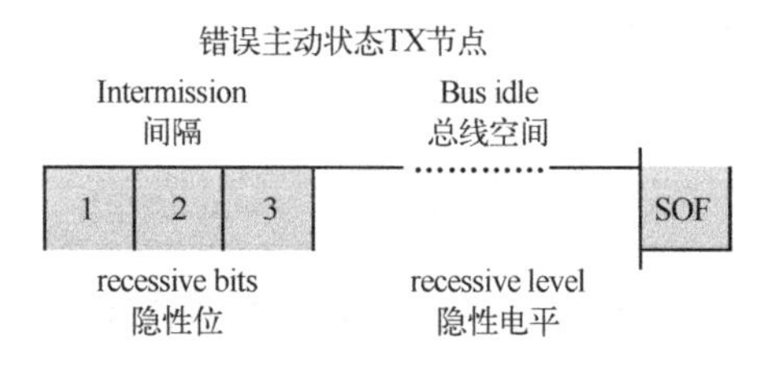

图3-22 错误主动状态TX节点帧间空间

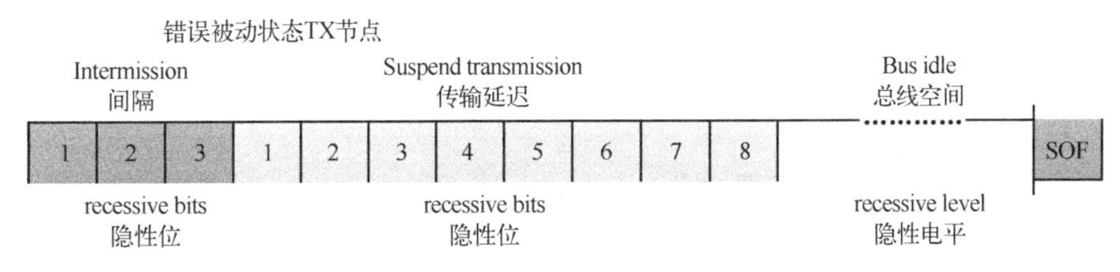

图 3-23　错误被动状态 TX 节点帧间空间

3.1.3　从传统的 CAN 升级到 CAN FD

尽管 CAN FD 继承了绝大部分传统 CAN 的特性，但是从传统 CAN 到 CAN FD 的升级，仍需要做很多的工作。

1）在硬件和工具方面，要使用 CAN FD，首先要选取支持 CAN FD 的 CAN 控制器和收发器，还要选取新的网络调试和监测工具。

2）在网络兼容性方面，对于传统 CAN 网段的部分节点需要升级到 CAN FD 的情况 要特别注意，由于帧格式不一致的原因，CAN FD 节点可以正常收发传统 CAN 节点报文，但是传统 CAN 节点不能正常收发 CAN FD 节点的报文。

CAN FD 协议是 CAN 总线协议的最新升级，将 CAN 的每帧 8 B 数据提高到 64 B，波特率从最高的 1 Mbit/s 提高到 8～15 Mbit/s，使得通信效率提高 8 倍以上，大大提升了车辆的通信效率。

3.2　CAN FD 控制器 MCP2517FD

MCP2517FD 是 Microchip 公司生产的一款经济高效的小尺寸 CAN FD 控制器，可通过 SPI 接口与微控制器连接。MCP2517FD 支持经典格式（CAN2.0B）和 CAN 灵活数据速率（CAN FD）格式的 CAN 帧，满足 ISO11898-1:2015 规范。

3.2.1　MCP2517FD 概述

1. 通用

MCP2517FD 具有如下通用特点。

1）带 SPI 接口的外部 CAN FD 控制器。

2）最高 1 Mbit/s 的仲裁波特率。

3）最高 8 Mbit/s 的数据波特率。

4）CAN FD 控制器模式：CAN2.0B 和 CAN FD 混合模式；CAN2.0B 模式。

5）符合 ISO 11898-1:2015 规范。

2. 报文 FIFO

1）31 个 FIFO，可配置为发送或接收 FIFO。

2）1 个发送队列（Transmit Queue，TXQ）。

3）带 32 位时间戳的发送事件 FIFO（Transmit Event FIFO，TEF）。

3. 报文发送

1）报文发送优先级：基于优先级位域；使用发送队列（Transmit Queue，TXQ）先发送 ID

最小的报文。

2）可编程自动重发尝试：无限制、3次尝试或禁止。

4. 报文接收

1）32个灵活的过滤器和屏蔽器对象。

2）每个对象均可配置为过滤。

3）32位时间戳。

5. 特点

1）VDD：2.7~5.5 V。

2）工作电流：最大20 mA（5.5 V，40 MHz CAN时钟）。

3）休眠电流：10 μA（典型值）。

4）报文对象位于RAM中，大小为2 KB。

5）最多3个可配置中断引脚。

6）总线健康状况诊断和错误计数器。

7）收发器待机控制。

8）帧起始引脚，用于指示总线上报文的开头。

9）温度范围：高温（H）-40~+150℃。

6. 振荡器选项

1）40 MHz、20 MHz或4 MHz晶振或陶瓷谐振器或外部时钟输入。

2）带预分频器的时钟输出。

7. SPI接口

1）最高20 MHz SPI时钟速度。

2）支持SPI模式0和模式3。

3）寄存器和位域的排列方式便于通过SPI高效访问。

8. 安全关键系统

1）带CRC的SPI命令，用于检测SPI接口上的噪声。

2）受纠错码（Error Correction Code，ECC）保护的RAM。

9. 其他特性

1）GPIO引脚：$\overline{\text{INT0}}$和$\overline{\text{INT1}}$可配置为通用I/O。

2）漏极开路输出：TXCAN、$\overline{\text{INT}}$、$\overline{\text{INT0}}$和$\overline{\text{INT1}}$引脚可配置为推/挽或漏极开路输出。

3.2.2　MCP2517FD的功能

MCP2517FD的功能框图如图3-24所示。MCP2517FD主要包含以下模块。

1）CAN FD控制器模块实现了CAN FD协议并包含FIFO和过滤器。

2）SPI接口用于通过访问SFR和RAM来控制器件。

3）RAM控制器仲裁SPI和CAN FD控制器模块之间的RAM访问。

4）报文RAM用于存储报文对象的数据。

5）振荡器产生CAN时钟。

6）内部LDO和POR电路。

7）I/O控制。

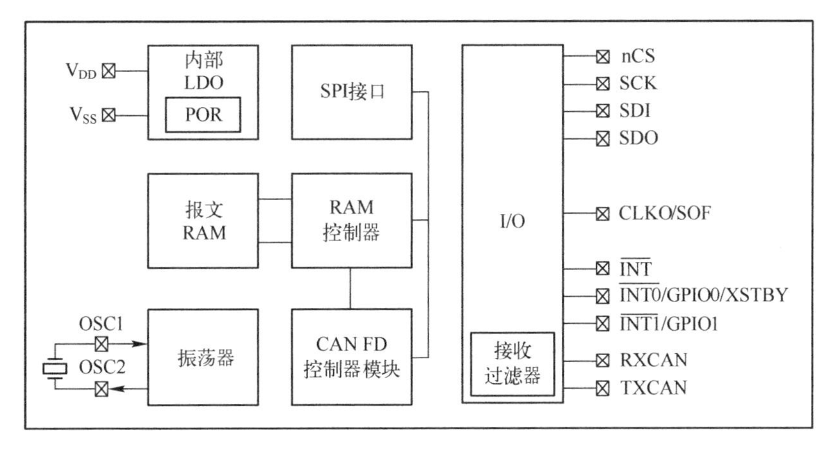

图 3-24　MCP2517FD 功能框图

1. I/O 配置

IOCON 寄存器用于配置 I/O 引脚。

CLKO/SOF：选择时钟输出或帧起始。

TXCANOD：TXCAN 可配置为推挽输出或漏极开路输出。漏极开路输出允许用户将多个控制器连接到一起来构建 CAN 网络，无须使用收发器。

$\overline{\text{INT0}}$和$\overline{\text{INT1}}$：可配置为 GPIO 或者发送和接收中断。

$\overline{\text{INT0}}$/GPIO0/XSTBY：也可用于自动控制收发器的待机引脚。

INTOD：中断引脚可配置为漏极开路或推挽输出。

2. 中断引脚

MCP2517FD 包含三个不同的中断引脚。

$\overline{\text{INT}}$：在 CiINT 寄存器中的任何中断发生时置为有效（xIF 和 xIE），包括 RX 和 TX 中断。

$\overline{\text{INT1}}$/GPIO1：可配置为 GPIO 或 RX 中断引脚（CiINT. RXIF 和 RXIE）。

$\overline{\text{INT0}}$/GPIO0：可配置为 GPIO 或 TX 中断引脚（CiINT. TXIF 和 TXIE）。

所有引脚低电平有效。

3. 振荡器

振荡器系统生成 SYSCLK，用于 CAN FD 控制器模块以及 RAM 访问。建议使用 40 MHz 或 20 MHz SYSCLK。

3.2.3　MCP2517FD 引脚说明

MCP2517FD 有 SOIC14 和 VDFN14 两种封装，分别如图 3-25 和图 3-26 所示。

MCP2517FD 引脚介绍如下。

TXCAN（1）：向 CAN FD 收发器发送输出。

RXCAN（2）：接收来自 CAN FD 收发器的输入。

CLKO/SOF（3）：时钟输出/帧起始输出。

$\overline{\text{INT}}$（4）：中断输出（低电平有效）。

OSC2（5）：外部振荡器输出。

OSC1（6）：外部振荡器输入。

V_{SS}（7）：地。

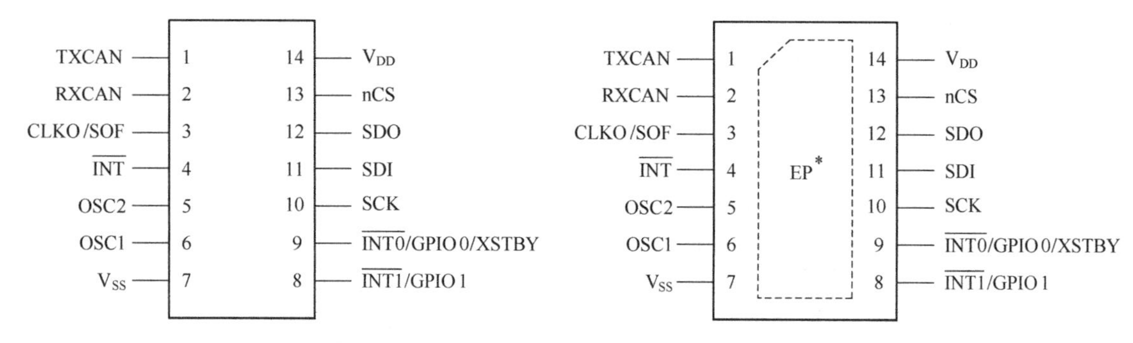

图 3-25　MCP2517FD 引脚图（SOIC14）

图 3-26　MCP2517FD 引脚图（VDFN14）

$\overline{\text{INT1}}$/GPIO1（8）：RX 中断输出（低电平有效）/GPIO。

$\overline{\text{INT0}}$/GPIO0/XSTBY（9）：TX 中断输出（低电平有效）/GPIO/收发器待机输出。

SCK（10）：SPI 时钟输入。

SDI（11）：SPI 数据输入。

SDO（12）：SPI 数据输出。

nCS（13）：SPI 片选输入。

V_{DD}（14）：正电源。

EP（VDFN14 封装）：外露焊盘，连接至 V_{SS}。

3.2.4　CAN FD 控制器模块

CAN FD 控制器模块框图如图 3-27 所示。

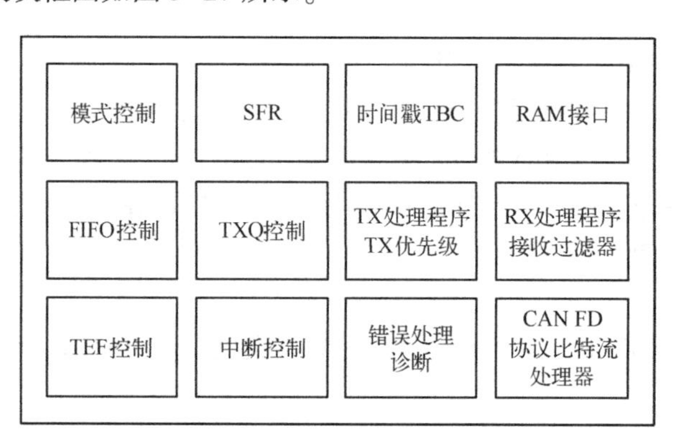

图 3-27　CAN FD 控制器模块框图

1. MCP2517FD 控制器模块的工作模式

MCP2517FD 控制器模块有多种工作模式，具体工作模式如下。

1）配置模式。

2）正常 CAN FD 模式。

3）正常 CAN2.0 模式。

4）休眠模式。

5）仅监听模式。

6）受限工作模式。

7）内部和外部环回模式。

2. CAN FD 比特流处理器

CAN FD 比特流处理器（Bit Stream Processor，BSP）实现了 ISO 11898-1:2015 规范中说明的 CAN FD 协议介质访问控制。它可以对比特流进行序列化和反序列化处理、对 CAN FD 帧进行编码和解码、管理介质访问、应答帧以及检测错误和发送错误信号。

3. TX 处理程序

TX 处理程序优先处理 FIFO 请求发送的报文。该处理程序通过 RAM 接口从 RAM 中获取发送数据并将其提供给 BSP 进行发送。

4. RX 处理程序

BSP 向 RX 处理程序提供接收到的报文。RX 处理程序使用接收过滤器过滤应存储在接收 FIFO 中的报文。该处理程序通过 RAM 接口将接收到的数据存储到 RAM 中。

5. FIFO

每个 FIFO 都可以配置为发送或接收 FIFO。FIFO 控制持续跟踪 FIFO 头部和尾部，并计算用户地址。在 TX FIFO 中，用户地址指向 RAM 中用于存储下一个发送报文数据的地址。在 RX FIFO 中，用户地址指向 RAM 中用于存储即将读取的下一个接收报文数据的地址。用户通过递增 FIFO 的头部/尾部来通知 FIFO 已向 RAM 写入报文或已从 RAM 读取报文。

6. 发送队列（TXQ）

发送队列（TXQ）是一个特殊的发送 FIFO，它根据队列中存储的报文的 ID 发送报文。

7. 发送事件 FIFO（TEF）

发送事件 FIFO（TEF）存储所发送报文的报文 ID。

8. 自由运行的时基计数器

自由运行的时基计数器用于为接收的报文添加时间戳。TEF 中的报文也可以添加时间戳。

9. CAN FD 控制器模块

CAN FD 控制器模块在接收到新的报文时或在成功发送报文时产生中断。

10. 特殊功能寄存器（SFR）

特殊功能寄存器（SFR）用于控制和读取 CAN FD 控制器模块的状态。

3.2.5　MCP2517FD 的存储器构成

MCP2517FD 存储器映射如图 3-28 所示，主要给出了 MCP2517FD 存储器的主要分段及其地址范围，主要包括：MCP2517FD 特殊功能寄存器（Special Function Register，SFR）、CAN FD 控制器模块 SFR、报文存储器（RAM）。

SFR 的宽度为 32 位。LSB 位于低地址，例如，C1CON 的 LSB 位于地址 0x000，而其 MSB 位于地址 0x003。

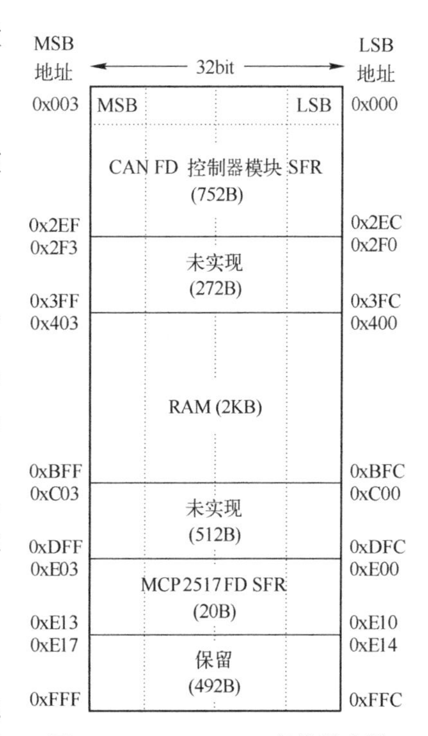

图 3-28　MCP2517FD 存储器映射

3.2.6　MCP2517FD 特殊功能寄存器

MCP2517FD 有 5 个特殊功能寄存器，位于存储器地址 0xE00~0xE13，共占 20 B。具体地址分配与功能介绍如下。

1. OSC 振荡器控制寄存器

OSC 振荡器控制寄存器的地址范围为 0xE00~0xE13。

OSC 振荡器控制寄存器功能描述见表 3-4。

2. IOCON 输入/输出控制寄存器

IOCON 输入/输出控制寄存器的地址范围为 0xE04~0xE07。

IOCON 输入/输出控制寄存器功能描述见表 3-5。

3. CRC 寄存器

CRC 寄存器的地址范围为 0xE08~0xE0B。

CRC 寄存器功能描述见表 3-6。

4. ECCCO N——ECC 控制寄存器

ECCCO N——ECC 控制寄存器地址范围为 0xE0C~0xE0F。

ECCCO N——ECC 控制寄存器功能描述见表 3-7。

5. ECCSTAT——ECC 状态寄存器

ECCSTAT——ECC 状态寄存器地址范围为 0xE10~0xE13。

ECCSTAT——ECC 状态寄存器功能描述见表 3-8。

表 3-4　OSC 振荡器控制寄存器功能描述

位	位名称	描述	读/写
0	PLLEN	PLL 使能 1：系统时钟来自 10x PLL； 0：系统时钟直接来自 XTAL 振荡器。 只能在配置模式下修改该位	R/W
1	保留	—	—
2	OSCDIS	时钟（振荡器）禁止 1：禁止时钟，器件处于休眠模式； 0：使能时钟。 在休眠模式下，清零 OSCDIS 将唤醒器件，并将其重新置于配置模式	HS/C 仅由硬件置 1 或清零
3	保留	—	—
4	SCLKDIV	系统时钟分频比 1：SCLK 2 分频； 0：SCLK 1 分频。 只能在配置模式下修改该位	R/W
5、6	CLKODIV<1:0>	时钟输出分频比 11：CLKO 10 分频； 10：CLKO 4 分频； 01：CLKO 2 分频； 00：CLKO 1 分频	R/W
7	保留	—	—
8	PLLRDY	PLL 就绪 1：PLL 锁定； 0：PLL 未就绪	R
9	保留	—	—

（续）

位	位　名　称	描　　述	读/写
10	OSCRDY	时钟就绪 1：时钟正在运行且保持稳定； 0：时钟未就绪或已关闭	R
11	保留	—	—
12	SCLKRDY	同步 SCLKDIV 位 1：SCLKDIV 1； 0：SCLKDIV 0	R
13～31	保留	—	—

表 3-5　IOCON 输入/输出控制寄存器功能描述

位	位　名　称	描　　述	读/写
0	TRIS0	GPIO0 数据方向 1：输入引脚； 0：输出引脚。 如果 PM0＝0，TRIS0 将被忽略，引脚将为输出	R/W
1	TRIS1	GPIO1 数据方向 1：输入引脚； 0：输出引脚。 如果 PM1＝0，TRIS1 将被忽略，引脚将为输出	R/W
2～5	保留	—	—
6	XSTBYEN	使能收发器待机引脚控制 1：使能 XSTBY 控制； 0：禁止 XSTBY 控制	R/W
7	保留	—	—
8	LAT0	GPIO0 锁存器 1：将引脚驱动为高电平； 0：将引脚驱动为低电平	R/W
9	LAT1	GPIO1 锁存器 1：将引脚驱动为高电平； 0：将引脚驱动为低电平	R/W
10～15	保留	—	—
16	GPIO0	GPIO0 状态 1：VGPIO0 > VIH； 0：VGPIO0 < VIL	R/W
17	GPIO1	GPIO1 状态 1：VGPIO0 > VIH； 0：VGPIO0 < VIL	R/W
18～23	保留	—	—
24	PM0	GPIO 引脚模式 1：引脚用作 GPIO0； 0：中断引脚$\overline{\text{INT0}}$，在 CiINT. TXIF 和 TXIE 置 1 时置为有效	R/W
25	PM1	GPIO 引脚模式 1：引脚用作 GPIO1； 0：中断引脚$\overline{\text{INT1}}$，在 CiINT. TXIF 和 TXIE 置 1 时置为有效	R/W
26、27	保留	—	—

（续）

位	位 名 称	描　　述	读/写
28	TXCANOD	TXCAN 漏极开路模式 1：漏极开路输出； 0：推/挽输出	R/W
29	SOF	帧起始信号 1：CLKO 引脚上出现 SOF 信号； 0：CLKO 引脚上出现时钟	R/W
30	INTOD	中断引脚漏极开路模式 1：漏极开路输出； 0：推挽输出	R/W
31	保留	—	—

表 3-6　CRC 寄存器功能描述

位	位 名 称	描　　述	读/写
0~15	CRC<15:0>	自上一次 CRC 不匹配起的循环冗余校验	R
16	CRCERRIF	CRC 错误中断标志 1：发生 CRC 不匹配； 0：未发生 CRC 错误	HS/C 仅由硬件置 1 或清零
17	FERRIF	CRC 命令格式错误中断标志 1："SPI + CRC" 命令发生期间字节数不匹配； 0：未发生 SPI CRC 命令格式错误	HS/C 仅由硬件置 1 或清零
18~23	保留	—	—
24	CRCERRIE	CRC 错误中断允许	R/W
25	FERRIE	CRC 命令格式错误中断允许	R/W
26~31	保留	—	—

表 3-7　ECCCO N——ECC 控制寄存器功能描述

位	位 名 称	描　　述	读/写
0	ECCEN	ECC 使能 1：使能 ECC； 0：禁止 ECC	R/W
1	SECIE	单个位错误纠正中断允许	—
2	DEDIE	双位错误检测中断允许	R/W
3~7	保留	—	—
8~14	PARITY<6:0>	禁止 ECC 时，在写入 RAM 期间使用的奇偶校验位	R/W
15~31	保留	—	—

表 3-8　ECCSTAT——ECC 状态寄存器功能描述

位	位 名 称	描　　述	读/写
0	保留	—	—
1	SECIF	单个位错误纠正中断标志 1：纠正了单个位错误； 0：未发生单个位错误	HS/C 仅由硬件置 1 或清零

（续）

位	位名称	描述	读/写
2	DEDIF	双位错误检测中断标志 1：检测到双位错误； 0：未检测到双位错误	HS/C 仅由硬件置 1 或清零
3~15	保留	—	—
16~27	ERRADDR<11:0>	发生上一个 ECC 错误的地址	R
28~31	保留	—	—

3.2.7　CAN FD 控制器模块 SFR

MCP2517FD 包含的 CAN FD 控制器模块有 5 组特殊功能寄存器，位于存储器地址 0x000~0x2EF，共占 752 B。具体地址分配与功能介绍如下。

1. 配置寄存器

CAN FD 控制器模块有 6 个配置寄存器，其地址范围为 0x000~0x017，共占 24 B。每个配置寄存器为 32 bit，占用 4 B。

CAN FD 控制器模块的配置寄存器如下。

1）CAN 控制寄存器 CiCON。

2）标称位时间配置寄存器 CiNBTCFG。

3）数据位时间配置寄存器 CiDBTCFG。

4）发送器延时补偿寄存器 CiTDC。

5）时基计数器寄存器 CiTBC。

6）时间戳控制寄存器 CiTSCON。

寄存器标识符中显示的“i”表示 CANi，如 CiCON。

CAN FD 控制器模块的配置寄存器功能描述分别见表 3-9~表 3-14 所示。

表 3-9　CiCON——CAN 控制寄存器

位	位名称	描述	读写
0~4	DNCNT<4:0>	DeviceNet 过滤器位编号位 10011~11111：无效选择（最多可将数据的 18 位与 EID 进行比较）； 10010：最多可将数据字节 2 的 bit 6 与 EID17 进行比较； ... 00001：最多可将数据字节 0 的 bit 7 与 EID0 进行比较； 00000：不比较数据字节	R/W
5	ISOCRCEN	使能 CAN FD 帧中的 ISO CRC 位 1：CRC 字段中包含填充位计数，使用非零 CRC 初始化向量（符合 ISO 11898-1:2015 规范）； 0：CRC 字段中不包含填充位计数，使用全零 CRC 初始化向量。 只能在配置模式下修改这些位	R/W

（续）

位	位名称	描述	读写
6	PXEDIS	协议异常事件检测禁止位 隐性FDF位后的隐性“保留位”称为“协议异常”。 1：协议异常被视为格式错误； 0：如果检测到协议异常，CAN FD控制器模块将进入总线集成状态。 只能在配置模式下修改这些位	R/W
7	保留	—	—
8	WAKFIL	使能CAN总线线路唤醒滤波器位 1：使用CAN总线线路滤波器来唤醒； 0：不使用CAN总线线路滤波器来唤醒。 只能在配置模式下修改这些位	R/W
9、10	WFT<1:0>	可选唤醒滤波器时间位 00：T00FILTER； 01：T01FILTER； 10：T10FILTER； 11：T11FILTER	R/W
11	BUSY	CAN模块忙状态位 1：CAN模块正在发送或接收报文； 0：CAN模块不工作	R
12	BRSDIS	波特率切换禁止位 1：无论发送报文对象中的BRS状态如何，都禁止波特率切换； 0：根据发送报文对象中的BRS进行波特率切换	R/W
13~15	保留	—	—
16	RTXAT	限制重发尝试位 1：重发尝试受限，使用CiFIFOCONm.TXAT； 0：重发尝试次数不受限，CiFIFOCONm.TXAT将被忽略。 只能在配置模式下修改这些位	R/W
17	ESIGM	在网关模式下发送ESI位 1：当报文的ESI为高电平或CAN控制器处于被动错误状态时，ESI隐性发送； 0：ESI反映CAN控制器的错误状态。 只能在配置模式下修改这些位	R/W
18	SERR2LOM	发生系统错误时切换到仅监听模式位 1：切换到仅监听模式； 0：切换到受限工作模式。 只能在配置模式下修改这些位	R/W
19	STEF	存储到发送事件FIFO位 1：将发送的报文保存到TEF中，并在RAM中预留空间； 0：不将发送的报文保存到TEF中。 只能在配置模式下修改这些位	R/W
20	TXQEN	使能发送队列位 1：使能TXQ并在RAM中预留空间； 0：不在RAM中为TXQ预留空间。 只能在配置模式下修改这些位	R/W

（续）

位	位 名 称	描　　述	读写
21~23	OPMOD<2:0>	工作模式状态位 000：模块处于正常 CAN FD 模式，支持混用 CAN FD 帧和经典 CAN 2.0 帧； 001：模块处于休眠模式； 010：模块处于内部环回模式； 011：模块处于仅监听模式； 100：模块处于配置模式； 101：模块处于外部环回模式； 110：模块处于正常 CAN 2.0 模式，接收 CAN FD 帧时可能生成错误帧； 111：模块处于受限工作模式	R
24~26	REQOP<2:0>	请求工作模式位 000：设置为正常 CAN FD 模式，支持混用 CAN FD 帧和经典 CAN 2.0 帧； 001：设置为休眠模式； 010：设置为内部环回模式； 011：设置为仅监听模式； 100：设置为配置模式； 101：设置为外部环回模式； 110：设置为正常 CAN 2.0 模式，接收 CAN FD 帧时可能生成错误帧； 111：设置为受限工作模式	R/W
27	ABAT	中止所有等待的发送位 1：通知所有发送 FIFO 中止发送； 0：模块将在所有发送中止时清零该位	R/W
28~31	TXBWS<3:0>	发送带宽共用位 两次连续传输之间的延时（以仲裁位时间为单位） 0000：无延时； 0001：2； 0010：4； 0011：8； 0100：16； 0101：32； 0110：64； 0111：128； 1000：256； 1001：512； 1010：1024； 1011：2048； 1111~1100：4096	R/W

表 3-10　CiNBTCFG——标称位时间配置寄存器

位	位 名 称	描　　述	读/写
0~6	SJW<6:0>	同步跳转宽度位 111 1111：长度为 128xTQ； ... 0000000：长度为 1xTQ	R/W
7	保留	—	—
8~14	TSEG2<6:0>	时间段 2 位（相位段 2） 111 1111：长度为 128xTQ； ... 000 0000：长度为 1xTQ	R/W

（续）

位	位名称	描　　述	读/写
15	保留	—	—
16~23	TSEG1<7:0>	时间段1位（传播段+相位段1） 1111 1111：长度为256xTQ； ... 0000 0000：长度为1xTQ。	R/W
24~31	BRP<7:0>	波特率预分频比位 1111 1111：TQ=256/Fsys； ... 00000000：TQ=1/Fsys	R/W

表3-11　CiDBTCFG——数据位时间配置寄存器

位	位名称	描　　述	读/写
0~3	SJW<3:0>	同步跳转宽度位 1111：长度为16xTQ； ... 0000：长度为1xTQ	R/W
4~7	保留	—	—
8~11	TSEG2<3:0>	时间段2位（相位段2） 1111：长度为16xTQ； ... 0000：长度为1xTQ	R/W
12~15	保留	—	—
16~20	TSEG1<4:0>	时间段1位（传播段+相位段1） 1 1111：长度为32xTQ； ... 0 0000：长度为1xTQ	R/W
21~23	保留	—	—
24~31	BRP<7:0>	波特率预分频比位 1111 1111：TQ=256/Fsys； ... 00000000：TQ=1/Fsys	R/W

注：只能在配置模式下修改该寄存器。

表3-12　CiTDC——发送器延时补偿寄存器

位	位名称	描　　述	读/写
0~5	TDCV<5:0>	发送器延时补偿值位，二次采样点（SSP）。 11 1111：63xTSYSCLK； ... 00 0000：0xTSYSCLK	R/W
6、7	保留	—	—
8~14	TDCO<6:0>	发送器延时补偿偏移位，二次采样点（SSP）二进制补码，偏移可以是正值、零或负值。 011 1111：63xTSYSCLK； ... 000 0000：0xTSYSCLK； ... 111 1111：-64xTSYSCLK	R/W

（续）

位	位 名 称	描　　述	读/写
15	保留	—	—
16、17	TDCMOD<1:0>	发送器延时补偿模式位，二次采样点（Secondary Sample Point，SSP）。 10-11：自动；测量延时并添加 TDCO； 01：手动；不测量，使用来自寄存器的 TDCV+TDCO； 00：禁止 TDC	R/W
18~23	保留	—	—
24~31	BRP<7:0>	波特率预分频比位 1111 1111：TQ=256/Fsys； ... 00000000：TQ=1/Fsys	R/W

表 3-13　CiTBC——时基计数器寄存器

位	位 名 称	描　　述	读/写
0~31	TBC<31:0>	时基计数器位 自由运行的定时器 当 TBCEN 置 1 时，每经过一个 TBCPRE 时钟递增一次； 当 TBCEN=0 时，TBC 将停止并复位。 对 CiTBC 的任何写操作都会使 TBC 的预分频器计数复位（CiTSCON. TBCPRE 不受影响）	R/W

表 3-14　CiTSCON——时间戳控制寄存器

位	位 名 称	描　　述	读/写
0~9	TBCPRE<9:0>	时基计数器预分频比位 1023：每经过 1024 个时钟 TBC 递增一次； ... 0：每经过 1 个时钟 TBC 递增一次	R/W
10~15	保留	—	—
16	TBCEN	时基计数器使能位 1：使能 TBC； 0：停止并复位 TBC	R/W
17	TSEOF	时间戳 EOF 位 1：在帧生效后添加时间戳； 在 EOF 的倒数第二位之前 RX 未产生错误， 在 EOF 结束之前 TX 未产生错误； 0：在帧“开始”时添加时间戳。 经典帧：在 SOF 的采样点， FD 帧：请参见 TSRES 位	—
18	TSRES	时间戳保留位（仅限 FD 帧） 1：在 FDF 位后的位的采样点； 0：在 SOF 的采样点	R/W
19~31	保留	—	—

2. 中断和状态寄存器

CAN FD 控制器模块有 7 个中断和状态寄存器，其地址范围为 0x018~0x033，共占 28 B。每个配置寄存器为 32 bit，占用 4 B。

CAN FD 控制器模块的中断和状态寄存器如下。

1）中断代码寄存器 CiVEC。

2）中断寄存器 CiINT。

3）接收中断状态寄存器 CiRXIF。

4）接收溢出中断状态寄存器 CiRXOVIF。

5）发送中断状态寄存器 CiTXIF。

6）发送尝试中断状态寄存器 CiTXATIF。

7）发送请求寄存器 CiTXREQ。

寄存器标识符中显示的“i”表示 CANi，如 CiVEC。

CAN FD 控制器模块的中断和状态寄存器功能描述从略，具体请参考 MCP2517FD 数据手册。

3. 错误和诊断寄存器

CAN FD 控制器模块有 3 个错误和诊断寄存器，其地址范围为 0x034～0x03B，共占 12 B。每个错误和诊断寄存器为 32 bit，占用 4 B。

CAN FD 控制器模块的错误和诊断寄存器如下。

1）发送/接收错误计数寄存器 CiTREC。

2）总线诊断寄存器 0 CiBDIAG0。

3）总线诊断寄存器 1 CiBDIAG1。

寄存器标识符中显示的“i”表示 CANi，如 CiTREC。

CAN FD 控制器模块的中断和状态寄存器功能描述从略，具体请参考 MCP2517FD 数据手册。

4. FIFO 控制和状态寄存器

CAN FD 控制器模块前 6 个 FIFO 控制和状态寄存器的地址范围为 0x040～0x05B，其中地址 0x048～0x04C 保留，共占 24 B。

FIFO 控制寄存器 m（$m=1\sim31$）CiFIFOCONm、FIFO 状态寄存器 m（$m=1\sim31$）CiFIFOSTAm 和 FIFO 用户地址寄存器 m（$m=1\sim31$）CiFIFOUAm 分别为 31 个寄存器，其地址范围为 0x05C～0x1CF，共占 372 B。

每个 FIFO 控制和状态寄存器为 32 bit，占用 4 B。

CAN FD 控制器模块的 FIFO 控制和状态寄存器如下。

1）发送事件 FIFO 控制寄存器 CiTEFCON。

2）发送事件 FIFO 状态寄存器 CiTEFSTA。

3）发送事件 FIFO 用户地址寄存器 CiTEFUA。

4）发送队列控制寄存器 CiTXQCON。

5）发送队列状态寄存器 CiTXQSTA。

6）发送队列用户地址寄存器 CiTXQUA。

7）FIFO 控制寄存器 m（$m=1\sim31$）CiFIFOCONm。

8）FIFO 状态寄存器 m（$m=1\sim31$）CiFIFOSTAm。

9）FIFO 用户地址寄存器 m（$m=1\sim31$）CiFIFOUAm。

寄存器标识符中显示的“i”表示 CANi，如 CiTEFCON。

CAN FD 控制器模块的中断和状态寄存器功能描述从略，具体请参考 MCP2517FD 数据手册。

5. 过滤器配置和控制寄存器

CAN FD 控制器模块过滤器配置和控制寄存器地址范围为 0x1D0~0x2EF，共占 288 B。

1）过滤器控制寄存器 m（m=0~7）CiFLTCONm。

2）过滤器对象寄存器 m（m=0~31）CiFLTOBJm。

3）屏蔽寄存器 m（m=0~31）CiMASKm。

寄存器标识符中显示的“i”表示 CANi，如 CiFLTCONm。

CAN FD 控制器模块过滤器配置和控制寄存器功能描述从略，具体请参考 MCP2517FD 数据手册。

3.2.8 报文存储器

MCP2517FD 报文存储器构成如图 3-29 所示。图 3-29 说明了报文对象如何映射到 RAM 中。TEF、TXQ 和每个 FIFO 的报文对象数均可配置。图 1-6 中仅详细显示了 FIFO2 的报文对象。对于 TXQ 和每个 FIFO 而言，每个报文对象（有效负载）的数据字节数可单独配置。

FIFO 和报文对象只能在配置模式下配置。配置步骤如下。

1）首先分配 TEF 对象。只有 CiCON. STEF = 1 时才会保留 RAM 中的空间。

2）接下来分配 TXQ 对象。只有 CiCON. TXQEN = 1 时才会保留 RAM 中的空间。

3）接下来分配 FIFO1 至 FIFO31 的报文对象。这种高度灵活的配置可以有效地使用 RAM。

报文对象的地址取决于所选的配置。应用程序不必计算地址。用户地址字段提供要读取或写入的下一个报文对象的地址。

RAM 由纠错码（ECC）保护。ECC 逻辑支持单个位错误纠正（Single Error Correction，SEC）和双位错误检测（Double Error Detection，DED）。

TEF
TX队列
FIFO1
FIFO2：报文对象 0
FIFO2：报文对象 1
⋮
FIFO2：报文对象 n
FIFO3
⋮
FIFO31

图 3-29　MCP2517FD 报文存储器构成

除 32 个数据位外，SEC/DED 还需要 7 个奇偶校验位。

1. ECC 使能和禁止

可以通过将 ECCCON. ECCEN 置 1 来使能 ECC 逻辑。当使能 ECC 时，将对写入 RAM 的数据进行编码，对从 RAM 读取的数据进行解码。

禁止 ECC 逻辑时，数据写入 RAM，奇偶校验位取自 ECCCON. PARITY。这使用户能够测试 ECC 逻辑。在读取期间，将剔除奇偶校验位，按原样回读数据。

2. RAM 写入

在 RAM 写入期间，编码器计算奇偶校验位并将奇偶校验位加到输入数据。

3. RAM 读取

MCP2517FD 包含 2 KB RAM，用于存储报文对象，有三种不同的报文对象。

1）TXQ 和 TXFIFO 使用的发送报文对象，见表 3-15。

2）RXFIFO 使用的接收报文对象，见表 3-16。

3）TEF 发送事件 FIFO 对象，见表 3-17。

在 RAM 读取期间，解码器检查来自 RAM 的输出数据的一致性并删除奇偶校验位。它可以纠正单个位错误并检测双位错误。

表3-15　TXQ和TXFIFO使用的发送报文对象

字	位	bit31/23/15/7	bit30/22/14/6	bit29/21/13/5	bit28/20/12/4	bit27/19/11/3	bit26/18/10/2	bit25/17/9/1	bit24/16/8/0
T0	31~24	—	—	SID11	EID<17:6>				
	23~16	EID<12:5>							
	15~8	EID<4:0>					SID<10:8>		
	7~0	SID<7:0>							
T1	31~24	—	—	—	—	—	—	—	—
	23~16	—	—	—	—	—	—	—	—
	15~8	SEQ<6:0>							ESI
	7~0	FDF	BRS	RTR	IDE	DLC<3:0>			
T2(1)	31~24	发送数据字节3							
	23~16	发送数据字节2							
	15~8	发送数据字节1							
	7~0	发送数据字节0							
T3	31~24	发送数据字节7							
	23~16	发送数据字节6							
	15~8	发送数据字节5							
	7~0	发送数据字节4							
Ti	31~24	发送数据字节n							
	23~16	发送数据字节$n-1$							
	15~8	发送数据字节$n-2$							
	7~0	发送数据字节$n-3$							

注：数据字节0~n在控制寄存器（CiFIFOCONm.PLSIZE<2:0>）中单独配置有效负载大小。

表3-15中的T0字和T1字说明如下。

(1) T0字

bit31~30：保留。

bit29　SID11：在FD模式下，标准ID可通过r1扩展为12位。

bit28~11　EID<17:0>：扩展标识符。

bit10~0　SID<10:0>：标准标识符。

(2) T1字

bit31~16：保留。

bit15~9　SEQ<6:0>：用于跟踪发送事件FIFO中已发送报文的序列。

bit 8　ESI：错误状态指示符。

在CAN-CAN网关模式（CiCON.ESIGM=1)下，发送的ESI标志为T1.ESI与CAN控制器被动错误状态的“逻辑或”结果。

在正常模式下，ESI指示错误状态。

1：发送节点处于被动错误状态；

0：发送节点处于主动错误状态。

bit7　FDF：FD帧；用于区分CAN和CAN FD格式。

bit6　BRS：波特率切换；选择是否切换数据波特率。

bit5　RTR：远程发送请求；不适用于CAN FD。

bit4　IDE：标识符扩展标志；用于区分基本格式和扩展格式。

bit3～0　DLC<3:0>：数据长度码。

表3-16　RXFIFO使用的接收报文对象

<table>
<tr><th>字</th><th>位</th><th>bit31/23/15/7</th><th>bit30/22/14/6</th><th>bit29/21/13/5</th><th>bit28/20/12/4</th><th>bit27/19/11/3</th><th>bit26/18/10/2</th><th>bit25/17/9/1</th><th>bit24/16/8/0</th></tr>
<tr><td rowspan="4">R0</td><td>31～24</td><td>—</td><td>—</td><td>SID11</td><td colspan="5">EID<17:6></td></tr>
<tr><td>23～16</td><td colspan="8">EID<12:5></td></tr>
<tr><td>15～8</td><td colspan="5">EID<4:0></td><td colspan="3">SID<10:8></td></tr>
<tr><td>7～0</td><td colspan="8">SID<7:0></td></tr>
<tr><td rowspan="4">R1</td><td>31～24</td><td>—</td><td>—</td><td>—</td><td>—</td><td>—</td><td>—</td><td>—</td><td>—</td></tr>
<tr><td>23～16</td><td>—</td><td>—</td><td>—</td><td>—</td><td>—</td><td>—</td><td>—</td><td>—</td></tr>
<tr><td>15～8</td><td colspan="5">FILHIT<4:0></td><td>—</td><td>—</td><td>ESI</td></tr>
<tr><td>7～0</td><td>FDF</td><td>BRS</td><td>RTR</td><td>IDE</td><td colspan="4">DLC<3:0></td></tr>
<tr><td rowspan="4">R2
(1)</td><td>31～24</td><td colspan="8">RXMSGTS<31:24></td></tr>
<tr><td>23～16</td><td colspan="8">RXMSGTS<23:16></td></tr>
<tr><td>15～8</td><td colspan="8">RXMSGTS<15:8></td></tr>
<tr><td>7～0</td><td colspan="8">RXMSGTS<7:0></td></tr>
<tr><td rowspan="4">R3
(2)</td><td>31～24</td><td colspan="8">接收数据字节3</td></tr>
<tr><td>23～16</td><td colspan="8">接收数据字节2</td></tr>
<tr><td>15～8</td><td colspan="8">接收数据字节1</td></tr>
<tr><td>7～0</td><td colspan="8">接收数据字节0</td></tr>
<tr><td rowspan="4">R4</td><td>31～24</td><td colspan="8">接收数据字节7</td></tr>
<tr><td>23～16</td><td colspan="8">接收数据字节6</td></tr>
<tr><td>15～8</td><td colspan="8">接收数据字节5</td></tr>
<tr><td>7～0</td><td colspan="8">接收数据字节4</td></tr>
<tr><td rowspan="4">Ri</td><td>31～24</td><td colspan="8">接收数据字节n</td></tr>
<tr><td>23～16</td><td colspan="8">接收数据字节$n-1$</td></tr>
<tr><td>15～8</td><td colspan="8">接收数据字节$n-2$</td></tr>
<tr><td>7～0</td><td colspan="8">接收数据字节$n-3$</td></tr>
</table>

注：1. R2（RXMSGTS）仅存在于CiFIFOCONm. RXTSEN置1的对象中。
　　2. RXMOBJ（数据字节0～n）在FIFO控制寄存器（CiFIFOCONm. PLSIZE<2:0>）中单独配置有效负载大小。

表3-16中的R0字、R1字和R2字说明如下。

（1）R0字

bit31～30：保留。

bit29　SID11：在FD模式下，标准ID可通过r1扩展为12位。

bit28～11　EID<17:0>：扩展标识符。

bit10～0　SID<10:0>：标准标识符。

(2) R1 字

bit31~16：保留。

bit15~11　FILTHIT<4:0>：命中的过滤器；匹配的过滤器编号。

bit10~9：保留。

bit8　ESI：错误状态指示符。

1：发送节点处于被动错误状态；

0：发送节点处于主动错误状态。

bit7　FDF：FD 帧；用于区分 CAN 和 CAN FD 格式。

bit6　BRS：波特率切换；指示是否切换数据波特率。

bit5　RTR：远程发送请求，不适用于 CAN FD。

bit4　IDE：标识符扩展标志，用于区分基本格式和扩展格式。

bit3~0　DLC<3:0>：数据长度码。

(3) R2 字

bit31~0　RXMSGTS<31:0>：接收报文时间戳。

表 3-17　TEF 发送事件 FIFO 对象

字	位	bit31/23/15/7	bit30/22/14/6	bit29/21/13/5	bit28/20/12/4	bit27/19/11/3	bit26/18/10/2	bit25/17/9/1	bit24/16/8/0
TE0	31~24	—	—	SID11	EID<17:6>				
	23~16	EID<12:5>							
	15~8	EID<4:0>					SID<10:8>		
	7~0	SID<7:0>							
TE1	31~24	—	—	—	—	—	—	—	—
	23~16	—	—	—	—	—	—	—	—
	15~8	SEQ<6:0>							ESI
	7~0	FDF	BRS	RTR	IDE	DLC<3:0>			
TE2 (1)	31~24	TXMSGTS<31:24>							
	23~16	TXMSGTS<23:16>							
	15~8	TXMSGTS<15:8>							
	7~0	TXMSGTS<7:0>							

注：TE2（TXMSGTS）仅存在于 CiTEFCON. TEFTSEN 置 1 的对象中。

表 3-17 中的 TE0 字、TE1 字和 TE2 字说明如下。

(1) TE0 字

bit31~30：保留。

bit29　SID11：在 FD 模式下，标准 ID 可通过 r1 扩展为 12 位。

bit28~11　EID<17:0>：扩展标识符。

bit10~0　SID<10:0>：标准标识符。

(2) TE1 字

bit31~16：保留。

bit15~9　SEQ<6:0>：用于跟踪已发送报文的序列。

bit8 ESI：错误状态指示符。

1：发送节点处于被动错误状态；

0：发送节点处于主动错误状态。

bit7　FDF：FD 帧；用于区分 CAN 和 CAN FD 格式。

bit6　BRS：波特率切换；选择是否切换数据波特率。

bit5　RTR：远程发送请求；不适用于 CAN FD。

bit4　IDE：标识符扩展标志；用于区分基本格式和扩展格式。

bit3～0　DLC<3:0>：数据长度码。

（3）TE2 字

bit31～0　TXMSGTS<31:0>：发送报文时间戳。

3.2.9　SPI 接口

MCP2517FD 可与大多数微控制器上提供的串行外设接口（Serial Peripheral Interface，SPI）直接相连。微控制器中的 SPI 必须在 8 位工作模式下配置为 00 或 11 模式。

SPI 四种模式的区别如下。

SPI 四种模式 SPI 的相位（CPHA）和极性（CPOL）分别可以为 0 或 1，对应的 4 种组合构成了 SPI 的 4 种模式。

1）模式 0：CPOL=0，CPHA=0 。

2）模式 1：CPOL=0，CPHA=1。

3）模式 2：CPOL=1，CPHA=0。

4）模式 3：CPOL=1，CPHA=1。

时钟极性 CPOL：即 SPI 空闲时，时钟信号 SCLK 的电平（1：空闲时高电平，0：空闲时低电平）

时钟相位 CPHA：即 SPI 在 SCLK 第几个边沿开始采样（0：第一个边沿开始，1：第二个边沿开始）

SFR 和报文存储器（RAM）通过 SPI 指令访问。SPI 指令格式（SPI 模式 0）如图 3-30 所示。

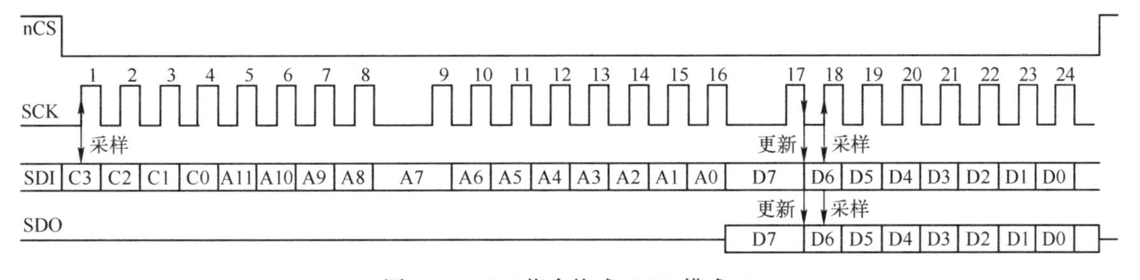

图 3-30　SPI 指令格式（SPI 模式 0）

每条指令均以 nCS 驱动为低电平（nCS 的下降沿）开始。4 位命令和 12 位地址在 SCK 的上升沿移入 SDI。在写指令期间，数据位在 SCK 的上升沿移入 SDI。在读指令期间，数据位在 SCK 的下降沿移出 SDO。一条指令可传输一个或多个数据字节。数据位在 SCK 的下降沿更新，在 SCK 的上升沿必须有效。每条指令均以 nCS 驱动为高电平（nCS 的上升沿）结束。

SCK 的频率必须小于或等于 SYSCLK 频率的一半。这可确保 SCK 和 SYSCLK 之间能够正常同步。

为了最大限度地降低休眠电流，MCP2517FD 的 SDO 引脚在器件处于休眠模式时不得悬空。这可以通过使能微控制器内与 MCP2517FD（当 MCP2517FD 处于休眠模式时）的 SDO 引脚相连的引脚上的上拉或下拉电阻来实现。

SPI 指令格式见表 3-18。

表 3-18　SPI 指令格式

名　称	格　式	说　明
RESET	C＝0b0000，A＝0x000	将内部寄存器复位为默认状态，选择配置模式
READ	C＝0b0011，A，D＝SDO	从地址 A 读取 SFR/RAM 的内容
WRITE	C＝0b0010，A，D＝SDI	将 SFR/RAM 的内容写入地址 A
READ_CRC	C＝0b1011，A，N，D＝SDO，CRC＝SDO	从地址 A 读取 SFR/RAM 内容。N 个数据字节。2 字节 CRC。基于 C、A、N 和 D 计算 CRC
WRITE_CRC	C＝0b1010，A，N，D＝SDI，CRC＝SDI	将 SFR/RAM 内容写入地址 A。N 个数据字节。2 字节 CRC。基于 C、A、N 和 D 计算 CRC
WRITE_SAFE	C＝0b1100，A，D＝SDI，CRC＝SDI	将 SFR/RAM 内容写入地址 A。写入前校验 CRC。基于 C、A 和 D 计算 CRC

在表 3-18 中，C 为命令，4 bit；A 为地址，12 bit；D 为数据，1～n 字节；N 为字节数，1 B；CRC 为校验和，2 B。

3.2.10　微控制器与 MCP2517FD 的接口电路

微控制器采用 ST 公司生产的 STM32F103，其与 MCP2517FD 的接口电路如图 3-31 所示。

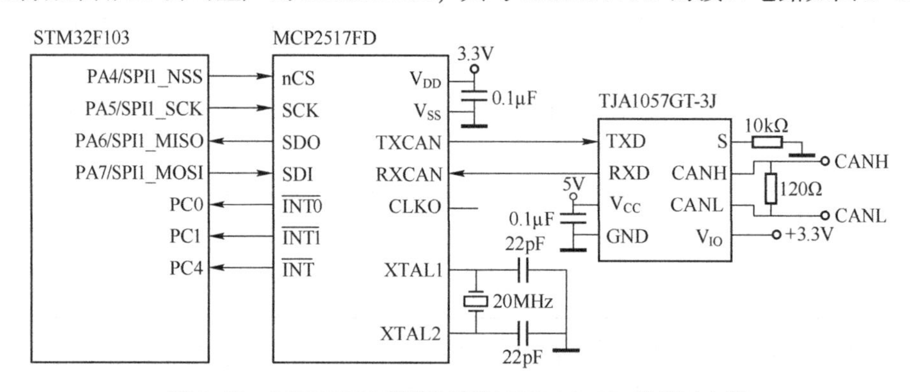

图 3-31　STM32F103 微控制器与 MCP2517FD 的接口电路

3.3　CAN FD 高速收发器 TJA1057

3.3.1　TJA1057 概述

TJA1057 是 NXP 公司 Mantis 系列的高速 CAN 收发器，它可在控制器局域网（CAN）协议控制器和物理双线式 CAN 总线之间提供接口。该收发器专门设计用于汽车行业的高速 CAN 应用，可以为微控制器中的 CAN 协议控制器提供发送和接收差分信号的功能。

TJA1057 的特性集经过优化可用于 12 V 汽车应用，相对于 NXP 的第一代和第二代 CAN 收发器，如 TJA1050，TJA1057 在性能上有着显著的提升，它有着极其优异的电磁兼容性（EMC）。在断电时，TJA1057 还可以展现 CAN 总线理想的无源性能。

TJA1057GT（K）/3 型号上的 V_{IO}引脚允许与 3.3 V 和 5 V 供电的微控制器直连。

TJA1057 采用了 ISO11898-2:2016 和 SAEJ2284-1 至 SAEJ2284-5 标准定义下的 CAN 物理层，TJA1057T 型号的数据传输速率可达 1 Mbit/s。为其他变量指定了定义回路延迟对称性的其他时序参数。在 CAN FD 的快速段中，仍能保持高达 5 Mbit/s 的通信传输速率的可靠性。

当 HS-CAN 网络仅需要基本 CAN 功能时，以上这些特性使得 TJA1057 是其绝佳选择。

3.3.2　TJA1057 的特点

（1）基本功能

完全符合 ISO11898-2:2016 和 SAEJ2284-1 至 SAEJ2284-5 标准。

1）为 12 V 汽车系统使用提供优化。

2）EMC 性能满足 2012 年 5 月 1.3 版的“LIN、CAN 和 FlexRay 接口在汽车应用中的硬件要求”。

3）TJA1057x/3 型号中的 V_{IO}输入引脚允许其可与 3~5 V 供电的微控制器直连。对于没有 VIO 引脚的型号，只要微控制器 I/O 的容限电压为 5 V，就可以与 3.3 V 和 5 V 供电的微控制器连接。

4）有无 V_{IO} 引脚的型号都提供 SO8 封装和 HVSON8（3.0 mm×3.0 mm）无铅封装，HVSON8 具有更好的自动光学检测（AOI）能力。

（2）可预测和故障保护行为

1）在所有电源条件下的功能行为均可预测。

2）收发器会在断电（零负载）时与总线断开。

3）发送数据（TXD）的显性超时功能。

4）TXD 和 S 输入引脚的内部偏置。

（3）保护措施

1）总线引脚拥有高 ESD 处理能力（8 kV IEC 和 HBM）。

2）在汽车应用环境下，总线引脚具有瞬态保护功能。

3）V_{CC}和 V_{IO}引脚具有欠压保护功能。

4）过热保护。

（4）TJA1057 CAN FD（适用于除 TJA1057T 型号外的所有型号）

1）时序保证数据传输速率可达 5 Mbit/s。

2）改进 TXD 至 RXD 的传输延迟，降为 210 ns。

3.3.3　TJA1057 引脚分配

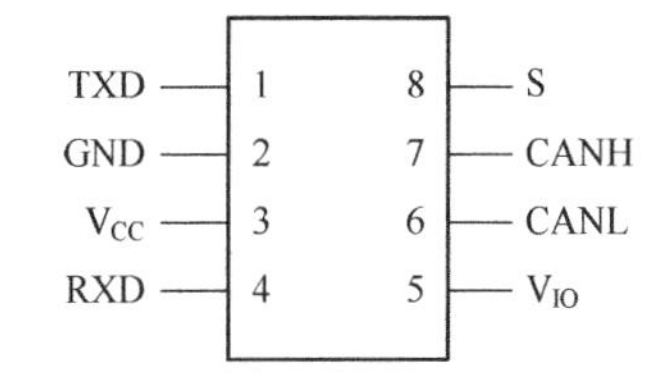

图 3-32　TJA1057 高速 CAN 收发器引脚分配

TJA1057 高速 CAN 收发器引脚分配如图 3-32 所示。

引脚功能介绍如下。

TXD：传输输入数据。

GND：地。

V_{CC}：电源电压。

V_{IO}：TJA1057T/TJA1057GT/TJA1057GTK 型号不连接；TJA1057GT/3 和 TJA1057GTK/3 型

号连接 I/O 电平适配器的电源电压。

CANL：低电平的 CAN 总线。

CANH：高电平的 CAN 总线。

S：静默模式控制输入。

3.3.4　TJA1057 高速 CAN 收发器功能说明

（1）操作模式

TJA1057 支持两种操作模式：正常模式和静默模式。操作模式由 S 引脚进行选择，在正常供电情况下的操作模式见表 3-19。

表 3-19　TJA1057 的操作模式

模　式	输　入		输　出	
	S 引脚	TXD 引脚	CAN 驱动器	RXD 引脚
正常模式	低电平	低电平	显性	低电平
		高电平	隐性	总线显性时低电平
				总线隐性时高电平
静默模式	高电平	x	偏置至隐性	总线显性时低电平
				总线隐性时高电平

1）正常模式：S 引脚上低电平选择正常模式。在正常模式下，收发器通过总线 CANH 和 CANL 发送和接收数据。差分信号接收器把总线上的模拟信号转换成由 RXD 引脚输出的数字信号，总线上输出信号的斜率在内部进行控制，并以确保最低可能的 EME 的方式进行优化。

2）静默模式：S 引脚上的高电平选择静默模式。在静默模式下，收发器被禁用，释放总线引脚并置于隐性状态。其他所有（包括接收器）的 IC 功能像在正常模式下一样继续运行。静默模式可以用来防止 CAN 控制器的故障扰乱整个网络通信。

（2）故障保护特性

1）TXD 的显性超时功能：当 TXD 引脚为低电平时，TXD 显性超时定时器才会启动。如果该引脚上低电平的持续时间超过 $t_{to(dom)TXD}$，那么收发器会被禁用，释放总线并置于隐性状态。此功能使得硬件与软件应用错误不会驱动总线置于长期显性的状态而阻挡所有网络通信。当 TXD 引脚为高电平时，复位 TXD 显性超时定时器。TXD 显性超时定时器也规定了大约 25 kbit/s 的最小比特率。

2）TXD 和 S 输入引脚的内部偏置：TXD 和 S 引脚被内部上拉至 V_{CC}（在 TJA1057GT(K)/3 型号下是 V_{IO}）来保证设备处在一个安全、确定的状态下，防止这两个引脚的一个或多个悬空的情况发生。上拉电流在所有状态下都流经这些引脚。在静默模式下，这两个引脚应该置高电平来使供电电流尽可能地小。

3）VCC 和 V_{IO} 引脚上的欠电压检测（TJA1057GT(K)/3）：如果 V_{CC} 或 V_{IO} 电压降至欠电压检测阈值 $V_{uvd(VCC)}/V_{uvd(VIO)}$ 以下，收发器会关闭并从总线（零负载、总线引脚悬空）上断开，直至供电电压恢复。一旦 V_{CC} 和 V_{IO} 都重新回到了正常工作范围，输出驱动器就会重新启动，TXD 也会被复位为高电平。

4）过热保护：保护输出驱动器免受过热故障的损害。如果节点的实际温度超过了节点的

停机温度 $T_{j(sd)}$，两个输出驱动器都会被禁用。当节点的实际温度重新降至 $T_{j(sd)}$ 以下，TXD 引脚置高电平后（要等待 TXD 引脚置于高电平，以防由于温度的微小变化导致输出驱动器振荡），输出驱动器便会重新启用。

5）V_{IO} 供电引脚（TJA1057x/3 型号）：V_{IO} 引脚应该与微控制器供电电压相连，TXD、RXD 和 S 引脚上信号的电平会被调整至微控制器的 I/O 电平，允许接口直连而不用额外的胶连逻辑。

对于 TJA1057 系列中没有 V_{IO} 引脚的型号，V_{IO} 输入引脚与 V_{CC} 在内部相连。TXD、RXD 和 S 引脚上信号的电平被调整至兼容 5 V 供电的微控制器的电平。

3.4 CAN FD 收发器隔离器件 HCPL-772X 和 HCPL-072X

3.4.1 HCPL-772X 和 HCPL-072X 概述

HCPL-772X 和 HCPL-072X 是原 Avago 公司（现为 BROADCOM）生产的高速光耦合器，分别采用 8 引脚 DIP 和 SO-8 封装，采用最新的 CMOS 芯片技术，以极低的功耗实现了卓越的性能。HCPL-772X/072X 只需要两个旁路电容就可以实现 CMOS 的兼容性。

HCPL-772X/072X 的基本架构主要由 CMOS LED 驱动芯片、高速 LED 和 CMOS 检测芯片组成。CMOS 逻辑输入信号控制 LED 驱动芯片，为 LED 提供电流。检测芯片集成了一个集成光电二极管、一个高速传输放大器和一个带输出驱动器的电压比较器。

3.4.2 HCPL-772X/072X 的特点

HCPL-772X/072X 光耦合器具有如下特点。

1）+5 V CMOS 兼容性。

2）最高传播延迟差：20 ns。

3）高速：25 MBd。

4）最高传播延迟：40 ns。

5）最低 10 kV/μs 的共模抑制。

6）工作温度范围：-40～85℃。

7）安全规范认证：UL 认证、IEC/EN/DIN EN 60747-3-5。

3.4.3 HCPL-772X/072X 的功能图

HCPL-772X/072X 的功能图如图 3-33 所示。

引脚 3 是内部 LED 的阳极，不能连接任何电路；引脚 7 没有连接芯片内部电路。

引脚 1 和 4、引脚 5 和 8 之间必须连接 1 个 0.1 uF 的旁路电容。

HCPL-772X/072X 真值表正逻辑见表 3-20。

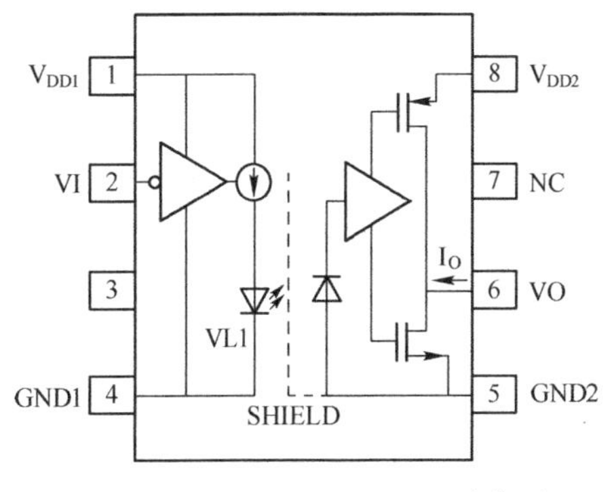

图 3-33　HCPL-772X/072X 功能图

表3-20 HCPL-772X/072X真值表正逻辑

V_I	LED1	V_O输出
高	灭	高
低	亮	低

3.4.4 HCPL-772X/072X的应用领域

HCPL-772X/072X主要应用在如下领域。

1）数字现场总线隔离：CAN FD、CC-Link、DeviceNet、PROFIBUS和SDS。

2）交流等离子显示屏电平变换。

3）多路复用数据传输。

4）计算机外设接口。

5）微处理器系统接口。

3.4.5 带光电隔离的CAN FD接口电路设计

带光电隔离的CAN FD接口电路如图3-34所示。

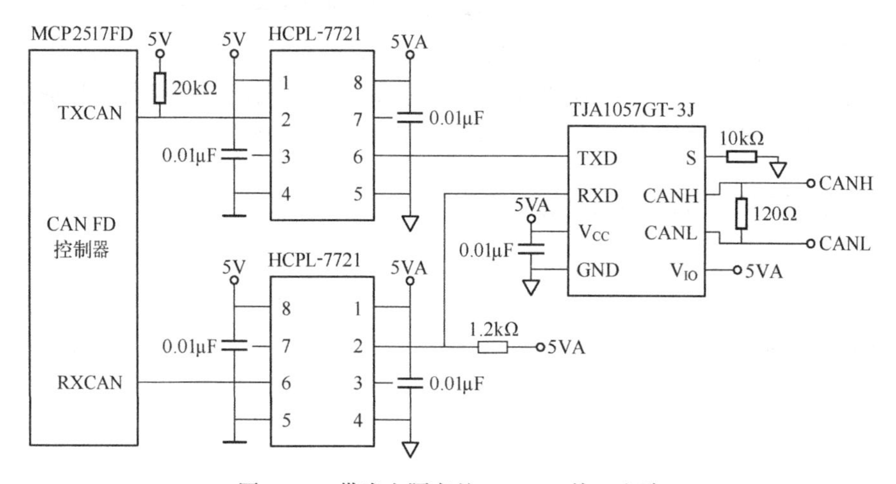

图3-34 带光电隔离的CAN FD接口电路

3.5 MCP2517FD的应用程序设计

MCP2517FD的应用程序设计主要由3部分组成。

1）MCP2517FD的初始化程序。包括复位MCP2517FD、使能ECC并初始化RAM、配置CAN控制寄存器、设置TX FIFO和RX FIFO、设置接收过滤器、设置接收掩码、链接FIFO和过滤器、设置波特率、设置发送与接收中断和运行模式选择。

2）MCP2517FD接收报文程序。通过SPI串行通信接收报文、获得相应的寄存器信息、获得要读取的字节数、分配报文头和报文数据、设置UINC（FIFO尾部递增一个报文，通过递增FIFO尾部来通知FIFO已从RAM读取报文），将接收到的报文存放到接收报文缓冲区中。

3）MCP2517FD发送报文程序。通过SPI串行通信发送报文、检查FIFO是否已满？如果未满，则添加报文以发送 FIFO，获得相应的寄存器信息，把要发送的报文存放到发送报文缓冲区中、设置发送 FIFO 的 UINC（FIFO 头部递增一个报文，通过递增 FIFO 的头部来通知 FIFO 已向 RAM 写入报文）和 TXREQ（报文发送请求位，通过将该位置为 1 请求发送报文，在成功发送 FIFO 中排队的所有报文之后，该位会自动清零），然后发送报文。

3.5.1　MCP2517FD 初始化程序

在函数 APP_CANFDSPI_Init 中进行 MCP2517FD 初始化，初始化的主要功能如下。

1）重置器件 MCP2517FD、使能 MCP2517FD 的 ECC 和初始化 RAM。

2）配置 CiCON—CAN 控制寄存器，在配置前，需要先将 CiCON—CAN 控制寄存器的配置对象重置。

3）设置 TX FIFO：配置 CiFIFOCONm—FIFO 控制寄存器 2 为发送 FIFO。

4）设置 RX FIFO：配置 CiFIFOCONm—FIFO 控制寄存器 1 为接收 FIFO。

5）设置接收过滤器：配置 CiFLTOBJm—过滤器对象寄存器 0。

6）设置接收掩码：配置 CiMASKm—屏蔽寄存器 0。

7）链接过滤寄存器和 FIFO。

8）设置波特率。

9）设置发送和接收中断。

10）设置运行模式。

11）初始化发送报文对象。

MCP2517FD 初始化函数的流程图如图 3-35 所示。

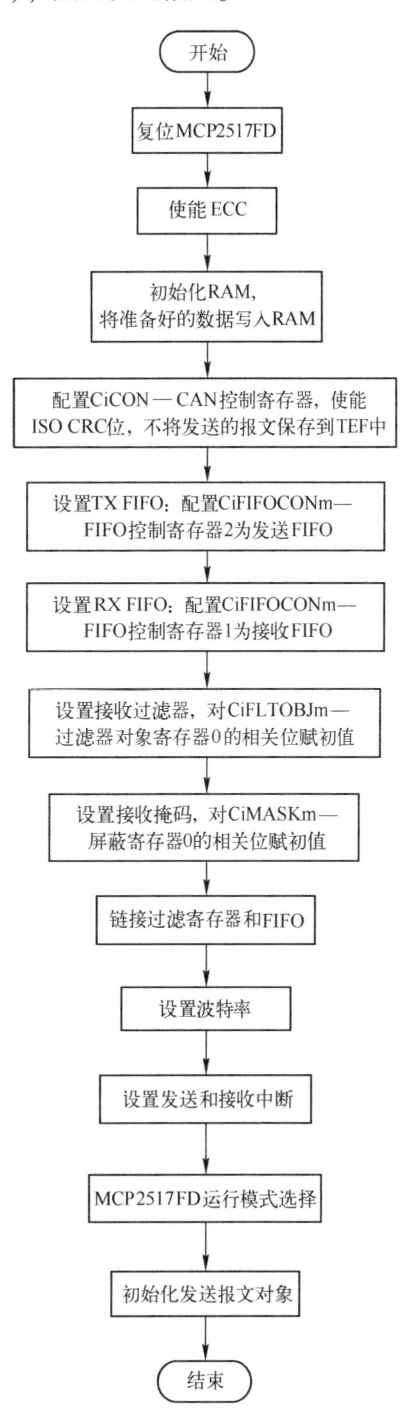

图 3-35　MCP2517FD 初始化函数的流程图

APP_CANFDSPI_Init 函数入口参数说明如下。

1）NODE_ID 为 MCP2517FD 节点 ID。

2）NODE_BIT/S 为节点波特率。

NODE_BIT/S 参数类型是枚举 CAN_BITTIME_SETUP。

在函数 APP_CANFDSPI_Init 中，对 MCP2517FD 进行初始化。

MCP2517FD 初始化的主要任务如下。

1）重置器件 MCP2517FD、使能 MCP2517FD 的 ECC 和初始化 RAM。

2）配置 CiCON—CAN 控制寄存器，在配置前需要先将 CiCON—CAN 控制寄存器的配置对象重置。

将 CiCON—CAN 控制寄存器配置对象重置后，主要进行两个操作，一是将 config. IsoCrcEnable 置 1，使能 CAN FD 帧中的 ISO CRC 位，二是将 config. StoreInTEF 置 0，不将发送的报文保存到 TEF 中。然后将配置好的值赋给寄存器的相关位。

3）设置 TX FIFO：配置 CiFIFOCONm—FIFO 控制寄存器2为发送 FIFO。

先将 FIFO 控制寄存器2的配置对象重置，令 txConfig. FifoSize = 7，即 FIFO 深度为7个报文；txConfig. PayLoadSize = CAN_PLSIZE_64，即有效负载大小位为64个数据字节；txConfig. TxPriority = 1，即报文发送优先级位为1，然后将配置好的值赋给寄存器的相关位。

4）设置 RX FIFO：配置 CiFIFOCONm—FIFO 控制寄存器1为接收 FIFO。

先将 FIFO 控制寄存器1的配置对象复位，令 rxConfig. FifoSize = 15，即 FIFO 深度为15个报文；rxConfig. PayLoadSize = CAN_PLSIZE_64，即有效负载大小位为64个数据字节；然后将配置好的值赋给寄存器的相关位。

5）设置接收过滤器：配置 CiFLTOBJm—过滤器对象寄存器0。

令 fObj. word = 0；fObj. bF. SID = 0xda；fObj. bF. EXIDE = 0；fObj. bF. EID = 0x00；然后将配置好的值赋给寄存器的相关位。

6）设置接收掩码：配置 CiMASKm—屏蔽寄存器0。

令 mObj. word = 0、mObj. bF. MSID = 0x0、mObj. bF. MIDE = 1、mObj. bF. MEID = 0x0，然后将配置好的值赋给寄存器的相关位。

7）链接过滤寄存器和 FIFO：通过函数 DRV_CANFDSPI_FilterToFifoLink 链接 FIFO。

8）设置波特率：过滤器通过函数 DRV_CANFDSPI_BitTimeConfigure 设置波特率，程序默认波特率仲裁域为1 Mbit/s，数据域为8 Mbit/s。

9）设置发送和接收中断：通过函数 DRV_CANFDSPI_GpioModeConfigure 来设置发送和接收中断。

10）设置运行模式：通过函数 DRV_CANFDSPI_OperationModeSelect 进行 MCP2517FD 运行模式选择。本例程选择了普通模式，使用 CAN FD 时选择 CAN_NORMAL_MODE，普通 CAN 2.0 时选择 CAN_CLASSIC_MODE。

11）初始化发送报文对象：初始化发送报文对象相关位，令 txObj. bF. ctrl. BRS = 1、txObj. bF. ctrl. DLC = CAN_DLC_64、txObj. bF. ctrl. FDF = 1 和 txObj. bF. ctrl. IDE = 0，主要是设置发送报文长度码，此处设置为 CAN_DLC_64，在发送函数中会和发送数据长度进行比较，如果发送报文长度大于发送报文对象长度码，则返回错误。

DRV_CANFDSPI_TransmitChannelConfigure 函数中用到的宏定义：

```
//发送通道,设置 TX FIFO 时,使用的寄存器是 CiFIFOCONm—FIFO 控制寄存器 2。
#define APP_TX_FIFO CAN_FIFO_CH2
//接收通道,设置 RX FIFO 时,使用的寄存器是 CiFIFOCONm—FIFO 控制寄存器 1。
#define APP_RX_FIFO CAN_FIFO_CH1
```

从函数 DRV_CANFDSPI_FilterObjectConfigure（NODE_ID，CAN_FILTER0，&fObj. bF）的入口参数 CAN_FILTER0 可以看出设置接收过滤器时使用的寄存器是 CiFLTOBJm—过滤器对象寄存器0。

从函数 DRV_CANFDSPI_FilterMaskConfigure（NODE_ID，CAN_FILTER0，&mObj. bF）的入口参数 CAN_FILTER0 可以看出设置接收掩码时使用的寄存器是 CiMASKm—屏蔽寄存器0。

MCP2517FD 初始化程序所调用的函数见表3-21。

表 3-21　MCP2517FD 初始化程序所调用的函数

序号	函数	功能
1	DRV_CANFDSPI_Reset	重置器件 MCP2517FD
2	DRV_CANFDSPI_EccEnable	使能 ECC
3	DRV_CANFDSPI_RamInit	初始化 RAM
4	DRV_CANFDSPI_ConfigureObjectReset	重置 CiCON——CAN 控制寄存器
5	DRV_CANFDSPI_Configure	配置 CiCON——CAN 控制寄存器
6	DRV_CANFDSPI_TransmitChannelConfigureObjectReset	重置 CiFIFOCONm——FIFO 控制寄存器 m（m=1~31）
7	DRV_CANFDSPI_TransmitChannelConfigure	配置 CiFIFOCONm——FIFO 控制寄存器 m（m=1~31）
8	DRV_CANFDSPI_ReceiveChannelConfigureObjectReset	重置 CiFIFOCONm——FIFO 控制寄存器 m（m=1~31）
9	DRV_CANFDSPI_ReceiveChannelConfigure	配置 CiFIFOCONm——FIFO 控制寄存器 m（m=1~31）
10	DRV_CANFDSPI_FilterObjectConfigure	配置 CiFLTOBJm——过滤器对象寄存器 m（m=0~31）
11	DRV_CANFDSPI_FilterMaskConfigure	配置 CiMASKm——屏蔽寄存器 m（m=0~31）
12	DRV_CANFDSPI_FilterToFifoLink	链接 FIFO 和过滤器
13	DRV_CANFDSPI_BitTimeConfigure	设置波特率
	DRV_CANFDSPI_BitTimeConfigureNominal 20 MHz	根据波特率的值，配置标称波特率配置寄存器的相关位
	DRV_CANFDSPI_BitTimeConfigureData 20 MHz	根据波特率的值，配置数据波特率配置寄存器和发送器延时补偿寄存器的相关位
14	DRV_CANFDSPI_GpioModeConfigure	设置 GPIO 模式
15	DRV_CANFDSPI_TransmitChannelEventEnable	读取发送 FIFO 中断使能标志，计算更改后将新的使能状态写入
16	DRV_CANFDSPI_ReceiveChannelEventEnable	读取接收 FIFO 中断使能标志，计算更改后将新的使能状态写入
17	DRV_CANFDSPI_ModuleEventEnable	读取中断使能寄存器的中断使能标志，计算更改后将新的使能状态写入
18	DRV_CANFDSPI_OperationModeSelect	运行模式选择

3.5.2　MCP2517FD 接收报文程序

MCP2517FD 接收报文程序主要是通过 SPI 串行通信接收报文，如果接收到中断 APP_RX_INT()，则调用 MCP2517FD 接收报文程序，通过获得相应的寄存器信息、要读取的字节数、分配报文头和报文数据、设置 UINC，将从 MCP2517FD 接收到的报文存放到接收报文缓冲区中。

接收报文缓冲区为 uint8_t RX_MSG_BUFFER [RX_MSG_BUFFER_SIZE]。

接收报文缓冲区大小可以自由设置，最大不能超过 64 B，通过如下宏定义来定义接收报文缓冲区的大小。

```
#define RX_MSG_BUFFER_SIZE   64
```

MCP2517FD 接收程序用到的寄存器包括：FIFO 控制寄存器（判断是否是接收 FIFO）、FIFO 状态寄存器和 FIFO 用户地址寄存器（获得要读取的下一报文的地址）。

MCP2517FD 接收报文程序主要包括如下函数。

1）DRV_CANFDSPI_ReadWordArray：实现读取字数组中数据的功能。

2）spi_master_transfer：实现 SPI 主站发送和接收数据的功能。

MCP2517FD 接收函数的流程图如图 3-36 所示。

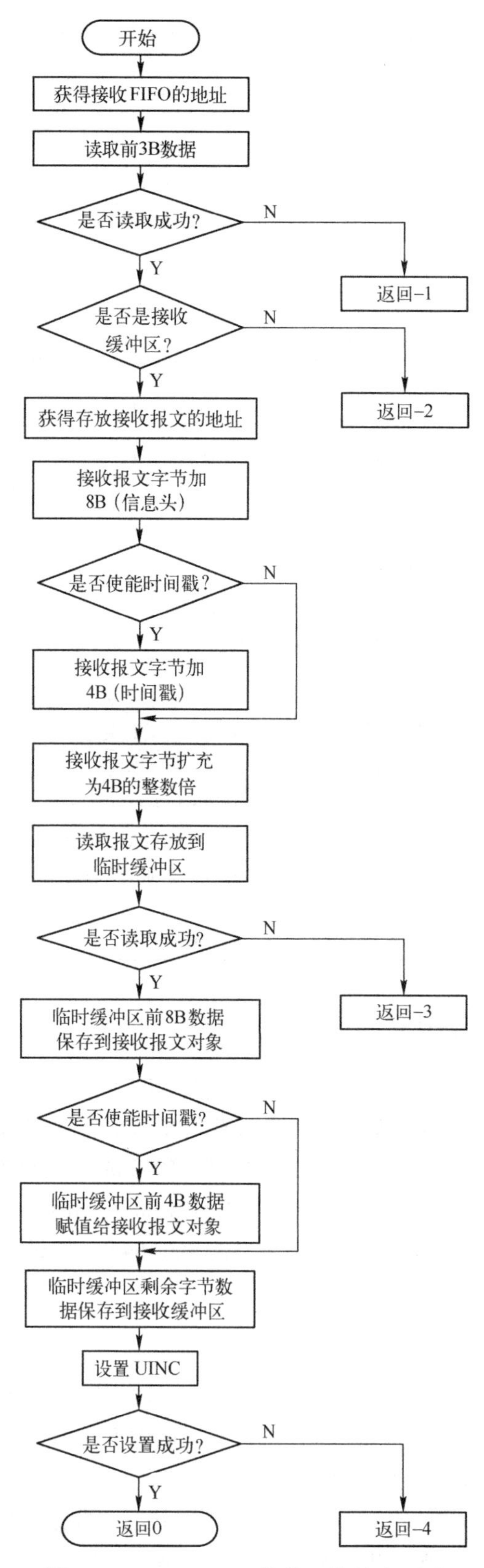

图3-36　MCP2517FD接收函数的流程图

图 3-36 中返回值说明如下。

1）返回 0：成功接收。

2）返回-1：获取寄存器状态失败。

3）返回-2：不是接收缓冲区。

4）返回-3：SPI 读取失败。

5）返回-4：设置 UINC 失败。

接收函数重要变量如下。

1）接收 FIFO：APP_RX_FIFO。

2）接收报文对象：CAN_RX_MSGOBJ rxObj。

3）接收报文缓冲区：uint8_t RX_MSG_BUFFER [RX_MSG_BUFFER_SIZE]。

MCP2517FD 接收函数实现的功能如下。

1）通过函数 DRV_CANFDSPI_ReadWordArray 进行读操作（如果得到的 spiTransferError 为 1，则程序返回-1），从中获得相应的寄存器信息，主要寄存器信息包括：FIFO 控制寄存器（判断是否是接收 FIFO）、FIFO 状态寄存器和 FIFO 用户地址寄存器（获得要读取的下一报文的地址，如果宏定义了 USERADDRESS_TIMES_FOUR，地址为（4 * ciFifoUa. bF. UserAddress+cRAMADDR_START），否则地址为（ciFifoUa. bF. UserAddress+ cRAMADDR_START）。其中的 DRV_CANFDSPI_ReadWordArray 函数基于 SPI 通信协议的底层代码以字节为单位进行读取。

2）扩展读取字节大小，加上 8 B 的头信息，如果 ciFifoCon. rxBF. RxTimeStampEnable 为 1，则再加上 4 个时间戳字节，通过运算确保从 RAM 中读取的是 4 B 的倍数，如果字节数超过了 MAX_MSG_SIZE，则将其限幅为 MAX_MSG_SIZE。读取读报文对象和写入写报文对象时最大数据长度为 76 B（64 B 数据+8 B ID+4 B 时间戳）。宏定义#define MAX_MSG_SIZE 76 来定义读报文对象和写报文对象最大传输数据长度。

3）通过函数 DRV_CANFDSPI_ReadByteArray 进行读操作。分配报文头和报文数据，其中将前 12 B 的数据保存到读报文对象 rxObj 中，后 64 B 的数据保存到 RX_MSG_BUFFER 缓冲区中。

4）调用函数 DRV_CANFDSPI_ReceiveChannelUpdate 设置 UINC（FIFO 尾部递增一个报文，通过递增 FIFO 尾部来通知 FIFO 已从 RAM 读取报文），最后程序返回 spiTransferError 的值。

3.5.3　MCP2517FD 发送报文程序

MCP2517FD 发送报文程序通过 SPI 串行通信发送报文，发送报文的过程如下。

（1）通过函数 APP_TransmitMessageQueue 检查 FIFO 是否已满，如果未满则添加报文以发送 FIFO。本函数中还需要调用如下函数。

1）函数 DRV_CANFDSPI_TransmitChannelEventGet 实现发送 FIFO 事件获取，更新数据 * flags（发送 FIFO 事件结构体指针）。

2）函数 DRV_CANFDSPI_ErrorCountStateGet 实现错误计数状态获取（读取错误，更新数据）的功能。

3）函数 DRV_CANFDSPI_DlcToDataBytes 实现将数据长度码转换为数据字节的功能。

（2）通过函数 DRV_CANFDSPI_TransmitChannelLoad 获得相应的寄存器信息，把要发送的报文存放到发送报文缓冲区中，设置发送 FIFO 的 UINC 和 TXREQ 然后发送报文。本函数中还需要调用如下函数。

1）函数 DRV_CANFDSPI_TransmitChannelUpdate 实现设置发送 FIFO 的 UINC 和 TXREQ 的功能。

2）函数 DRV_CANFDSPI_WriteByteArray 实现写字节数组的功能。

发送报文缓冲区为 uint8_t TX_MSG_BUFFER［TX_MSG_BUFFER_SIZE］。

发送报文缓冲区大小也可以自由设置，最大不能超过 64 B，通过如下宏定义来定义发送报文缓冲区的大小。

```
#define TX_MSG_BUFFER_SIZE   64
```

用到的寄存器包括：FIFO 控制寄存器（判断是否是发送 FIFO）、FIFO 状态寄存器和 FIFO 用户地址寄存器（获得要发送的下一报文的地址）。

1. 检查 FIFO 是否已满函数

函数 APP_TransmitMessageQueue 流程图如图 3-37 所示。

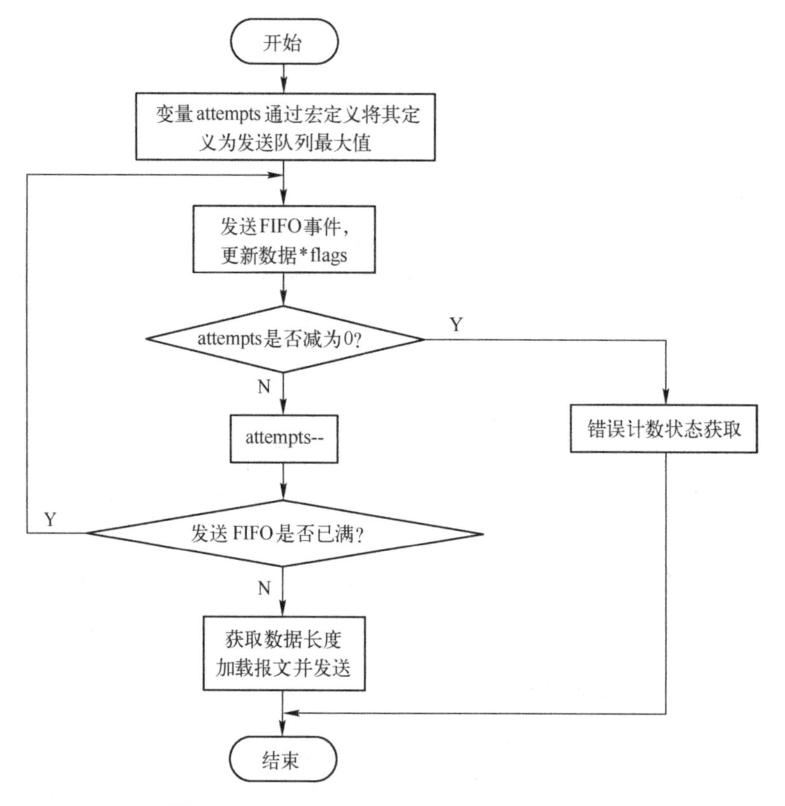

图 3-37　APP_TransmitMessageQueue 流程图

MCP2517 发送队列函数过程如下。

1）定义变量 attempts，通过宏定义将其定义为发送队列最大值。

2）检查 FIFO 是否已满。如果 FIFO 已满，则循环等待，每次循环 attempts 减一，当 attempts 等于 0 时，则通过函数 DRV_CANFDSPI_ErrorCountStateGet 获取错误计数状态。如果 FIFO 未满，则获取数据长度并通过函数 DRV_CANFDSPI_TransmitChannelLoad 加载报文并发送。

2. 加载报文并发送函数

加载报文并发送函数主要是通过 SPI 串行通信发送报文，将发送缓冲区 TX_MSG_BUFFER 中的报文发送出去。加载报文并发送函数的流程图如图 3-38 所示。

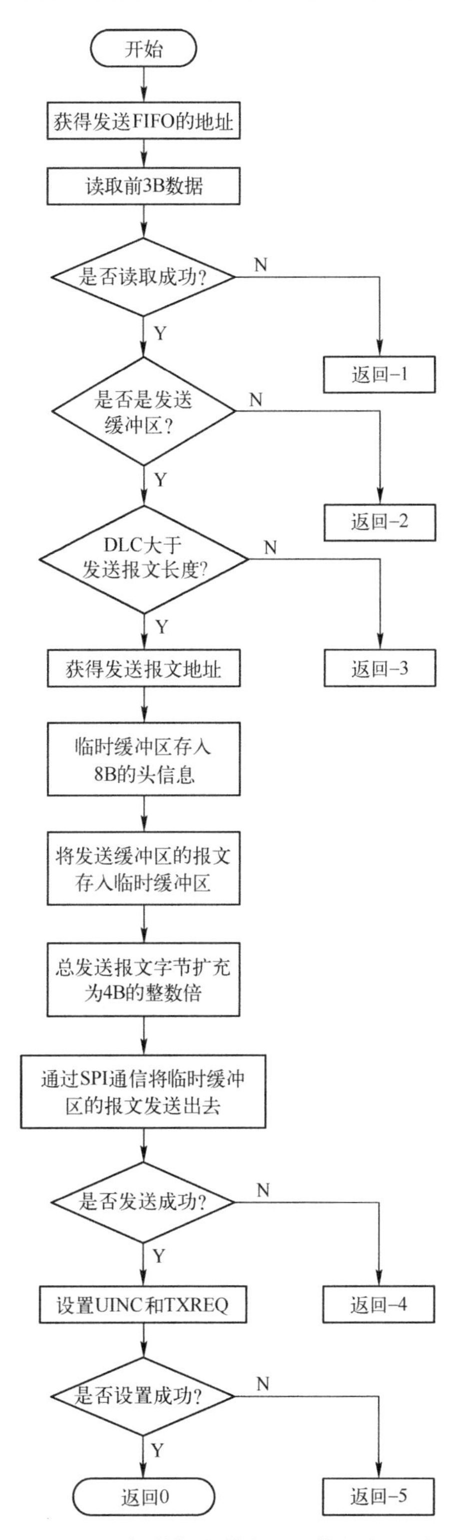

图 3-38　加载报文并发送函数的流程图

图 3-38 中返回值说明如下。

1）返回 0：成功接收。

2）返回-1：获取寄存器状态失败。

3）返回-2：不是发送缓冲区。

4）返回-3：DLC大于发送报文长度。

5）返回-4：SPI发送失败。

6）返回-5：设置UINC和TXREQ失败。

发送函数中重要变量如下。

1）发送FIFO：APP_TX_FIFO。

2）发送报文对象：CAN_TX_MSGOBJ txObj。

3）发送缓冲区：uint8_t TX_MSG_BUFFER [TX_MSG_BUFFER_SIZE]。

对于发送缓冲区，本程序通过宏定义#define TX_MSG_BUFFER_SIZE 64来定义发送缓冲区大小，也可以自由设置。(最大不能超过64 B)。

加载报文并发送函数的功能如下。

1）通过函数DRV_CANFDSPI_ReadWordArray进行读操作（如果得到的spiTransferError为1，则程序返回-1），从中获得相应的寄存器信息，主要寄存器信息包括：FIFO控制寄存器(判断是否是发送FIFO)、FIFO状态寄存器和FIFO用户地址寄存器（获得要读取的下一报文的地址，如果宏定义了USERADDRESS_TIMES_FOUR，地址为（4 * ciFifoUa. bF. UserAddress+cRAMADDR_START)，否则地址为（ciFifoUa. bF. UserAddress+ cRAMADDR_START))。其中的DRV_CANFDSPI_ReadWordArray函数基于SPI通信协议的底层代码以字节为单位进行数据读取，这里不做详细讲解。

2）通过函数DRV_CANFDSPI_DlcToDataBytes将数据长度码DLC转换为数据字节，检查配置的数据长度码DLC是否小于发送缓冲区大小，如果（dataBytesInObject < txdNumBytes)，则程序返回-3。

3）先从发送报文对象中取8 B的数据作为头信息放入发送缓冲区中，再把要发送的报文存入发送缓冲区中，通过运算确保写入RAM的是4 B的倍数。通过函数DRV_CANFDSPI_WriteByteArray进行写操作（如果得到的spiTransferError为1则程序返回-4)。

4）调用函数DRV_CANFDSPI_TransmitChannelUpdate设置UINC（FIFO头部递增一个报文，通过递增FIFO的头部来通知FIFO已向RAM写入报文）和TXREQ（报文发送请求位，通过将该位置为1请求发送报文，在成功发送FIFO中排队的所有报文之后，该位会自动清零)，最后程序返回spiTransferError的值。

习题

1. CAN FD总线与CAN总线的主要区别是什么？
2. 说明CAN FD数据帧格式。
3. 从传统的CAN升级到CAN FD需要做哪些工作？
4. MCP2517FD控制器模块有哪些工作模式？
5. MCP2517FD有哪几个特殊功能寄存器？
6. 画出MCP2517FD报文存储器构成图。
7. 说明MCP2517FD的FIFO和报文对象的配置步骤。
8. 画出微控制器与MCP2517FD的接口电路图。
9. MCP2517FD的应用程序设计主要由几部分组成？

第4章 PROFIBUS-DP现场总线

PROFIBUS（Process Fieldbus的缩写）是一种国际化的、开放的、不依赖于设备生产商的现场总线标准。它广泛应用于制造业自动化、流程工业自动化和楼宇、交通、电力等其他自动化领域。

本章首先对PROFIBUS进行了概述，然后讲述了PROFIBUS的协议结构、PROFIBUS-DP现场总线系统、PROFIBUS-DP系统工作过程、PROFIBUS-DP的通信模型、PROFIBUS-DP的总线设备类型和数据通信，以及PROFIBUS通信用ASIC。对应用非常广泛的PROFIBUS-DP从站通信控制器SPC3进行了详细讲述，同时介绍了主站通信网络接口卡CP5611。以PMM2000电力网络仪表为例，详细讲述了采用SPC3进行PROFIBUS-DP从站的开发设计过程，最后介绍了PMM2000电力网络仪表在数字化变电站中的应用和PROFIBUS-DP从站的测试方法。

4.1 PROFIBUS概述

PROFIBUS技术的发展经历了如下过程。

1987年由德国Siemens公司等13家企业和5家研究机构联合开发。

1989年成为德国工业标准DIN19245。

1996年成为欧洲标准EN50170 V.2（PROFIBUS-FMS-DP）。

1998年PROFIBUS-PA被纳入EN50170V.2。

1999年PROFIBUS成为国际标准IEC61158的组成部分（TYPE Ⅲ）。

2001年成为中国的机械行业标准JB/T 10308.3-2001。

PROFIBUS由以下三个兼容部分组成。

PROFIBUS-DP：用于传感器和执行器级的高速数据传输，它以DIN19245的第一部分为基础，根据其所需要达到的目标对通信功能加以扩充，DP的传输速率可达12 Mbit/s，一般构成单主站系统，主站、从站间采用循环数据传输方式工作。

它的设计旨在用于设备一级的高速数据传输。在这一级，中央控制器（如PLC/PC）通过高速串行线同分散的现场设备（如I/O、驱动器、阀门等）进行通信，同这些设备进行数据交换多数是周期性的。

PROFIBUS-PA：对于安全性要求较高的场合，制定了PROFIBUS-PA协议，这由DIN19245的第四部分描述。PA具有本质安全特性，它实现了IEC1158-2规定的通信规程。

PROFIBUS-PA是PROFIBUS的过程自动化解决方案，PA将自动化系统和过程控制系统与现场设备，如压力、温度和液位变送器等连接起来，代替了4～20 mA模拟信号传输技术，在现场设备的规划、敷设电缆、调试、投入运行和维修等方面可节约成本40%之多，并大大提高了系统功能和安全可靠性，因此PA尤其适用于石油、化工、冶金等行业的过程自动化控制系统。

PROFIBUS-FMS：它的设计是旨在解决车间一级通用性通信任务，FMS 提供大量的通信服务，用以完成以中等传输速率进行的循环和非循环的通信任务。由于它的作用是完成控制器和智能现场设备之间的通信以及控制器之间的信息交换，因此它考虑的主要是系统的功能而不是系统响应时间，应用过程通常要求的是随机的信息交换（如改变设定参数等）。强有力的 FMS 服务向人们提供了广泛的应用范围和更大的灵活性，可用于大范围和复杂的通信系统。

为了满足苛刻的实时要求，PROFIBUS 协议具有如下特点。

1）不支持长信息段>235 B（实际最大长度为 255 B，数据最大长度 244 B，典型长度 120 B）。

2）不支持短信息组块功能。由许多短信息组成的长信息包不符合短信息的要求，因此，PROFIBUS 不提供这一功能（实际使用中可通过应用层或用户层的制定或扩展来克服这一约束）。

3）本规范不提供由网络层支持运行的功能。

4）除规定的最小组态外，根据应用需求可以建立任意的服务子集。这对小系统（如传感器等）尤其重要。

5）其他功能是可选的，如口令保护方法等。

6）网络拓扑是总线型，两端带终端器或不带终端器。

7）介质、距离、站点数取决于信号特性，如对屏蔽双绞线，单段长度小于或等于 1.2 km，不带中继器，每段 32 个站点。（网络规模：双绞线，最大长度 9.6 km；光纤，最大长度 90 km；最大站数，127 个）。

8）传输速率取决于网络拓扑和总线长度，从 9.6 kbit/s 到 12 Mbit/s 不等。

9）可选第二种介质（冗余）。

10）在传输时，使用半双工，异步，滑差（Slipe）保护同步（无位填充）。

11）报文数据的完整性，用海明距离 HD=4，同步滑差检查和特殊序列，以避免数据的丢失和增加。

12）地址定义范围为：0~127（对广播和群播而言，127 是全局地址），对区域地址、段地址的服务存取地址（服务存取点 LSAP）的地址扩展，每个 6 bit。

13）使用两类站：主站（主动站，具有总线存取控制权）和从站（被动站，没有总线存取控制权）。如果对实时性要求不苛刻，最多可用 32 个主站，总站数可达 127 个。

14）总线存取基于混合、分散、集中三种方式：主站间用令牌传输，主站与从站之间用主从方式。令牌在由主站组成的逻辑令牌环中循环。如果系统中仅有一个主站，则不需要令牌传输。这是一个单主站多从站的系统。最小的系统配置由一个主站和一个从站或两个主站组成。

15）数据传输服务有两类：

① 非循环的：有/无应答要求的发送数据；有应答要求的发送和请求数据。

② 循环的（轮询）：有应答要求的发送和请求数据。

PROFIBUS 广泛应用于制造业自动化、流程工业自动化和楼宇、交通、电力等其他自动化领域，PROFIBUS 的典型应用如图 4-1 所示。

工厂管理级
总线循环
时间
<1000ms
车间级
总线循环
时间
<100ms
现场级
总线循环
时间
<10ms
工厂管理系统
MMS,TCP/IP主干
网关
CNC
PC
PROFIBUS-FMS
PLC
PC
PLS
PROFIBUS-DP
PROFIBUS-PA
现场设备
远程I/O设备
传感器
M
传动装置
变送器
现场设备

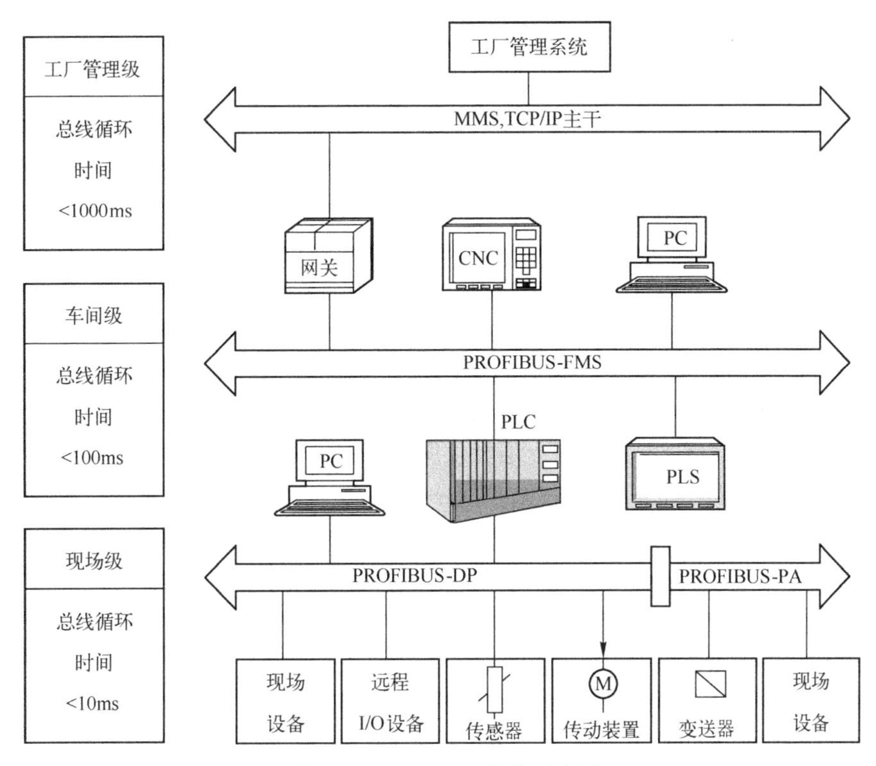

图 4-1　PROFIBUS 的典型应用

4.2　PROFIBUS 的协议结构

PROFIBUS 的协议结构如图 4-2 所示。

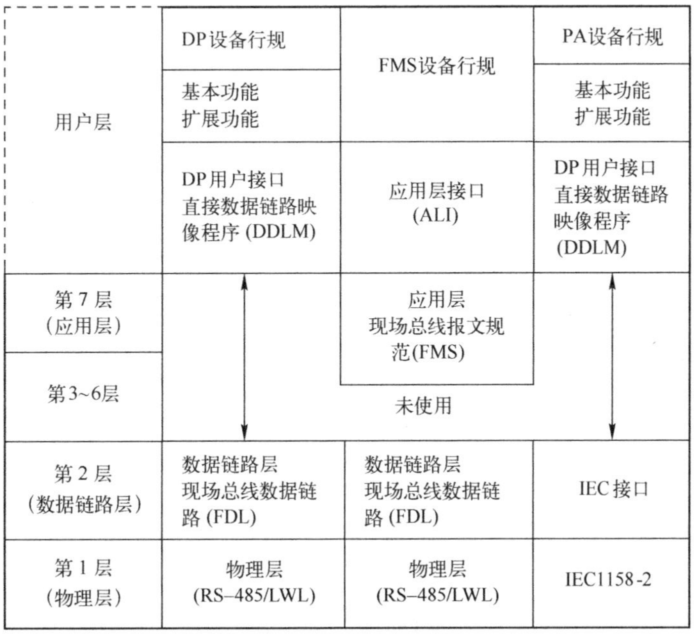

用户层
DP设备行规
基本功能
扩展功能
FMS设备行规
PA设备行规
基本功能
扩展功能
DP用户接口
直接数据链路映像程序 (DDLM)
应用层接口
(ALI)
DP用户接口
直接数据链路映像程序
(DDLM)
第 7 层
(应用层)
应用层
现场总线报文规范(FMS)
第3~6层
未使用
第 2 层
(数据链路层)
数据链路层
现场总线数据链路 (FDL)
数据链路层
现场总线数据链路 (FDL)
IEC 接口
第 1 层
(物理层)
物理层
(RS-485/LWL)
物理层
(RS-485/LWL)
IEC1158-2

图 4-2　PROFIBUS 的协议结构

从图4-2可以看出，PROFIBUS协议采用了ISO/OSI模型中的第1层、第2层，必要时还采用第7层。第1层和第2层的导线和传输协议依据美国标准EIA RS-485、国际标准IEC 870-5-1和欧洲标准EN 60870-5-1，总线存取程序、数据传输和管理服务基于DIN 19241标准的第1~3部分和IEC 955标准。管理功能（FMA7）采用ISO DIS 7498-4（管理框架）的概念。

4.2.1　PROFIBUS-DP的协议结构

PROFIBUS-DP使用第1层、第2层和用户接口层，第3~7层未用，这种精简的结构确保高速数据传输。物理层采用RS-485标准，规定了传输介质、物理连接和电气等特性。PROFIBUS-DP的数据链路层称为现场总线数据链路层（Fieldbus Data Link layer，FDL），包括与PROFIBUS-FMS、PROFIBUS-PA兼容的总线介质访问控制MAC以及现场总线链路控制（Fieldbus Link Control，FLC），FLC向上层提供服务存取点的管理和数据的缓存。第1层和第2层的现场总线管理（FieldBus Management layer 1 and 2，FMA1/2）完成第2层待定总线参数的设定和第1层参数的设定，它还完成这两层出错信息的上传。PROFIBUS-DP的用户层包括直接数据链路映射（Direct Data Link Mapper，DDLM）、DP的基本功能、扩展功能以及设备行规。DDLM提供了方便访问FDL的接口，DP设备行规是对用户数据含义的具体说明，规定了各种应用系统和设备的行为特性。

这种为高速传输用户数据而优化的PROFIBUS协议特别适用于可编程控制器与现场级分散I/O设备之间的通信。

4.2.2　PROFIBUS-FMS的协议结构

PROFIBUS-FMS使用了第1层、第2层和第7层。应用层（第7层）包括FMS（现场总线报文规范）和LLI（低层接口）。FMS包含应用协议和提供的通信服务。LLI建立各种类型的通信关系，并给FMS提供不依赖于设备的对第2层的访问。

FMS处理单元级（PLC和PC）的数据通信。功能强大的FMS服务可在广泛的应用领域内使用，并为解决复杂通信任务提供了很大的灵活性。

PROFIBUS-DP和PROFIBUS-FMS使用相同的传输技术和总线存取协议。因此，它们可以在同一根电缆上同时运行。

4.2.3　PROFIBUS-PA的协议结构

PROFIBUS-PA使用扩展的PROFIBUS-DP协议进行数据传输。此外，它执行规定现场设备特性的PA设备行规。传输技术依据IEC 1158-2标准，确保本质安全和通过总线对现场设备供电。使用段耦合器可将PROFIBUS-PA设备很容易地集成到PROFIBUS-DP网络之中。

PROFIBUS-PA是为过程自动化工程中的高速、可靠的通信要求而特别设计的。用PROFIBUS-PA可以把传感器和执行器连接到通常的现场总线（段）上，即使在防爆区域的传感器和执行器也可如此。

4.3　PROFIBUS-DP现场总线系统

由于Siemens公司在离散自动化领域具有较深的影响，并且PROFIBUS-DP在国内具有广大的用户，本节以PROFIBUS-DP为例介绍PROFIBUS现场总线系统。

4.3.1　PROFIBUS-DP 的三个版本

PROFIBUS-DP 经过功能扩展，一共有 DP-V0、DP-V1 和 DP-V2 三个版本，有时将 DP-V1 简写为 DPV1。

1. 基本功能（DP-V0）

（1）总线存取方法

各主站间为令牌传送，主站与从站间为主-从循环传送，支持单主站或多主站系统，总线上最多 126 个站。可以采用点对点用户数据通信、广播（控制指令）方式和循环主-从用户数据通信。

（2）循环数据交换

DP-V0 可以实现中央控制器（PLC、PC 或过程控制系统）与分布式现场设备（从站，如 I/O、阀门、变送器和分析仪等）之间的快速循环数据交换，主站发出请求报文，从站收到后返回响应报文。这种循环数据交换是在被称为 MS0 的连接上进行的。

总线循环时间应小于中央控制器的循环时间（约 10 ms），DP 的传送时间与网络中站的数量和传输速率有关。每个从站可以传送 224 B 的输入或输出。

（3）诊断功能

经过扩展的 PROFIBUS-DP 诊断，能对站级、模块级、通道级这 3 级故障进行诊断和快速定位，诊断信息在总线上传输并由主站采集。

本站诊断操作：对本站设备的一般操作状态的诊断，如温度过高、压力过低。

模块诊断操作：对站点内部某个具体的 I/O 模块的故障定位。

通道诊断操作：对某个输入/输出通道的故障定位。

（4）保护功能

所有信息的传输按海明距离 HD=4 进行。对 DP 从站的输出进行存取保护，DP 主站用监控定时器监视与从站的通信，对每个从站都有独立的监控定时器。在规定的监视时间间隔内，如果没有执行用户数据传送，将会使监控定时器超时，通知用户程序进行处理。如果参数“Auto_Clear”为 1，DPM1 将退出运行模式，并将所有有关的从站的输出置于故障安全状态，然后进入清除（Clear）状态。

DP 从站用看门狗（Watchdog Timer，监控定时器）检测与主站的数据传输，如果在设置的时间内没有完成数据通信，从站自动地将输出切换到故障安全状态。

在多主站系统中，从站输出操作的访问保护是必要的。这样可以保证只有授权的主站才能直接访问。其他从站可以读它们的输入的映像，但是不能直接访问。

（5）通过网络的组态功能与控制功能

通过网络可以实现下列功能：动态激活或关闭 DP 从站，对 DP 主站（DPM1）进行配置，可以设置站点的数目、DP 从站的地址、输入/输出数据的格式、诊断报文的格式等，以及检查 DP 从站的组态。控制命令可以同时发送给所有的从站或部分从站。

（6）同步与锁定功能

主站可以发送命令给一个从站或同时发给一组从站。接收到主站的同步命令后，从站进入同步模式。这些从站的输出被锁定在当前状态。在这之后的用户数据传输中，输出数据存储在从站，但是它的输出状态保持不变。同步模式用“UNSYNC”命令来解除。

锁定（FREEZE）命令使指定的从站组进入锁定模式，即将各从站的输入数据锁定在当前状态，直到主站发送下一个锁定命令时才可以刷新。用“UNFREEZE”命令来解除锁定模式。

（7）DPM1和DP从站之间的循环数据传输

DPM1与有关DP从站之间的用户数据传输是由DPM1按照确定的递归顺序自动进行的。在对总线系统进行组态时，用户定义DP从站与DPM1的关系，确定哪些DP从站被纳入信息交换的循环。

DMP1和DP从站之间的数据传送分为3个阶段：参数化、组态和数据交换。在前两个阶段进行检查，每个从站将自己的实际组态数据与从DPM1接收到的组态数据进行比较。设备类型、格式、信息长度与输入/输出的个数都应一致，以防止由于组态过程中的错误造成系统的检查错误。

只有系统检查通过后，DP从站才进入用户数据传输阶段。在自动进行用户数据传输的同时，也可以根据用户的需要向DP从站发送用户定义的参数。

（8）DPM1和系统组态设备间的循环数据传输

PROFIBUS-DP允许主站之间的数据交换，即DPM1和DPM2之间的数据交换。该功能使组态和诊断设备通过总线对系统进行组态，改变DPM1的操作方式，动态地允许或禁止DPM1与某些从站之间交换数据。

2. DP-V1的扩展功能

（1）非循环数据交换

除了DP-V0的功能外，DP-V1最主要的特征是具有主站与从站之间的非循环数据交换功能，可以用它来进行参数设置、诊断和报警处理。非循环数据交换与循环数据交换是并行执行的，但是优先级较低。

1类主站DPM1可以通过非循环数据通信读写从站的数据块，数据传输在DPM1建立的MS1连接上进行，可以用主站来组态从站和设置从站的参数。

在启动非循环数据通信之前，DPM2用初始化服务建立MS2连接。MS2用于读、写和数据传输服务。一个从站可以同时保持几个激活的MS2连接，但是连接的数量受到从站资源的限制。DPM2与从站建立或中止非循环数据通信连接，读写从站的数据块。数据传输功能向从站非循环地写指定的数据，如果需要，可以在同一周期读数据。

对数据寻址时，PROFIBUS假设从站的物理结构是模块化的，即从站由称为“模块”的逻辑功能单元构成。在基本DP功能中这种模型也用于数据的循环传送。每一模块的输入/输出字节数为常数，在用户数据报文中按固定的位置来传送。寻址过程基于标识符，用它来表示模块的类型，包括输入、输出或二者的结合，所有标识符的集合产生了从站的配置。在系统启动时由DPM1对标识符进行检查。

循环数据通信也是建立在这一模型的基础上的。所有能被读写访问的数据块都被认为属于这些模块，它们可以用槽号和索引来寻址。槽号用来确定模块的地址，索引号用来确定指定给模块的数据块的地址，每个数据块最多244 B。读写服务寻址如图4-3所示。

对于模块化的设备，模块被指定槽号，从1号槽开始，槽号按顺序递增，0号留给设备本身。紧凑型设备被视为虚拟模块的一个单元，也可以用槽号和索引来寻址。

在读/写请求中通过长度信息可以对数据块的一部分进行读写。如果读/写数据块成功，DP从站发送正常的读写响应。反之将发送否定的响应，并对问题进行分类。

（2）工程内部集成的EDD与FDT

在工业自动化中，由于历史的原因，GSD（电子设备数据）文件使用得较多，它适用于较简单的应用；EDD（Electronic Device Description，电子设备描述）适用于中等复杂程序的应用；FDT/DTM（Field Device Tool/Device Type Manager，现场设备工具/设备类型管理）是独立于现场总线的“万能”接口，适用于复杂的应用场合。

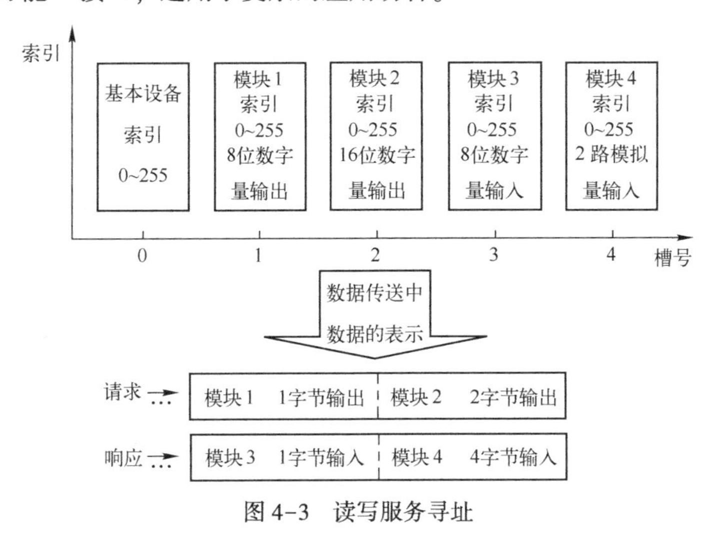

图 4-3　读写服务寻址

（3）基于 IEC 61131-3 的软件功能块

为了实现与制造商无关的系统行规，应为现存的通信平台提供应用程序接口（API），即标准功能块。PNO（PROFIBUS 用户组织）推出了“基于 IEC 61131-3 的通信与代理（Proxy）功能块”。

（4）故障安全通信（PROFIsafe）

PROFIsafe 定义了与故障安全有关的自动化任务，以及故障-安全设备怎样用故障-安全控制器在 PROFIBUS 上通信。PROFIsafe 考虑了在串行总线通信中可能发生的故障，如数据的延迟、丢失、重复，不正确的时序、地址和数据的损坏。

PROFIsafe 采取了下列的补救措施：输入报文帧的超时及其确认；发送者与接收者之间的标识符（口令）；附加的数据安全措施（CRC 校验）。

（5）扩展的诊断功能

DP 从站通过诊断报文将突发事件（报警信息）传送给主站，主站收到后发送确认报文给从站。从站收到后只能发送新的报警信息，这样可以防止多次重复发送同一报警报文。状态报文由从站发送给主站，不需要主站确认。

3. DP-V2 的扩展功能

（1）从站与从站间的通信

在 2001 年发布的 PROFIBUS 协议功能扩充版本 DP-V2 中，广播式数据交换实现了从站之间的通信，从站作为出版者（Publisher），不经过主站直接将信息发送给作为订户（Subscribers）的从站。这样从站可以直接读入别的从站的数据。这种方式最多可以减少 90%的总线响应时间。从站与从站的数据交换如图 4-4 所示。

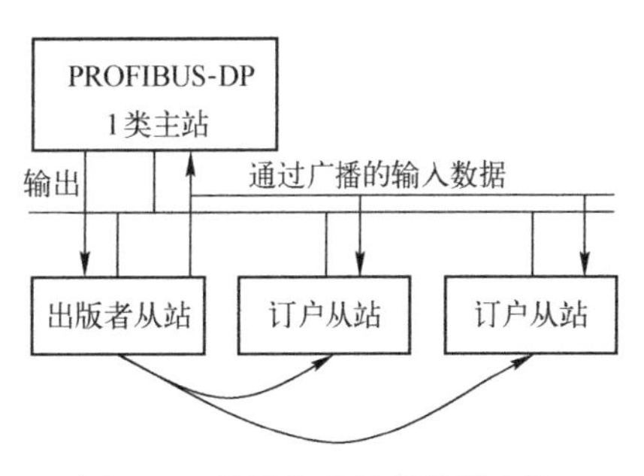

图 4-4　从站与从站的数据交换

（2）同步（Isochronous）模式功能

同步功能激活主站与从站之间的同步，误差小于

1 ms。通过“全局控制”广播报文，所有有关的设备被周期性地同步到总线主站的循环。

(3) 时钟控制与时间标记 (Time Stamps)

通过用于时钟同步的新连接 MS3，实时时间 (Real Time) 主站将时间标记发送给所有从站，将从站的时钟同步到系统时间，误差小于 1 ms。利用这一功能可以实现高精度的事件追踪。在有大量主站的网络中，对于获取定时功能特别有用。主站与从站之间的时钟控制通过 MS3 服务来进行。

(4) HARTonDP

HART 是一种应用较广的现场总线。HART 规范将 HART 的客户-主机-服务器模型映射到 PROFIBUS，HART 规范位于 DP 主站和从站的第 7 层之上。HART-client (客户) 功能集成在 PROFIBUS 的主站中，HART 的主站集成在 PROFIBUS 的从站中。为了传送 HART 报文，定义了独立于 MS1 和 MS2 的通信通道。

(5) 上载与下载 (区域装载)

这一功能允许用少量的命令装载任意现场设备中任意大小的数据区。例如，不需要人工装载就可以更新程序或更换设备。

(6) 功能请求 (Function Invocation)

功能请求服务用于 DP 从站的程序控制 (启动、停止、返回或重新启动) 和功能调用。

(7) 从站冗余

在很多应用场合，要求现场设备的通信有冗余功能。冗余的从站有两个 PROFIBUS 接口，一个是主接口，一个是备用接口。它们可能是单独的设备，也可能分散在两个设备中。这些设备有两个带有特殊冗余扩展的独立协议堆栈，冗余通信在两个协议堆栈之间进行，可能是在一个设备内部，也可能是在两个设备之间。

在正常情况下，通信只发送给被组态的主要从站，它也发送给后备从站。在主要从站出现故障时，后备从站接管它的功能。可能是后备从站自己检查到故障，或主站请求它这样做。主站监视所有的从站，出现故障时立即发送诊断报文给后备从站。

冗余从站设备可以在一条 PROFIBUS 总线或两条冗余的 PROFIBUS 总线上运行。

4.3.2 PROFIBUS-DP 系统组成和总线访问控制

1. 系统的组成

PROFIBUS-DP 总线系统设备包括主站 (主动站，有总线访问控制权，包括 1 类主站和 2 类主站) 和从站 (被动站，无总线访问控制权)。当主站获得总线访问控制权 (令牌) 时，它能占用总线，可以传输报文，从站仅能应答所接收的报文或在收到请求后传输数据。

(1) 1 类主站

1 类 DP 主站能够对从站设置参数，检查从站的通信接口配置，读取从站诊断报文，并根据已经定义好的算法与从站进行用户数据交换。1 类主站还能用一组功能与 2 类主站进行通信。所以 1 类主站在 DP 通信系统中既可作为数据的请求方 (与从站的通信)，也可作为数据的响应方 (与 2 类主站的通信)。

(2) 2 类主站

在 PROFIBUS-DP 系统中，2 类主站是一个编程器或一个管理设备，可以执行一组 DP 系统的管理与诊断功能。

（3）从站

从站是 PROFIBUS-DP 系统通信中的响应方，它不能主动发出数据请求。DP 从站可以与 2 类主站或（对其设置参数并完成对其通信接口配置的）1 类主站进行数据交换，并向主站报告本地诊断信息。

2. 系统的结构

一个 DP 系统既可以是一个单主站结构，也可以是一个多主站结构。主站和从站采用统一编址方式，可选用 0~127 共 128 个地址，其中 127 为广播地址。一个 PROFIBUS-DP 网络最多可以有 127 个主站，在应用实时性要求较高时，主站个数一般不超过 32 个。

单主站结构是指网络中只有一个主站，且该主站为 1 类主站，网络中的从站都隶属于这个主站，从站与主站进行主从数据交换。

多主站结构是指在一条总线上连接几个主站，主站之间采用令牌传递方式获得总线控制权，获得令牌的主站和其控制的从站之间进行主从数据交换。总线上的主站和各自控制的从站构成多个独立的主从结构子系统。

典型 DP 系统的组成结构如图 4-5 所示。

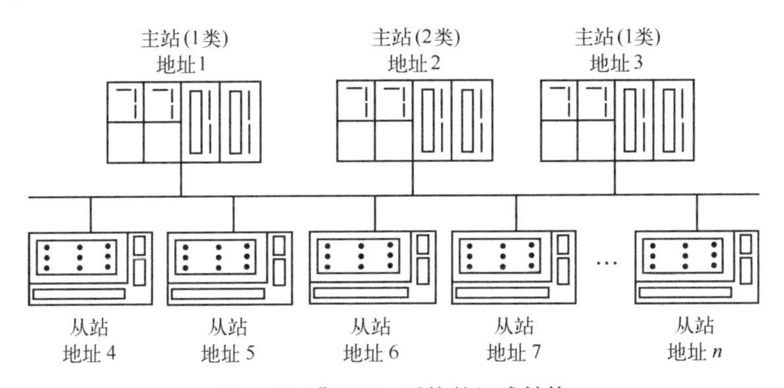

图 4-5　典型 DP 系统的组成结构

3. 总线访问控制

PROFIBUS-DP 系统的总线访问控制要保证两个方面的需求：一方面，总线主站节点必须在确定的时间范围内获得足够的机会来处理它自己的通信任务；另一方面，主站与从站之间的数据交换必须是快速且具有很少的协议开销。

DP 系统支持使用混合的总线访问控制机制，主站之间采取令牌控制方式，令牌在主站之间传递，拥有令牌的主站拥有总线访问控制权；主站与从站之间采取主从的控制方式，主站具有总线访问控制权，从站仅在主站要求它发送时才可以使用总线。

当一个主站获得了令牌，它就可以执行主站功能，与其他主站节点或所控制的从站节点进行通信。总线上的报文用节点地址来组织，每个 PROFIBUS 主站节点和从站节点都有一个地址，而且此地址在整个总线上必须是唯一的。

在 PROFIBUS-DP 系统中，这种混合总线访问控制方式允许有如下的系统配置。

1）纯主-主系统（执行令牌传递过程）。

2）纯主-从系统（执行主-从数据通信过程）。

3）混合系统（执行令牌传递和主-从数据通信过程）。

（1）令牌传递过程

连接到 DP 网络的主站按节点地址的升序组成一个逻辑令牌环。控制令牌按顺序从一个主站传递到下一个主站。令牌提供访问总线的权利，并通过特殊的令牌帧在主站间传递。具有HAS（Highest Address Station，最高站地址）的主站将令牌传递给具有最低总线地址的主站，以使逻辑令牌环闭合。

令牌经过所有主站节点轮转一次所需的时间叫作令牌循环时间（Token Rotation Time）。现场总线系统中令牌轮转一次所允许的最大时间叫作目标令牌时间（T_{TR} Target Rotation Time），其值是可调整的。

在系统的启动总线初始化阶段，总线访问控制通过辨认主站地址来建立令牌环，并将主站地址都记录在活动主站表（List of Active Master Stations，LAS，记录系统中所有主站地址）中。对于令牌管理而言，有两个地址概念特别重要：前驱站（Previous Station，PS）地址，即传递令牌给自己的站的地址；后继站（Next Station，NS）地址，即将要传递令牌的目的站地址。在系统运行期间，为了从令牌环中去掉有故障的主站或在令牌环中添加新的主站而不影响总线上的数据通信，需要修改LAS。纯主-主系统中的令牌传递过程如图4-6所示。

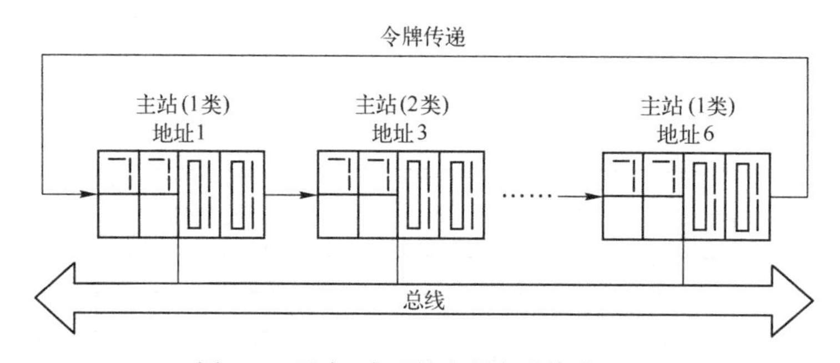

图4-6　纯主-主系统中的令牌传递过程

（2）主-从数据通信过程

一个主站在得到令牌后，可以主动发起与从站的数据交换。主-从访问过程允许主站访问主站所控制的从站设备，主站可以发送信息给从站或从从站获取信息。其数据传递如图4-7所示。

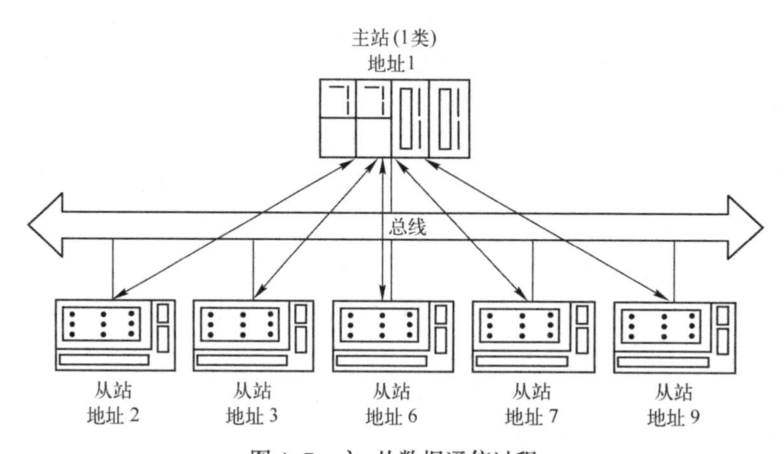

图4-7　主-从数据通信过程

如果一个DP总线系统中有若干个从站，而它的逻辑令牌环只含有一个主站，这样的系统称为纯主-从系统。

4.3.3　PROFIBUS-DP 系统工作过程

下面以图 4-8 所示的 PROFIBUS-DP 系统为例，介绍 PROFIBUS 系统的工作过程。这是一个由多个主站和多个从站组成的 PROFIBUS-DP 系统，包括 2 个 1 类主站、1 个 2 类主站和 4 个从站。2 号从站和 4 号从站受控于 1 号主站，5 号从站和 9 号从站受控于 6 号主站，主站在得到令牌后对其控制的从站进行数据交换。通过用户设置，2 类主站可以对 1 类主站或从站进行管理监控。上述系统搭建过程可以通过特定的组态软件（如 Step7）组态而成，由于篇幅所限此处只讨论 1 类主站和从站的通信过程，而不讨论有关 2 类主站的通信过程。

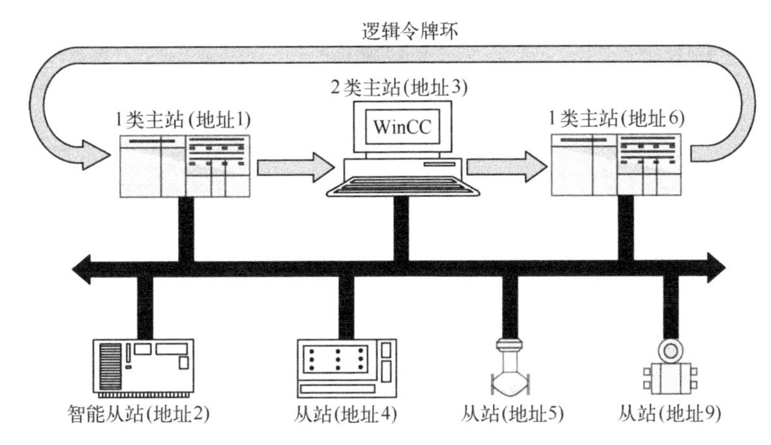

图 4-8　PROFIBUS-DP 系统实例

系统从上电到进入正常数据交换工作状态的整个过程可以概括为以下四个工作阶段。

1. 主站和从站的初始化

上电后，主站和从站进入 Offline 状态，执行自检。当所需要的参数都被初始化后（主站需要加载总线参数集，从站需要加载相应的诊断响应信息等），主站开始监听总线令牌，而从站开始等待主站对其进行参数设置。

2. 总线上令牌环的建立

主站准备好进入总线令牌环，处于听令牌状态。在一定时间（Time-out）内主站如果没有听到总线上有信号传递，就开始自己生成令牌并初始化令牌环。然后该主站做一次对全体可能主站地址的状态询问，根据收到应答的结果确定活动主站表和本主站所辖站地址范围 GAP，GAP 是指从本站地址（This Station，TS）到令牌环中的后继站地址 NS 之间的地址范围。LAS 的形成即标志着逻辑令牌环初始化的完成。

3. 主站与从站通信的初始化

DP 系统的工作过程如图 4-9 所示，在主站可以与 DP 从站设备交换用户数据之前，主站必须设置 DP 从站的参数并配置此从站的通信接口，因此主站首先检查 DP 从站是否在总线上。如果从站在总线上，则主站通过请求从站的诊断数据来检查 DP 从站的准备情况。如果 DP 从站报告它已准备好接收参数，则主站给 DP 从站设置参数数据并检查通信接口配置，在正常情况下 DP 从站将分别给予确认。收到从站的确认回答后，主站再请求从站的诊断数据以查明从站是否准备好进行用户数据交换。只有在这些工作正确完成后，主站才能开始循环地与 DP 从站交换用户数据。在上述过程中，交换了下述三种数据。

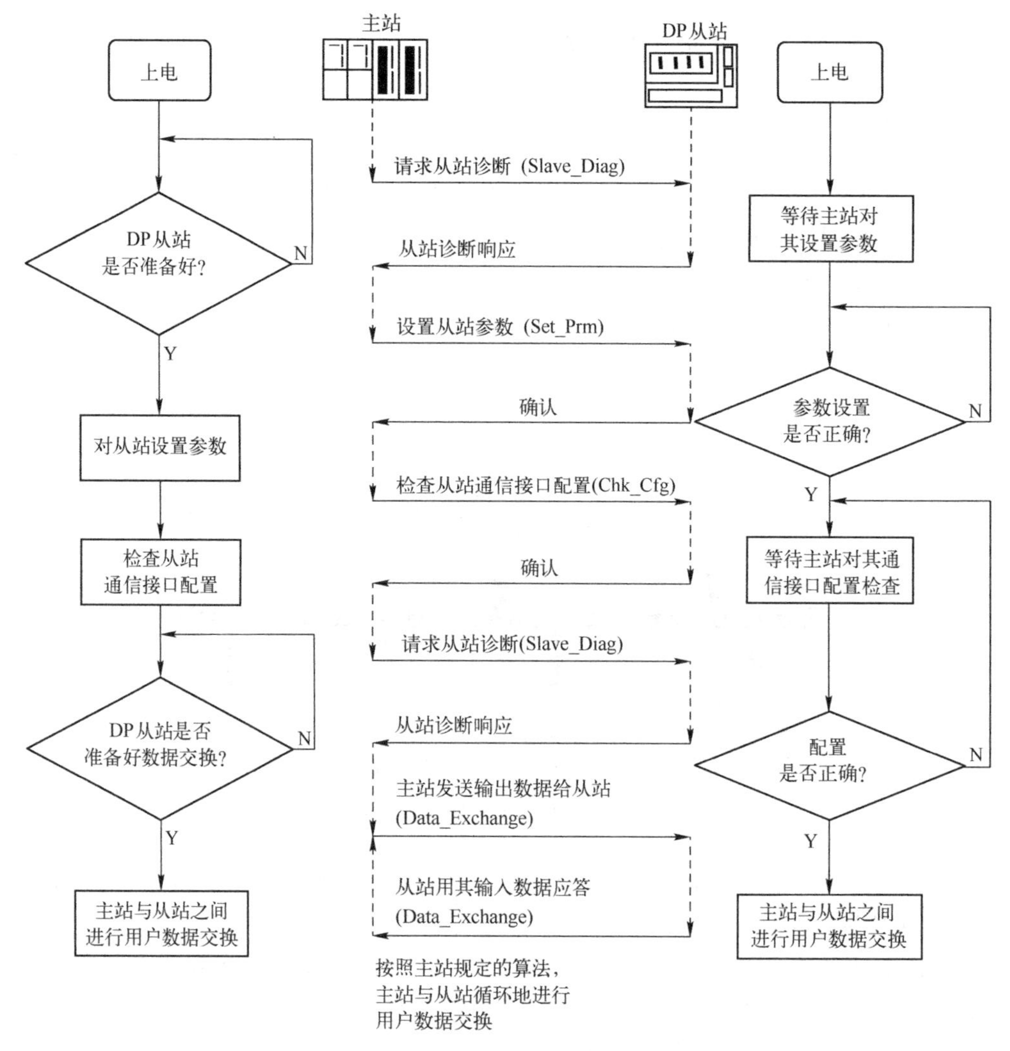

图4-9　DP系统的工作过程

(1) 参数数据

参数数据包括预先给DP从站的一些本地和全局参数以及一些特征和功能。参数报文的结构除包括标准规定的部分外，必要时还包括DP从站和制造商特有的部分。参数报文的长度不超过244 B，重要的参数包括从站状态参数、看门狗定时器参数、从站制造商标识符、从站分组及用户自定义的从站应用参数等。

(2) 通信接口配置数据

DP从站的输入/输出数据的格式通过标识符来描述。标识符指定了在用户数据交换时输入/输出字节或字的长度及数据的一致刷新要求。在检查通信接口配置时，主站发送标识符给DP从站，以检查在从站中实际存在的输入/输出区域是否与标识符所设定的一致。如果一致，则可以进入主从用户数据交换阶段。

(3) 诊断数据

在启动阶段，主站使用诊断请求报文来检查是否存在DP从站和从站是否准备接收参数报文。由DP从站提交的诊断数据包括符合标准的诊断部分以及此DP从站专用的外部诊断信息。DP从站发送诊断报文告知DP主站它的运行状态、出错时间及原因等。

4. 用户的交换数据通信

如果前面所述的过程没有错误而且 DP 从站的通信接口配置与主站的请求相符，则 DP 从站发送诊断报文报告它已为循环地交换用户数据做好准备。从此时起，主站与 DP 从站交换用户数据。在交换用户数据期间，DP 从站只响应对其设置参数和通信接口配置检查正确的主站发来的 Data_Exchange 请求帧报文，如循环地向从站输出数据或者循环地读取从站数据。其他主站的用户数据报文均被此 DP 从站拒绝。在此阶段，当从站出现故障或其他诊断信息时，将会中断正常的用户数据交换。DP 从站可以使用将应答时的报文服务级别从低优先级改变为高优先级来告知主站当前有诊断报文中断或其他状态信息。然后，主站发出诊断请求，请求 DP 从站的实际诊断报文或状态信息。处理后，DP 从站和主站返回到交换用户数据状态，主站和 DP 从站可以双向交换最多 244 B 的用户数据。DP 从站报告出现诊断报文的流程如图 4-10 所示。

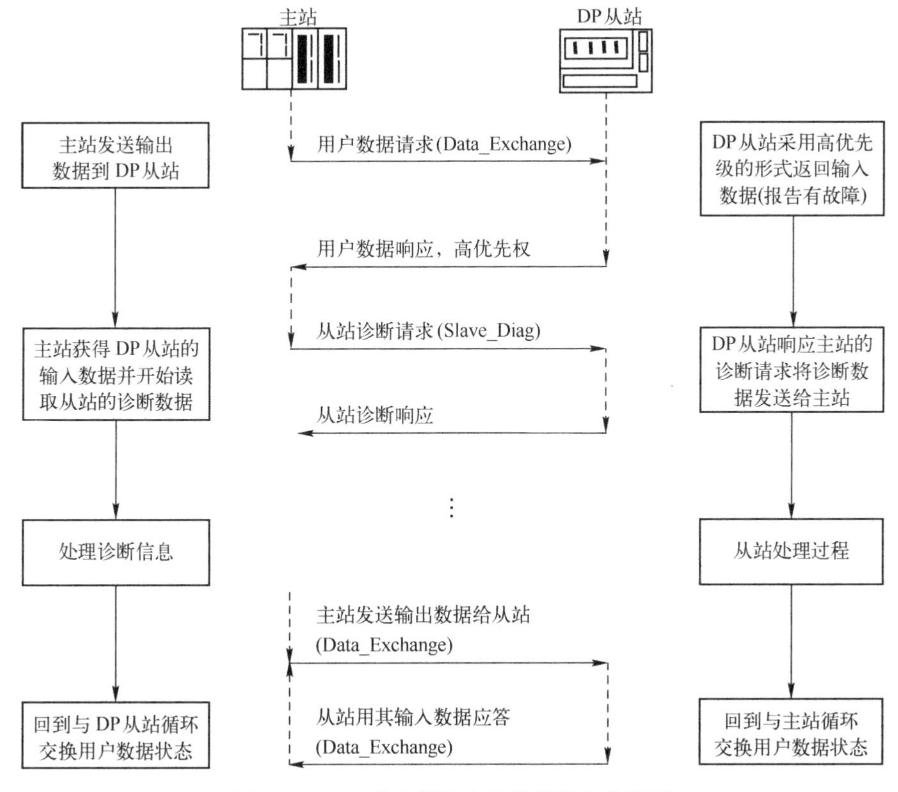

图 4-10　DP 从站报告出现诊断报文的流程

4.4　PROFIBUS-DP 的通信模型

4.4.1　PROFIBUS-DP 的物理层

PROFIBUS-DP 的物理层支持屏蔽双绞线和光缆两种传输介质。

1. DP（RS-485）的物理层

对于屏蔽双绞电缆的基本类型来说，PROFIBUS 的物理层（第 1 层）实现对称的数据传输，符合 EIA RS-485 标准（也称为 H2）。一个总线段内的导线是屏蔽双绞电缆，段的两端各有一个终端器，如图4-11所示。传输速率从9.6 kbit/s到12 Mbit/s可选，所选用的波特率适用于连接到总线（段）上的所有设备。

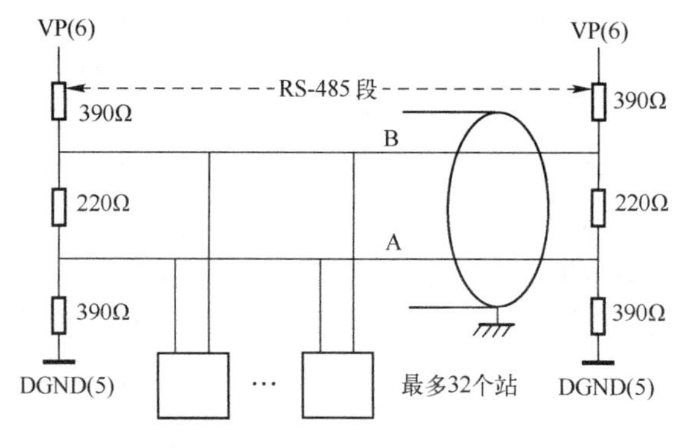

图4-11　RS-485总线段的结构

（1）传输程序

用于PROFIBUS RS-485的传输程序是以半双工、异步、无间隙同步为基础的。数据的发送用NRZ（不归零）编码，即1个字符帧为11位（bit），如图4-12所示。当发送位（bit）时，由二进制“0”到“1”转换期间的信号形状不改变。

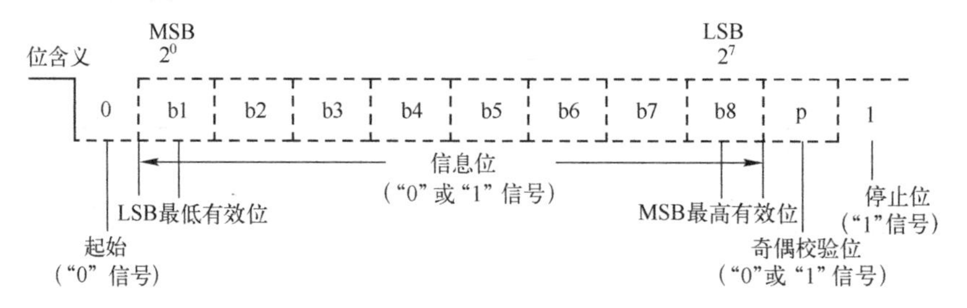

图4-12　PROFIBUS UART数据帧

在传输期间，二进制“1”对应于RXD/TXD-P（Receive/Transmit-Data-P）线上的正电位，而在RXD/TXD-N线上则相反。各报文间的空闲（idle）状态对应于二进制“1”信号，如图4-13所示。

两根PROFIBUS数据线也常称之为A线和B线。A线对应于RXD/TXD-N信号，而B线则对应于RXD/TXD-P信号。

（2）总线连接

国际性的PROFIBUS标准EN 50170推荐使用9针D型连接器用于总线站与总线的相互连接。D型连接器的插座与总线站相连接，而D型连接器的插头与总线电缆相连接，9针D型连接器如图4-14所示。

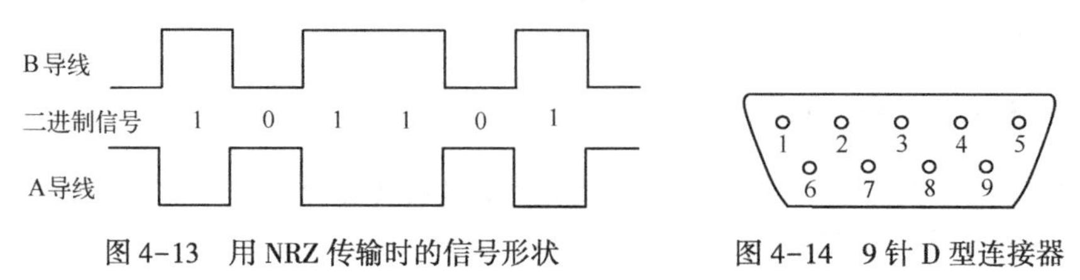

图4-13　用NRZ传输时的信号形状　　　图4-14　9针D型连接器

9针D型连接器的针脚分配见表4-1。

表 4-1　9 针 D 型连接器的针脚分配

针　脚　号	信 号 名 称	设 计 含 义
1	SHIELD	屏蔽或功能地
2	M24	24 V 输出电压的地（辅助电源）
3	RXD/TXD-P①	接收/发送数据-正，B 线
4	CNTR-P	方向控制信号 P
5	DGND①	数据基准电位（地）
6	VP①	供电电压-正
7	P24	正 24 V 输出电压（辅助电源）
8	RXD/TXD-N①	接收/发送数据-负，A 线
9	CMTR-N	方向控制信号 N

① 该类信号是强制性的，必须使用。

（3）总线终端器

根据 EIA RS-485 标准，在数据线 A 和 B 的两端均加接总线终端器。PROFIBUS 的总线终端器包含一个下拉电阻（与数据基准电位 DGND 相连接）和一个上拉电阻（与供电正电压 VP 相连接)。当在总线上没有站发送数据时，也就是说在两个报文之间总线处于空闲状态时，这两个电阻确保在总线上有一个确定的空闲电位。几乎在所有标准的 PROFIBUS 总线连接器上都组合了所需要的总线终端器，而且可以由跳接器或开关来启动。

当总线系统运行的传输速率大于 1.5 Mbit/s 时，由于所连接站的电容性负载而引起导线反射，因此必须使用附加有轴向电感的总线连接插头，如图 4-15 所示。

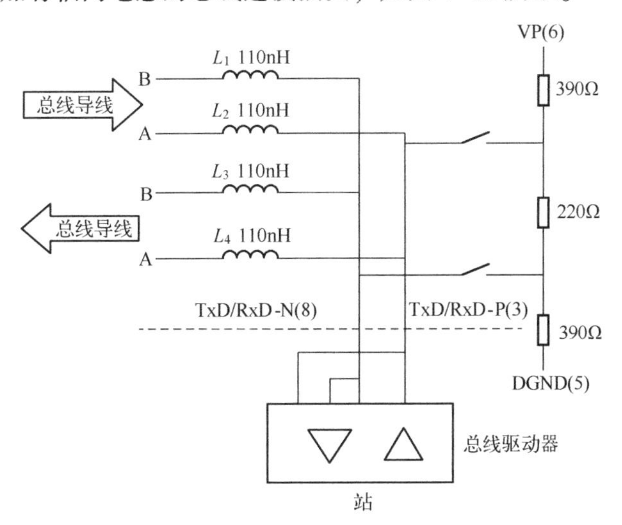

图 4-15　传输速率大于 1.5 Mbit/s 的连接结构

RS-485 总线驱动器可采用 SN75176，当通信速率超过 1.5 Mbit/s 时，应当选用高速型总线驱动器，如 SN75ALS1176 等。

2. DP（光缆）的物理层

PROFIBUS 第 1 层的另一种类型是以 PNO（PROFIBUS 用户组织）的导则“用于 PROFIBUS 的光纤传输技术，版本 1.1，1993 年 7 月版”为基础的，它通过光纤导体中光的传输来传送数据。光缆允许 PROFIBUS 系统站之间的距离最大到 15 km。光缆对电磁干扰不敏感并能确保总线站之间的电气隔离。近年来，由于光纤的连接技术已大大简化，因此这种传输技术已经普遍地用于现场设备的数据通信，特别是用于塑料光纤的简单单工连接器的使用成为这一发展的重要组成部分。

用玻璃或塑料纤维制成的光缆可用作传输介质。根据所用导线的类型，目前玻璃光纤能处理的连接距离达到15 km，而塑料光纤只能达到80 m。

4.4.2　PROFIBUS-DP的数据链路层（FDL）

根据OSI参考模型，数据链路层规定总线存取控制、数据安全性以及传输协议和报文的处理。在PROFIBUS-DP中，数据链路层（第2层）称为FDL层（现场总线数据链路层）。

PROFIBUS-DP的报文帧格式如图4-16所示。

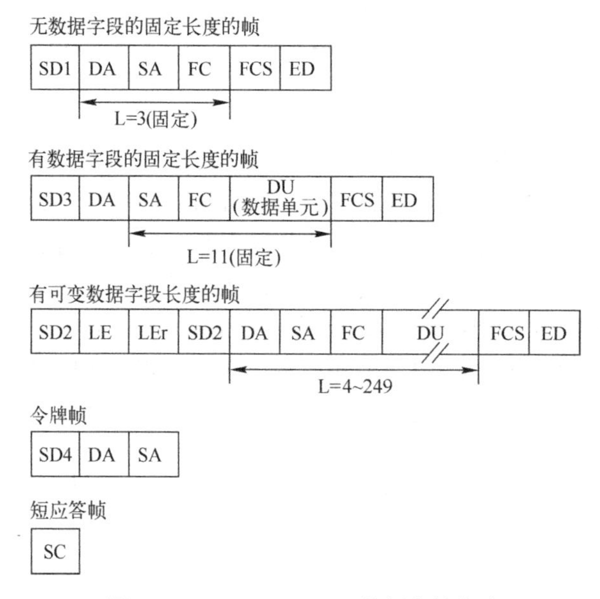

图4-16　PROFIBUS-DP的报文帧格式

1. 帧字符和帧格式

（1）帧字符

每个帧由若干个帧字符（UART字符）组成，它把一个8位字符扩展成11位：首先是一个开始位0，接着是8位数据，之后是奇偶校验位（规定为偶校验），最后是停止位1。

（2）帧格式

第2层的报文格式（帧格式）如图4-16所示。

其中：

L	信息字段长度；
SC	单一字符（E5H），用在短应答帧中；
SD1 ~ SD4	开始符，区别不同类型的帧格式：
	SD1 = 0x10，SD2 = 0x68，SD3 = 0xA2，SD4 = 0xDC；
LE/LEr	长度字节，指示数据字段的长度，LEr = LE；
DA	目的地址，指示接收该帧的站；
SA	源地址，指示发送该帧的站；

FC　　帧控制字节，包含用于该帧服务和优先权等的详细说明；
DU　　数据字段，包含有效的数据信息；
FCS　　帧校验字节，不进位加所有帧字符的和；
ED　　帧结束界定符（16H）。

这些帧既包括主动帧，也包括应答/回答帧，帧中字符间不存在空闲位（二进制 1）。主动帧和应答/回答帧的帧前的间隙有一些不同。每个主动帧帧头都有至少 33 个同步位，也就是说每个通信建立握手报文前必须保持至少 33 位长的空闲状态（二进制 1 对应电平信号），这 33 个同步位长作为帧同步时间间隔，称为同步位 SYN。而应答和回答帧前没有这个规定，响应时间取决于系统设置。应答帧与回答帧也有一定的区别：应答帧是指在从站向主站的响应帧中无数据字段（DU）的帧，而回答帧是指响应帧中存在数据字段（DU）的帧。另外，短应答帧只作应答使用，它是无数据字段固定长度的帧的一种简单形式。

（3）帧控制字节

FC 的位置在帧中 SA 之后，用来定义报文类型，表明该帧是主动请求帧还是应答/回答帧，FC 还包括了防止信息丢失或重复的控制信息。

（4）扩展帧

在有数据字段（DU）的帧（开始符是 SD2 和 SD3）中，DA 和 SA 的最高位（第 7 位）指示是否存在地址扩展位（EXT），0 表示无地址扩展，1 表示有地址扩展。PROFIBUS-DP 协议使用 FDL 的服务存取点（SAP）作为基本功能代码，地址扩展的作用在于指定通信的目的服务存取点（DSAP）、源服务存取点（SSAP）或者区域/段地址，其位置在 FC 字节后，DU 的最开始的一个或两个字节。在相应的应答帧中也要有地址扩展位，而且在 DA 和 SA 中可能同时存在地址扩展位，也可能只有源地址扩展或目的地址扩展。注意：数据交换功能（data_exch）采用缺省的服务存取点，在数据帧中没有 DSAP 和 SSAP，即不采用地址扩展帧。

（5）报文循环

在 DP 总线上一次报文循环过程包括主动帧和应答/回答帧的传输。除令牌帧外，其余三种帧为无数据字段的固定长度的帧、有数据字段的固定长度的帧和有数据字段无固定长度的帧，既可以是主动请求帧也可以是应答/回答帧（令牌帧是主动帧，它不需要应答/回答）。

2. FDL 的四种服务

FDL 可以为其用户，也就是为 FDL 的上一层提供四种服务：发送数据须应答 SDA，发送数据无须应答 SDN，发送且请求数据须应答 SRD 及循环的发送且请求数据须应答 CSRD。用户想要 FDL 提供服务，必须向 FDL 申请，而 FDL 执行之后会向用户提交服务结果。用户和 FDL 之间的交互过程是通过一种接口来实现的，在 PROFIBUS 规范中称之为服务原语。

3. 现场总线第 1/2 层管理（FMA 1/2）

前面介绍了 PROFIBUS-DP 规范中 FDL 为上层提供的服务。而事实上，FDL 的用户除了可以申请 FDL 的服务之外，还可以对 FDL 以及物理层 PHY 进行一些必要的管理，如强制复位 FDL 和 PHY、设定参数值、读状态、读事件及进行配置等。在 PROFIBUS-DP 规范中，这一部分叫作 FMA 1/2（第 1、2 层现场总线管理）。

FMA 1/2 用户和 FMA 1/2 之间的接口服务功能主要如下。

1）复位物理层、数据链路层（Reset FMA 1/2），此服务是本地服务。

2）请求和修改数据链路层、物理层以及计数器的实际参数值（Set Value/Read Value FMA 1/2），此服务是本地服务。

3）通知意外的事件、错误和状态改变（Event FMA 1/2），此服务可以是本地服务，也可以是远程服务。

4）请求站的标识和链路服务存取点（LSAP）配置（Ident FMA 1/2、LSAP Status FMA 1/2），此服务可以是本地服务，也可以是远程服务。

5）请求实际的主站表（Live List FMA 1/2），此服务是本地服务。

6）SAP 激活及解除激活（（R）SAP Activate/SAP Deactivate FMA 1/2），此服务是本地服务。

4.4.3 PROFIBUS-DP 的用户层

1. 概述

用户层包括 DDLM 和用户接口/用户等，它们在通信中实现各种应用功能（在 PROFIBUS-DP 协议中没有定义第 7 层（应用层），而是在用户接口中描述其应用）。DDLM 是预先定义的直接数据链路映射程序，将所有在用户接口中传送的功能都映射到第 2 层 FDL 和 FMA 1/2 服务。它向第 2 层发送功能调用中 SSAP、DSAP 和 Serv_class 等必需的参数，接收来自第 2 层的确认和指示，并将它们传送给用户接口/用户。

PROFIBUS-DP 系统的通信模型如图 4-17 所示。

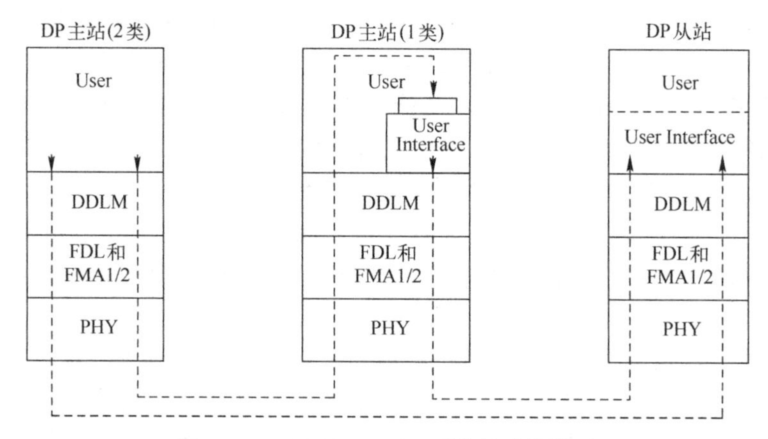

图 4-17 PROFIBUS-DP 系统的通信模型

在图 4-17 中，2 类主站中不存在用户接口，DDLM 直接为用户提供服务。在 1 类主站上除 DDLM 外，还存在用户、用户接口以及用户与用户接口之间的接口。用户接口与用户之间的接口被定义为数据接口与服务接口，在该接口上处理与 DP 从站之间的通信。在 DP 从站中，存在着用户与用户接口，而用户和用户接口之间的接口被创建为数据接口。主站-主站之间的数据通信由 2 类主站发起，在 1 类主站中数据流直接通过 DDLM 到达用户，不经过用户接口及其接口之间的接口，而 1 类主站与 DP 从站两者的用户经由用户接口，利用预先定义的 DP 通信接口进行通信。

在不同的应用中，具体需要的功能范围必须与具体应用相适应，这些适应性定义称为行规。行规提供了设备的可互换性，保证不同厂商生产的设备具有相同的通信功能。

2. PROFIBUS-DP 行规

PROFIBUS-DP 只使用了第 1 层和第 2 层。而用户接口定义了 PROFIBUS-DP 设备可使用的应用功能以及各种类型的系统和设备的行为特性。

PROFIBUS-DP 协议的任务只是定义用户数据怎样通过总线从一个站传送到另一个站。在这里，传输协议并没有对所传输的用户数据进行评价，这是 DP 行规的任务。由于精确规定了相关应用的参数和行规的使用，从而使不同制造商生产的 DP 部件能容易地交换使用。目前已制定了如下的 DP 行规。

1）NC/RC 行规（3.052）：该行规介绍了人们怎样通过 PROFIBUS-DP 对操作机床和装配机器人进行控制。根据详细的顺序图解，从高一级自动化设备的角度，介绍了机器人的动作和程序控制情况。

2）编码器行规（3.062）：本行规介绍了回转式、转角式和线性编码器与 PROFIBUS-DP 的连接，这些编码器带有单转或多转分辨率。有两类设备定义了它们的基本和附加功能，如标定、中断处理和扩展诊断。

3）变速传动行规（3.071）：传动技术设备的主要生产厂商共同制定了 PROFIDRIVE 行规。行规具体规定了传动设备怎样参数化，以及设定值和实际值怎样进行传递，这样不同厂商生产的传动设备就可互换，此行规也包括了速度控制和定位必需的规格参数。传动设备的基本功能在行规中有具体规定，但根据具体应用留有进一步扩展和发展的余地。行规描述了 DP 或 FMS 应用功能的映像。

4）操作员控制和过程监视行规（HMI）：HMI 行规具体说明了通过 PROFIBUS-DP 将这些设备与更高一级自动化部件的连接，此行规使用了扩展的 PROFIBUS-DP 功能来进行通信。

4.4.4　PROFIBUS-DP 用户接口

1. 1 类主站的用户接口

1 类主站用户接口与用户之间的接口包括数据接口和服务接口。在该接口上处理与 DP 从站通信的所有信息交互，1 类主站的用户接口如图 4-18 所示。

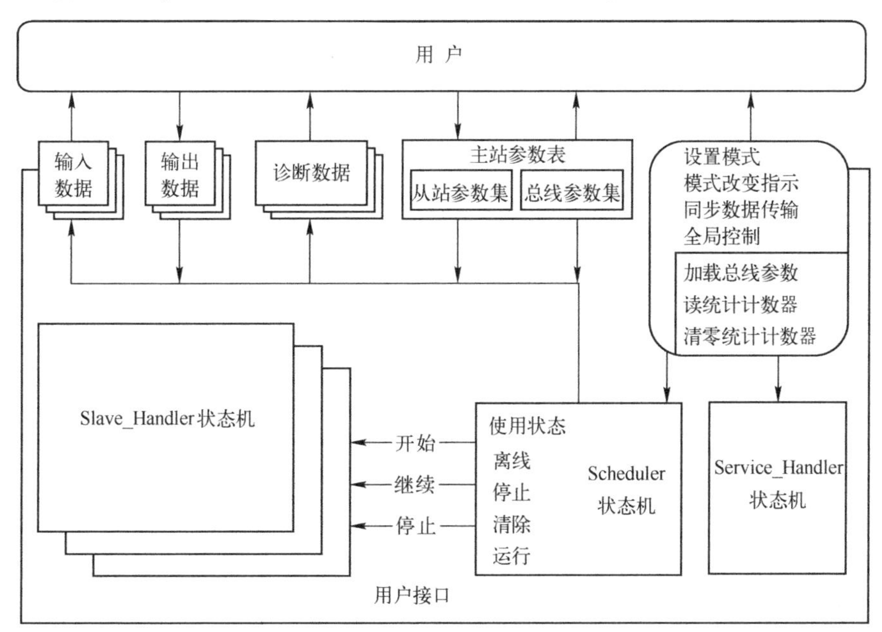

图 4-18　1 类主站的用户接口

（1）数据接口

数据接口包括主站参数集、诊断数据和输入/输出数据。其中主站参数集包含总线参数集和 DP 从站参数集，是总线参数和从站参数在主站上的映射。

1）总线参数集：总线参数集的内容包括总线参数长度、FDL地址、波特率、时隙时间、最小和最大响应从站延时、静止和建立时间、令牌目标轮转时间、GAL更新因子、最高站地址、最大重试次数、用户接口标志、最小从站轮询时间间隔、请求方得到响应的最长时间、主站用户数据长度、主站（2类）的名字和主站用户数据。

2）DP从站参数集：DP从站参数集的内容包括从站参数长度、从站标志、从站类型、参数数据长度、参数数据、通信接口配置数据长度、通信接口配置数据、从站地址分配表长度、从站地址分配表、从站用户数据长度和从站用户数据。

3）诊断数据：诊断数据Diagnostic_Data是指由用户接口存储的DP从站诊断信息、系统诊断信息、数据传输状态表（Data_Transfer_List）和主站状态（Master_Status）的诊断信息。

4）输入/输出数据：输入（Input Data）/输出数据（Output Data）包括DP从站的输入数据和1类主站用户的输出数据。该区域的长度由DP从站制造商指定，输入和输出数据的格式由用户根据其DP系统来设计，格式信息保存在DP从站参数集的Add_Tab参数中。

（2）服务接口

通过服务接口，用户可以在用户接口的循环操作中异步调用非循环功能。非循环功能分为本地和远程功能。本地功能由Scheduler或Service_Handler处理，远程功能由Scheduler处理。用户接口不提供附加出错处理。在这个接口上，服务调用顺序执行，只有在接口上传送了Mark. req并产生Global_Control. req的情况下才允许并行处理。服务接口包括以下几种服务。

1）设定用户接口操作模式（Set_Mode）：用户可以利用该功能设定用户接口的操作模式（USIF_State），并可以利用功能DDLM_Get_Master_Diag读取用户接口的操作模式。2类主站也可以利用功能DDLM_Download来改变操作模式。

2）指示操作模式改变（Mode_Change）：用户接口用该功能指示其操作模式的改变。如果用户通过功能Set_Mode改变操作模式，该指示将不会出现。如果在本地接口上发生了一个严重的错误，则用户接口将操作模式改为Offline。

3）加载总线参数集（Load_Bus_Par）：用户用该功能加载新的总线参数集。用户接口将新装载的总线参数集传送给当前的总线参数集并将改变的FDL服务参数传送给FDL控制。在用户接口的操作模式Clear和Operate下不允许改变FDL服务参数Baud_Rate或FDL_Add。

4）同步数据传输（Mark）：利用该功能，用户可与用户接口同步操作，用户将该功能传送给用户接口后，当所有被激活的DP从站至少被询问一次后，用户将收到一个来自用户接口的应答。

5）对从站的全局控制命令（Global_Control）：利用该功能可以向一个（单一）或数个（广播）DP从站传送控制命令Sync和Freeze，从而实现DP从站的同步数据输出和同步数据输入功能。

6）读统计计数器（Read_Value）：利用该功能读取统计计数器中的参数变量值。

7）清零统计计数器（Delete_SC）：利用该功能清零统计计数器，各个计数器的寻址索引与其FDL地址一致。

2. 从站的用户接口

在DP从站中，用户接口通过从站的主-从DDLM功能和从站的本地DDLM功能与DDLM通信，用户接口被创建为数据接口，从站用户接口状态机实现对数据交换的监视。用户接口分析本地发生的FDL和DDLM错误，并将结果放入DDLM_Fault. ind中。用户接口保持与实际应用过程之间的同步，并用该同步的实现依赖于一些功能的执行过程。在本地，同步由三个事件来触发：新的输入数据、诊断信息（Diag_Data）改变和通信接口配置改变。主站参数集中 Min_Slave_Interval 参数的值应根据 DP 系统中从站的性能来确定。

4.5　PROFIBUS-DP 的总线设备类型和数据通信

4.5.1　概述

PROFIBUS-DP 协议是为自动化制造工厂中分散的 I/O 设备和现场设备所需要的高速数据通信而设计的。典型的 DP 配置是单主站结构，如图 4-19 所示。DP 主站与 DP 从站间的通信基于主-从原理。也就是说，只有当主站请求时总线上的 DP 从站才可能活动。DP 从站被 DP 主站按轮询表依次访问。DP 主站与 DP 从站间的用户数据连续地交换，而并不考虑用户数据的内容。

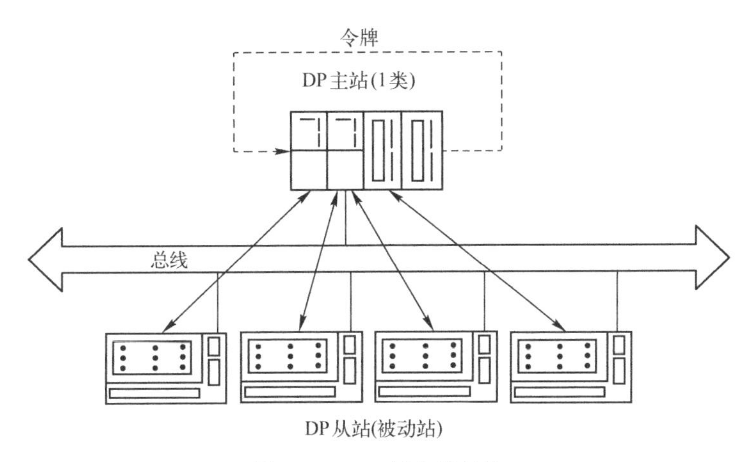

图 4-19　DP 单主站结构

在 DP 主站上处理轮询表的情况如图 4-20 所示。

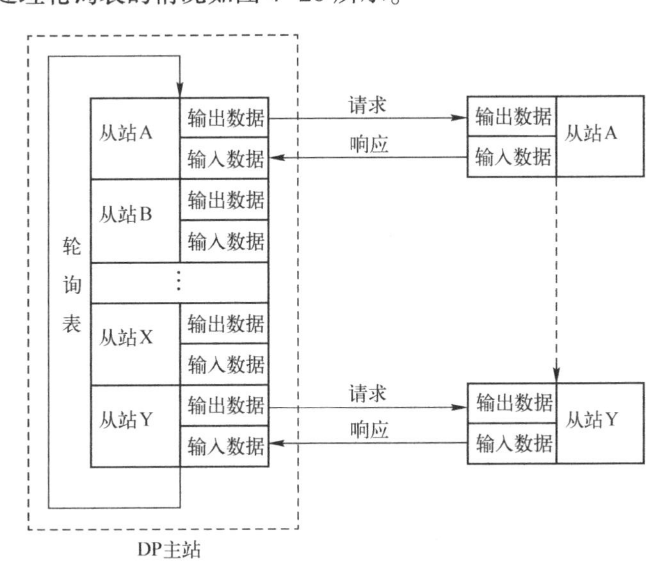

图 4-20　在 DP 主站上处理轮询表的示意图

DP 主站与 DP 从站间的一个报文循环由 DP 主站发出的请求帧（轮询报文）和由 DP 从站返回的有关应答或响应帧组成。

由于按 EN 50170 标准规定的 PROFIBUS 节点在第 1 层和第 2 层的特性，一个 DP 系统也可能是多主结构。实际上，这就意味着一条总线上连接几个主站节点，在一个总线上 DP 主站/从站、FMS 主站/从站和其他的主动节点或被动节点也可以共存，如图 4-21 所示。

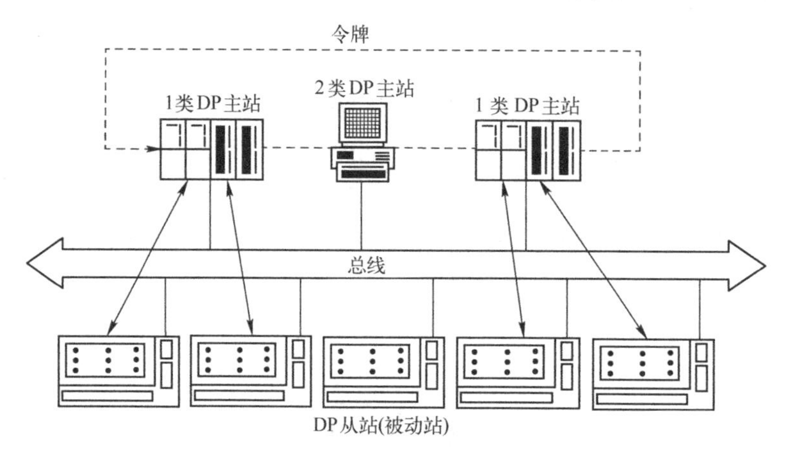

图 4-21　PROFIBUS-DP 多主站结构

4.5.2　DP 设备类型

1. DP 主站（1 类）

1 类 DP 主站循环地与 DP 从站交换用户数据。它使用如下的协议功能执行通信任务。

（1） Set_Prm 和 Chk_Cfg

在启动、重启动和数据传输阶段，DP 主站使用这些功能发送参数集给 DP 从站。对个别 DP 从站而言，其输入和输出数据的字节数在组态期间进行定义。

（2） Data_Exchange

此功能循环地与指定给它的 DP 从站进行输入/输出数据交换。

（3） Slave_Diag

在启动期间或循环的用户数据交换期间，用此功能读取 DP 从站的诊断信息。

（4） Global_Control

DP 主站使用此控制命令将它的运行状态告知给各 DP 从站。此外，还可以将控制命令发送给个别从站或规定的 DP 从站组，以实现输出数据和输入数据的同步（Sync 和 Freeze 命令）。

2. DP 从站

DP 从站只与装载此从站的参数并组态它的 DP 主站交换用户数据。DP 从站可以向此主站报告本地诊断中断和过程中断。

3. DP 主站（2 类）

2 类 DP 主站是编程装置、诊断和管理设备。除了已经描述的 1 类主站的功能外，2 类 DP 主站通常还支持下列特殊功能。

（1） RD_Inp 和 RD_Outp

在与 1 类 DP 主站进行数据通信的同时，用这些功能可读取 DP 从站的输入和输出数据。

（2）Get_Cfg

用此功能读取 DP 从站的当前组态数据。

（3）Set_Slave_Add

此功能允许 DP 主站（2 类）分配一个新的总线地址给一个 DP 从站。当然，此从站是支持这种地址定义方法的。

此外，2 类 DP 主站还提供一些功能用于与 1 类 DP 主站的通信。

4. DP 组合设备

可以将 1 类 DP 主站、2 类 DP 主站和 DP 从站组合在一个硬件模块中形成一个 DP 组合设备。实际上，这样的设备是很常见的。一些典型的设备组合如下。

1）1 类 DP 主站与 2 类 DP 主站的组合。

2）DP 从站与 1 类 DP 主站的组合。

4.5.3　DP 设备之间的数据通信

1. DP 通信关系和 DP 数据交换

按 PROFIBUS-DP 协议，通信作业的发起者称为请求方，而相应的通信伙伴称为响应方。所有 1 类 DP 主站的请求报文以第 2 层中的“高优先权”报文服务级别处理。与此相反，由 DP 从站发出的响应报文使用第 2 层中的“低优先权”报文服务级别。DP 从站可将当前出现的诊断中断或状态事件通知给 DP 主站，仅在此刻，可通过将 Data_Exchange 的响应报文服务级别从“低优先权”改变为高优先权来实现。数据的传输是非连接的 1 对 1 或 1 对多连接（仅控制命令和交叉通信）。表 4-2 列出了 DP 主站和 DP 从站的通信能力，按请求方和响应方分别列出。

表 4-2　各类 DP 设备间的通信关系

功能/服务 依据 EN 50170	DP-从站		DP 主站（1 类）		DP 主站（2 类）		使用的 SAP 号	使用的 第 2 层服务
	Requ	Resp	Requ	Resp	Requ	Resp		
Data-Exchange		M	M		O		默认 SAP	SRD
RD-Inp		M			O		56	SRD
RD_Outp		M			O		57	SRD
Slave_Diag		M	M		O		60	SRD
Set_Prm		M	M		O		61	SRD
Chk_Cfg		M	M		O		62	SRD
Get_Cfg		M			O		59	SRD
Global_Control		M	M		O		58	SDN
Set_Slave_Add		O			O		55	SRD
M_M_Communication			O	O	O	O	54	SRD/SDN
DPV1 Services		O	O		O		51/50	SRD

注：Requ = 请求方，Resp = 响应方，M = 强制性功能，O = 可选功能。

2. 初始化阶段，重启动和用户数据通信

在 DP 主站可以与从站设备交换用户数据之前，DP 主站必须定义 DP 从站的参数并组态此从站。为此，DP 主站首先检查 DP 从站是否在总线上。如果是，则 DP 主站通过请求从站的诊断数据来检查DP从站的准备情况。当DP从站报告它已准备好参数定义时，则DP主站装载参数集和组态数据。DP主站再请求从站的诊断数据以查明从站是否准备就绪。只有在这些工作完成后，DP主站才开始循环地与DP从站交换用户数据。

DP从站初始化阶段的主要顺序如图4-22所示。

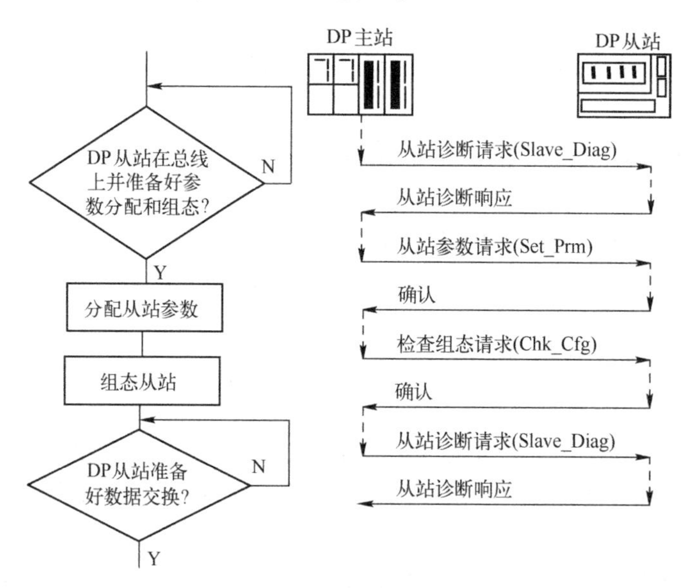

图4-22　DP从站初始化阶段的主要顺序

(1) 参数数据（Set_Prm）

参数集包括预定给DP从站的重要的本地和全局参数、特征和功能。为了规定和组态从站参数，通常使用装有组态工具的DP主站来进行。使用直接组态方法，则需填写由组态软件的图形用户接口提供的对话框。使用间接组态方法，则要用组态工具存取当前的参数和有关DP从站的GSD数据。参数报文的结构包括EN 50170标准规定的部分，必要时还包括DP从站和制造商特指的部分。参数报文的长度不能超过244 B。以下列出了最重要的参数报文的内容。

1) Station Status：Station Status包括与从站有关的功能和设定。例如，它规定定时监视器（Watchdog）是否要被激活。

2) Watchdog：Watchdog（定时监视器，“看门狗”）检查DP主站的故障。如果定时监视器被启用，且DP从站检查出DP主站有故障，则本地输出数据被删除或进入规定的安全状态（替代值被传送给输出）。在总线上运行的一个DP从站，可以带定时监视器也可以不带。根据总线配置和所选用的传输速率，组态工具建议此总线配置可以使用的定时监视器的时间。请参阅“总线参数”。

3) Ident_Number：DP从站的标识号（Ident_Number）是由PNO在认证时规定的。DP从站的标识号放在此设备的主要文件中。只有当参数报文中的标识号与此DP从站本身的标识号一致时，此DP从站才接收此参数报文。这样就防止了偶尔出现的从站设备的错误参数定义。

4) Group_Ident：Group_Ident可将DP从站分组组合，以便使用Sync和Freeze控制命令。最多可允许组成8组。

5) User_Prm_Data：DP从站参数数据（User_Prm_Data）为DP从站规定了有关应用数据。例如，这可能包括默认设定或控制器参数。

(2) 组态数据 (Chk_Cfg)

在组态数据报文中，DP 主站发送标识符格式给 DP 从站，这些标识符格式告知 DP 从站要被交换的输入/输出区域的范围和结构。这些区域（也称“模块”）是按 DP 主站和 DP 从站约定的字节或字结构（标识符格式）形式定义的。标识符格式允许指定输入或输出区域，或各模块的输入和输出区域。这些数据区域的大小最多可以有 16 个字节/字。当定义组态报文时，必须依据 DP 从站设备类型考虑下列特性。

1) DP 从站有固定的输入和输出区域。

2) 依据配置，DP 从站有动态的输入/输出区域。

3) DP 从站的输入/输出区域由此 DP 从站及其制造商特指的标识符格式来规定。

那些包括连续的信息而又不能按字节或字结构安排的输入和（或）输出数据区域被称为“连续的”数据。例如，它们包含用于闭环控制器的参数区域或用于驱动控制的参数集。使用特殊的标识符格式（与 DP 从站和制造商有关的）可以规定最多 64 个字节或字的输入和输出数据区域（模块）。DP 从站可使用的输入、输出域（模块）存放在设备数据库文件（GSD 文件）中。在组态此 DP 从站时它们将由组态工具推荐给用户。

(3) 诊断数据 (Slave_Diag)

在启动阶段，DP 主站使用请求诊断数据来检查 DP 从站是否存在和是否准备好接收参数信息。由 DP 从站提交的诊断数据包括符合 EN 50170 标准的诊断部分。如果有的话，还包括此 DP 从站专用的诊断信息。DP 从站发送诊断信息告知 DP 主站它的运行状态以及发生出错事件时出错的原因。DP 从站可以使用第 2 层中“high_Prio”（高优先权）的 Data_Exchange 响应报文发送一个本地诊断中断给 DP 主站的第 2 层，在响应时 DP 主站请求评估此诊断数据。如果不存在当前的诊断中断，则 Data_Exchange 响应报文具有“Low_Priority”（低优先权）标识符。然而，即使没有诊断中断的特殊报告存在时，DP 主站也随时可以请求 DP 从站的诊断数据。

(4) 用户数据 (Data_Exchange)

DP 从站检查从 DP 主站接收到的参数和组态信息。如果没有错误而且允许由 DP 主站请求的设定，则 DP 从站发送诊断数据报告它已为循环地交换用户数据准备就绪。从此时起，DP 主站与 DP 从站交换所组态的用户数据。在交换用户数据期间，DP 从站只对由定义它的参数并组态它的 1 类 DP 主站发来的 Data_Exchange 请求帧报文做出反应。其他的用户数据报文均被此 DP 从站拒绝。这就是说，只传输有用的数据。

DP 主站与 DP 从站循环交换用户数据如图 4-23 所示。DP 从站报告当前的诊断中断如图 4-24 所示。

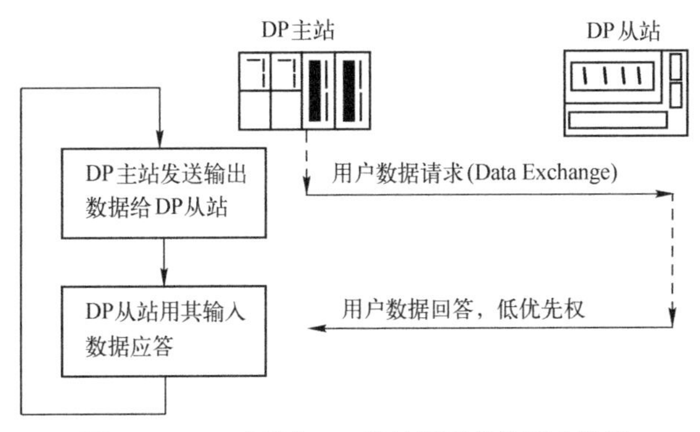

图 4-23　DP 主站与 DP 从站循环交换用户数据

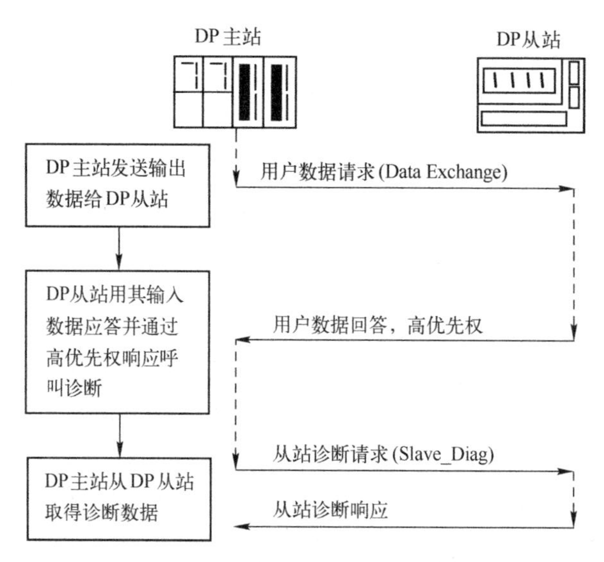

图4-24　DP从站报告当前的诊断中断

在图4-24中，DP从站可以使用将应答时的报文服务级别从“Low_Priority”（低优先权）改变为“High_priority”（高优先权）来告知DP主站它当前的诊断中断或现有的状态信息。然后，DP主站在诊断报文中做出一个由DP从站发来的实际诊断或状态信息请求。在获取诊断数据之后，DP从站和DP主站返回到交换用户数据状态。使用请求/响应报文，DP主站与DP从站可以双向交换最多244 B的用户数据。

4.5.4　PROFIBUS-DP循环

1. PROFIBUS-DP循环的结构

单主总线系统中DP循环的结构如图4-25所示。

一个DP循环包括固定部分和可变部分。固定部分由循环报文构成，它包括总线存取控制（令牌管理和站状态）和与DP从站的I/O数据通信（Data_Exchange）。DP循环的可变部分由被控事件的非循环报文构成。报文的非循环部分包括下列内容。

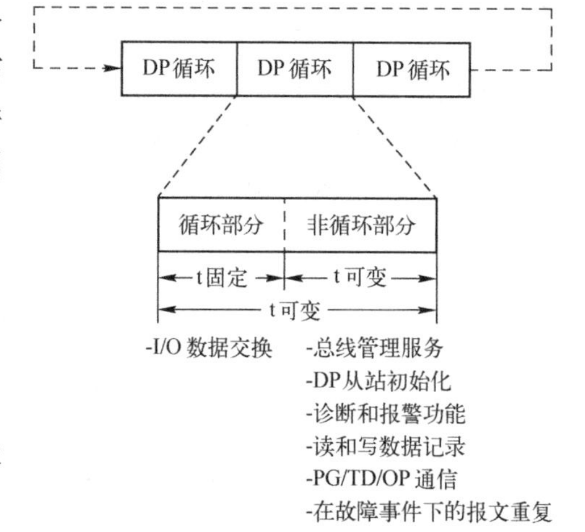

图4-25　PROFIBUS-DP循环的结构

1）DP从站初始化阶段的数据通信。

2）DP从站诊断功能。

3）2类DP主站通信。

4）DP主站和主站通信。

5）非正常情况下（Retry），第2层控制的报文重复。

6）与DPV1对应的非循环数据通信。

7）PG在线功能。

8）HMI功能。

根据当前DP循环中出现的非循环报文的多少，相应地增大DP循环。这样，一个DP循环中总是有固定的循环时间。如果存在，还有被控事件的可变的数个非循环报文。

2. 固定的 PROFIBUS-DP 循环的结构

对于自动化领域的某些应用来说，固定的 DP 循环时间和固定的 I/O 数据交换是有好处的。这特别适用于现场驱动控制。例如，若干个驱动的同步就需要固定的总线循环时间。固定的总线循环常常也称为“等距”总线循环。

与正常的 DP 循环相比较，在 DP 主站的一个固定的 DP 循环期间，保留了一定的时间用于非循环通信。如图 4-26 所示，DP 主站确保这个保留的时间不超时。这只允许一定数量的非循环报文事件。如果此保留的时间未用完，则通过多次给自己发报文的办法直到达到所选定的固定总线循环时间为止，这样就产生了一个暂停时间。这确保所保留的固定总线循环时间精确到微秒。

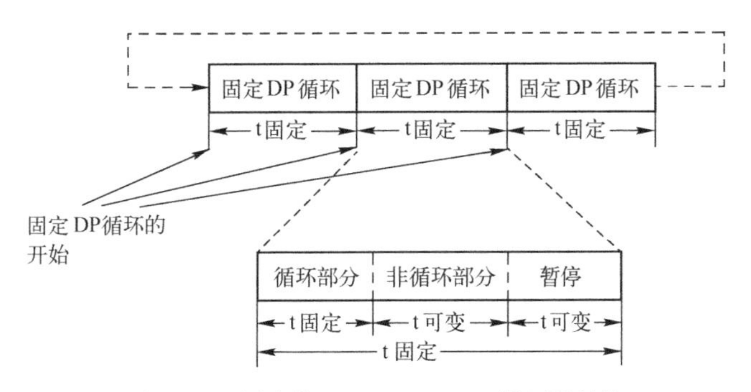

图 4-26　固定的 PROFIBUS-DP 循环的结构

固定的 DP 总线循环的时间用 STEP7 组态软件来指定。STEP7 根据所组态的系统并考虑某些典型的非循环服务部分推荐一个默认时间值。当然，用户可以修改 STEP7 推荐的固定的总线循环时间值。固定的 DP 循环时间只能在单主系统中设定。

4.5.5　采用交叉通信的数据交换

交叉通信，也称之为“直接通信”，是在 SIMATIC S7 应用中使用 PROFIBUS-DP 的另一种数据通信方法。在交叉通信期间，DP 从站不用 1 对 1 的报文（从→主）响应 DP 主站，而用特殊的 1 对多的报文（从→nnn）。这就是说，包含在响应报文中的 DP 从站的输入数据不仅对相关的主站可使用，而且也对总线上支持这种功能的所有 DP 节点都可使用。

4.5.6　设备数据库文件（GSD）

PROFIBUS 设备具有不同的性能特征，特性的不同在于现有功能（即 I/O 信号的数量和诊断信息）的不同或可能的总线参数，如波特率和时间的监控不同。这些参数对每种设备类型和每家生产厂商来说均各有差别，为达到 PROFIBUS 简单的即插即用配置，这些特性均在电子数据单中具体说明，有时称为设备数据库文件或 GSD 文件。标准化的 GSD 数据将通信扩大到操作员控制一级，使用基于 GSD 的组态工具可将不同厂商生产的设备集成在一个总线系统中，用户界面友好。

对一种设备类型的特性 GSD 以一种准确定义的格式给出其全面而明确的描述。GSD 文件由生产厂商分别针对每一种设备类型准备并以设备数据库清单的形式提供给用户，这种明确定义的文件格式便于读出任何一种 PROFIBUS-DP 设备的设备数据库文件，并且在组态总线系统时自动使用这些信息。GSD 分为以下三部分。

(1) 总体说明

包括厂商和设备名称、软硬件版本情况、支持的波特率、可能的监控时间间隔及总线插头的信号分配。

(2) DP 主设备相关规格

包括所有只适用于 DP 主设备的参数（例如可连接的从设备的最多台数或加载和卸载能力）。从设备没有这些规定。

(3) 从设备的相关规格

包括与从设备有关的所有规定（例如 I/O 通道的数量和类型、诊断测试的规格及 I/O 数据的一致性信息）。

每种类型的 DP 从设备和每种类型的 1 类 DP 主设备都有一个标识号。主设备用此标识号识别哪种类型设备连接后不产生协议的额外开销。主设备将所连接的 DP 设备的标识号与在组态数据中用组态工具指定的标识号进行比较，直到具有正确站址的设备类型连接到总线上后，用户数据才开始传输。这可避免组态错误，从而大大提高安全级别。

4.6　PROFIBUS 通信用 ASIC

SIEMENS 公司提供的 PROFIBUS 通信用 ASIC 主要有 DPC31、LSPM2、SPC3、SPC41 和 ASPC2，见表 4-3。

表 4-3　几种典型的 PROFIBUS 通信用 ASIC

型号	类型	特性	FMS	DP	PA	加微控制器	加协议软件	最大波特率	支持电压
DPC31	从站	SPC3+80C31 内核	×	√	√	可选	√	12 Mbit/s	DC3.3 V
LSPM2	从站	低价格、单片、有 32 个 I/O 位	×	√	×	×	×	12 Mbit/s	DC5 V
SPC3	从站	通用 DP 协议芯片，需外加 CPU	×	√	×	√	√	12 Mbit/s	DC5 V
SPC41	从站	DP 协议芯片，外加 CPU，可通过 SIM1-2 连接 PA	√	√	√	√	√	12 Mbit/s	DC3.3/5 V
ASPC2	主站	主站协议芯片，外加 CPU 实现主站功能	√	√	√	√	√	12 Mbit/s	DC5 V

其中一些 PROFIBUS 通信用 ASIC 内置 INTEL80C31 内核 CPU；供电电源有 5 V 或 3.3 V；一些 PROFIBUS 通信控制器需要外加微控制器；一些 PROFIBUS 通信用 ASICs 不需要外加微控制器，但均支持 DP/FMS/PA 通信协议中的一种或多种。

由于 AMIS Holdings, Inc. 被 ON Semiconductor Corporation（安森美半导体公司）收购，PROFIBUS 通信控制器 ASPC2、DPC31 STEP C1 和 SPC3 ASIC 的标签已于 2009 年 3 月使用新的安森美半导体公司的 ON 标志代替之前的 AMIS 标志，标签的更改对于部件的功能性和兼容性没有影响。

表 4-3 中的有些产品已经停产（End of Life，EoL），如 LSPM2。有些产品已升级换代，如 DPC31-B 已被 DPC31-C1 替代，SPC41 又有了增强功能的产品 SPC42。具体情况可以浏览

SIEMENS 公司的官网。

PROFIBUS 通信用 ASIC 应用特点如下。

1）便于将现场设备连接到 PROFIBUS。

2）集成的节能管理。

3）不同的 ASIC 用于不同的功能要求和应用领域。

通过 PROFIBUS 通信用 ASIC，设备制造商可以将设备方便地连接到 PROFIBUS 网络，可实现最高 12 Mbit/s 的传输速率。

PROFIBUS 通信用 ASIC 的应用场合介绍如下。

（1）主站应用

- ASPC 2。

（2）智能从站

- SPC 3，硬件控制总线接入。
- DPC31，集成 80C31 内核 CPU。
- SPC41、SPC42。

（3）本安连接

用于安全现场总线系统中的物理连接的 SIM 1-2，作为一个符合 IEC 61158-2 标准的介质连接单元，传输速率 31.25 kbit/s。尤其适合与 SPC41、SPC 42 和 DPC 31 结合使用。

（4）连接到光纤导体

该 ASIC 的功能是补充现有的用于 PROFIBUS-DP 的 ASIC。FOCSI 模块可以保证接收/发送光纤信号的可靠电气调节和发送。为了把信号输入光缆，除了 FOCSI 以外，还需使用合适的发送器/接收器。FOCSI 可以与其他的 PROFIBUS DP ASIC 一起使用。

PROFIBUS 通信用 ASIC 技术规范见表 4-4。

表 4-4　PROFIBUS 通信用 ASIC 技术规范

ASIC	SPC3	DPC31	SPC42	ASPC2	SIM1-2	FOCSI
协议	PROFIBUS-DP	PROFIBUS-DP PROFIBUS-PA	PROFIBUS-DP PROFIBUS-FMS PROFIBUS-PA	PROFIBUS-DP PROFIBUS-FMS PROFIBUS-PA	PROFIBUS-PA	—
应用范围	智能从站应用	智能从站应用	智能从站应用	主站应用	介质附件	介质管理单元
最大传输速率	12 Mbit/s	12 Mbit/s	12 Mbit/s	12 Mbit/s	31.25 kbit/s	12 Mbit/s
总线访问	在 ASIC 中	在 ASIC 中	在 ASIC 中	在 ASIC 中	—	—
传输速率自动测定	√	√	√	√	—	—
所需微控制器	√	内置	√	√	—	—
固件大小	6~24 KB	约 38 KB	3~30 KB	80 KB	不需要	不需要
报文缓冲区	1.5 KB	6 KB	3 KB	1 MB（外部）	—	—
电源	5 V	3.3 V	5 V，3.3 V	5 V	通过总线	3.3 V
最大功耗	0.5 W	0.2 W	0.6 W，5 V 时 0.01 W，3.3 V 时	0.9 W	0.05 W	0.75 W
环境温度	-40~+85℃	-40~+85℃	-40~+85℃	-40~+85℃	-40~+85℃	-40~+85℃
封装	PQFP，44 引脚	PQFP，100 引脚	TQFP，44 引脚	MQFP，100 引脚	PQFP，40 引脚	TQFP，44 引脚

4.7　PROFIBUS-DP 从站通信控制器 SPC3

4.7.1　SPC3 功能简介

SPC3 为 PROFIBUS 智能从站提供了廉价的配置方案，可支持多种处理器。与 SPC2 相比，SPC3 存储器内部管理和组织有所改进，并支持 PROFIBUS_DP。

SPC3 只集成了传输技术的部分功能，而没有集成模拟功能（RS-485 驱动器）、FDL（Fieldbus Data Link，现场总线数据链路）传输协议。它支持接口功能、FMA 功能和整个 DP 从站协议（USIF：用户接口让用户很容易访问第二层）。第二层的其余功能（软件功能和管理）需要通过软件来实现。

SPC3 内部集成了 1.5 KB 的双口 RAM 作为 SPC3 与软件/程序的接口。整个 RAM 被分为 192 段，每段 8 B。用户寻址由内部 MS（Microsequencer）通过基址指针（Base-Pointer）来实现。基址指针可位于存储器的任何段。所以，任何缓存都必须位于段首。

如果 SPC3 工作在 DP 方式下，SPC3 将自动完成所有 DP-SAPs 的设置。在数据缓冲区生成各种报文（如参数数据和配置数据），为数据通信提供三个可变的缓存器，两个输出，一个输入。通信时经常用到变化的缓存器，因此不会发生任何资源问题。SPC3 为最佳诊断提供两个诊断缓存器，用户可存入刷新的诊断数据。在这一过程中，有一诊断缓存总是分配给 SPC3。

总线接口是一参数化的 8 位同步/异步接口，可使用各种 Intel 和 Motorola 处理器/微处理器。用户可通过 11 位地址总线直接访问 1.5 KB 的双口 RAM 或参数存储器。处理器上电后，程序参数（站地址、控制位等）必须传送到参数寄存器和方式寄存器。任何时候状态寄存器都能监视 MAC 的状态。各种事件（诊断、错误等）都能进入中断寄存器，通过屏蔽寄存器使能，然后通过响应寄存器响应。SPC3 有一个共同的中断输出。看门狗定时器有三种状态 Baud_Search、Baud_Control、Dp_Control。微顺序控制器（MS）控制整个处理过程。程序参数（缓存器指针、缓存器长度、站地址等）和数据缓存器包含在内部 1.5 KB 双口 RAM 中。在 UART 中，并行、串行数据相互转换，SPC3 能自动调整波特率。空闲定时器（Idle Timer）直接控制串行总线的时序。

4.7.2　SPC3 引脚说明

SPC3 为 44 引脚 PQFP 封装，引脚说明见表 4-5。

表 4-5　SPC3 引脚说明

引脚	引脚名称	描述		源/目的
1	XCS	片选	C32 方式：接 V_{DD}	CPU(80C165)
			C165 方式：片选信号	
2	XWR/E_Clock	写信号/E_CLock		CPU
3	DIVIDER	设置 CLKOUT2/4 的分频系数 低电平表示 4 分频		—
4	XRD/R_W	读信号/Read_Write Motorola		CPU
5	CLK	时钟脉冲输入		系统

（续）

引脚	引脚名称	描　　述		源/目的
6	V_{SS}	地		—
7	CLKOUT2/4	2 或 4 分频时钟脉冲输出		系统，CPU
8	XINT/MOT	<log> 0=Intel 接口 <log> 1=Motorola 接口		系统
9	X/INT	中断		CPU，中断控制
10	AB10	地址总线	C32 方式：<log>0 C165 方式：地址总线	—
11	DB0	数据总线	C32 方式：数据/地址复用 C165 方式：数据/地址分离	CPU，存储器
12	DB1			
13	XDATAEXCH	PROFIBUS-DP 的数据交换状态		LED
14	XREADY/XDTACK	外部 CPU 的准备好信号		系统，CPU
15	DB2	数据总线	C32 方式：数据地址复用 C165 方式：数据地址分离	CPU，存储器
16	DB3			
17	V_{SS}	地		—
18	V_{DD}	电源		—
19	DB4	数据总线	C32 方式：数据地址复用 C165 方式：数据地址分离	CPU，存储器
20	DB5			
21	DB6			
22	DB7			
23	MODE	<log> 0=80c166 数据地址总线分离；准备信号 <log> 1=80c32 数据地址总线复用；固定定时		系统
24	ALE/AS	地址锁存使能	C32 方式：ALE C165 方式：<LOG>0	CPU(80C32)
25	AB9	地址总线	C32 方式：<LOG>0 C165 方式：地址总线	CPU(C165)，存储器
26	TXD	串行发送端口		RS 485 发送器
27	RTS	请求发送		RS 485 发送器
28	V_{SS}	地		—
29	AB8	地址总线	C32 方式：<LOG>0 C165 方式：地址总线	—
30	RXD	串行接收端口		RS 485 接收器
31	AB7	地址总线		系统，CPU
32	AB6	地址总线		系统，CPU
33	XCTS	清除发送<LOG>0=发送使能		FSKModem
34	XTEST0	必须接 V_{DD}		—
35	XTEST1	必须接 V_{DD}		—
36	RESET	接 CPU RESET 输入		—
37	AB4	地址总线		系统，CPU

（续）

引脚	引脚名称	描　　述	源/目的
38	V_{SS}	地	—
39	V_{DD}	电源	—
40	AB3	地址总线	系统，CPU
41	AB2	地址总线	系统，CPU
42	AB5	地址总线	系统，CPU
43	AB1	地址总线	系统，CPU
44	AB0	地址总线	系统，CPU

注：1. 所有以X开头的信号低电平有效。
　　2. V_{DD}=+5 V，V_{SS}=GND。

4.7.3　SPC3存储器分配

SPC3内部1.5 KB双口RAM的分配见表4-6。

表4-6　SPC3内部1.5 KB双口RAM分配

地　　址	功　　能	
000H	处理器参数锁存器/寄存器（22 B）	内部工作单元
016H	组织参数（42 B）	
040H 5FFH	DP缓存器　Data In(3) * Data Out(3) * * Diagnostics(2) Parameter Setting Data(1) Configuration Data(2) Auxiliary Buffer(2) SSA-Buffer(1)	

注：HW禁止超出地址范围，也就是如果用户写入或读取超出存储器末端，用户将得到一新的地址，即原地址减去400H。禁止覆盖处理器参数，在这种情况下，SPC3产生一访问中断。如果由于MS缓冲器初始化有误导致地址超出范围，也会产生这种中断。
*　Date In指数据由PROFIBUS从站到主站。
**　Date Out指数据由PROFIBUS主站到从站。

内部锁存器/寄存器位于前22 B，用户可以读取或写入。一些单元只读或只写，用户不能访问的内部工作单元也位于该区域。

组织参数位于以16H开始的单元，这些参数影响整个缓存区（主要是DP-SAPs）的使用。另外，一般参数（站地址、标识号等）和状态信息（全局控制命令等）都存储在这些单元中。

与组织参数的设定一致，用户缓存（User-Generated Buffer）位于40H开始的单元，所有的缓存器都开始于段地址。

SPC3的整个RAM被划分为192段，每段包括8 B，物理地址是按8的倍数建立的。

1. 处理器参数（锁存器/寄存器）

这些单元只读或只写，在Motorola方式下SPC3访问00H~07H单元（字寄存器），将进行地址交换。也就是高低字节交换。内部参数锁存器分配见表4-7和表4-8。

表 4-7　内部参数锁存器分配（读）

地址（Intel/Motorola）		名称	位号	说明（读访问）
00H	01H	Int_Req_Reg	7..0	中断控制寄存器
01H	00H	Int_Req_Reg	15..8	
02H	03H	Int_Reg	7..0	
03H	02H	Int_Reg	15..8	
04H	05H	Status_Reg	7..0	状态寄存器
05H	04H	Status_Reg	15..8	状态寄存器
06H	07H	Reserved		保留
07H	06H			
08H		Din_Buffer_SM	7..0	Dp_Din_Buffer_State_Machine 缓存器设置
09H		New_DIN_Buffer_Cmd	1..0	用户在 N 状态下得到可用的 DP Din 缓存器
0AH		DOUT_Buffer_SM	7..0	DP_Dout_Buffer_State_Machine 缓存器设置
0BH		Next_DOUT_Buffer_Cmd	1..0	用户在 N 状态下得到可用的 DP Dout 缓存器
0CH		DIAG_Buffer_SM	3..0	DP_Diag_Buffer_State_Machine 缓存器设置
0DH		New_DIAG_Buffer_Cmd	1..0	SPC3 中用户得到可用的 DP Diag 缓存器
0EH		User_Prm_Data_OK	1..0	用户肯定响应 Set_Param 报文的参数设置数据
0FH		User_Prm_Data_NOK	1..0	用户否定响应 Set_Param 报文的参数设置数据
10H		User_Cfg_Data_OK	1..0	用户肯定响应 Check_Config 报文的配置数据
11H		User_Cfg_Data_NOK	1..0	用户否定响应 Check_Config 报文的配置数据
12H		Reserved		保留
13H		Reserved		保留
14H		SSA_Bufferfreecmd		用户从 SSA 缓存器中得到数据并重新使该缓存使能
15H		Reserved		保留

表 4-8　内部参数锁存器分配（写）

地址（Intel/Motorola）		名称	位号	说明（写访问）
00H	01H	Int_Req_Reg	7..0	中断控制寄存器
01H	00H	Int_Req_Reg	15..8	
02H	03H	Int_Ack_Reg	7..0	
03H	02H	Int_Ack_Reg	15..8	
04H	05H	Int_Mask_Reg	7..0	
05H	04H	Int_Mask_Reg	15..8	
06H	07H	Mode_Reg0	7..0	对每位设置参数
07H	06H	Mode_Reg0_S	15..8	
08H		Mode_Reg1_S	7..0	

（续）

地址（Intel/Motorola）	名称	位号	说明（写访问）
09H	Mode_Reg1_R	7..0	
0AH	WD Baud Ctrl Val	7..0	波特率监视基值（root value）
0BH	MinTsdr_Val	7..0	从站响应前应该等待的最短时间
0CH	保留		
0DH			
0EH			
0FH			
10H			
11H			
12H			
13H			
14H			
15H			

2. 组织参数（RAM）

用户把组织参数存储在特定的内部RAM中，用户可读也可写。组织参数说明见表4-9。

表4-9　组织参数说明

地址（Intel/Motorola）		名称	位号	说　明
16H		R_TS_Adr	7..0	设置SPC3相关从站地址
17H		保留		默认为0FFH
18H	19H	R_User_WD_Value	7..0	16位看门狗定时器的值，DP方式下监视用户
19H	18H	R_User_WD_Value	15..8	
1AH		R_Len_Dout_Buf		3个输出数据缓存器的长度
1BH		R_Dout_Buf_Ptr1		输出数据缓存器1的段基值
1CH		R_Dout_Buf_Ptr2		输出数据缓存器2的段基值
1DH		R_Dout_Buf_Ptr3		输出数据缓存器3的段基值
1EH		R_Len_Din_Buf		3个输入数据缓存器的长度
1FH		R_Din_Buf_Ptr1		输入数据缓存器1的段基值
20H		R_Din_Buf_Ptr2		输入数据缓存器2的段基值
21H		R_Din_Buf_Ptr3		输入数据缓存器3的段基值
22H		保留		默认为00H
23H		保留		默认为00H
24H		R Len Diag Buf1		诊断缓存器1的长度
25H		R_Len Diag Buf2		诊断缓存器2的长度

（续）

地址（Intel/Motorola）	名称　　　　位号	说　明
26H	R_Diag_Buf_Ptr1	诊断缓存器 1 的段基值
27H	R_Diag_Buf_Ptr2	诊断缓存器 2 的段基值
28H	R_Len_Cntrl Buf1	辅助缓存器 1 的长度，包括控制缓存器，如 SSA_Buf、Prm_Buf、Cfg_Buf、Read_Cfg_Buf
29H	R_Len_Cntrl_Buf2	辅助缓存器 2 的长度，包括控制缓存器，如 SSA_Buf、Prm_Buf、Cfg_Buf、Read_Cfg_Buf
2AH	R _Aux _Buf _Sel	Aux_buffers1/2 可被定义为控制缓存器，如：SSA_Buf、Prm_Buf、Cfg_Buf
2BH	R_Aux_Buf_Ptr1	辅助缓存器 1 的段基值
2CH	R_Aux_Buf_Ptr2	辅助缓存器 2 的段基值
2DH	R_Len_SSA_Data	在 Set _Slave_Address_Buffer 中输入数据的长度
2EH	R_SSA_Buf_Ptr	Set _Slave_Address_Buffer 的段基值
2FH	R_Len_Prm_Data	在 Set_Param_Buffer 中输入数据的长度
30H	R_Prm_Buf_Ptr	Set_Param_Buffer 段基值
31H	R_Len_Cfg_Data	在 Check_Config_Buffer 中输入数据的长度
32H	R Cfg Buf Ptr	Check_Config_Buffer 段基值
33H	R_Len_Read_Cfg_Data	在 Get_Config_Buffer 中输入数据的长度
34H	R_Read_Cfg_Buf_Ptr	Get_Config_Buffer 段基值
35H	保留	默认 00H
36H	保留	默认 00H
37H	保留	默认 00H
38H	保留	默认 00H
39H	R_Real_No_Add_Change	这一参数规定了 DP 从站地址是否可改变
3AH	R_Ident_Low	标识号低位的值
3BH	R_Ident_High	标识号高位的值
3CH	R_GC_Command	最后接收的 Global_Control_Command
3DH	R_Len_Spec_Prm_Buf	如果设置了 Spec_Prm_Buffer_Mode（参见方式寄存器 0），这一单元定义为参数缓存器的长度

4.7.4 PROFIBUS-DP 接口

下面是 DP 缓存器结构。

DP_Mode=1 时，SPC3 DP 方式使能。在这种过程中，下列 SAPs 服务于 DP 方式。

Default SAP：数据交换（Write_Read_Data）

SAP53：　　保留

SAP55：　　改变站地址（Set_Slave_Address）

SAP56：　　读输入（Read_Inputs）
SAP57：　　读输出（Read_Outputs）
SAP58：　　DP从站的控制命令（Global_Control）
SAP59：　　读配置数据（Get_Config）
SAP60：　　读诊断信息（Slave_Diagnosis）
SAP61：　　发送参数设置数据（Set_Param）
SAP62：　　检查配置数据（Check_Config）

DP从站协议完全集成在SPC3中，并独立执行。用户必须相应地参数化ASIC，处理和响应传送报文。除了Default SAP、SAP56、SAP57和SAP58，其他的SAPs一直使能，这四个SAPs在DP从站状态机制进入数据交换状态才使能。用户也可以使SAP55无效，这时相应的缓存器指针R_SSA_Buf_Ptr设置为00H。在RAM初始化时已描述过使DDB单元无效。

用户在离线状态下配置所有的缓存器（长度和指针），在操作中除了Dout/Din缓存器长度外，其他的缓存配置不可改变。

用户在配置报文以后（Check_Config），等待参数化时，仍可改变这些缓存器。在数据交换状态下只可接收相同的配置。

输出数据和输入数据都有三个长度相同的缓存器可用，这些缓存器的功能是可变的。一个缓存器分配给D（数据传输），一个缓存器分配给U（用户），第三个缓存器出现在N（Next State）或F（Free State）状态，然而其中一个状态不常出现。

两个诊断缓存器长度可变。一个缓存器分配给D，用于发送数据；另一个缓存器分配给U，用于准备新的诊断数据。

SPC3首先将不同的参数设置报文（Set_Slave_Address和Set_Param）和配置报文（Check_Config），读取到辅助缓存1和辅助缓存2中。

与相应的目标缓存器交换数据（SSA缓存器、PRM缓存器、CFG缓存器）时，每个缓存器必须有相同的长度，用户可在R_Aux_Puf_Sel参数单元定义使用哪一个辅助缓存。辅助缓存器1一直可用，辅助缓存器2可选。如果DP报文的数据不同，比如设置参数报文长度大于其他报文，则使用辅助缓存器2（Aux_Sel_Set_Param=1），其他的报文则通过辅助缓存器1读取（Aux_Sel_Set_Param）。如果缓存器太小，SPC3将响应“无资源”。

用户可用Read_Cfg缓存器读取Get_Config缓存中的配置数据，但二者必须有相同的长度。

在D状态下可从Din缓存器中进行Read_Input_Data操作。在U状态下可从Dout缓存中进行Read_Output_Data操作。

由于SPC3内部只有8位地址寄存器，因此所有的缓存器指针都是8位段地址。访问RAM时，SPC3将段地址左移3位与8位偏移地址相加（得到11位物理地址）。关于缓存器的起始地址，这8个字节是明确规定的。

4.7.5 SPC3输入/输出缓冲区的状态

SPC3输入缓冲区有3个，并且长度一样；输出缓冲区也有3个，长度也一样。输入/输出缓冲区都有3个状态，分别是U、N和D。在同一时刻，各个缓冲区处于相互不同的状态。SPC3的08H~0BH寄存器单元表明了各个缓冲区的状态，并且表明了当前用户可用的缓冲区。U状态的缓冲区分配给用户使用，D状态的缓冲区分配给总线使用，N状态是U、D状态的中间状态。

SPC3 输入/输出缓冲区 U-D-N 状态的相关寄存器如下。

1）寄存器 08H（Din_Buffer_SM 7..0）：存储各个输入缓冲区的状态。

2）寄存器 09H（New_Din_Buffer_Cmd 1..0）：用户通过这个寄存器从 N 状态下得到可用的输入缓冲区。

3）寄存器 0AH（Dout_Buffer_SM 7..0）：存储各个输出缓冲区的状态。

4）寄存器 0BH（Next_Dout_Buffer_Cmd 1..0）：用户从最近的处于 N 状态的输出缓冲区中得到输出缓冲区。

SPC3 输入/输出缓冲区 U-D-N 状态的转变如图 4-27 所示。

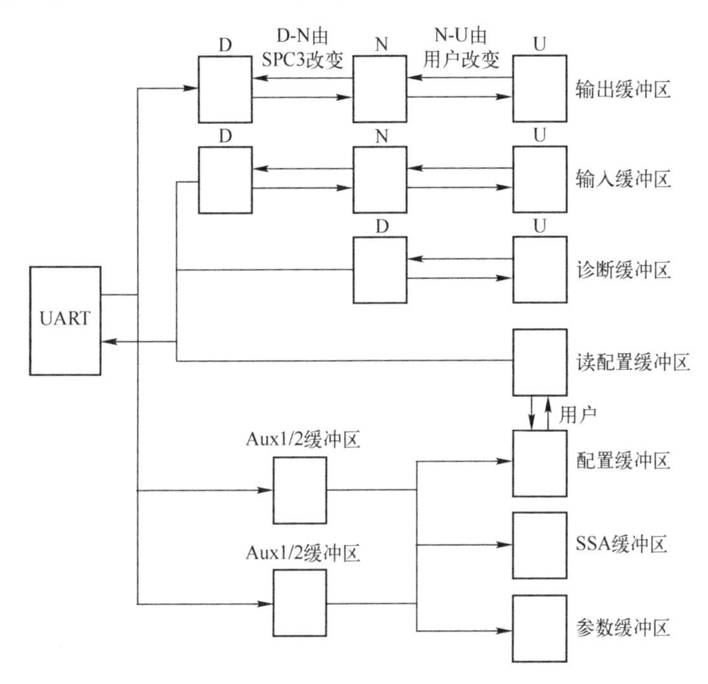

图 4-27　SPC3 输入/输出缓冲区 U-D-N 状态的转变

1. 输出数据缓冲区状态的转变

当持有令牌的 PROFIBUS-DP 主站向本地从站发送输出数据时，SPC3 在 D 缓存中读取接收到的输出数据，当 SPC3 接收到的输出数据没有错误时，就将新填充的缓冲区从 D 状态转到 N 状态，并且产生 DX_OUT 中断，这时用户读取 Next_Dout_Buffer_Cmd 寄存器，处于 N 状态的输出缓冲区由 N 状态变到 U 状态，用户同时知道哪一个输出缓冲区处于 U 状态，通过读取输出缓冲区得到当前输出数据。

如果用户程序循环时间短于总线周期时间，也就是说用户非常频繁地查询 Next_Dout_Buffer_Cmd 寄存器。用户使用 Next_Dout_Buffer_Cmd 在 N 状态下得不到新缓存，因此，缓存器的状态将不会发生变化。在 12 Mbit/s 通信速率的情况下，用户程序循环时间长于总线周期时间，这就有可能使用户取得新缓存之前，在 N 状态下能得输出数据，保证了用户能得到最新的输出数据。但是在通信速率比较低的情况下，只有在主站得到令牌，并且与本地从站通信后，用户才能在输出缓冲区中得到最新数据，如果从站比较多，输入输出的字节数又比较多，用户得到最新数据通常要花费很长的时间。

用户可以通过读取 Dout_Buffer_SM 寄存器的状态，查询各个输出缓冲区的状态。共有 4 种状态：无（Nil）、Dout_Buf_ptr1～Dout_Buf_ptr3，表明各个输出缓冲区处于什么状态。Dout_Buffer_SM 寄存器定义见表4-10。

表4-10　Dout_Buffer_SM 寄存器定义

地　址	位	状　态	值	编　码
寄存器0AH	7	F	X1	X1 X2 0　0：无 0　1：Dout_Buf_Prt1 1　0：Dout_Buf_Prt2 1　1：Dout_Buf_Prt3
	6		X2	
	5	U	X1	
	4		X2	
	3	N	X1	
	2		X2	
	1	D	X1	
	0		X2	

用户读取 Next_Dout_Buffer_Cmd 寄存器，可得到交换后哪一个缓存处于U状态，即属于用户，或者没有发生缓冲区变化。然后用户可以从处于U状态的输出数据缓冲区中得到最新的输出数据。Next_Dout_Buffer_Cmd 寄存器定义见表4-11。

表4-11　Next_Dout_Buffer_Cmd 寄存器定义

地　址	位	状　态	编　码
寄存器0BH	7	0	—
	6	0	
	5	0	
	4	0	
	3	U_Buffer_cleared	0：U缓冲区包含数据 1：U缓冲区被清除
	2	State_U_buffer	0：没有U缓冲区 1：存在U缓冲区
	1	Ind_U_buffer	00：无 01：Dout_Buf_ptr1 10：Dout_Buf_ptr2 11：Dout_Buf_ptr3
	0		

2. 输入数据缓冲区状态的转变

输入数据缓冲区有3个，长度一样（初始化时已经规定），输入数据缓冲区也有3个状态，即U、N和D。同一时刻，3个缓冲区处于不同的状态。即一个缓冲区处于U，一个处于N，一个处于D。处于U状态的缓冲区用户可以使用，并且在任何时候用户都可更新。处于D状态的缓冲区SPC3使用，也就是SPC3将输入数据从处于该状态的缓冲区中发送到主站。

SPC3从D缓存中发送输入数据。在发送以前，处于N状态的输入缓冲区转为D状态，同时处于U状态的输入缓冲区变为N状态，原来处于D状态的输入缓冲区变为U状态，处于D状态的输入缓冲区中的数据发送到主站。

用户可使用U状态下的输入缓冲区，通过读取 New_Din_Buffer_Cmd 寄存器，用户可以知道哪一个输入缓冲区属于用户。如果用户赋值周期时间短于总线周期时间，将不会发送每次更新的输入数据，只能发送最新的数据。但在12 Mbit/s 通信速率的情况下，用户赋值时间长于总线周期时间，在此时间内，用户可发送当前的最新数据好几次。但是在波特率比较低的情况下，不能保证每次更新的数据能及时发送。用户把输入数据写入处于 U 状态的输入缓冲区，只有 U 状态变为 N 状态，再变为 D 状态，SPC3 才能将该数据发送到主站。

用户可以通过读取 Din_Buffer_SM 寄存器的状态，查询各个输入缓冲区的状态，其共有 4 种值：无（Nil）、Din_Buf_ptr1 ~ Din_Buf_ptr 3，表明了各个输入缓冲区处于什么状态。Din_Buffer_SM 寄存器定义见表 4-12。

表 4-12　Din_Buffer_SM 寄存器定义

地　址	位	状　态	值	编　码
寄存器 08H	7	F	X1	X1 X2 0　0：无 0　1：Din_Buf_Prt1 1　0：Din_Buf_Prt2 1　1：Din_Buf_Prt3
	6		X2	
	5	U	X1	
	4		X2	
	3	N	X1	
	2		X2	
	1	D	X1	
	0		X2	

读取 New_Din_Buffer_Cmd 寄存器，用户可知道交换后哪一个缓存属于用户。New_Din_Buffer_Cmd 寄存器定义见表 4-13。

表 4-13　New_Din_Buffer_Cmd 寄存器定义

地　址	位	状　态	编　码
寄存器 09H	7	0	无
	6	0	
	5	0	
	4	0	
	3	0	
	2	0	
	1	X1	X1 X2 0　0：Din_Buf_ptr1 0　1：Din_Buf_ptr2 1　0：Din_Buf_ptr3 1　1：无
	0	X2	

4.7.6　通用处理器总线接口

SPC3 有一个 11 位地址总线的并行 8 位接口。SPC3 支持基于 Intel 的 80C51/52（80C32）处理器和微处理器、Motorola 的 HC11 处理器和微处理器，Siemens 80C166、Intel X86、Motorola HC16 和 HC916 系列处理器和微处理器。由于 Motorola 和 Intel 的数据格式不兼容，SPC3 在访问以下 16 位寄存器（中断寄存器、状态寄存器、方式寄存器 0）和 16 位 RAM 单元（R_User_Wd_Value）时，自动进行字节交换。这就使 Motorola 处理器能够正确读取 16 位单元的值。通常对于读或写，要通过两次访问完成（8 位数据线）。

由于使用了 11 位地址总线，SPC3 不再与 SPC2（10 位地址总线）完全兼容。然而，SPC2 的 XINTCI 引脚在 SPC3 的 AB10 引脚处，且这一引脚至今未用。而 SPC3 的 AB10 输入端有一内置下拉电阻。如果SPC3使用SPC2硬件，用户只能使用1 KB的内部RAM。否则，AB10引脚必须置于相同的位置。

总线接口单元（BIU）和双口RAM控制器（DPC）控制着SPC3处理器内部RAM的访问。

另外，SPC3内部集成了一个时钟分频器，能产生2分频（DIVIDER=1）或4分频（DIVIDER=0）输出，因此，不需要附加费用就可实现与低速控制器相连。SPC3的时钟脉冲是48 MHz。

1. 总线接口单元（BIU）

BIU是连接处理器/微处理器的接口，有11位地址总线，是同步或异步8位接口。接口配置由2个引脚（XINT/MOT和MODE）决定，XINT/MOT引脚决定连接的处理器系列（总线控制信号，如XWR、XRD、R_W和数据格式），MODE引脚决定同步或异步。

在C32方式下必须使用内部锁存器和内部译码器。

2. 双口RAM控制器

SPC3内部1.5 KB的RAM是单口RAM。然而，由于内部集成了双口RAM控制器，允许总线接口和处理器接口同时访问RAM。此时，总线接口具有优先权。从而使访问时间最短。如果SPC3与异步接口处理器相连，SPC3产生Ready信号。

3. 接口信号

在复位期间，数据输出总线呈高阻状态。微处理器总线接口信号见表4-14。

表4-14　微处理器总线接口信号

名　　称	输入/输出	说　　明
DB(7..0)	I/O	复位时高阻
AB(10..0)	I	AB10带下拉电阻
MODE	I	设置：同步/异步接口
XWR/E_CLOCK	I	采用Intel总线时为写，采用Motorola总线时为E_CLK
XRD/R_W	I	采用Intel总线时为读，采用Motorola总线时为读/写
XCS	I	片选
ALE/AS	I	Intel/Motorola：地址锁存允许
DIVIDER	I	CLKOUT2/4的分频系数2/4
X/INT	O	极性可编程
XRDY/XDTACK	O	Intel/Motorola：准备好信号
CLK	I	48 MHz
XINT/MOT	I	设置：Intel/Motorola方式
CLKOUT2/4	O	24/12 MHz
RESET	I	最少4个时钟周期

4.7.7　SPC3的UART接口

发送器将并行数据结构转变为串行数据流。在发送第一个字符之前，产生Request-to-Send（RTS）信号，XCTS输入端用于连接调制器。RTS激活后，发送器必须等到XCTS激活后再发送第一个报文字符。

接收器将串行数据流转换成并行数据结构，并以 4 倍的传输速率扫描串行数据流。为了测试，可关闭停止位（方式寄存器 0 中 DIS_STOP_CONTROL=1 或 DP 的 Set_Param_Telegram 报文），PROFIBUS 协议的一个要求是报文字符之间不允许出现其他状态，SPC3 发送器保证满足此规定。通过 DIS_START_CONTROL=1（模式寄存器 0 或 DP 的 Set_Param 报文中），关闭起始位测试。

4.7.8　PROFIBUS-DP 接口

PROFIBUS 接口数据通过 RS-485 传输，SPC3 通过 RTS、TXD、RXD 引脚与电流隔离接口驱动器相连。

PROFIBUS 接口是一带有下列引脚的 9 针 D 型接插件，引脚定义如下。

引脚 1：Free。

引脚 2：Free。

引脚 3：B 线。

引脚 4：请求发送（RTS）。

引脚 5：5 V 地（M5）。

引脚 6：5 V 电源（P5）。

引脚 7：Free。

引脚 8：A 线。

引脚 9：Free。

必须使用屏蔽线连接接插件，根据 DIN 19245，Free pin 可选用。如果使用，必须符合 DIN192453 标准。

4.8　主站通信网络接口卡 CP5611

CP5611 是 SIEMENS 公司推出的网络接口卡，购买时需另付软件使用费。用于工控机连接到 PROFIBUS 和 SIMATIC S7 的 MPI。支持 PROFIBUS 的主站和从站、PG/OP、S7 通信。OPC Server 软件包已包含在通信软件供货，但是需要 SOFTNET 支持。

4.8.1　CP5611 网络接口卡主要特点

CP5611 网络接口卡的主要特点如下。

1）不带有微处理器。

2）经济的 PROFIBUS 接口：

① 1 类 PROFIBUS_DP 主站或 2 类 SOFTNET-DP 进行扩展。

② PROFIBUS_DP 从站与 softnet DP 从站。

③ 带有 softnet S7 的 S7 通信。

3）OPC 作为标准接口。

4）CP5611 是基于 PCI 总线的 PROFIBUS-DP 网络接口卡，可以插在 PC 及其兼容机的 PCI 总线插槽上，在 PROFIBUS-DP 网络中作为主站或从站使用。

① 作为 PC 上的编程接口，可使用 NCM PC 和 STEP 7 软件。

② 作为 PC 上的监控接口，可使用 WinCC、Fix、组态王、力控等。

③ 支持的通信速率最大为12 Mbit/s。

④ 设计可用于工业环境。

4.8.2 CP5611与从站通信的过程

当CP5611作为网络上的主站时，CP5611通过轮询方式与从站进行通信。这就意味着主站要想和从站通信，首先发送一个请求数据帧，从站得到请求数据帧后，向主站发送一响应帧。请求帧包含主站给从站的输出数据，如果当前没有输出数据，则向从站发送一空帧。从站必须向主站发送响应帧，响应帧包含从站给主站的输入数据，如果没有输入数据，也必须发送一空帧，才完成一次通信。通常按地址增序轮询所有的从站，当与最后一个从站通信完以后，接着再进行下一个周期的通信。这样就保证所有的数据（包括输出数据、输入数据）都是最新的。

主要报文有：令牌报文、固定长度没有数据单元的报文、固定长度带数据单元的报文，变数据长度的报文。

4.9 PROFIBUS-DP从站的系统设计

PROFIBUS-DP从站的开发设计分两种，一种就是利用现成的从站接口模块开发。另一种则是利用芯片进行深层次的开发。对于简单的开发如远程I/O测控，用LSPM系列就能满足要求，但是如果开发一个比较复杂的智能系统，那么最好选择SPC3，本节以PMM2000电力网络仪表为例，详细讲述采用SPC3通信控制器进行PROFIBUS-DP从站的开发设计过程。

4.9.1 PROFIBUS-DP从站的硬件设计

PMM2000电力网络仪表总体结构如图4-28所示。主要由STM32主板、开关电源模块、三相交流电流输入模块、三相交流电压输入模块、PROFIBUS-DP通信模块、LCD/LED显示模块和按键组成。

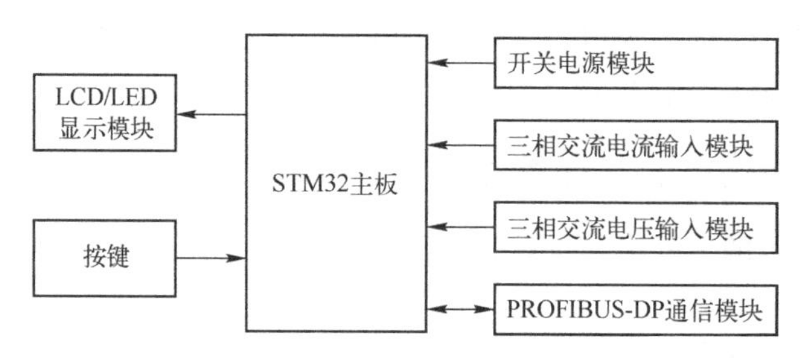

图4-28　PMM2000电力网络仪表总体结构

STM32主板以ST公司的STM32F103或STM32F407嵌入式微控制器为核心，其功能是实现配电系统的三相交流电流和电压信号的数据采集，并计算出电力参数进行显示，同时把计算出的电力参数通过SPI通信接口发送到PROFIBUS-DP通信模块。

三相交流电流输入模块的功能是对三相配电系统的交流电流信号进行处理，经电流互感器CT，将电流信号送往STM32微控制器的A/D转换器进行交流采样。

三相交流电源输入模块的功能是对三相配电系统的交流电流信号进行处理，经电压互感器PT，将电压信号送往STM32微控制器的A/D转换器进行交流采样。

开关电源模块的功能是提供+5 V、-15 V、+15 V 等直流电源。

PROFIBUS-DP 通信模块的功能是将 STM32 主板测量的电力参数上传到 PROFIBUS-DP 主站。

另外，LCD/LED 显示模块和按键是人机接口。

SPC3 通过一块内置的 1.5 KB 双口 RAM 与 CPU 接口，它支持多种 CPU，包括 Intel、SIEMENS、Motorola 等。

PROFIBUS-DP 通信模块主要由 Philips 公司的 P87C51RD2 微控制器、SIEMENS 公司的 SPC3 从站控制器和 TI 公司的 RS-485 通信接口 65ALS1176 等组成。

SPC3 与 P89V51RD2 的接口电路如图 4-29 所示。SPC3 中双口 RAM 的地址为 1000H～15FFH。

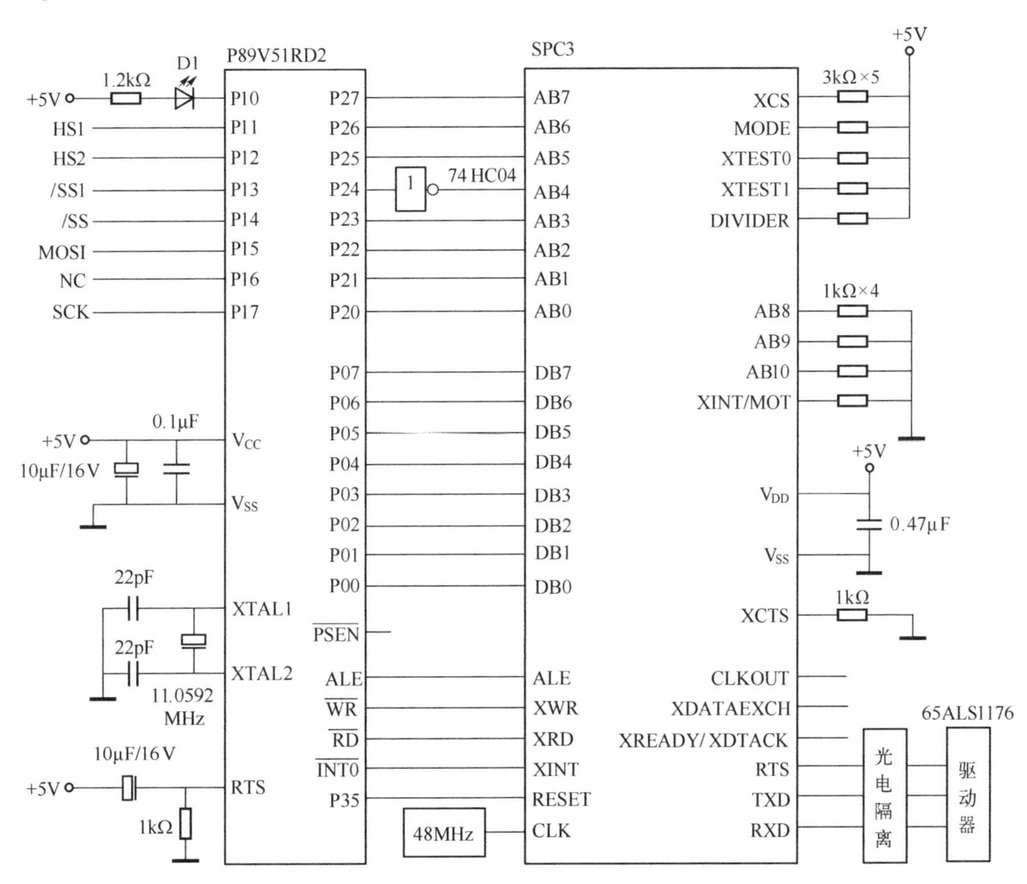

图 4-29　SPC3 与 P89V51RD2 的接口电路

PROFIBUS 接口数据通过 RS-485 传输，SPC3 通过 RTS、TXD、RXD 引脚与电流隔离接口驱动器相连。PROFIBUS-DP 的 RS-485 传输接口电路如图 4-30 所示。

为了提高系统的抗干扰能力，SPC3 通过了光电耦合器与 PROFIBUS-DP 总线相连，PROFIBUS-DP 总线的通信速率较高，所以要选择传输速率比较高的光电耦合器，本电路选择 AGILENT 公司的高速光电耦合器 HCPL0601 和 HCPL7721，RS-485 总线驱动器也要满足高通信速率的要求，本电路选择 TI 公司的高速 RS-485 总线驱动器 65ALS1176，能够满足 PROFIBUS-DP 现场总线 12 Mbit/s 的通信速率要求。

PROFIBUS 接口是一带有下列引脚的 9 针 D 型接插件，引脚定义如下。

引脚1：Free。

引脚2：Free。

引脚3：B线。

引脚4：请求发送（RTS）。

引脚5：5 V地（M5）。

引脚6：5 V电源（P5）。

引脚7：Free。

引脚8：A线。

引脚9：Free。

必须使用屏蔽线连接接插件，根据DIN 19245，Free pin可选用。如果使用，必须符合DIN19245标准。

在图4-30中，74HC132为施密特与非门。

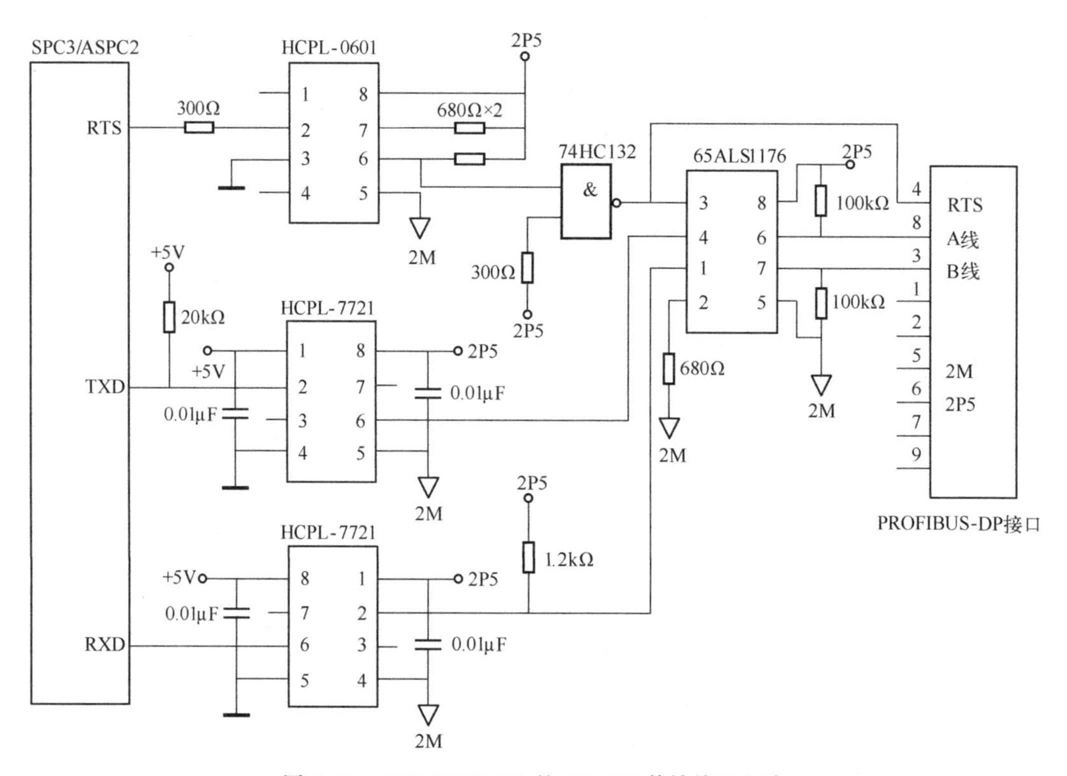

图4-30　PROFIBUS-DP的RS-485传输接口电路

4.9.2　PROFIBUS-DP从站的软件设计

下面主要讲述PROFIBUS-DP通信模块从站软件的SPC3程序开发设计，有关STM32主板的程序从略。

SPC3的软件开发难点是在系统初始化时对其64 B的寄存器进行配置，这个工作必须与设备的GSD文件相符。否则将会导致主站对从站的误操作。这些寄存器包括输入、输出、诊断、参数等缓存区的基地址以及大小等，用户可在器件手册中找到具体的定义。当设备初始化完成后，芯片开始进行波特率扫描，为了解决现场环境与电缆延时对通信的影响，SIEMENS所有

PROFIBUS ASIC 芯片都支持波特率自适应，当 SPC3 加电或复位时，它将自己的波特率设置到最高，如果设定的时间内没有接收到三个连续完整的包，则将它的波特率调低一个档次并开始新的扫描，直到找到正确的波特率为止。当 SPC3 正常工作时，它会进行波特率跟踪，如果接收到一个给自己的错误包，它会自动复位并延时一个指定的时间再重新开始波特率扫描，同时它还支持对主站回应超时的监测。当主站完成所有轮询后，如果还有多余的时间，它将开始通道维护和新站扫描，这时它将对新加入的从站进行参数化，并对其进行预定的控制。

SPC3 完成了物理层和数据链路层的功能，与数据链路层的接口是通过服务存取点来完成的，SPC3 支持 10 种服务，这些服务大部分都由 SPC3 来自动完成，用户只能通过设置寄存器来影响它。SPC3 是通过中断与微控制器进行通信的，但是微控制器的中断显然不够用，所以 SPC3 内部有一个中断寄存器，当接收到中断后再去寄存器查中断号来确定具体操作。

在开发完从站后一定要记住 GSD 文件要与从站类型相符，例如，从站是不许在线修改从站地址的，但是 GSD 文件是：

Set_Slave_Add_supp = 1（意思是支持在线修改从站地址）

那么在系统初始化时，主站将参数化信息送给从站，从站的诊断包则会返回一个错误代码 “Diag. Not_Supported Slave doesn't support requested function”。

下面详细讲述基于 P89V51RD 微控制器和 SPC3 通信控制器的 PROFIBUS-DP 从站通信的主要程序设计。

1. SPC3 通信控制器与 P89V51RD2 微控制器的地址定义

SPC3 通信控制器的地址定义如下。

```
#include <REG52. H>
#include <stdio. h>
#include<intrins. h>
#define   REAL_NO_ADD_CHG          0x01   //1=不允许地址改变,0=允许地址改变
#define   SPC3                     0x1000 // SPC3 片选信号
#define   SPC3_LOW                 0x00   // SPC3 片选信号低字节
#define   SPC3_HIGH                0x10   // SPC3 片选信号高字节

//SPC3 00H~15H 可读的寄存器单元
#define   IIR_LOW                  0x1000
#define   IIR_HIGH                 0x1001
#define   IR_LOW                   0x1002
#define   IR_HIGH                  0x1003
#define   STATUS_REG_LOW           0x1004
#define   STATUS_REG_HIGH          0x1005
#define   DIN_BUFFER_SM            0x1008
#define   NEW_DIN_BUFFER_CMD       0x1009
#define   DOUT_BUFFER_SM           0x100a
#define   NEW_DOUT_BUFFER_CMD      0x100b
#define   DIAG_BUFFER_SM           0x100c
#define   NEW_DIAG_PUFFER_CMD      0x100d
#define   USER_PRM_DATA_OK         0x100e
#define   USER_PRM_DATA_NOK        0x100f
#define   USER_CFG_DATA_OK         0x1010
#define   USER_CFG_DATA_NOK        0x1011
#define   SSA_BUFFERFREE_CMD       0x1014
```

```
//SPC3 00H~15H 可写的寄存器单元
#define  IRR_LOW              0x1000
#define  IRR_HIGH             0x1001
#define  IAR_LOW              0x1002
#define  IAR_HIGH             0x1003
#define  IMR_LOW              0x1004
#define  IMR_HIGH             0x1005
#define  MODE_REG0            0x1006
#define  MODE_REG0_S          0x1007
#define  MODE_REG1_S          0x1008
#define  MODE_REG1_R          0x1009
#define  WD_BAUD_CTRL_VAL     0x100A
#define  MINTSDR_VAL          0x100B

//* * * * *SPC3 00-15H 可写的寄存器的值
#define  D_IMR_LOW            0xf1
#define  D_IMR_HIGH           0xf0
#define  D_MODE_REG0          0xc0
#define  D_MODE_REG0_S        0x05
#define  D_MODE_REG1_S        0x20
#define  D_MODE_REG1_R        0x00
#define  D_WD_BAUD_CTRL_VAL   0x1e
#define  D_MINTSDR_VAL        0x00

//SPC3 16H~3D 单元
#define  R_TS_ADR             0x1016
#define  R_FDL_SAP_LIST_PTR   0x1017
#define  R_USER_WD_VALUE_LOW  0x1018
#define  R_USER_WD_VALUE_HIGH 0x1019
#define  R_LEN_DOUT_BUF       0x101a
#define  R_DOUT_BUF_PTR1      0x101b
#define  R_DOUT_BUF_PTR2      0x101c
#define  R_DOUT_BUF_PTR3      0x101d
#define  R_LEN_DIN_BUF        0x101e
#define  R_DIN_BUF_PTR1       0x101f
#define  R_DIN_BUF_PTR2       0x1020
#define  R_DIN_BUF_PTR3       0x1021
#define  R_LEN_DDBOUT_PUF     0x1022
#define  R_DDBOUT_BUF_PTR     0x1023
#define  R_LEN_DIAG_BUF1      0x1024
#define  R_LEN_DIAG_BUF2      0x1025
#define  R_DIAG_PUF_PTR1      0x1026
#define  R_DIAG_PUF_PTR2      0x1027
#define  R_LEN_CNTRL_PBUF1    0x1028
#define  R_LEN_CNTRL_PBUF2    0x1029
#define  R_AUX_PUF_SEL        0x102a
#define  R_AUX_BUF_PTR1       0x102b
#define  R_AUX_BUF_PTR2       0x102c
#define  R_LEN_SSA_DATA       0x102d
```

```
#define  R_SSA_BUF_PTR          0x102e
#define  R_LEN_PRM_DATA         0x102f
#define  R_PRM_BUF_PTR          0x1030
#define  R_LEN_CFG_DATA         0x1031
#define  R_CFG_BUF_PTR          0x1032
#define  R_LEN_READ_CFG_DATA    0x1033
#define  R_READ_CFG_BUF_PTR     0x1034
#define  R_LENDDB_PRM_DATA      0x1035
#define  R_DDB_PRM_BUF_PTR      0x1036
#define  R_SCORE_EXP_BYTE       0x1037
#define  R_SCORE_ERROR_BYTE     0x1038
#define  R_REAL_NO_ADD_CHANGE   0x1039
#define  R_IDENT_LOW            0x103a
#define  R_IDENT_HIGH           0x103b
#define  R_GC_COMMAND           0x103c
#define  R_LEN_SPEC_PRM_BUF     0x103d

//****SPC3 16H~3DH 寄存器单元的数据
#define  D_TS_ADR               0x03
#define  D_FDL_SAP_LIST_PTR     0x79
#define  D_USER_WD_VALUE_LOW    0x20
#define  D_USER_WD_VALUE_HIGH   0x4e

//输出字节长度必须和上位机组态软件组态值一致
#define  D_LEN_DOUT_BUF         0x07
#define  D_DOUT_BUF_PTR1        0x08
#define  D_DOUT_BUF_PTR2        0x09
#define  D_DOUT_BUF_PTR3        0x0a

//输入字节长度必须和上位机组态软件组态值一致
#define  D_LEN_DIN_BUF          0x71
#define  D_DIN_BUF_PTR1         0x38
#define  D_DIN_BUF_PTR2         0x48
#define  D_DIN_BUF_PTR3         0x58

#define  D_LEN_DDBOUT_PUF       0x00
#define  D_DDBOUT_BUF_PTR       0x00
#define  D_LEN_DIAG_BUF1        0x06
#define  D_LEN_DIAG_BUF2        0x06
#define  D_DIAG_PUF_PTR1        0x65
#define  D_DIAG_PUF_PTR2        0x69
#define  D_LEN_CNTRL_PBUF1      0x18
#define  D_LEN_CNTRL_PBUF2      0x00
#define  D_AUX_PUF_SEL          0x00
#define  D_AUX_BUF_PTR1         0x76
#define  D_AUX_BUF_PTR2         0x79
#define  D_LEN_SSA_DATA         0x00
#define  D_SSA_BUF_PTR          0x00
#define  D_LEN_PRM_DATA         0x14
#define  D_PRM_BUF_PTR          0x73
```

```
#define  D_LEN_CFG_DATA          0x0a
#define  D_CFG_BUF_PTR           0x6d
#define  D_LEN_READ_CFG_DATA     0x02
#define  D_READ_CFG_BUF_PTR      0x70
#define  D_LENDDB_PRM_DATA       0x00
#define  D_DDB_PRM_BUF_PTR       0x00
#define  D_SCORE_EXP_BYTE        0x00
#define  D_SCORE_ERROR_BYTE      0x00
#define  D_REAL_NO_ADD_CHANGE    0xff
#define  D_IDENT_LOW             0x08
#define  D_IDENT_HIGH            0x00
#define  D_GC_COMMAND            0x00
#define  D_LEN_SPEC_PRM_BUF      0x00

unsigned char xdata RxdBuf[80]_at_ 0x159a;
unsigned char data RXBF[8];
unsigned char idata RxdBuf2[80]_at_ 0x80;

unsigned char TEMP1;
unsigned char TEMP2;
unsigned char TIMCNT;
unsigned char TIMCNT1;
unsigned char UCOMMAND;
unsigned char data SLADD;
unsigned char USER_OUT_PTR;
unsigned char USER_OUT_PTR1;
unsigned char USER_IN_PTR;
unsigned char USER_IN_PTR1;
unsigned int var1;
unsigned char vart;
unsigned char dplt;
unsigned char dpht;
unsigned char varp;
unsigned char h;
unsigned int k;
sfr WDTRST=0xa6;
sbit ACC0=0xe0;
sbit ACC1=0xe1;
sbit ACC2=0xe2;
sbit ACC3=0xe3;
sbit ACC4=0xe4;
sbit ACC5=0xe5;
sbit ACC6=0xe6;
sbit ACC7=0xe7;
sbit P1_0=0x90;
sbit P1_1=0x91;
sbit P1_2=0x92;
sbit P1_7=0x97;
sbit PSW3=0xD3;
sbit PSW4=0xD4;
```

2. P89V51RD2 主程序

P89V51RD2 主程序如下：

```
main()
{
    unsigned char xdata  *j;
    SP=0x50; //设置 P89V51RD2 的堆栈
    SCON=0x50; //初始化定时器
    TMOD=0x21;
    PCON=0x80;
    TH1=0xfd;
    TL1=0xfd;
    TH0=0x3c;
    TL0=0xaf;
    SPCR=0xef; //P89V51RD2 设置为 SPI 从机模式
    SPSR=0x0; //清 SPI 发送标志
    TIMCNT=0;
    TIMCNT1=0;
    SLADD=0x06; //PROFIBUS-DP 从站地址初始化为 6
    ES=1; //开中断
    TR0=1;
    TR1=1;
    ET0=1;
    EA=1;
    P3_5=1; //SPC3 软件复位
    Delay_MS(10);
    P1_7=0;
    WDTRESET();
    j=0x15f0; //判断是否是 WDT 引起的复位
    TEMP2= *j;
    ACC=TEMP2;
    if(ACC==0x55)
    {
     j=0x15f2;
    TEMP2= *j;
     SLADD=TEMP2;
    }
    else
     {  P1_2=0;
        while(TIMCNT1<=50)
        {;
        WDTRESET();
        }
        WDTRESET();
        while(TIMCNT<=10)
        {;
        WDTRESET();
        }
        TIMCNT=0;
        REQDATA(); //从 SPI 主机请求数据
```

```
            ACC=0;
            ACC=1;
            TEMP1=RxdBuf2[0];
            while(TIMCNT<=10)
            {;
            WDTRESET();
            }
            REQDATA();//两次请求数据
        while(RxdBuf2[0]! =TEMP1) //判断两次接收到地址是否一致
        {
            P1_2=0;
            while(TIMCNT1<=50)
            {;
            WDTRESET();
            }
            P1_0=0;
            WDTRESET();
            while(TIMCNT<=10)
            {;
            WDTRESET();
            }
            TIMCNT=0;
            REQDATA();
            TEMP1=RxdBuf2[0];
            while(TIMCNT<=10)
            {;
            WDTRESET();
            }
            REQDATA(); //两次请求数据
        }
            SLADD=TEMP1;
         j=0x15f2;
         *j=SLADD;
         j=0x1500;
         *j=0x55;
         j++;
         *j=0x55;
      }
      ini(); //调用 SPC3 通信控制器的初始化程序
      mainloop(); //调用 P89V51RD2 控制器主循环程序与 PROFIBUS-DP 通信程序
  }
```

3. SPC3 通信控制器的初始化程序

SPC3 通信控制器的初始化程序如下。

```
//以下程序一般不需改变
void ini()
{    unsigned char xdata *p;
     unsigned int i;
```

```
Delay_MS(10); //延时 10ms
EX0=0;
PX0=1;//设置INT0的优先级
for(i=R_TS_ADR;i<0x15e0;i++)   //SPC3 通信控制器的 RAM 区清零
{ p=i;
  *p=0x00;
 WDTRESET();
}
p=IMR_LOW; //设置 SPC3 内部中断
 *p=D_IMR_LOW;
p++;
 *p=D_IMR_HIGH;

p=R_USER_WD_VALUE_LOW;//设置 SPC3 的 WDT 参数
 *p=D_USER_WD_VALUE_LOW;
p++;
 *p=D_USER_WD_VALUE_HIGH;

SPC3_RESET(); //调用 SPC3 复位初始化程序
EX0=1;
EA=1;
CY=0;
p=R_DOUT_BUF_PTR1; //计算输出数据缓冲区的指针
TEMP2= *p;
ACC=TEMP2;
vart=ACC;
vart=vart * 8;
ACC=vart;
USER_OUT_PTR1=ACC;
if(CY==1)
{   CY=0;
    ACC=0x0;
    ACC=SPC3_HIGH+1;
}
else
ACC=SPC3_HIGH;
USER_OUT_PTR=ACC;

p=R_DIN_BUF_PTR1;//计算输入数据缓冲区的指针
TEMP2= *p;
ACC=TEMP2;
vart=ACC;
vart=vart * 8;
ACC=vart;
USER_IN_PTR1=ACC;
if(CY==1)
{   CY=0;
    ACC=0x0;
    ACC=SPC3_HIGH+1;
}
```

```
        else
        ACC=SPC3_HIGH;
        USER_IN_PTR=ACC;
        WDTRESET();
    }
```

4. P89V51RD2 控制器主循环程序与 PROFIBUS-DP 通信程序

P89V51RD2 控制器主循环程序与 PROFIBUS-DP 通信程序如下。

```
    void mainloop()
    {   unsigned char xdata  * p1;

        unsigned char i;
        while(1)
        {
        WDTRESET();
        if(UCOMMAND==0x19)
    //如果 UCOMMAND 是 0x19,主机发送地址帧,更新 PROFIBUS-DP 从站地址
        {
         UCOMMAND=0x0;

         SLADD=RXBF[0];
         p1=0x15f2;
         * p1=RXBF[0]; //地址保存在 0x15f2 外部 RAM 中
         ini(); //调用 SPC3 通信控制器的初始化程序,更新 PROFIBUS-DP 从站地址
        }
            if(TIMCNT>0x28)
            {
              P1_0 =~P1_0 ;
              TIMCNT=0;
              REQDATA(); //请求数据
              MOVBK();  //调用处理请求的数据程序
              WDTRESET();
              TIMCNT=0;
            }
            else ;
            p1=MODE_REG1_S; //触发 SPC3 的 WDT
             * p1=0x20;
            p1=IRR_HIGH; //判断有无数据输出
            TEMP2= * p1;
            ACC=TEMP2;
            if(ACC5!=0)
            { p1++;
              p1++;
               * p1=0x20;
              p1=NEW_DOUT_BUFFER_CMD;//更新输出数据指针
             TEMP2= * p1;
              CY=0; //清零
              vart=TEMP2&0x03;
              vart=vart+0x1a;
```

```
    ACC=vart;
    var1=ACC&0x00ff;
    if(CY==0)
    var1=vart|0x1000;
    else
    var1=vart|0x1100;
    p1=var1;
    TEMP2= *p1;
    vart=TEMP2;
    vart=vart*8;
  ACC=vart;
  USER_OUT_PTR1=ACC;
  if(CY==1)
  {   CY=0;
      ACC=0x0;
      ACC=SPC3_HIGH+1;
  }
  else
  ACC=SPC3_HIGH;
  USER_OUT_PTR=ACC;
  }

  p1=NEW_DIN_BUFFER_CMD; //更新输入数据指针
  TEMP2= *p1;
  CY=0; //清零
  vart=TEMP2&0x03;
  vart=vart+0x1e;
  ACC=vart;
  var1=ACC&0x00ff;
  if(CY==0)
  var1=vart|0x1000;
  else
  var1=vart|0x1100;
  p1=var1;
  TEMP2= *p1;
  vart=TEMP2;
  var1=vart*8;
  var1=var1+0x1000;

  p1=var1;
  for(i=0;i<80;i++)
  {
     *p1=RxdBuf[i];
    p1++;
  }
  p1=IIR_HIGH;
  ACC= *p1;
  if(ACC4==1)
  {
  p1=NEW_DIAG_PUFFER_CMD;
```

```
            vart= * p1;
            p1=0x1328;
             * p1=0;
            p1++;
             * p1=0x0c;
            p1=0x1348;
             * p1=0;
            p1++;
             * p1=0x0c;
            p1=IAR_HIGH;
             * p1=0x10;
            }
        }
    }
```

5. SPC3复位初始化程序

SPC3复位初始化程序如下。

```
    void SPC3_RESET()
    {
        unsigned char xdata  * p2;
        p2=R_IDENT_LOW; //设置本模块标识号
         * p2=D_IDENT_LOW;
        p2=R_TS_ADR;
         * p2=SLADD;//设置 PROFIBUS-DP 从站地址
        p2=MODE_REG0;
         * p2=D_MODE_REG0;
        p2++;
         * p2=D_MODE_REG0_S; //设置 SPC3 方式寄存器
        p2=R_REAL_NO_ADD_CHANGE;
         * p2=0xff;
        p2=STATUS_REG_LOW;
        TEMP2= * p2;
        ACC=TEMP2;
        while(ACC0==1) //判断 SPC3 是否离线
        {
        p2=STATUS_REG_LOW;
        TEMP2= * p2;
        ACC=TEMP2;
        }
        p2=R_DIAG_PUF_PTR1; //如果 SPC3 离线,则初始化 SPC3
         * p2=D_DIAG_PUF_PTR1;
        p2++;
         * p2=D_DIAG_PUF_PTR2;

        p2=R_CFG_BUF_PTR;
         * p2=D_CFG_BUF_PTR;
        p2=R_READ_CFG_BUF_PTR;
         * p2=D_READ_CFG_BUF_PTR;
        p2=R_PRM_BUF_PTR;
```

```
    *p2=D_PRM_BUF_PTR;
    p2=R_AUX_BUF_PTR1;
    *p2=D_AUX_BUF_PTR1;
    p2++;
    *p2=D_AUX_BUF_PTR2;
    p2=R_LEN_DIAG_BUF1;
    *p2=D_LEN_DIAG_BUF1;
    p2++;
    *p2=D_LEN_DIAG_BUF2;
    p2=R_LEN_CFG_DATA;
    *p2=D_LEN_CFG_DATA;
    p2=R_LEN_PRM_DATA;
    *p2=D_LEN_PRM_DATA;
    p2=R_LEN_CNTRL_PBUF1;
    *p2=D_LEN_CNTRL_PBUF1;
    p2=R_LEN_READ_CFG_DATA;
    *p2=D_LEN_READ_CFG_DATA;
    p2=R_FDL_SAP_LIST_PTR;
    *p2=D_FDL_SAP_LIST_PTR;
    p2=R_LEN_DOUT_BUF;
    *p2=D_LEN_DOUT_BUF;
    p2=R_DOUT_BUF_PTR1;
    *p2=D_DOUT_BUF_PTR1;
    p2++;
    *p2=D_DOUT_BUF_PTR2;
    p2++;
    *p2=D_DOUT_BUF_PTR3;

    p2=R_LEN_DIN_BUF;
    *p2=D_LEN_DIN_BUF;
    p2=R_DIN_BUF_PTR1;
    *p2=D_DIN_BUF_PTR1;
    p2++;
    *p2=D_DIN_BUF_PTR2;
    p2++;
    *p2=D_DIN_BUF_PTR3;

    p2=0x13c8;
    *p2=0xff;
    p2=0x1380;
    *p2=0x13;
    p2++;
    *p2=0x23;

    p2=WD_BAUD_CTRL_VAL; //设置 SPC3 的 WDT 波特率控制
    *p2=D_WD_BAUD_CTRL_VAL;
    p2=MODE_REG1_S;
    TEMP2=*p2;
    ACC=TEMP2|0x01;
    *p2=ACC;
}
```

6. SPC3 中断处理程序

SPC3 中断处理程序如下。

```
void INTEX0(void) interrupt 0
{
 unsigned char xdata *p2;
    varp=PSW;
    dplt=DPL;
    dpht=DPH;
    PSW3=0;
    PSW4=1;
    p2=IR_LOW; //GO_LEAVE_DATA_EX
    TEMP2= *p2;
    ACC=TEMP2;
    if(ACC1==1)
      *p2=0x02;
     else ;
     p2=IAR_HIGH; //NEW_GC_COMMAND
     TEMP2= *p2;
     ACC=TEMP2;
   if(ACC0==1)
      *p2=0x01;
   else ;
    p2=IAR_HIGH; //PRM
    TEMP2= *p2;
    ACC=TEMP2;
     if(ACC3==1)
     {TEMP2=0;
      p2=USER_PRM_DATA_OK;
      TEMP2= *p2;
      TEMP2=TEMP2&0x03;
      while(TEMP2==0x01)
        {  p2=USER_PRM_DATA_OK;
           TEMP2= *p2;
           TEMP2=TEMP2&0x03;
        }
     }
     p2=IAR_HIGH; //CFG
     TEMP2= *p2;
     ACC=TEMP2;
     if(ACC2==1)
     {TEMP2=0;
       p2=USER_CFG_DATA_OK;
       TEMP2= *p2;
       while(TEMP2==0x01)
       TEMP2= *p2;
     }
     p2=IAR_HIGH; //SSA
     TEMP2= *p2;
     ACC=TEMP2;
```

```
    if(ACC1==1)
     *p2=0x02;
    ;
    p2=IR_LOW;
   TEMP2=*p2;
   ACC=TEMP2;
    if(ACC3==1)
    {
      wd_dp_mode_timeout_function();
      p2=IR_LOW; //USER_TIME_CLOCK
       *p2=0x08;
    }
    p2=IR_LOW; //BAUDRATE_DETECT
    TEMP2=*p2;
    ACC=TEMP2;
    if(ACC4==1)
     *p2=0x10;
    p2=IR_LOW;
    TEMP2=*p2;
    ACC=TEMP2;
    if(ACC2==1)
     *p2=0x04;
    p2=0x1008; //中断结束
     *p2=0x02;
    PSW=varp;
   DPL=dplt;
   DPH=dpht;
}
```

7. P89V51RD2 微控制器的定时器 0 中断服务程序

P89V51RD2 微控制器的定时器 0 中断服务程序如下。

```
void timer0() interrupt 1
{   unsigned char xdata *p2;
    varp=PSW;
    PSW3=1;
    PSW4=1;
    dplt=DPL;
    dpht=DPH;
    TH0=0x3c;
    TL0=0xaf;
    TIMCNT++;
    TIMCNT1++;
    p2=MODE_REG1_S; //触发 SPC3 的 WDT
     *p2=0x20;
    DPL=dplt;
    DPH=dpht;
    PSW=varp;
}
```

8. wd_dp_mode 超时程序

wd_dp_mode 超时程序如下。

```
void wd_dp_mode_timeout_function( )
{
    unsigned char xdata  * p;
    p=0x1004;
    vart= * p;
    p=0x100c;
    vart= * p;
    TEMP2=vart;
    TEMP2=TEMP2&0X03;
    if( TEMP2= =01)
    {
        p=0x1024;
         * p=0x06;
    }
    else
    { TEMP2=vart;
    TEMP2=TEMP2&0X0C;
    if( TEMP2= =0x04)
      { p=0x1025;
        * p=0x06;
      }
    }
    p=0x100c;
    vart= * p;
    TEMP2=vart;
    TEMP2=TEMP2&0X03;
    if( TEMP2= =01)
      {
        p=0x1026;
        TEMP2= * p;
        var1=TEMP2 * 8;

        var1=var1+0x1000;
        p=var1;
         * p=0x0;
      }
     else
    { TEMP2=vart;
    TEMP2=TEMP2&0X0C;
    if( TEMP2= =0x04)
      { p=0x1027;
       TEMP2= * p;
         var1=TEMP2 * 8;
          var1=var1+0x1000;
          p=var1;
           * p=0x0;
      }
```

```
    }
    p=0x100d;
    vart= * p;
    TEMP2=vart;
    TEMP2=TEMP2&0X03;
    TEMP2=TEMP2+0XFE;
    if(TEMP2==0)
    {p=0x1027;
    TEMP2= * p;
    var1=TEMP2 * 8;
    var1=var1+0x1000;
    p=var1;
    }
}
```

9. P89V51RD2微控制器的WDT复位程序

P89V51RD2微控制器的WDT复位程序如下。

```
void WDTRESET()
{
 WDTC=0x0f;
}
```

4.9.3　PMM2000电力网络仪表从站的GSD文件

1. GSD文件的组成

PROFIBUS-DP设备具有不同的性能特性。特性的不同在于其功能（即I/O信号的数量和诊断信息）的不同或总线参数不同。这些参数对每种设备类型和生产厂商来说各有差别。

为了达到PROFIBUS-DP简单的即插即用配置，这些特性均在电子数据单中具体说明，有时称为设备数据库文件或GSD文件。

标准化的GSD数据将通信扩大到操作员控制一级，使用基于GSD的组态工具可将不同厂商生产的设备集成在一个总线系统中，简单且用户界面友好。

对一种设备类型的特性，GSD以一种准确定义的格式给出其全面而明确的描述。GSD文件由生产厂商分别针对每一种设备类型，以设备数据库清单的形式提供给用户，此种明确定义的文件格式便于读出任何一种PROFIBUS-DP从站的设备数据库文件，并且在组态总线系统时自动使用这些信息。在组态阶段，系统自动地对输入与整个系统有关的数据的输入误差和前后一致性进行检查核对。

GSD分为以下三部分。

（1）总体说明

包括厂商和设备名称、软硬件版本情况、支持的波特率、可能的监控时间间隔及总线插头的信号分配。

（2）DP主设备相关规范

包括所有只适用于DP主设备的参数（如可连接的从设备的最多台数或加载和卸载能力）。从设备没有这些规定。

(3) 从设备的相关规范

包括与从设备有关的所有规定（如I/O通道的数量和类型、诊断测试的规格及I/O数据的一致性信息）。

所有PROFIBUS-DP设备的GSD文件均按PROFIBUS标准进行了符合性试验，在PROFIBUS用户组织的WWW Server中有GSD库，可自由下载，网址为：http//www.profibus.com。

2. GSD文件的特点

每种类型的DP从设备和每种类型的1类DP主设备一定有一个标识号。主设备用此标识号识别哪种类型的设备连接后不产生协议的额外开销。主设备将所连接的DP设备的标识号与在组态数据中用组态工具指定的标识号进行比较，直到具有正确站址的设备类型连接到总线上后，用户数据再开始传送。这可避免组态错误，从而大大提高安全级别。

厂商必须为每种DP从设备类型和每种1类DP主设备类型向PROFIBUS用户组织申请标识号。各地区办事处均可领取申请表格。

GSD文件具有如下特点。

1) 在GSD文件中，描述每一个PROFIBUS-DP设备的特性。

2) 每个设备的GSD文件用设备的电子数据单来表示。

3) GSD文件包含所有设备的特定参数，如支持的波特率、支持的信息长度、输入/输出的数据量、诊断信息的含义。

4) GSD文件由设备制造商建立。

5) 每一个设备类型分别需要一个GSD文件。

6) PROFIBUS用户组织提供GSD编辑程序，它使得建立GSD文件非常容易。

7) GSD编辑程序包括GSD检查程序，它确保GSD文件符合PROFIBUS标准。

3. GSD文件实例

下面以PMM2000电力网络仪表从站的GSD文件为例，介绍GSD文件的设计。

PMM2000电力网络仪表从站的GSD文件（pmm.GSD）设计如下。

```
#Profibus_DP
; Unit-Definition-List:
GSD_Revision          = 1             ;GSD版本号
Vendor_Name           = "REND"        ;生产商
Model_Name            = "PMM2000"     ;模块名
Revision              = "Rev. 1"      ;DP设备版本号
Ident_Number          = 0x8           ;DP设备标识号
Protocol_Ident        = 0             ;DP设备使用的协议PROFIBUS-DP
Station_Type          = 0             ;DP设备类型,从站
FMS_supp              = 1             ;DP设备不支持FMS
Hardware_Release      = "Axxx"        ;硬件版本号
Software_Release      = "Zxxx"        ;软件版本号
9.6_supp              = 1             ;支持波特率9.6kbit/s
19.2_supp             = 1             ;支持波特率19.2kbit/s
93.75_supp            = 1             ;支持波特率93.75kbit/s
187.5_supp            = 1             ;支持波特率187.5kbit/s
500_supp              = 1             ;支持波特率500kbit/s
1.5M_supp             = 1             ;支持波特率1.5Mbit/s
3M_supp               = 1             ;支持波特率3Mbit/s
```

```
6M_supp                = 1              ;支持波特率 6 Mbit/s
12M_supp               = 1              ;支持波特率 12 Mbit/s
MaxTsdr_9.6            = 60             ;9.6 kbit/s 时最大延迟时间
MaxTsdr_19.2           = 60             ;19.2 kbit/s 时最大延迟时间
MaxTsdr_93.75          = 60             ;93.75 kbit/s 时最大延迟时间
MaxTsdr_187.5          = 60             ;187.5 kbit/s 时最大延迟时间
MaxTsdr_500            = 100            ;500 kbit/s 时最大延迟时间
MaxTsdr_1.5M           = 150            ;1.5 Mbit/s 时最大延迟时间
MaxTsdr_3M             = 250            ;3 Mbit/s 时最大延迟时间
MaxTsdr_6M             = 450            ;6 Mbit/s 时最大延迟时间
MaxTsdr_12M            = 800            ;12 Mbit/s 时最大延迟时间
Redundancy             = 1              ;是不是支持冗余
Repeater_Ctrl_Sig      = 2              ;TTL
;
; Slave-Specification:
24V_Pins               = 2              ;M24 V 和 P24 V 没有连接
;
Implementation_Type    = "SPC3"         ;使用芯片 SPC3
Bitmap_Device          = "REND3"        ;设备图标
Bitmap_Diag            = "bmpdia"       ;有诊断时图标
Bitmap_SF              = "bmpsf"        ;特殊操作时设备图标
Freeze_Mode_supp       = 0              ;不支持锁定
Sync_Mode_supp         = 0              ;不支持同步
Auto_Baud_supp         = 1              ;自动波特率识别
Set_Slave_Add_supp     = 0              ;不支持设置从站地址
Min_Slave_Intervall    = 1              ;最小从站间隔
;
Modular_Station        = 1
Max_Module             = 1
Max_Output_Len         = 80             ;最大输出长度
Max_Input_Len          = 224            ;最大输入长度
Max_Data_Len           = 304            ;最大输入/输出长度
;
; Module-Definitions:
;
Modul_Offset           = 255
Max_User_Prm_Data_Len  = 5              ;最大参数数据长度
Fail_Safe              = 0
Slave_Family           = 0              ;从站类型
Max_Diag_Data_Len      = 6              ;最大诊断数据长度
ORDERNUMBER            ="FBPRO-PMM2000"  ;订货号
Ext_User_Prm_Data_Const(0) = 0x00,0x00,0x00,0x00,0x00

Module = " 113 Byte In, 7 Byte Out" 0x17,0x17,0x17,0x17,0x17,0x17,0x17,0x17,0x17,0x17,0x17,
0x17,0x17,0x17,0x10,0x26                ;113 B 输入,7 B 输出
EndModule
```

4. GSD 文件的编写要点

在 GSD 文件中，需要注意以下几点。

(1) 标识号应该从 PROFIBUS 用户组织申请，在 GSD 文件中设定的标识号和在从站的程

序中设定的标识号一致。

(2) Max_Output_Len，Max_Input_Len 的设定应该能满足从站的要求。比如从站要求有 8 B 的输入数据和 8 B 的输出数据，可以设定 Max_Output_Len = 8，Max_Input_Len = 8，Max_Data_Len 的值设定为 Max_Output_Len 和 Max_Input_Len 之和。

(3) 8 B 的输入和 8 B 输出是在下面一条语句中实现的。

```
Module = " 8 Byte Out, 8 Byte In"   0x27,0x17   ;8 B 输入,8 B 输出
EndModule
```

(4) 16 B 的输入和 16 B 输出是在下面一条语句中实现的。

```
Module = " 8 Byte Out, 8 Byte In"   0x27,0x27,0x17,0x17   ;16 B 输入,16 B 输出
EndModule
```

其他长度的字节个数设计方法与此类似，可以参考如图 4-31 所示的输入和输出字节个数的定义格式。

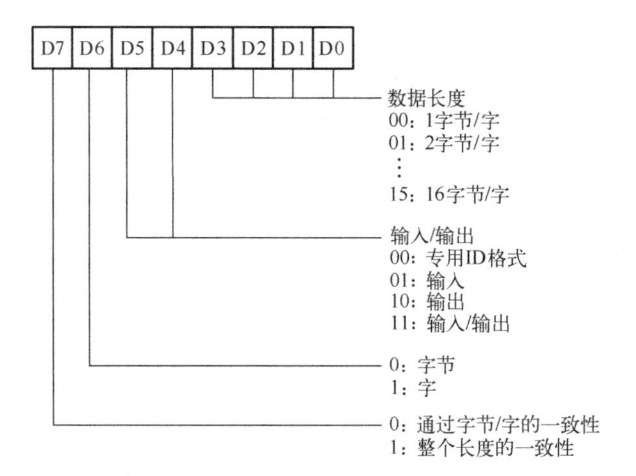

图 4-31　输入和输出字节个数的定义格式

GSD 文件是 ASCII 格式的，可以由任何文本编辑器编写，通过标准的关键词描述设备属性。GSD 文件创建以后，必须通过 GSD Checker 检查文件的正确性，GSD Checker 可以从 http://www.profibus.com 网站上下载。如果 GSD 文件中有错误，GSD 文件将标出错误所在的行，如果没有错误，GSD Checker 显示 GSD( )OK。

设备生产商提供针对各自设备的 GSD 文件，和产品一起提供给用户。配置工具中也提供部分 GSD 文件，一些 GSD 文件可以通过以下途径得到。

通过 Internet：http://www.ad.siemens.de 提供西门子公司的所有 GSD 文件。

通过 PNO（PROFIBUS Trade Organizaton）：hppt://www.profibus.com。

4.9.4　PROFIBUS-DP 从站的测试方法

如果已经设计好了完成某种功能的 PROFIBUS-DP 从站，就可以对从站的性能进行测试了。

测试 PROFIBUS-DP 从站，PROFIBUS-DP 主站可以采用 SIEMENS 公司的 CP5611 网络通信接口卡和 PC 计算机及配套软件。也可以采用 SIEMENS 公司 PLC，如 S7-300、S7-400 等作

为主站。

下面采用北京鼎实创新公司的 PBMG-ETH-2 主站网关对 PROFIBUS-DP 从站进行测试，PROFIBUS-DP 从站选用济南莱恩达公司的 PMM2000 电力网络仪表。

PBMG-ETH-2 主站网关实现的功能是将 PROFIBUS-DP 通信协议的从站设备连接到以太网上，该网关在 PROFIBUS-DP 一侧只作主站，在 MODBUS TCP/IP 一侧为服务端。

PBMG-ETH-2 与从站设备的连接有两种方式。

一种是将从站设备直接连接到 PBMG-ETH-2 的 DP 接口上，如图 4-32 所示。

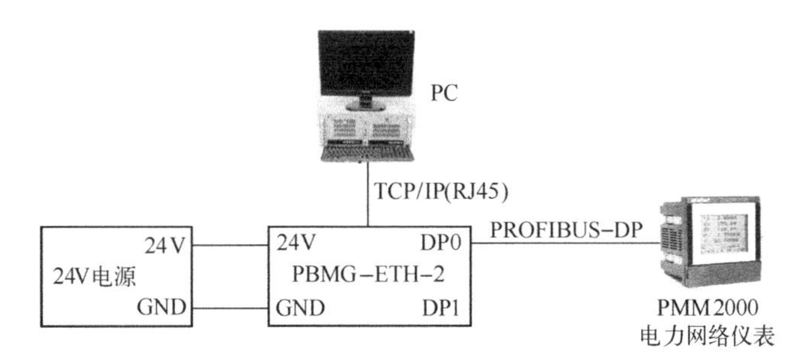

图 4-32　PBMG-ETH-2 与从站设备直接相连

另一种是通过 PB-Hub6 将从站设备和 PBMG-ETH-2 相连，如图 4-33 所示。

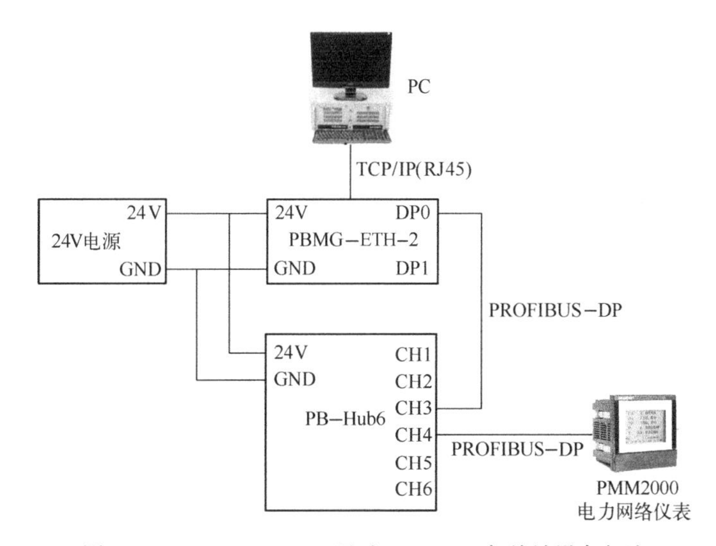

图 4-33　PBMG-ETH-2 通过 PB-Hub6 与从站设备相连

需要注意的是，PBMG-ETH-2 共有两个 DP 接口，可以同时使用。但若直接与从站设备相连，其所带从站个数之和不能超过 31 个，且两个 DP 接口所带从站需统一编址。在图 4-33 所示的连接方式中，通过使用 PB-Hub6 的中继器功能，可以使所带从站个数有所增加。PB-Hub6 的每一个接口都相当于一个中继器接口，可以独立驱动一个 PROFIBUS-DP 网段，即可以再连接最多 31 个从站。同时 PB-Hub6 还可以实现级连，通过 PB-Hub6 组成的混合型 PROFIBUS-DP 网络结构，其站点数可达 126 个。

PBMG-ETH-2 主站网关需要和 PB-CONFI 软件配合使用，该网关使用的是 PB-CONFI 软件的以太网下载功能。PROFIBUS-DP 从站测试实例配置见表 4-15。

表4-15　PROFIBUS-DP从站测试实例配置

序号	设备名称	型号及技术指标	数量	备　注
1	网关设备	PBMG-ETH-2	1	—
2	PROFIBUS-DP从站	PMM2000	1	其他从站皆可
3	MODBUS TCP客户端	计算机	1	模拟MODBUS TCP客户端
4	DP电缆（带有DP插头）	标准PROFIBUS-DP电缆	1	连接PROFIBUS-DP侧
5	网线（带有水晶头）	普通网线	1	连接以太网侧

习题

1. PROFIBUS现场总线由哪几部分组成？
2. PROFIBUS现场总线有哪些主要特点？
3. PROFIBUS-DP现场总线有哪几个版本？
4. 说明PROFIBUS-DP总线系统的组成结构。
5. 简述PROFIBUS-DP系统的工作过程。
6. PROFIBUS-DP的物理层支持哪几种传输介质？
7. 画出PROFIBUS-DP现场总线的RS-485总线段结构。
8. 说明PROFIBUS-DP用户接口的组成。
9. 什么是GSD文件？它主要由哪几部分组成？
10. PROFIBUS-DP协议实现方式有哪几种？
11. SPC3与INTEL总线CPU接口时，其XINT/MOT和MODE引脚如何配置？
12. SPC3是如何与CPU接口的？
13. CP5611板卡的功能是什么？
14. DP从站初始化阶段的主要顺序是什么？

第5章　基金会现场总线

基金会现场总线（Foundation Fieldbus，FF）是在过程自动化领域得到广泛支持和具有良好发展前景的技术。基金会现场总线系统是为了适应自动化系统，特别是过程自动化系统在功能、环境与技术上的需要而专门设计的。这种现场总线的标准是由现场总线基金会组织开发的。它得到了世界上主要自动控制设备制造商的广泛支持，在北美、亚太与欧洲等地区具有较强的影响力。现场总线基金会的目标是致力于开发出统一标准的现场总线，已经在1996年颁布了低速总线H1的标准，使H1低速总线步入了实用阶段。同时，高速总线的标准——高速以太网（HSE）也于2000年制定出来，其产品也正不断出现。

基金会现场总线的系统是开放的，可以由来自不同制造商的设备组成。只要这些制造商所设计与开发的设备遵循基金会现场总线的协议规范，并且在产品开发期间，通过一致性测试，确保产品与协议规范的一致性，这样当把不同制造商的产品连接到同一个网络系统时，作为网络节点的各个设备之间就可以互操作，还可以允许不同厂商生产的相同功能设备之间相互替换。

本章首先讲述了基金会现场总线FF，然后讲述了FF功能块参数、FF的功能块库和FF的典型功能块，最后讲述了功能块在串级控制设计中的应用。

5.1　基金会现场总线概述

5.1.1　基金会现场总线的主要技术

基金会现场总线的最大特征就在于它不仅仅是一种总线，而且是一个系统，是网络系统，也是自动化系统。它作为新型自动化系统，区别于传统自动化系统的特征就在于它所具有的数字通信能力，它使自动化系统的结构具备了网络化特征。而它作为一种通信网络，有别于其他网络系统的特征则在于它位于工业生产现场，其网络通信是围绕完成各种自动化任务进行的。

基金会现场总线系统作为全分布式自动化系统，要完成的主要功能是对工业生产过程的各个参数进行测量、信号变送、控制、显示、计算等，实现对生产过程的自动检测、监视、自动调节、顺序控制和自动保护，保障工业生产处于安全、稳定、经济的运行状态。这里的全分布式是相对其他类别的自动化系统而言的。目前在工业生产中广为采用的DCS就被称为集散式或分布式系统，它打破了计算机控制系统发展初期由单台计算机统管整个车间甚至工厂的集中控制模式，把整个生产过程分解为多个子系统，由多台计算机共同协作完成自控系统功能的结构模式，每台计算机或微处理器独立承担其中某一部分功能。这种系统克服了集中控制模式中危险集中的弊端，但在其系统的物理结构上，仍然为数字控制器与模拟变送器组成的模拟-数字混合系统。模拟变送器位于工艺设备的生产现场，而控制器一般位于集中控制室。从构成控制系统的信号流的角度来看，在现场把被控参数转换为测量信号后，将其送往位于集中控制室的控制器，经控制运算后，再把所得到的操作信号由控制室送往位于生产现场的调节阀或控制电动机。这样，即使是一个简单回路控制系统，其信号的必经路径也会较长，因而会引发许多弊端和隐患。比如当控制室与现场之间的连线出现断线或短路故障时，控制室的计算机或控制器将对生产现场失去控制，而单凭现场仪表又不能实现控制功能，这样将会给生产造成影响。全分布式自动化系统则把控制功能完全下放到现场。仅由现场仪表即可构成完整的控制功能。由于新型的基金会现场总线的现场变送、执行仪表（以下也称之为现场设备）内部都具有微处理器，现场设备内部可以装入控制计算模块，只需通过处于现场的变送器、执行器之间连接，便可组成控制系统。因而全分布式无疑将增强系统的可靠性和系统组织的灵活性。当然，这种控制系统还可以与别的系统或控制室的计算机进行信息交换，以构成各种高性能的控制系统。

基金会现场总线系统又是通信网络。它把具备通信能力，同时具有控制、测量等功能的现场自控设备作为网络的节点，由现场总线把它们互连为网络。通过网络上各节点间的操作参数与数据调用，实现信息共享与系统的各项自动化功能，因而作为网络节点的现场设备内具备通信接收、发送与通信控制能力。它们的各项自动化功能是通过网络节点间的信息传输、连接、各部分的功能集成而共同完成的。从这个意义上讲，可以把它们称为网络集成自动化系统。网络集成自动化系统的目的是实现人与人、机器与机器、人与机器、生产现场的运行控制信息与办公室的管理决策信息的沟通和一体化。借助网络的信息传输与数据共享，组成多种复杂的测量、控制、计算功能，更有效、方便地实现生产过程的安全、稳定、经济运行，并进一步实现管控一体化。

基金会现场总线作为工厂的底层网络，相对一般广域网、局域网而言，它是低速网段，其传输速率的典型值为31.25kbit/s。它可以由单一总线段或多总线段构成。还可以通过网关或网卡与工厂管理层的以太网段挂接，打破了多年来未曾解决的自动化信息孤岛的格局，形成了完整的工厂信息网络，为实现管控一体化提供了条件。

正因为基金会现场总线是工厂底层网络和全分布自动化系统，围绕这两个方面形成了它的技术特色。FF的主要技术内容如下。

1. 基金会现场总线的通信技术

基金会现场总线的通信技术包括基金会现场总线通信模型、通信协议、通信控制器芯片、网络与系统管理等内容。它涉及一系列与网络相关的软硬件，如通信栈软件、被称之为圆卡的仪表用通信接口卡、FF与计算机的接口卡、各种网关、网桥、中继器等。它是现场总线的核心基础技术之一。

2. 标准化功能块FB与功能块应用进程FBAP

FF提供一个通用结构，把实现控制系统所需的各种功能划分为功能模块，使其公共特征标准化，规定它们各自的输入、输出、算法、事件、参数和块控制图，并把它们组成为可在某个现场设备中执行的应用进程。便于实现不同制造商产品的混合组态与调用。功能块的通用结构是实现开放系统构架的基础，也是实现各种网络功能与自动化功能的基础。

3. 设备描述DD与设备描述语言DDL

为实现现场总线设备的互操作性，支持标准的功能操作，基金会现场总线采用了设备描述技术。设备描述是控制系统为理解来自现场设备的数据意义提供必需的信息，因而也可以将其看作控制系统或主机对某个设备的驱动程序，即设备描述是设备驱动的基础。

设备描述语言是一种用以进行设备描述的标准编程语言。采用设备描述编译器，把DDL编写的设备描述的源程序转化为机器可读的输出文件。控制系统正是凭借这些机器可读的输出文件来理解来自各制造商的设备的数据意义。现场总线基金会把基金会的标准DD和经基金会注册过的制造商附加DD写成CD-ROM提供给用户。

4. 现场总线通信控制器与智能仪表或工业控制计算机之间的接口技术

在现场总线的产品开发中，常采用 OEM 集成方法构成新产品，即把 FF 集成通信控制芯片、通信栈软件、圆卡等部件与完成测量控制功能的部件集中起来，组成现场智能设备。

5. 系统集成技术

系统集成技术包括通信系统与控制系统的集成，如网络通信系统组态、网络拓扑、配线、网络系统管理、控制系统组态、人机接口、系统管理维护等。这是一项集控制、通信、计算机、网络等多方面的知识和软硬件于一体的综合性技术。

6. 系统测试技术

系统测试技术包括通信系统的一致性与互操作性测试技术，总线监听分析技术，系统的功能、性能测试技术等。一致性与互操作性测试是为保证系统的开放性而采取的重要措施，一般要经授权过的第三方认证机构做专门测试，验证其符合统一的技术规范后，将测试结果交基金会登记注册，授予 FF 标志。只有具备了 FF 标志的现场总线产品，其通信的一致性与系统的开放性才有相应的保障。对于具有 FF 标志的现场设备所组成的系统还需做互操作性测试和功能性测试，以保证系统的正常运转，并达到所要求的性能指标。总线监听分析用于测试总线上通信信号的流通状态，用于通信系统的调试、诊断与评价。对由现场总线设备构成的自动化系统，功能、性能测试技术还包括对其实现的各种控制系统功能的能力、指标参数的测试，并在测试基础上进一步开展对通信系统、自动化系统的综合指标评价。

5.1.2　通信系统的组成及其相互关系

基金会现场总线 FF 的核心技术之一是控制网络的数字通信。为了实现通信系统的开放性，其通信模型是参考了 ISO/OSI 参考模型，并在此基础上根据自动化系统的特点经简化后得到的。基金会现场总线的参考模型只具备 ISO/OSI 参考模型 7 层中的 3 层，即物理层、数据链路层和应用层，并按照现场总线的实际要求，把应用层划分为两个子层：总线访问子层与总线报文规范子层。省去了中间的 3～6 层，即不具备网络层、传输层、会话层与表达层。不过它又在原有 ISO/OSI 参考模型的第 7 层应用层之上增加了新的一层——用户层。这样可以将通信模型视为 4 层。其中，物理层规定了信号如何发送；数据链路层规定如何在设备间共享网络和调度通信；应用层规定了在设备间交换数据、命令、事件信息以及请求应答中的信息格式；用户层用于组成用户所需要的应用程序，例如规定标准的功能块、设备描述，实现网络管理、系统管理等。不过，在相应的软硬件开发过程中，往往又把除去最下端的物理层和最上端的用户层之后的中间部分作为一个整体，统称为通信栈。这时，现场总线的通信参考模型可简单地视为 3 层。

变送器、执行器等都属于现场总线的物理设备，每个具有通信能力的现场总线物理设备都具有通信模型。通信模型的主要组成及其相互关系如图 5-1 所示。

图 5-1 从物理设备构成的角度表明了通信模型的主要组成部分及其相互关系，在分层模型的基础上更详细地表明了设备的主要组成部分。从图中可以看出，在通信参考模型所对应的 4 个分层，即物理层、数据链路层、应用层、用户层的基础上，按各部分在物理设备中要完成的功能，可分为三大部分：通信实体、系统管理内核、功能块应用进程。各部分之间通过虚拟通信关系（Virtual Communication Relationship，VCR）来沟通信息。VCR 表明了两个或多个应用进程之间的关联，或者说，虚拟通信关系是各应用之间的逻辑通信通道，它是总线访问子层所提供的服务。

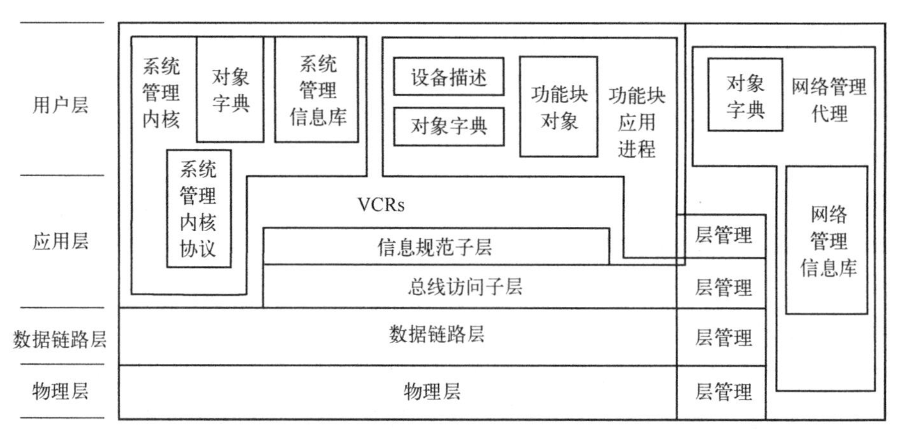

图5-1　通信模型的主要组成及其相互关系

通信实体贯穿从物理层到用户层的所有各层，由各层协议与网络管理代理共同组成。通信实体的任务是生成报文与提供报文传送服务，是实现信号数字通信的核心部分。层协议的基本目标是要构成虚拟通信关系。网络管理代理则是要借助各层及其层管理实体支持网络管理信息库（Network Management Information Base，NMIB）中，并借助对象字典（Object Dictionary，OD）来描述。对象字典为设备的网络可视对象提供定义与描述，为了明确定义、理解对象，将数据类型、长度一类的描述信息保留在对象字典中。可以通过网络得到这些保留在OD中的网络可视对象的描述信息。

系统管理内核（System Management Kernel，SMK）在模型分层中只占有应用层和用户层的位置。系统管理内核主要负责与网络系统相关的管理任务，例如确立本设备在网段中的位置，协调与网络上其他设备的动作和功能块执行时间，并将系统管理操作的信息组织成对象，存储在系统管理信息库（System Management Information Base，SMIB）中。系统管理内核包含现场总线系统的关键结构和参数，它的任务是在设备运行之前应将其基本信息置入SMIB，然后分配给该设备一个永久的数据链接地址。并在不影响网格上其他设备运行的前提下，把该设备带入运行状态。系统管理内核（SMK）采用系统管理内核协议（SMKP）与远程SMK通信。当设备加入网络之后，可以按需要设置远程设备的功能块，由SMK提供对象字典服务，例如在网络上对所有设备广播对象名，等待包含这一对象的设备的响应，而后获取网络中关于该对象的信息等。为协调与网络上其他设备的动作，执行功能块同步，系统管理还为应用时钟提供一个通用的应用时钟参考，使每个设备能共享公共的时间，并可通过调度对象，控制功能块的执行时间。

功能块应用进程（Function Block Application Process，FBAP）在模型分层结构中也位于应用层和用户层。功能块应用进程主要用于实现用户所需要的各种功能。应用进程AP是ISO7498中为参考模型所定义的名词，用以描述留驻在设备内的分布式应用。AP一词在现场总线系统中是指设备内部实现的一组相关功能的整体。而功能块是为实现某种应用功能或算法、按某种方式反复执行的函数模块。功能块提供一个通用结构来规定输入、输出、算法和控制参数，把输入参数通过这种模块化的函数，转化为输出参数。例如PID功能块完成现场总线系统中的控制计算，AI功能块完成参数输入等。每种功能块被单独定义，并可为其他功能块所调用。由多个功能块相互连接集成为功能块应用。在功能块应用进程中，除了功能块对象之外，还包括对象字典OD和设备描述DD。功能块采用OD和DD来简化设备的互操作，因而也可以把 OD 和 DD 看作支持功能块应用的标准化工具。

5.1.3　基金会现场总线的通信模型

基金会现场总线的核心之一是实现现场总线信号的数字通信。现场总线的全分布式自动化系统把控制功能完全下放到现场，现场仪表内部都具有微处理器，内部可以装入控制计算模块，仅由现场仪表就可以构成完整的控制功能。现场总线的各个仪表作为网络的节点，由现场总线把它们互连成网络，通过网络上各个节点间的操作参数与数据调用，实现信息共享与系统的自动化功能。各个网络节点的现场设备内部具备接收、发送与通信控制能力。各项控制功能是通过网络节点间的信息通信、连接及各部分功能的集成而共同完成的。由此可见通信在现场总线中的核心作用。

为了实现通信系统的开放性，基金会现场总线的通信模型参考了 ISO/OSI 模型，并在此基础上根据自动化系统的特点进行演变后得到的。ISO/OSI 参考模型为开放系统的互连定义了一个通用的 7 层通信结构。这个通用结构为了适应现场总线环境进行了优化，移去了中间的层次。现场总线与 OSI 的关系如图 5-2 所示。

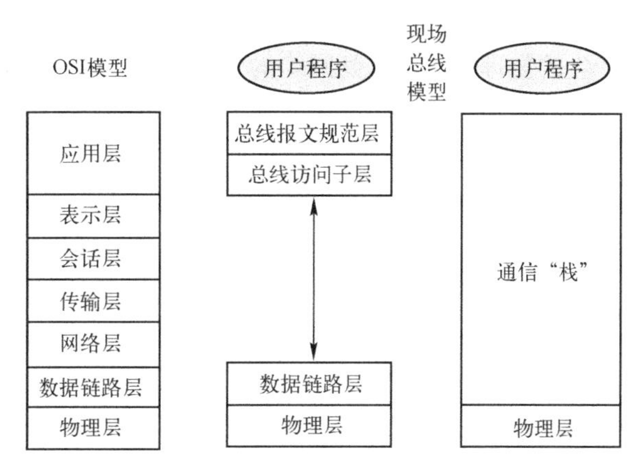

图 5-2　现场总线与 OSI 的关系

通信系统的每一层负责现场总线上报文传递的一个部分，FF 协议结构如图 5-3 所示。

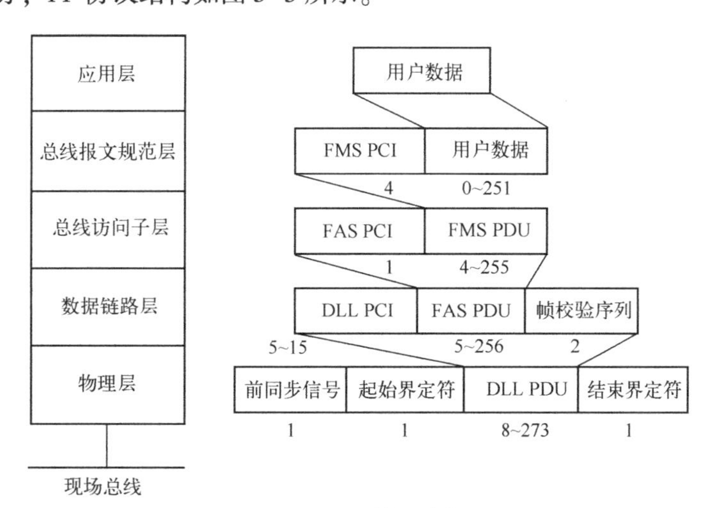

图 5-3　FF 协议结构

在图 5-3 中：PCI 为协议控制信息，PDU 为协议数据单元。当使用中继器时，前同步信号可以多于 1 个字节。

5.1.4　物理层

基金会现场总线的物理层遵循 IEC1158-2 与 ISA-S50.02 中有关物理层的标准。现场总线基金会为低速总线颁布了 31.25 kbit/s 的 FF-816 物理层规范，也称为 H1 标准。目前作为现场总线的高速标准 HSE 高速以太网的标准也已经完成。

1. 物理层的功能

物理层用于实现现场物理设备与总线之间的连接。其主要功能是为现场设备与通信传输媒体的连接提供机械和电气接口，为现场设备对网络的发送或接收提供合乎规范的物理信号。

物理层作为电气接口，一方面接收来自数据链路层的信息，把它转换为物理信号，并传送到现场总线的传输媒体上，起到发送驱动器的作用；另一方面把来自总线传输媒体的物理信号转换为数据信息送往数据链路层，起到接收器的作用。

当它接收到来自数据链路层的数据信息时，一方面需要按照规范要求，对数据帧加上前导码、界定码、结束码，并按照曼彻斯特编码规则对传输数据进行编码，再经过发送驱动器，把所产生的物理信号传送到网络的传输媒体上；另一方面，它又从总线上接收来自一个或多个其他设备的物理信号，将其去除前导码、界定码、结束码，对数据信号实行解码后，把数据信息送往数据链路层。

物理层作为电气接口应考虑到现场设备的安全稳定运行。因此它还应该具备电气隔离、信号滤波等功能，有的还需处理总线向现场设备供电等问题。

由于现场总线采用数字式多点串行通信方式，其总线传输介质多为两根导线，如双绞线，因而其机械接口相对较为简单。

2. 物理层的结构

按照 IEC 物理层规范的有关规定，物理层又分为媒体相关子层与媒体无关子层。媒体相关子层负责处理导线、光纤、无线介质等不同传输媒体的信号转换问题，也称为媒体访问单元。规范支持多种媒体访问冗余设备。每种要与之连接的物理媒体设有一个物理接口，冗余连接数可多至 8 个。当出现多个连接时，物理传输介质对媒体相关子层的所有连接同时传送。并由媒体相关子层从这些连接中选择一个，把信号送到媒体无关子层，形成单一的数据流。规范中没有规定如何进行这种选择的方法。

媒体无关子层是媒体访问单元与数据链路层之间的接口。上述有关信号编码，增加或去除前导码、界定码的工作均在物理层的媒体无关子层完成。那里设有专用电路来实现编码等功能。

3. 传输介质

H1 网段支持多种传输介质：双绞线、电缆、光缆、无线介质。目前应用较为广泛的是前两种。H1 标准采用的电缆类型可为无屏蔽双绞线、屏蔽双绞线、屏蔽多对双绞线和多芯屏蔽电缆。

显然，不同传输信号的幅度和波形与传输介质的种类、导线屏蔽、传输距离、连接拓扑等密切相关。在许多场合，传输介质上既要传输数字信号，又要传输工作电源。由于要使挂接在总线上的所有设备都满足工作电源、信号幅度、波形等方面的要求，具备良好的工作条件，必须对在不同工作环境下作为传输介质的导线横截面、允许的最大传输距离等做出规定。线缆种类、线径粗细不同等对传输信号的影响各异。

4. FF 的物理信号波形

基金会现场总线（FF）的现场设备提供两种供电方式：总线供电与单独供电。总线供电设备直接从传输数字信号的总线上获取工作能源；单独供电方式的现场设备，其工作电源直接来自外部电源，而不是取自总线。对总线供电的场合，总线上既要传送数字信号，又要向现场设备供电。按 31.25 kbit/s 的技术规范，H1 的物理信号波形如图 5-4 所示。携带协议信息的数字信号以 31.25 kHz 的频率、峰-峰电压为 0.75～1 V 的幅值加载到 9～32 V 的直流供电电压上，形成控制网络的通信信号波形。

一个现场设备的网络配置如图 5-5 所示。要求在网段的两个端点附近分别连接一个终端器，每个终端器由一个 100 Ω 电阻和一个 1 μF 的电容串联组成，以防止通信信号在端点处反射而造成信号失真，在终端器与电缆屏蔽之间不应有任何连接，以保证总线与地之间的电气绝缘性能。

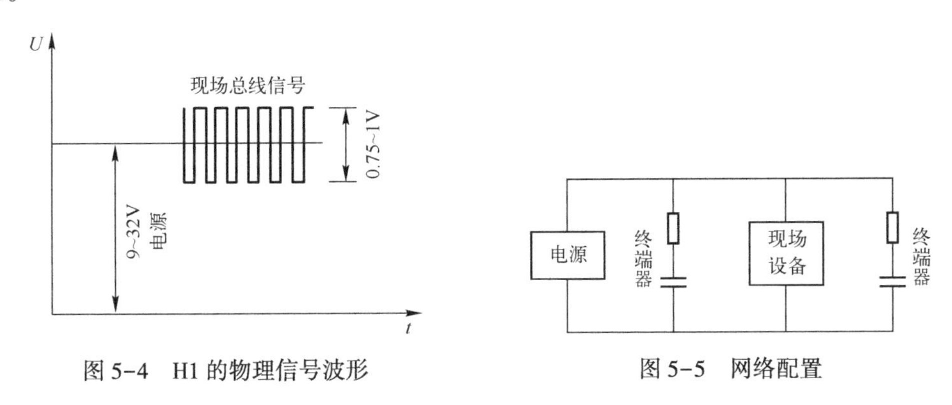

图 5-4　H1 的物理信号波形　　　　图 5-5　网络配置

从图 5-5 中可以看到，该网络配置使得其等效阻抗为 50 Ω。现场变送设备内峰-峰 15～20 mA 的电流变化就可在等效阻抗为 50 Ω 的现场总线网络上形成 0.75～1 V 的电压信号。

5. H1 信号编码

H1 的通信信号由下面几种信号码制组成。

（1）协议报文编码

这里的协议报文是指要传输的数据报文。这些数据报文由上层的协议数据单元生成。基金会现场总线采用曼彻斯特编码技术将数据编码信号加载到直流电源上形成物理信号。在曼彻斯特编码过程中，每个时钟周期被分成两半。H1 采用称之为双向 L 曼彻斯特编码的数据编码方式，它实际上是曼彻斯特编码的反码。它采用前半周期为低电平，后半周期为高电平形成的脉冲正跳变表示 0；前半周期为高电平，后半周期为低电平的脉冲负跳变表示 1。这种编码的优点是在数据编码中隐含了时钟同步信息，不必另外设置同步信号。在每个时钟周期的中间，数据码都必然会存在 1 次电平的跳变。每帧报文中协议数据的长度为 8～273 B。

（2）前导码

前导码置于通信信号最前端，是特别规定的一组 8 位数字信号：10101010。一般情况下，前导码的长度是 8 位的 1 个字节。如果采用中继器，前导码可以多于 1 个字节。接收端的接收器正是采用前导码，使其内部时钟与正在接收的网络信号同步。

（3）帧前界定码

帧前界定码标明了协议数据信息的起点，长度为 1 个 8 位的字节。帧前界定码由特殊的 N+码、N-码和普通正负跳变脉冲按规定的顺序组成。在 FF 的物理信号中，N+码和 N-码都有自己的特殊性，不像数据编码那样在每个时钟周期的中间都存在 1 次电平的跳变。N+码在整个时钟周期都保持高电平；N-码在整个时钟周期都保持低电平，即它们在时钟周期的中间不存在电平的跳变。接收端的接收器利用帧前界定码信号来找到协议数据信息的起点。帧前界定码的波形如图 5-6 所示。

（4）帧结束码

帧结束码标志着协议数据信息的终止，其长度也为 8 个时钟周期，或称 1 字节。像帧前界定码那样，帧结束码也是由特殊的 N+码、N-码和普通正负跳变脉冲按规定的顺序组成。当然，其组合顺序不同于帧前界定码。上述几种编码的波形如图 5-6 所示。

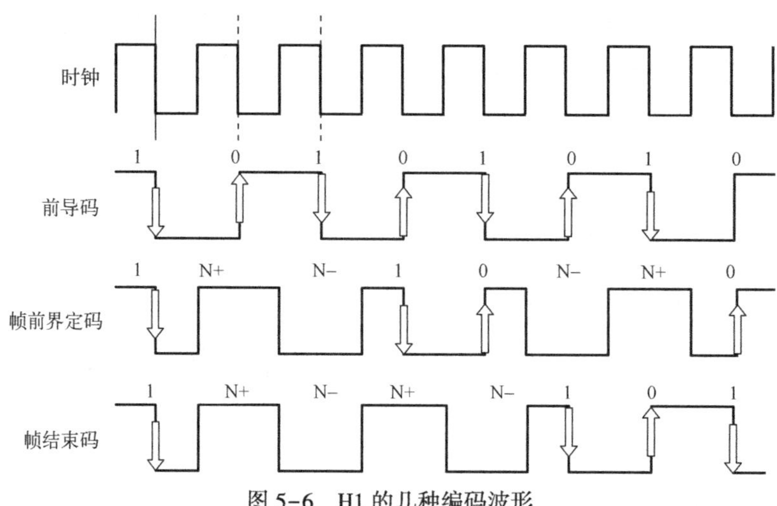

图 5-6 H1 的几种编码波形

前导码、帧前界定码和帧结束码都是由物理层的硬件电路生成的信号。这几种编码形成如图 5-7 所示的通信帧结构。作为发送端的发送驱动器，要把前导码、帧前界定码、帧结束码增加到发送序列之中；而接收端的信号接收器则要从所接收的信号序列中把前导码、帧前界定码、帧结束码去除，只将协议数据信息送往上层处理。

	前导码	帧前界定码	协议数据信息	帧结束码
字节长度	1	1	8~273	1

图 5-7 FF 的通信帧结构

低速现场总线 H1 支持点对点连接、总线型、菊花链形、树形拓扑结构。基金会现场总线支持桥接网。可以通过网桥把不同速率、不同类型的媒体的网段连成网络。网桥设备具有多个口，每个口有一个物理层实体，见表 5-1。

表 5-1 H1 物理层技术规范

名 称	技 术 规 范
传输速率	31.25 kbit/s
总线长度	200~1900 m，取决于电缆类型
拓扑结构	总线型/树形
总线挂设备数	非本质安全、非总线供电 2~32 台 非本质安全、总线供电 2~12 台 本质安全、总线供电 2~6 台
电缆终端阻抗	100 Ω
信号方式	电压
信号幅值	0.75~1 V（峰-峰值）
总线供电	DC 9~32 V（对于本质安全应用场合，允许的电源电压应由安全栅额定值给定）
屏蔽及接地	总线不接地，终端器中点可接地
中继	决定于前导码的数量，可使用 4 次中继器

同一条总线上的所有设备必须采用同一种传输介质，并具有相同的传输速率。对于总线供电的网段，可同时使用总线供电和非总线供电的设备。

5.1.5　数据链路层

数据链路层（DLL）位于物理层与总线访问子层之间，为系统管理内核和总线访问子层访问总线媒体提供服务。在数据链路层上生成的协议控制信息可以对总线上的各类链路传输活动进行控制。总线通信中的链路活动调度，数据的发送与接收，活动状态的检测、响应，总线上各个设备间的链路时间同步，都是通过数据链路层来完成的。在每个总线段上有一个媒体访问控制中心，称为链路活动调度器（LAS）。LAS 具有链路活动调度能力，可以形成链路活动调度表，并按照链路活动调度表生成各类链路协议数据，链路活动调度是该设备中数据链路层的重要任务。对于没有链路活动调度能力的设备来说，它的数据链路层要对来自总线的链路数据做出响应。

LAS 拥有总线上所有设备的清单，由它来掌管总线段上的各个设备对总线的操作。任何时候每个总线段上都只有一个 LAS 处于工作状态，总线上的设备只有得到 LAS 的许可，才能向总线上发送数据。因此 LAS 是总线上的通信中心。

基金会现场总线的通信活动可分为两类：受调度通信和非调度通信。由 LAS 按照预定的调度时间表周期性发起的通信活动，称为受调度通信。在预定的调度时间表之外的时间，通过得到令牌的机会发送信息的通信方式称为非调度通信。受调度通信和非调度通信都是由 LAS 掌管的。此外，LAS 还负责一些其他功能，它定期对总线段发布数据链路时间和调度时间。LAS 还监视着总线段上的设备，为新入网的设备找一个未被使用的地址，并把新设备加入活动列表中，对于总线上对传递令牌没有反应的设备，也就是失效设备，从活动表中除去。

在功能上，DLL 可以分成两层，访问总线和控制数据链路的数据传输。

1. 数据链路层中的介质访问功能

并不是所有的总线设备都可以成为链路活动调度器。按照设备的通信能力，基金会现场总线把通信设备分为 3 类。

（1）基本设备

基本设备是那些能够接收并响应令牌的设备。所有设备包括 LAS 和桥均具有基本设备的功能，接收并响应令牌。

具有令牌的设备可以在总线上发送数据，在某一时刻，只有一个设备持有令牌。LAS 提供给设备两种令牌：一种称为应答令牌，对所有的设备进行轮询，具有周期性；另一种称为授权令牌，这是在特定的时间段内访问总线，具有非周期性。

（2）链路主设备

链路主设备是那些能够成为 LAS 的设备，其中具有最低节点地址的成为 LAS，其余的作为备份。LAS 的 5 项主要功能如下。

1）维护调度，发送令牌给网络设备。

2）探查未使用地址，将其分配给新设备，并加到活动表上。

3）在链路上周期分配数据链路时间和链路调度时间。

4）发送授权令牌给设备，进行无调度数据传输控制。

5）监视设备响应授权令牌，从活动表上删掉不能使用或不能返回令牌的设备。

（3）桥

当网络中几个总线段进行扩展连接时，用于两个总线段之间的连接设备称为网桥。网桥属于链路主设备，它担负着下游各个总线段的系统管理时间的发布，因此必须是LAS，否则无法对下游各段的数据链路时间和应用时钟进行再分配。

一个总线段上可以连接各种通信设备，也可以挂上多个链路主设备，但是一个总线段上同时只能有一个LAS，没有成为LAS的链路主设备起着后备LAS的作用。

2. 数据链路层中的数据传输功能

现场总线基金会在数据链路层中提供了3种传输数据的机制。一种无连接数据传输，两种面向连接的数据传输。分别对应于现场总线访问子层FAS的3种VCR类型。

（1）无连接数据传输

无连接数据传输是在两个数据链路服务访问之间的独立数据单元的排队传输。DLL不需要控制报文和应答信息。

（2）面向连接的分布数据传输

这种传输是发布者的数据协议单元在缓冲器之间的传输。数据单元只有发布者地址，索取者知道所要接收的信息来自哪一个发布者。

这种传输是用户和服务器间的协议数据单元的排队传输。用户的VCR端点作为初始端，发送建立连接的请求给服务器，由服务器决定是否建立连接。这种连接提供有序和无序两种连接。很明显，这种数据传输类型用于FAS中的客户/服务器VCR。DLL层很重要的一个作用是组装信息帧。基金会现场总线共定义了24种帧，分别用于各种服务。

DLL的帧结构如图5-8所示。

图5-8　DLL的帧结构

这里帧控制用来区分各种帧类型及作用。源地址2一般不使用，只有在一种建立连接的数据链路协议数据单元才出现。参数进一步说明帧的性质。最后是帧校验。基金会现场总线数据链路层所使用的是循环冗余校验。用户数据是从上层接收来的协议数据单元。

通过使用这些协议数据单元，DLL为上层提供了如下服务。

1）管理DLSAP——地址、队列、缓冲器。

2）面向连接的服务。

3）无连接数据传输服务。

4）时间同步服务，提供时间源同步和对系统管理之间的时间同步。

5）为数据发布者缓冲器提供强制分布服务。

数据链路层还支持一些子协议，如链路维护、LAS传输、调度传输等。

5.1.6　现场总线访问子层

现场总线访问子层（FAS）利用数据链路层（DLL）的调度和非调度服务来为现场总线报文规范层（FMS）服务。FAS与FMS虽同为应用层，但其作用不同，FMS的主要作用是允许用户程序使用一套标准的报文规范通过现场总线相互发送信息。本节的内容有：应用关系（AR）作用、FAS服务、FAS的状态机制和FAS-PDU的结构。

1. 概述

（1） AR 作用

在分布通信系统的 AR，使用一些服务和应用层通信渠道进行相互间的通信。通过连接两个以上的同种类型的 AR 端点，就可以建立一个 AR。其建立方式有 3 种：预先建立、预先组态、动态建立。

AR 的特点、作用是由其 AR 端点（AREP）决定的，所以 AREP 的类型对通信有着非常重要的作用。在 AREP 间的通信，其方向有单向的，有双向的；数据链路的启动策略有用户启动的，有网络启动的；在数据传输中，有以缓冲器传输为模型的，也有以队列传输为模型的。据此 AR 被分成如下 3 类。

1）队列传输、用户启动、单向的 AREP（QUU）。

2）队列传输、用户启动、双向的 AREP（QUB）。

3）缓冲器传输、网络启动、单向的 AREP（BNU）。

这里使用的数据链路层服务分为面向连接的和无连接的数据传输服务。

（2） FAS 服务

FAS 利用协议数据单元为 FMS 提供服务，FAS 服务充分把 DLL 和 FMS 连接在一起，构成统一体——通信栈。此处 FAS 起到承上启下的关键作用。FAS 提供的服务如下。

1）“连接”服务，控制 AR 的建立，建立通信。

2）“放弃”服务，控制 AR 的断开，断开通信。

3）“确认的数据传输”服务，传递确认的高层服务，而且是双向交换的。

4）“非确认的数据传输”服务，用来传递不需要确认的高层服务。

5）“FAS 强迫”服务，这个服务要求 DLL 从调度通信的数据链路缓冲器中产生非调度通信的发送。

6）“获得缓冲器报文”服务，允许 FAS 用户释放（读取）缓冲器的内容。

7）“FAS-状态”服务，这个服务可以把 DLL 的一些具体状态报告给 FAS 的用户。

FAS 的这些服务都是通过组织协议数据单元 FAS-PDU 来完成的。

（3） FAS 协议状态机制

在 FAS 中，有 3 个综合的协议机制来共同描述 FAS 的行为，这 3 个协议机制是：FAS 服务协议机制（FSPM）、应用关系协议机制（ARPM）、数据链路层映射协议机制（DMPM）。其中 ARPM 根据 AREP 类型又分为 3 种：QUU、QUB、BNU，其结构如图 5-9 所示。

从上面的状态协议机制的结构中可以清楚地看到 FAS 3 个协议之间的关系。

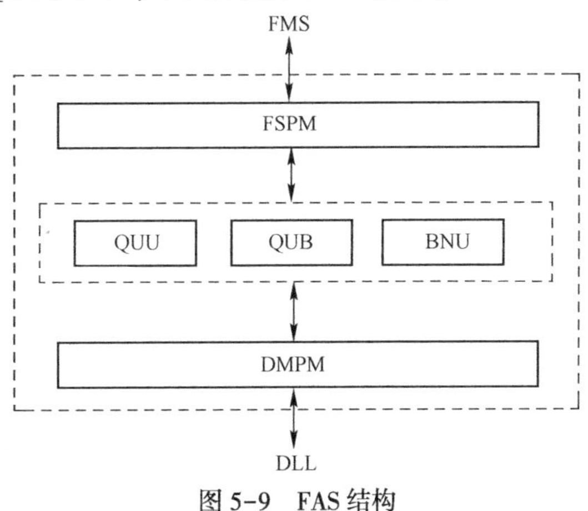

图 5-9　FAS 结构

1） FSPM 描述了 FAS 用户和一个 AREP 的服务接口，对于所有类型的 AREP，FSPM 都是相同的，没有任何改变。它主要负责以下活动：接受 FAS 用户的服务原语，并转化成 FAS 内部原语；根据 FAS 用户提供的 AREP 识别参数，选择合适的 ARPM 状态机制，并把转换后的 FAS 内部原语发送给被选中的 AREP 状态机制；从 ARPM 接收 FAS 内部原语，并把它转化成 FAS 用户所使用的服务原语；根据和原语有关的AREP识别参数，把FAS内部原语传递给FAS用户。

2）ARPM描述了一个AR的建立、释放和远端ARPM交换FAS-PDU。它主要负责以下活动：从FSPM接收FAS内部原语，产生其他的内部原语，并发送给FSPM或DMPM；接收来自于DMPM的FAS内部原语，转换成另一种内部原语发送给FSPM；如果是“连接”或“放弃”服务，它将建立或断开AR。其作用有：鉴定当前的AREP，封装PDU，破解PDU，删除标志符，破解代码及附加细节。

3）DMPM描述的是DLL和FAS之间的映射关系，对于所有类型的AREP均是相同的。它负责以下活动：接收从AREP来的内部原语，转换成DLL服务原语，并发送到DLL；接收DLL的指示或确认原语，以FAS内部原语的形式发送给ARPM。它的作用有：限制本地端点属性，核对远端端点的存在性，定位、鉴别DLL的标识符。

2. FAS-PDU

FAS协议中一个重要的内容就是FAS-PDU，所有FAS服务均是通过封装相应的FAS-PDU来实现的。FAS-PDU类型有7种。

1）确认的数据传输-请求PDU。

2）确认的数据传输-响应PDU。

3）非确认的数据传输-PDU。

4）连接-请求PDU。

5）连接-响应PDU。

6）连接-错误PDU。

7）放弃-PDU。

这7种PDU来完成FAS的主要服务，特别是与通信有关的服务。FAS-PDU的一般结构是FAS帧头加上用户数据，如图5-10所示。

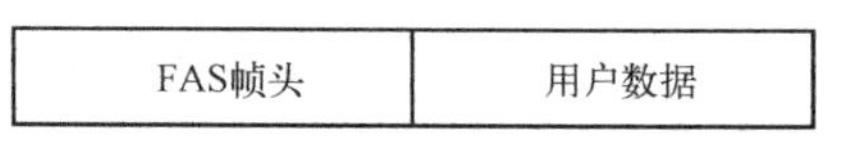

图5-10　FAS-PDU的结构

FAS帧头8位共1个字节，作用是区别PDU类型，也就是说，FAS帧头代表的是哪一种PDU。用户数据是高层FAS用户传递而来的，这样FAS封装好PDU，并发送给DLL；而接收方的FAS从它的DLL读上来，解开帧头，再送给FAS的用户。这样完成了双方的通信。FAS帧头的第1位若为“0”，则说明FAS用户是FMS；若为“1”，则保留给非FMS的FAS用户。从系统结构图中可知，FAS的用户可以是应用进程AP，此时通信旁路FMS主要的服务有：“FAS-强迫”服务、“读缓冲器”服务、“FAS-状态”服务，所使用FAS的AREP类型也以BNU为主。

3. FAS所映射的DLL层活动

FAS利用DLL的调度通信和非调度通信来为FMS提供服务。因此FAS在为FMS提供服务的同时，需要底层DLL提供服务支持，具体如下。

1）无连接数据传输服务。

2）面向连接的两种数据传输服务。

3）缓冲器传输服务。

4）队列式传输服务。

5）数据单元分割服务。

6）数据链路时间分配服务。

这些服务就是FAS所映射的主要DLL层的活动，这样FAS就有机地同DLL联系起来，共同为 FMS 服务，形成基金会现场总线的通信栈。通信栈就是由 DLL、FAS、FMS 共同构成的通信渠道，用于用户层应用进程之间的通信。当然它不包括 SMK 和 DLL 中直接通过 SMKP 的通信，SMKP 并不使用通信栈的 3 层通信原理。

4. 虚拟通信关系（VCR）

FAS 提供 VCR 终点来对 DLL 进行访问。每个 VCR 终点都是由封装的一个数据链路性能的特殊子集来定义的。这种性能提供了一个访问的单一模式，为 FAS 终点端口的定义是由信息传输和 FAS 服务与数据链路性能的特殊子集的联合。VCR 终点的数据链路性能定义在 FAS 中，而不是在 DLL 中，这是因为它们只有在访问时，而不是终点定义时提供给 DLL。FAS VCR 终点的基本特性见表 5-2。

表 5-2　FAS VCR 终点基本特征

	发布方/接收方 VCR 类型	报告分发 VCR 类型	客户/服务器 VCR 类型
VCR 终点的角色	允许多个终点； 发布方 1 接收方 N	允许多个终点： 源 1 目的 N	允许两个终点： 客户 1 服务器 1
DL-地址类型	发布方：个人数据链路通信终点 接收方：无地址	源：个人数据链路通信终点 目的：个人或组 DLSAP	客户：个人数据链路通信终点 服务器：个人数据链路通信终点
队列/缓冲区	缓冲区	队列	队列
循环/非循环	循环	非循环	非循环
单向/双向	单向	双向	双向
执行模式	面向连接	无连接	面向连接
重复检测	可选	无	是
定时	可选	无	无

自由 VCR 是那些当 VCR 被打开时，可以动态定义的远程终点。VCR 终点也可以同定义的远程终点一起被预构造。排队式 VCR 类型允许应用程序使用 DLL 维护的一个优先顺序的 FIFO 队列互相传输信息。缓冲式 VCR 类型允许应用程序在发送和接收 DLL 实体中使用缓冲区来互相传输信息。缓冲式传输有以下规定。

1）发送的新数据会覆盖缓冲区中的旧数据。

2）从缓冲区读信息不会破坏它的内容。

循环 VCR 类型按照 DLL 调度表传递信息，调度表由位于链路上的被称为 LAS 的特殊设备来维护和强制。在 FF 子集中，只有发布方/接收方数据可以被循环传输。LAS 使用这个调度表知道何时指示一个设备发送数据。调度表中的每个条目含有发布方的缓冲区的数据链路地址，并且指示何时传输数据。数据接收方监听发布方的地址，从而得知它们是否要接收数据。

单向 VCR 类型被用来传输不需要确认的服务给一个或者多个接收者。不需要确认的服务是那些没有响应的服务，它们被用来支持发布式数据的传输，如事件信息和趋势报告的发布。

面向连接的 VCR 使用数据链路连接。这些连接在数据发送之前必须被建立起来，但是在它们被建立之后，只要求一个地址参与数据传输。在发布方/接收方 VCR 的情况下，使用发布方的地址。客户/服务器 VCR 使用目的终点的地址。

无连接 VCR 不使用数据链路连接，代之以一个单一的无连接传输服务来传输它们的数据，在这种情况下不需要连接设置请求，但是源和目的地址都要参与数据传输。在事件与趋势报告中使用这种传输类型，因为它允许发送者把它的报告发送给组地址。接收者能够监听在一个组中传输的所有信息，而不管谁是发送者。如果代之以发布方/接收方方法，每个接收者必须监听一组地址，每个地址都是一个报告源。

对发布方/接收方 VCR 的重复检测是指当缓冲区重复收到已经接收过的信息时，会重复通知 VCR 用户。对客户/服务器 VCR 来讲，协议不传输复制品。

5. VCR 类型

一条现场总线可以有多台链路主设备。如果当前的 LAS 失效，其他链路主设备中的一台将成为 LAS，现场总线的操作将是连续的，现场总线设计成“故障时仍可运行”。FAS 使用数据链路层的调度和非调度特点，为现场总线报文规范层（FMS）提供服务。FAS 服务类型由虚拟通信关系（VCR）来描述，这些信息仅需输入一次，就可以成为“快速拨号”了。一旦准备完成，只需输入快速拨号码就行，而且在组态后，仅需 VCR 号码就可与其他现场总线设备进行通信。

客户/服务器 VCR 类型用以实现现场总线设备间的通信，它们是排队的、非调度的、用户初始化的、一对一的。排队意味着报文的发送和接收是按次序进行传输的，它也是按照其优先级，以不覆盖原有报文的方式进行的。当设备从 LAS 收到一个传输令牌（PT）时，它可以发送一请求报文给现场总线上的另一台设备，请求者被称为“客户”，而收到请求的设备被称为“服务器”，当服务器收到来自 LAS 的 PT 时，发送相应的响应。

报告分发 VCR 类型用以实现现场总线设备间的通信，它们是排队的、非调度的、用户初始化的、一对多的。当设备有事件或趋势报告，且从 LAS 收到一个传输令牌（PT）时，将报文发送给由该 VCR 定义的一个“组地址”。

发布方/接收方 VCR 类型应用于带缓存、一点对多点的通信。缓冲意味着在网络中只保留数据的最新版本，新数据完全覆盖以前的数据。当设备收到强制数据（CD）后，它向现场总线上的所有设备“发布”或广播它的报文，那些希望接收公布报文的设备被称为“接收方”。该 CD 可由 LAS 调度，也可以由基于非调度的接收方发送。VCR 标志指明使用哪一种方法。发布方/接收方 VCR 类型，被现场总线设备用于周期性、受调度的、用户应用功能块在现场总线上的输入和输出，诸如过程变量（PV）和原始输出（OUT）等。

5.1.7　现场总线报文规范层

现场总线报文规范层 FMS 是基金会现场总线通信模型中应用层的另一个子层。该层描述了用户应用所需要的通信服务、信息格式、行为状态等。FMS 提供了一组服务和标准的报文格式。用户应用可以采用这种标准的格式在总线上相互传递信息、访问应用进程对象及其对象描述。同 OD 对 AP 对象的描述一样，FMS 规定访问这些对象的服务与数据格式。AP 的网络可见对象和它们相应的 OD 描述在 FMS 中说明为 VFD。为了访问 VFD 属性，例如厂家和状态，需要定义特殊的 FMS 服务。与 OD 描述联系在一起，FMS 为现场设备应用程序规定了功能性界面。FMS 服务和 OD 中对象描述的格式是以 FMS 定义的对象类型为基础的，例如变量与事件。为了使 AP 对象通过网络可见（通过 FMS 服务可以访问），它们必须使用 FMS 对象类型来说明。

FMS 服务在 VCR 终点提供给 AP，VCR 终点说明了 AP 到 VCR 的终点，在一个终点可以获得的服务依赖于终点的类型。FMS 决不执行被请求的服务，它只是在 AP 间转换请求和响应，而在 FBAP 中，许多服务由 FB 解释程序执行。

当请求一个 FMS 服务时，请求者的 FMS 实体建立和发送正确的请求信息给远程 AP 的 FMS 实体。FMS 自己对 OD 没有访问。因此，在信息传输中，对用户数据进行编码是由 FMS 用户负责的。如果信息的类型指示出不需要返回响应，则该服务是不需要确认的。

如果一个服务需要响应，则服务是需要确认的。需要确认的服务总是需要远程 AP 发出一个响应，指示它是否能够执行该服务，当不能执行该服务时，远程 AP 通过返回一个错误代码来响应它。这些信息在技术上被参考为 FMS 协议数据单元（FMS-PDU）。

需要确认的服务用来操纵和控制 AP 对象，例如使用它们来读和写变量的值，也使用它们来访问 OD。需要确认的服务使用客户/服务器 VCR 来完成请求与响应的交换。为了支持这种类型的 VCR，FMS 为服务请求提供流控制，即 FMS 维护一个计数器，用来对已经发出但还没有收到响应的请求进行计数，如果没有响应的请求达到一定的数目，则 FMS 不再响应增加的请求。不需要确认的服务用来发布数据和分布事件通知。数据的发布使用发布方/接收方 VCR 传输。事件通知在报告分发 VCR 上传输。这两种 VCR 之间的不同在于 FAS 如何使用 DLL 来传输信息。

现场总线报文规范层由以下几部分组成：虚拟现场设备、对象字典管理、联系关系管理、域管理、程序调用管理、动态参数管理、时间管理。下面简单地介绍这几个模块及其相关的服务。

1. FMS 所包含的服务

FMS 主要完成以下各类服务。

（1）虚拟现场设备

虚拟现场设备（VFD）在 FMS 中是一个很重要的概念。虚拟现场设备包含应用进程中的网络可视对象及其相应的 OD。每个 VFD 有一个对象描述 OD，因此，VFD 可以看作应用进程的网络可视对象及其对象描述的体现。

一个典型物理设备可以有几个虚拟现场设备，但至少应该有两个虚拟现场设备，一个用于网络和系统管理，一个用于功能块。VFD 对象的寻址由虚拟通信关系表中的 VCR 隐含定义，可见 VCR 所连接的是虚拟现场设备。设备里包含的 VFD 对象保存在管理 VFD 的列表中。VFD 对象有几个属性，如厂商名、模型名、版本、行规号等。

VFD 支持的服务有以下三种。

1）Status 为读取状态服务。

2）UnsolicitedStatus 为设备状态的自发传送服务。

3）Identify 为读 VFD 识别信息服务。

服务的目的是通知用户程序了解现场设备的情况。

（2）对象字典管理

对象描述说明了通信中跨越现场总线的数据内容，把这些内容收集到一起，形成了对象字典。对象字典 OD 由一系列条目组成，每个条目分别描述一个应用进程对象和它的数据。对象字典的条目 0 提供了对字典对象本身的说明，称为字典头，它描述了对象字典的概貌。FMS 的对象描述服务允许用户访问或者改变虚拟现场设备中的对象描述。OD 支持的服务有 GetOD、InitiatePutOD、PutOD、TerminatePutOD，其各自的作用如下。

1）GetOD：读取对象的描述，可以根据对象在对象字典中的索引和子索引来得到其相应的对象描述。

2）InitiatePutOD：初始化对象描述的下载。

3）PutOD：把对象描述下载到某个VFD的对象字典中。

4）TerminatePutOD：终止下载对象描述。

（3）联络关系管理

联络关系管理包含有关VCR的约定。一个VCR由静态部分和动态部分组成。静态属性如静态VCR ID、对应FD ID等；动态属性如动态VCR ID等。每个VCR变化对象在收到一个确认性服务时，创建变化对象，在响应发送后被删除。联系关系管理服务有Initiate、Abort、Reject。

1）Initiate：为初始化VCR连接的服务。用户在使用某个VCR进行通信前，必须首先初始化相应的VCR，这是一个确认性的服务。因为一条VCR需要通信的两端做出相应的设置，因此请求建立VCR的端点需要得到被请求的端点的响应才可以成功的初始化连接，建立VCR。

2）Abort：取消通信关系。当一个VCR不在使用时，可以使用此服务断开连接，这是一个非确认性的服务。

3）Reject：拒绝连接。当某个端点无法相应建立连接的请求时，使用此服务来拒绝连接。

（4）变量访问对象及其服务

变量访问对象在对象字典的静态部分定义，是无法删除的。它们包括物理访问对象、简单变量、数组、记录、变量表等。

物理访问对象描述一个实际字节串的访问入口。它没有明确的OD对象说明，属性为本地地址和长度；简单变量是由其数据类型定义的单个变量；数组是一个结构性的变量，它的所有元素都有相同的数据结构；记录是由不同数据类型的简单变量组成的集合，对应于一个数据结构定义。变量表是上述变量对象的一个集合。

变量和变量表对象都支持读、写、信息报告、带类型读、带类型写、带类型信息报告等服务。其中读/写服务是应用得最多的一类服务。

（5）事件服务

事件是为了从一个设备向另外的设备发送重要的报文而定义的。由用户层监测导致事件发生的条件，当条件发生时，该应用程序激活事件通知服务，并由使用者确认。

相应的事件服务有：事件通知、确认事件通知、事件条件检测、带有类型的事件通知。事件服务采用报告分发型虚拟通信关系，用以报告事件与管理事件处理。此外，FMS的服务还包括域上载/下载服务，程序调用服务。

2. FMS报文规范

基金会现场总线报文规范采用抽象语法（ASN.1）进行定义。抽象语法表示语言是由美国国家电话与电报委员会于20世纪80年代初期编制的。基金会现场总线主要使用ASN.1来描述PDU的语意。PDU的内容就是现场总线的命令、响应、数据和事件等信息构成FMS服务的原语，形成了一套标准信息、规范。

设备应用进程在进行通信时，必须建立通信双方的数据联系，以此来辨识通信的目的。基金会现场总线系统就是在FMS中使用户数据的前面增加一些识别信息。简单地说，就是使通信双方明白通信的内容而进行编码，他不同于物理层的编码，物理层的编码目的是使用户程序的信息便于通信双方的理解及传输。

基金会现场总线FMS最基本的编码原则是在用户数据前附加的信息尽可能短；另一方面，还要注意到经常出现的特殊信息，如读、写操作。FMS-PDU的结构两种：一种是用户数据前带有明确的识别信息；另一种是用户数据符合某种隐含的协定（如用户数据长度固定）。

识别信息由P/C标志、标签和长度3部分组成，其中P/C占1位，标签3位，长度4位，若不足时，标签和长度可以向下一字节进行扩展。P/C识别代表简单的或结构化的原语；标签指明原语的语意（如读、写）；长度指原语占有的字数或结构化原语中原语的个数。

FMS-PDU由两部分组成：一部分是3个字节的固定部分，另一部分是长度可变的。

5.1.8　网络管理

为了将设备通信模型中的通信协议集成起来，并监督其运行，基金会现场总线采用网络管理代理（NMA）和网络管理者的工作模式。网络管理者的实体在相应的网络管理代理的协同下，完成网络的通信管理。

每个设备都有一个网络管理代理，负责管理其通信栈。通过网络管理代理支持组态管理、运行管理、监视判断通信差错。网络管理代理是一个设备应用进程，它由一个FMS的VFD模型表示。在NMA的虚拟现场设备中的对象是关于通信栈整体或者各层管理实体的信息。这些网络管理对象集合在网络管理信息库（NMIB）中，可由网络管理者使用一些FMS服务，通过与网络管理代理NMA建立虚拟通信关系VCR进行访问。

基金会现场总线为网络管理者和它的网络管理代理之间的通信规定了标准的虚拟通信关系。网络管理者与它的网络管理代理之间的虚拟通信关系总是VCR列表中的第1个VCR。它提供了可用时间、排队式、用户触发、双向的网络访问。网络管理代理VCR含有所有设备都熟知的NMA链路连接端点地址的形式，存在于含有NMA的所有设备中。通过其他VCR也可以访问NMA，但是只允许通过它们进行监视。

1. 网络管理

为了在设备中提供集成的第2层到第7层协议（通信栈协议）并控制和监视它们的操作，FF系统结构定义：在每个设备中都包含一个网络管理代理（Network Management Agent，NMA）。网络管理代理提供支持组态管理、执行管理和错误管理的能力。这些能力可以通过与访问其他设备应用程序一样的通信协议来访问，从而代替请求特殊网络管理协议的使用。

使用NMA的组态管理能力，在通信栈中设置的参数支持在系统中同其他设备的数据交换。这些过程一般涉及在设备之间定义传输，然后选择需要的通信特征来支持这些传输。这些特征是使用NMA的组态管理能力装载到设备中的。

作为这个组态的一部分，NMA可以被配置成收集已选择的VCR的执行和出错信息。这些信息在运行期间是可以访问的，这使得对设备通信行为的观察和分析成为可能。如果检测到问题，执行将被优化，或者设备通信将被改变，然后设备仍在操作状态时可以进行重新组态。重新组态的实际情况依赖于是不是同其他设备的通信被打断了。

这些组态、执行和错误信息包含于网络管理信息库（NMIB）中，实际上驻留在它们自己的通信栈中。像功能块应用信息一样，NMIB由管理VFD说明，由OD描述。虽然在图上没有显示，系统管理信息库也由该VFD来说明，它提供了访问设备中管理信息的中心点。网络管理信息库是网络管理的重要组成部分，它是被管理变量的集合，包含了设备通信系统中的组态、运行、差错管理的信息。网络管理信息库NMIB的内容是借助虚拟现场设备管理和对象字典来描述的。网络管理代理的虚拟现场设备NMA VFD是网络上可以看到的网络管理代理，也就是FMS看到的网络管理代理。

2. 网络管理代理（NMA）

NMA提供对通信栈的组态和统计信息的网络访问。这些信息被描述为NMIB。这些信息有一部分被系统管理规范定义为可写的；另一部分是只读的。网络只读信息是指从网络方面看是只读的，在操作期间，由通信实体动态设置。它也可以由厂家定义。

NMA 提供3种信息的访问：

1）关于通信实体的整体信息，例如 NMA 版本；

2）关于 VCR 的扩展协议层信息；

3）关于单个协议层的信息。

通过管理 VFD 支持对 NMA 的远程访问，其方法同支持对 SMK SMIB 的访问一样。为管理 VFD，可以定义附加的 VCR，但是它们必须定义为是只读访问的。

NMA 怎样访问协议信息，以及它怎样生成协议所知的构造参数，通过网络是不可见的。虽然在概念上通过层管理实体支持访问，但是对于一个通信实体的实现者来说，没有必要提供单独的具有外部可见界面层管理实体。因此，在 NMA 与协议实体之间的界面没有被规定。

NMIB 的两个元素是值得注意的。VCR 列表中包含有设备中的每一个 VCR 的描述。VCR 列表中的每一条都被说明为一个 FMS 记录对象（由数据结构定义），并含有一个 VCR 描述。VCR 描述包含有 FMS、FAS 和 DLL 的映射信息。当整个列表被装载时，一个特殊的用来控制整个装载过程的变量首先被写入，引起所有在设备中的 VCR 终止，NMA 和 SMK VCR 除外。然后使用一系列的 FMS 写服务装载 VCR，每一个服务写一个 VCR。当装载完成时，新装载的 VCR 就可以被使用了。

NMIB 的第2个元素是 LAS 调度表。调度表存在于链路主设备中，它被说明为一个 FMS 域。它的内容通过 NMA 仅能看作一个二进制串。FMS 的上载和下载能够为这个目的提供服务。

5.1.9　系统管理

系统管理内核（SMK）可以看作一种特殊的应用进程 AP。从其在通信模型的位置来看，系统管理是集成多层的协议和功能而完成的。系统管理可以完成现场设备的地址分配、寻找应用位号、实现应用时钟的同步、功能块列表、设备识别，以及对系统管理信息库访问的功能。各项功能的简单介绍如下。

1. SMIB 的访问

SMIB 中含有可以通过 SMK 访问的网络可见 SMK 信息。这里支持的对 SMIB 的访问允许设备系统参数的组态，并允许远程应用程序在网络进入操作前或者在网络操作期间从网络获得管理信息。SMIB 是在管理 VFD OD 中定义并由 SMK AP 目录（管理 OD 中的第1条）支持。系统管理规范指出哪条信息是可写的，哪条信息是只读的。作为 SMK 服务的一部分，SMKP 也被用来访问部分这种信息。SMK 通过本地界面能够将 SMIB 中可获得的信息送给本地 AP。

2. 标签和地址分配

在设备可以有效连入网络之前，必须为其分配一个物理设备位号和数据链路地址。设备名是系统特殊标识符，并被参考为 PD-Tag。只有暂时设备例外，不给暂时设备分配标签也不给它分配地址。它们只简单连接到网络的4个数据链路参观者地址的某一个上。这些地址是在 DLL 协议规范中专门预留给它们的。因此，下面的描述不适用于它们。

PD-Tag 可以由销售商分配，也可以通过 SMK 分配，一般情况下是在离线工作的环境中分配。离线工作的环境的优点是它保证没有标签的设备在操作网络之外。

对没有标签的设备来说，SMK 赋予它一个初始化状态并使用默认设备地址中的一个将其连接到总线上。默认设备地址由 DLL 规定为非参观者节点地址。链路的 LAS 以默认地址确认新设备并通过 DLL 进程将其加入活动列表中。作为这个操作的一部分，LAS 维护活动列表保存了链路上所有设备的列表。

负责标签和数据链路地址分配的系统管理功能的设备，在下面的描述中称为组态主设备。虽然不一定非要这样做，但是它一般与 LAS 在一起，以便可以监视活动列表中新设备的增加。当它在默认地址发现一个设备时，它验证设备的 SMK 确实没有 PD-Tag，然后使用在系统管理规范中规定的 SMKP 和进程为它分配一个 PD-Tag。一旦分配了 PD-Tag，SMK 将进入初始化状态。在这个状态，它准备被赋予一个操作网络上的数据链路节点地址。地址分配进程保证在现场总线上的设备的 SMK 收到唯一的 DLL 节点地址。在分配网络地址之前，只有 SMK 被允许在总线上传输初始化数据，并且只允许设备的 DLL 使用默认设备地址。

在初始化状态的设备（等待分配地址）的 DLL 加入网络所使用的方式与它等待标签分配是一样的。LAS 将其加入活动列表之后，组态主设备先确认它是否已被加入网络，并使用 SMKP 从它的 SMK 读取 PD-Tag，然后检查该 PD-Tag 是否已经在网络上应用。

如果该 PD-Tag 没有被应用，组态主设备给该设备的 SMK 分配一个地址。SMK 通过本地界面将地址写入 DLL。从概念上讲，把新地址写入 DLL 包括写入网络管理和 DLL 管理实体（Data Link Management Entity，DLME）。

这种情况一旦完成，组态主设备将指示 SMK 进入操作状态，作为这种状态转换的一部分，SMK 引起该设备的 DLL 转移到 DLL 的节点地址，并再一次等待 LAS 的认可。作为这个过程的一部分，该设备的 DLL 要认证该地址是否已经在应用之中，如果是，它会通知 SMK，并重新转移到默认地址。

3. 设备识别

SMK 的识别服务允许 AP 从一个远程 SMK 获得 PD-Tag 和设备 ID。设备 ID 是一个系统单独标识符，它由厂家提供。在地址分配期间，组态主设备使用这种服务来验证：设备是否具有标签和正确的地址是否已经分配给设备。

现场总线中物理设备、VFD、功能块和功能块参数都以位号标记。系统管理允许查询由位号标识的对象，包含此对象的设备将返回一个响应值。

4. 定位远程设备和对象

SMK 定位服务允许设备 AP 在网络上广播一个请求给所有的 SMK，来访问一个远程有名设备的信息。如果请求一个 PD-Tag，包含这个 PD-Tag 的设备以设备 ID 作为响应。否则，所有的 SMK 把这个请求传给它们的 AP 并等待响应。AP 将用 OD 和可访问该对象的 VCR 索引作为响应。因为网络中的名字是不重复的，所以只有一个 AP 会响应。

5. 时钟同步

在现场总线网络的每个链路中，都包含有一个应用时间发布者，用来在链路上发布应用时钟时间，有且只有一个这样的应用时间发布者作为应用时间源进行操作。它周期性地向链路上所有现场设备发送应用时钟同步报文。

6. 功能块调度

在 SMIB 中，每个 SMK 维护一个链路调度范围内的端口，即功能块（FB）调度表，它指示何时功能块被执行。从概念上说，FB 调度表能够包括所有的 AP 可执行任务。在调度表中一个项目被调度执行的时间被描述为从该宏周期开始的偏移。

为了支持调度表的同步，DLL 周期性地分配 LS-time。LS-time 被用来计算 FB 宏周期的开始时间。每个FB宏周期在链路调度时间内开始和重新开始，链路调度时间是它的宏周期执行期间的0模式。例如，如果宏周期时间是1000，宏周期开始的时间是0、1000、2000、3000、……因此，LS-time 0表明在链路上的所有FB宏周期和该链路的LAS调度宏周期的共同开始。这使得FB的执行和与它们相关的数据传输可以被及时同步。

控制系统的管理信息组织成为对象形成了系统管理信息库，它包含了现场总线系统的主要组态和操作参数，如设备ID、物理设备位号、虚拟现场设备列表、时间对象等。

设备中的网络管理和系统管理一起组成了管理虚拟现场设备（MVFD），网络管理信息库（NMIB）和系统管理信息库（SMIB）一起组成管理信息库（MIB）。它们都被组织在管理虚拟现场设备的对象字典中。对管理信息库的访问可以通过FMS的服务来进行。

5.1.10　FF通信控制器

基金会现场总线FF网络系统的运行涉及通信参考模型的各层，包括物理层、数据链路层、总线访问层、系统管理层、报文规范层、用户层等，涉及通信栈、系统管理、网络管理、功能块等各部分。其中数据链路层以上的部分是通过软件编程来实现的，而数据链路层及物理层所需要的总线驱动、数据编码、时钟同步和帧检验等许多工作，则需要软件和硬件的结合来完成。

1. FF通信控制器的功能

FF通信控制器主要具有如下功能。

（1）通信信号的发送和接收

根据FF的物理层规范，对通信接口线路的电气要求主要有两点：一是发送时要有足够的驱动能力，以保证接收端能得到足够强度的信号，便于正确接收，并具有一定的抗噪声能力；二是能够适应总线供电的工作方式，支持电源线上的信号载波。

（2）对传输数据的串并行转换

现场总线采用的是串行数据通信方式，而CPU采用的是并行数据，通信控制器作为CPU对总线的接口，很重要的一项工作就是对传输数据的串并行转换。

（3）对串行数据的编码和解码

FF采用的是两线制同步数据通信方式。采用同步通信方式时，发收方必须采用频率和相位相同的时钟，通信才可进行。因此发送方需要在发送数据的同时，将自己的时钟也一同发往接收方。同步通信有四线制和两线制两种。四线制采用一对线传输数据信息，另一对线传输时钟信息。为了节省电缆，两线制则使用同一对线同时传输数据和时钟信息。为此发送方必须采用数据编码的方式，将时钟信息隐藏在数据中发送出去。接收方对接收到的信号解码，还原出时钟信号。数据编码的种类很多，FF采用的是反向曼彻斯特编码和解码技术。这种曼彻斯特编码的最大特点是每个数据在发送时钟的中部都必然发生一次变化，如果传输的数据是“0”，则会发生由低到高的变化；相反如果传输的数据是“1”，则发生由高到低的变化。因此接收方在每个时钟周期内总能得到一次时钟信息，也就是说传输的数据流中包含了充分的时钟信息。采用曼彻斯特编码的另一个重要优点在于，对任意的数据流，传输数据的正负脉冲总是对称的，便于采用变压器隔离。

（4）信息帧的打包和解包

总线上的信息是采用分层打包的方式进行包装的，总线通信控制器在收到来自数据链路层的数据包后，还要加上网上传输所必需的信息才能用于传输。

在每一帧的起始部分，发送方都要发送一到几个字节的前导码，设置前导码的目的是使接收方能跟发送方进行时钟同步。由于采用的是两线制同步数据传输，接收方和发送方一般采用各自的时钟来进行接收和发送，而双方时钟在频率和相位上是不可能完全一致的。基金会现场总线规定，各站的时钟频率误差应在±0.2%以内。接收方为了能从接收信号中解码出和发送时钟基本同步的时钟，一般在接收线路中都采用锁相环技术，锁相环线路采用内部 16 倍于数据速率的时钟来驱动，产生和发送时钟同步的时钟信号，用于数据接收，根据接收数据中跳变沿出现的时间，锁相环逐步调整自己的计数值，以使自己产生的时钟和发送方基本同位。发送方在每帧前发送前导码，就是为训练接收方的锁相环线路，目的是在双方进行正式数据通信之前，使接收方有足够的调整时钟相位的时间，以便能与发送方时钟同相。前导码是一组“1”和“0”相互交替的序列。当总线上使用了一个或几个中继器时，需要多个字节的前导码，使发送方、中继器和接收方的时钟顺序逐级同步。

帧前界定码和帧后界定码分别为一个字节的编码，帧前界定码和帧后界定码相当于一对括号，将一帧信息括起来。在串行数据通信中，各种数据都是按一定的相对顺序进行发送和接收的，收发方是依据数据在帧内的相对位置来判定数据的种类和所代表的意义的；而确定数据在帧内位置的唯一依据就是帧的界定码。因此信息帧的起始和结束界定码必须是不同于一般数据的特殊数据，以便接收方能够清楚地从数据流中分辨出信息帧的起始和结束界定码来，这在数据通信中称为数据通信的透明性问题。基金会现场总线采用了两组特殊码作为帧前界定码和帧后界定码，它们分别包含了两对特殊的 N+和 N-码。因为在 N+和 N-码的中部不出现任何跳变，按照曼彻斯特编码规则，N+和 N-码既非“0”，也非“1”，因此在正常数据中是不可能出现的。所以基金会现场总线的数据传输是透明传输。信息帧中除来自链路层的数据链路协议数据之外，其同步前导码、帧前界定码、帧结束码和帧校验序列一般是由通信控制器在发送时加上的，这些信息纯粹是为了信息帧能在网上正确传输而使用的，因此接收方的通信控制器在收到信息帧后，要能够将这些加上去的信息再剥下来，将“干净的数据”送往高层。这就是所谓通信控制器对信息帧的打包和解包。因此 FF 的通信控制器，一定要具备发送帧前引导序列，发送和识别帧前、帧后界定符的能力。

（5）帧检验序列的产生和验证

在数据通信中，环境条件会对通信数据带来各种各样的干扰，影响数据的正确传输。为了能克服干扰，保证数据通信的正确性，一般在通信协议中都要采用一定的差错控制措施，基金会现场总线采用了同步通信协议中广泛使用的 CRC 校验法检查数据传输的正确性。实现 CRC 校验可以采用软件按位来计算和处理数据，但软件开销太大，因此一般都由通信控制器中的专用硬件线路来完成。在数据发送的过程中，通信控制器一边发送数据，一边对发送的每一位数据进行相应的 CRC 计算处理，一直到本帧最后一位数据发送完毕，CPU 不再向发送寄存器送数，此时通信控制器将 CRC 计算结果发送出去。同样在数据接收的过程中，通信控制器对每一位接收的数据都进行 CRC 计算处理，一直到帧后界定码为止，CRC 校验结果反映数据接收的正确性。通信控制器通过相应的状态位将接收数据是否正确通知 CPU，由 CPU 决定本帧数据的取舍。

以上所列几项的要求是 FF 通信控制器必需的。另外为了方便编程和满足系统可靠性的要求，对通信控制器还有一些其他的要求，下面将结合芯片做进一步介绍。

2. FB3050 通信控制器

目前，有多家公司生产用作基金会现场总线通信控制器的芯片。如日本的横河公司和富士公司，美国的SHIPSTAR公司、巴西的SMAR公司等。各家公司的产品功能各不相同，各有特色。但是它们都符合规定的现场总线标准。下面简要介绍SMAR公司的FB3050的主要特点。

FB3050是SMAR公司推出的第三代基金会现场总线通信控制器芯片，该芯片符合ISA SP50-2-1992 PART2中所规定的现场总线物理层规范。芯片设计时考虑了各种流行的微处理器接口。FB3050采用TQFP100封装，具有100个引脚。

FB3050内部有信号极性识别和矫正电路，因此允许总线网络的两根线无极性任意连接。

FB3050的数据总线宽度为8位，外接CPU的16位地址线。16位地址线经过FB3050缓冲和变换后输出，输出的地址线称作存储器总线，CPU和FB3050二者都能够通过存储器总线访问挂接在该总线上的存储器。因此挂接在该总线上的存储器是CPU和FB3050的公用存储器。

在FB3050通信控制器发送和接收模块中，分别包含曼彻斯特数据编码和解码器，可以对发送和接收的数据进行曼彻斯特编码解码。因此FB3050仅需要一个外部介质存取单元和相应的滤波线路就可以直接接到现场总线上，简化了用户对电路的设计程序。

FB3050内部包含帧校验逻辑，在接收数据的过程中帧校验逻辑能自动地对接收数据进行帧校验。在发送数据过程中，是否对发送数据产生帧校验序列由用户通过软件编程来控制。帧的状态信息随时供软件读取和查询。

为了保证网络通信系统的可靠性，FB3050内部设置了禁止“闲谈”的功能，以保证本节点不会无限制地占用网络，从而保证了网络的可靠性。所谓禁止“闲谈”功能，实际上是一个定时器，因为根据基金会现场总线的规范，信息帧的长度是有限制的。当传输速率一定时，每发送一帧的时间就不会超过某个确定的时间间隔。只有当某个节点在非正常情况下，比如软件出现死锁，才会长期占用网络的发送权，使得整个网络通信瘫痪。在通信控制器内设置一个定时器，从本节点占有发送权开始计时。如果超过规定时间仍然不交出发送权，则定时器将强制剥夺本节点的发送权。

FB3050通信控制器内部包含两个DMA电路，DMA电路可以通过存储器总线访问存储器，从而可以直接将存储器中的数据块发送出去，或直接将数据帧接收到存储器中。DMA控制下的数据接收和数据发送是在不中断CPU的正常程序执行的情况下进行的，因此就有可能出现CPU和DMA两者争用存储器总线的情况。FB3050采用两种不同的仲裁机制，以分别适应Motorola、INTEL两大系列的CPU总线。

通过内部的寄存器组，用户可以方便地写入控制字，对FB3050进行组态和操作。也可以容易地读到FB3050内部的状态。

为了适应不同的CPU总线接口，FB3050使用了两个时钟源：其中一个用于和系统同步；另一个用于控制通信数据的速率。

为了减轻CPU软件的负担，FB3050内部设计了数据链路层地址及帧的自动识别处理器，提供了一套自动识别帧控制字和帧目的地址的逻辑机制，有了这套机制，再加上DMA电路，FB3050几乎可以在不用CPU干预的情况下就能从网上全部正确接收属于本节点的信息帧。

为了方便编程，FB3050内部还提供了3个定时器供数据链路层编程使用，它们分别是字节传输时间定时器、1/32 ms定时器和1 ms定时器。

FB3050控制器内部有一套灵活的中断机制，通过一条中断申请信号线向CPU申请中断，CPU通过读内部的中断状态寄存器就能确定中断源。总线上发生的许多变化条件都可以作为中断源。此外FB3050内部的定时器都可以产生中断申请。所有的中断源都是可屏蔽和可识别的。

FB3050 可以和大多数微处理器相连接，FB3050 有两个片选输入端：一个用于选择通过 FB3050 访问的 64 KB 存储器；一个用于选择 FB3050 内部寄存器。

5.2　FF 功能块参数

5.2.1　功能块及参数概述

1. 功能块

功能块是一种图形化的编程语言，可以形象地比喻为“软件的集成电路”。它有一套输入、输出和内部控制参数，输入参数通过一套特定的算法产生的输出参数供系统或别的功能块使用。本节介绍的是按基金会现场总线技术设计的一套现场总线功能块及其应用。

功能块通过位号（Tag：最多 32 个可视字符串）和一个数字索引来识别。在同一个控制系统中功能块位号（Tag）必须是唯一的，而数字索引在一个包含该功能块的应用中亦然。

简短的数字索引可以优化对功能块的访问。功能块位号是通用的，而数字索引仅在包含这个功能块的应用中有意义。输入、输出参数是网络可见的，并可互相连接。控制参数或称包含参数虽然不能和其他功能块连接使用，但也是网络可见的。功能块的算法由块的类型和控制参数确定。

一个功能块输入参数连接到上游功能块的输出参数，并从中“拉取”数据。这种连接可能在同一个功能块中应用，也可能在不同功能块中应用，可能在同一个设备中，也可能在不同设备中。正如前面已经提到，功能块参数根据使用目的被分成 4 组“视图（View）”：动态操作数据（View1）、静态操作数据（View2）、所有动态数据（View3）和其他静态数据（View4）。

现场总线网络的信息交换划分两个层次。操作员站和功能块应用的信息交换称“背景通信”，而为功能块连接的实时性通信是级别更高的“运行通信”。

2. 参数

每个参数的名字由 4 个无符号整数字节组成。在一个功能块内参数的名字是唯一的。在一个系统内，用“功能块位号 . 参数的名字”来表达，即“Tag. Parameter”。这个结构被用来获得参数的索引。

参数的存储属性可以分级为动态的、静态和不易失的。根据分级，某些参数的数值在掉电后可能要重新存储。参数属性的分级决定了它们在设备中存储的方法。

1）动态的参数值是功能块算法计算随时产生的结果，因此在掉电后它不需要重新存储。

2）静态的参数值在每次掉电后要重新存储。接口设备或一些临时的设备有时会写这些静态参数。静态的参数值通常被一个组态设备跟踪。为了支持静态参数值跟踪，相关联的块将增加静态修订参数 ST_REV 的值，而且每次静态参数值被修改后都被当作发生一次更新事件。

3）不易失的参数值经常被写。掉电后原来最后的值必须要存储在设备中。由于这些参数的属性经常改变，所以它们通常不被组态设备所跟踪，即不改变 ST_REV 的值。

控制参数或称包含参数是由上位设备如计算机站来组态、设定或计算。它们不能和其他输入、输出参数连接使用。MODE_BLK（块模式）就是对所有功能块都通用的包含参数的例子。块的执行包括输入、输出、包含参数和块的算法。块算法的执行时间被定义为块的参数，它的数值依赖于块是如何实现的。

输入参数进入算法，并结合功能块应用的状况，如功能块是否能达到为它所设定的目标模式（Target Mode）。目标模式是模式中的一项，表示希望功能块所运行的模式，通常被控制器或操作员设定。

在某些条件下功能块不能运行所希望的模式。在这种情况下，现实模式（Actual Mode）表示它实际达到的模式。比较目标模式和现实模式就知道是否达到了目标模式。功能块模式参数的值被许可模式（Permitted Mode）参数所定义，这样用于控制功能块的模式参数在每种功能块中都不相同。功能块可以使用什么模式是设计功能块时就决定了的，在功能块应用组态中可以指定其中的一种，一旦现实模式（Actual Mode）确定，功能块开始执行，并因此产生输出。

一个输出参数可以被连接到若干个功能块的输入参数使用，包括一个状态（Status），它指示输出参数的质量和它产生时功能块的模式。有时一个输出参数的值可能不从一个块外部的来源得到，而是从块的算法产生。某些输出参数的值依赖于块模式参数的值，这些输出参数被称作模式控制输出参数。输出参数包含一个主要（初级）输出参数，为其他功能块用于控制计算目的。这些功能块可能还包含一些次级输出参数，如报警、事件等，它们起到支持主要输出参数的作用。

一个功能块的输入参数连接到其他某功能块的输出参数，并获得数据进行运算。输入参数也伴随一个状态（Status）。当它被连接到输出参数时，输出参数的状态就是这个输入参数的状态。当它没有被连接到输出参数时，它的状态将指示出“没有连接”。当一个应当收到的输入参数而没有收到时，功能块支持数据发送响应的服务将设置一个“失败”的输入参数状态，没有被连接的输入参数数值被当作常数处理。输入参数包含一个主要（初级）输入参数，被用于控制计算目的。这些功能块还包含一些次级输入参数，它们起到支持对主要输入参数进行某些处理的作用。

所有输入、输出参数的结构都是“数值加状态”，但一些包含参数也可能是这样的数据结构，如PV、SP、RCAS_IN、ROUT_IN等。

5.2.2　控制变量的计算

1. 过程变量的计算

过程变量（PV）的数值和状态是主要输入变量（IN）的映像，或者是多输入变量的计算结果。例如在PID和AALM功能块中，过程变量就是输入变量滤波后的结果。过程变量状态是输入变量状态的复制，如果有多个输入变量，则是它们中最坏一个的状态。不管功能块的模式如何，过程变量的数值是主要输入变量的数值或它们计算的结果。除非输入变量是不可用的，这时过程变量（PV）的数值保持在最后的可用值上。输入变量滤波时间常数参数PV_FTIME的含义，是对于阶跃的输入变量，输出达到最终值63.2%所需要的时间，单位是秒。如果PV_FTIME是0，意味着没有滤波。

2. 设定值计算

（1）设定值（SP）极限的参数

SP_HI_LIM和SP_LO_LIM（单位和取值由PV_SCALE决定）。在自动模式（Auto Mode）下，设定值被限制在SP_HI_LIM和SP_LO_LIM的范围之内。

（2）设定值变化率极限的参数

SP_RATE_UP和SP_RATE_DN（单位为PV/s）。这个参数在设定值改变时为减少发生的扰动。

3. 设定值（SP）跟踪过程变量（PV）

由于某些控制策略需要从“手动模式”（Rout，Man，LO，Iman）切换到“自动模式”（Auto，Cas，Rcas）时的偏差是零，所以此时设定值必须等于过程变量。PID 块的 CONTROL_OPTS 参数和 AO 块的 IO_OPTS 参数用于在手动模式时设定值 SP 跟踪过程变量 PV。

4. 输出参数计算

当现实模式在 Auto、Cas、Rcas 时，各个功能块按照各自的算法计算输出参数。而在手动模式（Manual Mode），输出参数则来自另一个功能块（LO，Iman 模式）、操作员（Man）或上位机中其他应用（Rout）。

在 PID 和 ARTH 功能块的所有模式下，输出参数被 OUT_HI_LIM 和 OUT_LO_LIM 参数进行高和低限位。但通过对 CONTROL_OPTS 参数的“NO OUT limited in Manual”位进行组态，可以使手动模式下对输出不进行限位。

5.2.3 块模式参数

块模式是所有块都有的重要参数，它决定块运行的状态，也能反映块应用的一些错误。

1. 模式的类型

1）未服务 Out of Service（O/S）：功能块未运行，块输出值保持在最后值。对于输出类功能块，输出值保持在最后值或者由组态所指定的故障状态值。设定值保持在最后值。

2）初始化手动 Initialization Manual（Iman）：串级结构的下游功能块不在串级模式（Cas），因此正常的算法不被执行，块输出仅跟随一个来自下游功能块的外部跟踪信号（BKCAL_IN）。此模式下不能通过目标模式请求。

3）本地跨越 Local Override（LO）：控制模块在这个模式时的输出跟踪一个 TRK_VAL 输入参数。输出功能块在故障状态时也可以为 LO 模式。这个模式也不能通过目标模式请求。

4）手动 Manual（Man）：功能块的输出不是被计算出的，虽然它可能被限制，操作员可以直接给出功能块的输出值。

5）自动 Automatic（Auto）：功能块的输出是被计算出的。它将使用操作员通过接口设备给出的本地设定值。

6）串级 Cascade（Cas）：设定值通过链接（Cas_IN）来自其他块，因此操作员不能直接改变。功能块在设定值基础上计算输出。为了达到这个模式，算法使用 CAS_IN 输入和 BKCAL_OUT 输出和上游块构成一个无扰动方式的串级。

7）远程串级 Remote Cascade（Rcas）：功能块的设定值是由接口设备（计算机、DCS/PLC）中控制应用的 RCAS_IN 参数给定。

8）远程输出 Remote output（Rout）：功能块的输出是由接口设备中控制应用的 ROUT_IN 参数给定。为了达到这个模式，算法使用 ROUT_IN 输入和 ROUT_OUT 输出和接口设备构成一个无扰动方式的串级关系，因此接口设备中控制应用类似于“上层块”，但它们没有功能块间连接那样的调度和同步关系。

Auto、Cas、Rcas 模式是自动地按算法计算功能块输出。Iman、LO、Man、Rout 模式则是需要“手动”输出。

2. MODE_BLK 的元素

1）目标 Target：操作员选择功能块的目标模式。在所允许选择的模式中只能选一个。

2）现实 Actual：现行的功能块模式。在某些运行条件或组态下（如输入状态或旁路）也可能和目标模式不一样。现实模式是功能块执行模式计算的结果，所以操作员不能选择现实模式。

3）允许 Permitted：允许功能块使用的模式种类。它可以基于应用的需要由用户来组态，所以这像一个从支持的模式中选择出的模式列表。

4）正常 Normal：仅用于记忆功能块正常运行条件下的模式。它不影响功能块计算。

5）保留目标模式：当目标模式为 O/S、Man、Rcas、Rout 时，目标模式属性可能保留以前目标模式的有关信息，这个信息可能用于功能块模式脱落（Shedding）和设定值跟踪。

3. 模式优先级别

模式优先级别的概念用于功能块计算现实模式，或决定对一个特别的或更高优先级别模式是否允许写访问。模式优先级别见表 5-3。

表 5-3　模式的优先级别

模　式	描　述	级　别	被允许使用的块
O/S	未服务	7 最高	所有块
Iman	初始化手动	6	资源、PID、SPG、SPLT
LO	本地跨越	5	PID、AO、DO、MAO、MDO
Man	手动	4	PID、AALM、LLAG、TIME、SPG、输入、输出块
Auto	自动	3	所有块
Cas	串级	2	PID、AO、DO、SPLT
Rcas	远程串级	1	PID、AO、DO
Rout	远程输出	0 最低	PID

5.2.4　量程标定参数

标定参数决定了量程范围、工程单位及小数点右边显示几位。标定信息用于两个目的。显示设备需要知道棒图和趋势图的范围和单位，控制功能块需要知道内部使用的百分比量程，并使调谐常数无量纲。

PID 功能块使用 PV_SCALE 参数将误差信号转换成百分比，通过计算得出同样是百分比的输出信号，同时可以使用 OUT_SCALE 参数将它转换回工程单位数值。

AI 功能块使用 XD_SCALE 参数决定从输入转换器块得到的数值的工程单位。

AO 功能块使用 XD_SCALE 参数将 SP 值转换成输出转换器块得到的工程单位的数值，同时它也是反馈读出值的工程单位。有关标定的参数分布见表 5-4。

表 5-4　有关标定的参数分布

输入转换器块	输入功能块	计算功能块	输出功能块	输出转换器块
PRIMARY_VALUE_RANGE①	XD_SCALE① OUT_SCALE	PV_SCALE OUT_SCALE	XD_SCALE① PV_SCALE	FINAL_VALUE_RANGE①

① 取值需要匹配的参数对。

以下四点组成量程标定。

1）100%量程工程单位值=量程范围最高工程单位值。

2）0%量程工程单位值=量程范围最低工程单位值。

3）单位索引=设备描述工程单位码索引。

4）十进小数点位数=显示设备显示参数小数点右边的位数。

5.2.5 错误状态和警报

1. 错误状态

当功能块被检查出不正常，例如不能使用的输入信号或在指定（FSTATE_TIME）的时间内通信仍然不能完成；或用户在资源块设定了错误状态，于是模块将进入一种特殊的状态，此时输出块可能采取一些安全的动作。这种特殊的状态称为“错误状态”。

支持串级控制的功能块（如PID、OSDL、SPLT）将把错误状态传递到输出功能块。当激活错误状态的条件正常化后，错误状态被清除，功能块回到正常运行状态。

2. 警报

报警和事件称作警报，它表示检测到功能块应用内部重要的事件发生。功能块可以把这个事件报告接口设备或其他现场设备。报警不仅指变量和极限之间的比较，还包括功能块执行时发现的软件硬件故障引起的块报警。

进入和脱离报警条件都称为警报状态，它将在网络上发布一个警报信息，其中包括一个时间标签，即警报状态发生的时间。警报状态可能通过设定相应的等级被个别禁止。

更新事件被用来通知接口设备一个静态参数被改变，仅此时才读这个参数。这是跟踪这类参数非常好的办法，不要反复读取它们。和动态参数相比，这类参数极少改变。

（1）报警参数（X_ALM）

报警参数捕捉功能块内动态报警信息。当报警被报告时，报警参数所包含的信息被转移到一个警报对象。报警参数包含下列内容。

Unacknowledged　未被确认

Alarm state　报警状态

Time stamp　时间标签

Subcode　子码

Value　值

它们被分别解释如下。

1）Unacknowledged（未被确认）：在检出报警状态的上跳沿时，Unacknowledged（未被确认）即被设定。但当工厂操作员通过接口设备确认这个报警时，即响应了报警管理，这个内容就被设定为已被确认。

对于功能块每类报警，可以通过ACK_OPTION参数组态使其被自动确认。这时如果发现报警状态的上跳沿，而ACK_OPTION参数相应的位又是真，则不需要操作员进行确认。

其他自动确认报警的办法是将警报-优先权分别组态成0、1或2。警报-优先权将在下面讨论。Unacknowledged（未被确认）状态列举如下。

0=不明确

1=被确认

2=未被确认

2）Alarm state（报警状态）：它指示是否警报被激活和被报告。Alarm state报警状态列举如下。

1=清除-被报告

2=清除-未被报告

3=激活-被报告

4=激活-未被报告

一旦功能块进入 O/S 模式时，报警状态即被清除。

3）Time stamp（时间标签）：标签是报警状态被检出但还未被报告的瞬间。直到警报确认收到前，它是一个常数。

4）Subcode（子码）：列举被报告警报的原因列表。

5）Value（值）：警报被检出瞬间关联参数的值。

（2）报警极限参数 X_LIM

当数值达到或大于极限时，一个模拟报警发生了。报警状态一直维持到数值小于极限值减去报警回差。只要设定报警极限值是正、负无穷（INF）就等于关闭了报警，各报警极限值的默认就是这样。

5.3　FF 的功能块库

5.3.1　转换块和资源块

基金会现场总线用户层中常用的功能模块类型如图 5-11 所示。

1. 转换块

转换块按所要求的频率读取传感器中的硬件数据，并将其写入相应的硬件中。它不含有运用该数据的功能块，这样便于把读取、写入数据的过程从制造商的专有物理 I/O 特性中分离出来，提供功能块的设备入口，并执行一些功能。转换块包含量程数据、传感器类型、线性化、I/O 数据表示等信息。它可以加入本地读取传感器功能块或硬件输出功能块中，通常每个输入或输出功能块内部都会有一个转换块。

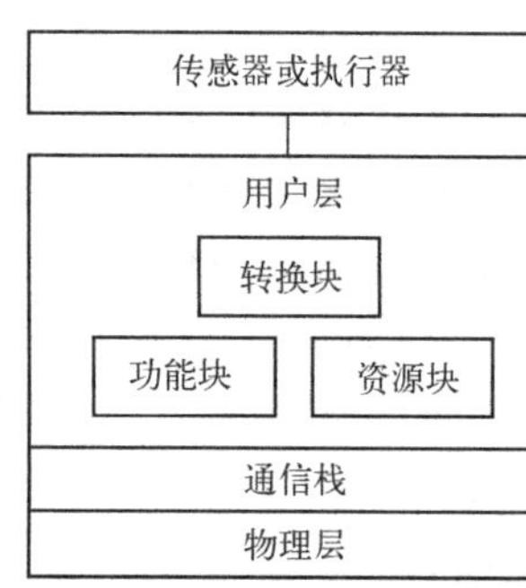

传感器或执行器

用户层

转换块

功能块　资源块

通信栈

物理层

图 5-11　基金会现场总线用户层中常用的功能模块类型

2. 资源块

资源块描述现场总线的设备特征，如设备名称、制造商与系列号。每台设备中仅有一个资源块。为了使资源块能够表达这些特征，规定了一组参数。资源块没有输入或输出参数。它将功能块与设备的硬件特性相隔离，可以通过资源块在网络中访问与资源块相关的设备的硬件特性。资源块也有相应的算法用以监视和控制物理设备硬件的一般操作。其算法的执行取决于物理设备的特性，由制造商规定，该算法可能引起事件的发生。

5.3.2　功能块

功能块提供控制系统行为，它的输入、输出参数可通过现场总线连接。各功能块的执行均受系统管理（SM）精确调度。

功能块是参数、算法和事件三者的完整组成。由外部事件驱动功能块的执行，通过算法将输入参数转换为输出参数，实现应用系统的控制功能。对于输入和输出功能块，要将它们连接到转换块，与设备的 I/O 硬件相互联系。

功能块的执行是按周期性调度或事件驱动的。功能块提供控制系统的功能，它的输入、输出参数可以跨越现场总线实现链接。一个用户程序中可有多个功能块。基金会现场总线定义了多个标准功能块。

1. 输入/输出功能块

输入/输出功能块主要有以下 10 种。

1）模拟输入功能块 AI。

2）模拟输出功能块 AO。

3）多通道模拟输入功能块 MAI。

4）多通道模拟输出功能块 MAO。

5）开关量输入功能块 DI。

6）开关量输出功能块 DO。

7）多通道开关量输入功能块 MDI。

8）多通道开关量输出功能块 MDO。

9）脉冲输入功能块 PUL。

10）步进 PID 输出功能块 STEP。

2. 控制算法功能块

控制算法功能块主要有以下 24 种。

1）手动加载功能块 ML。

2）偏置与增益功能块 B/G。

3）比率功能块 RATIO。

4）PID 控制算法功能块 PID。

5）先进 PID 控制算法功能块 APID。

6）计算功能块 ARTH。

7）先进函数功能块 AEQU。

8）输出分程功能块 SPLT。

9）信号曲线功能块 CHAR。

10）累积计算功能块 INTG。

11）模拟报警功能块 AALM。

12）输入选择功能块 ISEL。

13）设定值程序发生功能块 SPG。

14）定时器和逻辑功能块 TIME。

15）超前-滞后补偿功能块 LLAG。

16）动态限幅和输出选择功能块 OSDL。

17）常数功能块 CT。

18）时间盲区功能块 DT。

19）RS/D 及边沿触发器功能块 FFET。

20）柔性功能块 FFB。

21）Modbus 控制“主”功能块 MBCM。

22）Modbus 控制“从”功能块 MBCS。

23）Modbus 监视“主”功能块 MBSM。

24）Modbus 监视“从”功能块 MBSS。

基金会现场总线也允许各制造厂商有自己独特的功能块，但要有相应的 DDL（设备描述语言）来保证不同厂商的产品在同一总线上具有互操作性。

功能块可以理解为软件集成电路，使用者不必十分清楚其内部构造的细节，只要理解其外部特性就可以了。用基本、简单的功能块还可以构成复杂的功能块。基金会现场总线功能块支持国际可编程控制器编程标准 IEC1131-3。

功能块可以按照设备的功能需要定制下载到现场总线设备内。例如，简单的温度变送器可能包含一个 AI 模拟量输入功能块，而调节阀则可能包含一个 PID 功能块和一个 AO 模拟量输出功能块。这样，一个完整的控制回路就可以只由一台变送器和一台调节阀组成。有时，也把 PID 功能块装入温度、压力等变送器内。

5.4　FF 的典型功能块

5.4.1　模拟输入功能块 AI

这是一个标准的基金会功能块。模拟输入功能块通过通道号的选择，从转换器块接收输入数据，并使其输出成为对其他功能块可用的数据，如图 5-12 所示。

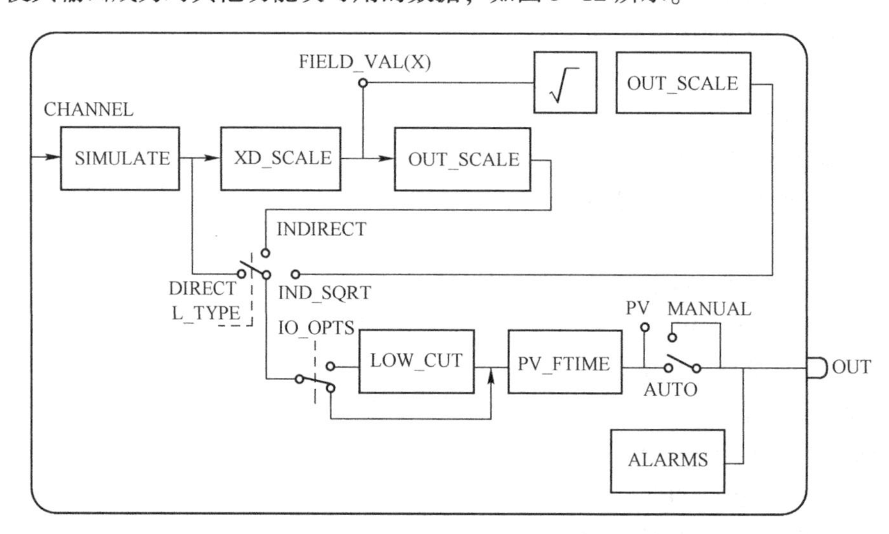

图 5-12　模拟输入功能块 AI

AI 功能块通过 CHANNEL 参数连接到转换器块。对多通道输入设备，此参数须与转换器块中的通道参数相匹配（如 SENSOR_TRANSDUCER_NUMBER 或 TERMINAL_NUMBER 等）。对于单通道输入设备，CHANNEL 参数必须设为 1，即与 AI 功能块相连接的转换器块相应参数可无须组态。

转换器的标定参数 XD_SCALE 将通道信号值对应为以百分数表示的 FIELD_VAL 参数。XD_SCALE 参数的工程单位及量程必须与连接到 AI 功能块的转换器块的传感器相配，否则功能块报警将指示发生组态错误。

L_TYPE 参数决定转换器块传递的数值在功能块中如何被使用，它的选项如下。

1）Direct——传感器数值直接传递到 PV，因此 OUT_SCALE 参数无效。

2）Indirect——PV 值是经 OUT_SCALE 转换过的 FIELD_VAL 值。

3）Indirect with Square Root——PV 值是经 OUT_SCALE 转换过的 FIELD_VAL 值的平方根。

PV 和 OUT 总是有着相同的基于 OUT_SCALE 的缩放比例。

LOW_CUT 参数是可选的，用来消除流量传感器接近零的无效值。LOW_CUT 参数在 IO_OPTS 位串中有相应的“Low cutoff”选项。如果选项位为真，则所有计算出的低于小信号切除值（LOW_CUT）的输出将被改为 0。

1. 功能块错误（BLOCK_ERR）

AI 功能块的块错误表现为以下原因。

1）功能块处于 O/S 模式。

2）仿真被激活（Simulate Active）。

3）某些输入/输出硬件模块故障（Input Failure）。

当有下列情形发生时会引起组态错误。

1）参数 CHANNEL 或 L_TYPE 的值错误。

2）参数 XD_SCALE 的工程单位或量程与转换器块的传感器不相配。

3）参数 CHANNEL 与硬件组态不一致。

支持的模式：O/S、MAN 和 AUTO。

2. 状态处理

模拟输入功能块不支持串级路径，因此输出状态没有串级子状态。当 OUT 值超出参数 OUT_SCALE 规定的量程且功能块不存在更坏的条件时，OUT 的状态为“不确定，违反工程单位量程”。参数 STATUS_OPTS 中包括下列选项，此处的极限指传感器极限。

1）向前传递错误。如果传感器失效，这个“坏”状态不必产生报警，而把坏状态传递给 OUT。

2）如果被限制，则为“不确定”状态。如果输入和计算功能块的测量和计算值受到限制，设它输出的状态为“不确定”。

3）如果被限制，则为“坏”状态。如果传感器信号被高或低限制，设它输出的状态为“坏”。

4）如果是手动模式，则为“不确定”状态。功能块现实模式是手动，设输入和计算功能块的输出状态为“不确定”。

3. 模拟输入功能块参数表

模拟输入功能块参数见表 5-5。

表 5-5　模拟输入功能块参数

索引	参　数	数据类型（长度）	有效范围/选项	默认值	单位	存储模式	描　述
5	MOD_BLK	DS-69	—	O/S	na	S	模式参数
6	BLOCK_ERR	位串（2）	—	—	E	D/RO	块错误
7	PV	DS-65	—	—	PV	D/RO	经处理后的过程模拟变量
8	OUT	DS-65	OUT_SCALE ±10%	—	OUT	D/MAN	块计算的初级模拟输出

（续）

索引	参　　数	数据类型（长度）	有效范围/选项	默认值	单位	存储模式	描　　述
9	SIMULATE	DS-82	1. 禁止 2. 激活	禁止	—	D	仿真激活时允许手动设置输入值，此时仿真值及状态赋予PV
10	XD_SCALE	DS-68	—	0~100%	XD	S/MAN	对转换器指定通道的高低标定值
11	OUT_SCALE	DS-68	—	0~100%	OUT	S/MAN	对输出参数的高低标定值
12	GRANT_DENY	DS-70	—	0	na	D	控制主计算机访问和本地操作盘操作及块报警参数的选项
13	IO_OPTS	位串（2）	—	0	na	S/O/S	功能块选项
14	STATUS_OPTS	位串（2）	—	0	na	S/O/S	功能块选项
15	CHANNEL	16位无符号数	—	0	无	S/O/S	被连接到输入/输出功能块的传感器的逻辑硬件通道号
16	L_TYPE	8位无符号数	1. Direct 2. Indirect 3. Indirect Square Root	0	E	S/MAN	确定转换器块传递的数值如何使用：直接（Direct）；非直接（Indirect）；非直接二次方根（Ind Squ Root）
17	LOW_CUT	浮点	正数	0	OUT	S	用来消除流量传感器近零的无效值，传感器数值低于此极限时被处理为零
18	PV_FTIME	浮点	正数	0	s	S	PV滤波时间常数
19	FIELD_VAL	DS-65	—	—	%	D/RO	以PV量程的百分比表示的来自现场设备在信号转换（L_TYPE）或滤波之前的（PV_FTIME）原始数值，状态反映传感器情况
20	UPDATE_EVT	DS-73	—	—	na	D	任何静态数据改变报警
21	BLOCK_ALM	DS-72	—	—	na	D	块报警
22	ALARM_SUM	DS-74	—	—	na	S	报警摘要
23	ACK_OPTION	位串（2）	0：禁止自动确认 1：允许自动确认	0	na	S	选择是否自动确认块报警
24	ALARM_HYS	浮点	0%~50%	0.5%	%	S	报警回差
25	HI_HI_PRI	8位无符号数	0~15	—	—	S	高高报警优先级
26	HI_HI_LIM	浮点	OUT_SCALE，+INF	+INF	OUT	S	工程单位高高报警限
27	HI_PRI	8位无符号数	0~15	—	—	S	高报警优先级
28	HI_LIM	浮点	OUT_SCALE，+INF	+INF	OUT	S	工程单位高报警限
29	LO_PRI	8位无符号数	0~15	—	—	S	低报警优先级
30	LO_LIM	浮点	OUT_SCALE，-INF	-INF	OUT	S	工程单位低报警限
31	LO_LO_PRI	8位无符号数	0~15	—	—	S	低低报警优先级

（续）

索引	参　　数	数据类型（长度）	有效范围/选项	默认值	单位	存储模式	描　　述
32	LO_LO_LIM	浮点	OUT_SCALE，-INF	-INF	OUT	S	工程单位低低报警限
33	HI_HI_ALM	DS-71	—	—	OUT	D	带时间标签高高报警
34	HI_ALM	DS-71	—	—	OUT	D	带时间标签高报警
35	LO_ALM	DS-71	—	—	OUT	D	带时间标签低报警
36	LO_LO_ALM	DS-71	—	—	OUT	D	带时间标签低低报警

注：E 表示列举参数；na 表示无单位位串；RO 表示只读；D 表示动态；S 表示静态；N 表示非易失。

在表 5-5 中，CHANNEL 的默认值是最小的可用数字；L_TYPE 的默认值是 direct，DS-69、DS-65 等为数据类型定义块。

5.4.2　模拟输出功能块 AO

AO 是一个标准的基金会功能块。模拟输出功能块是用于控制回路中的输出设备，如阀、执行器、定位器等。AO 功能块从另一功能块接收信号，然后通过内部通道的定义，将计算结果传递到一个输出转换器块，如图 5-13 所示。

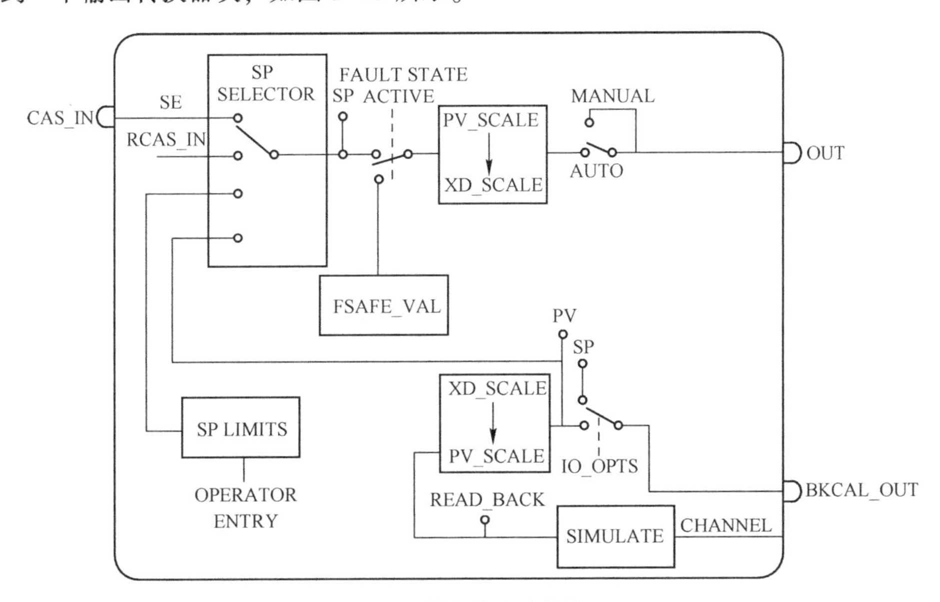

图 5-13　模拟输出功能块 AO

AO 功能块通过参数 CHANNEL 与转换器块连接。对于多通道设备，CHANNEL 参数必须与转换器块中的相应通道参数匹配（如 TERMINAL_NUMBER 等）。对于单通道设备，参数 CHANNEL 必须设为 1，此时与 AO 连接的转换器块无须通道组态。

1. 输入值的处理

SP 值可通过串级或远程串级自动控制或由操作者手动控制。PV_SCALE 和 XD_SCALE 用于 SP 的比例转换。

2. 输出值的处理

转换器量程标定（XD_SCALE）用来转换量程的百分比到转换器所用的工程单位值，这就能使SP的部分跨度引起输出的满跨度动作。

OUT=SP% *(EU_100%-EU_0%)+EU_0% [XD_SCALE]

参数IO_OPTS中的"Increase to Close"选项可以使输出相对于输入值的跨度反向调节。例如，如果SP是100，则

PV_SCALE=0%~100%；XD_SCALE=0.02~0.1Mpa

如IO_OPTS中的"Increase to Close"未选，SP经OUT_SCALE转换后为0.1Mpa，因此执行器的类型为"气开"。

如IO_OPTS中的"Increase to Close"已选，SP经OUT_SCALE转换后为0.02Mpa，因此执行器的类型为"气闭"。

3. 仿真

SIMULATE参数用于诊断和校验的目的，当被激活时，转换器的数值和状态被仿真数值和状态取代。仿真功能可以通过软件上对参数SIMULATE的设置或硬件跳线来禁止。

仿真机构由下列属性组成。

1）仿真数值和状态。

2）转换器数值和状态。

3）仿真允许/禁止。

参数SIMULATE中转换器的数值/状态总是反映了AO功能块从相应的转换器块接收的值。为安全起见，一些设备硬件跳线可以使参数SIMULATE失败。如果跳线置于关的位置，那么仿真将被禁止，用户将不能改变允许/禁止属性，这样可以防止设备运转时无意地启动仿真功能。当跳线置于开的位置，将引起资源功能块的块错误显示"仿真激活"。

如果下列条件存在，仿真将被激活。

1）仿真硬件跳线置于开的位置。

2）仿真允许/禁止参数被"激活"。

当仿真激活时，回读和参数PV将基于参数SIMULATE的仿真数值/状态属性进行计算，否则，将基于由转换器块提供的参数SIMULATE的转换器数值/状态属性。

4. 回读参数

如硬件支持回读数值，例如阀位，那么这个值将通过转换块读取，并通过参数SIMULATE的转换器数值/状态属性提供给相应的AO功能块。如果不支持，则参数SIMULATE的转换器数值/状态属性将通过转换器块由AO的输出产生。

当仿真禁止时，参数READBACK复制参数SIMULATE的转换器数值/状态属性，否则将复制参数SIMULATE的仿真数值/状态属性。

PV是参数READBACK经PV_SCALE的转换，因此，PV也可以通过参数SIMULATE被仿真。另外，此功能块允许像在故障状态处理一节中描述的一样的安全作用。AO功能块支持模式脱落机能。

5. 块错误

AO功能块的块错误由以下原因引起。

1）功能块处于O/S模式。

2）某些设备I/O模块故障（Output Failure）。

3）功能块因为故障状态被激活而处于LO模式。

4）仿真被激活。

一个或多个下列情况发生时产生的组态错误。

1）当参数 CHANNEL 或 SHED_OPT 为无效值。

2）当 XD_SCALE 没有支持的工程量单位或对应转换器块的量程。

3）当转换器块处于 O/S 模式。

4）当参数 CHANNEL 和硬件组态不一致。

6. 支持的模式

支持模式为 O/S、IMAN、LO、MAN、AUTO、CAS 和 RCAS。

7. 模拟输出功能块参数表

模拟输出功能块参数见表 5-6。

表 5-6　模拟输出功能块参数表

索引	参　　数	数据类型（长度）	有效范围/选项	默认值	单位	存储模式	描　　述
5	MODE_BLK	DS-69	—	O/S	na	S	模式参数
6	BLOCK_ERR	位串（2）	—	—	E	D/RO	块错误
7	PV	DS-65	—	—	PV	D/RO	经处理后的过程模拟变量
8	SP	DS-65	—	—	PV	N/Auto	模拟设定值变量
9	OUT	DS-65	XD_SCALE	—	OUT	N/Man	块计算的初级模拟输出
10	SIMULATE	DS-82	1. 禁止 2. 激活	禁止	—	D	仿真参数
11	PV_SCALE	DS-68	—	0%~100%	PV	S/Man	PV 参数高低标定值
12	XD_SCALE	DS-68	—	0%~100%	PV	S/Man	对应转换器值的工程单位高低标定值
13	GRANT_DENY	DS-70	—	0	na	D	控制主计算机访问和本地操作盘操作及块报警参数的选项
14	IO_OPTS	位串（2）	—	0	na	S/O/S	块选项
15	STATUS_OPTS	位串（2）	—	0	na	S/O/S	块选项
16	READBACK	DS-65	—	—	XD	D/RO	转换器实际的回读值
17	CAS_IN	DS-65	—	—	PV	D	自远程块或 DCS 来设定值
18	SP_RATE_DN	浮点数	正数	+INF	PV/s	S	设定值下降变化率限制
19	SP_RATE_UP	浮点数	正数	-INF	PV/s	S	设定值上升变化率限制
20	SP_HI_LIM	浮点数	—	100%	PV	S	设定值高限
21	SP_LO_LIM	浮点数	—	0	PV	S	设定值低限
22	CHANNEL	16 位无符号数	—	0	无	S/O/S	通道组态
23	FSTATE_TIME	浮点数	正数	0	s	S	输出块输出错误持续秒数
24	FSTATE_VAL	浮点数	—	0	PV	S	错误状态下 SP 选择的值
25	BKCAL_OUT	DS-65	—	—	PV	D/RO	上游块 BKCAL_IN 需要防止积分饱和及无扰切换

（续）

索引	参　　数	数据类型（长度）	有效范围/选项	默认值	单位	存储模式	描　　述
26	RCAS_IN	DS-65	—	—	PV	D	上位机来的目标设定输入
27	SHED_OPT	8位无符号数	—	0	—	S	定义远程控制设备的时间溢出的反应
28	RCAS_OUT	DS-65	—	—	PV	D/RO	返回主机的设定值输出
29	UPDATE_EVT	DS-73	—	—	na	D	任何静态参数改变而报警
30	BLOCK_ALM	DS-72	—	—	na	D	块报警

5.4.3　开关量输入功能块DI

DI功能块通过选择通道号接受设备的离散输入数据，并使输出对于其他功能块可用，如图5-14所示。

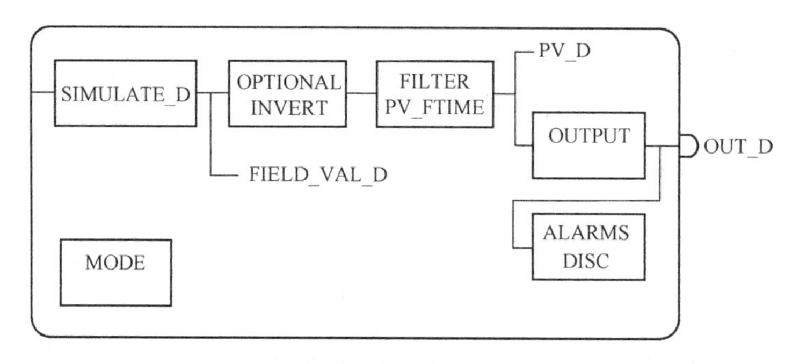

图5-14　开关量输入功能块DI

FIELD_VAL_D用XD_STATE显示硬件真实的开/关状态。I/O选项可以用来在现场值与输出间进行取反逻辑（NOT）运算。一个离散值0被认为是逻辑0，非0的离散值被认为逻辑1。如果取反，非0的值的逻辑非等于离散输出0，而0值的逻辑非等于离散输出值1。

在PV_FTIME设定的时间内，硬件必须将PV_D保持在一个状态，而功能块工作模式为自动时，PV_D的值被赋予OUT_D。当模式为手动时，可以人为地对OUT_D写值。PV_D与OUT_D有相同的刻度标定。OUT_STATE提供PV_D刻度标定。

1. 块错误

DI功能块的块错误有以下原因。

1）功能块处于O/S模式。

2）I/O模块故障。

3）仿真激活。

4）参数CHANNEL和硬件组态错误。

2. 支持的模式

支持模式为O/S、Man和Auto。

3. 开关量输入功能块参数表

开关量输入功能块参数见表5-7。

表 5-7　开关量输入功能块参数

索引	参　　数	数据类型（长度）	有效范围/选项	默认值	单位	存储模式	描　　述
5	MODE_BLK	DS-69	—	O/S	na	S	模式参数
6	BLOCK_ERR	位串（2）	—	—	E	D/RO	块错误
7	PV_D	DS-66	—	—	PV	D/RO	离散值过程变量参数
8	OUT_D	DS-66	OUT_STATE	—	OUT	D/MAN	计算出的值作为执行功能结果的最初离散值
9	SIMULATE_D	DS-83	1. 禁止 2. 激活	禁止	—	D	仿真激活时允许手动设置传感器给块离散输入或输出；仿真被禁止时，仿真值和状态跟踪实际值和状态
10	XD_STATE	16 位无符号数	—	0	XD	S	转换器的离散变量状况
11	OUT_STATE	16 位无符号数	—	0	OUT	S	离散输出状况
12	GRANT_DENY	DS-70	—	0	na	D	控制主计算机访问和本地操作盘操作及块报警参数的选项
13	IO_OPTS	位串（2）	—	0	na	S/O/S	块选项
14	STATUS_OPTS	位串（2）	—	0	na	S/O/S	块选项
15	CHANNEL	16 位无符号数	—	0	无	S/O/S	被连接到输入输出功能块的转换器逻辑硬件通道号
16	PV_FTIME	浮点	正数	0	s	S	PV 滤波时间常数
17	FIELD_VAL_D	DS-66	—	—	On/Off	D/RO	现场设备的离散输入的原始值，状态反映转换器情况
18	UPDATE_EVT	DS-73	—	—	na	D	任何静态参数改变而报警
19	BLOCK_ALM	DS-72	—	—	na	D	块报警
20	ALARM_SUM	DS-74	—	—	na	S	报警摘要
21	ACK_OPTION	位串（2）	0：禁止自动确认 1：允许自动确认	0	na	S	选择是否自动确认块报警
22	DISC_PRI	8 位无符号数	0~15	0	—	S	离散报警优先级
23	DISC_LIM	8 位无符号数	PV_STATE	0	PV	S	产生报警的离散输入状态
24	DISC_ALM	DS-72	—	—	PV	D	与离散报警相关联的状态和时间标记

5.4.4　开关量输出功能块 DO

DO 功能块将 SP_D 的值转换为对 CHANNEL（通道）相对应的硬件有用的值，如图 5-15 所示。

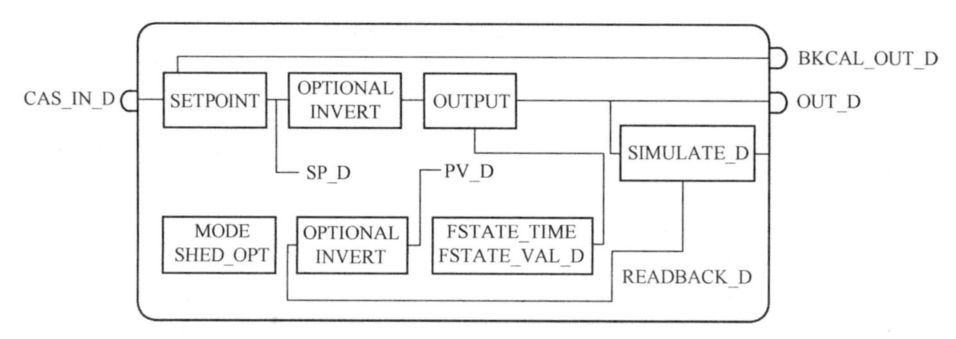

图 5-15　开关量输出功能块 DO

I/O 选项被用于 SP_D 和硬件之间的布尔取反逻辑。SP_D 支持完整的串级功能，与其他功能块输出连接的 DO 功能块的 SP_D 必须采用 CAS 模式。当功能块的实际模式为 LO 或手动模式时，附加 I/O 选项将使 SP_D 值跟踪 PV_D 值。

1. 块错误

DO 的块错误表现为以下 6 个方面。

1）功能块处于 O/S 模式。

2）I/O 模块故障。

3）由于错误状态激活而使功能块处于 LO 模式。

4）仿真激活。

5）CHANNEL 或 SHED_OPT 参数为无效值。

6）CHANNEL 参数和硬件组态不匹配。

2. 支持的模式

支持模式为 O/S、LO、Iman、Man、Auto、Cas 和 Rcas。

3. 开关量输出功能块参数表

开关量输出功能块参数见表 5-8。

表 5-8　开关量输出功能块参数表

索引	参　　数	数据类型（长度）	有效范围/选项	默认值	单位	存储模式	描　　述
5	MODE_BLK	DS-69	—	O/S	na	S	模式参数
6	BLOCK_ERR	位串（2）	—	—	E	D/RO	块错误
7	PV_D	DS-66	—	—	PV	D/RO	经处理后的过程离散变量
8	SP_D	DS-66	—	—	PV	N/Auto	离散设定值变量
9	OUT_D	DS-66	XD_SCALE	—	OUT	N/Man	块计算的初级离散输出
10	SIMULATE_D	DS-83	1. 禁止 2. 激活	禁止	—	D	离散仿真参数
11	PV_STATE	16 位无符号数	—	0	PV	S	离散 PV 的状况
12	XD_STATE	16 位无符号数	—	0	XD	S	转换器的离散变量状况
13	GRANT_DENY	DS-70	—	—	na	D	控制主计算机访问和本地操作盘操作及块报警参数的选项

（续）

索引	参　　数	数据类型（长度）	有效范围/选项	默认值	单位	存储模式	描　　述
14	IO_OPTS	位串（2）	—	0	na	S/O/S	块选项
15	STATUS_OPTS	位串（2）	—	0	na	S/O/S	块选项
16	READBACK_D	DS-66	—	—	XD	D/RO	转换器实际的回读值
17	CAS_IN_D	DS-66	—	—	PV	N	自远程块或 DCS 来的设定值
18	CHANNEL	16 位无符号数	—	0	无	S/OS	通道组态
19	FSTATE_TIME	浮点数	正数	0	s	S	输出块输出错误持续秒数
20	FSTATE_VAL_D	8 位无符号数	—	0	PV	S	错误状态下 SP 选择的值
21	BKCAL_OUT_D	DS-66	—	—	PV	D/RO	供上游离散功能块需要，以进行闭环控制无扰切换
22	RCAS_IN_D	DS-66	—	—	PV	D	上位机来的目标设定输入
23	SHED_OPT	8 位无符号数	—	0	E	S	定义远程控制设备时间溢出的反应
24	RCAS_OUT	DS-66	—	—	PV	D/RO	返回主机的设定值输出
25	UPDATE_EVT	DS-73	—	—	na	D	任何静态参数改变而报警
26	BLOCK_ALM	DS-72	—	—	na	D	块报警

5.4.5 PID 控制算法功能块 PID

这是标准的基金会功能块，如图 5-16 所示。PID 功能块提供了比例、积分、微分形式的计算控制。

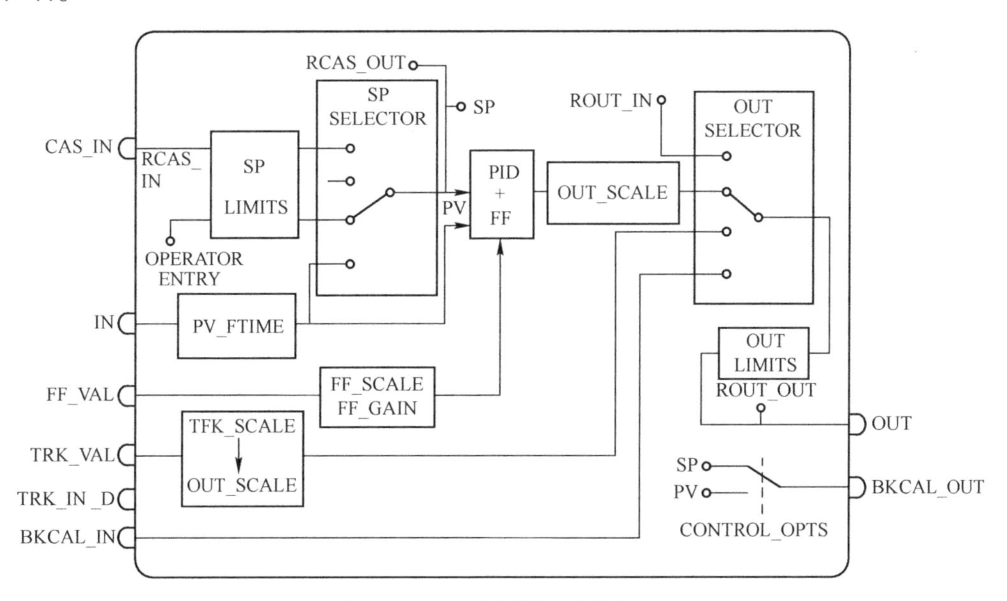

图 5-16　PID 控制算法功能块 PID

PID 运算是非迭代或 ISA 标准的算法。在这种运算体系中，GAIN 被作用在 PID 的各项上，比例和积分仅作用在偏差上，微分运算作用在 PV 值上。功能块在自动模式时，由于微分运算的介入，用户改变 SP 值不会引起输出量的扰动。

只要偏差存在，PID 功能将对偏差进行积分运算，即将输出向纠正偏差的方向进行。当初级和次级过程的时间常数不同时，如果需要，PID 控制可以构成串级调节。

1. 正向和反向作用

通过选项参数 CONTROL_OPTS 中的“Direct acting”位来设置运动的正向或反向作用。

如果“Direct acting”为“真”(1)，偏差值即为 PV 值和 SP 值的差值：

$$Error=PV-SP$$

如果“Direct acting”位为“伪”(0)，即为“Reverse acting”(反向)，偏差即为 SP 值和 PV 值的差值：

$$Error=SP-PV$$

“Direct acting”位的默认值为 0，即“Reverse acting”(反向作用)。

2. 前馈控制

PID 功能块支持前馈运算。FF_VAL 输入由外部值提供，该值与控制回路中的干扰值成比例关系。此值由 FF_SCALE 和 OUT_SCALE 参数转换为输出量程标准。此输出与 FF_GAIN 相乘后加到 PID 运算输出上，如图 5-17 所示。

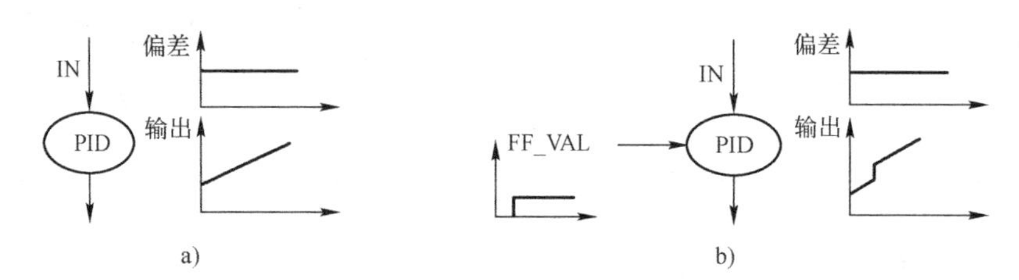

图 5-17　前馈控制示意图
a) 无前馈　b) 有前馈

如果 FF_VAL 输出状态为无效，上次可用的值将被使用。当状态位恢复正常时，FF_VAL 的差值需与 BIAS_A/M 相减，以避免与输出的扰动。

3. PID 常数

GAIN (K_p)，RESET (T_r) 和 RATE (T_d) 是比例 P、积分 I、微分 D 运算的调节参数，其中 GAIN 是无量纲数，RESET 和 RATE 是用秒来表示的时间参数。许多现有的控制器有几个或所有的参数用相反值进行调谐，如“比例带”、每分钟的重复次数等。人机界面对这些参数一般都能适应用户的选择喜好。

4. 旁路

当旁路方式工作时，SP 值将不通过 PID 计算，直接转换为 OUT 输出。当串级调节副环的 PV 是无效时，副环 PID 就使用旁路方式。

旁路方式运行的条件：CONTROL_OPTS 中的“Bypass Enable”位必须为真；旁路方式参数为 ON。

旁路参数 ON/OFF 开关控制旁路转换。默认情况下，只有在块模式 Man 或 O/S 时才可以转换。此外，当资源模块的 FEATURES_SEL 中的“Change of bypass in an automatic mode”位为真时，控制模块也允许在自动模式下进行旁路切换。

为避免输出的扰动，旁路参数中有 ON/OFF 特别处理方式。当旁路切换为 ON 时，SP 接受输出值 OUT；在旁路切换为 OFF 时，SP 接受 PV 的值。

5. 输出跟踪

PID 模块支持输出跟踪算法。在跟踪开关为 ON 时，允许输出强制改变为跟踪值。

为了激活输出跟踪功能，模块应满足以下条件。

1）CONTROL_OPTS 中的“Track Enable”位必须为真。

2）目标模式为“automatic”模式，即 Auto、Cas、Rcas 或 Rout。

3）TRK_VAL 和 TRK_IN_D 状态为可用，即状态是好或用 STATUS_OPTS 表示不确定状态也作好的用，“Use Uncertain as good”位为真。

4）TRK_IN_D 的值是激活的。

如果目标模式为 Man（手动）时，除以上条件外还需要：CONTROL_OPTS 中的“Track in Manual”位必须为真。

在输出跟踪作用时，OUT 输出将被 OUT_SCALE 转换过的 TRK_VAL 代替。输出限位状态变为常数，现实模式转变为 LO。

若 TRK_IN_D 或 TRK_VAL 状态为不可用，输出跟踪功能将关闭，PID 状态将回到正常操作状态。

6. 块错误（BLOCK-ERR）

PID 模块的错误反映了以下两个原因。

1）模块在 O/S 模式。

2）在 BYPASS 和 SHED_OPT 参数有无效值时发生设置错误。

7. 支持的模式

支持模式为 O/S、IMAN、LO、MAN、AUTO、CAS、RCAS 和 ROUT。

8. 控制算法（Control Algorithm）

$$\text{OUT}=\text{GAIN}\times[\text{E}+\text{RATE}\times\text{S}\times\text{PV}/(1+\alpha\times\text{RATE}\times\text{S})+\text{E}/\text{RESET}\times\text{S}]+\text{BIAS\_A/M}+\text{FEEDFOWRARD}$$

注：BIAS_A/M 内部 BIAS 按照自动模式计算（RCAS，CAS，AUTO），$\alpha=0.13$。

9. PID 控制功能块参数表

PID 控制功能块参数见表 5-9。

表 5-9　PID 控制功能块参数

索引	参　数	数据类型（长度）	有效范围/选项	默认值	单位	存储模式	描　述
5	MODE_BLK	DS-69	—	O/S	na	S	模式参数
6	BLOCK_ERR	位串（2）	—	—	E	D/RO	块错误
7	PV	DS-65	—	—	PV	D/RO	IN 值经 PV 滤波器处理后的过程模拟变量
8	SP	DS-65	PV_SCALE±10%	—	PV	N/AUTO	模拟设定值。可以手动设置，也可以通过接口设备或另一现场设备自动设置
9	OUT	DS-65	OUT_SCALE±10%	—	OUT	D/MAN	PID 计算的结果输出值

（续）

索引	参　　数	数据类型（长度）	有效范围/选项	默认值	单位	存储模式	描　　述
10	PV_SCALE	DS-68	—	0%~100%	PV	S/MAN	对PV和SP参数的高低标定值
11	OUT_SCALE	DS-68	—	0%~100%	OUT	S/MAN	对输出参数的高低标定值
12	GRANT_DENY	DS-70	—	0	na	D	控制主计算机访问和本地操作盘操作及块报警参数的选项
13	CONTROL_OPTS	位串（2）	见功能块选项	0	na	S/O/S	功能块选项
14	STATUS_OPTS	位串（2）	见功能块选项	0	na	S/O/S	功能块选项
15	IN	DS-65	—	0	PV	D	功能块的初级输入值
16	PV_FTIME	浮点	正数	0	s	S	PV滤波时间常数
17	BYPASS	8位无符号	1：关 2：开	0	E	S/MAN	当参数被设置为开时，设定值（百分比）将直接传递给输出
18	CAS_IN	DS-65	—	—	D	—	远程块或DCS来的设定值
19	SP_RATE_DN	浮点	正数	+INF	PV/s	S	设定值下降变化率限制
20	SP_RATE_UP	浮点	正数	+INF	PV/s	S	设定值上升变化率限制
21	SP_HI_LIM	浮点	PV_SCALE±10%	100	PV	S	设定值高限
22	SP_LO_LIM	浮点	PV_SCALE±10%	0	PV	S	设定值低限
23	GAIN	浮点	—	0	无	S	PID的比例系数K_p值
24	RESET	浮点	正数	+INF	s	S	PID的积分系数T_r值
25	BAL_TIME	浮点	正数	0	s	S	内部工作的偏置或比率值返回到操作员设定偏置或比率的时间，以秒为单位在PID功能块中，当输出受限并处于AUTO、CAS或RCAS模式下时，指定积分作用移去获得平衡的时间常数
26	RATE	浮点	正数	0	s	S	PID的微分系数T_d值
27	BKCAL_IN	DS-65	—	—	OUT	N	来自在下游块的BKCAL_OUT，用于抗积分饱和控制回路初始化
28	OUT_HI_LIM	浮点	OUT_SCALE±10%	100	OUT	S	输出高限
29	OUT_LO_LIM	浮点	OUT_SCALE±10%	0	OUT	S	输出低限
30	BKCAL_HYS	浮点	0%~50%	0.5%	%	S	BKCAL_OUT回差，百分比
31	BKCAL_OUT	DS-65	—	—	PV	D/RO	提供给上游的BKCAL_IN，用于抗积分饱和控制回路无扰切换
32	RCAS_IN	DS-65	—	—	PV	D	远程目标设定值
33	ROUT_IN	DS-65	—	—	OUT	D	远程目标输出

（续）

索引	参　数	数据类型（长度）	有效范围/选项	默认值	单位	存储模式	描　述
34	SHED_OPT	8 位无符号	—	0	—	S	定义远程控制设备的时间
35	RCAS_OUT	DS-65	—	—	—	D/RO	远程功能块设定值
36	ROUT_OUT	DS-65	—	—	OUT	D/RO	远程功能块输出
37	TRK_SCALE	DS-68	—	0%~100%	TRK	S/MAN	关联 TRK_VAL 的跟踪的高低标定值
38	TRK_IN_D	DS-66	—	—	On/Off	D	用于启动功能块输出到 TRK_VAL 的外部跟踪的离散输入
39	TRK_VAL	DS-65	—	—	TRK	D	外部跟踪被 TRK_IN_D 启动时的跟踪输入值
40	FF_VAL	DS-65	—	—	FF	D	前馈数值和状态
41	FF_SCALE	DS-68	—	0%~100%	FF	S	前馈输入高低标定值
42	FF_GAIN	浮点	—	0	无	S/MAN	前馈输入比例增益
43	UPDATE_EVT	DS-73	—	—	na	D	任何静态参数改变而报警
44	BLOCK_ALM	DS-72	—	—	na	D	块报警
45	ALARM_SUM	DS-74	—	—	na	S	报警摘要
46	ACK_OPTION	位串（2）	0：禁止自动确认 1：允许自动确认	0	na	S	选择是否自动确认块报警
47	ALARM_HYS	浮点	0%~50%	0.5%	%	S	报警回差
48	HI_HI_PRI	8 位无符号数	0~15	—	—	S	高高报优先级
49	HI_HI_LIM	浮点	OUT_SCALE，+INF	+INF	PV	S	工程单位高高报警限
50	HI_PRI	8 位无符号数	0~15	—	—	S	高报警优先级
51	HI_LIM	浮点	OUT_SCALE，+INF	+INF	PV	S	工程单位高报警限
52	LO_PRI	8 位无符号数	0~15	—	—	S	低报警优先级
53	LO_LIM	浮点	OUT_SCALE，-INF	-INF	PV	S	工程单位低报警限
54	LO_LO_PRI	8 位无符号数	0~15	—	—	S	低低报警优先级
55	LO_LO_LIM	浮点	OUT_SCALE，-INF	-INF	PV	S	工程单位低低报警限
56	DV_HI_PRI	8 位无符号数	0~15	—	—	S	偏差高报警优先级
57	DV_HI_LIM	浮点	0-PVspan，+INF	+INF	PV	S	偏差高报警限
58	DV_LO_PRI	8 位无符号数	0~15	—	—	S	偏差低报警优先级
59	DV_LO_LIM	浮点	-INF，-PV span-0	-INF	PV	S	偏差低报警限
60	HI_HI_ALM	DS-71	—	—	PV	D	带时间标签高高报警
61	HI_ALM	DS-71	—	—	PV	D	带时间标签高报警
62	LO_ALM	DS-71	—	—	PV	D	带时间标签低报警

（续）

索引	参　数	数据类型（长度）	有效范围/选项	默认值	单位	存储模式	描　述
63	LO_LO_ALM	DS-71	—	—	PV	D	带时间标签低低报警
64	DV_HI_ALM	DS-71	—	—	PV	D	带时间标签偏差高报警
65	DV_LO_ALM	DS-71	—	—	PV	D	带时间标签偏差低报警
66	BUMPLESS_TYPE	8位无符号数	0：Bumpless 1：Last+Proportional 2：Bias 3：Bias+Proportional	0	E	S/MAN	此参数定义从手动模式转到自动模式时，开始输出的算法作用方式
67	BIAS	浮点	—	0	OUT	S	当BUMPLESS类型是Bias或Bias+Proportional时应用于PID算法中的偏置
68	PID_OPTS	位串（2）	—	0	—	S/O/S	处理输出跟踪附加特征的选项

5.5　功能块在串级控制设计中的应用

串级控制技术是改善调节品质的有效方法之一，它是在单回路PID控制的基础上发展起来的一种控制技术，并且得到了广泛应用。在串级控制中，有主回路、副回路之分。一般主回路只有一个，而副回路可以是一个或多个。主回路的输出作为副回路的设定值修正的依据，副回路的输出作为真正的控制量作用于被控对象。

5.5.1　炉温控制系统

图5-18是一个炉温串级控制系统，目的是使炉温保持稳定。如果煤气管道中的压力是恒定的，为了保持炉温恒定，只需测量出料实际温度，并使其与温度设定值比较，利用二者的偏差控制煤气管道上的阀门。当煤气总管压力恒定时，阀位与煤气流量保持一定的比例关系，一定的阀位，对应一定的流量，也就是对应一定的炉子温度，在进出料数量保持稳定时，不需要串级控制。

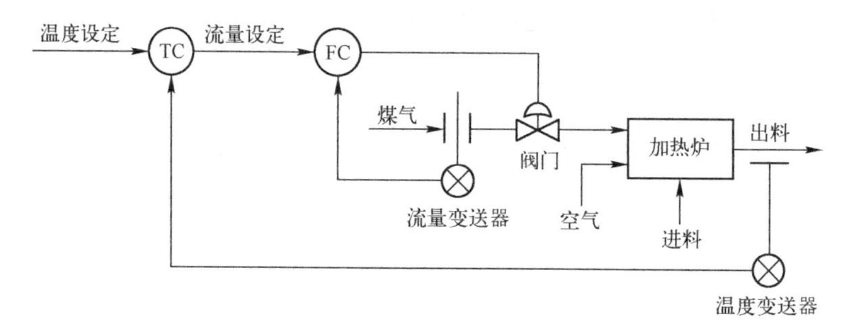

图5-18　炉温串级控制系统

但实际的煤气总管同时向许多炉子供应煤气，煤气压力不可能恒定，此时煤气管道阀门位置并不能保持一定的流量。在单回路调节时，煤气压力的变化引起流量的变化，且随之引起炉温的变化，只有在炉温发生偏离后才会引起调整。因此，时间滞后很大。由于时间滞后，上述系统仅靠一个主控回路不能获得满意的控制效果，而通过主、副回路的配合将会获得较好的控制质量。为了及时检测系统中可能引起被控量变化的某些因素并加以控制，在该炉温控制系统的主回路中，增加煤气流量控制副回路，构成串级控制结构。

5.5.2　串级控制功能块连接

串级控制功能块连接如图 5-19 所示。

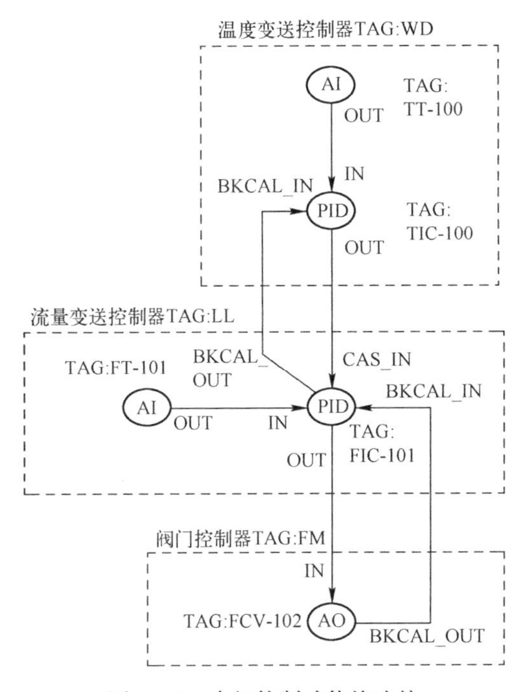

图 5-19　串级控制功能块连接

在图 5-19 中，温度为主回路，流量为副回路。

5.5.3　功能块参数设置

串级控制功能块参数设置如下。

AI 功能块(WD)
TAG=TT-100
MODE_BLK　TARGET=AUTO(目标模式=自动)

PID 功能块(WD)
TAG=TIC-100
MODE_BLK　TARGET=AUTO
PV_SCALE=0-600℃
OUT_SCALE=0-200kg/h

AI 功能块(LL)
TAG=FT-101
MODE_BLK　TARGET=AUTO
L_TYPE=indirect square root(开二次方)
XD_SCALE=0-200kg/h

OUT_SCALE=0-200kg/h

PID 功能块(LL)
TAG=FIC-101
MODE_BLK　　TARGET=CAS
PV_SCALE=0-200kg/h
OUT_SCALE=0-100%

AO 功能块(FM)
TAG=FCV-102
MODE_BLK　　TARGET=CAS
PV_SCALE=0-100%
XD_SCALE=0.02-0.1 Mpa

从串级控制的例子中可以看出，尽管功能块参数包含了非常丰富完善的内容，为用户提供了广阔的应用空间，但作为一般的应用还是不难掌握的。控制输出设备可能使用总线/电气信号转换器，此时 AO 块的 XD_SCALE 标定为 0.02～0.1 Mpa，而使用总线阀门定位器，则 XD_SCALE 标定为 0%～100%。

习题

1. 基金会现场总线的最大特征是什么？
2. 基金会现场总线的通信技术包括什么内容？
3. 什么是设备描述语言 DDL？
4. 画出通信模型的主要组成及其相互关系图。
5. FMS 主要完成哪几类服务？
6. FF 通信控制器的主要功能是什么？
7. 什么是功能块？
8. FF 的输入/输出功能块主要有哪些？
9. FF 的控制算法功能块有哪些？
10. 画出串级控制功能块连接图。

第 6 章　CC-Link 现场总线与开发应用

CC-Link 是一个技术先进、性能卓越、应用广泛、使用简单、成本较低的开放式现场总线，其技术发展和应用有着广阔的前景。

本章首先对 CC-Link 现场网络进行了概述，然后讲述了 CC-Link/CC-Link/LT 通信规范、CC-Link 通信协议、CC-Link IE 网络、CC-Link IE TSN 网络、CC-Link 产品的开发流程和 CC-Link 产品的开发方案，最后介绍了 CC-Link 现场总线的应用。

6.1　CC-Link 现场网络概述

CC-Link 作为一种开放式现场总线，其通信速率多级可选择，数据容量大，而且能够适应于较高的管理层网络到较低的传感器层网络的不同范围，是一个复合的、开放的、适应性强的网络系统，CC-Link 的底层通信协议按照 RS-485 串行通信协议的模型，大多数情况下，CC-Link 主要采用广播方式进行通信，CC-Link 也支持主站与本地站、智能设备站之间的通信。

CC-Link 的通信方式主要有循环通信和瞬时传送两种。

循环通信意味着不停地进行数据交换。各种类型的数据交换即远程输入 RX，远程输出 RY 和远程寄存器 RWr、RWw。一个从站可传递的数据容量依赖于所占据的虚拟站数。

瞬时传送需要由专用指令 FROM/TO 来完成，瞬时传送占用循环通信的周期。

6.1.1　CC-Link 现场网络的组成与特点

CC-Link 现场总线由 CC-Link、CC-Link/LT、CC-Link Safety、CC-Link IE Control、CC-Link IE Field、SLMP 组成。

CC-Link 协议已经获得许多国际和国家标准认可，如：

1）国际化标准组织 ISO 15745（应用集成框架）。

2）IEC 国际组织 61784/61158（工业现场总线协议的规定）。

3）SEMIE54. 12。

4）中国国家标准 GB/T 19780。

5）韩国工业标准 KSB ISO 15745-5。

CC-Link 网络层次结构如图 6-1 所示。

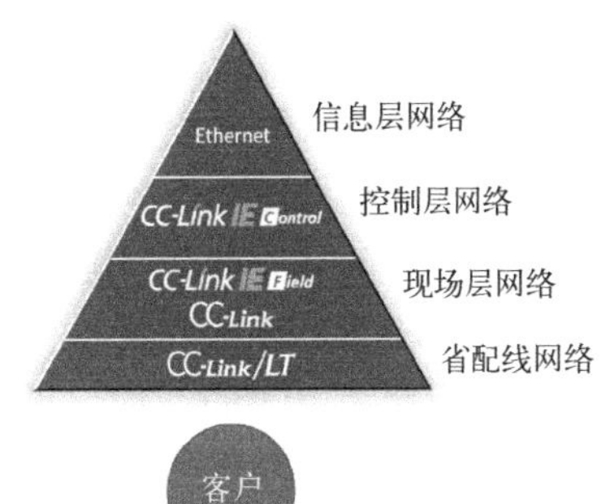

图 6-1　CC-Link 网络层次结构

（1）CC-Link 是基于 RS-485 的现场网络。CC-Link 提供高速、稳定的输入/输出响应，并具有优越的灵活扩展潜能。

1）拥有丰富的兼容产品，超过 1500 多个品种。

2）拥有轻松、低成本开发网络兼容产品。

3）CC-Link Ver. 2 提供高容量的循环通信。

（2）CC-Link/LT 是基于 RS-485 高性能、高可靠性、省配线的开放式网络。

它解决了安装现场复杂的电缆配线或不正确的电缆连接。继承了 CC-Link 诸如开放性、高速和抗噪音等优异特点，通过简单设置和方便的安装步骤来降低工时，适用于小型 I/O 应用场合的低成本型网络。

1）能轻松、低成本地开发主站和从站。

2）适合于节省控制柜和现场设备内的配线。

3）使用专用接口，能通过简单的操作连接或断开通信电缆。

（3）CC-Link Safety 专门基于满足严苛的安全网络要求打造而成。

（4）CC-Link IE Control 是基于以太网的千兆控制层网络，采用双工传输路径，稳定可靠。其核心网络打破了各个现场网络或运动控制网络的界限，通过千兆大容量数据传输，实现控制层网络的分布式控制。凭借新增的安全通信功能，可以在各个控制器之间实现安全数据共享。作为工厂内使用的主干网，实现在大规模分布式控制器系统和独立的现场网络之间协调管理。

1）采用千兆以太网技术，实现超高速、大容量的网络型共享内存通信。

2）冗余传输路径（双回路通信），实现高度可靠的通信。

3）强大的网络诊断功能。

（5）CC-Link IE Field 是基于以太网的千兆现场层网络。针对智能制造系统设计，它能够在连有多个网络的情况下，以千兆传输速度实现对 I/O 的“实时控制+分布式控制”。为简化系统配置，增加了安全通信功能和运动通信功能。在一个开放的、无缝的网络环境，它集高速 I/O 控制、分布式控制系统于一个网络中，可以随着设备的布局灵活敷设电缆。

1）千兆传输能力和实时性，使控制数据和信息数据之间的沟通畅通无阻。

2）网络拓扑的选择范围广泛。

3）强大的网络诊断功能。

（6）SLMP 可使用标准帧格式跨网络进行无缝通信，使用 SLMP 实现轻松连接，若与 CSP+相结合，可以延伸至生产管理和预测维护领域。

CC-Link 是高速的现场网络，它能够同时处理控制和信息数据。在高达 10 Mbit/s 的通信速率下，CC-Link 可以达到 100 m 的传输距离并能连接 64 个逻辑站。CC-Link 的特点如下。

（1）高速和高确定性的输入/输出响应

除了能以 10 Mbit/s 的高速通信外，CC-Link 还具有高确定性和实时性等通信优势，能够使系统设计者方便构建稳定的控制系统。

（2）CC-Link 对众多厂商产品提供兼容性

CLPA 提供“存储器映射规则”，为每一类型产品定义数据。该定义包括控制信号和数据分布。众多厂商按照这个规则开发 CC-Link 兼容产品。用户不需要改变链接或控制程序，很容易将该处产品从一种品牌换成另一种品牌。

（3）传输距离容易扩展

通信速率为 10 Mbit/s 时，最大传输距离为 100 m。通信速率为 156 kbit/s 时，传输距离可以达到 1.2 km。使用电缆中继器和光中继器可扩展传输距离。CC-Link 支持大规模的应用并减少了配线和设备安装所需的时间。

（4）省配线

CC-Link 显著地减少了复杂生产线上所需的控制线缆和电源线缆的数量。它减少了配线和安装的费用，使完成配线所需的工作量减少并极大改善了维护工作。

(5) 依靠 RAS 功能实现高可能性

RAS 的可靠性、可使用性、可维护性功能是 CC-Link 另外一个特点，该功能包括备用主站、从站脱离、自动恢复、测试和监控，它提供了高可靠性的网络系统并使网络瘫痪的时间最小化。

(6) CC-Link V2.0 提供更多功能和更优异的性能

通过 2 倍、4 倍、8 倍等扩展循环设置，最大可以达到 RX、RY 各 8192 点和 RWw、RWr 各 2048 字。每台最多可链接点数（占用 4 个逻辑站时）从 128 位，32 字扩展到 896 位，256 字。CC-Link V2.0 与 CC-Link V1.10 相比，通信容量最大增加到 8 倍。

CC-Link 为包括汽车制造、半导体制造、传送系统和食品生产等各种自动化领域提供简单安装和省配线的优秀产品，除了这些传统的优点外，CC-Link V2.0 在如半导体制造过程中的"In-Situ"监视和"APC（先进的过程控制）"、仪表和控制中的"多路模拟-数字数据通信"等需要大容量和稳定的数据通信领域满足其要求，这增加了开放的 CC-Link 网络在全球的吸引力。新版本 V2.0 的主站可以兼容新版本 V2.0 从站和 V1.10 的从站。

CC-Link 工业网络结构如图 6-2 所示。

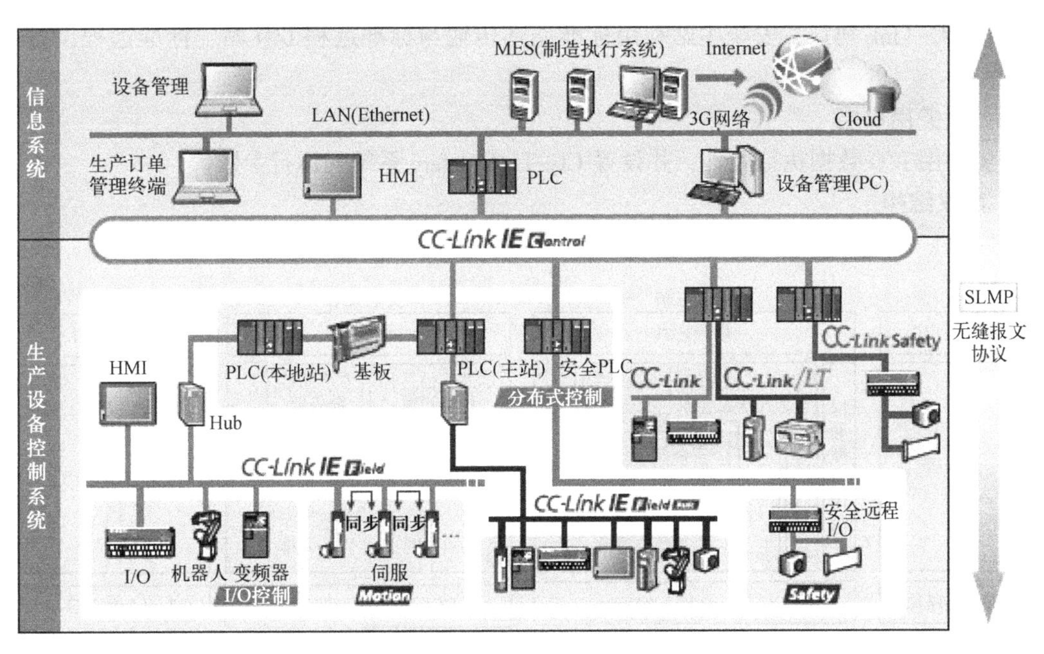

图 6-2　CC-Link 工业网络结构

6.1.2　CC-Link Safety 通信协议

为增强站间通信数据的可靠性，CC-Link Safety 扩展了常规 CC-Link 的应用层并执行安全协议。CC-Link 和 CC-Link Safety 协议结构比较如图 6-3 所示。

(1) 物理层

CC-Link Safety 通信协议的物理层与 CC-link 的物理层相同，在 CC-Link Safety 系统的数据通信中，该层执行电信号转换。

(2) 数据链路层

CC-Link Safety 通信协议的数据链路层与 CC-Link 相同。

CC-Link协议结构		CC-Link Safety协议结构	
用户应用	服务用户层	用户应用	
CC-Link协议	应用层	CC-Link协议	安全协议 (CC-Link协议拓展)
CC-Link数据链路协议	数据链路层	CC-Link数据链路协议	
基于EIA RS-485	物理层	基于EIA RS-485	

图 6-3　CC-Link 和 CC-Link Safety 协议结构比较

该层根据应用层的指令，建立与目标站间的物理通信路径，并根据 HDLC 规程执行数据的发送与接收。

(3) 应用层

该层管理每个站的参数设置、状态和差错信息，并处理为增强通信数据检错率而添加的安全保护信息。另外，该层作为服务用户层的接口提供多种服务。

基于 CC-Link 协议，安全主站利用标准循环传输与标准远程 I/O 站、标准远程设备站进行通信。

(4) 服务用户层

该层利用 I/O 数据执行处理，并设置 CC-Link Safety 系统的运行参数。

1. 协议结构

CC-Link Safety 协议结构如图 6-4 所示。

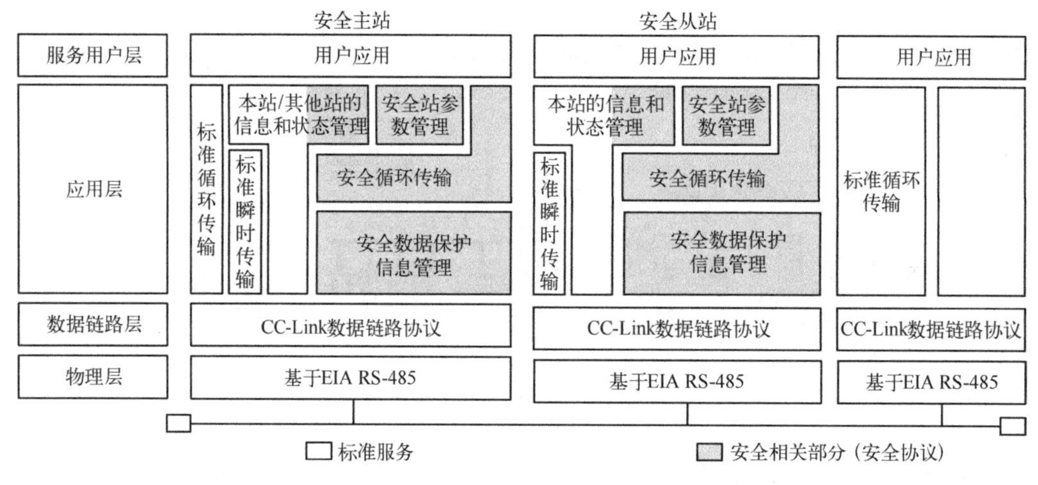

图 6-4　CC-Link Safety 协议结构

以下规范为 CC-Link Safety 增加了如下内容。

1) 在应用层实现安全协议。安全协议包含校验通信数据的安全数据保护信息管理服务、管理安全数据通信的安全循环传输服务、管理安全相关的网络配置的安全站参数管理服务、管理安全相关网络配置的本站/其他站的信息及状态管理服务。

2) 安全数据保护信息管理服务在安全数据中添加安全数据保护信息（CRC32 和运行号 RNO），并基于安全数据保护信息来检测安全数据是否发生重复、丢失、插入顺序错误、报文损坏和延迟。

2. 安全协议概述

(1) 安全协议的构成

安全协议包含以下服务。

1) 安全数据保护信息管理服务：该服务校验通信数据。

2) 安全循环传输服务：该服务管理安全数据周期通信。

3) 本站/其他站的信息和状态管理服务。

4) 安全站参数管理服务：该服务设置参数，并执行配置管理，以防止安全系统配置不同于设置参数时的误动作。

安全数据保护信息管理服务基于安全数据保护信息校验安全数据和安全协议信息。发送站的安全数据保护信息服务在安全数据和安全协议信息（由服务用户层和应用层创建）中添加安全数据保护信息，并发送数据到数据链路层。

数据接收站的数据保护信息管理服务校验接收到的安全数据和安全协议信息中的安全数据保护信息。当确定接收数据正确时，把安全数据和安全协议信息传送到应用层。CC-Link 协议和 CC-Link Safety 协议的数据传输路径分别如图 6-5 和图 6-6 所示。

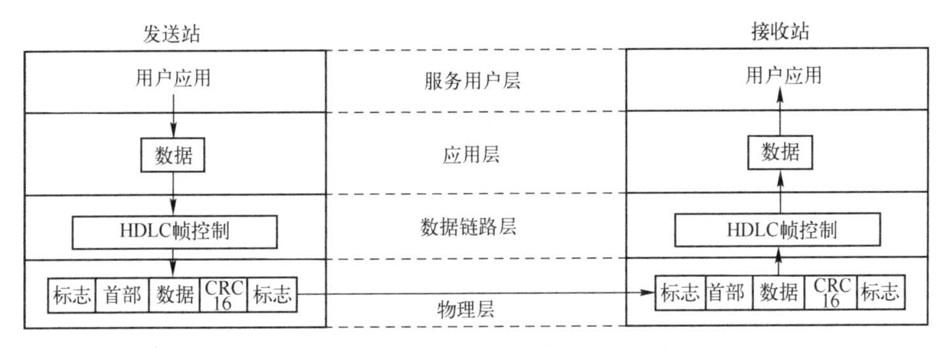

图 6-5　CC-Link 协议栈的数据传输路径

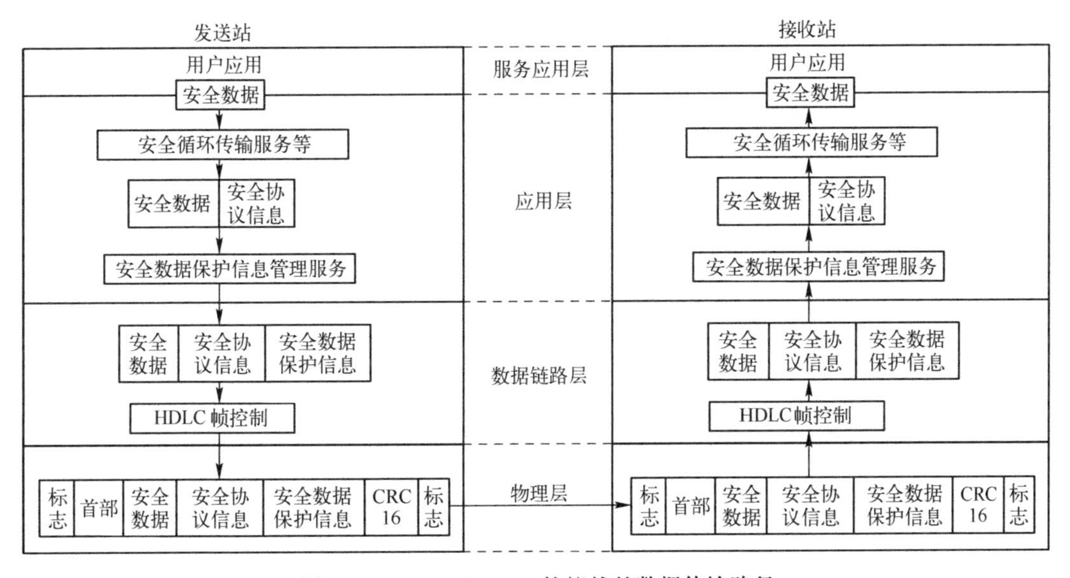

图 6-6　CC-Link Safety 协议栈的数据传输路径

(2) 安全数据

安全协议利用安全远程输入(s-X)、安全远程输出(ry)和安全远程寄存器(s-RWr和S-RWw)发送安全数据到用户应用,或从用户应用接收安全数据。

6.1.3 CC-Link Safety 系统构成与特点

CC-Link Safety 构筑最优化的工厂安全系统取得 GB/Z 29496.1~3—2013 控制与通信网络 CC-Link Safety 规范。国际标准的制定,呼吁安全网络的重要性,帮助制造业构筑工厂生产线的安全系统、实现安全系统的节省配线、提高生产效率,并且与控制系统紧密结合的安全网络。

CC-Link Safety 系统构成如图 6-7 所示。

图 6-7 CC-Link Safety 系统构成

CC-Link Safety 的特点如下。

1) 高速通信的实现:实现 10Mbit/s 的安全通信速度,凭借与 CC-Link 同样的高速通信,可构筑具高度响应性能的安全系统。

2) 通信异常的检测:能实现可靠紧急停止的安全网络,具备检测通信延迟或缺损等所有通信出错的安全通信功能,发生异常时能可靠停止系统。

3) 原有资源的有效利用:可继续利用原有的网络资源,可使用 CC-Link 专用通信电缆,在连接报警灯等设备时,可使用原有的 CC-Link 远程站。

4) RAS 功能:集中管理网络故障及异常信息,安全从站的动作状态和出错代码传送至主站管理,还可通过安全从站、网络的实时监视,解决前期故障。

5) 兼容产品开发的效率化:Safety 兼容产品开发更加简单,CC-Link Safety 技术已通过安全审查机构审查,可缩短兼容产品的安全审查时间。

6.2 CC-Link/CC-Link/LT 通信规范

CC-Link 通信规范和 CC-Link/LT 通信规范分别见表 6-1 和表 6-2。

表 6-1　CC-Link 通信规范

通信规范	
传输速率	10 Mbit/s，5 Mbit/s，2.5 Mbit/s，625kbit/s，156kbit/s
通信方式	广播轮询方式
同步方式	帧同步方式
编码方式	NRZI（倒转非归零）
传输路径格式	总线型（基于 EIA 485）
传输格式	基于 HDLC
差错控制方式	CRC（$X^{16}+X^{12}+X^{5}+1$）
最大连接容量	RX，RY：2048 bit RWw：256 字（自主站到从站） RWr：256 字（自从站到主站）
每站连接容量	RX，RY：32 bit（本地站 30 bit） RWw：4 字（自主站到从站） RWr：4 字（自从站到主站）
最大占用内存站数	4 站
瞬时传输（每次连接扫描）	最大 960 B/站
从站站号	1～64
RAS 功能	自动恢复功能 从站切断 数据链路状态诊断 离线测试（硬件测试、总线测量） 待机主站
连接电缆	CC-Link 专用电缆（三芯屏蔽绞线）
终端电阻	110 Ω，0.5 W×2

表 6-2　CC-Link/LT 通信规范

项　目				4 节点模式	8 节点模式	16 节点模式
控制规范	最大链接容量			256 bit（512 bit）	512 bit（1024 bit）	1024 bit（2048 bit）
	每站最大链接容量			4 bit（8 bit）	8 bit（16 bit）	16 bit（32 bit）
	链接扫描时间/ms	32 站点连接	节点的数量	128 bit	256 bit	512 bit
			2.5 Mbit/s	0.7	0.8	1.0
			625 kbit/s	2.2	2.7	3.8
			156 kbit/s	8.0	10.0	14.1
		64 站点连接	节点的数量	256 bit	512 bit	1024 bit
			2.5 Mbit/s	1.2	1.5	2.0
			625 kbit/s	4.3	5.4	7.4
			156 kbit/s	15.6	20.0	27.8

（续）

项　　目		4节点模式	8节点模式	16节点模式
通信规范	传输速率	2.5 Mbit/s/ 625kbit/s / 156kbit/s		
	传输方式	BITR（Broadcast-polling+Interval-Timed Response）		
	拓扑结构	T型分支		
	差错控制方式	CRC		
	最大节点数	64		
	从站数量	1~64		
	每一T型分支可连接的最大节点数	8		
	站间距离	无最短距离限制		
	T型分支之间的距离	无最短距离限制		
	主站连接位置	在主干的末端		
	RAS功能	网络诊断、内部回送诊断、从站切断、从站恢复		
	连接电缆	专用扁平电缆（0.75 mm^2×4） 专用移动电缆（0.75 mm^2×4） VCTF电缆（0.75 mm^2×4）		

6.3　CC-Link通信协议

6.3.1　CC-Link协议概述

1. 通信阶段

CC-Link通信过程分为3个阶段，如图6-8所示。

（1）初始循环

本阶段用于建立从站的数据连接。实现方式为：在上电或复位恢复后，作为传输测试，主站进行轮询传输，从站返回响应。

（2）刷新循环

本阶段执行主站和从站之间的循环或瞬时传输。

（3）恢复循环

本阶段用于建立从站的数据连接。实现方式为：主站向未建立数据连接的从站执行测试传输，该从站返回响应。

2. 运行概述

主站对所有从站“轮询和刷新数据”，所有从站接收到从主站发送来的刷新数据后，根据接收到的主站的轮询，返回响应数据。

（1）传输过程

1）初始循环。

初始循环传输过程如图6-9所示，其传输过程如下。

① 通信启动时，主站首先确认网络中未加载数据流。

② 启动或发送完刷新循环数据后，主站向第1站（从站1）发送测试轮询，然后向所有

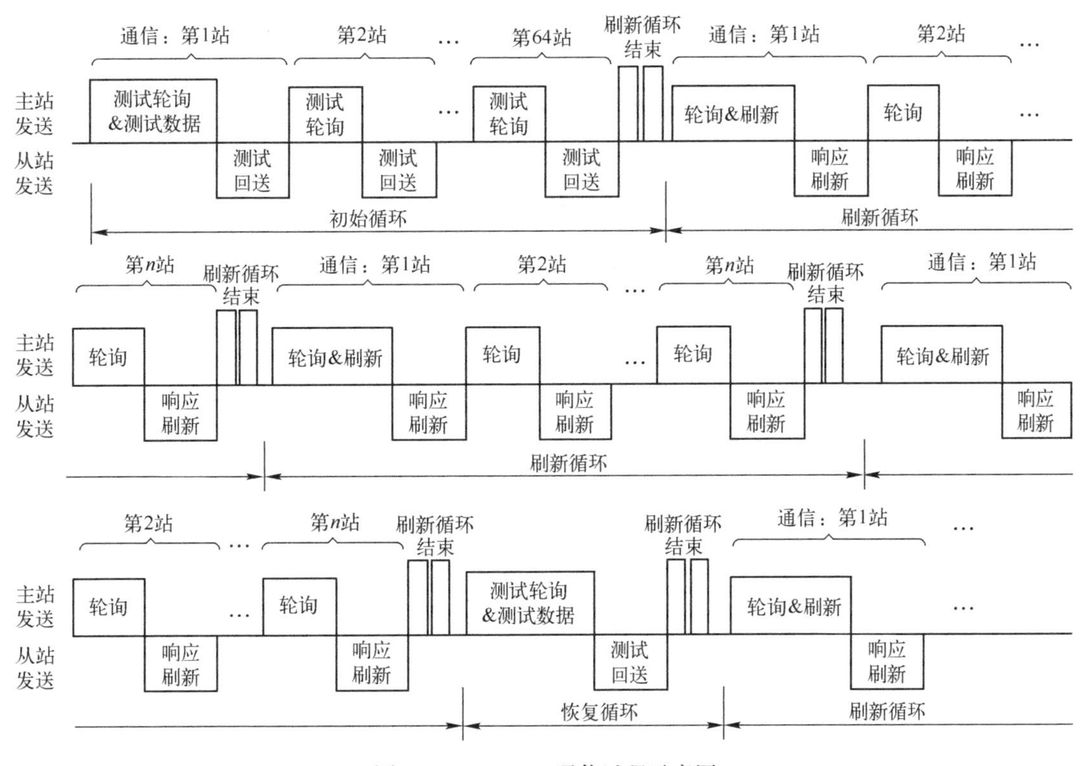

图 6-8　CC-Link 通信过程示意图

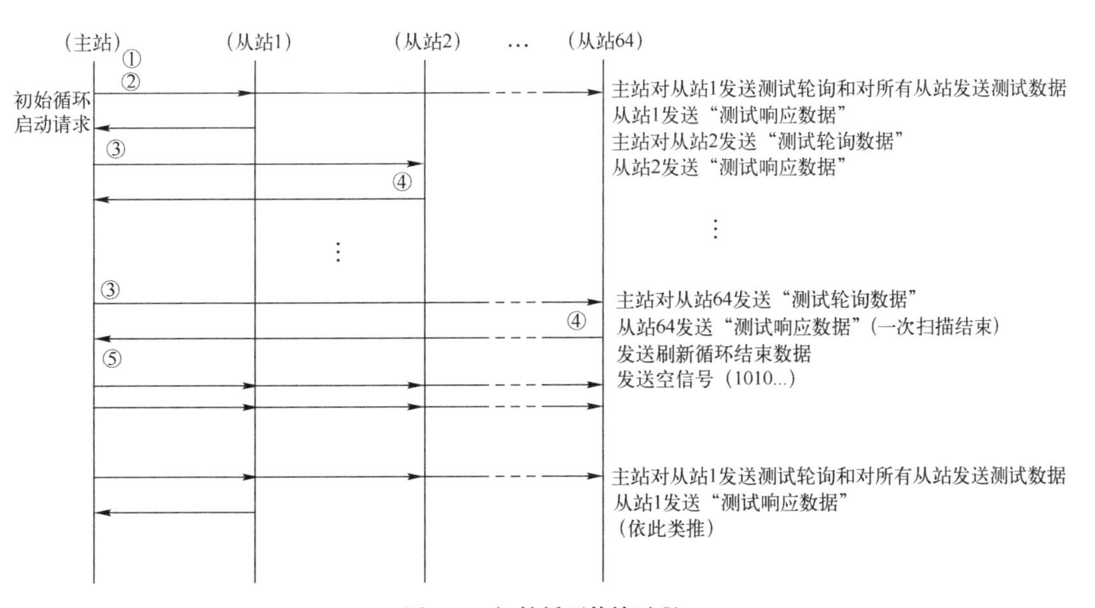

图 6-9　初始循环传输过程

从站发送测试数据。

发送启动的条件为：当有初始循环启动请求时；当主站接收到从站响应数据错误，主站需进行重发时。但是当从站发生响应监视超时错误时，无须进行重发。

③ 主站向其他站发送测试轮询数据。

发送启动的条件为：从站根据上述②项发送的测试轮询和测试数据，返回响应数据，主站完成响应数据的接收；当主站接收到从站响应数据错误，主站需进行重发时。但是，当从站发生响应监视超时错误时，无须进行重发。

④ 从站在接收到编址为本站的测试轮询数据后，发送响应。

⑤ 主站对所有64个从站发送轮询后，发送刷新循环结束数据，然后发送空信号。

⑥ 重复上述步骤②~⑤，直到有刷新启动请求为止。

2）刷新循环。

刷新循环传输过程如图6-10所示，其传输过程如下。

① 主站向第1站（从站1）发送轮询，然后向所有从站发送刷新数据。

发送启动的条件为：当用户程序或循环实体发出刷新启动请求时；当主站接收到从站响应数据错误，主站需进行重发时。

② 主站向其他站发送轮询数据。

发送启动的条件为：从站根据上述①发送的轮询和刷新数据返回响应数据，主站完成响应数据的接收；当主站未接收到从站的响应数据或者接收到响应数据错误，主站需进行重发时。

③ 从站在接收到编址为本站的轮询数据后，发送响应。

④ 主站对所有指定站发送轮询后，发送刷新循环结束数据，然后发送空信号。

⑤ 重复上述步骤①~④。

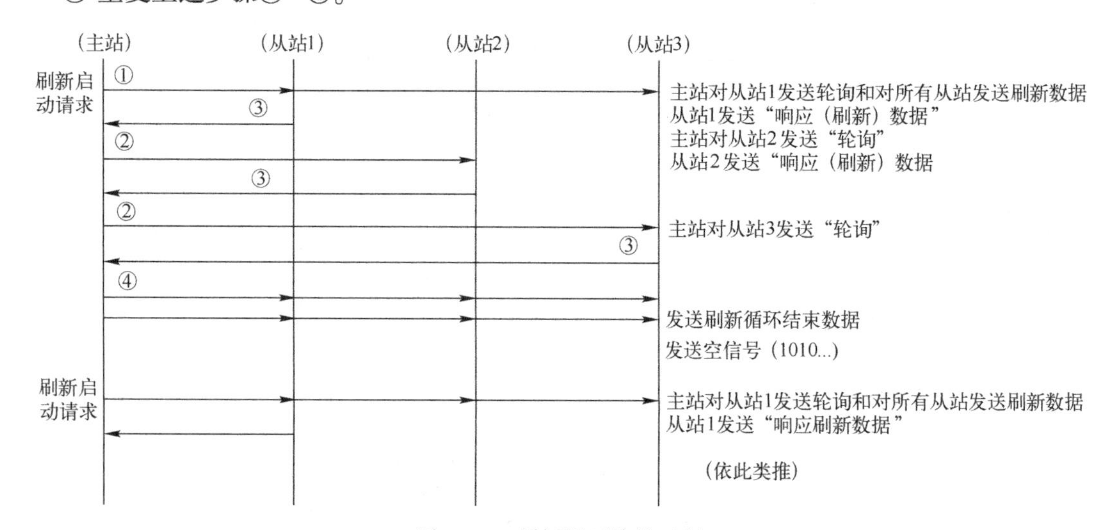

图6-10　刷新循环传输过程

3）恢复循环。

恢复循环过程如图6-11所示，其传输过程如下。

① 在自动恢复处理执行的恒定周期，主站发送完“刷新循环结束数据”后，主站对第1个错误从站发送测试轮询并对所有从站发送测试数据（“主站测试轮询和测试数据”）。

发送启动的条件为：当自动恢复处理执行的恒定周期中存在错误从站时；当主站接收到从站响应数据错误，主站需进行重发时。但是，当从站发生响应监视超时错误时，无须进行重发。

② 在刷新循环中，主站对未返回响应的站发送“主站测试轮询数据”。

发送启动的条件为：从站根据上述①发送对“主站测试轮询数据”的响应数据，主站接收到来自该从站的响应数据后；当主站接收到从站响应数据错误，主站需进行重发时。但是，当从站发生响应监视超时错误时，无须进行重发。

③ 从站在接收到编址为本站的“主站测试轮询数据”后，发送响应。

④ 当主站按照参数中的“自动恢复节点数”的值向从站发送“主站测试轮询数据”后，发送“刷新循环结束数据”，然后发送空信号。

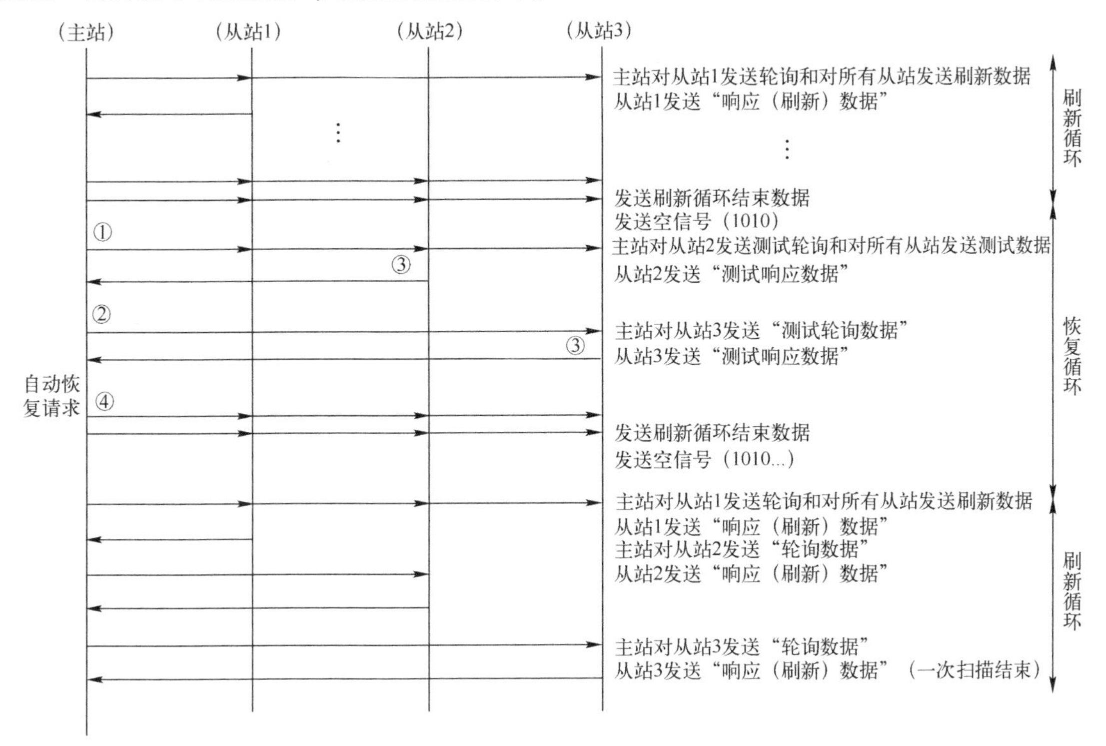

图 6-11　恢复循环传输过程

（2）通信阶段

通信阶段流程如图 6-12 所示。

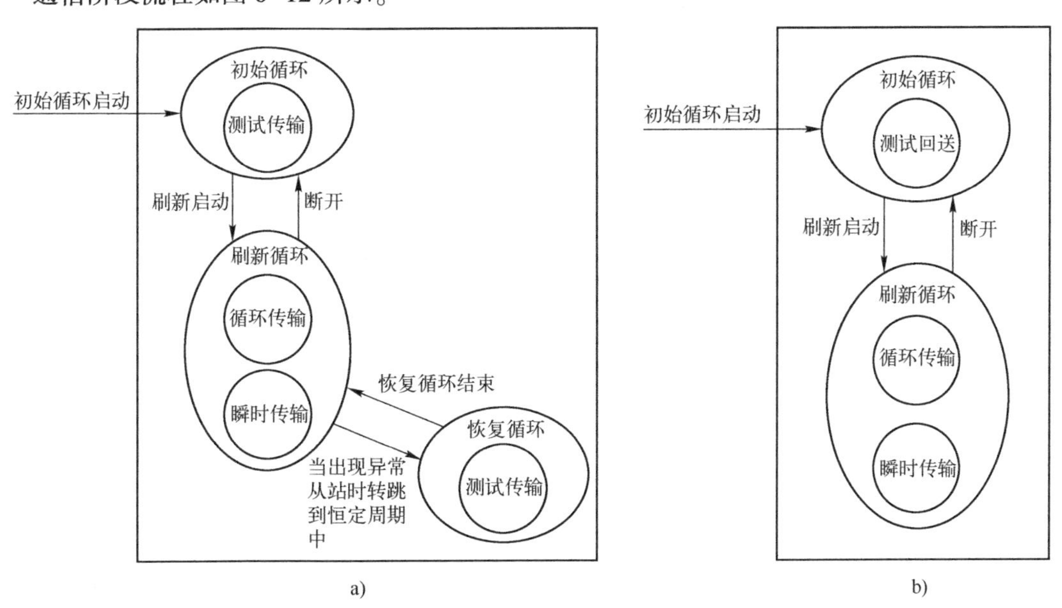

图 6-12　通信阶段流程

a）主站　b）从站

3. 协议配置

CC-Link 的协议配置如图 6-13 所示。

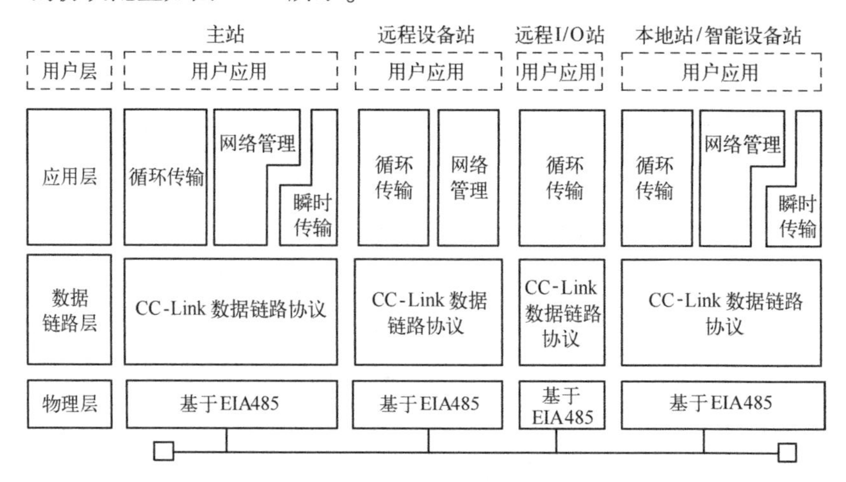

图 6-13　CC-Link 的协议配置

6.3.2　CC-Link 物理层

CC-Link 传输介质使用三芯屏蔽绞线，其电气特性符合 EIA485。通信信号有差动信号 A（正：DA）和 B（反：DB）以及数字信号接地（DG）构成。

6.3.3　CC-Link 数据链路层

CC-Link 支持的传输类型如下。

1）对上电或恢复处理时还未能建立数据连接的站所进行的测试传输。

2）循环传输（周期性数据传输）。

3）瞬时传输（非周期性数据传输）。

CC-Link 传输由主站发起，采用广播轮询方式，依次进行测试传输、循环传输和瞬时传输。从站通过测试传输建立与网络的数据连接，进而进行循环传输和瞬时传输。另外，瞬时传输是通过在循环传输过程中传输的帧中加入瞬时传输数据来实现的。

6.3.4　CC-Link 应用层

（1）网络管理实体

网络管理包括参数管理、本站和其他的状态监视以及网络状态管理等。

CC-Link 支持的网络管理服务见表 6-3。

表 6-3　CC-Link 支持的网络管理服务

序　　号	服　　务	内 容 描 述
1	参数信息	从用户应用接收参数信息
2	网络状态信息	将网络信息传给用户应用
3	本站管理信息	从用户应用接收本站管理信息
4	其他站管理信息	将其他站管理信息传给用户应用
5	网络信息	将网络信息传给用户应用

(2) 循环传输实体

循环传输是一种数据传输功能，主站周期性地向所有从站发送数据，且各从站通过响应向主站发送数据。

CC-Link 支持的循环传输服务见表 6-4。

表 6-4　CC-Link 支持的循环传输服务

序　号	服　务	内容描述
1	循环数据发送	根据用户应用请求发送循环数据
2	循环数据接收	根据用户应用请求接收循环数据

(3) 瞬时传输实体

瞬时传输是一种在主站、本地站和智能设备站之间传输非周期数据的功能。

6.4　CC-Link IE 网络

现代生产工艺要求精准可靠的设备控制、可追溯的产品信息、可监控的品质数据、可诊断的设备状态等，使得设备的制造技术变得更加复杂。产品线也是用户追求的目标。设备系统不再仅局限于智能化，还要网络化、开放化，必须具备能同时高速处理控制数据与信息数据的能力。基于此种原因，CC-Link 协会作为为全球用户提供开放化网络技术相关服务的非营利性机构，于 2007 年推出了整合网络 CC-Link IE 技术，其优势是开放的、高速的、可实现无缝通信的新型工业以太网。它的出现将对 FA 网络技术的发展及用户的使用产生深远影响。

CC-Link 系列协议家族可以为制造业用户提供完善的整合网络，涵盖了生产现场的设备层网络 CC-Link IE Field、车间之间的控制层网络 CC-Link IE Control，以及包含 ERP 或 SCADA 系统的信息层网络。此外，还有运动控制网络 CC-Link IE Field motion，安全网络 CC-Link Safety，这些网络，可以使制造业工厂与 IT 技术有效结合，协助用户建造网络工厂、智能工厂。

CC-Link IE Control 作为控制层网络，是基于千兆以太网的工业以太网系统，它可以用于车间级的网络系统连接，其超高速、大容量的特性可以满足客户将工业网络同生产管理有机结合，通过实时通信机制实时控制生产现场的设备，并收集实时生产数据，以便于生产现场的集中控制、数据分析和生产监控，可以有效地实现柔性生产、定制化生产，并从生产管理层面进行生产品质分析。

CC-Link IE Safety 网络结合 CC-Link Safety，可以实现不同生产工序之间的安全数据传输，完成控制器和控制器之间的安全数据实时交换，以实现不同工序之间的安全同步控制，从而实现整个生产流程的安全管理和安全生产。

CC-Link IE Motion 通过增加同步功能，实现多轴插补等运动控制，还能够通过传送延迟计算和补正功能，进行高精度同步控制，结合其他 CC-Link 协议家族，能够实现运动控制网络与 IT 网络的有机结合。

通过 SLMP 通用协议，可以融合各种现场网络以及实现各网络间的无缝连接通信。它不仅仅沟通了 CC-Link 协议家族之间的通信，还包含了其他以太网对应的设备之间的通信，实现了网络间的无缝通信。

CC-Link IE 通过丰富的网络功能，可以轻松打造数字化、网络化和智能化工厂，其整合网络概念可以构建从生产现场直到管理系统的无缝工业通信网络，这些特性，可以使其广泛应用于电子、汽车、轨道交通等领域，强化智能制造工程、绿色制造工程和高端装备创新工程。对于网络化的制造工厂，考虑到现场网络的复杂性和可用性，信息安全的实现也至关重要，CC-Link IE 可以使用户根据网络层次和网络功能，实现信息安全管理，并实施划分区域的信息安全风险评估以及对策。

作为一个高速、高效的工业网络，CC-Link IE 也是非常适合于工业物联网的。通过 CC-Link IE，现场的控制和生产信息可以以 1Gbit/s 的网络速率进行传送，高速的网络通信避免了控制信息和生产信息，同时发送可能产生的相互干扰和影响，从而实现了网络传输的实时性。而网络传输实时性这一特点则是工业物联网对于网络的基本要求，因此，CC-Link IE 是构建 IoT 的理想网络。

CLPA 推出的 CC-Link IE 整合网络，集信息系统与生产现场设备管理于一体。作为下一代基于以太网的整合网络，能够在信息系统和生产现场之间实现无缝数据传输，打破了原有工控网络的概念。

CC-Link IE 具有以下特点。

1）集整个生产过程控制和业务信息系统管理功能于一身，是工控网络的理想之选。

2）CC-Link IE 是基于以太网，从信息层到现场层纵向整合的网络。具备超高速、超大容量实时通信功能的网络。

CC-Link IE 分为 CC-Link IE Field Basic、CC-Link IE Field 和 CC-Link IE Control 三类网络。

6.4.1　CC-Link IE Field Basic 现场网络

CC-Link IE Field Basic 是 CC-Link IE 协议的新成员，应用于高速控制的小型设备，使用简单，开发容易，通过软件实现 CC-Link IE 现场网络的实时通信。适用于小型规模设备的现场网络，充分发挥通用 Ethernet 实现 CC-Link IE 通信。

CC-Link IE Field Basic 工业网络结构如图 6-14 所示。

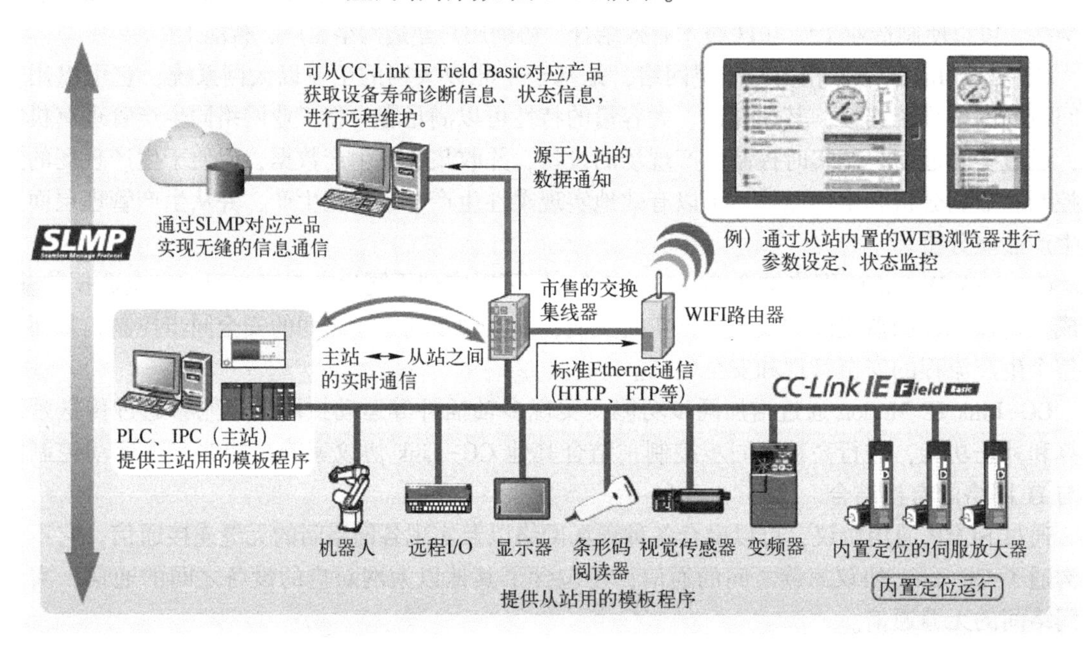

图 6-14　CC-Link IE Field Basic 工业网络结构

通过软件实现 CC-Link IE 现场网络的实时通信，以模板的源代码实例为基础，在 Ethernet 中以应用软件的形式安装。

1）能够以低成本构建出与标准 Ethernet 通信兼容的现场网络系统，易于开发，能够及早地部署丰富的对应产品群开发。

2）能够与标准 Ethernet 的 TCP/IP 通信（HTTP、FTP 等）混合配置，并互相进行通信，无须布设专用的控制线路，实现 Ethernet 网络的一网到底。

3）能在 IPC 和个人计算机上简单地实现主站功能，不需要专用接口即可设置主站。

6.4.2　CC-Link IE Control 控制网络

CC-Link IE Control 是新一代采用千兆以太网技术的工厂控制网络。CC-Link IE 采用全双工光纤传输路径实现高速、大容量分布式控制，网络通信高效可靠。作为新一代主干网络，能够灵活掌控各个现场网络。

1）具备超高速、超大容量网络型共享内存，便于实现循环通信。为了确保通信稳定性免受传输延迟的影响，CC-Link IE 采用令牌传输协议控制传输数据，各个控制器只有在获得令牌后，方可将数据发送至网络型共享内存中，从而确保了通信的准确性、高速性和实时性。

2）采用冗余光纤环路技术，高速可靠。采用冗余环路拓扑结构，即使检测到电缆断开或站点故障，各站仍可通过环路回送方式继续进行通信。该集成式冗余结构无须额外增加设备，因此不会增加网络成本。

3）采用以太网技术。采用以太网技术，便于全球采购各种标准以太网电缆零件，通过使用电缆适配器，即使在生产线上的设备还未完全安装完毕的情况下也可执行配线的安装和调试。

4）符合 IEC 061508 SIL3、IEC 61784-3（2010）标准的安全通信功能。CC-Link IE Control 中新增安全通信功能，可使各控制器之间共享安全通信。CC-Link IE Control 安全通信网络结构如图 6-15 所示。

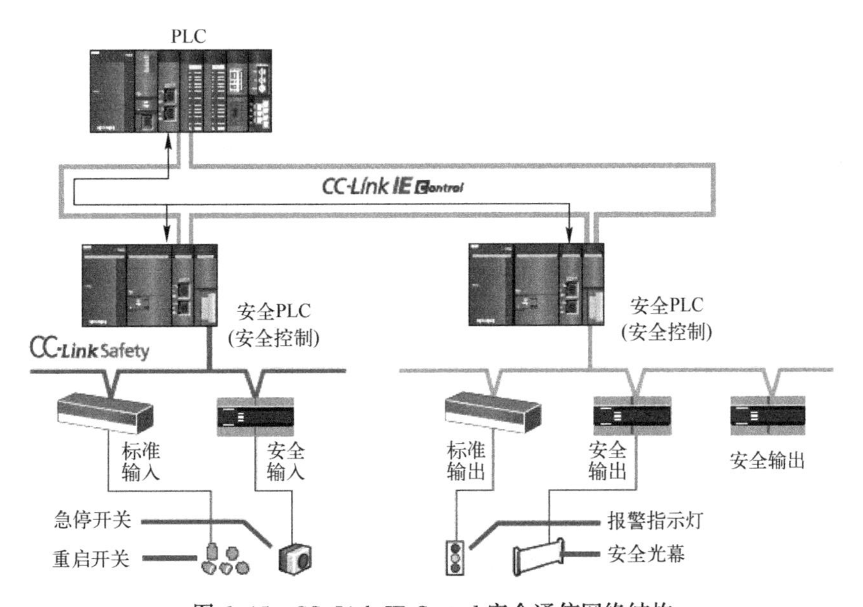

图 6-15　CC-Link IE Control 安全通信网络结构

CC-Link IE Control 规范见表 6-5。

表 6-5　CC-Link IE Control 规范

基本通信功能	网络共享内存通信
通信速率/数据链路控制	1 Gbit/s/基于以太网标准
网络拓扑	环路
高可靠数据传送功能	标准冗余数据传输
数据传输控制方式	令牌方式
网络共享内存	最大 256 KB
通信介质	IEEE 802.3z 多模光纤（GI）
连接器	IEC61754-20 LC 连接器（全双工连接器）
连接最大站数	120 站
站间距离（使用多模光纤时）	最长 550 m
总距离（使用多模光纤时）	最长 66000 m（连接 120 个站时）

6.4.3　CC-Link IE Field 现场网络

CC-Link IE Field 是一种具备超高速、无缝通信功能、超大容量的网络，具备实时（循环）通信和按需发送报文（瞬时）通信功能。集控制器分布控制、I/O 控制、运动控制和多项安全功能于一身，轻松实现无缝数据传输，完全符合以太网标准工厂现场网络。使“千兆传输速度”和“以太网”的优势在现场层发挥得淋漓尽致，其特点如下。

（1）超高速

采用千兆传输和实时协议，可免受传输延迟的影响，从而确保了数据通信和远程 I/O 通信的便捷性和可靠性。具备高速通信功能，便于设备管理信息、跟踪信息及控制数据的传输。

（2）以太网电缆和连接器

由于 CC-Link IE Field 的物理层和数据链路均采用以太网技术，因此可使用以太网电缆、适配器和 HUB，安装和调整网络所需材料及设备选择的自由度更高。

（3）网络连接简单快捷

采用灵活的网络拓扑结构（环形、线形和星形），凭借网络型共享内存，可在控制器和现场设备间轻松实现通信，不仅配置简单，而且具备网络诊断功能，可大幅降低从系统启动到维护的工程总成本。

（4）无缝网络连接

CC-Link IE Field 通过远程工程工具，可跨网络层次直接访问现场设备。可在任意网络位置对设备进行监控或配置，从而提高远程管理系统的工作效率。

（5）符合 IEC 061508 SIL3、IEC 61784-3（2010）标准的安全通信功能

CC-Link IE Field 中新增安全通信功能，可在现场层实现安全通信。通过将 PLC 和安全 PLC 与单一网络相连，相应设备布局更为灵活。

（6）具备运动控制功能，可实现高精度同步通信

通过补偿自主站向从站的数据传输延时，从而实现高精度同步传输。在同一个 CC-Link IE Field 中，除了可设置所需同步信息外，还可设置无须同步的 I/O 及传感器信息。

CC-Link IE Field 工业网络结构如图 6-16 所示。

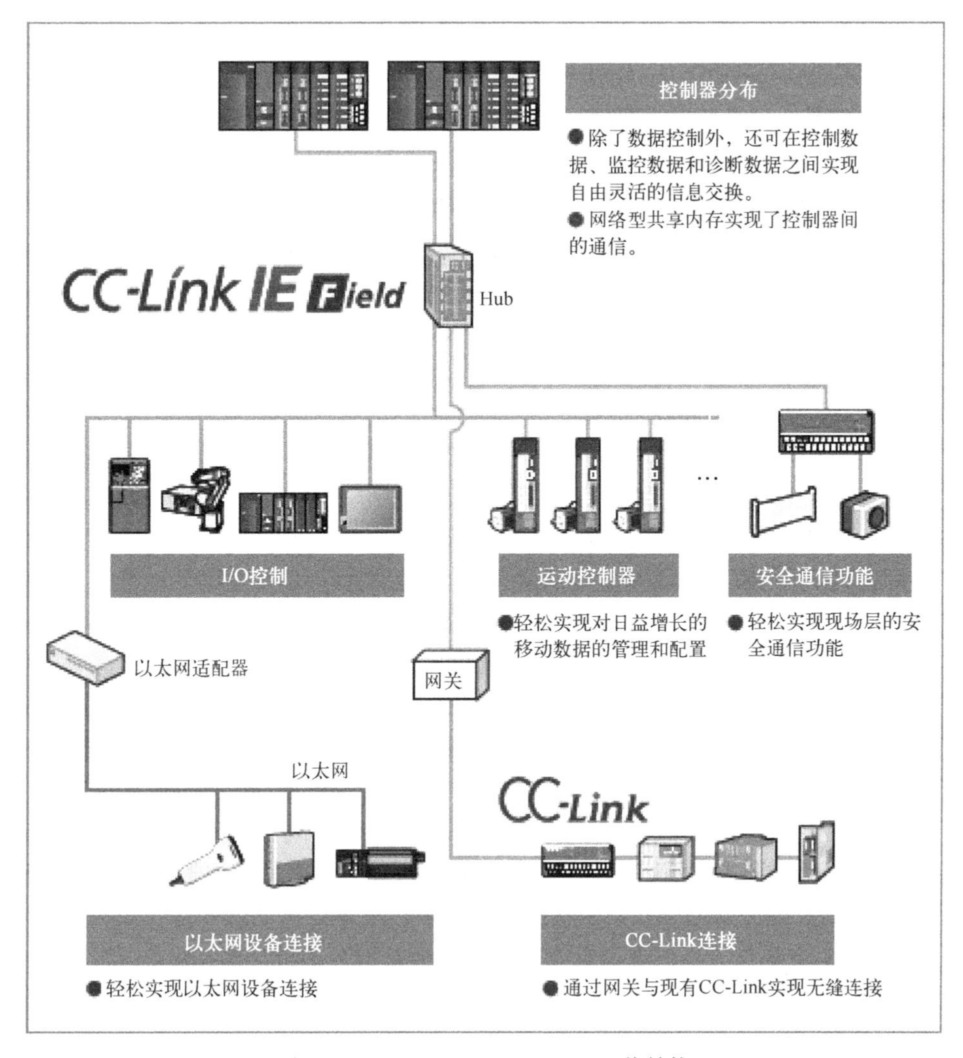

图 6-16　CC-Link IE Field 工业网络结构

CC-Link IE Field 规范见表 6-6。

表 6-6　CC-Link IE Field 规范

项　　目	规　　范
以太网规格	基于 IEEE802.3ab（1000BASE-T）
通信速率	1 Gbit/s
通信介质	带屏蔽双绞电缆（类别 5e）、RJ-45 连接器
通信控制方式	令牌方式
拓扑结构	星形、线形、环形或星线组合
最大链接台数	254 台（主站和从站合计）
最大站间距离	100 m
循环通信（主站/从站方式）	控制信号（位）：最大 32768 bit（4096 B） 控制数据（字）：最大 16384 bit（32768 B）
瞬时通信（报文通信）	报文大小：最大 2048 B

6.4.4　CC-Link IE TSN

1. TSN技术概述

随着信息技术（Information Technology，IT）与运营技术（Operation Technology，OT）的不断融合，对于统一网络架构的需求变得迫切。智能制造、工业物联网和大数据的发展，客户对提高生产效率、提高产品品质、降低成本、实现变种变量生产的需求逐步增大，建立协同、自主的智慧工厂迫在眉睫。而IT与OT对于通信的不同需求也导致了在很长一段时间，融合这两个领域出现了很大的障碍：互联网与信息化领域的数据需要更大的带宽，而对于工业而言，实时性与确定性则是问题的关键。这些数据通常无法在同一网络中传输。因此，寻找一个统一的解决方案已成为产业融合的必然需求。

时间敏感型网络（Time Sensitive Network，TSN）是目前国际产业界正在积极推动的全新工业通信技术。TSN允许周期性与非周期性数据在同一网络中传输，使得标准以太网具有确定性传输的优势，并通过厂商独立的标准化进程，已成为广泛聚焦的关键技术。

TSN实际上是基于IEEE 802.1框架制定的一套满足特殊需求的“子标准”，与其说TSN是一项新技术，不如说它是对现有网络技术以太网的改进。如果通过以太网发送数据，可以确信数据会到达目的地，唯一的问题是不能确切地确定数据何时到达。

TSN的应用满足了工业自动化领域对实时性和大容量数据传输的双重要求，同时，也进一步使得普通信息层和工业网络的融合变得更加容易。它解决了传统工业网络和以太网之间不可兼得的矛盾，为网络的互联互通奠定了基础。

TSN可以实现异构网络的搭建。因此，在未来的工业网络或者泛工业的应用中，同一个网络需要集成不同类型的设备、不同类型的通信，这些通信设备之间需要进行实时性交互，这正是TSN的用武之地。但需要指出，TSN不提供应用层，不是专用的现场总线技术。

因此，与TSN相融合的高效现场总线才是两种通信世界的最佳选择。

2. TSN的主要规范

TSN是由IEEE 802.1工作组下的TSN任务组负责开发的网络标准，现在的TSN任务组其实是由之前的AVB（Audio Video Bridging）任务组改名而来，这一改名行为也意味着这一标准的应用领域发生了根本性的变化。TSN主要定义了时间敏感数据在以太网上的传输机制。

IEEE 802.1定义了各种TSN标准文档，虽然每个标准规范都可以单独使用，但是，只有在相互协同使用的情况下，TSN作为通信系统才能充分发挥潜力。为实现实时通信解决方案，这些规范均可大致分为3个基本组成部分。

1）时间同步：参与实时通信的所有设备都需要对时间进行同步。

2）调度和流量整形（Scheduling and Traffic Shaping）：参与实时通信的所有设备在处理和转发通信数据包时都必须遵循相同的规则。

3）选择信道、信道预留和容错：参与实时通信的所有设备在选择信道、保留带宽和时隙时必须遵循相同的规则，可能同时使用多个路径来实现容错性。

下面详细介绍这三个部分的实现。

（1）时间同步

与IEEE 802.3标准以太网和IEEE 802.1Q以太网桥接相比，时间在TSN中起着至关重要作用。对于那些对数据实时性要求非常高的工业网络而言，网络中的所有设备均需要有一个公共的时间参考，因此要求时钟彼此同步。

事实上，不仅仅 PLC 和工业机器人等终端设备需要时间同步，以太网交换机等网络设备也同样需要。只有通过同步时钟，所有网络设备才能同时运行并各自在所需的时间点执行所需的操作。

TSN 中的时间同步可以通过不同的技术来实现。

从理论上讲，可以为每个终端设备和网络交换机配备 GPS 时钟。然而，成本非常高，并且无法保证设备始终可以访问无线电或 GPS 卫星信号（比如设备安装在移动的汽车或位于地下的工厂车间或隧道)。由于这些限制，TSN 往往并不会使用外部的时钟源，而是直接通过网络由一个主时钟信号来进行分配。

在大多数情况下，TSN 使用 IEEE 1588 精确时间协议来进行时钟分配，利用以太网帧来分配时间同步信息。除了普遍适用的 IEEE 1588 规范之外，IEEE 802.1 的 TSN 任务组还指定了 IEEE 1588 行规，称为 IEEE 802.1AS。此行规背后的思路是将大量 IEEE 1588 选项缩小到可管理的几个关键选项，而使这些选项适用于家庭网络、汽车或工业自动化网络环境。

(2) 调度和流量整形

调度和流量整形允许在同一网络上具有不同优先级的数据流共存——而这些数据能够各自根据需要适应带宽和网络延时。

在标准以太网中，根据 IEEE 802.1Q 的标准桥接，网络可以严格根据优先级方案使用 8 个不同的优先级。在协议层面，这些优先级可以在标准以太网帧的 IEEE 802.1Q VLAN 标记看到。通过这些优先级，网络可以区分重要性不同的数据流量。

然而在实际使用过程中，即使某个数据具有最高优先级，其实也并不能 100%保证点对点的传输时间，这是由以太网交换机内部的缓冲机制造成的。如果数据帧到来时，交换机已经开始在其中一个端口上传输数据帧，此时即使新来的数据帧有最高优先级，它也必须在交换机缓冲区内等待当前的传输完成。

在使用标准以太网时，这种时间上的非确定性无法避免。只能使用在对实时性要求不高的网络环境中，如办公网络、文件传输、E-mail 和其他商业应用中。

然而，在工业自动化和汽车等网络环境中，闭环控制或安全应用也会使用以太网，这时，数据的可靠传输和和实时性就显得至关重要了。对于在这些场合使用的以太网，则需要利用增强 IEEE 802.1Q 的严格优先级进行调度。如果把它的特点概括成一句话，那就是：不同的流量类别使用不同的时间片。这也是 IEEE 802.1Qbv 所定义的时间感知调度机制。

TSN 通过添加一系列机制来使标准以太网得到增强，以确保网络实时性的要求。在 TSN 中，依然保留了利用 8 个不同的 VLAN 优先级的机制，以确保兼容非 TSN 以太网——向下兼容和保持与现有网络架构的互操作性，并实现网络应用从原有系统到新技术的无缝迁移，这也始终是 IEEE 802 工作组的重要设计原则之一。

在使用 TSN 时，对于 8 个优先级中的任意一个，用户都可以从不同的机制中选择如何处理以太网帧，并且将优先级单独分配给现有方法（例如 IEEE 802.1Q 严格的优先级调度机制）或新的处理方法（如 TSN IEEE 802.1Qbv 时间感知流量调度程序。)

TSN 的典型应用是 PLC 与工业机器人、运动控制器等工控设备的通信。为了保证控制设备通信所需要的实时性，系统可以将 8 个以太网优先级中的一个或几个分配给 IEEE 802.1Qbv 时间感知调度程序。这一调度程序主要是将网络通信分成固定的长度和时间周期。

在这些周期内，系统可以根据需要配置不同的时间片，这些时间片可以分配给 8 个以太网优先级中的一个或几个，数据通过优先级的不同而分别使用属于自己的时间片，这样，就实现了共享同一网络介质和传输周期，使得在以太网上传输有实时性要求且不能中断的数据成为现实。

对于这一机制，实现的基本概念即是时分多址（TDMA）。通过在特定时间段内建立虚拟信道，可以将时间敏感数据与普通数据分开传送。使时间敏感数据对网络介质和设备拥有独占访问权，可以避免以太网交换机的缓冲效应，并且使时间敏感数据不发生中断。

（3）选择信道、预留信道和容错

TSN 技术主要用于实时性要求比较高的场合。在这些应用中，不仅要保证时序，同时对容错要求也非常高。支持 TSN 的工业以太网必须要能够支持相应的工业应用，例如，安全网络控制、运动控制乃至最新兴的车辆自动驾驶等应用，尽最大可能避免硬件或网络中的故障。TSN 任务组为保证网络的可靠性，也制定了大量相关的容错协议、接口管理协议和本地网络注册协议等一系列协议。

而 CC-Link IE TSN 正是使用了 IEEE 802.1AS 和 IEEE 802.3Qbv 协议，充分利用了这一思路和方法实现了不同类型的数据流，并使其能够共享同一个网络介质以满足实时数据的传输需求。

总结来说，CC-Link IE TSN 即是基于 OSI 参考模型第 2 层的 TSN 技术，在第 3~7 层，由 CC-Link IE TSN 独立的协议和标准的以太网协议构成。

鉴于 TSN 具有与标准以太网的兼容性，CCLink IE TSN 也具有卓越的兼容性，还可以使用基于 TCP/IP、UDP/IP 的 SNMP、HTTP 和 FTP 等标准以太网协议。这样通用的以太网诊断工具可以直接用于网络诊断，提高了网络管理的灵活性。

3. CC-Link IE TSN 技术

在工业现场环境中，以下几个重要问题一直困扰着 IT 与 OT 的融合，无法有效打通各业务系统的“数据孤岛”，甚至严重制约了整个产业的数字化、智能化转型。

（1）总线的复杂性

总线的复杂性不仅给 OT 端带来了障碍，且给 IT 信息采集与指令下行带来了障碍，因为每种总线有着不同的物理接口、传输机制、对象字典，而即使是采用了标准以太网总线，但是，仍然会在互操作层出现问题，这使得对于 IT 应用，如大数据分析、订单排产、能源优化等应用遇到了障碍，无法实现基本的应用数据标准，这需要每个厂商根据底层设备的不同写各种接口、应用层配置工具，带来了极大的复杂性，而这种复杂性会耗费巨大的人力资源，这对于依靠规模效应来运营的 IT 而言就缺乏经济性。

（2）周期性与非周期性数据的传输

IT 与 OT 数据的不同也会导致网络需求差异，这就需要采用不同的机制。对于 OT 而言，其控制任务是周期性的，因此采用的是周期性网络，多数采用轮询机制，由主站对从站分配时间片的模式，而 IT 网络则是广泛使用的标准 IEEE 802.3 网络，采用 CSMA/CD，即冲突监测，防止碰撞的机制，而且标准以太网的数据帧是为了大容量数据传输如 Word 文件、JPEG 图片、视频/音频等数据。

（3）实时性的差异

由于实时性的需求不同，也使得 IT 与 OT 网络有差异，对于微秒级的运动控制任务而言，要求网络必须要具有非常低的延时与抖动，而 IT 网络则往往对实时性没有特别的要求，但对数据负载有要求。

由于 IT 与 OT 网络的需求差异性，以及总线复杂性，过去 IT 与 OT 的融合一直处于困境。

这是 TSN 因何在制造业得以应用的原因，因为 TSN 解决了以下问题。

1）单一网络来解决复杂性问题，与 OPC UA 融合来实现整体的 IT 与 OT 融合。

2）周期性数据与非周期性数据在同一网络中得到传输。

3）平衡实时性与数据容量大负载传输需求。

2018 年 11 月 27 日，在德国纽伦堡电气自动化系统及元器件展（SPS IPC DIVES 2018）上，CC-Link 协会正式发布开放式工业网络协议“CC-Link IE TSN”，宣布工业通信迎来新的变革时代。

CC-Link IE TSN 正是融入了 TSN 技术，提高了整体的开放性，同时采用了高效的网络协议，进一步强化了 CC-Link IE 家族拥有的操作性能和使用功能。它还支持更多样的开发方法，能轻松开发各种兼容产品。同时，通过兼容产品的丰富，加快构建使用工业物联网的智能工厂。

TSN 是 IEEE 以太网相关标准的补充，适用于各种开放式工业网络。CC-Link IE TSN 使用时间分割方式，让以往传统的以太网通信无法实现的控制信息通信（确保实时性）和管理信息通信（非实时通信）的共存成为可能。

CC-Link IE TSN 在确保控制数据通信实时性的同时，实现在同一个网络中与其他开放式网络，以及与 IT 系统的数据通信。实现“多网互通”。

当前，制造业正朝着自动化、降低综合成本和提高品质的方向发展，传感技术和高速网络技术、云/边缘计算、人工智能等以 IT 为手段、以数据为基础推动的信息驱动型社会正在持续发展。

而在工业物联网的主流趋势下，德国“工业 4.0”、美国“工业互联网”、中国“智能制造”及日本“互联产业”，目标也是直指设备相互连接、数据得到最充分利用的“智能工厂”。

创建智能工厂，需要从生产过程中收集实时数据，通过边缘计算对其进行初步处理，然后将其无缝传输到 IT 系统。但不同的工业网络使用各自不同的规范，造成了 IT 系统网络和工业网络之间无法共享同一网络及设备等。

CC-Link IE TSN 能满足所对应的需求。CC-Link IE TSN 延续了 CC-Link IE 的优点，通过融合了用时间分割方式实现实时性的 TSN 技术，让多种不同的网络共存成为可能，使以太网设备应用变得简单。高效的网络协议，实现了高速、高精度的同步控制，能更广泛地应用在半导体、电池制造等制造业的各种应用环境。

4. CC-Link IE TSN 的特点

CC-Link IE TSN 满足实时性、互操作性、优先控制、时间同步、安全等需求，具备以下四个特点。

（1）控制信息通信与管理信息通信的融合

CC-Link IE TSN 通过赋予设备控制循环通信高优先度，相对管理信息通信优先分配带宽，实现使用实时循环通信控制设备，同时还能简单构建与 IT 系统通信的网络环境。另外，利用与管理数据通信的共存，可以将使用 UDP 或 TCP 通信的设备连接到同一网络中，比如保存来自视觉传感器、监控摄像头等设备的高精度数据，运用于监控、分析、诊断等。

CC-Link IE TSN 技术与协议层如图 6-17 所示。

（2）运动控制性能的最大化，实现高速度、高精度的控制，减少节拍时间

CC-Link IE TSN 更新了循环通信的方式。传统的 CC-Link IE 使用令牌传送方法，在通过

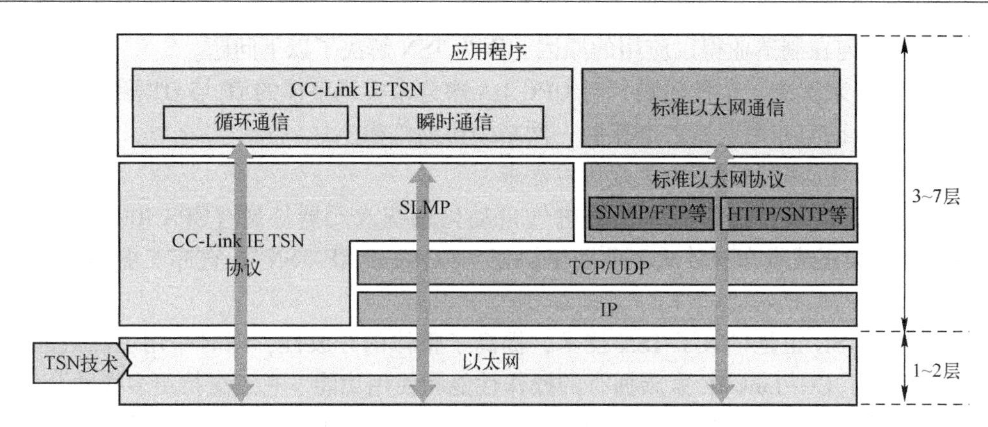

图 6-17　CC-Link IE TSN 技术与协议层

令牌写入自己的数据之后，本站将数据写入的权限转移到下一个站点。

相比之下，CC-Link IE TSN 使用的是时间分割方式，在网络中利用时间的同步，在规定的时间内同时向两个方向传送输入和输出的数据帧，由此缩短了网络整体的循环数据更新的时间。该方式与 TSN 技术相结合，保证了在同一网络中控制信息和管理信息的共存。

CC-Link IE TSN 使用时间分割方式实现周期 31.25 μs 或更少的高速通信性能。在 CC-Link IE TSN 系统中，增加传感器或因生产线的扩展增加控制所需的伺服放大器轴数不仅不对总体节拍时间产生影响，而且与使用传统网络的系统相比，甚至大幅度缩短了节拍时间。

CC-Link IE TSN 将使用各自不同通信周期的不同性能的设备连接在一起使用。迄今为止，连接到同一主站的设备必须在整个网络中使用相同的循环通信周期（链接扫描时间），而 CC-Link IE TSN 在同一个网络中可以使用多种通信周期。

这使得如伺服放大器之类需要高性能通信周期的设备能保持其性能的同时也能和不需要高速通信周期（如远程 I/O 设备）连接，此时根据每个产品的特性实施最优化的通信周期。这还可以最大化发挥网络上从站产品的使用潜能，提高整个系统的生产性。

（3）快速的系统设置和先进的预测维护

CC-Link IE TSN 也与 SNMP 兼容，使网络设备诊断更加容易。迄今为止，不同设备收集状态信息时需要使用不同的工具，现在通过使用通用 SNMP 监视工具不仅能从 CC-Link IE TSN 兼容产品，而且还能从交换机、路由器等 IP 通信设备收集和分析数据。由此，减少了系统启动时间，以及系统管理和维护时确认设备运行状态所花费的时间和精力。

采用 TSN 规范的时间同步协议，对兼容 CC-Link IE TSN 的设备之间的时间差进行校准，使其保持高精度同步。主站和从站中存储的时间信息以微秒为单位保持同步，如果网络出现异常，进行运行日志解析时，可以按照时间顺序精确跟踪到异常发生时间为止。这可以帮助识别异常原因并更快恢复正常网络。

另外，它还可以向 IT 系统提供生产现场状况和准确的时间相结合的信息，并通过人工智能数据分析应用，能进一步提高预测维护的准确度。

（4）为设备供应商提供更多选择

以往的 CC-Link IE 为了有效发挥其 1 Gbit/s 带宽，设备开发厂商需要使用专用的 ASIC 或 FPGA 的硬件方式开发主站或从站产品。CC-Link IE TSN 对应产品则可以通过硬件或软件平台开发。在延续以往通过使用专用的 ASIC 或 FPGA 的硬件方式实现高速控制外，也可以在通用以太网芯片上使用软件协议栈方式开发主站或从站产品。通信速率不仅对应 1 Gbit/s，同时也对应 100 Mbit/s。设备开发厂商可以选择适合自身的开发方式实现 CC-Link IE TSN 兼容设备的开发，同时兼容产品的品种和数量的充实也给用户带来便利。

CC-Link IE TSN 不仅能实现 IT 与 OT 的更好融合，更是通过 TSN 技术加强与其他开放式工业网络的互操作性，在物联网和智能制造中，实现数据最有效的运用。

5. CC-Link IE TSN 应用场景

采用 TSN 技术的 CC-Link IE TSN 在充分利用标准以太网设备的同时，通过重新定义协议实现了高速的控制通信，满足在各个行业中的应用。比如在汽车行业中，普通和安全通信可在同一条网线上进行混合通信；在半导体行业，大容量的菜单数据及追溯数据也可高速通信，同时与 HSMS（High Speed Message Services）混合通信也不会对控制信息的定时性造成影响；在锂电行业中，通过组合通信周期的高速控制（伺服等）和低速控制（变频器、调温器等），可确保装置性能并根据用途选定理想设备。

6.5　CC-Link 产品的开发流程

6.5.1　选择 CC-Link 的网络类型

选择网络的类型有 CC-Link、CC-Link/LT、CC-Link IE Control 和 CC-Link IE Field 工业网络。

6.5.2　选择 CC-Link 站的类型

（1）主站/本地站

主站：主站管理整个网络。一个网络只有一个主站。

本地站：本地站和主站或其他本地站之间除了进行位数据和字数据的循环通信外，还可执行瞬时通信。

对应的设备：如 PLC、PC。

适用的网络类型：CC-Link、CC-Link/LT。

（2）管理站/普通站

管理站：控制管理整个网络。一个网络只有一个管理站，分配循环通信到各站的范围。

普通站：普通站根据管理站分配的范围来执行循环通信和瞬时通信。

对应的设备：如 PLC、PC 和人机接口 HMI。

适用的网络类型：CC-Link IE Control。

（3）智能设备站

智能设备站和主站除了进行位数据和字数据的循环通信外，还可执行瞬时通信。

对应的设备：如人机接口 HMI。

适用的网络类型：CC-Link、CC-Link IE Field。

（4）远程设备站

此类站进行位数据和字数据的循环通信。

对应的设备：如模拟量 I/O、变频器、伺服和指示计。

适用的网络类型：CC-Link、CC-Link/LT。

(5) 远程 I/O 站

此类站执行位数据的循环通信。

对应的设备：如模拟量 I/O、电磁阀。

适用的网络类型：CC-Link、CC-Link/LT。

(6) SLMP（无缝通信协议）

为 CC-Link IE 和以太网之间产品提供了无缝连接的共通协议。用户所要完成的只是开发软件程序来让用户的以太网产品兼容 SLMP。

对应的设备：如 PC、标签打印机、视觉传感器、条码扫描仪和 RFID（无线射频识别控制器)。

适用的网络类型：CC-Link IE Field。

6.5.3 选择 CC-Link 的开发方法

CC-Link 协会（CLPA）免费提供给会员 CC-Link 协议网络架构的协议规范文档。这些协议帮助用户开发 CC-Link 兼容产品。如果用户从零开始使用协议感到困难时，可以根据协会提供的规范文档自行开发兼容产品，也可以使用各家厂商针对不同网络提供的开发方法，如专用通信芯片、内置模块或 PC 板卡，可以简单而高效地开发兼容产品，帮助用户在短时间内达成目标。

开发 CC-Link 的方法如下。

(1) 在提供的协议规范基础上内部开发产品

优势：在网络拓扑结构上达到高度灵活性。

劣势：开发需要大量的技术力量和人力。

适用的网络类型：CC-Link、CC-Link/LT、CC-Link IE Control、CC-Link IE Field。

(2) 专用通信芯片

优势：兼容产品开发无须了解太多网络协议，且通信电路易实现小型化。

劣势：与使用内置模块相比，需要开发技术能力和较长的时间。

适用的网络类型：CC-Link、CC-Link/LT、CC-Link IE Field。

(3) 内置模块

优势：通过安装模块到最终用户的基板上实现通信能力，此办法适用于多种网络类型。

劣势：有尺寸大小的限制，且增加了产品的成本。

适用的网络类型：CC-Link。

(4) PC 板卡驱动程序

优势：可用于各种操作系统，包括实时操作系统。

劣势：只能用于计算机上，很难适用于远程 I/O 等现场设备。

适用的网络类型：CC-Link、CC-Link IE Control。

(5) SLMP（无缝通信协议）

优势：仅开发软件程序就完成一个新的 SLMP 的兼容产品，一次性试验只检查软件的功能。

劣势：无法执行循环通信。

适用的网络类型：CC-Link IE Field。

6.5.4　选择 CC-Link 的开发对象

用户可以根据前述的各种开发方法，由本公司员工自行开发通信接口。如果在自行开发时遇到技术方面或人力方面的困难时，作为解决方案之一，用户可以选择委托开发厂商开发通信接口的硬件或软件。

表 6-7 以 CC-Link 网络为例，列举了站类型之间的区别。

表 6-7　CC-Link 站类型之间的区别

站 类 型	每个站的数据量	通 信 方 式	开 发 对 象	适 应 设 备	开 发 方 法
远程 I/O 站	I/O 位数据 32 位	循环传输	硬件	数字量 I/O 电磁阀	专用通信芯片 内置模块
远程设备站	I/O 位数据 32 位 I/O 字数据 4 字	循环传输	硬件 软件	模拟量 I/O 变频器 伺服 指示计	专用通信芯片 内置模块
智能设备站	I/O 位数据 32 位 I/O 字数据 4 字	循环传输 瞬时传输	硬件 软件	人机界面	专用通信芯片 内置模块 PC 板卡驱动
主站/本地站	I/O 位数据 32 位 I/O 字数据 4 字	循环传输 瞬时传输	硬件 软件	PLC PC	专用通信芯片 内置模块 PC 板卡驱动

6.5.5　CC-Link 系列系统配置文件 CSP+

CSP+是 CC-Link Family System Profile Plus 的缩写，是含有 CC-Link 和 CC-Link IE Field 对应设备的启动、使用及维护所需信息（网络参数的信息和存储器映射等）的配置文件。CSP+统一了配置文件规范，CC-Link 协议均可以以相同格式进行记载。此外，使用 CSP+后，CC-Link 协议的用户可通过相同的工程工具轻松设定各机型的参数。

（1）CSP+开发的优点

1）统一工程环境：CC-Link 协议对应产品的开发商，只须制作兼容产品的 CSP+文件，无须再编写个别工程工具。并且记载适合诊断和能源管理等用途的配置文件后，可通过工程工具编制用于不同用途的专用显示画面。

2）减少支持服务：CSP+文件中记载了网络参数的信息和存储器映射，因此 CC-Link 协议的用户无需手册即可设定参数、编写注释。也可以无需编程设定设备的参数和监控等，大大减少了开发商对最终用户的技术支持工作量。

3）采用 XML 格式：CSP+适用文件为 XML 格式，因此可有效使用通用的 XML 处理用程序库。也减少了开发商开发配置文件的工时。

（2）关于 CSP+的一致性测试

增加了 CSP+测试项目，一致性测试的相关规定的修改如下。

1）全面开发 CC-Link 协议兼容产品的合作伙伴。自 2013 年 4 月起，根据新的一致性测试规范，除实施以往进行的设备测试以外，还需进行 CSP+测试。

2）拥有已通过认证的产品的合作伙伴。对于已通过认证的产品，可自愿开发 CSP+，协会仅免费提供 CSP+的测试。

（3）CSP+的使用流程

1）开发商使用 CSP+编写支持工具（可从 CC-Link 协会的主页上下载）编写 CC-Link 协议对应设备的配置文件。

2）以上文件编写完成后，由 CC-Link 协会进行一致性测试，并将通过认证的文件刊载到 CC-Link 协会的网页上。

3）CC-Link 协议的用户从 CC-Link 协会或开发商的网页上下载由开发商编写的相应配置文件 CSP+文件。

4）CC-Link 协议产品的用户可通过使用 CSP+的工程工具，导入 3）中下载的所用设备的 CSP+文件，以管理及使用设备。

6.5.6 SLMP 通用协议

SLMP（Seamless Message Protocol）是各种应用软件与 FA 设备无缝连接的通用协议，支持工厂管理、生产和维修的各种应用软件和 FA 设备无缝连接，并能够随时对其进行监控和管理。SLMP 通用协议的应用实例如图 6-18 所示。

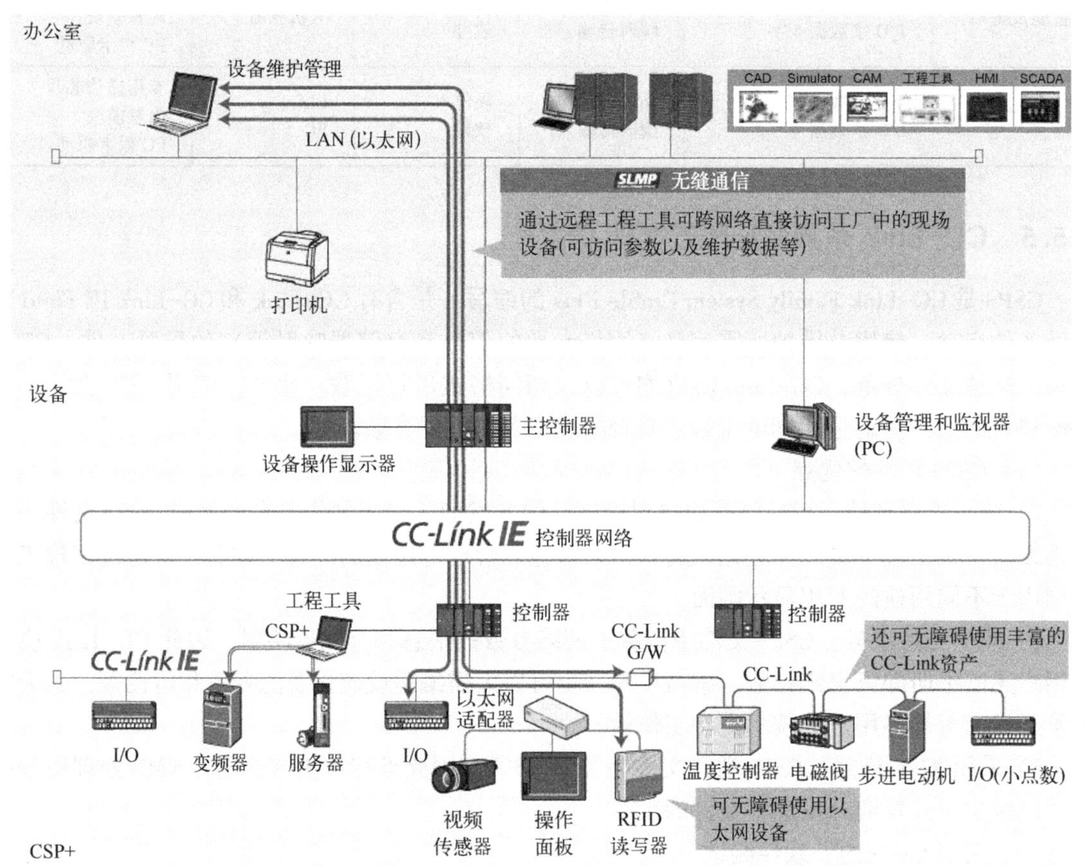

图 6-18 SLMP 通用协议的应用实例

（1）SLMP 的优势

1）可使用标准帧格式跨网络进行无缝通信。

2）使用 SLMP 实现轻松连接。若与 CSP+相结合，延伸至生产管理和预测维护领域可通过办公室计算机对工厂中的现场设备进行参数设置和诊断等，在办公室中即可对设备进行监控和管理。

3）无需繁杂的设置即可连接到通用的以太网。在设备上安装软件后，可实现服务器/客户端功能。将来，利用 CSP+可以轻松收集生产性能、品质和能源等相关信息。同时，若与 SLMP 相结合，延伸至改善生产运营和预测维护领域将成为可能。

（2）利用 SLMP 能够实现的功能

1）访问内部保存的信息。

2）远程控制（遥感控制、设置远程密码、初始化错误代码）。

3）按需响应通信（无条件发送紧急数据、触发数据等）。

4）访问设备信息（了解机器自动检测情况，进行参数设置和诊断）。

5）访问其他开放网络设备。

6.5.7　CC-Link 一致性测试

当用户的产品开发完成后，需要通过 CC-Link 协会实施一致性测试。测试成功后，即可成为认证的 CC-Link 协议兼容产品投入市场。

一致性测试是对开发的兼容产品实施通信功能相关的测试，测试的目的是为了验证产品是否满足 CC-link 协议的通信规范，从而顺利且安全地连接到 CC-link 网络中。

通过一致性测试可以确保兼容产品的通信可靠性。无论是在不同厂商生产的产品之间连接，还是在不同设备之间连接，均可顺畅地构建起系统。一致性测试包括噪声测试、硬件测试、软件测试、组合测试、互操作性测试和老化测试。

一致性测试的步骤如图 6-19 所示。

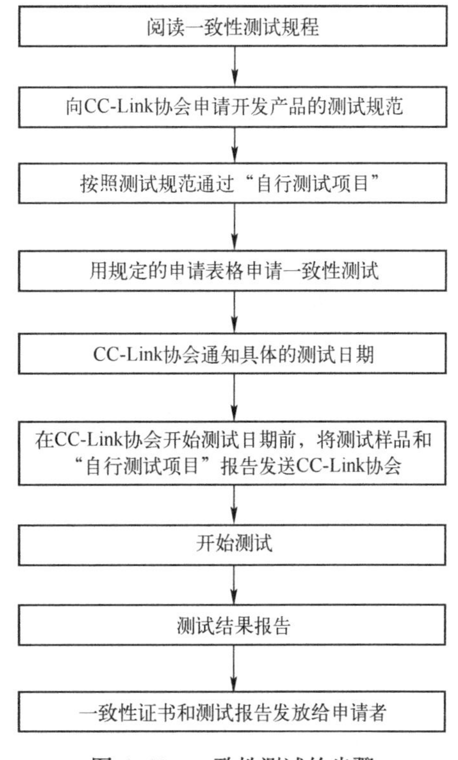

图 6-19　一致性测试的步骤

一致性测试中心对协会会员开发的兼容产品进行评估测试，测试其是否符合 CC-Link、CC-Link IE、SLMP 协议。所有由 CLPA 会员销售的 CC-Link 认证产品都已通过一致性测试，以确保它们和 CC-Link 协议规范的兼容性。一致性测试使 CC-Link、CC-Link IE、SLMP 产品的使用者可以从大量的设备中选择适合他们自动化生产所需要的设备并确保这些设备在一个系统中兼容。一致性测试证书必须在产品通过所有的测试项目后方能颁发。

2007 年 6 月在中国设立了 CC-Link 协议一致性测试中心，位于同济大学内，方便中国厂商开发的产品进行测试，从而获得由 CLPA 总部颁发的产品证书，实现产品本土化、降低成本。

6.6　CC-Link 产品的开发方案

开发 CC-Link 协议的兼容产品，不仅能够确保多品种、多品牌设备组建系统时的灵活性，更能提高产品的竞争力。国际上有许多公司提供了 CC-Link 产品的开发方案。

6.6.1　三菱电机开发方案

为了确保用户高效并成功地开发新一代 CC-Link IE Control、CC-Link IE Field 等 CC-Link 协议的兼容产品，三菱电机提供全方位 CC-Link 产品的开发方案，包括开发咨询到产品开发工具包。

（1）CC-Link IE Control 控制网络驱动程序开发

通过使用 Mitsubishi PC 接口板（Q80BD-J71GP21-SX）来针对不同的操作系统开发驱动程序。

（2）CC-Link IE Field 现场控制网络的开发

1）主站。

根据开发驱动程序参考手册，通过结合源代码和通信 LSI 可设计出灵活性更高的主站。

2）智能设备站。

采用三菱电机生产的专用通信 LSI CP220，该接口芯片可轻松开发执行循环通信和瞬时通信的设备，而不必详细了解协议。CP220 通过软件控制，提供针对运动控制函数的开发工具。

3）驱动程序开发。

使用三菱电机生产的接口（Q80BD-J71GF11-T2/Q81BD-J71GF11-T2），可针对不同的操作系统开发驱动程序。

（3）CC-Link 网络的开发

1）主站、本地站和智能设备站。

内置接口板（Q50BD-CCV2）：一种利用内置接口板开发的方法，用户可以通过安装此接口板到用户板，实现 CC-Link 主站、本地站和智能设备站的功能。

目标开发（SW1D5C-CCV2OBJ）：使用对象代码进行开发的方法，使用对象代码进行开发后，可进行自由度比使用内置型接口板时更高的设计。

源代码（C 语言）开发（SW1D5C-CCV2SRC）：使用源代码（C 语言）进行开发的方法。

2）远程设备站。

采用三菱电机公司生产的专用通信芯片 MFP3N：使用通信芯片无须了解协议，允许用户开发处理位数据和字数据使用的设备，它通过 MPU 和控制软件的配合来实现，根据软件许可，同时支持 CC-Link Ver. 1 和 Ver. 2。

3）远程 I/O 站。

采用三菱电机生产的专用通信芯片 MFP2N/MFP2AN：使用该通信芯片无须了解通信协议，允许用户开发处理位数据的设备，用户可以根据封装尺寸（引脚数）和 I / O 点的数量来选择使用。

采用内置 I/O 模块：紧凑的内置 I/O 模块无须了解通信协议，允许用户开发处理位数据的设备，该模块可直接安装在用户的开发板上。此外，它可以级联连接，扩展 I/O 数量。

4）驱动程序（针对 QB0BD-J61BT11N）开发。

利用开发驱动程序的参考手册：本手册提供可以开发支持各种操作系统的驱动程序，PC接口板（Q80BD-J61BT11N）由三菱电机提供。

（4）CC-Link/LT

1）主站。

采用三菱电机生产的专用通信芯片CLC13：该通信芯片允许用户开发兼容主站来控制整个网络，并允许建立的网络连接各类型从站。

2）远程设备站。

采用三菱电机生产的专用通信芯片CLC31：该通信芯片能处理CC-Link/LT字数据（16位），单个芯片能处理4个字的数据量，轻松地开发如模拟量I/O等远程设备站。

3）远程I/O站。

采用三菱电机生产的专用通信芯片CLC21：使用该通信芯片无须了解通信协议，允许用户开发处理位数据的设备，轻松地开发远程I/O站，诸如数字式I/O。

6.6.2　赫优讯的netX开发方案

赫优讯可以提供全系列CC-Link解决方案，从提供各种接口的产品到开发和生产，从订立开发合同直到组织生产。

基于通用平台的工业用通信解决方案，从嵌入式模块、PC板卡、网关到芯片，对于任何需求，赫优讯都可提供最适合的解决方案，一站式提供硬件、软件、开发环境和技术支持。

支持CC-Link的赫优讯产品的技术特点。

1）已获CC-Link V2.0认证。

2）支持远程控制/设备站的所有规范（等同于MFP3）。

3）基于双端口存储器及串行的主机/接口，轻松实现控制功能。

4）netX内置ARM9，便于实现用户应用。

5）通用于所有Hilscher产品与协议的应用/接口。

6）有助于降低总体开发成本及快速投放市场。

7）易于使用的通用配置工具SYCON.net。

（1）PC卡

cifX通信接口以低廉的成本提供完善的功能，包括最优化的性能、功能和灵活性。兼容PC内的PCI和PCI Express接口（均被用于从站），并且能够根据用户的项目开发相应的结构。具备适用于RTOS系统的驱动程序和开发产品所需的软件包，包括设置工具、驱动程序、示例和产品手册等。

（2）内建模块

赫优讯内建模块是由嵌入式软件和硬件包组成的单芯片解决方案，该嵌入式软件和硬件包可以直接安装在各种自动化设备中，包括控制器、PLC和其他设备。高性能netX网络控制器允许所有的通信任务由嵌入的微处理器来执行。由于API适用于所有协议，因此兼容丰富的现场总线和实时以太网，且简单可靠，便于利用现有的赫优讯内建模块替换，如comX和netIC。

（3）网关

作为网络设备时（现场总线、实时以太网和串行总线），netTAP 100网关是理想的解决方案，它可以方便且稳定地应用于CC-Link网络。作为CC-Link从站，netTAP 100可以适应市面上的绝大多数网络。它具备专用网络设置工具 SYCON. net，可以在 GUI 内简单地拖拽和粘贴，并且在 PC 上利用 USB 接口执行固件下载、设定和诊断等任务。

（4）ASIC 通信控制器

为兼容所有的自动化设备（驱动器、I/O、PLC、条码扫描器等），赫优讯研发了多种多协议 netX 系列网络控制器。netX 芯片搭载了 ARM9CPU，并内置多种外设功能，实现了单台硬件设备即可支持诸多协议，如主流现场总线及工业实时以太网协议等。可借助赫优讯提供的固件版本设计用户自己的 CC-Link 接口。

6.6.3　HMS 的 Anybus 开发方案

Anybus 为用户快速便捷地开发 CC-Link 兼容产品提供完善的解决方案，可以开发 CC-Link/CC-Link IE 现场层网络兼容产品，可以在短时间内将用户的 CC-Link 兼容产品投入市场。

Anybus CompactCom 提供芯片、网桥、模块的形式，客户可选择最佳的开发。无论采用何种开发形式，均可在软件和硬件两方面兼容，客户可以用最少的开发投资成本进行 CC-Link 协议兼容产品的开发。

实现 CC-Link 网络的从站可以采用 Anybus CompactCom 40 系列的从站板卡、模块或芯片，其共同特点与用户的接口是与网络类型无关的，从而可以开发一次即可实现所有主流网络。

1. Anybus-S CC-Link /CC-Link IE Field

可靠性和性能均较高的从站接口，信用卡大小的模块中配备了 CC-Link、CC-Link IE Field 所需的所有软件和硬件。配备高性能微处理器，无需主机设备即可进行 CC-Link、CC-Link IE Field 协议处理。与主机设备间的接口由 Anybus S 中配备的 2KB 的 DPRAM 构成。还可轻松支持其他网络。可通过配备 Anybus-S CC-Link 的设备，轻松进行 CC-Link IE Field 的兼容产品开发。

可选择的产品介绍如下。

（1）Anybus-S CC-LINK（AB4210）

CC-LINK 特性如下。

1）支持多达 896 点的输入/输出数据、128 B 的数据。

2）占用的站数 1~4 站，扩展循环 1~8 倍（仅限 Ver. 2. 0）。

3）支持远程设备站。

4）支持波特率 156 kbit/s~10 Mbit/s。

5）支持 CC~Link Ver. 2. 0。

（2）CC-LINK IE Field（AB4613）

CC-LINK IE Field 特性如下。

1）支持多达 512 B 的 I/O 数据。

2）支持多达 1536 B 的参数数据。

3）支持智能设备站。

4）支持 1 Gbit/s。

Anybus S CC-Link /CC-Link IE Filed 接口如图 6-20 所示。

2. Anybus 定制解决方案

提供 Anybus-S、Anybus CompactCom 定制解决方案。对于形状、防水、防尘、环保措施等方面有特殊要求时，为用户提供解决方案，来对应非标产品开发需求。

可选择的产品如：B30CC-Link（AB6672）、M30CC-Link（AB6211、AB6311 无机壳）、M40 CC-Link（AB6602、AB6702 无机壳）。

特性如下。

1）支持最多达 896 点的输入/输出数据、支持 128 个字的数据。

30 系列：总共支持 256 B。

40 系列：支持总数达 CC-Link 规格上限。

2）占用的站数 1~4 站扩展循环 1~8 倍（仅限 Ver 2.0）。

3）支持远程设备站。

4）支持波特率 156 kbit/s ~10 Mbit/s。

5）支持 CC-Link Ver 2.0。

Anybus CompactCom CC-Link 接口如图 6-21 所示。

图 6-20　Anybus S CC-Link /CC-Link IE Filed 接口

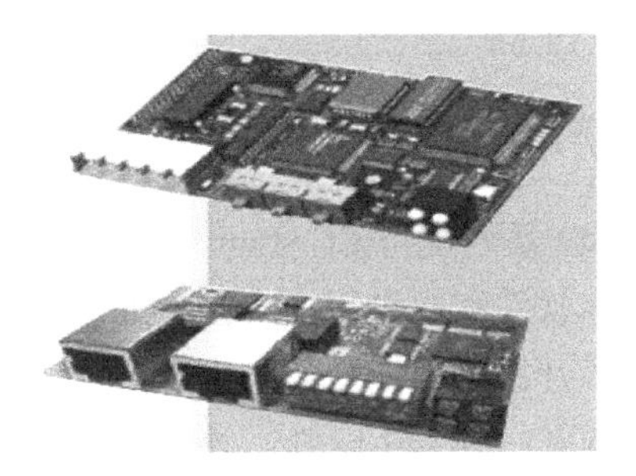

图 6-21　Anybus CompactCom CC-Link 接口

3. Anybus X-gateway CC-Link /CC-Link IE Filed

Anybus X-gateway 可在不同种类的 PLC 系统与网络之间进行 I/O 数据传输，在所有工厂设备间进行一系列的信息通信。可将 CC-Link 和 CC-Link IE Filed 与各种网络相连。

CC-LINK 特性如下。

1）支持多达 896 点的输入/输出数据、128 字的数据。

2）占用的站数 1~4 站，扩展循环 1~8 倍（仅限 Ver. 2.0）。

3）支持远程设备站。

4）支持波特率 156 kbit/s ~10 Mbit/s。

5）支持 CC-Link Ver. 2.0。

CC-LINK IE Field 特性如下。

1）支持多达 512 B 的 I/O 数据。

2）支持智能设备站。

3）支持 1 Gbit/s。

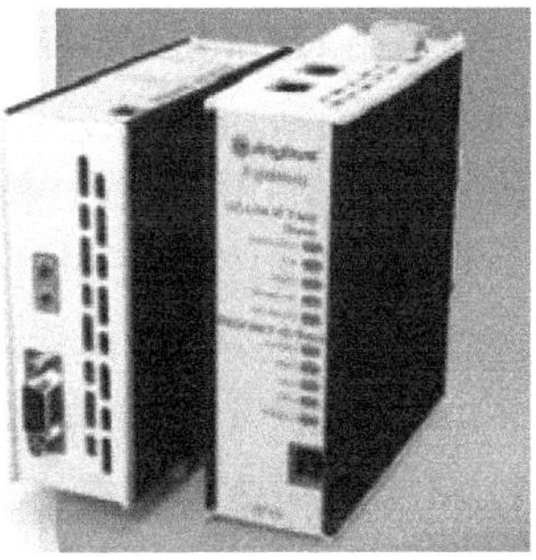

图 6-22　Anybus X-gateway CC-Link IE Filed 接口

Anybus X-gateway CC-Link IE Filed 接口如图 6-22 所示。

4. Anybus Communicator CC-Link/ CC-Link IE Filed

外置型高性能串口转换器，使现有设备中的串行接口 RS232/422/485 支持 CC-Link。本产品体积极小，不占控制柜内的空间，可轻松安装到DIN标准导轨上，且无须变更设备中的程序等。

CC-Link：串行为AB70088，CAN为AB7321。

CC-Link IE Filed：串行为AB7077。

CC-LINK特性如下。

1）支持多达896点的输入/输出数据、128字的数据。

2）占用的站数1~4站，扩展循环1~8倍（仅限Ver 2.0）。

3）支持远程设备站。

4）支持波特率156 kbit/s ~10 Mbit/s。

5）支持CC-Link Ver. 2.0。

CC-LINK IE Field特性如下。

1）支持多达512 B的I/O数据。

2）支持智能设备站。

3）支持1 Gbit/s。

6.6.4 瑞萨电子的LSI开发方案

R-IN32M3系列支持CC-Link协议兼容产品的开发。瑞萨电子（RENESAS）提供LSI、开发工具、样本软件和驱动程序等全方面的整体解决方案，为用户的产品开发提供支持。

瑞萨电子开发的工业通信用LSI“I R-IN32M3系列”适用于CC-Link协议从站开发。作为整体解决方案，除LSI以外、还包括ARM开发环境、开发套件等的开发工具和样本软件、驱动程序，用户可快速轻松开发产品。此外，支持含CC-Link协议的各种通信协议亦可作为平台开发的工具。

（1）CC-Link IE Filed智能设备站

通信用LSI（R-IN32M3-CL）：通信LSI配备与CP220同等的功能，无须了解通信协议，可开发用于循环通信和瞬时通信的各种设备。配备ARM公司的Cortex-M3作为CPU核心，还可安装应用程序。此外，还提供用于R-IN32M3-CL的CC-Link IE开发手册和样本软件。

（2）CC-Link智能设备站/远程设备站

通信用LSI（R-IN32M3-CL/R-IN32M3-EC）：通信LSI配备与MFP1N、MFP3N同等的功能，无须了解通信协议并可开发产品。LSI在切换软件后支持Ver1.1、Ver2.0，配备ARM公司的Cortex-M3作为CPU核心，还可安装应用程序。

此外，还提供用于R-IN32M3-CL/R-IN32M3-EC的CC-Link IE开发手册和样本软件。

（3）FA从站通信单元用LSI

R-IN32M4-CL2是高速实时响应/低波动稳定控制/低功耗FA从站通信单元用LSI。R-IN32M4系列可支持现有CC-Link IE等工业以太网协议和现场总线协议，是用于FA从设备通信单元的工业通信用LSI，具有以下特性。

1）通过将实时OS的一部分硬件化实现“实时OS加速器”，带来低波动稳定控制与低功耗。

2）内置支持千兆位的PHY，减少了元器件数量并缩小了所需空间。

3）具备浮点数运算单元、ADC、各类计时器，从而可支持各种应用，如电机控制等。

6.7　CC-Link 现场总线的应用

6.7.1　CC-Link 应用领域

CC-Link 现场组成在以下领域具有广泛的应用。

1）半导体电子产品：如 LED 原材料装袋机、晶片研磨机、LCD 生产线、DMP 设备、HDD 研磨机、PCB 产品线、液晶检查设备。

2）汽车：如涂装系统、发动机传送设备、车辆组装线、曲柄轴电子加热设备焊接处理、刹车装置、螺钉坚固保护设备、汽车电子部分。

3）搬运：如邮件分类设备、电器设备分送线、CRT 传送线、NC 装货设备机场货物运送系统、木工机械传送带、印刷设备传送系统。

4）楼宇工厂控制管理：如 BA 系统、FA 系统、电力监视系统、智能化小区及大楼远程式抄表系统、机场监视系统、工厂管控系统。

5）印刷：如单印刷机、转轮印刷机（橡皮版，报纸）。

6）化学：如洗涤剂装袋流水线、橡胶测量、轮胎生产线、人造革生产线、陶瓷预处理、原料研磨、自动称重。

7）食品：如食品包装机械、粉末茶制作线。

8）节能：如工厂生产设备、建筑。

另外还有礼花燃放装置、卷烟生产系统、轴承制造、铁道车辆车轮检测、火力发电机组锅炉除灰除渣电控、丙烯腈改造工程、微波加热装置等。

6.7.2　CC-Link IE/CC-Link 应用案例

1. CC-Link IE 应用案例

（1）用于汽车车体铸品的 AGV（自动引导车）设备

该系统根据接收到的上位控制器的指令自动搬送金属铸品，通过 CC-Link 控制 AGV 路径的转换和与 NC 机器的接口。CC-Link 大量减少了配线和施工时间。配线减少的重要原因归功于 CC-Link 强大的抗噪音功能，该功能使得线缆布线很少受到约束。

（2）密炼生产管控系统

由于 CC-Link IE 工业网络具有 1Gbit/s 速率、超高速、大容量的性能，采用双环冗余光通信技术，可以稳定进行工厂生产数据的传输，构建车间内部的生产系统网络，并构建车间级的网络系统。基于以太网的 CC-Link IE Field 和现场总线 CC-Link 作为先进的设备层网络系统，以最简洁的配线方式连接现场的生产设备，包括变频器、I/O 和称量系统等构成设备层网络，同时，还能为用户提供丰富的兼容产品，满足用户需求。

密炼生产管控系统包括上辅机、下辅机母炼和下辅机终炼三部分。

上辅机由炭黑、油料、胶料输送称量控制系统和小料配料控制系统组成。

下辅机母炼由主机（温度、速度、压力和位置等）控制器、挤出/压片控制器和切割/冷却/摆片控制器组成。

下辅机终炼由开炼控制器等组成。

整个系统采用 CC-Link IE Control 控制网络。

2. CC-Link 应用案例

(1) 汽车生产焊接线

该生产线用点焊接和电弧焊接机器人装配汽车车体。该生产线由2000~3000个远程I/O单元和46台PLC组成，每一台PLC装了7~8个CC-Link主站。CC-Link大量减少了配线和费用。因为每一台机器都很容易链接到CC-Link上，现场安装和配线的时间也大量缩减。传送系统的效率和速度的提高归功于CC-Link使远程I/O的高速通信成为可能。

(2) 酒店和客房远程监控系统

该系统监控机房和电力设备房的自动操作和报警条件。局域网和电话线的连接使之能够进行远程监控和维护。CC-Link远程I/O模块大量减少了空调设备和其他电力设备的配线。高速的数据链接使被监视设备的当前状态和异常情况能够被实时显示。

习题

1. 简述CC-Link现场网络的组成与特点。
2. 简述CC-Link Safety系统构成与特点。
3. 简述CC-Link通信协议。
4. CC-Link IE网络包括哪几部分？
5. 什么是TSN？
6. CC-Link IE TSN有什么特点？
7. 简述CC-Link兼容产品的开发流程。
8. CC-Link系列系统配置文件CSP+的功能是什么？
9. 简述SLMP通用协议。
10. CC-Link一致性测试主要包括哪些内容？
11. CC-Link产品的开发方案有哪几种？分别进行介绍。

第7章　DeviceNet现场总线

Devicenet协议是一个简单、廉价而且高效的协议，适用于最低层的现场总线，例如：过程传感器、执行器、阀组、电动机起动器、条形码读取器、变频驱动器、面板显示器、操作员接口和其他控制单元的网络。可通过DeviceNet连接的设备包括从简单的挡光板到复杂的真空泵各种半导体产品。DeviceNet也是一种串行通信链接，可以减少昂贵的硬接线。DeviceNet所提供的直接互连性不仅改善了设备间的通信，而且同时提供了相当重要的设备级诊断功能，这是通过硬接线I/O接口很难实现的。

本章首先对DeviceNet进行了概述，然后讲述了DeviceNet连接、DeviceNet报文协议、DeviceNet通信对象分类、网络访问状态机制、指示器和配置开关、DeviceNet的物理层和传输介质和设备描述，最后讲述了DeviceNet节点的开发。

7.1　DeviceNet概述

DeviceNet是由美国Rockwell公司在CAN基础上推出的一种低成本的通信链接。它将基本工业设备（如限位开关、光电传感器、阀组、电动机启动器、过程传感器、条形码读取器、变频驱动器、物料流量计、电子秤、显示器和操作员接口等）连接到网络，从而避免了昂贵和烦琐的硬接线。DeviceNet是一种简单的网络解决方案，在提供多供货商同类部件间的可互换性的同时，减少了配线和安装工业自动化设备的成本和时间。DeviceNet的直接互连性不仅改善了设备间的通信，而且同时提供了相当重要的设备级诊断功能，这是通过硬接线I/O接口很难实现的。

DeviceNet是一个开放式网络标准，其规范和协议都是开放的，用户将设备连接到系统时，无须购买硬件、软件或许可权。任何个人或制造商都能以少量的复制成本从开放式DeviceNet供货商协会（ODVA）获得DeviceNet规范。

DeviceNet作为一个低端网络系统，实现传感器和执行器等工业设备与控制器高端设备之间的连接，如图7-1所示。

DeviceNet可以提供：

1）低端网络设备的低成本解决方案；

2）低端设备的智能化；

3）主/从以及对等通信的能力。

DeviceNet有两个主要用途：

1）传送与低端设备关联的面向控制的信息；

2）传送与被控系统间接关联的其他信息（如配置参数）。

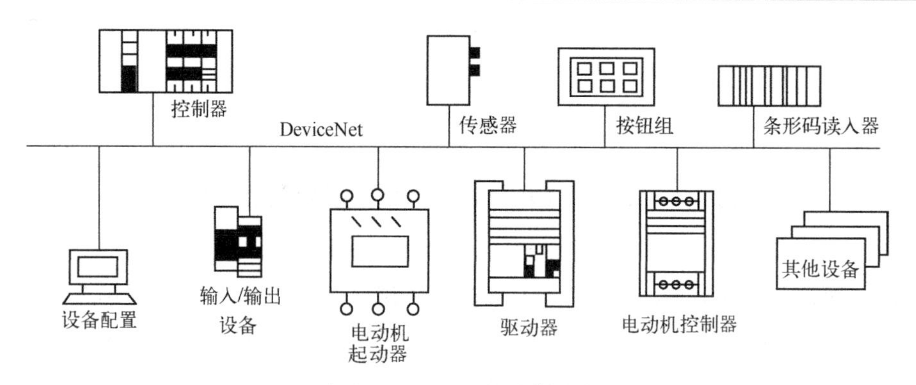

图 7-1　DeviceNet 通信连接

7.1.1　DeviceNet 的特性

1. DeviceNet 的物理/介质特性

DeviceNet 具有如下物理/介质特性。

1）主干线——分支线结构。

2）最多可支持 64 个节点。

3）无须中断网络即可解除节点。

4）同时支持网络供电（传感器）及自供电（执行器）设备。

5）使用密封或开放形式的连接器。

6）接线错误保护。

7）可选的数据传输波特率为 125 kbit/s、250 kbit/s 及 500 kbit/s。

8）可调整的电源结构，以满足各类应用的需要。

9）大电流容量（每个电源最大容量可以达到 16 A）。

10）可带电操作。

11）电源插头可以连接符合 DeviceNet 标准的不同制造商的供电装置。

12）内置式过载保护。

13）总线供电：主干线中包括电源线及信号线。

2. DeviceNet 的通信特性

DeviceNet 具有如下通信特性。

1）媒体访问控制及物理信号使用控制器局域网（CAN）。

2）有利于应用之间通信的面向连接的模式。

3）面向网络通信的典型的请求/响应。

4）I/O 数据的高效传输。

5）大信息量的分段移动。

6）MAC ID 的多重检测。

7.1.2　对象模型

DeviceNet 使用抽象的对象模型：

1）使用通信服务系列；

2）DeviceNet 节点的外部可视行为；

3）DeviceNet 产品中访问及交换信息的通用方式。

DeviceNet 节点可用一个对象（Object）的集合建模。对象提供了产品内特定组件的抽象表示。该产品内抽象对象模型的实现是非独立的，换言之，产品将以其特定执行方式内部映像该目标模型。

分类（Class）是指表现出相同类型系统成分的对象的集合。对象实例（Object Instance）是指在分类内某一特定对象的具体表示。分类中的每个实例不但有一组相同的属性，而且也具有自身的一组特定属性值。在一个 DeviceNet 节点的一个特定分类中，可以存在多种对象实例。

一个对象实例和/或对象分类都有自己的属性，都能提供服务并完成一种行为。

属性是一个对象和/或对象分类的特性。属性提供状态信息或管理对象的操作。服务用来触发对象/分类实现一个任务。对象行为则表示了它如何响应特定的事件。

在描述 DeviceNet 的服务及协议过程中，使用下列对象模型的相关术语。

1）对象（Object）——产品中的一个特定成分的抽象表示。

2）分类（Class）——表现相同系统成分的对象的集合。某分类内的所有对象在形式及行为上是相同的，但可能具有不同的属性值。

3）实例（Instance）——对象的一个特定物理存在。例如：加利福尼亚州是分类对象中的一个实例。

4）属性（Attribute）——对象的外部可见的特征或特性的描述。简言之，属性提供了一个对象的状态信息及对象的工作管理。例如：对象的 ASCII 名；循环对象的重复速率。

5）例示（Instantiate）——建立一个对象的实例，除非对象定义中已规定使用默认值，该对象所有实例属性都初始化到零。

6）行为（Behavior）——对象如何运行的描述。由对象检测不同的事件而产生的动作，例如收到服务请求、检测内部故障或定时器到时等。

7）服务（Service）——对象和/或对象分类提供的功能。DeviceNet 定义了一套公共服务，并提供对象分类或制造商特定的服务的定义。

8）通信对象（Communication Object）——通过 DeviceNet 管理和提供实时报文交换的多对象种类。

9）应用对象（Application Object）——实现产品指定特性的多对象种类。

1. 对象编址

（1）介质访问控制标识符（MAC ID）

分配给 DeviceNet 上每个节点的一个整数标识值，该值可将该节点与同一链接上的其他节点区别开来，如图 7-2 所示。

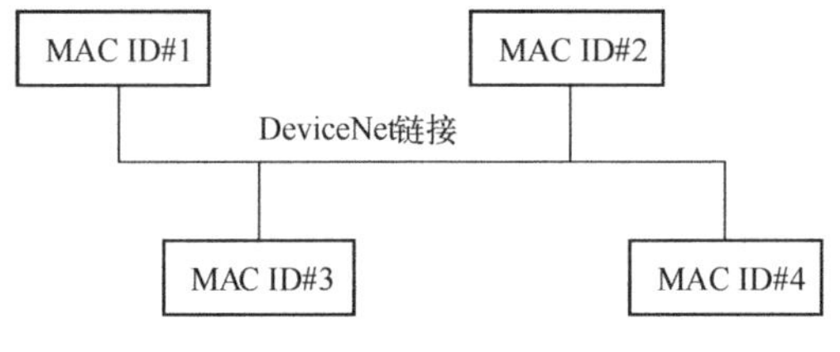

图 7-2　介质访问控制标识符

（2）分类标识符（Class ID）

分配给网络上可访问的每个对象类的整数标识值，Class ID 有效取值范围见表 7-1。

表7-1　Class ID有效取值范围

范　　围	含　　义
00H~63H	开放部分
64H~C7H	制造商专用
C8H~FFH	DeviceNet保留，备用
100H~2FFH	开放部分
300H~4FFH	制造商专用

（3）实例标识符（Instance ID）

分配给每个对象实例的整数标识值，用于在相同分类中识别所有实例，该整数在其所在MAC ID分类中是唯一的。

（4）属性标识符（Attribute ID）

赋予分类及/或实例属性的整数标识值，Attribute ID值的范围见表7-2。

表7-2　Attribute ID值的范围

范　　围	含　　义
00H~63H	开放部分
64H~C7H	制造商专用
C8H~FFH	DeviceNet保留，备用

（5）服务代码（Service Code）

特定的对象实例和/或对象分类功能的整数标识值，服务代码的取值范围见表7-3。

表7-3　服务代码的取值范围

范　　围	含　　义
00H~31H	开放部分，为DeviceNet的公共服务
32H~4AH	制造商专用
4BH~63H	对象类专用
64H~7FH	DeviceNet保留，备用
80H~FFH	不用

2. 寻址范围

DeviceNet定义的对象寻址报文的范围，即MAC ID的使用范围见表7-4。

表7-4　MAC ID的使用范围

范　　围	含　　义
00~63（十进制）	MAC ID。如果没有分配其他值，那么设备初始化时默认值为63（十进制）

定义此范围的常用术语如下。

1）开放部分（Open）：该取值范围由ODVA定义，并对所有DeviceNet使用者通用。

2）制造商专用（Vendor Specific）：该取值范围由设备制造商特定。制造商可扩展其设备在开放部分定义有效范围之外的功能，制造商内部管理该范围内值的使用。

3）对象类专用（Object Class Specific）：该取值范围按Class ID定义，该范围用于服务代码定义。

7.1.3　DeviceNet 网络及对象模型

DeviceNet 定义了基于连接的方案以实现所有应用程序的通信。DeviceNet 连接在多端点之间提供了一个通信路径，连接的端点为需要共享数据的应用程序，当连接建立后，与特定连接相关联的传输被赋予一个标识值，该标识值被称为连接 ID（CID）。

连接对象（Connection Object）提供了特定的应用程序之间的通信特性，端点（End-Point）指连接中有关的一个通信实体。DeviceNet 基于连接的方案定义了动态方法，用该方法可以建立以下两种类型的连接。

1）I/O 连接（I/O Connections）：在一个生产应用及一个或多个消费应用之间提供了专用的、具有特殊用途的通信路径。

2）显式报文连接（Explicit Messaging Connection）：在两个设备之间提供了一个通用的、多用途的通信路径，通常指报文传输连接，显式报文提供典型的面向请求/响应的网络通信。

1. I/O 连接

I/O 连接在生产应用及一个或多个消费应用之间提供了特定用途的通信路径。应用特定 I/O 数据通过 I/O 连接传输，如图 7-3 所示。

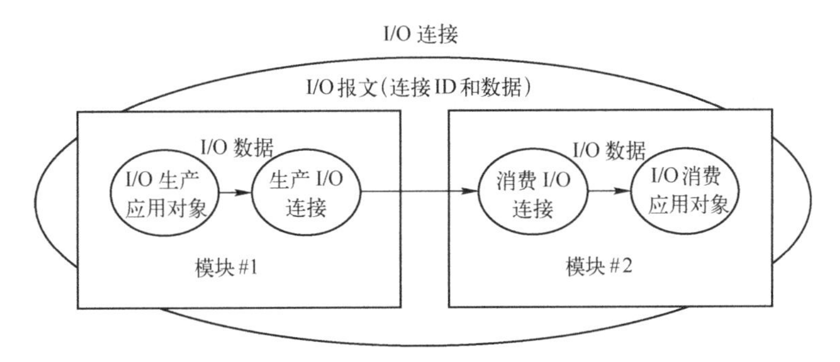

图 7-3　DeviceNet I/O 连接

I/O 报文通过 I/O 连接进行交换。I/O 报文包含一个连接 ID 及相关的 I/O 数据，I/O 报文内数据的含义隐含在相关的连接 ID 中。

2. 显式报文连接

显式报文连接在两个设备之间提供了一般的、多用途的通信路径。显式报文是通过显式报文连接进行交换的，显式报文被用作特定任务的执行命令并上报任务执行的结果。显式报文的含义及用途在 CAN 数据块中确定。显式报文提供了执行典型的面向请求/响应功能的方法（如模块配置）。

DeviceNet 定义了描述报文含义的显式报文协议，一个显式报文包含一个连接 ID 及有关的报文协议。

显式报文连接如图 7-4 所示。

3. 对象模型

DeviceNet 产品的抽象对象模型包含以下组件。

1）非连接报文管理（UCMM）：处理 DeviceNet 的非连接显式报文。

2）连接分类（Connection Class）：分派并管理与 I/O 及显式报文连接相关的内部资源。

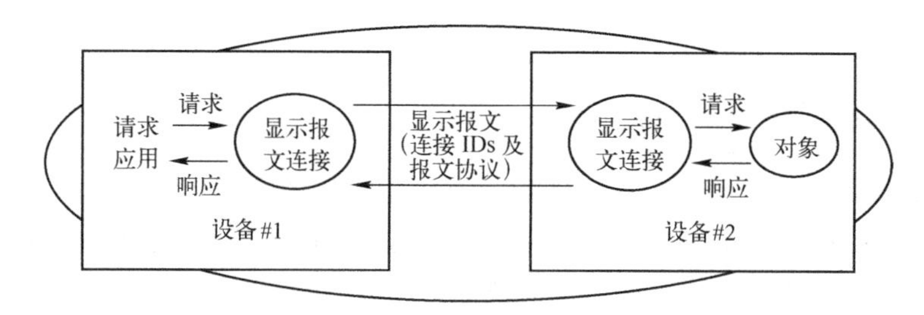

图7-4　DeviceNet显式报文连接

3）连接对象（Connection Object）：管理与特定的应用-应用网络关联有关的通信部分。

4）DeviceNet对象（DeviceNet Object）：提供物理DeviceNet网络连接的配置及状态。

5）链接生产者对象（Link Producer Object）：连接对象传输数据至DeviceNet。

6）链接消费者对象（Link Consumer Object）：连接对象从DeviceNet上获取数据。

7）报文路由器（Message Router）：将显式请求报文分配到适当的处理器对象。

8）应用对象（Application Object）：执行产品的预定任务。

7.2　DeviceNet连接

DeviceNet是一个基于连接的网络系统，它基于CAN总线技术。DeviceNet总线只要求支持CAN 2.0A协议，可灵活选用各种CAN通信控制器，一个DeviceNet的连接提供了多个应用之间的路径。当建立连接时，与连接相关的传送被分配一个连接ID（CID），如果连接包含双向交换，那么应该分配两个连接ID值。

7.2.1　DeviceNet关于CAN标识符的使用

在DeviceNet上有效的11位CAN标识位被分成4个单独的报文组：组1、组2、组3和组4。考虑到基于连接的报文，连接ID被置于CAN标识符内。DeviceNet连接ID的组成如图7-5所示。

标识位											16进制范围	标识用途
10	9	8	7	6	5	4	3	2	1	0		
0	组1报文ID				源MAC ID						000~3ff	报文组1
1	0	MAC ID						组2报文ID			400~5ff	报文组2
1	1	组3报文ID			源MAC ID						600~7bf	报文组3
1	1	1	1	1	组4报文ID(0~2f)						7c0~7ef	报文组4
1	1	1	1	1	1	1	X	X	X	X	7f0~7ff	无效CAN标识符
10	9	8	7	6	5	4	3	2	1	0		

图7-5　DeviceNet连接ID的组成

DeviceNet上的CAN标识符包含如下内容。

1）报文ID（Message ID）：在特定端点内的报文组中识别一个报文。用报文ID在特定端点内单个报文组中可以建立多重连接，该端点利用报文ID与MAC ID的结合，生成一个连接ID，该连接ID在与相应传输有关的CAN标识符内指定。组2和组3则预定义了确定报文ID的使用。

2）源MAC ID（Source MAC ID）：此MAC ID分配给发送节点。组1和组3需要在CAN

标识符内指定源 MAC ID。

3）目的 MAC ID（Destination MAC ID）：此 MAC ID 分配给接收设备。报文组 2 允许在 CAN 标识符的 MAC ID 部分指定源或目的 MAC ID。

7.2.2　建立连接

1. 显式报文连接和 UCMM

非连接显式报文建立和管理显式报文连接。通过发送一个组 3 报文（报文 ID 值设置成 6）来指定非连接的请求报文，对非连接显式请求的响应将以非连接响应报文的方式发送，通过发送一个组 3 的报文（报文 ID 值设置成 5）来指定非连接响应报文。

非连接报文管理（UCMM）负责处理非连接显式请求和响应。UCMM 需要一个设备将非连接显式请求报文 CAN 标识符从所有可能的源 MAC ID 中筛选出来。UCMM 报文流图如图 7-6 所示。

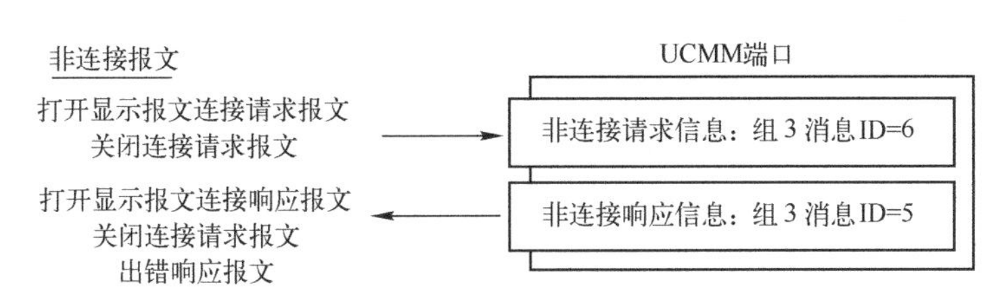

图 7-6　UCMM 报文流图

支持 UCMM 的设备同样必须筛选重名的 MAC ID 检查报文和任何其他建立连接相关的连接 ID，这些筛选要求通过使用具有掩码/匹配功能的 CAN 芯片筛选器来实现，该筛选器能够接收所有组 3 报文。这样，就可能支持 UCMM 接收大量报文说明，该说明必须在软件中得以筛选。与低端设备特定相关的资源限制可以禁止这一级的软件筛选。

显式报文连接是无条件点对点连接。点对点连接只存在于两个设备之间，请求打开连接（源发站）的设备是连接的一个端点，接收和响应这个请求的模块是另一个端点。

2. I/O 连接

动态 I/O 连接是通过先前建立的显式报文连接的连接分类接口而建立的。以下为动态建立 I/O 连接所必须完成的任务。

1）与将建立 I/O 连接的一个端点建立显式报文连接。

2）通过向 DeviceNet 连接分类发送一个创建请求来创建一个 I/O 连接对象。

3）配置连接实例。

4）应用 I/O 连接对象执行的配置，这样做将实例化服务于 I/O 连接所必需的组件中。

5）在另一个端点重复这一步骤。

DeviceNet 并不要求支持 I/O 连接的动态建立。

动态处理便于不同种类的 I/O 连接的建立。该规范并不规定何方可以执行连接配置的任何规则。I/O 连接可以是点到点的，也可以是多点的，多点通信连接允许多个节点收听单点发送。

3. 离线连接组

组 4 离线连接组报文可由客户机用来恢复处于通信故障状态的节点。使用离线连接组报文，客户机能够做到：

1）通过 LED 闪烁可视觉表明正与之通信的故障节点；

2）如可能，则向故障节点发送故障恢复报文；

3）在不从子网上拆除故障节点的情况下，恢复故障节点。

只有支持离线连接设备的客户机才产生使用组 4 报文 ID=2F 的报文，并接收响应报文，组 4 报文 ID=2E。一旦获取所有权，客户机应该产生所有使用组 4 报文 ID=2D 的发往通信故障节点的报文。

当处在通信故障状态时，支持这一特性的节点只需消费单个的连接 ID：组 4 报文 ID=2D。一个故障节点将以组 4 报文 ID=2C 的形式产生通信故障响应报文。

客户机一旦得到了离线连接组所有权，就能够发送通信故障请求报文：组 4 报文 ID=2D，并接收通信故障响应报文：组 4 报文 ID=2C。

4. 离线所有权

为了获得离线连接组的控制权，客户机应产生一个离线所有权请求报文。在此报文成功发送后，客户机应等待 1 s。如果没有收到响应报文，它将产生第二个离线所有权请求报文，并再等待 1 s。如果还没有收到响应报文，它将成为离线请求报文的所有者。如果在任一等待时间内收到离线所有权响应报文，它将不成为离线连接设备的所有者，并将等待成为所有者。在某时刻任意点上只允许有一个客户机拥有离线连接组的所有权，一个等待的客户机在收到离线所有权响应报文后至少 2 s 内不能发出下一个离线所有权请求报文。

5. 通信故障报文

通信故障状态下所有支持故障恢复机制的节点将收到以组 4 报文 ID=2D 形式产生的通信故障请求报文。此时，通信故障节点将以组 4 报文 ID=2C 形式产生一个通信故障响应报文。

7.3 DeviceNet 报文协议

7.3.1 显式报文

显文报文利用 CAN 帧的数据区来传递 DeviceNet 定义的报文，显式报文 CAN 数据区的使用如图 7-7 所示。

图 7-7　显式报文 CAN 数据区的使用

含有完整显式报文的传送数据区包括：报文头、完整的报文体。

如果显式报文的长度大于 8 字节，则必须在 DeviceNet 上以分段方式传输，连接对象提供分段/重组功能。一个显式报文的分段包括：报文头、分段协议、分段报文体。

1. 报文头

显式报文的 CAN 数据区的 0 号字节指定报文头，格式如图 7-8 所示。

字节位移	7	6	5	4	3	2	1	0
0	Frag	XID	MAC ID					

图 7-8　报文头格式

- Frag（分段位）：指示此传输是否为显式报文的一个分段。
- XID（事务处理 ID）：该区应用程序用以匹配响应和相关请求，该区由服务器用响应报文简单回复。
- MAC ID：包含源 MAC ID 或目标 MAC ID，根据表 7-1 来确定该区域中指定何种 MAC ID（源或目标）。

接收显式报文时，须检查报文头内的 MAC ID 区，如果在连接 ID 中指定目标 MAC ID，那么必须在报文头中指定其他端点的源 MAC ID。如果在连接 ID 中指定源 MAC ID，那么必须在报文头中指定接收模块的 MAC ID。

2. 报文体

报文体包含服务区和服务特定变量。

报文体指定的第一个变量是服务区，用于识别正在传送的特定请求或响应。服务区的格式如图 7-9 所示。

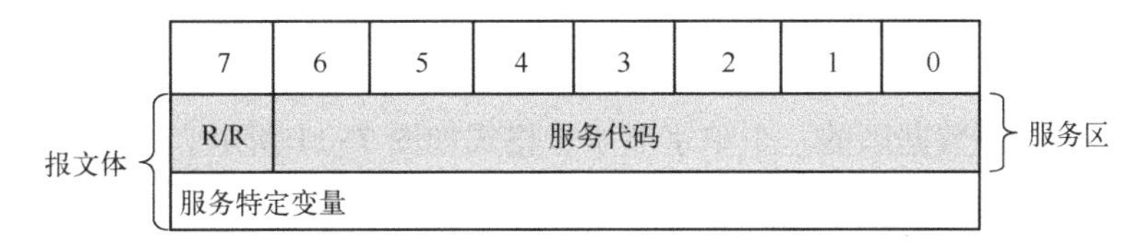

图 7-9　报文体服务区的格式

服务区内容如下。

1）服务代码：服务区字节低 7 位值，表示传送服务的类型。

2）R/R：服务区的最高位，该值决定了这个报文是请求报文还是响应报文。报文体中紧接服务区之后的是正在传送的服务特殊类型的详细报文。

3. 分段协议

如果传输的是显式报文的一个分段，那么该数据区包含报文头、分段协议以及报文体分段。分段协议用于大段显式报文的分段转发及重组。

4. UCMM 服务

非连接报文管理器（UCMM）提供动态建立显式报文连接。UCMM 处理两种服务即管理显式报文连接的分配及解除。

1）打开显式报文连接，建立一个显式报文连接。

2）关闭连接服务代码，删除一个连接对象并解除所有相关资源。

7.3.2　输入/输出报文

除了能够被用于发送一个长度大于 8 B 的 I/O 报文的分段协议，DeviceNet 不在 I/O 报文的数据区内定义任何有关报文的协议。

数据区（0~8 B），如图 7-10 所示。

图 7-10　I/O 报文的数据区

DeviceNet 支持两种类型的连接：显式信息连接和输入/输出连接。

显式信息连接是点对点的连接方式，报文接收方必须对接收到的报文做出相应的响应，通常这类报文对时间要求不高，主要用于上传/下载程序、修改设备参数、趋势分析和诊断等。

输入/输出连接则用于传送实时性要求较高的输入/输出报文，可以一对一、一对多地进行数据传送。DeviceNet 支持多样输入/输出数据触发方式，如位选通（Bit Strobe）、轮询（Poll）、状态改变（Change of State，COS）/循环（Cyclic）等。

7.3.3　分段/重组

长度大于 8 B（CAN 帧的最大尺寸）的报文可进行分段及重组。分段/重组功能由 DeviceNet 连接对象提供，支持分段方式发送及接收是可选的。对于显式报文连接和 I/O 连接而言，触发分段发送的逻辑是不同的。

1）显式报文连接检查要发送的每个报文的长度，如果报文长度大于 8 B，那么就使用分段协议。

2）I/O 连接检查连接对象的 produced_connection_size 的属性，如果 produced_connection_size 的属性大于 8 B，那么使用分段协议。

1. 分段协议

分段协议位于 CAN 数据区的一个单字节中，格式如图 7-11 所示。

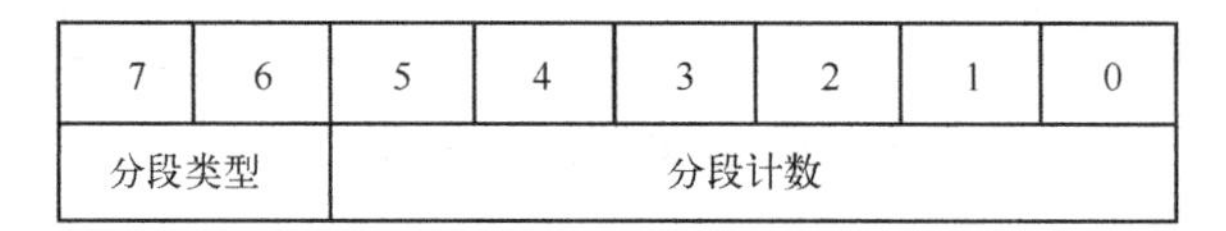

7	6	5	4	3	2	1	0
分段类型		分段计数					

图 7-11　分段协议格式

2. 分段协议内容

分段类型：表明是首段、中间段还是最后段的发送。

分段计数器：标志每一个单独的分段，这样接收器就能够确定是否有分段被遗失。如果分段类型是第一个分段，每经过一个相邻连续分段，分段计数器加 1；当计数器值达到 64 时，又从 0 值开始。分段协议在 I/O 报文内的位置与在显式报文内的位置是不同的。I/O 报文分段格式如图 7-12 所示。

字节数	7	6	5	4	3	2	1	0
0	分段类型		分段计数					
	I/O 报文分段							

图 7-12　I/O 报文分段格式

显式报文分段转发格式如图 7-13 所示。

字节数	7	6	5	4	3	2	1	0
0	Frag[1]	XID	MAC ID					
1	分段类型	分段计数器						
	显示报文体分段							

图 7-13　显式报文分段转发格式

7.3.4　重复 MAC ID 检测协议

DeviceNet 的每一个物理连接必须分配一个 MAC ID。这一配置包括人工设置，因此，同一链接上的两个模块具有相同 MAC ID 的情况将是很难避免的。因为定义一个 DeviceNet 传输时都涉及 MAC ID，因此要求所有 DeviceNet 模块都参与重复 MAC ID 检测算法。组 2 中定义了一个特定的报文 ID 值用以规定重复 MAC ID 检查报文，其格式如图 7-14 所示。

标识位											报文 ID 含义
10	9	8	7	6	5	4	3	2	1	0	
1	0	MAC ID						组 2 报文 ID			组 2 报文
1	0	目的 MAC ID						1	1	1	重复 MAC ID 检查报文

图 7-14　重复 MAC ID 检查报文格式

与重复 MAC ID 检查报文相关的数据区格式如图 7-15 所示。

字节位移	7	6	5	4	3	2	1	0
0	R/R	物理端口编号						
1	低字节	制造商ID						
2	高字节							
3	低字节	系列号						
4								
5								
6	高字节							

图 7-15　与重复 MAC ID 检查报文相关的数据区格式

在图 7-15 中，各字节表示内容说明如下。

- R/R 位：请求/响应标志。
- 物理端口编号：DeviceNet 内部分配给每个物理连接的一个识别值，完成与 DeviceNet 多个物理连接的产品必须在十进制数 0～127 范围内分配唯一的值，执行单个连接的产品设置值为 0。
- 制造商 ID：16 位整数区（UINT），包含分配给报文发送设备的制造商识别代码。
- 系列号：32 位整数区（UDINT），包含由制造商分配给设备的系列号。

所有生产 DeviceNet 节点设备制造商都将被分配一个制造商识别码。另外，当制造产品时，每一个制造商必须为每一个 DeviceNet 产品配置一个唯一的 32 位系列号，系列号对特定的制造商应该是唯一的。

7.3.5　设备监测脉冲报文及设备关闭报文

1. 设备监测脉冲报文

设备监测脉冲报文为可选项。设备脉冲报文 DeviceNet 对象库的识别对象触发功能对总线故障的智能监测是相当重要的。

该报文广播设备的当前状态。该报文由具有 UCMM 功能的设备作为一个非连接响应报文发送（报文组 3，报文 ID=5）和由仅限于组 2 的服务器作为非连接的响应报文发送（报文组 2，报文 ID=3）。

2. 设备关闭报文

当设备转换到离线状态时，它将产生一个设备关闭报文，此报文亦为可选项。该报文广播设备呈离线状态或非存在状态，该报文由具有 UCMM 功能的设备作为一个非连接的响应报文发送（报文组 3，报文 ID=5）；而作为非连接的响应报文（报文组 2，报文 ID=3）由仅限于组 2 的服务器发送。

7.4 DeviceNet 通信对象分类

DeviceNet 通信对象用于管理和提供运行时的报文交换，对象的定义部分包括对属性指定数据类型。通信对象分类如下。

- 对象分类属性。
- 对象分类服务。
- 对象实例属性。
- 对象实例服务。
- 对象实例行为。

1. 链路生产者对象分类定义

链路生产者对象是实施低端数据传送的组件；无链路生产者类属性。

2. 链路生产者对象类服务

以下为链路生产者类所支持的服务。

1）创建（Create）：用以建立一个链路生产者对象。

2）删除（Delete）：用以删除一个链路生产者对象。

3. 链路生产者对象实例属性

1）USINT State：链路生产者实例的当前状态，两种可能的状态见表 7-5。

表 7-5　链路生产者实例的当前状态

状态名称	说　明
不存在	链路生产者还未建立
运行	链路生产者已经建立，正在等待命令，以调用其发送服务来传送数据

2）UINT Connection_id：当该链路生产者被触发时，发送 CAN 标识符区的值。连接对象内部使用链路生产者，用其 produced_connection_id 属性的值来初始化此属性。

4. 链路生产者对象实例服务

链路生产者对象实例所支持的服务如下所示。

1）Send：链路生产者在 DeviceNet 上发送数据。

2）Get_Attribute：用于读取链路生产者对象属性。

3）Set_Attribute：用于修改链路生产者对象属性。

5. 链路消费者对象类定义

链路消费者对象是接收低端数据组件，无链路消费者类属性。

6. 链路消费者分类服务

链路消费者分类所支持服务如下。

1）创建：建立一个链路消费者对象。

2）删除：删除一个链路消费者对象。

7. 链路消费者实例属性

1）USINT State：链路消费者实例的当前状态，两种可能的状态见表7-6。

表7-6　链路生产者实例的当前状态

状态名称	说　明
不存在	链路消费者还未被建立
运行	链路消费者已经被建立，正在等待接收数据

2）UINT Connection_id：该属性保存的是CAN标识区的值，此值规定将为消费者所接收的报文。连接对象内部利用该链路消费者，用其consumed_connection_id属性值对此属性进行初始化。

8. 链路消费者实例服务

链路消费者对象实例所支持的服务如下。

1）Get_Attribute：读取链路消费者对象属性。

2）Set_Attribute：修改链路消费者对象属性。

9. 连接对象分类定义（Class ID Code）：5

连接分类将分配和管理与I/O及显式报文连接有关的内部资源。由连接分类生成的特定的实例称为连接实例或连接对象。一个指定模块内部的连接对象代表着连接的一个端点，网络中的一个端点可以在另一个端点不存在的情况下进行设置及“激活”（如发送）。连接对象是对应用程序到应用程序相互关系的通信专用特性建模，一个特定的连接对象实例将管理一个端点的通信。DeviceNet中的连接对象使用链路生产者和/或链路消费者提供的服务，实现低端的数据发送和接收功能。

10. DeviceNet 对象分类定义（Class ID Code）：3

DeviceNet对象提供了DeviceNet的物理连接的配置及状态，一个产品必须通过物理网络连接支持一个（只有一个）DeviceNet对象。

7.5 网络访问状态机制

DeviceNet产品必须执行的网络访问状态机制为：在DeviceNet上必须优先于通信所执行的任务；影响产品在DeviceNet上通信能力的网络事件。

7.5.1 网络访问事件矩阵

网络访问状态机制的状态事件矩阵见表7-7，执行过程将基于表7-7所列出的报文。

表 7-7 网络访问状态机制的状态事件矩阵

事件	状态			
	发送重复 MAC ID 检查请求	等待重复 MAC ID 检查报文	在线	通信故障
成功发送重复 MAC ID 检查请求报文	启动 1 s 计时。转换到等待重复 MAC ID 检查报文	不用	不用	不用
检测到 CAN 离线	CAN 芯片保持复位，转换到通信故障状态	CAN 芯片保持复位，转换到通信故障状态	访问 DeviceNet 对象的 BOI 属性。如果 BOI 属性表示 CAN 芯片应该保持复位，那么转换到通信故障状态。如果 BOI 属性表示 CAN 芯片应该自动复位，那么：①复位 CAN 芯片；②请求发送重复 MAC ID 检查请求报文；③转换到发送重复 MAC ID 检查请求状态	不用
接收到重复 MAC ID 检查请求报文	检测到重复 MAC ID，转换到通信故障状态	检测到重复 MAC ID，转换到通信故障状态	发送重复 MAC ID 检查响应报文	丢弃报文
接收到重复 MAC ID 检查响应报文	检测到重复 MAC ID，转换到通信故障状态	检测到重复 MAC ID，转换到通信故障状态	检测到重复 MAC ID，转换到通信故障状态	丢弃报文
1 s 的重复 MAC ID 检查报文计时器到时	不用	如果这是第一个超时，那么再次请求发送重复 MAC ID 检查请求报文，并且转换到发送重复 MAC ID 检查请求状态。如果这是第二个连续的超时，那么转换到在线状态	不用	不用
内部报文传送请求	返回内部错误	返回内部错误	发送报文	返回内部错误
接收到一个非重复 MAC ID 检查请求/响应的报文或一个通信故障请求报文	丢弃报文	丢弃报文	正确处理接收到的报文	丢弃报文
接收到一个通信故障请求报文	丢弃报文	丢弃报文	丢弃报文	正确处理接收到的报文

只有下列两个来自 CAN 芯片的事件才影响网络访问状态机制。

1）发送成功执行：当一个报文被成功地发送到网络上时，发送这个指示，这是唯一导致从发送重复 MAC ID 检查请求转换到等待重复 MAC ID 检查报文的事件。

2）离线指示：这个指示将通知主机软件，CAN 芯片已经转换到离线状态，这导致访问 DeviceNet 对象的 BOI 属性，以确定所采取的步骤。

7.5.2 重复 MAC ID 检测

在网络访问状态机制内的这一主要步骤是执行重复 MAC ID 检测算法。DeviceNet 的每一个物理连接件必须被赋予一个唯一的 MAC ID，这个 MAC ID 的配置将包含人工干预，因此在同一链路上的两个模块被赋予相同的 MAC ID 的情况是不可避免的，因为 MAC ID 与 DeviceNet

传输方法的定义有关，所有的 DeviceNet 模块都必须运用该重复 MAC ID 检测算法。报文组 2 内定义一个特定的报文用来执行重复 MAC ID 检测。

一个 DeviceNet 模块必须接收并处理任何在报文组 2 标识区中指定其 MAC ID 的重复 MAC ID 检查报文。在转换到在线状态之前，如果没有接收到随后的重复 MAC ID 请求或响应报文，重复 MAC ID 检查请求报文必须连续发送两次。在发送一个重复 MAC ID 检查请求报文后，模块在等待超时和执行由网络访问状态机制定义的相应措施之前至少等待 1s 的时间。

制造商 ID 及系列号被包含在重复 MAC ID 检查请求/响应报文内。制造商 ID 及系列号报文的存在确保了如果有两个或多个重复寻址模块试图在同一瞬间执行程序时，在发送重复 MAC ID 检查报文期间将会产生网络错误。

7.5.3　预定义主/从连接组

前面提出了在设备之间建立连接的“通用模式”规则。通用模式要求利用显式报文连接在每个连接端点手工创建和配置连接对象，以“通用模式”为基础定义一套连接，此连接能方便主/从关系中常见的通信，此连接以下称作“预定义主/从连接组”。主站（Master）是指为过程控制器收集和分配 I/O 数据的设备，从站（Slave）则指主站从该处收集 I/O 数据及向它分配 I/O 数据的设备。

主站“拥有”其 MAC ID 在扫描清单中的从站，主站检查其扫描清单以决定与哪一个从站通信，然后发送命令。除了重复 MAC ID 检查，在主站通知授权前一个从站不能启动任何通信。一个主站和多个从站的连接如图 7-16 所示。

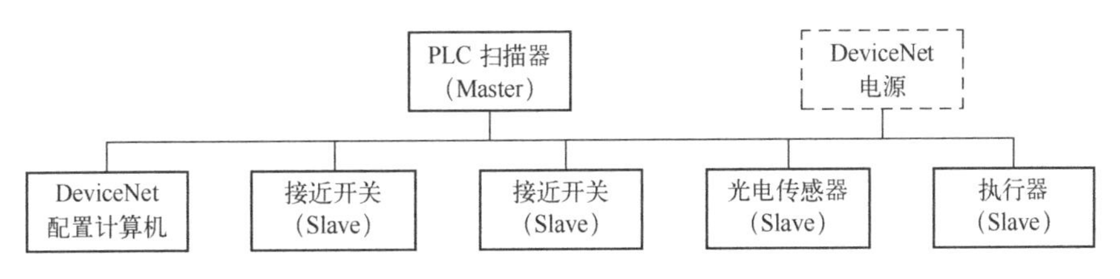

图 7-16　DeviceNet 主/从应用示例

在预定义主/从连接组定义内已省略了创建和配置应用与应用之间连接的许多步骤，这样做是为了用较少的网络和设备资源来创建一个通信环境。预定义主/从连接组使用下列常用术语。

1）组 2 服务器：指具有 UCMM 功能并被指定在预定义主/从标识符连接中充当服务器的设备，见 DeviceNet 从站。

2）组 2 客户机：指在服务器中获得预定义主/从连接组的所有权并且在这些连接中充当客户机的设备，见 DeviceNet 主站。

3）具有 UCMM 功能的设备：指支持非连接报文管理（UCMM）的设备。

4）无 UCMM 功能的设备：一般是较低级的设备，由于网络中断管理和第一代 CAN 芯片的屏蔽能力，不支持 UCMM。

5）仅限于组 2 的服务器：指无 UCMM 功能，必须通过预定义主/从连接组建立通信的从站（服务器）（至少必须支持预定义主/从显式报文连接）。仅限组 2 的设备只能发送和接收预定义主/从连接组所定义的标识符。

6）仅限于组 2 的客户机：指仅作为组 2 的客户机对组 2 服务器操作的设备，仅限组 2 的客户机为仅限组2的服务器提供UCMM功能。

7）DeviceNet主站：作为主/从应用的一个类型，DeviceNet主站是为处理控制器收集和分配I/O数据的设备，主站以它的扫描序列为基础扫描它的从站，在网络中，主站是指组2客户机或仅限于组2客户机。

8）DeviceNet从站：作为主/从应用的一个类型，从站在被主站扫描到时返回I/O数据。在网络中，从站是组2服务器或仅限组2服务器。

9）预定义主/从连接组：一种能方便通信，特别是在主/从关系常见的连接中。在预定义主/从连接组定义中省略了创建和配置应用与应用之间连接的许多步骤，这样做是为了用比较少的网络和设备资源来创建一个通信环境。

预定义主/从连接组相关的CAN标识区如图7-17所示，图7-17定义了在预定义主/从连接组中所有基于报文的连接所使用的标识符，同时也给出了预定义主/从连接对象相关的produced_connection_id和consumed_connection_id属性。

标识位											标识用途	十六进制范围
10	9	8	7	6	5	4	3	2	1	0		
0	组1报文ID				源MAC ID						组1报文	000~3ff
0	1	1	0	1	源MAC ID						从站I/O多点轮询响应报文	
0	1	1	1	0	源MAC ID						从站I/O位－选通响应报文	
0	1	1	1	1	源MAC ID						从站I/O轮询响应或状态变化/循环应答报文	
1	0	MAC ID						组2报文ID			组2报文	400~5ff
1	0	源MAC ID						0	0	0	主站I/O位－选通命令报文	
1	0	多点通信MAC ID						0	0	1	主站I/O多点轮询命令报文	
1	0	目的MAC ID						0	1	0	主站状态变化或循环应答报文	
1	0	源MAC ID						0	1	1	从站显示/非连接响应报文	
1	0	目的MAC ID						1	0	0	主站显示请求报文	
1	0	目的MAC ID						1	0	1	主站I/O轮询命令/状态变化/循环变化	
1	0	目的MAC ID						1	1	0	仅限组2非连接显示请求报文（预留）	
1	0	目的MAC ID						1	1	1	重复MAC ID检查报文	

图7-17　预定义主/从连接组相关的CAN标识区

在图7-17中涉及的报文类型如下。

1）I/O位-选通命令/响应报文：位-选通命令是由主站发送的一种I/O报文；位-选通命令报文具有多点发送功能，多个从站能同时接收并响应同一个位-选通命令（多点发送功能）。位-选通响应是当从站收到位-选通命令后，由从站发送回主站的I/O报文。在从站中，位-选通命令和响应报文由同一个连接对象来接收和发送。

2）I/O轮询命令/响应报文：轮询命令是由主站发送的一种I/O报文。轮询命令指向单独特定的从站（点到点）。主站必须向它的每个要查询的从站分别发送不同的查询命令报文。轮询响应是当从站收到轮询命令后，由从站发送回主站的I/O报文。在从站中，轮询命令和响应报文由同一个连接对象来接收和发送。

3）I/O状态变化/循环报文：主站和从站都可发送状态变化/循环报文。状态变化/循环报文指向单独特定的节点（点到点），将返回一个应答报文作为响应报文。无论是在主站或者是在从站中，生产状态变化报文和消费应答报文都由同一个连接对象接收/发送。消费状态变化报文和生产应答报文由另一个连接对象接收/发送。

4）I/O 多点轮询报文：多点轮询命令是一个由主站发送的 I/O 报文。多点轮询指向一个或多个从站。多点轮询响应是在接收到多点轮询命令时，从站返回主站的 I/O 报文。在从站内，多点轮询命令和响应报文由单个连接对象接收/发送。

5）显式响应/请求报文：显式请求报文用于执行如读写属性的操作。显式响应报文表明对显式请求报文的服务结果，在从站中，显式响应和请求报文由一个连续对象接收/发送。

6）仅限组 2 非连接显式请求报文：仅组 2 非连接显式请求报文端口用于分配/释放预定义主/从连接组。此端口（组 2，报文 ID=6）已预留，不可用作其他用途。

7）仅限组 2 非连接显式响应报文：仅组 2 非连接显式响应报文端口用于响应仅组 2 非连接显式请求报文和发送设备监测脉冲/设备关闭报文，这些报文采用和显式响应报文相同的标识符（组 2，报文 ID=3）发送。

8）重复 MAC ID 检查报文。

7.6　指示器和配置开关

7.6.1　指示器

指示器可协助维护人员快速辨认出故障单元。DeviceNet 产品指示器必须满足以下要求。

1）无须拆卸设备的外壳和部件，即可看到指示器。

2）正常光线下，指示器读数清晰。

3）不论指示器是否点亮，标签和图标都应清晰可见。

DeviceNet 不要求产品一定具备指示器。但是，如果产品具有此处所述的指示器，那么指示器必须符合本文所述规定。

双色（绿/红）的 LED 显示设备状态，表明设备是否上电和运转是否正常，见表 7-8。

表 7-8　模块状态 LED

设备状态	LED 状态	表　示
无电源	不亮	没对设备供电
设备运行	绿色	设备运动正常
设备处于待机状态（设备需要调试）	绿色闪烁	由于配置丢失，不完全或不正确，设备需调试 设备处于待机状态
小故障	红色闪烁	可恢复故障
不可恢复故障	红色	不可恢复故障，需更换
设备自检	红-绿色闪烁	设备自测

LDE 的闪烁频率一般为 1Hz，LED 点亮和关闭各持续约 0.5 s。

另外，还有网络状态 LED、组合模块/网络状态 LED、I/O 状态 LED。

7.6.2　配置开关

1. DeviceNet MAC ID 开关

使用DIP（双列直插式封装）开关设置MAC ID，该开关为二进制格式。使用旋转式、拨盘式、压轮式开关，则开关为十进制格式。用户在配置开关时，最高位始终在产品的最左端或最上端。

2. DeviceNet 波特率开关

如果使用开关设置DeviceNet的波特率，则其编码见表7-9。

表7-9　波特率开关设置编码

波特率/kbit·s^{-1}	开关设置
125	0
250	1
500	2

7.6.3　指示器和配置开关的物理标准

DeviceNet用户在面对来自不同厂家的产品时会觉得很方便，这是因为DeviceNet产品的指示器、开关、连接器有统一的标签。

DeviceNet指示器和配置开关标签见表7-10。

表7-10　DeviceNet指示器和配置开关标签

描　　述	全　　名	缩　　写
模块状态LED	模块状态	MS
网络状态LED	网络状态	NS
组合模块/网络状态LED	模块/网络状态	MNS
I/O状态LED	I/O状态或I/O	IO
MAC ID开关	节点地址	NA
波特率开关	数据速率	DR

7.6.4　DeviceNet连接器图标

5针开放式DeviceNet插头旁的图标如图7-18所示。为了清楚起见，各连接线的信号也标于图中，但这不是图标的组成部分，除了屏蔽线外，图标中其他每个连接旁都用一个色片来表示连接线的绝缘护套层颜色，除了白色，其他所有色彩都符合Pantone匹配系统（因为Pantone尚未定义白色）。

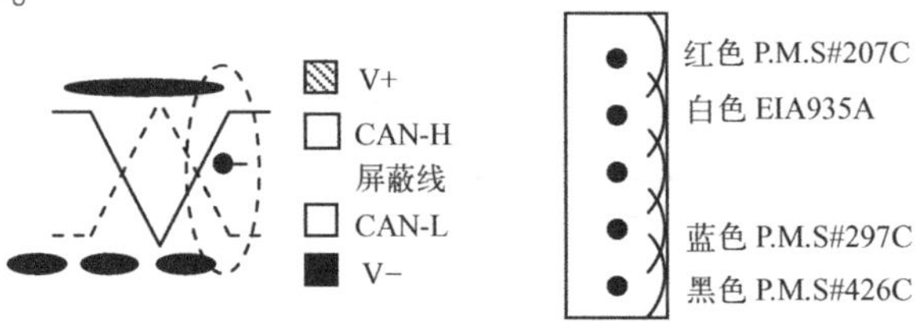

图7-18　5针开放式DeviceNet插头旁的图标

7.7　DeviceNet 的物理层和传输介质

7.7.1　DeviceNet 物理层的结构

DeviceNet 物理层在 OSI 模型中的位置如图 7-19 所示。

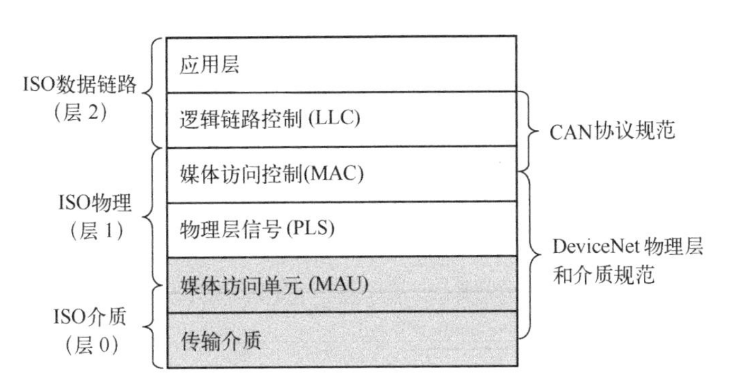

图 7-19　DeviceNet 物理层在 OSI 模型中的位置

从图 7-19 可以看出，DeviceNet 的物理层包括两部分：介质访问单元和传输介质。在 DeviceNet 规范中，术语物理层将用于论述介质访问单元的组成，其中包括驱动器/接收器电路和其他用于连接节点到传输介质的电路，在 OSI 模型中被称为物理介质访问。物理层还包括与传输介质的电气及机械接口的定义，在 OSI 模型中称为介质从属接口。

1. 物理层和介质的特征

DeviceNet 物理层和介质有下列特征。

1）使用 CAN 技术。

2）尺寸小、成本低。

3）线性总线拓扑结构。

4）支持 3 种数据率：①125 kbit/s，最大至 500 m，②250 kbit/s，最大至 250 m，③500 kbit/s，最大至 100 m。

5）不同的介质和信号电源导体。

6）低损耗、低延迟电缆。

7）支持干线或支线的不同介质。

8）支线长度可达 6 m。

9）最多支持 64 个节点。

10）解除节点时无须断开网络。

11）可同时支持隔离和非隔离物理层。

12）支持密封介质。

13）误接线保护功能。

2. 物理信号

BOSCH CAN 规范定义了两种互补的逻辑电平：“显性”（Dominant）和“隐性”（Recessive）。同时传送“显性”和“隐性”位时，总线结果值为“显性”。例如，在（DeviceNet）

总线接线情况下："显性"电平用逻辑"0"表示，"隐性"电平用逻辑"1"表示。代表逻辑电平的物理状态（如电压）在CAN规范中没有规定。这些电平的规定包含在ISO 11898标准中。例如，对于一个脱离总线的节点，典型CAN_L和CAN_H的"隐性"（高阻抗）电平为2.5 V（电位差为0 V）。典型CAN_L和CAN_H的"显性"（低阻抗）电平分别为1.5 V和3.5 V（电位差为2 V），如图7-20所示。

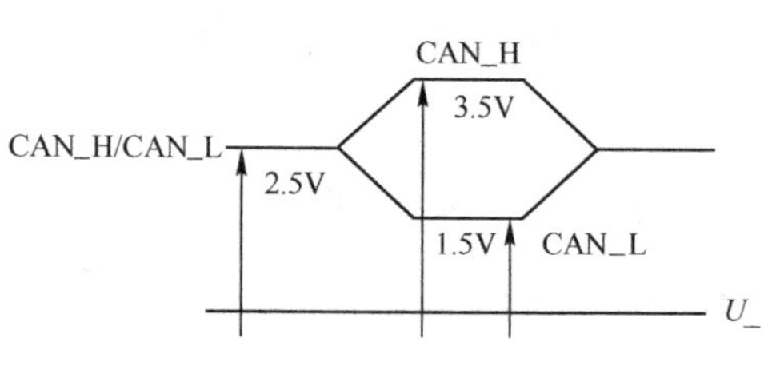

图7-20　CAN_L和CAN_H信号电平

7.7.2　物理层

物理层包括收发器、连接器、误接线保护回路、调压器和可选的光电隔离器。图7-21为物理层各部件的框图。

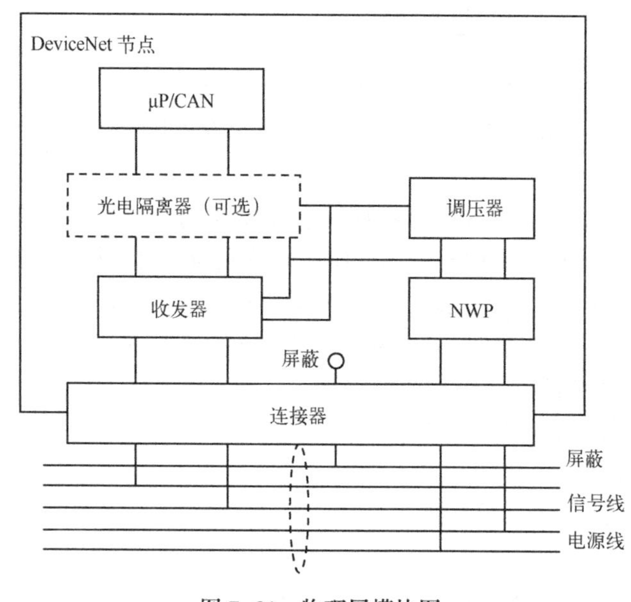

图7-21　物理层模块图

1. 收发器

收发器是在网络上发送和接收CAN信号的物理组件。收发器从网络上差分接收网上信号供给CAN控制器并用CAN通信控制器传来的信号差分驱动网络。市场上有许多集成CAN收发器。在选择收发器时，须保证所选择的接收器符合DeviceNet规范。

2. 误接线保护

DeviceNet要求节点能承受连接器上5根线的各种组合的接线错误。这种情况下，可承受规定的电压范围，包括U_-电压高达18V时，不会造成永久性的损害。许多集成CAN收发器对CAN_H和CAN_L最大负向电压只有有限的承受能力。使用这些器件时，需要提供有外部保护回路。

误接线保护回路如图7-22所示。

在接地线中加入一个肖特基二极管来防止U_+信号线误接线到U_-端子。在电源线上插入了一个晶体管开关以防止由于U_-连接断开而造成的损害。该晶体管及电阻回路可防止接地断开。

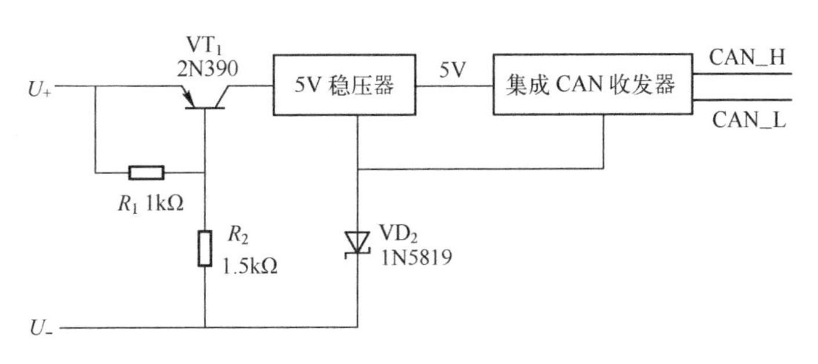

图 7-22　误接线保护回路

图 7-22 中 VT_1、R_1和 R_2的型号和数值仅供参考，可根据应用自行决定。VT_1必须能承受预期的最大电流；R_2必须选择在最小 U_+（11 V）时能提供足够的基极电流（通常为 $i_C = 10 \sim 20\,mA$），如果 R_2的耗散/尺寸不理想，而且调压器能处理较低的输入电压，则采用达灵顿晶体管更理想；R_1必须选择能吸收几百微安但不要超过几毫安的电流；基极电阻限制 U_+和 U_-颠倒时的击穿电流，如有必要，可以发射极、基极或发射极和基极之间增加一个二极管以限制雪崩。

7.7.3　传输介质

DeviceNet 传输介质有环绕屏蔽和扁平屏蔽两种电缆类型。

1. 拓扑结构

DeviceNet 介质具有线性总线拓扑结构，每个干线的末端都需要终端电阻，每条支线最长为 6 m，允许连接一个或多个节点，DeviceNet 只允许在支线上有分支结构，其介质拓扑如图 7-23 所示。

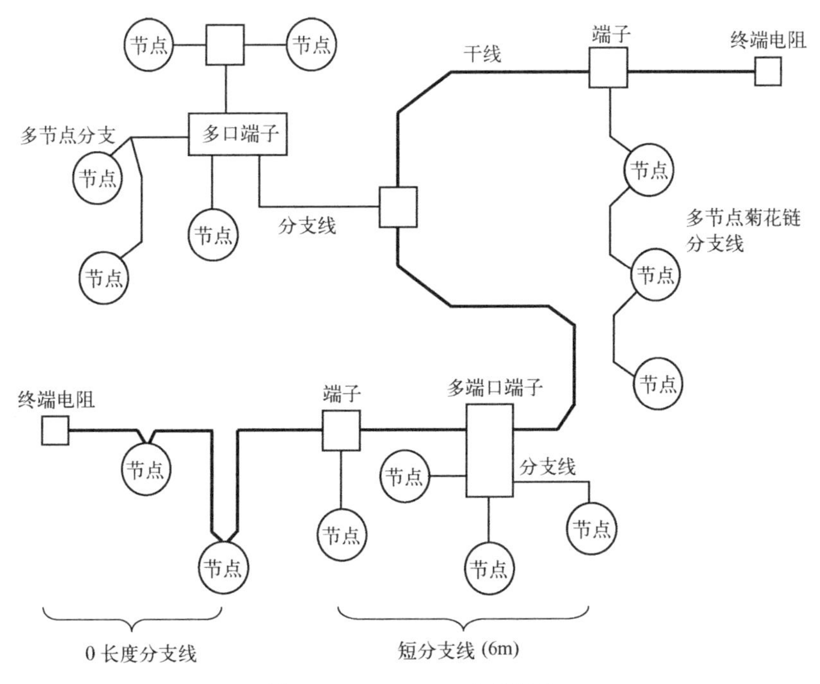

图 7-23　DeviceNet 介质拓扑

网络干线的长度由数据传输速率和所使用的电缆类型决定。电缆系统中任两点间的电缆距离不允许超过波特率允许的最大电缆距离。对只有一种电缆构成的干线，两点间的电缆距离为两点间的干线和支线电缆的长度和。DeviceNet 允许在干线系统中混合使用不同类型的电缆。支线长度是指从干线端子到支线上节点的各个收发器之间的最大距离，此距离包括可能永久连接在设备上的支线电缆。网络上允许支线的总长度取决于数据传送速率。

2. 终端电阻

DeviceNet 要求在每个干线的末端安装终端电阻，电阻的要求为：121 Ω、1%金属膜、1/4 W、终端电阻不可包含在节点中。将终端电阻包含在节点中很容易使网络由于错误布线（阻抗太高或太低）而导致网络故障，例如：移走含有终端电阻的节点会导致网络故障。终端电阻只应安装在干线两端，不可安装在支线末端。

3. 连接器

所有连接器5针类，即一对信号线、一对电源线和一根屏蔽线。所有通过连接器连到 DeviceNet 的节点都有雄性插头，此规定适用于密封式和非密封式连接器及所有消耗或提供电源的节点。无论选择什么样的连接器应保证设备可在不切断和干扰网络的情况下脱离网络。不允许在网络工作时布线，以避免诸如网络电源短接、通信中断等问题的发生。

4. 设备分接头

设备端子提供连接到干线的连接点。设备可直接通过端子或通过支线连接到网络，端子可使设备无须切断网络运行就可脱离网络。

5. 电源分接头

通过电源分接头将电源连接到干线。电源分接头不同于设备分接头，其包含下列部件。

1）一个连在电源 U_+上的肖特基二极管，允许连接多个电源（省去了用户电源）。

2）两个熔丝或断路器，以防止总线过流而损坏电缆和连接器。连接到网络后，电源分接头具有下列特性。

① 提供信号线、屏蔽线和 U_-线的不间断连接。

② 在分接头的各个方向提供限流保护。

③ 提供到屏蔽/屏蔽线的网络接地。

6. 网络接地

DeviceNet 应在一点接地。多处接地会造成接地回路，网络不接地将增加对 ESD（静电放电）和外部噪声源的敏感度。单个接地点应位于电源分接头处，密封 DeviceNet 电源分接头的设计应有接地装置，接地点也应靠近网络物理中心。干线的屏蔽线应通过铜导体连接到电源地或 U_-。铜导体可为实心体、绳状或编织线。如果网络已经接地，则不要再把电源地或分接头的接地端接地。如果网络有多个电源，则只需在一个电源处把屏蔽线接地，接地点应尽可能靠近网络的物理中心。

7.7.4　网络电源配置

除了提供通信通道之外，DeviceNet 还提供电源。由于电源线和信号线在同一电缆中，设备可从网络中直接获取电源，而不需要另外的电源。根据所选电缆，DeviceNet 单电源可提供最大至16A 的电流。DeviceNet 电源总线的能力为：

1）电缆长度可达500 m。

2）最多支持64个不同电流的节点。

3）配置可调整。

由于 DeviceNet 的灵活性，因此电源设计有多种选择。一般可根据系统的要求调整电源配置。DeviceNet 电源总线由标称电压 24 V 电源供电，在任意分段可提供最大至 8 A 的电流，如使用小口径电缆，则可以降低电流。由于大电流可从电源分接头的任一端获取，因此一个单电源网络可提供两倍于此的电流。如果系统有更高的要求，DeviceNet 可支持近乎无限量电源的供电，然而大多数 DeviceNet 的应用只需要单个电源。配置前，必须熟悉系统安装所在地的国家和地区代码。在美国、加拿大，作为建筑布线安装时，DeviceNet 某些电缆类型必须作为 2 类回路安装，这就需要使任何部分的电流限制在 4 A 之下。系统部件自身的额定电流为 8 A。干线可采用分段中的任意单电缆类型。在适当衰减条件下，相同段内某些电缆类型的混用是允许的。电源容量必须大于或等于网络的负载需求。

7.8　设备描述

DeviceNet 总线控制系统为了实现同类设备的互操作性，并促进其互换性，同类设备间必须具备某种一致性。即：每种设备类型必须有一个“标准”的内核。一般来讲，同类设备必须具备以下条件。

1）表现相同的特性。

2）生产和/或消费相同的基本 I/O 数据组。

3）包含一组相同的可配置属性。

这些信息的正式定义称作设备描述。设备描述必须包括：

1）设备类型的对象模型。

2）设备类型的 I/O 数据格式。

3）配置数据和访问该数据的公共接口。

可以选用或扩展现存的设备描述，或根据规定的格式定义特殊产品的描述。

7.8.1　对象模型

为了实现同类设备之间的互操作性，两台或多台设备中实施的相同对象必须保持设备间的行为一致。因此，每个对象规范包括一个严格的行为定义。每个 DeviceNet 产品都包含若干个对象，这些对象互相作用提供产品的基本行为。因为各个对象的行为是固定的，所以相同的对象组的行为也是固定的。因此，以特定的次序组织的相同对象组将互相作用在各设备中产生相同的行为。设备中使用的对象组是指设备的对象模型，如图 7-24 所示。

为使同类设备产生相同的行为，同类设备必须具备相同的对象模型。因此，各设备描述中都包括对象模型，以便在 DeviceNet 的同类设备之间提供互操作性。

对象模型建立规则如下。

1）标识设备中存在的所有对象类（必需的或可选的）。

2）表明各对象类中存在的实例数。如果设备支持实例的动态创建和删除，对象模型将说明对象类中可以存在的最大实例数。

3）说明对象是否影响设备的行为。如果影响行为，对象模型说明是如何影响的。

4）定义每个对象的接口，即：定义对象和对象类如何链接。

设备可以包含必需对象和可选对象。当对象标识为“必需”时，就表示所有该类型的设

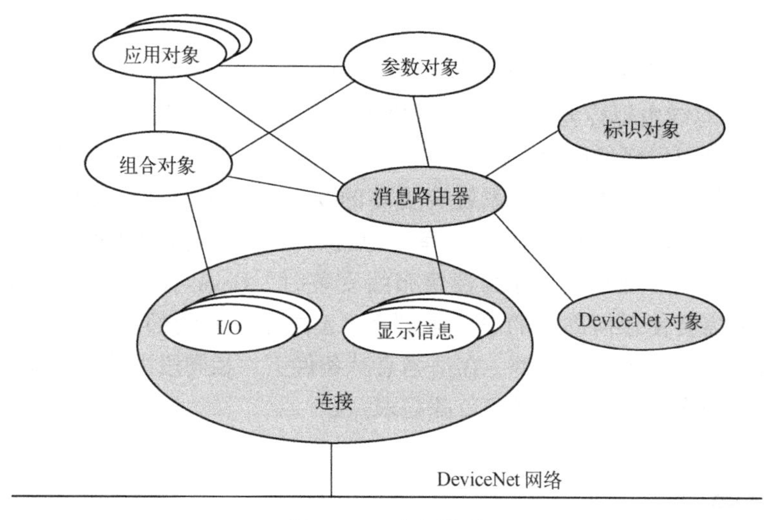

图 7-24　对象模型

备都必需该对象，至少，DeviceNet 设备的对象模型必须指定以下对象类的实例。

1）连接对象类。

2）DeviceNet 对象类。

3）标识对象类。

4）报文路由器对象类。

DeviceNet 网络除了需要这些最低限度的对象类外，对象模型能够，一般也会包括这个设备类型所需要的应用特定的对象类。设备中可能包括某些对象类，它们提供的功能不在特定设备最低要求之内或这些功能不影响设备的行为。描述中将该类对象标识为“可选”。在将一个对象标识为“可选”时，它对该类型的所有设备来说是可选的。

7.8.2　I/O 数据格式

描述部分定义了设备如何在对设备的 I/O 数据格式有严格规定的 DeviceNet 网络上进行通信。灵活的连网设备能生产和/或消费不止一个 I/O 值。通常，它们将生产和/或消费一个或多个 I/O 值以及状态和诊断信息。通过设备通信的每段数据都可用设备内部的某个对象的一个属性值表示。通过一单独 I/O 连接进行多段数据（属性）通信时，需要将属性组合成一个单一信息块。组合对象实例将完成该组合。因此，设备 I/O 数字格式的定义等效于用于组合 I/O 数据的组合实例的定义。在一个设备描述中，设备 I/O 数据格式将遵守以下原则。

1）I/O 组合可以是输入或输出型。

2）一个设备可以包含不止 1 个 I/O 组合。

设备 I/O 组合实例的定义如下。

1）用实例编号、类型和名称标识 I/O 组合。

2）指定 I/O 组合数据属性格式。

3）将 I/O 组合数据属性分量映射到其他属性。

7.8.3　设备配置

除了产品的对象模型和它的 I/O 数据格式以外，设备描述还包括设备可配置参数的规范和到这些参数的公共接口。设备中的可配置参数直接影响它的行为，同类设备必须以相同的方式动作，因此，它们必须具备相同的配置参数。“相同的配置”指基本配置。设备可能具有该设备类型定义的行为以外的扩展功能（带有相关参数）。上电时，该功能必须以某种形式缺省，这样，设备行为表现出与该类型设备定义的行为一致。除了定义相同的配置参数外，到这些参数的公共接口必须一致。设备配置的定义还包括每个可配置属性的下列信息。

1）配置参数数据。

2）每个参数对象实例的所有属性值。

3）电子数据文档（EDS）参数部分的所有值。

4）至少包括打印的数据文档信息：参数名称、属性路径（类、实例、属性）、数据类型、参数单元、最小/最大默认值。

5）参数对设备行为的影响。

6）设备配置的公共接口（即通过配置组合的批量配置、参数对象类的完整/存根实例等）。

7.8.4　扩展的设备描述

制造商可以选用现存的设备描述进行扩展，使它适合其产品表现的附加行为。多源性产品的制造商可能希望他设计的产品既能在设备描述定义中提供产品的基本行为，又能提供扩展功能，以使其产品能与竞争对手的产品相区别。在 DeviceNet 设备描述库发展相当一段时间后，扩展现存描述将会变成通常惯例。在扩展一个现存设备描述时不应改变基本设备描述定义。并且，增加的功能不应使扩展描述与基本设备描述相冲突。因此，扩展现存设备描述应遵守下列原则。

1）所有加到描述中的新对象、属性和服务都是可选的，必须保持向下兼容性。

2）在上电时，所有新增的特性必须缺省，使得设备的行为与设备类型定义的基本行为一致。

3）不能更改基本 I/O 格式，可以为增加的可选 I/O 组合实例提供扩展的 I/O 格式。

4）不能改变基本配置，可以通过增加可选的配置组合实例或可选的参数对象类实例提供扩展的配置参数。

5）所有附加组合实例只能定义在供应商专用的地址范围内。

7.8.5　设备描述编码机制

设备描述使用的编码机制，表明设备描述可以是公共定义的或供应商特定的，见表 7-11。

表 7-11　设备描述使用的编码机制

类　型	范　围	数　量	类　型	范　围	数　量
公共定义	00H~63H	100	公共定义	100H~2FFH	512
供应商特定	64H~C7H	100	供应商特定	300H~4FFH	512
预留	C8H~FFH	56	预留	500H~FFFFH	64，256

可将设备类型编号范围设置在“供应商特定”设备描述一类。如果选择使用了这类设备类型编号中的一个，制造商就不必为其产品出版一份设备描述。值得注意的是：如果制造商不出版自己产品的设备描述，用户将无法找到该产品的直接替代产品，更为重要的是，他们无法

用该产品直接替代竞争者的产品。

DeviceNet Specification有关设备描述部分包含了该文件出版时所有现存的设备描述的列表及其详细叙述。随着设计者建造了更多的DeviceNet兼容设备和开放的DeviceNet供应商协会（ODVA）的成员公司为新设备开发的描述的增多，定义的描述数量将不断增加。

已定义的设备类型编号见表7-12。

表7-12　设备类型编号

产品信息	设备类型编号	产品信息	设备类型编号
AC驱动器	02H	限位开关	04H
条形码扫描器	未分配	物料流量控制器	1AH
断路器	未分配	信息显示器	未分配
通信适配器	0CH	电动机过载保护器	03H
接触器	15H	电动机起动器	16H
控制站	未分配	光电传感器	06H
DC驱动器	13H	气动阀	1BH
编码器	未分配	位置控制器	10H
通用模拟I/O	未分配	解析器	09H
通用离散I/O	07H	伺服驱动器	未分配
通用设备	00H	软起动器	17H
人-机接口	18H	电子秤	未分配
感应式接近开关	05H	真空/压力测量	1CH

DeviceNet现场总线已于2002年10月8日被批准为国家标准GB/T 18858.3-2002。同时，DeviceNet与PROFIBUS-DP一起也成为低压电器通信规约中指定的现场总线。

7.9　DeviceNet节点的开发

7.9.1　DeviceNet节点的开发步骤

DeviceNet作为应用日益广泛的一种底层设备现场总线技术，其通信接口的开发目前在国内还处于起步阶段，仅有上海电器科学研究所、本安仪表公司、埃通公司等少数几家在做这方面的工作，其开发出的产品也仅限于简单的输入/输出模块和智能泵控制器等。这主要是由于国内目前所能提供的开发资源和技术支持十分有限。目前，DeviceNet节点的开发大致有两种途径。

1）开发者本身对DeviceNet规范相当熟悉，具有丰富的相关经验，并且有长期深入开发DeviceNet应用产品的规划，选择从最底层协议做起，根据自身对协议的深刻领会，自己编写硬件驱动程序，再移植到单片机或其他微处理器系统中，完成开发调试工作。

2）利用开发商提供的一些软件包，这些软件包中的源程序往往可以直接应用于单片机中，对于那些复杂的协议处理内容，已封装定义好，用户只需编写自己的应用层程序，而无须涉及过多的协议内容。但其缺点就是价格昂贵，同时受限于软件包的现有功能，不能向更深层的功能进行开发。

比较两种开发途径，可以看到采用第一种途径，工作量是非常巨大的，而且一般来讲开发周期长，其好处就在于可以加深对 DeviceNet 规范的认识，对于开发功能更为复杂的产品（如主站的通信）打下了良好的基础。而第二种途径，一般开发周期比较短、工作量小，但不利于自行开发具有复杂功能的 DeviceNet 产品。不论哪种途径，DeviceNet 节点的开发一般按以下步骤。

1. 决定为哪种类型的设备设计 DeviceNet 接口

这是在着手开发设备之前必须首先确定的事情，也就是确定开发产品的功能。大多数 DeviceNet 产品只具备从机的功能，开发从机功能产品第一个要考虑的问题是 I/O 通信。在 DeviceNet 的初始阶段，在从机产品中只包含位选通（Bit Strobe）和轮询（Poll）I/O 通信。但随着越来越多的具有状态改变（Change of State）通信和循环（Cyclic）I/O 通信的从机产品的出现，其优越的带宽特性使我们必须考虑这些通信方法。

位选通式通信主要用于那些含有少量位数据的传感器或其他从机设备，轮询式通信是一种主要的 I/O 数据交换手段，必须在所有的应用中加以考虑。状态改变或循环式通信是增加网络吞吐量并降低网络负载的有效方法，由于它允许延用 CAN 协议中的多主站特性，在开发新产品时，应该考虑它。

第二个要考虑的问题是设备信息对显式报文的通信功能，DeviceNet 协议要求所有设备支持显式报文的通信，至少是标识符。DeviceNet 的通信对象必须能由隐式报文（即 I/O 报文）来访问，如在 DeviceNet 规范中定义的那样。但如果组态要求超过了只设定几个开关的功能，就必须考虑通过显示报文的通信来组态设备。

分段功能，虽然不是必须具备的，但至少对显式报文应答所有使用 32 bit 名称域的产品要考虑。如果还想支持通过 DeviceNet 口进行上载/下载、组态或对固件进行版本更新，则必须对发送和接收信息采用显式报文通信的分段功能。

如果考虑开发具有主站功能的产品，就必须要求作为主站的设备或产品具有 UCMM 功能，以便支持显式报文点对点连接。同时必须具备一个主站扫描列表，用于配置和管理从站。这两个功能缺一不可。因此主站的开发相对从站而言，要复杂和困难得多。具有主站功能产品的开发，目前国内还无一家单位成功。国外有美国 Culter-Hammer 公司、日本 Hitachi 公司和美国保罗韦尔自动化公司等的主站已在国内市场上销售。

2. 硬件设计

硬件设计需满足 DeviceNet 物理层和数据链路层的要求。DeviceNet 规范允许所有四种连接方式：迷你型接头、微型接头、开放式接头和螺栓式接头。如可能，采用迷你型接头、微型接头、开放式接头配之以其他接线部件，则可进行即插即用的安装。而在一些不能利用以上三种接头的场合，则采用螺栓型接头。

在 DeviceNet 中目前只有 125 kbit/s、250 kbit/s 和 500 kbit/s 三种速率。由于严格的网络长度限制，它不支持 CAN 的 1 Mbit/s 速率。

DeviceNet 物理层可以选择使用隔离。完全由网络供电的设备和与外界无电连接的设备（如传感器）可以不用隔离，而与外界有电联系的设备应该具有隔离，光隔离器件的速度很重要，因为它决定了收发器的总延时，DeviceNet 规范中要求的最大延时为 40 ns。

DeviceNet 是基于 CAN 的现场总线，从技术的角度上来说，其开发不困难。但由于其特殊性，在开发 DeviceNet 产品时要考虑以下几方面。

（1）CAN/微处理器硬件

可以使用具有11 bit标识符的CAN芯片，而不能使用具有长标识符（29 bit）的芯片。

如将设备限制在组2从站设备，使用基本的CAN芯片就可以实现。但带内置CAN芯片的微处理器将减少芯片的数量，仅在微处理器能正好满足设备要求时才被推荐使用。采用独立的CAN芯片将给设计带来灵活性。

在复位、上电和断电时特别注意CAN_H和CAN_L线的状态。在此阶段CAN芯片会漂移或跳转到其他电平，因此会导致总线被驱动为显性。如采用上拉或下拉电阻的方式，则能保证CAN总线上的状态为无害的。另外，不要将控制器上不用的输入端浮空。

（2）收发器的选择

DeviceNet要求收发器超越ISO 11898的要求，主要是因为在其连接上要挂64个物理设备。满足这些要求的器件有：Philips 82C250、Philips 82C251、Unitrode UC5350等。

（3）单片机系统

DeviceNet产品的开发和其他嵌入式系统开发有着共同之处，首先应搭建一套适合于单片机或者更高层次CPU软硬件系统的环境，再开发单片机或者更高层次CPU的应用系统。

3. 软件设计

软件设计需满足DeviceNet应用层的要求。

（1）采用的软件

DeviceNet方面的软件包有许多种，采用它们可以与自已的产品协同工作，考虑其特性是个首要的问题。以下提出一些必须考虑的问题。

1）该软件对自己的硬件是否适用？

2）是否要重写汇编代码？

3）在何种程度上要重写硬件的驱动程序？

4）软件的速度对自己的产品是否适合？

5）某特定的应用是否需要所有的通信特性（如I/O交换和显式报文传送）？

6）是否支持分段？

7）采用何种编译器？

（2）选择设计或购买策略

在确定是自行设计或购买策略时，可以做如下考虑。

1）自己是否掌握足够的开发知识，如CAN和微处理器？

2）是一次性设计产品还是将来要改进的？

3）仅实现从站功能的产品极易开发，一些公司只要数周即可完成；但比较复杂的产品，如具有主站功能的，采用商业开发软件包来开发比较好。

（3）设计工具

一般来说，可以用微处理器开发系统来完成开发，因此，这里只讨论与DeviceNet有关的工具，其最小配置为CAN的监视器，它是一个由PC卡和相关软件组成的工具。DeviceNet的兼容工具可以向Softing、STZP、Huron Networks、S-S Technologies等公司购买。其价格和性能差别很大，一个典型的底层开发工具是罗克韦尔自动化公司的从站开发工具（Slave Development Tools）和代码例子，而Vector Informatik CANALYZER是一个最高层的开发工具。实际上，ODVA可以提供大量的有用信息，如果开发人员只想做CAN这一层的工作，有许多公司的产品可以帮助开发人员监视CAN层。

如果开发的产品可以使用了，可以考虑在一个典型的工业控制环境中使用。这里要包括使用组态工具来检查其对显式报文传送的反映、是否能改变设备的组态参数等。

软件的开发还要选择合适的开发包。DeviceNet 方面的软件开发包有很多种，可以帮助进行软件的开发。在软件开发时，有这样一些问题需要考虑。

1）该软件是否适用于自己的硬件？

2）软件是否可以直接移植到单片机上？在多大的程度上，需要对原代码进行改动？或是否要重写硬件驱动程序？

3）软件中支持的通信特性（如 I/O 报文、显式报文、UCMM 等）是否都需要？

4）软件支持何种编译器？

4. 根据设备类型选定设备描述或自定义设备描述

DeviceNet 使用设备描述来实现设备之间的互操作性、同类设备的可互换性和行为一致性。

设备描述有两种，即专家已达成一致意见的标准设备类型的设备描述和一般的或制造商自定义的非标准设备类型的设备描述（又称为扩展的设备描述）。ODVA 负责在技术规范中发布设备描述。每个制造商为其每个 DeviceNet 产品根据设备类型选定扩展或定义设备描述，其内容涉及设备遵循的设备行规。

设备描述是一台设备的基于对象类型的正式定义，包括以下内容。

1）设备的内部构造（使用对象库中的对象或用户自定义对象，定义了设备行为的详细描述）。

2）I/O 数据（数据交换的内容和格式，以及在设备内部的映像所表示的含义）。

3）可组态的属性（怎样被组态，组态数据的功能，它可能包括 EDS 信息）。

在 DeviceNet 产品开发中，必须指定产品的设备描述。如果不属于标准设备描述，就必须自定义其产品的设备描述，并通过 ODVA 认证。

5. 决定配置数据源

如图 7-25 所示，DeviceNet 标准允许通过网络远程配置设备，并允许将配置参数嵌入设备中。利用这些特性，可以根据特定应用的要求，选择和修改设备配置设定。DeviceNet 接口允许访问设备配置设定。

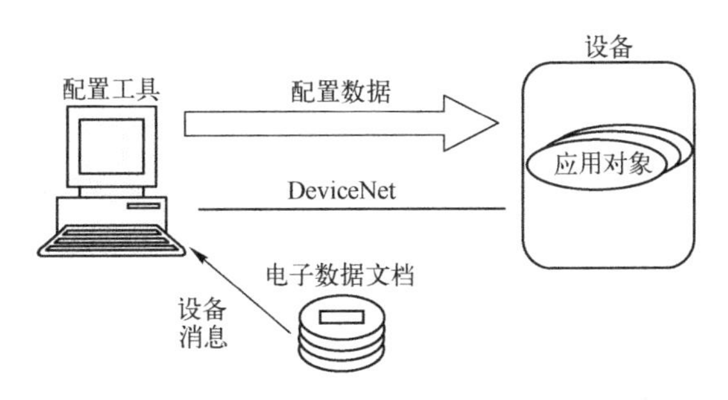

图 7-25　DeviceNet 通过网络远程配置设备

只有通过 DeviceNet 通信接口，才可访问配置设定的设备，同时必须用配置工具改变这些设定。使用外部开关、跳线、拨码开关或其他所有者的接口进行配置设定的设备，不需要配置工具就可以修改设备配置设定。但设备设计者应提供工具访问和判定硬件配置开关状态。

6. 完成 DeviceNet 一致性声明

一致性与互操作性测试是认证开放系统的产品可以互连的重要步骤。DeviceNet 产品的制造商需要通过一致性测试向购买者表明，他们的产品符合 DeviceNet 规范。用户需通过互操作测试，以证实他们购买的产品彼此能互操作。

DeviceNet 的一致性与互操作性是由 ODVA 通过一致性测试（Conformance Test）保证的。ODVA 要求每种产品在投放市场之前，必须通过一致性测试。ODVA 在世界范围的三个地区设立了独立的测试实验室，使用相同的软件测试 DeviceNet 制造商的产品。它们是美国密歇根州 ODVA 技术培训中心、日本先进软件技术研究所（ASTEM RI）和正在筹建的中国上海电器设备检测所（STIEE）。ODVA 允许制造厂商在其产品通过独立实验室全部测试项目后，在产品上加上 DeviceNet 一致性测试服务标志。

7.9.2　设备描述的规划

DeviceNet 规范通过定义标准的设备模型促进不同制造商设备之间的互操作性，它对直接连接到网络的每一类设备都定义了设备描述。设备描述是从网络的角度对设备内部结构进行说明，它使用对象模型的方法说明设备内部包含的功能、各功能模块之间的关系和接口。设备描述说明了使用哪些 DeviceNet 对象库中的对象和哪些制造商定义的对象，以及关于设备特性的说明。

设备描述包括：

1）设备对象模型定义——定义设备中存在的对象类、各类中的实例数、各个对象如何影响行为以及每个对象的接口。

2）设备 I/O 数据格式定义——包含组合对象的定义、组合对象中包含所需要的数据元件的地址（类、实例和属性）。

3）设备可配置参数的定义和访问这些参数的公共接口——配置参数数据、参数对设备行为的影响、所有参数组以及访问设备配置的公共接口。

简单地说，这三部分分别规定了一个设备如何动作、如何交换数据和如何进行配置。

如果所要的设备描述不在上述范围之内，新设备描述的建立过程为：首先由 ODVA 专家，主要是特别兴趣小组定义新的设备类型，并将提案交于 ODVA 技术委员会审查。然后，通过 ODVA 讨论，如需改进，则要求开发商修改完善，然后批准该设备描述。ODVA 为新设备分配一个新的设备类型编码，最后 ODVA 印刷并发行新的设备描述。

7.9.3　设备配置和电子数据文档（EDS）

1. 设备配置概述

DeviceNet 标准允许通过网络远程配置设备，并允许将配置参数嵌入设备中。利用这些特性，可以根据特定应用的要求，选择和修改设备配置设定。DeviceNet 接口允许访问设备配置设定。

存储和访问设备配置数据的方法包括输出数据文档的打印、电子数据文档（EDS）、参数对象以及参数对象存根、EDS 和参数对象存根的结合。

（1）利用打印输出的数据文档支持配置

利用打印数据文档上收集的配置信息时，配置工具只能提供服务、类、实例和属性数据的提示，并将该数据转发给设备。这种类型的配置工具不决定数据的前后联系、内容和格式。

（2）利用电子数据文档支持配置

可采用被称作电子数据文档（EDS）的特殊格式化的 ASCII 文件对设备提供配置支持。EDS 提供设备配置数据的前后关系、内容及格式等有关信息。用户通过必要的步骤配置设备后，EDS 可提供访问和改变设备可配置参数的所有必要信息，该信息与参数对象类实例所提供的信息相匹配；不提供计算机可读介质形式的 EDS 制造商可以提供他们的 EDS 打印清单，以便最终用户可以利用文本编辑器建立计算机可读取的 EDS。

图 7-25 所示的设备配置采用了支持 EDS 的配置工具。设备中的应用对象表示配置数据的目的地址，这些地址在 EDS 中编码。

（3）利用参数对象和参数对象存根支持配置

设备的公共参数对象是设备中一个可选的数据结构，它提供访问设备配置数据的第三种方法。当设备使用参数对象时，它要求每个支持的配置参数有一个参数对象类实例。每个实例链接到一个可配置参数，该参数可以是设备其他对象的一个属性。修改参数对象的参数值属性将引起属性值中相应的改变，一个完整的参数对象包括设备配置所需的全部信息。部分定义的参数对象称为参数对象存根，它包含设备配置所需的部分信息，不包括用户提示、限制测试和引导用户完成配置说明文本。

1）利用完整参数对象　参数对象将所有必要的配置信息嵌入设备。参数对象提供：

① 到设备配置数据值的已知公共接口；

② 说明文本；

③ 数据限制、默认、最小和最大值。

当设备包含完整的参数对象时，配置工具可直接从设备导出所有需要的配置信息。

2）使用参数对象存根　参数对象存根提供到设备的配置数据值的已建立地址，不需说明文本的规范、数据限制和其他参数特性。当设备包括参数对象存根时，配置工具可以从 EDS 得到附加的配置信息或仅提供一个到修改参数的最小限度接口。

（4）使用 EDS 和参数对象存根的配置

配置工具可从嵌在设备中的部分参数对象或参数对象存根中获得信息，该设备提供一个伴随 EDS，此 EDS 提供配置工具所需的附加参数信息。参数对象存根可以提供一个到设备参数数据的已知公共接口，而 EDS 提供说明文本、数据限制和其他参数特性，如：有效数据的数据类型和长度、默认数据选择、说明性用户提示、说明性帮助文本、说明性参数名称。

（5）使用配置组合进行配置

配置组合允许批量加载和下载配置数据。如果使用该方法配置设备，必须提供配置数据块的格式和每个可配置属性的地址映射。在规定配置组合的数据属性时，必须按属性块给出的顺序列出数据分量，大于 1 B 的数据分量先列出低字节，小于 1 B 的数据分量在 1 B 中右对齐，从位 0 开始。

2. EDS 概述

EDS 允许配置工具自动进行设备配置，DeviceNet 规范中关于 EDS 的部分，为所有 DeviceNet 产品的设备配置和兼容提供一个开放的标准。

（1）电子数据文档

EDS 除了包括该规范定义的、必需的设备参数信息外，还可以包括供应商特定的信息。标准的 EDS 通用模块如图 7-26 所示。

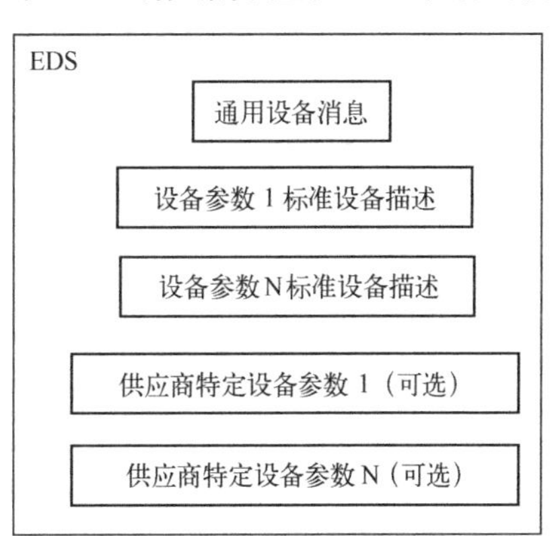

图 7-26　标准的 EDS 通用模块

（2）产品数据文档模式

电子数据文档应按照产品数据文档的含义，将其修改成符合 DeviceNet 要求。通常，产品数据文档向用户提供判断产品特性所需的信息及对这些特性用户可赋值的范围。

数据文档将信息从产品制造商传送给产品用户。产品用户理解制造商的数据文档，并决定哪些设备必须设置为非默认值，以执行必要的动作，从而将信息从数据文档中导入设备中。为执行实际配置，配置工具用 DeviceNet 报文传递来实现设备中的变化。目前，EDS 中的文本信息必须是 ASCII 表示的字符，EDS 提供两种服务。

1）说明每个设备的参数，包括它的合法值和默认值。

2）提供设备中用户可选择的配置参数。

DeviceNet 配置工具至少具备以下功能。

- 将 EDS 装载到配置工具的内存。
- 解释 EDS 的内容，判断每个参数的特性。
- 向用户展示各设备参数的数据记录区或选择清单。
- 将用户的参数选择装载到设备中正确的参数地址中。

所有 EDS 开发者必须使 EDS 符合这些要求。产品开发者将决定其他所有的执行细节。为 DeviceNet 产品设计的每个 EDS 解释器必须能够读取并解释任何标准 EDS，向设备用户提供信息和选择，建立配置相关 DeviceNet 产品的必要信息。

（3）配置工具上使用 EDS

DeviceNet 配置工具从标准 EDS 中提取用户提示信息，并以人工可读的形式向用户提供该信息。

（4）EDS 解释器功能

解释器必须采集 EDS 要求的参数选择，建立配置设备所需的 DeviceNet 信息，并包含要求配置的各设备参数的对象地址。

（5）EDS 文件管理

图 7-27 为电子数据文档结构图。EDS 文件编码要求使用 DeviceNet 的标准文件编码格式，而无须考虑配置工具主机平台或文件系统。

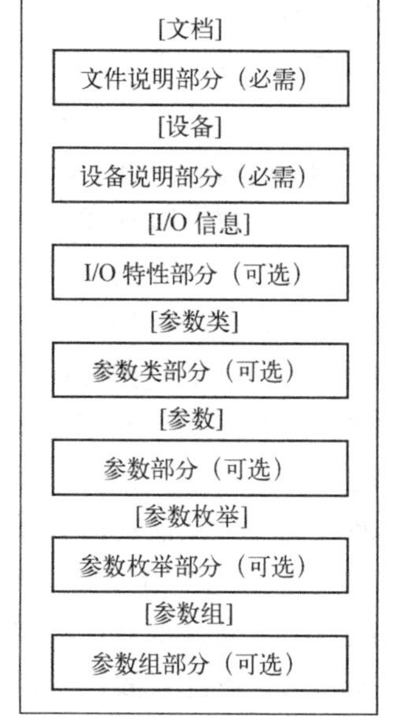

图 7-27　电子数据文档结构图

单一文件必须包括完整的 EDS。表 7-13 概括了 EDS 中的分区结构、区分隔符和各区的次序。

表 7-13　EDS 中的分区结构、区分隔符和各区的次序

区　名　称	区 分 隔 符	位　置	必需/可选
文件说明	[File]	1	必需
设备说明	[Device]	2	必需
I/O 特性	[I/O_Info]	*	可选
参数类	[ParamClass]	*	可选
参数	[Params]	*	可选
参数枚举	[Enumpar]	*	可选
参数组	[Group]	*	可选

注：* 表示该可选项的位置跟随其所需区。

定义 EDS 遵守以下原则。

1) 区 (Section): EDS 文件必须划分为可选部分和必需部分。

2) 区分隔符 (Section Delimiters): 必须用方括号中的区关键字作为合法的区分隔符来正确分隔 EDS 的各区。

3) 区顺序 (Section Order): 必须按要求的顺序放置每个所需的区，可选部分可以完全省略或用空数据占位符填充。

4) 入口 (Entry): EDS 的每个区包括一个或多个入口，以入口关键字开关，后面跟有一个符号。入口关键字的含义取决于该部分的上下文。用分号表示入口结束，入口可以跨越多行。

5) 入口域 (Entry Field): 每个入口包括一个或多个域，用逗号分隔符分隔各域，各域的含义取决于区的上下文。

6) 供货商特定的关键字 (Vendor-Specific Keyword): 区和入口关键字可以是供货商特定的。这些关键字应该以增补内容的公司的供货商 ID 开头，后面跟随一个下画线 (VendorID_VendorSpecificKeyword)。供货商 ID 应以十进制显示，且不应该包含引导 0。各供应商提供有关供应商特定关键字的文字说明。

下面的例子突出显示电子数据文档的结构 (注:“$”字符表示注释语句)。

```
[section name]
$    an example for EDS
     Line
     Entry1=Field1,Field2,Field3;        $Entire entry on one line
     Entry2=Field1,Field2,               $Entire entry on two line
     Field3,Field4;
     Entry3=                             $Mutiple line entry
               Field1,
               Field2,
               Field3;
     65_Entry4=                          $Combination
                    Field1,Field2,
                    Field3,
                    Field4;
```

从上例中可以发现，只有逗号能正确地分隔各区，一个入口可以扩展到几行。配置工具忽略任何空白字符，包括注释、制表符和空格。注释以注释分隔符 ($) 开头，到该行结尾。所有的入口必须用一个分号表示结束。

文件命名要求: 除了在 DOS/Windows 环境中的文件外，目前以磁盘为介质的 EDS 文件不存在文件命名约定。文件名后面应该加有后缀“. EDS”。

DeviceNet 规范允许通过 DeviceNet 对设备进行远程配置，用户使用配置工具软件，可以修改设备的配置，使配置适合特定的应用。EDS 文件中包含了设备的信息和配置参数，通过 EDS 文件提供的信息，配置工具可以自动对设备进行配置。这样当通过配置工具 (如 DeviceNet Manager) 配置 DeviceNet 时，只需要将设备的 EDS 复制到相应的目录中，配置工具就能自动识别出 DeviceNet 上的设备，并提供配置的参数。而且，EDS 文件的格式有统一的标准，这为设备配置和产品兼容提供了一个开放的标准。

3. 基本术语

(1) 解码格式

DeviceNet 报文格式中解码的属性数据值。

(2) EDS

电子数据文档的简写，是磁盘上的一个包括指定设备类型的配置数据的文件。

(3) 编码格式

电子数据文档格式中编码的属性数据值。

(4) DeviceNet 路径

DeviceNet 类、实例、属性格式中的对象属性地址。

(5) 参数对象整体

设备中的一个对象，它包括配置数据值、提示字符串、数据转换系统以及其他设备相关信息。

(6) 参数对象存根

参数对象的简写形式，它只存储配置数据值，并且只提供一个标准的参数访问点。

习题

1. 简述 DeviceNet 具有哪些通信特性。
2. DevicNet 现场总线的主要用途是什么？
3. 画出 DeviceNet 物理层在 OSI 模型中的位置图。
4. DevicNet 现场总线是如何实现误接线保护的？
5. DeviceNet 节点的开发有哪两种途径？
6. DeviceNet 的设备描述包括哪些内容？

第8章　工业以太网

目前，工业以太网发展迅速，在过程控制、工业机器人、电力系统、运动控制等领域或行业得到了越来越广泛的应用，其是由德国 BECKHOFF 自动化公司于 2003 年提出的 EtherCAT 实时工业以太网技术，在工业机器人、运动控制等领域应用非常广泛。

本章重点讲述了 EtherCAT 工业以太网，首先对 EtherCAT 进行了概述，然后讲述了 EtherCAT 物理拓扑结构、EtherCAT 数据链路层、EtherCAT 应用层和 EtherCAT 系统组成，并介绍了 EtherCAT 工业以太网在 KUKA 机器人中的应用案例和 EtherCAT 伺服驱动器控制应用协议。

本章还讲述了 SERCOS、POWERLINK、EPA 和 PROFInet 工业以太网。

8.1　EtherCAT

8.1.1　EtherCAT 概述

EtherCAT 扩展了 IEEE 802.3 以太网标准，满足了运动控制对数据传输的同步实时要求。它充分利用了以太网的全双工特性，并通过“On Fly”模式提高了数据传送的效率。主站发送以太网帧给各个从站，从站直接处理接收的报文，并从报文中提取或插入相关的用户数据。其从站节点使用专用的控制芯片，主站使用标准的以太网控制器。

EtherCAT 工业以太网技术在全球多个领域得到广泛应用。如机器控制、测量设备、医疗设备、汽车和移动设备以及无数的嵌入式系统中。

EtherCAT 为基于 Ethernet 的、可实现实时控制的开放式网络。EtherCAT 系统可扩展至 65535 个从站规模，由于具有非常短的循环周期和高同步性能，EtherCAT 非常适合用于伺服运动控制系统中。在 EtherCAT 从站控制器中使用的分布式时钟能确保高同步性和同时性，其同步性能对于多轴系统来说至关重要，同步性使内部的控制环可按照需要的精度和循环数据保持同步。将 EtherCAT 应用于伺服驱动器不仅有助于整个系统实时性能的提升，同时还有利于实现远程维护、监控、诊断与管理，使系统的可靠性大大增强。

EtherCAT 作为国际工业以太网总线标准之一，BECKHOFF 自动化公司大力推动 EtherCAT 的发展，EtherCAT 的研究和应用越来越被重视。工业以太网 EtherCAT 技术广泛应用于机床、注塑机、包装机、机器人等高速运动应用场合，物流、高速数据采集等分布范围广、控制要求高的场合。很多厂商如三洋、松下、库卡等公司的伺服系统都具有 EtherCAT 总线接口。三洋公司应用 EtherCAT 技术对三轴伺服系统进行同步控制。在机器人控制领域，EtherCAT 技术作为通信系统具有高实时性能的优势。2010 年以来，库卡一直采用 EtherCAT 技术作为库卡机器人控制系统中的通信总线。

国外很多企业厂商针对 EtherCAT 已经开发出了比较成熟的产品，例如美国 NI、日本松下、库卡等自动化设备公司都推出了一系列支持 EtherCAT 驱动设备。国内的 EtherCAT 技术研究也取得了较大的进步，基于 ARM 架构的嵌入式 EtherCAT 从站控制器的研究开发也日渐成熟。

随着我国科学技术的不断发展和工业水平的不断提高，在工业自动化控制领域，用户对高精度、高尖端的制造的需求也在不断提高。特别是我国的国防工业、航天航空领域以及核工业等的制造领域中，对高效率、高实时性的工业控制以太网系统的需求也是与日俱增的。

随着电力工业的迅速发展，电力系统的规模不断扩大，系统的运行方式越来越复杂，对自动化水平的要求越来越高，从而促进了电力系统自动化技术的不断发展。

电力系统自动化技术特别是变电站综合自动化是在计算机技术和网络通信技术的基础上发展起来的。而随着半导体技术、通信技术及计算机技术的发展，硬件集成越来越高，性能得到大幅提升，功能越来越强，为电力系统自动化技术的发展提供了条件，特别是光电电流和电压互感器（OCT、OVT）技术的成熟，插接式开关系统（PASS）的逐渐应用。电力自动化系统中出现大量的与控制、监视和保护功能相关的智能电子设备（IED），智能电子设备之间一般是通过现场总线或工业以太网进行数据交换。这使得现场总线和工业以太网技术在电力系统中的应用成为热点之一。

在电力系统中，随着光电式互感器的逐步应用，大量的高密度的实时采样值信息会从过程层的光电式互感器向间隔层的监控、保护等二次设备传输。当采样频率达到千赫级，数据传送速率将达到10 Mbit/s以上，一般的现场总线较难满足要求。

实时以太网EtherCAT具有高速的信息处理与传输能力，不但能满足高精度实时采样数据的实时处理与传输要求，提高系统的稳定性与可靠性，更有利于电力系统的经济运行。

EtherCAT工业以太网的主要特点如下。

1）完全符合以太网标准。普通以太网相关的技术都可以应用于EtherCAT网络中。EtherCAT设备可以与其他以太网设备共存于同一网络中。普通的以太网卡、交换机和路由器等标准组件都可以在EtherCAT中使用。

2）支持多种拓扑结构，如线形、星形、树形。可以使用普通以太网使用的电缆或光缆。当使用100Base-TX电缆时，两个设备之间的通信距离可达100 m。当采用100BASE-FX模式时，两对光纤在全双工模式下，单模光纤能够达到40 km的传输距离，多模光纤能够达到2 km的传输距离。EtherCAT还能够使用低压差分信号（Low Voltage Differential Signaling，LVDS）线来低延时地通信，通信距离能够达到10 m。

3）广泛的适用性。任何带有普通以太网控制器的设备有条件作为EtherCAT主站，比如嵌入式系统、普通的PC机和控制板卡等。

4）高效率、刷新周期短。EtherCAT从站对数据帧的读取、解析和过程数据的提取与插入完全由硬件来实现，这使得数据帧的处理不受CPU的性能软件的实现方式影响，时间延迟极小、实时性很高。同时EtherCAT可以达到小于100 μs的数据刷新周期。EtherCAT以太网帧中能够压缩大量的设备数据，这使得EtherCAT网络有效数据率可达到90%以上。据官方测试1000个硬件I/O更新时间仅仅30 μs，其中还包括I/O周期时间，而容纳1486个字节（相当于12000个I/O）的单个以太网帧的书信时间仅仅300 μs。

5）同步性能好。EtherCAT采用高分辨率的分布式时钟使各从站节点间的同步精度能够远小于1 μs。

6）无从属子网。复杂的节点或只有n位的数字I/O都能被用作EtherCAT从站。

7）拥有多种应用层协议接口来支持多种工业设备行规。如COE（CANopen over EtherCAT）用来支持CANopen协议；SoE（SERCOE over EtherCAT）用来支持SERCOE协议；

EOE（Ethernet over EtherCAT）用来支持普通的以太网协议；FOE（File over EtherCAT）用于上传和下载固件程序或文件；AOE（ADS over EtherCAT）用于主从站之间非周期的数据访问服务。对多种行规的支持使得用户和设备制造商很容易从其他现场总线向 EtherCAT 转换。

快速以太网全双工通信技术构成主从式的环形结构如图 8-1 所示。

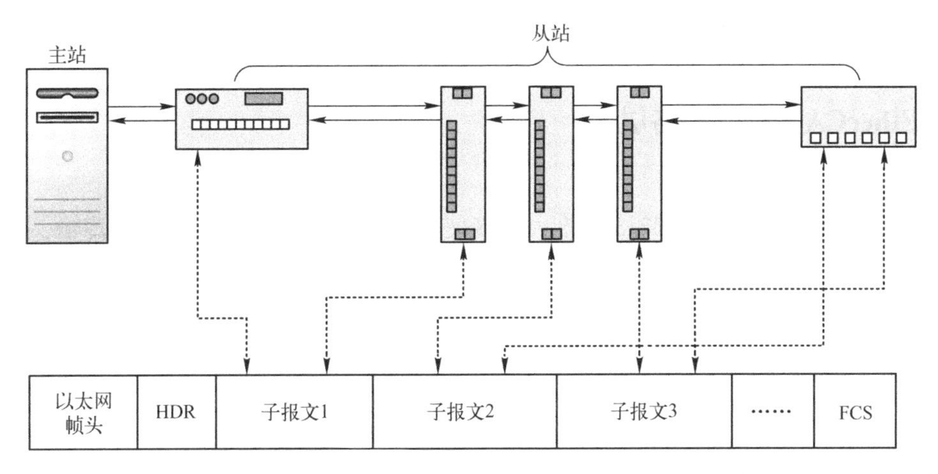

图 8-1　快速以太网全双工通信技术构成主从式的环形结构

这个过程利用了以太网设备独立处理双向传输（TX 和 RX）的特点，并运行在全双工模式下，发出的报文又通过 RX 线返回到控制单元。

报文经过从站节点时，从站识别出相关的命令并做出相应的处理。信息的处理在硬件中完成，延迟时间约为 100~500 ns，这取决于物理层器件，通信性能独立于从站设备控制微处理器的响应时间。每个从站设备有最大容量为 64 KB 的可编址内存，可完成连续的或同步的读写操作。多个 EtherCAT 命令数据可以被嵌入一个以太网报文中，每个数据对应独立的设备或内存区。

从站设备可以构成多种形式的分支结构，独立的设备分支可以放置于控制柜中或机器模块中，再用主线连接这些分支结构。

8.1.2　EtherCAT 物理拓扑结构

EtherCAT 采用了标准的以太网帧结构，几乎对所有标准以太网的拓扑结构都是适用的，也就是说可以使用传统的基于交换机的星形结构，但是 EtherCAT 的布线方式更为灵活，由于其主从的结构方式，无论多少节点都可以一条线串接起来，无论是菊花链形还是树形拓扑结构，可任意选配组合。布线也更为简单，布线只需要遵从 EtherCAT 的所有数据帧都会从第一个从站设备转发到后面连接的节点。数据传输到最后一个从站设备又逆序将数据帧发送回主站。这样的数据帧处理机制允许在 EtherCAT 同一网段内，只要不打断逻辑环路都可以用一根网线串接起来，从而使得设备连接布线非常方便。

传输电缆的选择同样灵活。与其他的现场总线不同的是，不需要采用专用的电缆连接头，对于 EtherCAT 的电缆选择，可以选择经济而低廉的标准超五类以太网电缆，采用 100BASE-TX 模式无交叉地传送信号，并且可以通过交换机或集线器等实现不同的光纤和铜电缆以太网连线的完整组合。

在逻辑上，EtherCAT 网段内从站设备的布置构成一个开口的环形总线。在开口的一端，主站设备直接或通过标准以太网交换机插入以太网数据帧，并在另一端接收经过处理的数据帧。所有的数据帧都被从第一个从站设备转发到后续的节点。最后一个从站设备将数据帧返回到主站。

EtherCAT从站的数据帧处理机制允许在EtherCAT网段内的任一位置使用分支结构，同时不打破逻辑环路。分支结构可以构成各种物理拓扑以及各种拓扑结构的组合，从而使设备连接布线非常灵活方便。

8.1.3　EtherCAT数据链路层

1. EtherCAT数据帧

EtherCAT数据遵从IEEE 802.3标准，直接使用标准的以太网帧数据格式传输，不过EtherCAT数据帧是使用以太网帧的保留字0x88A4。EtherCAT数据报文是由两个字节的数据头和44~1498字节的数据组成，一个数据报文可以由一个或者多个EtherCAT子报文组成，每一个子报文是映射到独立的从站设备存储空间。

2. 寻址方式

EtherCAT的通信由主站发送EtherCAT数据帧读写从站设备内部的存储区来实现，也就是在从站存储区中读数据和写数据。在通信时，主站首先根据以太网数据帧头中的MAC地址来寻址所在的网段，寻址到第一个从站后，网段内的其他从站设备只需要依据EtherCAT子报文头中的32地址去寻址。在一个网段里面，EtherCAT支持使用两种方式：设备寻址和逻辑寻址。

3. 通信模式

EtherCAT的通信方式分为周期性过程数据通信和非周期性邮箱数据通信。

(1) 周期性过程数据通信

周期性过程数据通信主要用在工业自动化环境中实时性要求高的过程数据传输场合。周期性过程数据通信时，需要使用逻辑寻址，主站是使用逻辑寻址的方式完成从站的读、写或者读写操作。

(2) 非周期性邮箱数据通信

非周期性过程数据通信主要用在对实时性要求不高的数据传输场合，在参数交换、配置从站的通信等操作时，可以使用非周期性邮箱数据通信，并且还可以双向通信。在从站到从站通信时，主站是作为类似路由器功能来管理的。

4. 存储同步管理器

存储同步管理（Synchronous Management，SM）是ESC用来保证主站与本地应用程序数据交换的一致性和安全性的工具，其实现的机制是在数据状态改变时产生中断信号来通知对方。EtherCAT定义了两种同步管理器运行模式：缓存模式和邮箱模式。

(1) 缓存模式

缓存模式使用的是三个缓存区，允许EtherCAT主站的控制权和从站控制器双方在任何时候都访问数据交换缓存区。接收数据的那一方随时可以得到最新的数据，数据发送那一方也随时可以更新缓存区里的内容。假如写缓存区的速度比读缓存区的速度快，则旧数据会被覆盖。

(2) 邮箱模式

邮箱模式通过握手的机制完成数据交换，这种情况下只有一端完成读或写数据操作后另一端才能访问该缓存区，这样数据就不会丢失。数据发送方首先将数据写入缓存区，接着缓存区被锁定为只读状态，一直等到数据接收方将数据读走。这种模式通常用在非周期性的数据交换，分配的缓存区也叫作邮箱。邮箱模式通信通常是使用两个 SM 通道，一般情况下主站到从站通信使用 SM0，从站到主站通信使用 SM1，它们被配置成为一个缓存区方式，使用握手来避免数据溢出。

8.1.4　EtherCAT 应用层

应用层（Application Layer，AL）是 EtherCAT 协议最高的一个功能层，是直接面向控制任务的一层，它为控制程序访问网络环境提供手段，同时为控制程序提供服务。应用层不包括控制程序，它只是定义了控制程序和网络交互的接口，使符合此应用层协议的各种应用程序可以协同工作，EtherCAT 协议结构如图 8-2 所示。

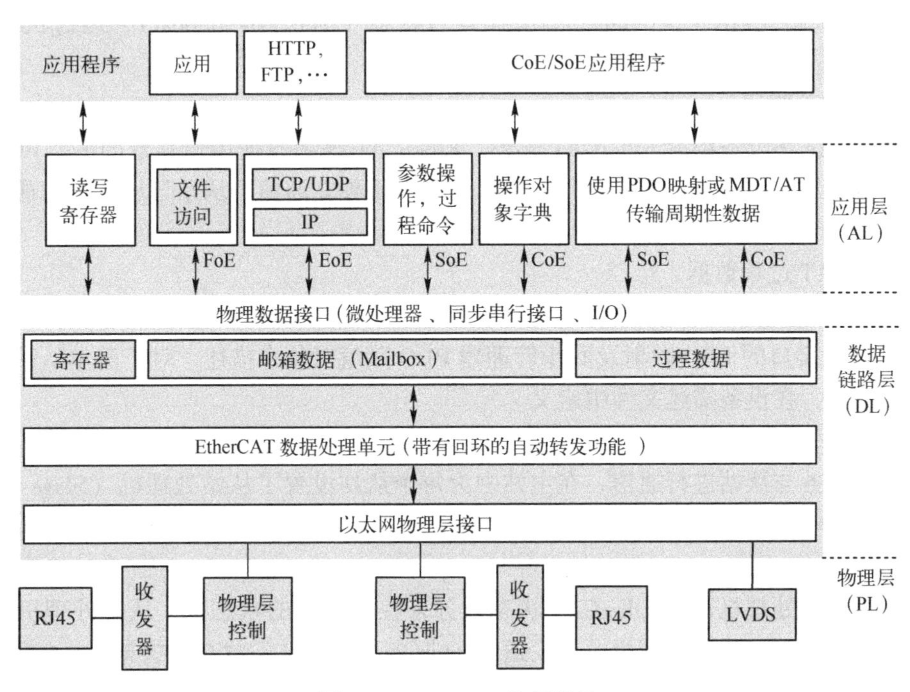

图 8-2　EtherCAT 协议结构

1. 通信模型

EtherCAT 应用层区分主站与从站，主站与从站之间的通信关系是由主站开始的。从站之间的通信是由主站作为路由器来实现的。不支持两个主站之间的通信，但是当两个设备具有主站功能并且其中一个具有从站功能时仍可实现通信。

EtherCAT 通信网络仅由一个主站设备和至少一个从站设备组成。系统中的所有设备必须支持 EtherCAT 状态机和过程数据（Process Data）的传输。

2. 从站

(1) 从站设备分类

从站应用层可分为不带应用层处理器的简单设备与带应用层处理器的复杂设备。

(2) 简单从站设备

简单从站设备设置了一个过程数据布局，通过设备配置文件来描述。在本地应用中，简单从站设备要支持无响应的 ESM 应用层管理服务。

(3) 复杂从站设备

复杂从站设备支持 EtherCAT 邮箱、COE 目标字典、读写对象字典数据入口的加速 SDO 服务以及读对象字典中已定义的对象和紧凑格式入口描述的 SDO 信息服务。

为了过程数据的传输，复杂从站设备支持 PDO 映射对象和同步管理器 PDO 赋值对象。复杂从站设备要支持可配置过程数据，可通过写 PDO 映射对象和同步管理器 PDO 赋值对象来配置。

(4) 应用层管理

应用层管理包括 EtherCAT 状态机，ESM 描述了从站应用的状态及状态变化。由应用层控制器将从站应用的状态写入 AL 状态寄存器，主站通过写 AL 控制寄存器进行状态请求。从逻辑上来说，ESM 位于 EtherCAT 从站控制器与应用之间。ESM 定义了四种状态：初始化状态 (Init)、预运行状态 (Pre-Operational)、安全运行状态 (Safe-Operational)、运行状态 (Operational)。

(5) EtherCAT 邮箱

每一个复杂从站设备都有 EtherCAT 邮箱。EtherCAT 邮箱数据传输是双向的，可以从主站到从站，也可以从站到主站。支持双向多协议的全双工独立通信。从站与从站通信通过主站进行信息路由。

(6) EtherCAT 过程数据

过程数据通信方式下，主从站访问的是缓冲型应用存储器。对于复杂从站设备，过程数据的内容将由 CoE 接口的 PDO 映射及同步管理器 PDO 赋值对象来描述。对于简单从站设备，过程数据是固有的，在设备描述文件中定义。

3. 主站

主站各种服务与从站进行通信。在主站中为每个从站设置了从站处理机 (Slave Handler)，用来控制从站的状态机 (ESM)；同时每个主站也设置了一个路由器，支持从站与从站之间的邮箱通信。

主站支持从站处理机通过 EtherCAT 状态服务来控制从站的状态机，从站处理机是从站状态机在主站中的映射。从站处理机通过发送 SDO 服务去改变从站状态机状态。

路由器将客户从站的邮箱服务请求路由到服务从站；同时，将服务从站的服务响应路由到客户从站。

4. EtherCAT 设备行规

EtherCAT 设备行规包括以下几种。

(1) CANopen over EtherCAT (CoE)

CANopen 最初是为基于 CAN (Control Aera Network) 总线的系统所制定的应用层协议。EtherCAT 协议在应用层支持 CANopen 协议，并做了相应的扩充，其主要功能如下。

- 使用邮箱通信访问 CANopen 对象字典及其对象，实现网络初始化。
- 使用 CANopen 应急对象和可选的事件驱动 PDO 消息，实现网络管理。
- 使用对象字典映射过程数据，周期性传输指令数据和状态数据。

CoE 协议完全遵从 CANopen 协议，其对象字典的定义也相同，针对 EtherCAT 通信扩展了相关通信对象 0x1C00～0x1C4F，用于设置存储同步管理器的类型、通信参数和 PDO 数据分配。

1）应用层行规。

CoE 完全遵从 CANopen 的应用层行规，CANopen 标准应用层行规主要如下。

- CiA 401 I/O 模块行规。
- CiA 402 伺服和运动控制行规。
- CiA 403 人机接口行规。
- CiA 404 测量设备和闭环控制。
- CiA 406 编码器。
- CiA 408 比例液压阀等。

2）CiA 402 行规通用数据对象字典。

数据对象 0x6000~0x9FFF 为 CANopen 行规定义数据对象，一个从站最多控制 8 个伺服驱动器，每个驱动器分配 0x800 个数据对象。第一个伺服驱动器使用 0x6000~0x67FF 的数据字典范围，后续伺服驱动器在此基础上以 0x800 偏移使用数据字典。

（2）Servo Drive over EtherCAT（SoE）

IEC61491 是国际上第一个专门用于伺服驱动器控制的实时数据通信协议标准，其商业名称为 SERCOS（Serial Real-time Communication Specification）。EtherCAT 协议的通信性能非常适合数字伺服驱动器的控制，应用层使用 SERCOS 应用层协议实现数据接口，可以实现以下功能。

- 使用邮箱通信访问伺服控制规范参数（IDN），配置伺服系统参数。
- 使用 SERCOS 数据电报格式配置 EtherCAT 过程数据报文，周期性传输伺服指令数据和伺服状态数据。

（3）Ethernet over EtherCAT（EoE）

除了前面描述的主从站设备之间的通信寻址模式外，EtherCAT 也支持 IP 标准的协议，比如 TCP/IP、UDP/IP 和所有其他高层协议（HTTP 和 FTP 等）。EtherCAT 能分段传输标准以太网协议数据帧，并在相关的设备完成组装。这种方法可以避免为长数据帧预留时间片，大大缩短周期性数据的通信周期。此时，主站和从站需要相应的 EoE 驱动程序支持。

（4）File Access over EtherCAT（FoE）

该协议通过 EtherCAT 下载和上传固定程序和其他文件，其使用类似 TFTP（Trivial File Transfer Protocol，简单文件传输协议）的协议，不需要 TCP/IP 的支持，实现简单。

8.1.5 EtherCAT 系统组成

1. EtherCAT 网络架构

EtherCAT 网络是主从站结构网络，网段中可以有一个主站和一个或者多个从站组成。主站是网络的控制中心，也是通信的发起者。一个 EtherCAT 网段可以被简化为一个独立的以太网设备，从站可以直接处理接收的报文，并从报文中提取或者插入相关数据。然后将报文依次传输到下一个 Ether CAT 从站，最后一个 EtherCAT 从站返回经过完全处理的报文，依次地逆序传递回到第一个从站并且最后发送给控制单元。整个过程充分利用了以太网设备全双工双向传输的特点。如果所有从设备需要接收相同的数据，那么只需要发送一个短数据包，所有从设备接收数据包的同一部分便可获得该数据，刷新 12000 个数字输入和输出的数据耗时仅为 300 μs。对于非 EtherCAT 的网络，需要发送 50 个不同的数据包，充分体现了 EtherCAT 的高实时性，所有数据链路层数据都是由从站控制器的硬件来处理，EtherCAT 的周期时间短，是因为从站的微处理器不需处理 EtherCAT 以太网的封包。

EtherCAT 是一种实时工业以太网技术，它充分利用了以太网的全双工特性。使用主从模式介质访问控制（MAC），主站发送以太网帧给主从站，从站从数据帧中抽取数据或将数据插入数据帧。主站使用标准的以太网接口卡，从站使用专门的 EtherCAT 从站控制器 ESC（EtherCAT Slave Controller），EtherCAT 物理层使用标准的以太网物理层器件。

从以太网的角度来看，一个 EtherCAT 网段就是一个以太网设备，它接收和发送标准的 ISO/IEC8802-3 以太网数据帧。但是，这种以太网设备并不局限于一个以太网控制器及相应的微处理器，它可由多个 EtherCAT 从站组成，EtherCAT 系统运行如图 8-3 所示，这些从站可以直接处理接收的报文，并从报文中提取或插入相关的用户数据，然后将该报文传输到下一个 EtherCAT 从站。最后一个 EtherCAT 从站发回经过完全处理的报文，并由第一个从站作为响应报文将其发送给控制单元。实际上只要 RJ45 网口悬空，ESC 就自动闭合（Close）了，产生回环（LOOP）。

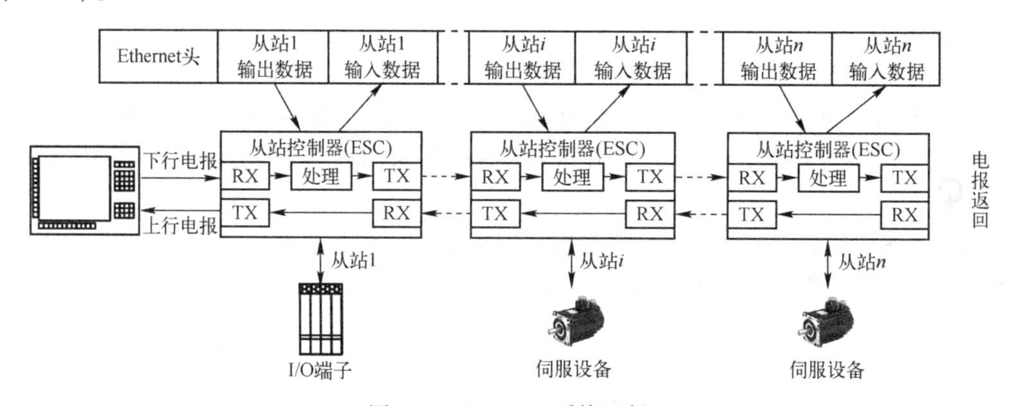

图 8-3　EtherCAT 系统运行

实时以太网 EtherCAT 技术采用了主从介质访问方式。在基于 EtherCAT 的系统中，主站控制所有从站设备的数据输入与输出。主站向系统中发送以太网帧后，EtherCAT 从站设备在报文经过其节点时处理以太网帧，嵌入在每个从站中的现场总线存储管理单元（FMMU）在以太网帧经过该节点时读取相应的编址数据，并同时将报文传输到下一个设备。同样，输入数据也是在报文经过时插入至报文中。当该以太网帧经过所有从站并与从站进行数据交换后，由 EtherCAT 系统中最末一个从站将数据帧返回。

整个过程中，报文只有几纳秒的时间延迟。由于发送和接收的以太帧压缩了大量的设备数据，所以可用数据率可达 90%以上。

EtherCAT 支持各种拓扑结构，如总线型、星形、环形等，并且允许 EtherCAT 系统中出现多种结构的组合。支持多种传输电缆，如双绞线、光纤等，以适应于不同的场合，提升布线的灵活性。

EtherCAT 支持同步时钟，EtherCAT 系统中的数据交换完全是基于纯硬件机制，由于通信采用了逻辑环结构，主站时钟可以简单、精确地确定各个从站传播的延迟偏移。分布时钟均基于该值进行调整，在网络范围内使用精确的同步误差时间基。

EtherCAT 具有高性能的通信诊断能力，能迅速地排除故障；同时也支持主站从站冗余检错，以提高系统的可靠性；EtherCAT 实现了在同一网络中将安全相关的通信和控制通信融合为一体，并遵循 IEC61508 标准论证，满足安全 SIL4 级的要求。

2. EtherCAT 主站组成

EtherCAT 无须使用昂贵的专用有源插接卡，只需使用无源的 NIC（Network Interface Card）卡或主板集成的以太网 MAC 设备即可。EtherCAT 主站很容易实现，尤其适用于中小规模的控制系统和有明确规定的应用场合。使用 PC 计算机构成 EtherCAT 主站时，通常是用标准的以太网卡作为主站硬件接口，网卡芯片集成了以太网通信的控制器和收发器。

EtherCAT 使用标准的以太网 MAC，不需要专业的设备，EtherCAT 主站很容易实现，只需要一台 PC 计算机或其他嵌入式计算机即可实现。

由于 EtherCAT 映射不是在主站产生，而是在从站产生。该特性进一步减轻了主机的负担。因为 EtherCAT 主站完全在主机中采用软件方式实现。EtherCAT 主站的实现方式是使用倍福公司或者 ETG 社区样本代码。软件以源代码形式提供，包括所有的 EtherCAT 主站功能，甚至还包括 EoE。

EtherCAT 主站使用标准的以太网控制器，传输介质通常使用 100BASE-TX 规范的 5 类 UTP 线缆，如图 8-4 所示。

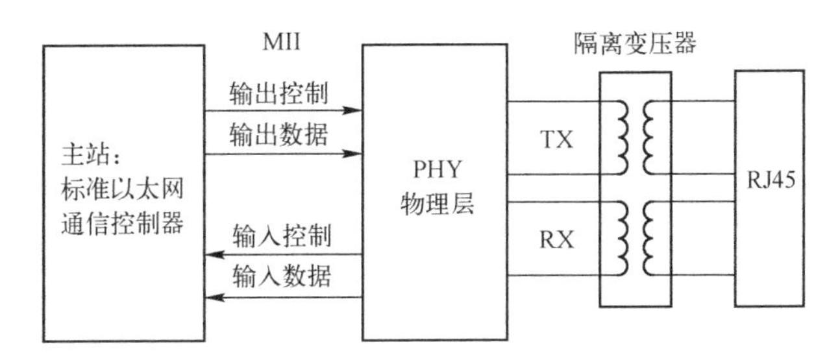

图 8-4　EtherCAT 物理层连接原理图

通信控制器完成以太网数据链路的介质访问控制（Media Access Control，MAC）功能，物理层芯片 PHY 实现数据编码、译码和收发，它们之间通过一个 MII（Media Independent Interface）接口交互数据。MII 是标准的以太网物理层接口，定义了与传输介质无关的标准电气和机械接口，使用这个接口将以太网数据链路层和物理层完全隔离开，使以太网可以方便地选用任何传输介质。隔离变压器实现信号的隔离。提高通信的可靠性。

在基于 PC 的主站中，通常使用网络接口卡 NIC，其中的网卡芯片集成了以太网通信控制器和物理数据收发器。而在嵌入式主站中，通信控制器通常嵌入微控制器中。

3. EtherCAT 从站组成

EtherCAT 从站设备主要完成 EtherCAT 通信和控制应用两大功能，是工业以太网 EtherCAT 控制系统的关键部分。

从站通常分为四大部分：EtherCAT 从站控制器（ESC）、从站控制微处理器、物理层 PHY 器件和电气驱动等其他应用层器件。

从站的通信功能是通过从站 ESC 实现的。EtherCAT 通信控制器 ECS 使用双端口存储区实现 EtherCAT 数据帧的数据交换，各个从站的 ESC 在各自的环路物理位置通过顺序移位读写数据帧。报文经过从站时，ESC 从报文中提取要接收的数据存储到其内部存储区，要发送的数据又从其内部存储区写到相应的子报文中。数据报文的读取和插入都是由硬件自动来完成，速度很快。EtherCAT 通信和完成控制任务还需要从站微控制器主导完成。通常是通过微控制器从 ESC 读取控制数据，从而实现设备控制功能，将设备反馈的数据写入 ESC，并返回给主站。由于整个通信过程数据交换完全由 ESC 处理，与从站设备微控制器的响应时间无关。从站微控制器的选择不受功能限制，可以使用单片机、DSP 和 ARM 等。

从站使用物理层的 PHY 芯片来实现 ESC 的 MII 物理层接口，同时需要隔离变压器等标准以太网物理器件。

从站不需要微控制器就可以实现 EtherCAT 通信，EtherCAT 从站设备只需要使用一个价格低廉的从站控制器芯片 ESC。从站的实施可以通过 I/O 接口实现的简单设备加 ESC、PHY、变压器和 RJ45 接头。微控制器和 ESC 之间使用 8 位或 16 位并行接口或串行 SPI 接口。从站实施要求的微控制器性能取决于从站的应用，EtherCAT 协议软件在其上运行。ESC 采用德国 BECKHOFF 自动化有限公司提供的从站控制专用芯片 ET1100 或者 ET1200 等。通过 FPGA，也可实现从站控制器的功能，这种方式需要购买授权以获取相应的二进制代码。

EtherCAT 从站设备同时实现通信和控制应用两部分功能，其结构如图 8-5 所示。

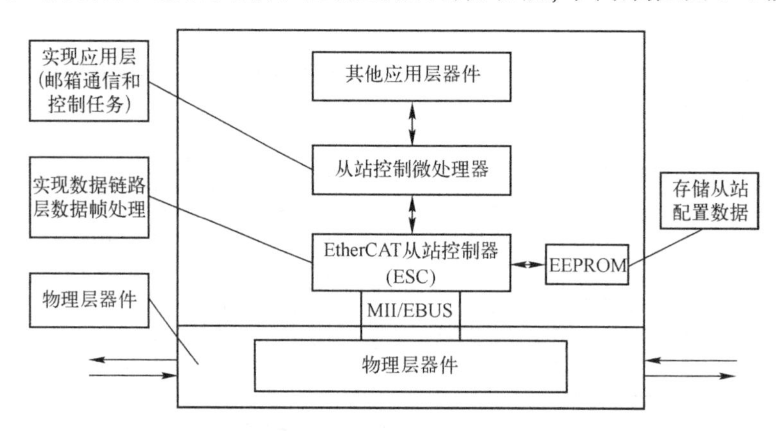

图 8-5　EtherCAT 从站组成

EtherCAT 从站由以下四部分组成。

(1) EtherCAT 从站控制器 ESC

EtherCAT 从站通信控制器芯片 ESC 负责处理 EtherCAT 数据帧，并使用双端口存储区实现 EtherCAT 主站与从站本地应用的数据交换。各个从站 ESC 按照各自在环路上的物理位置顺序移位读写数据帧。在报文经过从站时，ESC 从报文中提取发送给自己的输出命令数据并将其存储到内部存储区，输入数据从内部存储区又被写到相应的子报文中。数据的提取和插入都是由数据链路层硬件完成的。

ESC 具有四个数据收发端口，每个端口都可以收发以太网数据帧。

ESC 使用两种物理层接口模式：MII 和 EBUS。

MII 是标准的以太网物理层接口，使用外部物理层芯片，一个端口的传输延时约为 500 ns。

EBUS 是德国 BECKHOFF 公司使用 LVDS（Low Voltage Differential Signaling）标准定义的数据传输标准，可以直接连接 ESC 芯片，不需要额外的物理层芯片，从而避免了物理层的附加传输延时，一个端口的传输延时约为 100 ns。EBUS 最大传输距离为 10 m，适用于距离较近的 I/O 设备或伺服驱动器之间的连接。

(2) 从站控制微处理器

微处理器负责处理 EtherCAT 通信和完成控制任务。微处理器从 ESC 读取控制数据，实现设备控制功能，并采样设备的反馈数据，写入 ESC，由主站读取。通信过程完全由 ESC 处理，与设备控制微处理器响应时间无关。从站控制微处理器性能选择取决于设备控制任务，可以使用 8 位、16 位的单片机及 32 位的高性能处理器。

（3）物理层器件

从站使用 MII 接口时，需要使用物理层芯片 PHY 和隔离变压器等标准以太网物理层器件。使用 EBUS 时不需要任何其他芯片。

（4）其他应用层器件

针对控制对象和任务需要，微处理器可以连接其他控制器件。

8.1.6　KUKA 机器人应用案例

德国 Acontis 公司提供的 EtherCAT 主站是全球应用最广、知名度最高的商业主站协议栈，在全球已有超过 300 家用户使用 Acontis EtherCAT 主站，其中包括众多世界知名自动化企业。Acontis 公司提供完整的 EtherCAT 主站解决方案，其主站跨硬件平台和实时操作系统。

德国 KUKA 机器人是 Acontis 公司最具代表性的用户之一，KUKA 机器人 C4 系列产品全部采用 Acontis 公司的解决方案。C4 系列机器人采用 EtherCAT 总线方式进行多轴控制，控制器采用 Acontis 公司的 EtherCAT 主站协议栈；KUKA 机器人控制器采用多核 CPU，分别运行 Windows 操作系统和 VxWorks 操作系统，图形界面运行在 Windows 操作系统上，机器人控制软件运行在 VxWorks 实时操作系统上，Acontis 提供的软件 VxWIN 控制和协调两个操作系统；控制器的组态软件中集成了 Acontis 提供的 EtherCAT 网络配置及诊断工具 EC-Engineer；另外，KUKA 机器人还采用 Acontis 提供的两个扩展功能包：热插拔和远程访问功能。

KUKA 机器人控制器同时支持多路独立 EtherCAT 网络，除了机器人本体专用的 KCB（KUKA Controller Bus，库卡控制总线）网络外，控制器还利用 Acontis 公司 EtherCAT 主站支持 VLAN 功能，从一个独立网卡连接出其他三路 EtherCAT 网络，分别是连接示教器的 EtherCAT 网络 KOI，扩展网络 KEB 以及内部网络 KSB。KCB 网络循环周期 125 μs，是本体控制专用网络，以确保本体控制的实时性。KUKA 机器人控制器多路独立 EtherCAT 网络如图 8-6 所示。同一个控制器支持多路独立 EtherCAT 网络（多个 Instance），利用了 Acontis 公司 EtherCAT 主站可支持最多 10 个 Instance 的特性。

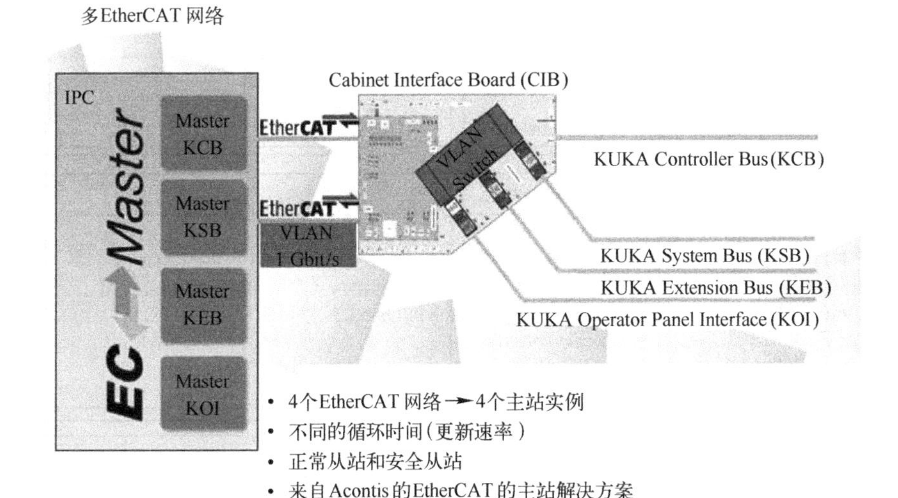

图 8-6　KUKA 机器人控制器多路独立 EtherCAT 网络

除了主站协议栈，KUKA机器人在其操作界面中，使用Acontis公司提供的网络配置及诊断工具EC-Engineer的软件开发包SDK，无缝集成了Acontis网络配置及诊断工具所有功能。用户在KUKA的操作界面直接进行EtherCAT网络配置及在工作状态下的网络诊断，提高了控制软件的可用性及用户体验。此外，KUKA机器人选用了Acontis公司提供的两个主站功能扩展包：Hot Connect和Remote API。

Hot Connect热插拔功能确保在EtherCAT网络工作状态下完成网络中从站的移除或新从站到网络的连接操作。应用此功能，可以完成如在加工过程中更换加工刀具的操作而不造成网络异常。使用热插拔功能，需要注意在配置阶段，在EC-Engineer中定义可热插拔从站和不可热插拔从站，比如机器人本体的各个自由度为不可热插拔从站，以保障本体的正常工作。Remote API功能可以使现场工程师在不破坏机器人网络实时性的情况下，在工作PC上通过普通TCP/IP连接机器人控制器，从而远程对机器人网络进行配置以及诊断和监控操作。Hot Connect和Remote API不在ETG.1500定义的主站ClassA的功能范围内，是Acontis公司提供的主站扩展功能。

8.1.7　EtherCAT伺服驱动器控制应用协议

IEC61800标准系列是一个可调速电子功率驱动系统通用规范。其中，IEC61800-7定义了控制系统和功率驱动系统之间的通信接口标准，包括网络通信技术和应用行规，如图8-7所示。EtherCAT作为网络通信技术，支持了CANopen协议中的行规CiA402和SERCOS协议的应用层，分别称为CoE和SoE。

图8-7　IEC61800-7体系结构

8.2　SERCOS

8.2.1　SERCOS 概述

1. SERCOS 的发展

1986 年，德国电力电子协会与德国机床协会联合召集了欧洲一些机床、驱动系统和 CNC 设备的主要制造商（Bosch、ABB、AMK、Banmuller、Indramat、Siemens、Pacific Scientific 等）组成了一个联合小组。该小组旨在开发出一种用于数字控制器与智能驱动器之间的开放性通信接口，以实现 CNC 技术与伺服驱动技术的分离，从而使整个数控系统能够模块化、可重构与可扩展，达到低成本、高效率、强适应性地生产数控机床的目的。经过多年的努力，此技术终于在 1989 年德国汉诺国际机床博览会上展出，这标志着 SERCOS 总线正式诞生。1995 年，国际电器技术委员会把 SERCOS 接口采纳为标准 IEC61491。1998 年，SERCOS 接口被确定为欧洲标准 EN61491。2005 年基于以太网的 SERCOS Ⅲ面世，并于 2007 年成为国际标准 IEC61158/61784。迄今为止，SERCOS 已发展了三代，SERCOS 接口协议成为当今唯一专门用于开放式运动控制的国际标准，得到了国际大多数数控设备供应商的认可。到今天已有 200 多万个 SERCOS 站点在工业实际中使用，超过 50 个控制器和 30 个驱动器制造厂推出了基于 SERCOS 的产品。

SERCOS 接口技术是构建 SERCOS 通信的关键技术，经 SERCOS 协会组织和协调，推出了一系列 SERCOS 接口控制器，通过它们便能方便地在数控设备之间建立起 SERCOS 通信。

SERCOSⅢ继承了 SERCOS 协议在驱动控制领域优良的实时和同步特性，是基于以太网的驱动总线，物理传输介质也从仅仅支持光纤扩展到了以太网线 CAT5e，拓扑结构也支持线性结构。在第一、二代时，SERCOS 只有实时通道，通信智能在主从（Master and Slaver MS）之间进行。SERCOSⅢ扩展了非实时的 IP 通道，在进行实时通信的同时可以传递普通的 IP 报文，主战和主战、从站和从站之间可以直接通信，在保持服务通道的同时，还增加了 SERCOS 消息协议 SMP（SERCOS Messaging Protocol）。

2. SERCOS 的基本特征

第一、二代 SERCOS 网络有一个主站和若干个从站（1~254 个伺服、主轴或 PLC）组成，各站之间采用光缆连接，构成环形网。站间的最大距离为 80 m（塑料光纤）或 250 m（玻璃光纤），最大设备数量为 254，数据传输率为 2~16 Mbit/s。一个控制单元可以连接一个或多个 SERCOS 环路，每个环路由一个主站和多个从站组成，主站将控制单元连接到网络中，从站负责将伺服、PLC 等装置连接到网络中，每个从站又可连接一个或多个伺服装置。

SERCOS 接口规范使控制器和驱动器间数据交换的格式及从站数量等进行组态配置。在初始化阶段，接口的操作根据控制器和驱动器的性能特点来具体确定。所以，控制器和驱动器都可以执行速度、位置或扭矩控制方式。灵活的数据格式使得 SERCOS 接口能用于多种控制结构和操作模式，控制器可以通过指令值和反馈值的周期性数据交换来达到与环上所有驱动器精确同步，其通信周期可在 62.5 μs、125 μs、250 μs 及 250 μs 的整数倍间进行选择。在 SERCOS 接口中，控制器与驱动器之间的数据传送分为周期性数据传送和非周期性数据传送（服务通道数据传送）两种，周期性数据交换主要用于传送指令值和反馈值，在每个通信周期数据传送一次。非周期数据传送则是用于自控制器和驱动器之间交互的参数（IDN），独立于任何制造厂商。它提供了高级的运动控制能力，内含用于I/O控制的功能，使机器制造商不需要使用单独的I/O总线。

SERCOS技术发展到了第三代基于实时以太网技术，将其应用从工业现场扩展到了管理办公环境，并且由于采用了以太网技术不仅降低了组网成本，还增加了系统柔性，在缩短最少循环时间（31.25μs）的同时，还采用了新的同步机制提高了同步精度（小于20ns），并且实现了网上各个站点的直接通信。

8.2.2 SERCOS协议

SERCOS协议，也就是国际标准IEC61491是了解SERCOS的关键。经过多年的发展和完善，SERCOS协议已成为覆盖驱动、I/O控制和安全控制的标准总线之一。

SERCOSⅢ是建立在以太网IEEE 802.3标准上的，其物理层对通信介质、速度和拓扑结构等的要求基本相同，每一个SERCOS从站有两个通信接口——P1和P2，P1和P2可以交换。SERCOSⅢ采用线性和环形拓扑结构。

8.2.3 SERCOSⅢ的接口实现

SERCOSⅢ在同步化和消息结构上保持了对之前版本的兼容性，它保留了描述实时运动和I/O控制的参数集合，SERCOS Ⅲ接口不同于以前版本的SERCOS，要求一个ASIC芯片，其接口硬件采用现场可编程门阵列（Field Programmable Gate Array，FPGA）技术，将一个SERCOS IP核（核指具有独立知识产权的电路核）植入FPGA芯片中，就成为一个SERCOSⅢ接口芯片，FPAG本身还实现了通信的定时、逻辑和以太网的MAC解析等功能。

Xilinx是世界领先的可编程逻辑器件生产商，SERCOS主要应用Xilinx Sprtan-3系列的XC3S400或XC3S200，一般主站应用XC3S400，从站为了进一步降低成本应用XC3S200，主站称为SERCON100M，从站为SERCON100S。同样是国际著名的可编程逻辑器件生产商Altera公司的CycloneⅡ和CycloneⅢ FPGA也作为SERCOS接口芯片使用。

德国Hilscher是工业通信接口技术的领先者，其推向市场的netX通过网络控制器芯片将SERCOSⅢ协议集成到了芯片中，芯片系列从netX5到NetX500，其新推向市场的netX芯片包含了ARM926核。

8.2.4 SERCOS工业应用

目前超过50家控制器设备厂商和超过30家驱动器生产厂家推出了支持SERCOS的产品，SERCOS是面向运动控制领域的唯一国际标准，其协会的网站为www.sercos.org或www.sercog.de。SERCOS是一个完全独立的、开放的、非专利性的技术规范，完全公开，SERCOS国际组织拥有技术版权。它不依赖于任何一个厂商的技术和产品，因而不受任一特定公司的影响。

目前，SERCOS国际组织有92个成员，ABB、费斯托、霍尼韦尔、菲尼克斯、施耐德、罗克韦尔、SEW、日立、三洋、三星、万可、倍福和赫优讯等著名公司都是其成员。SERCOS在北美和日本有分支组织，在德国斯图加特大学有认证中心，以测试确定不同厂商产品的互操作性；在世界各地还有一批SERCOS技术资格中心，它们独立地、权威地为企业提供技术咨询和服务。

SERCOS在中国北京设立中国办事处，并与北京工业大学合作，在该校设立了SERCOS技术资格中心，开展 SERCOS 的开发和应用工作，推广 SERCOS 技术，而 SERCOS 国际组织向他们提供技术支持。

SERCOS 技术在工业自动化、印刷机械、包装机械、工业机器人、半导体制造设备和机床工业中得到较为广泛的应用，特别是在一些高可靠性、高精度、多轴控制的高端设备中得到很好的应用。

8.3 POWERLINK

8.3.1 POWERLINK 的原理

POWERLINK 是 IEC 国际标准，同时也是中国的国家标准（GB/T-27960）。如图 8-8 所示，POWERLINK 是一个 3 层的通信网络，它规定了物理层、数据链路层和应用层，这 3 层包含了 OSI 模型中规定的 7 层协议。

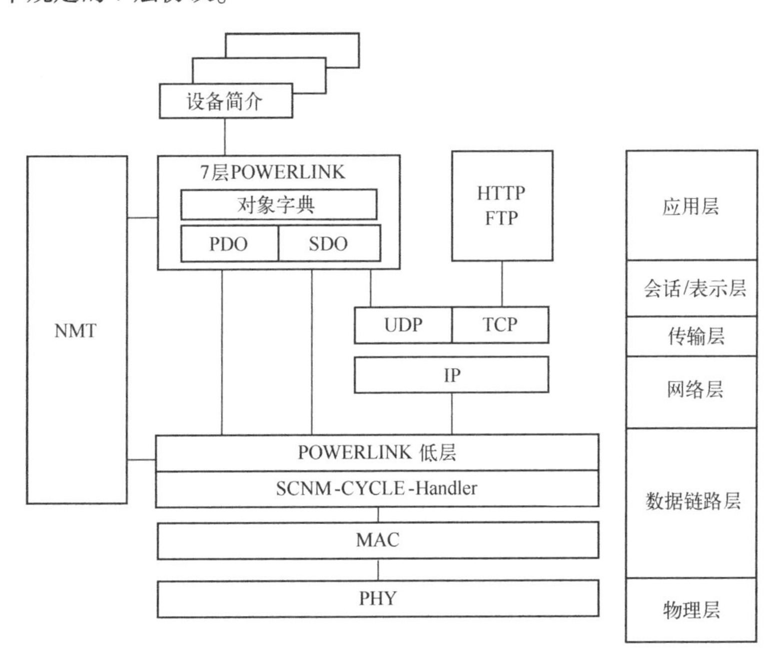

图 8-8　POWERLINK 的 OSI 模型

如图 8-9 所示，具有 3 层协议的 POWERLINK 在应用层上可以连接各种设备，如 I/O、阀门、驱动器等。在物理层之下连接了 Ethernet 控制器，用来收发数据。由于以太网控制器的种类很多，不同的以太网控制器需要不同的驱动程序，因此在“Ethernet 控制器”和“POWERLINK 传输”之间有一层“Ethernet 驱动器”。

1. POWERLINK 的物理层

POWERLINK 的物理层采用标准的以太网，遵循 IEEE 802.3 快速以太网标准。因此，无论是 POWERLINK 的主站还是从站，都可以运行于标准的以太网之上。

这使得 POWERLINK 具有以下优点。

1）只要有以太网的地方就可以实现 POWERLINK，例如，在用户的 PC 上可以运行 POWERLINK，在一个带有以太网接口的 ARM 上可以运行 POWERLINK，在一片 FPGA 上也可以运行 POWERLINK。

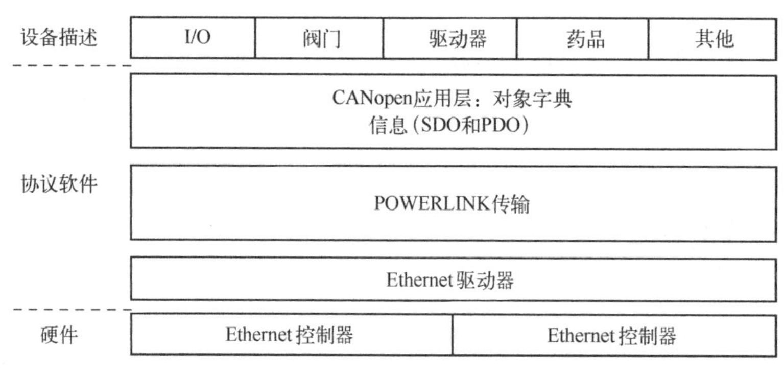

图 8-9　POWERLINK 通信模型的层次

2）以太网的技术进步就会带来 POWERLINK 的技术进步。

3）实现成本低。

用户可以购买普通的以太网控制芯片（MAC）来实现 POWERLINK 的物理层，如果用户想采用 FPGA 解决方案，POWERLINK 提供开放源码的 openMAC。这是一个用 VHDL 语言实现的、基于 FPGA 的 MAC，同时 POWERLINK 又提供了一个用 VHDL 语言实现的 openHUB。如果用户的网络需要做冗余，如双网、环网等，就可以直接在 FPGA 中实现，其易于实现且成本很低。此外，由于是基于 FPGA 的方案，从 MAC 到数据链路层（DLL）的通信，POWERLINK 采用了 DMA，因此速度更快。

POWERLINK 物理层采用普通以太网的物理层，因此可以使用工厂中现有的以太网布线，从机器设备的基本单元到整台设备、生产线，再到办公室，都可以使用以太网，从而实现一“网”到底。

2. POWERLINK 的数据链路层

POWERLINK 基于标准以太网 CSMA/CD 技术（IEEE 802.3），因此可工作在所有传统以太网硬件上。但是，POWERLINK 不使用 IEEE 802.3 定义的用于解决冲突的报文重传机制，该机制会引起传统以太网的不确定行为。

POWERLINK 的从站通过获得 POWERLINK 主站的允许来发送自己的帧，所以不会发生冲突，因为管理节点会统一规划每个节点收发数据的确定时序。

8.3.2　POWERLINK 网络拓扑结构

由于 POWERLINK 的物理层采用标准的以太网，因此以太网支持的所有拓扑结构它都支持。而且可以使用 HUB 和 Switch 等标准的网络设备，这使得用户可以非常灵活地组网，如菊花链、树形、星形、环形和其他任意组合。

因为逻辑与物理无关，所以用户在编写程序时无须考虑拓扑结构。网络中的每个节点都有一个节点号，POWERLINK 通过节点号来寻址节点，而不是通过节点的物理位置来寻址，因此逻辑与物理无关。

由于协议独立的拓扑配置功能，POWERLINK 的网络拓扑与机器的功能无关。因此 POWERLINK 的用户无须考虑任何网络相关的需求，只需专注满足设备制造的需求。

8.3.3 POWERLINK 的实现方案

POWERLINK 是一个实时以太网的技术规范和方案，它是一个技术标准，用户可以根据这个技术标准自己开发一套代码，也就是 POWERLINK 的具体实现。POWERLINK 的具体实现有多个版本，如 ABB 公司的 POWERLINK 运动控制器和伺服控制器、赫优讯的从站解决方案、SYSTEC 的解决方案等。

OpenPOWERLINK 是一个 C 语言的解决方案，它最初是 SYSTEC 的商业收费方案，后来被 B&R 公司买断版权。为了推广 POWERLINK，B&R 将源代码开放。现在这个方案由 B&R 公司和 SYSTEC 共同维护。

目前常用的 POWERLINK 方案有两种：基于 MCU/CPU 的 C 语言方案和基于 FPGA 的 Verilog HDL 方案。C 语言的方案以 openPOWERLINK 为代表。下面仅介绍 C 语言方案。

该方案最初由 SYSTEC 开发，B&R 公司负责后期的维护与升级。该方案包含了 POWERLINK 完整的 3 层协议：物理层、数据链路层和 CANopen 应用层。其中数据链路层和 CANopen 应用层采用 C 语言编写，因此该方法可运行于各种 MCU/CPU 平台。该方案性能的优劣取决于运行该方案的软硬件平台的性能，如 MCU/CPU 的主频、操作系统的实时性等。

（1）硬件平台

该方案可支持 ARM、DSP、X86 CPU 等平台，物理层采用 MCU/CPU 自带的以太网接口或者外接以太网。该方案如果运行于 FPGA 中，需要在 FPGA 内实现一个软的处理器，如 Nios 或 Microblaze。数据链路层和 CANopen 应用层运行于 MCU/CPU 之上。

（2）软件平台

该方案可支持 VxWorks、Linux、Windows 等各种操作系统。在没有操作系统的情况下，也可以运行。POWERLINK 协议栈在软件上需要高精度时钟接口和以太网驱动接口。由于 POWERLINK 协议栈的行为由定时器触发，即什么时刻做什么事情。因此如果需要保证实时性，就需要操作系统提供一个高精度的定时器，以及快速的中断响应。有些操作系统可以提供高精度的时钟接口，有些则不能。定时器的精度直接影响 POWERLINK 的实时精度，如果定时精度在毫秒级，那么 POWERLINK 的实时性也只能达到毫秒级，例如在没有实时扩展的 Windows 上运行 POWERLINK，POWERLINK 的最短周期、时隙精度都在毫秒级。如果希望 POWERLINK 的实时精度达到微妙级，则需要提供微妙级的定时器接口给 POWERLINK 协议栈。大部分操作系统无法提供微妙级的定时器接口，对于这种情况，需要用户根据自己的硬件编写时钟的驱动程序，直接从硬件上得到高精度定时器接口。另一方面，POWERLINK 需要实时地将要发送的数据发送出去，对接收到的数据帧要实时处理，因此对以太网数据收发的处理，也会影响 POWERLINK 的实时性。因此，需要以太网的驱动程序也是实时地。对于有些系统，如 VxWorks，POWERLINK 可以采用操作系统本身的以太网驱动程序，而对于有些系统，需要用户根据自己的硬件编写以太网驱动程序。

（3）基于 Windows 的方案

基于 Windows 的 openPOWERLINK 解决方案，以太网驱动采用 wincap。由于 Windows 本身的非实时性，导致该方案的实时性成本不高，循环周期最短约为 3~5 ms，抖动为 1 ms 左右，因此该方案可用于实时性要求不高的应用场合，或者用于测试。

该方案的好处是，运行简单，不需要额外的硬件，一台带有以太网的普通 PC 就可以运行。

（4）基于 Linux 的方案

openPOWERLINK 需要 Linux 的内核版本为 2.6.23 或者更高。

（5）基于 VxWorks 的方案

POWERLINK 运行在 MUX 层之上。该方案使用了 VxWorks 本身的以太网驱动程序，openPOWERLINK 需要一个高精度的时钟，否则性能受到影响。基于 VxWorks 的高精度的时钟，通常由硬件产生，用户往往需要根据自己的硬件编写一个高精度 timer 的驱动程序。

（6）基于 FPGA 的方案

OpenPOWERLINK 采用 C 语言编写，如果要在 FPGA 中运行 C 语言编写的程序，需要一个软核，结构如图 8-10 所示。

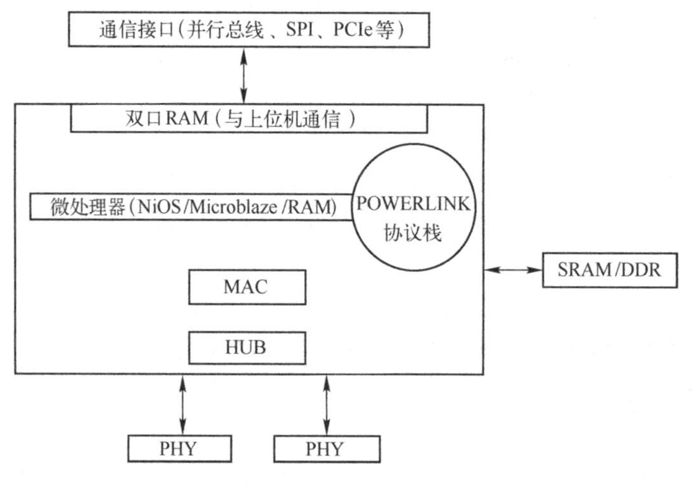

图 8-10　基于 FPGA 的 POWERLINK 的结构

一个基于 FPGA 的 POWERLINK 最小系统需要如下硬件。

1）FPGA：可以选用 ALTERA 或者 XILLINX。需要逻辑单元数在 5000Les 以上，对于 ALTERA 可以选择 CYCLONE4CE6 以上，对于 XILLINX 可以选择 spartan6。

2）外接 SRAM 或 SDRAM：需要 521 KB 的 SRAM 或者 SDRAM，与 FPGA 的接口为 16 bit 或者 32 bit。

3）EPCS 或者 FLASH 配置芯片：需要 2 MB 以上的 EPCS 或 FLASH 配置芯片来保存 FPGA 的程序。

4）拨码开关：因为 POWERLINK 是通过节点号来寻址的，每个节点都有一个 Node ID，可以通过拨码开关来设置节点的 Node ID。

5）以太网的 PHY 芯片：需要 1 个或 2 个以太网 PHY 芯片。我们在 FPGA 里用 VHDL 实现了一个以太网 HUB，因此如果有两个 PHY，那么在做网络拓扑时就很灵活，如果只有一个 PHY 那就只能做星形拓扑。POWERLINK 对以太网的 PHY 没有特别的要求，从市面上买的 PHY 芯片都可以使用。注意，建议 PHY 工作在 RMII 模式。

可以把 FPGA 当作专门负责 POWERLINK 通信的芯片。FPGA 与用户的 MCU 之间可以通过并行 16/8 位接口、PC104、PCIe，或者 SPI 接口通信。在 FPGA 里实现了一个双口 RAM，作为 FPGA 中的 POWERLINK 与用户 MCU 数据交换区。

在同一个 FPGA 上，除了实现 POWERLINK 以外，用户还可以把自己的应用加到该 FPGA 上，例如用 FPGA 做一个带有 POWERLINK 的 I/O 模块，该模块上除了带有 POWERLINK 外，还有 I/O 逻辑的处理。

8.3.4　POWERLINK 的应用层

POWERLINK 技术规范规定的应用层为 CANopen，但是 CANopen 并不是必需的，用户可以根据自己的需要自定义应用层，或者根据其他行规编写相应的应用层。

无论是 openPOWERLINK 还是前面提到的 HDL POWERLINK，都可以使用本章介绍的应用层软件。

1. CANopen 应用层

POWERLINK 的应用层遵循 CANopen 标准。CANopen 是一个应用层协议，它为应用程序提供了一个统一的接口，使得不同的设备与应用程序之间有统一的访问方式。

CANopen 协议有 3 个主要部门：PDO、SDO 和 OD。

1）PDO：过程数据对象，可以理解为在通信过程中，需要周期性、实时传输的数据。

2）SDO：服务数据对象，可以理解为在通信过程中，非周期性传输、实时性要求不高的数据，如网络配置命令、偶尔要传输的数据等。

3）OD：对象字典（Object Dictionary），可以理解为所有参数、通信对象的集合。

2. 对象字典

什么是对象字典？对象字典就是很多对象（Object）的集合。那么什么又是对象呢？一个对象可以理解为一个参数，假设有一个设备，该设备有很多参数，CANopen 通过给每个参数一个编号来区分参数，这个编号就叫作索引（Index），这个索引用一个 16bit 的数字表示。如果这个参数又包含了很多子参数，那么 CANopen 又会给这些子参数分别分配一个子索引（SubIndex），用一个 8 bit 的数字来表示。因此一个索引和一个子索引就能明确地标识出一个参数。

一个参数除了具有索引和子索引信息外，还应该有参数的数据类型（是 8 bit 还是 16 bit，是有符号还是无符号），还要有访问类型（是读的、可写的，还是可读写的），还有默认值等。因此一个参数需要有很多属性来描述，所以一个参数也就成了一个对象，所有对象的集合就构成了对象字典。

在 POWERLINK 对 OD 的定义和声明在 objdict..h 文件中。

3. XDD 文件

XDD 文件就是用来描述对象字典的电子说明文档，是 XML Device Description 的简写。设备生产商在自己的设备中实现了对象字典，该对象字典存储在设备里，因此设备提供商需要向设备使用者提供一个说明文档，让使用者知道该设备有哪些参数，以及这些参数的属性。XDD 文件的内容要与对象字典的内容一一对应，即在对象字典中实现了哪些参数，那么在 XDD 文件中就应该有这些参数的描述。

一个 XDD 文件主要由两部分组成：设备描述（Device Profile）和网络通信描述（Communication Network Profile）。

8.3.5　POWERLINK 在运动控制和过程控制领域的应用案例

POWERLINK 技术应用广泛，在运动控制和过程控制方面有众多国内外知名厂家支持。

1. 运动控制

1）典型应用：伺服驱动器的控制，用于各种机器系统，如包装机、纺织机、印刷机、机器人等。

2）典型厂家：B&R、ABB、武汉迈信电气技术有限公司、上海新时达电气股份有限公司等。

2. 过程控制

1）典型应用：DCS系统、工厂自动化。

2）典型厂家：Alston、B&R、北京和利时集团、北京四方继保自动化股份有限公司、南京南瑞、南京大全电气有限公司、中国南车、卡斯柯信号有限公司等。

8.4　EPA

8.4.1　EPA概述

1. EPA简介

当前，随着计算机、通信、网络等信息技术的发展，信息交换的领域已经覆盖了企业乃至世界各地的市场，而随着自动化控制技术的进一步发展，需要建立包含从工业现场设备层到控制层、管理层等各个层次的综合自动化网络平台，建立以工业网络技术为基础的企业信息化系统。当前，在企业的不同网络层次间传送的数据信息已变得越来越复杂，对工业网络的开放性、互连性、带宽等方面提出了更高的要求。EPA工厂自动化以太网（Ethernet for Plant Automation，EPA）即是建立在此基础上的工业现场设备开放网络平台，通过该平台，不仅可以使工业现场设备（如现场控制器、变送器、执行机构等）实现基于以太网的通信，而且可以使工业现场设备层网络不游离于主流通信技术之外，并与主流通信技术同步发展，同时，用以太网现场设备层到控制层、管理层等所有层次网络的“E网到底”，实现工业/企业综合自动化系统各层次的信息无缝集成，推动工业企业的技术改造和提升、加快信息化改造进程。

EPA是Ethernet、TCP/IP等商用计算机通信领域的主流技术直接应用于工业控制现场设备间的通信，并在此基础上，建立的应用于工业现场设备间通信的开放网络通信平台。EPA是一种全新的适用于工业现场设备的开放性实时以太网标准，将大量成熟的IT技术应用于工业控制系统，利用高效、稳定、标准的以太网和UDP/IP的确定性通信调度策略，为适用于现场设备的实时工作建立了一种全新的标准。

2. EPA的技术特点

（1）确定性通信

以太网由于采用CSMA/CD（载波侦听多路访问/冲突检测）介质访问控制机制，因此具有通信“不确定性”的特点，并成为其应用于工业数据通信网络的主要障碍。虽然以太网交换技术、全双工通信技术以及IEEE 802.1P&Q规定的优先级技术在一定程度上避免了碰撞，但也存在着一定的局限性。

（2）“E”网到底

EPA是应用于工业现场设备间通信的开放网络技术，采用分段化系统结构和确定性通信调度控制策略，解决了以太网通信的不确定性问题，使以太网、无线局域网、蓝牙等广泛应用于工业/企业管理层、过程监控层网络的COTS（Commercial Off-The-Shelf）技术直接应用于变送器、执行机构、远程I/O、现场控制器等现场设备间的通信。采用EPA网络，可以实现工业/企业综合自动化智能工厂系统中从底层的现场设备层到上层的控制层、管理层的通信网络平台基于以太网技术的统一，即所谓的“‘E（ethernet）’网到底”。

（3）互操作性

《EPA 标准》除了解决实时通信问题外，还为用户层应用程序定义了应用层服务与协议规范，包括系统管理服务、域上载/下载服务、变量访问服务、事件管理服务等。至于 ISO/OSI 通信模型中的会话层、表示层等中间层次，为降低设备的通信处理负荷，可以省略，而在应用层直接定义与 TCP/IP 的接口。

为支持来自不同厂商的 EPA 设备之间的互操作，《EPA 标准》采用可扩展标记语言（Extensible Markup Language，XML）扩展标记语言为 EPA 设备描述语言，规定了设备资源、功能块及其参数接口的描述方法。用户可采用 Microsoft 提供的通用 DOM 技术对 EPA 设备描述文件进行解释，而无需专用的设备描述文件编译和解释工具。

（4）开放性

《EPA 标准》完全兼容 IEEE 802.3、IEEE 802.1P&Q、IEEE 802.1D、IEEE 802.11、IEEE 802.15 以及 UDP（TCP）/IP 等协议，采用 UDP 传输 EPA 协议报文，以减少协议处理时间，提高报文传输的实时性。

（5）分层的安全策略

对于采用以太网等技术所带来的网络安全问题，《EPA 标准》规定了企业信息管理层、过程监控层和现场设备层三个层次，采用分层化的网络安全管理措施。

（6）冗余

EPA 支持网络冗余、链路冗余和设备冗余，并规定了相应的故障检测和故障恢复措施，如设备冗余信息的发布、冗余状态的管理、备份的自动切换等。

8.4.2　EPA 技术原理

1. EPA 体系结构

EPA 系统结构提供了一个系统框架，用于描述若干个设备如何连接起来，它们之间如何进行通信，如何交换数据和如何组态。

（1）EPA 通信模型结构

参考 ISO/OSI 开放系统互联模型（GB/T 9387），EPA 采用了其中的第一、二、三、四层和第七层，并在第七层之上增加了第八层（即用户层），共构成 6 层结构的通信模型。EPA 对 ISO/OSI 模型的映射关系见表 8-1。

表 8-1　EPA 对 ISO/OSI 模型的映射关系

ISO 各层	EPA 各层
	（(用户层）用户应用进程）
应用层	HTTP、FTP、DHCP、SNTP、SNMP 等 EPA 应用层
ISO 各层	EPA 各层
表示层	未使用
会话层	
传输层	TCP/UDP
网络层	IP
数据链路层	EPA 通信调度管理实体 GB/T 15629.3/IEEE 802.11/IEEE 802.15
物理层	

(2) EPA 系统组成

EPA 系统结构的主要组成如图 8-11 所示。除了 GB/T 15629.3—1995、IEEE Std 802.11、IEEE Std 802.15、TCP (UDP) /IP 以及信息技术 (IT) 应用协议等组件外，它还包括以下几个部分。

1) 应用进程，包括 EPA 功能块应用进程与非实时应用进程。

2) EPA 应用实体。

3) EPA 通信调度管理实体。

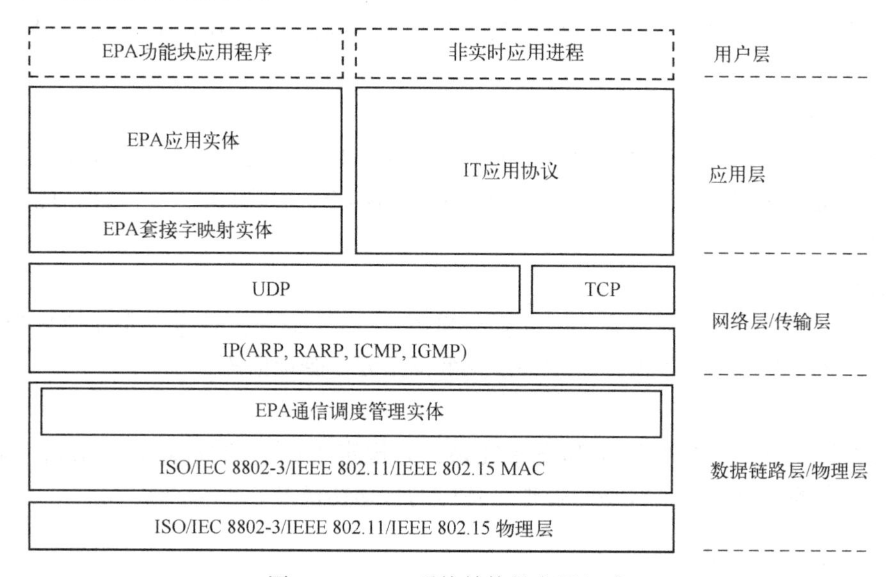

图 8-11　EPA 系统结构的主要组成

(3) EPA 网络拓扑结构

EPA 网络拓扑结构如图 8-12 所示，它由两个网段组成：监控级 L2 网段和现场设备级 L1 网段。现场设备级 L1 网段用于工业生产现场的各种现场设备（如变送器、执行机构、分析仪器等）之间以及现场设备与 L2 网段的连接；监控级 L2 网段主要用于控制室仪表、装置以及人机接口之间的连接。注意，L1 网段和 L2 网段仅仅是按它们在控制系统中所处的网络层次关

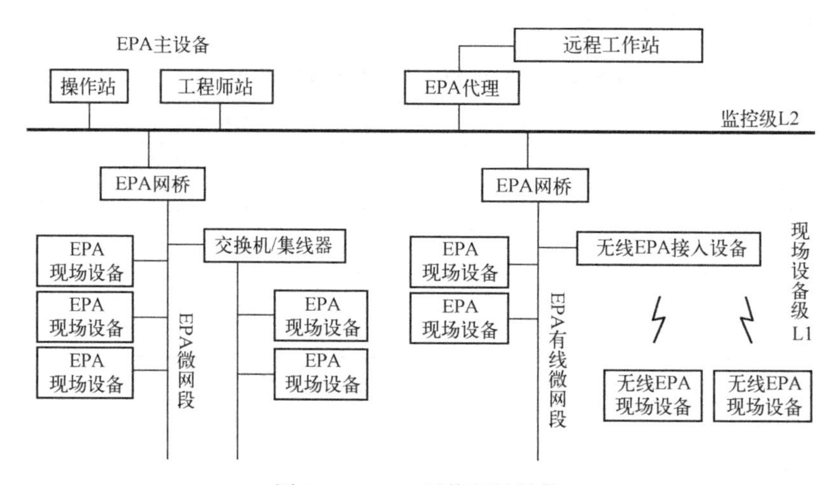

图 8-12　EPA 网络拓扑结构

系不同而划分的，它们本质上都遵循同样的 EPA 通信协议。对于处于现场设备级的 L1 网段在物理接口和线缆特性上必须满足工业现场应用的要求。

2. EPA 数据链路层

EPA 采用 GB/T 15629.3—1995、IEEE Std 802.11 系列、IEEE Std 802.15.1：2002 协议规定的数据链路层协议。

EPA 还对 GB/T 15629.3—1995 协议规定的数据链路层进行了扩展，增加了一个 EPA 通信调度管理实体（EPA Communication Scheduling Management Entity，EPA_CSME）。

EPA 通信调度管理实体 EPA_CSME 支持：

1）完全基于 CSMA/CD 的自由竞争的通信调度。EPA 通信调度管理实体 EPA_CSME 直接传输 DLE 与 DLS_User 之间交互的数据，而不做任何缓存和助理。

2）基于分时 CSMA/CD 的自由竞争的通信调度。

数据链路层模型如图 8-13 所示。

图 8-13　数据链路层模型

3. EPA 应用层

EPA 应用层的服务提供了对 EPA 管理系统以及用户层应用进程的支持。

按照 OSI 分层原理，已经描述了 EPA 应用层的功能。但是，它们与低层的结构关系是不同的，与 OSI 基本参考模型的关系如图 8-14 所示。

OSI AP	EPA用户
OSI应用层	EPA应用层
OSI表示层	(未使用)
OSI会话层	(未使用)
OSI传输层	UDP
OSI网络层	IP
OSI数据链路层	数据链路层
OSI物理层	物理层

图 8-14　EPA 与 OSI 基本参考模型的关系

EPA 应用层包括 OSI 功能及其扩展，从而满足有时间要求的需求，OSI 应用层结构标准（GB/T 17176—1997）被用来作为规定 EPA 应用层的基础。

EPA 应用层直接使用其下层的服务，其下层可能是数据链路层或者它们之间的任意层。当使用其下层时，EPA 应用层可以提供各种功能，这些功能通常与 OSI 中间层有关，它们用于正确地映射到其下层。

4. 基于 XML 的 EPA 设备描述技术

在 EPA 系统中，为了实现不同厂家现场设备之间的互操作和集成，EPA 工作组根据 EPA 网络自身的特点基于 XML 定义了一套标签语言用于描述 EPA 现场设备属性实现设备的集成与互操作，并把这套标签语言叫作XDDL（Extensible Device Description Language），XDDL是为实现设备互操作而设计，采用XDDL设备描述语言，具有可描述现场设备的功能。

在EPA的体系结构中，实现不同厂家的现场设备的互操作和集成主要从两个方面来实现，一方面定义开放且规范的应用层协议，另一方面基于XDDL描述设备属性，可以使得不同厂商、不同设备的用户层对网络上传输的数据必须有统一的理解形式，设备生产商可以根据应用需求自己定义特定的功能块和参数，而不影响设备之间的互操作。因此，基于不同厂商提供的软硬件能够方便地实现设备集成与互操作，在统一的平台上配置、管理、维护设备。基于XDDL文件实现现场设备集成原理如图8-15所示。

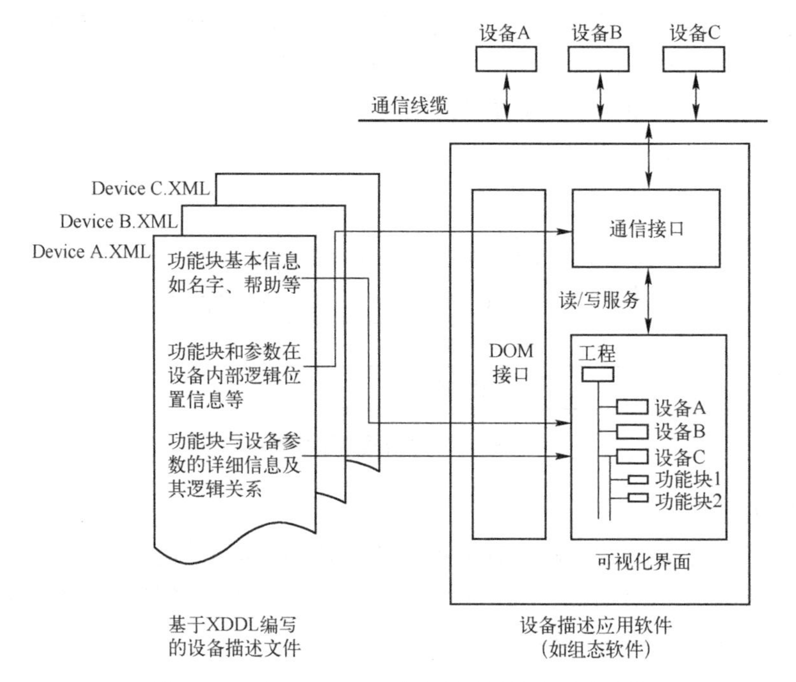

图8-15　基于XDDL文件实现现场设备集成原理

8.4.3　基于EPA的技术开发

1. 概述

EPA现场设备的开发主要包括EPA硬件开发和软件开发。

EPA设备软件结构基本是依照EPA的通信协议模型。

2. EPA开发平台

EPA开发平台是基于EPA标准的通信模块以及仪表开发通用平台，是一个封装了EPA通信协议栈的以太网通信接口模块。该平台实现了EPA确定性通信调度、PTP精确时钟同步、EPA系统管理实体、EPA套接字映射、EPA应用访问实体等功能，并提供与用户功能块进程交互的硬件接口和软件接口，可供各厂家进行二次开发。

EPA现场设备的开发，只要在EPA开发平台的基础上，完成用户层的开发，即开发与平台硬件接口的通信协议，实现与开发平台的通信，完成与用户功能块应用进程的交互，即可完成EPA现场设备的开发。

EPA开发平台有两种开发模式，分别为单CPU模式和双CPU模式。在单CPU开发模式中，用户程序与 EPA 通信协议栈程序运行在一个 CPU 上。EPA 开发平台实现了 EPA 通信协议栈的功能，但需要在 EPA 开发平台的基础上开发用户应用程序，来构成一个完整的 EPA 现场设备。单 CPU 开发模式下的 EPA 开发平台结构如图 8-16 所示。

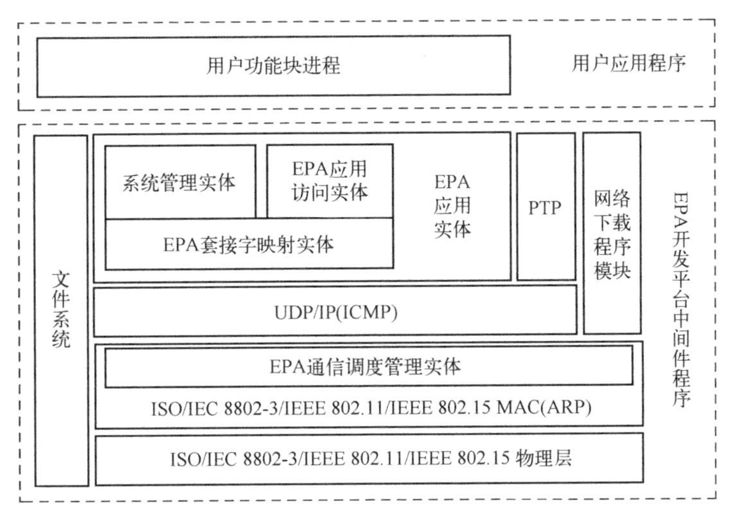

图 8-16　单 CPU 开发模式下的 EPA 开发平台结构

在双 CPU 开发模式中，EPA 开发平台是一个完整的程序，不需要用户再次开发，在 EPA 开发平台中集成了 EPA 通信协议栈以及自定义通信交互协议和用户功能块应用进程的模块化功能。由自定义交互协议可实现用户功能块应用进程的使用以及用户数据的交互。对 EPA 产品的开发，只需要在另外的一个 CPU 上实现自定义通信交互协议，由此实现用户功能块数据的交互，即可完成 EPA 产品的开发。双 CPU 开发模式下的 EPA 开发平台结构如图 8-17 所示。

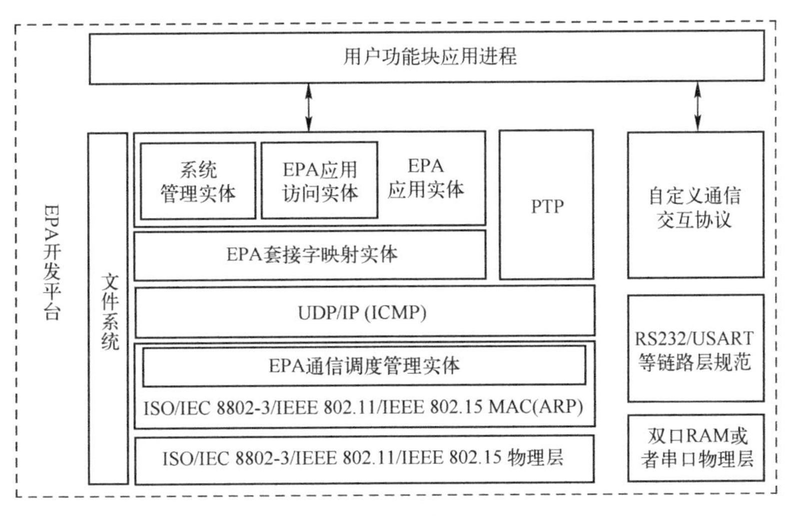

图 8-17　双 CPU 开发模式下的 EPA 开发平台结构

3. 串行接口 EPA 开发平台

在串行接口 EPA 开发平台中，硬件接口包含一个网络接口、一个串行接口以及部分 GPIO 接口，基于串行接口的 EPA 开发平台如图 8-18 所示。

基于串行接口 EPA 开发平台有两类开发模式，分为单 CPU 模式和双 CPU 模式。

在单CPU模式中，由GPIO接口模拟SPI、I^2C接口完成对A/D、D/A等外围I/O模块的访问，开发平台直接作为过程控制的控制器使用，实现用户应用程序的功能。该模式中不需要有自定义通信交互协议，而用户功能块应用进程也直接在EPA开发平台中运行。EPA开发平台单CPU模式如图8-19所示。

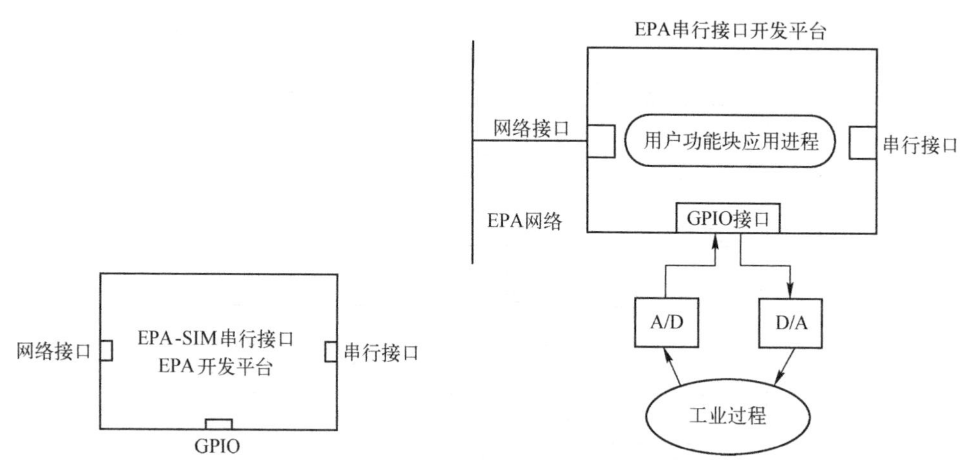

图8-18　基于串行接口的EPA开发平台　　　　图8-19　EPA开发平台单CPU模式

在双CPU模式中，用户CPU需要实现串行接口通信协议与EPA开发平台进行交互，完成用户功能块应用进程的运行，实现EPA现场设备的开发。EPA开发平台双CPU模式如图8-20所示。

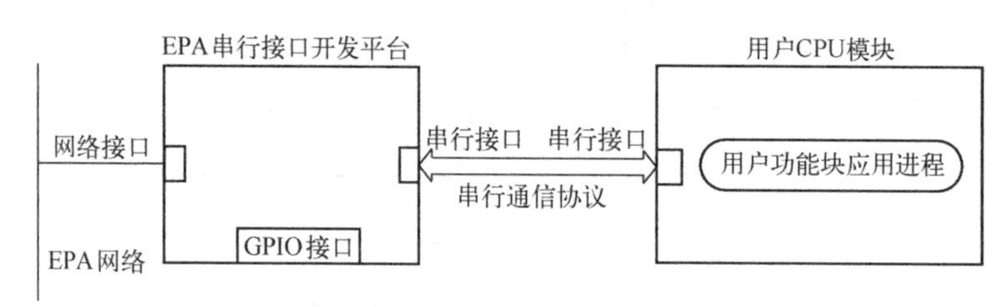

图8-20　EPA开发平台双CPU模式

4. 基于EPA芯片的EPA智能设备开发

采用带有EPA标准协议的软芯片，通过串行接口，以交互的开发方式开发EPA仪表，通过事先规定的通信协议，完成EPA协议中的基本服务，从而快捷、方便地开发出EPA标准仪表。

EPA软芯片开发原理结构图如图8-21所示，其通过接插件的形式从用户板获取相关信息。

MCU采用Luminary公司的LM3S8962，该芯片采用ARM®Cortex TM-M3 v7M构架，内含64KB单周期访问SRAM、256KB单周期FLASH、10M/100M以太网收发器、同步串口接口（SSI）、CAN、UART、I^2C等，将其中SSI、CAN、UART、I^2C、10M/100M以太网引出，引出脚均加SRV05-4进行防护，10M/100M以太网增加网络变压器HY60168T进行隔离，隔离电压1500V。

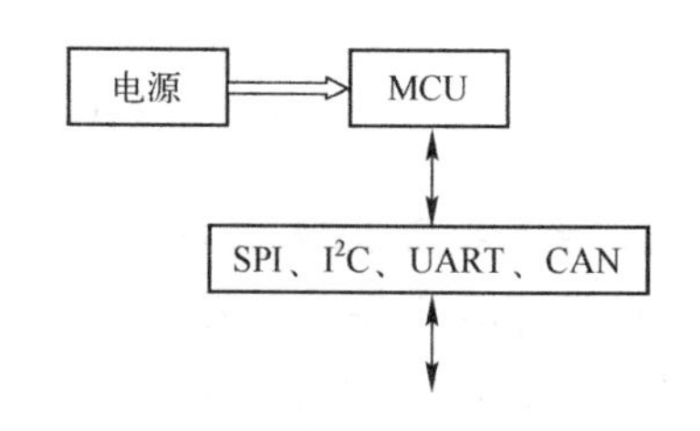

图8-21　EPA软芯片开发原理结构图

采用 EPA 软芯片开发的 EPA-LM3 V1.0 通信接口模块，用户 CPU 通过 UART、I^2C、SPI 接口与它进行数据交互，完成 EPA 仪表开发。

开发使用的软件资源包括：

（1）EPA-RT 协议软芯片（CEC111）。

（2）软件包括：Windows XP 系统。

（3）EPA 工具软件包。

（4）XML 设备描述文件编辑软件。

（5）EPA 组态软件。

8.5　PROFINET

PROFINET 是 PROFIBUS 国际组织在 1999 年开始发展的新一代通信系统，是分布式自动化标准的现代概念。它以互联网和以太网标准为基础，简单且无须做任何改变地将 PROFIBUS 系统与现有的其他现场总线系统集成，这对于满足从公司管理层到现场层的一致性要求是一个非常重要的方面。另外，它的重大贡献在于保护了用户的投资，因为现有系统的部件仍然可应用到 PROFINET 系统中并不做任何改变。

8.5.1　PROFINET 部件模型

PROFINET 支持通过分布式自动化和智能现场设备的成套装备和机器的模块化。这种工艺模块化是分布式自动化系统的关键特点，它简化了成套装备和机器部件的重复使用和标准化。此外，由于模块可事先在相应的制造厂内进行广泛测试，因此显著地减少了本地投运所需要的时间。

1. 工艺模块

一个自动化成套装置或机器的功能是通过对机械、电子/电气和控制逻辑/软件规定的交互作用来体现的。根据这个基本原则，PROFINET 定义了功能术语，如“机械”“电气/电子”和“控制逻辑/软件”，从而形成一种工艺模块，通过软件部件对这种工艺模块即 PROFINET 部件进行建模。

2. PROFINET 部件

PROFINET 部件代表系统范围工程设计中的一种工艺模块。它将其自动化功能封装在一个软件部件内，而且从工艺的角度看，它包含一个与其他部件交互作用所需要的变量。这些接口在 PROFINET 的连接编辑器中可以进行图形化互连。

3. 使用 XML 的部件描述

PROFINET 部件是用 XML 语言描述的。由此创建的 XML 文件包含关于 PROFINET 部件的功能和对象方面的信息。在 PROFINET 中 XML 部件文件包含下列数据。

1）作为一个库元素的部件描述：部件识别、部件名。

2）硬件描述：IP 地址的保存、对诊断数据的存取、连接的下载。

3）软件功能描述：软件硬件分配、部件接口、变量的特性及它们的工艺名称、数据、类型、方向（输入或输出）。

4）部件项目的存储地点。

构成部件库是为了支持重复使用性。

在PROFINET中确定DCOM（分布式的COM）作为PROFINET设备之间的公共应用协议。DCOM是COM（部件对象模型）协议的扩展，用于网络中分布式对象和它们的互操作性。存取工程设计系统，如连接的装载、诊断数据的读取、设备参数化和组态，以及连接的建立和部分用户数据的交换等，PROFINET都是通过DCOM完成的。

DCOM不一定必须用于PROFINET设备之间的生产性运行。用户数据是通过DCOM交换还是通过实时通道交换由用户在工程设计系统中的组态决定。当设备正在启动通信时，这些设备必须认可是否有必要使用一种有实时能力的协议，因为在这样的成套装置或机器模块之间的通信可能需要TCP/IP和UDP不能满足的实时条件。

TCP/IP和DCOM形成了公共的"语言"，这种语言是所有这些设备所使用的，并能在任何情况下都可用于启动设备之间的通信。优化的通信通道用于运行阶段各种参与设备之间的实时通信。

4. 实时通信

对各种TCP/IP实现的分析已揭示使用标准通信栈来管理这些数据包需要相当可观的运行时间。可以优化这些运行时间，但所要求的TCP/IP栈不再是标准产品而是一种专用实现。使用UDP/IP时同样如此。

在PROFINET中为实时应用创建了一种有效的解决方案，这种实时应用在生产自动化中是常见的，其刷新或响应时间最少在5~10 ms。刷新时间可理解为以下过程所经历的时间：在一台设备应用中创建一个变量，然后通过通信系统将该变量发送给一个伙伴，其后可在该伙伴设备的应用中再次获得该变量。

为了能满足自动化中的实时要求，在PROFINET中规定了优化的实时通信通道——软件实时通道（SRT通道），它基于以太网的第2层。这种解决方案极大地减少了通信栈上占用的时间，从而提高了自动化数据刷新率方面的性能。一方面，几个协议层的去除减少了报文长度；另一方面，在需要传输的数据准备好发送以及应用准备好处理之前，只需要较少的时间。同时，大大地减少了设备通信所需要的处理器功能。

PROFINET不仅最小化了可编程控制器中的通信栈，而且也对网络中数据的传输进行了优化。经测量表明，在一个网络负载很高的切换网络中，以太网上两个站之间的传输时间最多为20 ms。当使用标准网络部件，例如同时从若干设备上装载数据期间，不可能排除相当大的网络负载，为了能在这些情况下达到一种最佳的结果，在PROFINET中按照IEEE 802.1q将这些信息包区分为优先级。设备之间的数据流由网络部件根据此优先级进行控制。优先级7（网络控制）用于实时数据的标准优先级。由此也保证了对其他应用的优先级处理。例如：具有优先级5是互联网电话，以及具有优先级6是视频传输。

市场上销售的网络部件和控制器可用于实时通信。当通过DCOM正在洽谈最优化的通信通道时，切换器就能自动地得知这些设备的地址。由此创建了通过实时通道的后续数据交换的基础。

PROFINET规范以开放性和一致性为主导，以微软OLE/COM/DCOM为技术核心，最大限度地实现开放性和可扩展性，并向下兼容传统工控系统，使分散的智能设备组成的自动化系统向着模块化的方向跨进了一大步。PROFINET的概念模型如图8-22所示。

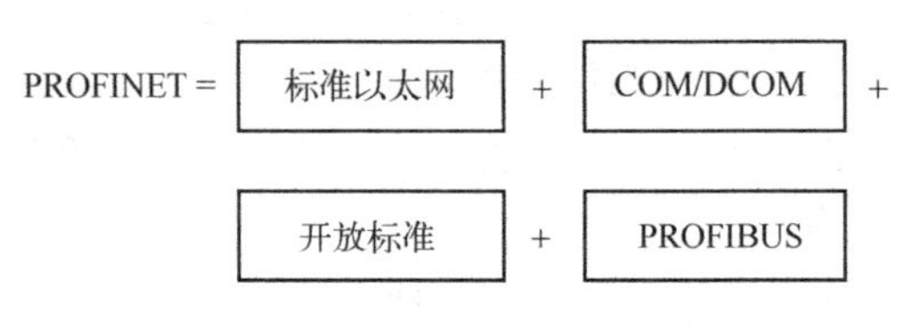

图8-22　PROFINET概念模型

5. 部件对象模型（COM）

微软的 COM 是面向对象方面的进一步开发，它允许基于预制部件的应用开发。PROFINET 使用此类部件模型，因此 PROFINET 对象是为自动化应用量身定做的 COM 对象。

如自动化对象那样，COM 对象基本上由以下部分组成。

1）接口：带有方法的完好定义的接口。

2）实现：定义的接口及其语义的实现。

在 COM 中，定义单个过程内，一台设备上的两个过程之间，以及不同设备上的两个过程之间的通信。

6. 运行期和工程设计中的自动化对象

在 PROFINET 中使用自动化对象时，一个基本的区别是工程设计系统对象（ES-Object）和运行期系统对象（RT-Object）。ES-Object 是 RT-Object 在工程设计系统中的代表。基本思想是：工程设计系统中的一个对象正好指定给运行期系统的一个 RT-Object，即一一对应。这样两种对象模型也彼此协调。因此，在工程设计系统和运行期系统之间无须做什么耗费精力的实现和映象操作。

8.5.2　PROFINET 运行期

PROFINET 运行期方案基于 PROFINET 部件模型。它制定了一种建立于以太网之上的、开放的、面向对象的通信理念。TCP/IP 或一条专用的实时通道可用于通信。该标准通信通过 TCP/IP 和 DCOM 布线协议运行。通过此通道，可表达所有的 IT 功能。此通道允许从 ERP/MES 层到现场层的纵向集成，还可用于项目计划和诊断。

1. 自动化部件

PROFINET 运行期方案定义了必要的功能和服务，这些功能和服务正是协调运行的自动化部件为了完成自动化任务而必须执行的。

每台 PROFINET 设备有各自的、产品专用的内部结构（体系结构，运行系统，编程）。但是，从外部看，所有的 PROFINET 设备行为都是相同的方式，而且总是可视为一组自动化对象，就好似带有 COM 接口的 COM 对象。

只要 PROFINET 对象的印象对外部保持为可视，就允许每种实现。另外，如果它是一台具有固定功能的自动化设备（如阀门、驱动器、现场设备、执行器、传感器，或者制造商提供的成品）或自由可编程部件（PLC、PC，由用户组态或编程以完成一个特定应用中的特殊任务），则它就没有意义。

2. 使用 TCP/IP 的标准通信

PROFINET 使用以太网和 TCP/IP 作为通信基础。TCP/IP 是 IT 领域关于通信协议方面的事实上的标准。但是，对于不同应用的互操作性，这还不足以在设备上建立一个基于 TCP/IP 的公共通信通道。事实是，TCP/IP 只提供了基础，用于以太网设备通过面向连接和安全的传输通道在本地和分布式网络中进行数据交换。在较高层上则需要其他的规范和协议，亦称为应用层协议，而不是 TCP/IP。那么，在设备上使用相同的应用层协议时，只能保证互操作性。典型的应用层协议有：SMTP（用于电子邮件）、FTP（用于文件传输）和 HTTP（用于互联网）。

PROFINET 包含以下三个方面。

1）为基于通用对象模型（COM）的分布式自动化系统定义了体系结构。

2）进一步指定了 PROFIBUS 和国际 IT 标准以太网之间的开放和透明通信。

3）提供了一个独立于制造商，包括设备层和系统层的完整系统模型。

以上充分考虑到PROFIBUS的需求和条件，以保证PROFIBUS和PROFINET之间具有最好的透明性。

8.5.3　PROFINET的网络结构

PROFINET可以采用星形结构、树形结构、总线型结构和环形结构（冗余）。PROFINET系统结构如图8-23所示。

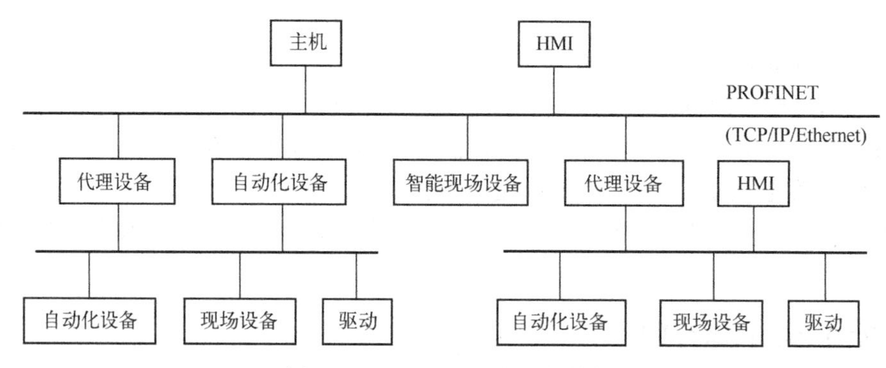

图8-23　PROFINET的系统结构

在图8-23中可以看到，PROFINET技术的核心设备是代理设备。代理设备负责将所有的PROFIBUS网段、以太网设备以及DCS、PLC等集成到PROFINET系统中。代理设备完成COM对象之间的交互。代理设备将所挂接的设备抽象成COM服务器，设备之间的交互变成COM服务器之间的相互调用。这种方法的最大优点是可扩展性好，只要设备能够提供符合PROFINET标准的COM服务器，该设备就可以在PROFINET系统中正常运行。

PROFINET提供了一个在PROFINET环境下协调现有PROFIBUS和其他现场总线系统的模型。这表示可以构造一个由现场总线和基于以太网的子系统任意组合的混合系统。由此可知，从基于现场总线的系统向PROFINET技术的连续转换是可行的。

8.5.4　PROFINET与OPC的数据交换

PROFINET和OPC在DCOM中享有相同的技术基础。这就导致了系统的不同部分之间数据通信用户的友好性。

OPC是自动化技术中基于Windows应用程序之间进行数据交换的一种广泛使用的接口。OPC为多制造商站及它们的内部链接之间提供了一种无须编程的灵活性选择。

1. OPC DA

OPC DA（数据存取）是一种工业标准，它规定了一套从测量和控制设备中存取实时数据的应用接口、查找OPC服务器的接口和浏览服务器名空间的接口。

2. OPC DX

OPC DX（数据交换）定义了不同品牌和类型的控制系统之间相同层上的非时间苛求的用户数据的高层交换，如PROFINET和CIP之间的数据交换。但是，OPC DX不允许对一个不同系统的现场层直接存取。

OPC DX是OPC DA规范的扩展，它定义了一组标准化的接口，用于数据的互操作性交换和以太网上服务器与服务器之间的通信。在运行期间，OPC DX启动服务器与服务器之间的通信扩展了数据存取，这种通信独立于以太网中实际支持的实时应用协议。因此，OPC DX 服务器支持的连接的管理和远程配置是可行的。

OPC DX 不像 PROFINET 那样是面向对象的，而是面向标签的，即：自动化对象不作为 COM 对象而作为（Tag.）名存在。

OPC DX 对以下方面特别有用。

1）用户和系统集成商：要集成不同制造商的设备、控制系统和软件，对多制造商系统的共同使用的数据实现存取。

2）制造商：要提供根据开放的工业标准制造的产品，具备互操作性和数据交换能力。

3. OPC DX 和 PROFINET

开发 OPC DX 的目的是使各种现场总线系统和基于以太网的通信协议之间具有最低限度的互操作性，而无须折中各种技术的集成。

为了获得对其他系统领域的开放链接，在 PROFINET 中集成了 OPC DX，从而实现了以下几个方面。

1）每个 PROFINET 节点可编址为一个 OPC 服务器，因为基本性能已经以 PROFINET 运行期实现的形式而存在。

2）每个 OPC 服务器可通过一个标准的适配器作为 PROFINET 节点运行。这是通过 Objectizer 部件实现的，该部件以 PC 中的一个 OPC 服务器为基础实现 PROFINET 设备。该部件只需实现一次，然后可用于所有的 OPC 服务器。

PROFINET 的功能远比 OPC 的功能强大。PROFINET 提供了自动化解决方案所需要的实时能力。另一方面，OPC 提供了更高等级的互操作性。

习题

1. EtherCAT 工业以太网具有哪些主要特点？
2. EtherCAT 从站由哪四部分组成？
3. 画出 IEC61800-7 体系结构图。
4. 画出 PROFINET 的系统结构图。
5. POWERLINK 的优点有哪些？
6. 简述 POWERLINK 网络拓扑结构。
7. 什么是 XDD 文件？
8. POWERLINK 的主要应用领域有哪些？
9. EPA 的技术特点是什么？
10. 画出 EPA 网络拓扑结构图。
11. PROFINET 可以采用哪些网络拓扑结构？
12. 画出 PROFINET 系统结构图。

第9章 基于现场总线与工业以太网的新型DCS的设计

现场总线与工业以太网技术在DCS的系统设计中得到了广泛的应用，使得工业现场与中心控制室的信号由模拟传输转变为数字传输，提高了系统的准确性与可靠性。

本章以基于现场总线与工业以太网的新型DCS为设计实例，首先对新型DCS控制系统进行了概述，然后讲述了现场控制站的组成、新型DCS通信网络、新型DCS控制卡的硬件设计、新型DCS控制卡的软件设计和控制算法的设计，同时详细讲述了8通道模拟量输入板卡（8AI）、8通道热电偶板卡（8TC）、8通道热电阻板卡（8RTD）、4通道模拟量输出板卡（4AO）、16通道数字量输入板卡（16DI）、16通道数字量输出板卡（16DO）和8通道脉冲量输入板卡（8PI）的系统设计。

9.1 新型DCS概述

新型DCS的总体结构如图9-1所示。

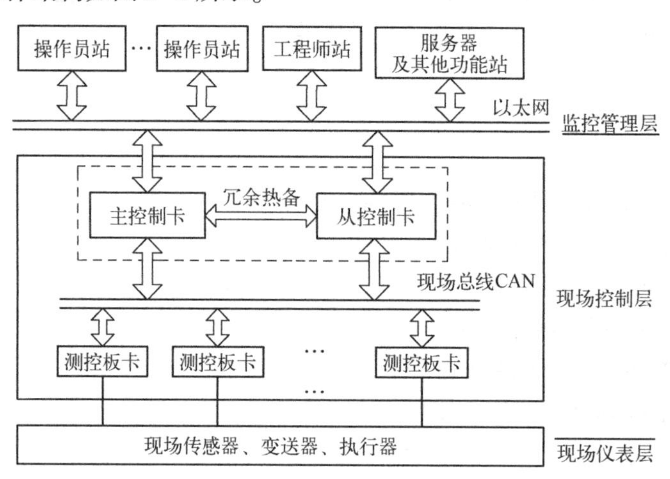

图9-1 新型DCS的总体结构

DCS现场控制层是整个新型DCS控制系统的核心部分，控制卡处于监控管理层与现场控制层内测控板卡之间的位置，是整个DCS的通信枢纽和控制核心。控制卡的功能主要集中在通信和控制两个方面，通信方面需要确定系统的通信方式，构建系统的通信网络，满足通信方面的速率、可靠性和实时性等要求；控制方面需要确定系统的应用场合、控制规模、系统的容量和控制速度等。具体而言，控制卡应满足如下要求。

9.1.1 通信网络的要求

1. 控制卡与监控管理层之间的通信

控制卡与监控管理层之间通信的下行数据包括测控板卡及通道的配置信息、直接控制输出信息、控制算法的新建及修改信息等，上行数据包括测控板卡的采样信息、控制算法的执行信息以及控制卡和测控板卡的故障信息等。由于控制卡与监控管理层之间的通信信息量较大，且对通信速率有一定的要求，所以选择以太网作为与监控层的通信网络。同时，为提高通信的可靠性，对以太网通信网络做冗余处理，采用两条并行的以太网通信网络构建与监控管理层的通信网络。

2. 控制卡与测控板卡之间的通信

控制卡与测控板卡之间的通信信息包括测控板卡及通道的组态信息、通道的采样信息、来自上位机和控制卡控制算法的输出控制信息，以及测控板卡的状态和故障信息等。由于 DCS 控制站内的测控板卡是已经开发好的模块，且固定采用现场总线 CAN 进行通信，所以与控制站内的测控板卡间的通信采用现场总线 CAN 进行。同样为提高通信的可靠性需对通信网络做一定的冗余处理，但测控板卡上只有一个 CAN 收发器，无法设计为并行冗余的通信网络。对此，将单一的 CAN 通信网络设计为双向的环形通信网络，这样可以有效避免通信线断线对整个通信网络的影响。

9.1.2　通信网络控制功能的要求

1. 系统的点容量

为满足系统的通用性要求，系统必须允许接入多种类型的信号，目前的测控板卡类型共有 7 种，分别是 8 通道模拟量输入板卡（支持 0~10 mA、4~20 mA 电流信号，0~5 V、1~5 V 电压信号）、4 通道模拟量输出板卡（支持 0~10 mA、4~20 mA 电流信号）、8 通道热电阻输入板卡（支持 Pt100、Cu100、Cu50 共 3 种类型的热电阻信号）、8 通道热电偶输入板卡（支持 B 型、E 型、J 型、K 型、R 型、S 型、T 型共 7 种类型的热电偶信号）、16 通道开关量输入板卡（支持无源类型开关信号）、16 通道开关量输出板卡（支持继电器类型信号）、8 通道脉冲量输入板卡（支持脉冲累计型和频率型两种类型的数字信号）。

这 7 种类型测控板卡的信号可以概括为 4 类：模拟量输入信号（AI）、数字量输入信号（DI）、模拟量输出信号（AO）、数字量输出信号（DO）。

在板卡数量方面，本系统要求可以支持 4 个机笼，64 个测控板卡。根据前述各种类型的测控板卡的通道数可以计算出本系统需要支持的点数：512 个模拟输入点、256 个模拟输出点、1024 个数字输入点和 1024 个数字输出点。点容量直接影响到本系统的运算速度和存储空间。

2. 系统的控制回路容量

系统的控制功能可以经过通信网络由上位机直接控制输出装置完成，但更重要的控制功能则由控制站的控制卡自动执行。自动控制功能由控制站控制卡执行由控制回路构成的控制算法来实现。设计要求本系统可以支持 255 个由功能框图编译产生的控制回路，包括 PID、串级控制等复杂控制回路。控制回路的容量同样直接影响到本系统的运算速度和存储空间。

3. 控制算法的解析及存储

以功能框图形式表示的控制算法（即控制回路）通过以太网下载到控制卡时，并不是一种可以直接执行的状态，需要控制卡对其进行解析。而且系统要求控制算法支持在线修改操作，且掉电后控制算法信息不丢失，在重新上电后可以加载原有的控制算法继续执行。这要求控制卡必须自备一套解析软件，能够正确解析以功能框图形式表示的控制算法，还要拥有一个具有掉电数据保护功能的存储装置，并且能够以有效的形式对控制算法进行存储。

4. 系统的控制周期

系统要在一个控制周期内完成现场采样信号的索要和控制算法的执行。本系统要满足1 s的控制周期要求，这要求本系统的处理器要有足够快的运算速度，与底层测控板卡间的通信要有足够高的通信速率和高效的通信算法。

9.1.3　系统可靠性的要求

1. 双机冗余配置

为增加系统的可靠性，提高平均无故障时间，要求本系统的控制装置要做到冗余配置，并且冗余双机要工作在热备状态。

考虑到目前本系统所处DCS控制站中机笼的固定设计格式及对故障切换时间的要求，本系统中将采用主从式双机热备方式。这要求两台控制装置必须具有自主判定主从身份的机制，而且为满足热备的工作要求，两台控制装置间必须要有一条通信通道完成两台装置间的信息交互和同步操作。

2. 故障情况下的切换时间要求

处于主从式双机热备状态下的两台控制装置，不但要运行自己的应用，还要监测对方的工作状态，在对方出现故障时能够及时发现并接管对方的工作，保证整个系统的连续工作。本系统要求从对方控制装置出现故障到发现故障和接管对方的工作不得超过1 s。此要求涉及双机间的故障检测方式和故障判断算法。

9.1.4　其他方面的要求

1. 双电源冗余供电

系统工作的基础是电源，电源的稳定性对系统正常工作至关重要，而且现在的工业生产装置都是工作在连续不间断状态，因此，供电电源必须要满足这一要求。所以，控制卡要求供电电源冗余配置，双线同时供电。

2. 故障记录与故障报告

为了提高系统的可靠性，不仅要提高平均无故障时间，而且要缩短平均故障修复时间，这要求系统要在第一时间发现故障并向上位机报告故障情况。当底层测控板卡或通道出现故障时，在控制卡向测控板卡索要采样数据时，测控板卡会优先回送故障信息。所以，控制卡必须能及时地发现测控板卡或通道的故障及故障恢复情况。而且，构成控制卡的冗余双机间的状态监测机制也要完成对对方控制装置的故障及故障恢复情况的监测。本系统要求在出现故障及故障恢复时，控制卡必须能够及时主动地向上位机报告此情况。这要求控制卡在与监控管理层上位机间的通信方面，不仅仅是被动接收上位机的命令，而且要具有主动联系上位机并报错的功能。而且，在进行故障信息记录时，要求加盖时间戳，这就要求控制卡中必须要有实时时钟。

3. 人机接口要求

工作情况下的控制卡必须要有一定的状态指示，以方便工作人员判定系统的工作状态，其中包括与监控管理层上位机的通信状态指示、与测控板卡的通信状态指示、控制装置的主从身份指示、控制装置的故障指示等。这要求控制卡必须要对外提供相应的指示灯指示系统的工作状态。

9.2　现场控制站的组成

9.2.1　2 个控制站的 DCS 结构

新型 DCS 控制系统分为 3 个层：监控管理层、现场控制层、现场仪表层。其中监控管理层由工程师站和操作员站构成，也可以只有一个工程师站，工程师站兼有操作员站的职能。现场控制层由主从控制卡和测控板卡构成，其中控制卡和测控板卡全部安装在机笼内部。现场仪表层由配电板和提供各种信号的仪表构成。控制站包括现场控制层和现场仪表层。一套 DCS 可以包含几个控制站，包含 2 个控制站的 DCS 结构图如图 9-2 所示。

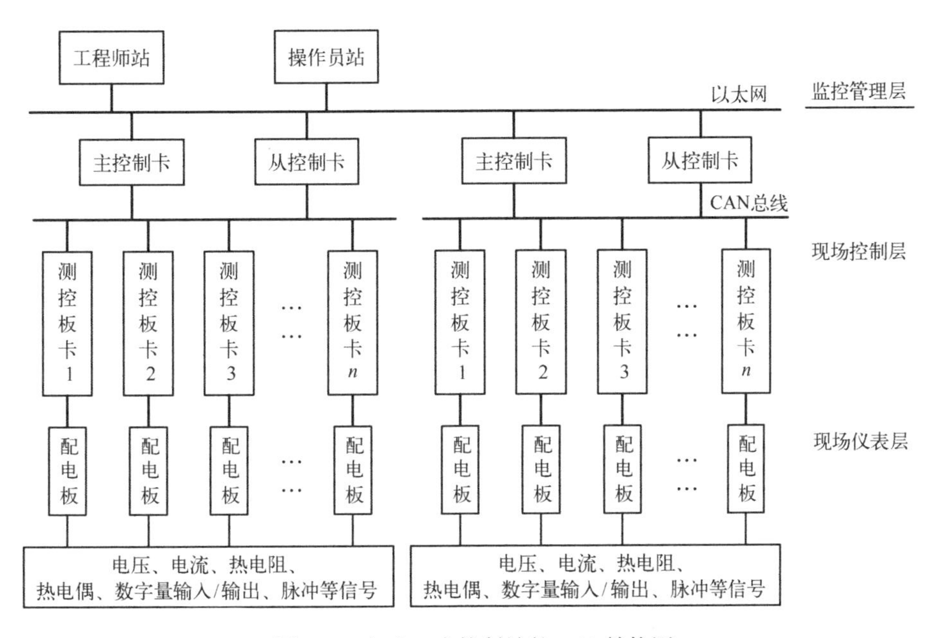

图 9-2　包含 2 个控制站的 DCS 结构图

现场控制层由控制卡和测控板卡组成，根据需要控制卡可以是冗余配置的主控制卡和从控制卡，也可以只有主控制卡。测控板卡也是根据具体的需要进行安装配置。

目前，1 个控制站中最多有 4 个机笼，64 个测控板卡。1 个机笼中共有 18 个卡槽，2 个控制卡卡槽用于安装主从控制卡，16 个测控板卡卡槽用于安装各种测控板卡。1 个控制站中只有其中一个机笼中安装有控制卡，其他机笼中只有测控板卡，控制卡的卡槽空置，不安装任何板卡。每个机笼内的测控板卡根据需要进行安装，数量任意，但最多只能安装 16 个。安装有主从控制卡的满载机笼如图 9-3 所示。

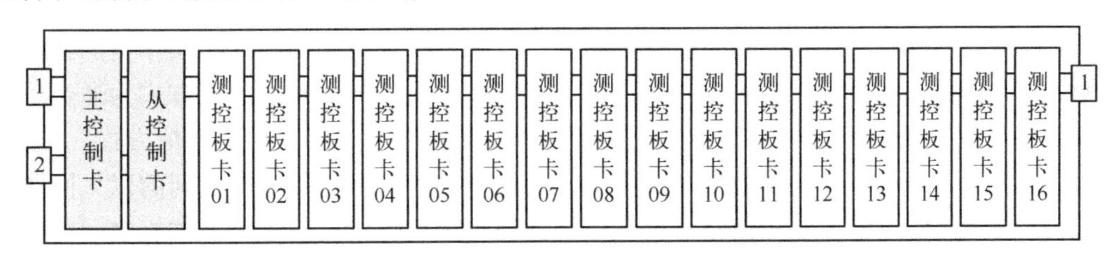

图 9-3　安装有主从控制卡的满载机笼

每个机笼都有自己的地址设定位，地址并不是在出厂时设定好的，而是由机笼内背板上的跳线帽设定，每次安装配置时都必须进行地址设定，机笼中的16个测控板卡的卡槽也都有自己的地址。

9.2.2　DCS测控板卡的类型

每种类型的测控板卡都有相对应的配电板，配电板不可混用。各种测控板卡允许输入和输出的信号类型见表9-1。

表9-1　各种测控板卡允许输入和输出的信号类型

板卡类型	信号类型	测量范围	备　注
8通道模拟量输入板卡（8AI）	电压	0~5V	需要根据信号的电压、电流类型设置配电板的相应跳线
	电压	1~5V	
	Ⅱ型电流	0~10mA	
	Ⅲ型电流	4~20mA	
8通道热电阻输入板卡（8RTD）	Pt100热电阻	-200~850℃	无
	Cu100热电阻	-50~150℃	
	Cu50热电阻	-50~150℃	
8通道热电偶输入板卡（8TC）	B型热电偶	500~1800℃	无
	E型热电偶	-200~900℃	
	J型热电偶	-200~750℃	
	K型热电偶	-200~1300℃	
	R型热电偶	0~1750℃	
	S型热电偶	0~1750℃	
	T型热电偶	-200~350℃	
8通道脉冲量输入板卡（8PI）	计数/频率型	0V ~5V	需要根据信号的量程范围设置配电板的跳线
	计数/频率型	0V ~ 12V	
	计数/频率型	0V ~ 24V	
4通道模拟量输出板卡（4AO）	Ⅱ型电流	0~10mA	无
	Ⅲ型电流	4~20mA	
16通道数字量输入板卡（16DI）	干接点开关	闭合、断开	需要根据外接信号的供电类型设置板卡上的跳线帽
16通道数字量输出板卡（16DO）	24V继电器	闭合、断开	无

9.3　新型DCS通信网络

通信方面，上位机与控制卡间的通信方式为以太网，实现与工程师站、操作员的通信，这也是上位机与控制卡之间唯一的通信方式；控制卡与底层测控板卡间的通信方式为通过现场总线CAN实现与底层测控板卡的通信，这也是控制卡与测控板卡之间唯一的通信方式。

为了增加通信的可靠性，对通信网络做了冗余处理。上位机与控制卡之间的以太网通信网络由两路以太网网络构成，这两路网络相互独立，都可独立完成控制卡与上位机之间的通信任务，这两路网络也可同时使用。控制卡与测控板卡之间的CAN通信网络由控制卡上的两个

CAN 收发器构成非闭合环形通信网络，可有效解决通信线断线造成的断线处后方测控板卡无法通信的问题。新型 DCS 通信网络如图 9-4 所示。

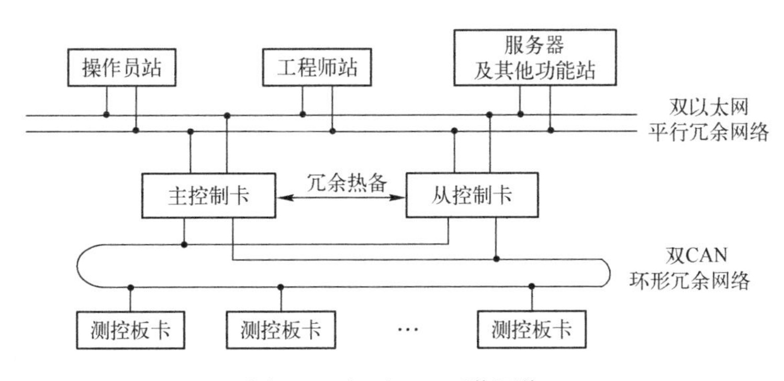

图 9-4　新型 DCS 通信网络

9.3.1　以太网实际连接网络

控制卡与上位机之间的以太网通信网络除了需要网线外，还需要一台集线器。将上位机和控制卡的所有网络接口全部接入集线器。以太网实际连接网络如图 9-5 所示。

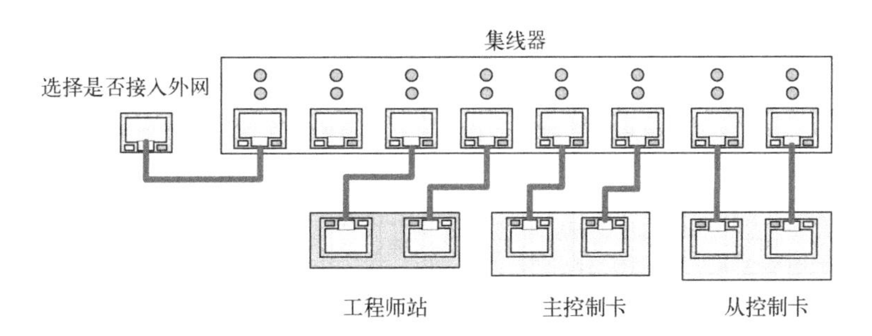

图 9-5　以太网实际连接网络

在图 9-5 中只画出了工程师站，没有画操作员站，操作员站的连接与工程师站类似。集线器可选择是否接入外网，接入外网可以实现更多的上位机对控制卡的访问。但接入外网会导致网络上的数据量增加，影响对控制卡的访问，降低通信网络的实时性。

9.3.2　双 CAN 网络

双 CAN 组建的非闭合环形通信网络主要是为了应对通信线断线对系统通信造成的影响。在只有一个 CAN 收发器组建的单向通信网络中，当通信线出现断线时，便失去了与断线处后方测控板卡的联系。双 CAN 组建的环形通信网络可以实现双向通信，当通信线出现断线时，之前的正向通信已经无法与断线处后方的测控板卡联系，此时改换反向通信，便可以实现与断线处后方测控板卡的通信。双 CAN 组建的非闭合环形通信网络原理图如图 9-6 所示。

采用双 CAN 组建的环形通信网络，要求对通信队列中的测控板卡进行排序，按地址由小到大排列。约定与小地址测控板卡临近的 CAN 节点为 CAN1，与大地址测控板卡临近的 CAN 节点为 CAN2。在进行通信时，首先由 CAN1 发起通信，按地址由小到大的顺序进行轮询，当发现通信线断线时，改由 CAN2 执行通信功能，CAN2 按地址由大到小的顺序进行轮询，直到线位置结束。实际的双 CAN 网络连线图如图 9-7 所示。

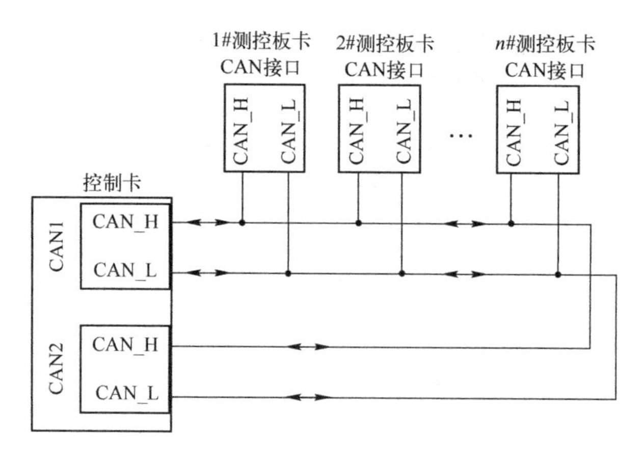

图9-6　双CAN组建的非闭合环形通信网络原理图

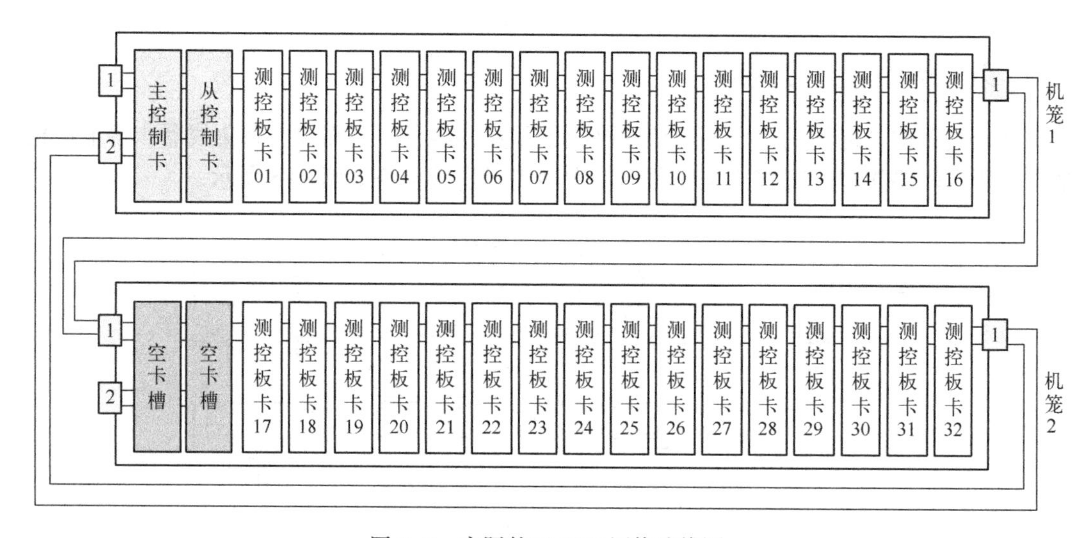

图9-7　实际的双CAN网络连线图

9.4　新型DCS控制卡的硬件设计

控制卡的主要功能是通信中转和控制算法运算，是整个DCS现场控制站的核心。控制卡可以作为通信中转设备实现上位机对底层信号的检测和控制，也可以脱离上位机独立运行，执行上位机之前下载的控制方法。当然，在上位机存在时控制卡也可以自动执行控制方案。

通信方面，控制卡通过现场总线CAN实现与底层测控板卡的通信，通过以太网实现与上层工程师站、操作员的通信。

系统规模方面，控制卡默认采用最大系统规模运行，即4个机笼，64个测控板卡和255个控制回路。系统以最大规模运行，除了会占用一定的RAM空间外，并不会影响系统的速度和性能。255个控制回路运行所需的RAM空间大约500KB，外扩的SRAM有4MB的空间，控制回路仍有一定的扩充裕量。

9.4.1　控制卡的硬件组成

控制卡以ST公司生产的ARM Cortex-M4微控制器STM32F407ZG为核心，搭载相应外围电路构成。控制卡的构成大致可以划分为6个模块，分别为：供电模块、双机余模块、CAN通信模块、以太网通信模块、控制算法模块和人机接口模块。控制卡的硬件组成如图9-8所示。

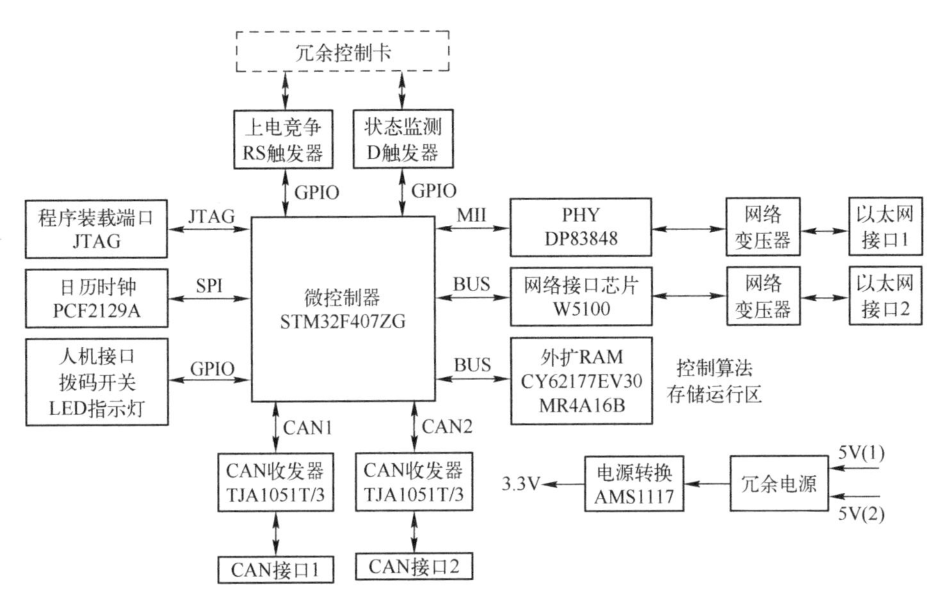

图9-8　控制卡的硬件组成

STM32F407ZG内核的最高时钟频率可以达到168 MHz，而且还集成了单周期DSP指令和浮点运算单元（FPU），提升了计算能力，可以进行复杂的计算和控制。

STM32F407ZG除了具有优异的性能外，还具有如下丰富的内嵌和外设资源。

1）存储器：拥有1MB的Flash存储器和192 KB的SRAM；并提供了存储器的扩展接口，可外接多种类型的存储设备。

2）时钟、复位和供电管理：支持1.8~3.6 V的系统供电；具有上电/断电复位、可编程电压检测器等多个电源管理模块，可有效避免供电电源不稳定而导致的系统误动作情况的发生；内嵌RC振荡器可以提供高速的8 MHz的内部时钟。

3）直接存储器存取（DMA）：16通道的DMA控制器，支持突发传输模式，且各通道可独立配置。

4）丰富的I/O端口：具有A~G共7个端口，每个端口有16个I/O，所有的I/O都可以映射到16个外部中断；多个端口具有兼容5 V电平的特性。

5）多类型通信接口：具有3个I^2C接口、4个USART接口、3个SPI接口、2个CAN接口、1个ETH接口等。

控制卡的外部供电电源为+5 V，而且为双电源供电。由AMS1117电源转换芯片实现+5 V到+3.3 V的电压变换。

在CAN通信接口的设计中，控制卡使用的CAN收发器均为TJA1051T/3，STM32F407ZG上有两个CAN模块，即CAN1和CAN2，支持组建双CAN环形通信网络。

在以太网通信接口的设计中，STM32F407ZG上有一个MAC（媒体访问控制）接口，通过此MAC接口可以外接一个PHY（物理层接口）芯片，这样便可以构建一路以太网通信接口。另一路以太网通信接口通过扩展实现，选择支持总线接口的三合一（MAC、PHY、TCP/IP协议栈）网络接口芯片W5100，通过STM32F407ZG的存储器控制接口实现与其连接。

控制算法要实现对255个基于功能框图的控制回路的支持，根据功能框图中各模块结构体的大小，可以计算出255个控制回路运行所需的RAM空间，大约是500KB。而STM32F407ZG中供用户程序使用的RAM空间为192KB，所以需要外扩RAM空间。在此扩展两片RAM，一片是CY62177EV30，是4MB的SRAM，属于常规的静态随机存储器，断电后数据会丢失；还有一片是MR4A16B，是2MB的MRAM，属于磁存储器，具有SRAM的读写接口、读写速度，同时还具有掉电数据不丢失的特性，但在使用中需要考虑电磁干扰的问题。系统要求对控制算法进行存储，所以，外扩的RAM必须划出一定空间用于控制算法的存储，即要求外扩RAM具有掉电数据不丢失的特性，MRAM已经具有此特性，SRAM选择使用后备电池进行供电。

时间信息的获取通过日历时钟芯片PCF2129A完成，此时钟芯片可以提供年-月-星期-日-时-分-秒形式的日期和时间信息。PCF2129A支持SPI和I^2C两种通信方式，可以选择使用后备电池供电，内部具有电源切换电路，并可对外提供电源。

上电竞争电路实现上电时控制卡的主从身份竞争与判定，通过一个由与非门组建的基本RS触发器实现。状态监测电路用于两个控制卡间的工作状态监测，通过D触发器的置位与复位实现此功能。

在人机接口方面，由于控制站一般放置于无人值守的工业现场，所以人机接口模块设计相对简单。通过多个LED指示灯实现系统运行状态与通信情况的指示，通过拨码开关实现IP地址设定及系统特定功能的选择设置。

控制卡上共有7个LED指示灯。各个LED指示灯的运行状态见表9-2。

表9-2　各个LED指示灯运行状态

序号	LED	颜色	名　称	功　能
1	LED_FAIL	红	故障指示灯	当控制卡本身复位或故障时常亮
2	LED_RUN	绿	运行指示灯	在系统运行时以每秒1次的频率闪烁
3	LED_COM	绿	CAN通信指示灯	CAN通信发送时点亮，接收后熄灭
4	LED_PWR	红	电源指示灯	控制卡上电后常亮
5	LED_M/S	绿	主从状态指示灯	主控制卡常亮，从控制卡常灭
6	LED_STAT	红	对方状态指示灯	当对方控制卡死机时该灯常亮，正常时熄灭
7	LED_ETH	绿	以太网通信指示灯	暂未对以太网通信指示灯定义

9.4.2　W5100网络接口芯片

W5100是WIZnet公司推出的一款多功能的单片网络接口芯片，内部集成有10/100以太网控制器，主要应用于高集成、高稳定、高性能和低成本的嵌入式系统中。使用W5100可以实现没有操作系统的Internet连接。W5100与IEEE 802.3 10BASE-T和802.3u 100BASE-TX兼容。

W5100内部集成了全硬件的且经过多年市场验证的TCP/IP协议栈、以太网介质传输层（MAC）和物理层（PHY）。硬件TCP/IP协议栈支持TCP、UDP、IPv4、ICMP、ARP、IGMP和PPPoE，这些协议已经在很多领域经过了多年的验证。W5100内部还集成有16KB存储器用于数据传输。使用W5100不需要考虑以太网的控制，只需要进行简单的端口编程。

W5100提供3种接口：直接并行总线、间接并行总线和SPI总线。W5100与MCU接口非常简单，就像访问外部存储器一样。W5100 内部结构如图 9-9 所示。

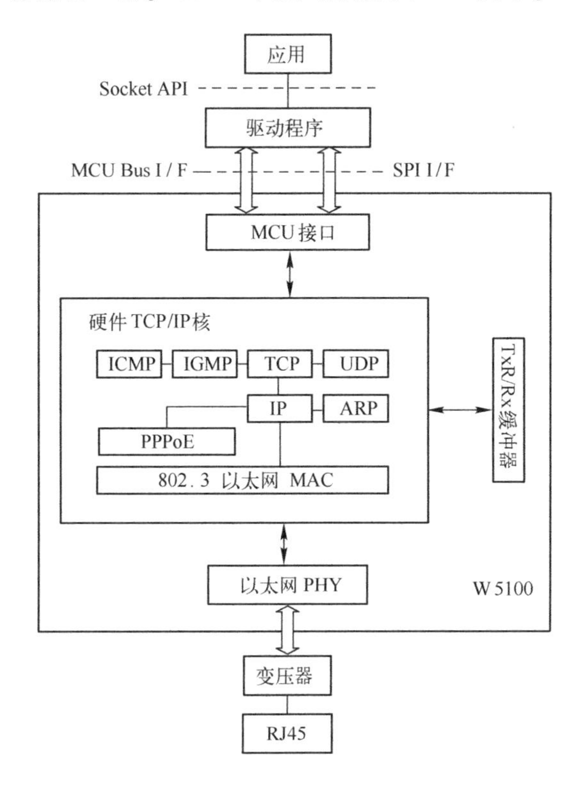

图 9-9　W5100 内部结构

W5100 的应用领域非常广泛，可用于下面多种嵌入式应用产品。

1）家用网络设备：机顶盒、PVRs、数字媒体适配器。

2）串口转以太网：访问控制、LED 显示器、无线 AP 等。

3）并行转以太网：POS/Mini 打印机、复印机。

4）USB 转以太网：存储设备、网络打印机。

5）GPIO 转以太网：家用网络传感器。

6）安防系统：DVRs、网络照相机、终端机。

7）工业和楼宇自动化。

8）医用检测设备。

9）嵌入式服务器。

W5100 具有如下特点。

1）支持全硬件 TCP/IP 协议：TCP、UDP、ICMP、IPv4ARP、IGMP、PPPoE、Ethernet。

2）内嵌 10BaseT/100BaseTX 以太网物理层。

3）支持自动应答（全双工/半双工模式）。

4）支持自动 MDI/MDIX。

5）支持 ADSL 连接（支持 PPPoE 协议，带 PAP/CHAP 验证）。

6）支持 4 个独立端口。

7）内部 16 KB 存储器作 TX/RX 缓存。

8）0.18 μm CMOS 工艺。

9）3.3 V 工作电压，I/O 口可承受 5 V 电压。

10）小巧的 LQFP80 无铅封装。

11）多种 PHY 指示灯信号输出（TX、RX、Full/Half duplex、Collision、Link、Speed）。

9.4.3　双机冗余电路的设计

为增加系统的可靠性，控制卡采用冗余配置，并工作于主从模式的热备状态。两个控制卡具有完全相同的软硬件配置，上电时同时运行，并且一个作为主控制卡，一个作为从控制卡。主控制卡可以对测控板卡发送通信命令，并接收测控板卡的回送数据；而从控制卡处于只接收状态，不得对测控板卡发送通信命令。

在工作过程中，两个控制卡互为热备。一方控制卡除了执行自身的功能外，还要监测对方控制卡的工作状态。在对方控制卡出现故障时，一方控制卡必须能够及时发现，并接管对方的工作，同时还要向上位机报告故障情况。当主控制卡出现故障时，从控制卡会自动进行工作模式切换，成为主控制卡，接管主控制卡的工作并控制整个系统的运行，从而保证整个控制系统连续不间断地工作。当从控制卡出现故障时，主控制卡会监测到从控制卡的故障并向上位机报告这一情况。当故障控制卡修复后，可以重新加入整个控制系统，并作为从控制卡与仍运行的主控制卡再次构成双机热备系统。

双机冗余电路包括上电竞争电路和状态监测电路。上电竞争电路用于完成控制卡的主从身份竞争与确定。状态监测电路用于主从控制卡间的工作状态监测，主要是故障及故障恢复情况的识别。控制卡的双机冗余电路如图 9-10 所示。

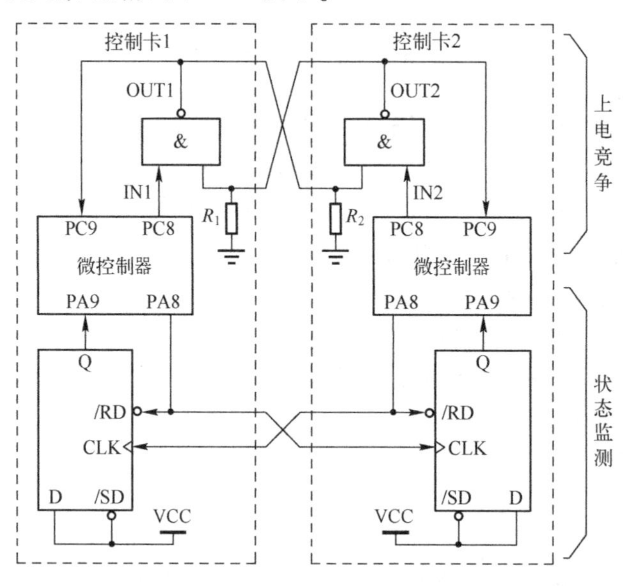

图 9-10　控制卡的双机冗余电路

上电竞争电路部分由两个与非门（每个控制卡各提供一个与非门）构成的基本 RS 触发器实现，利用此 RS 触发器在正常工作（两个输入端 IN1 和 IN2 不能同时为 0）时具有互补输出 0 和 1 的工作特性，从而实现上电时两个控制卡的主从身份竞争与确定。输出端（OUT1、OUT2）为 1 的控制卡将作为主控制卡运行，输出端为 0 的控制卡将作为从控制卡运行。

上电竞争电路除了要实现两个控制卡的主从竞争外，还要考虑到单个控制卡上电运行的情况，要求单个控制卡上电运行时作为主控制卡。如果要通过软件实现，可以让上电运行的单一控制卡在监测到冗余控制卡不存在时再切换为主控制卡；如果通过硬件实现，要求单个控制卡上电运行时强制该控制卡上的RS触发器的输出端为1，即该控制卡上的与非门的输出端为1。根据与非门的工作机制，只需使两个输入端中的任意一个输入0即可。图9-10中下拉电阻R_1和R_2正是为满足这一要求而设计的。这种通过硬件来保证单一控制卡上电运行时作为主控制卡的方式显然要比先监测后切换的软件方式要快要好。

处于热备状态的两个控制卡必须要不断地监测对方控制卡的工作状态，以确保能够及时发现对方控制卡的故障，并对故障做出处理。常用的故障检测技术是心跳检测，心跳检测技术的引入可有效提高系统的故障容错能力。通过心跳检测可有效地判断对方控制卡是否出现死机，及死机后是否重启等情况。

心跳检测线一般采用串口线或以太网，采用通信线的心跳检测存在心跳线本身出现故障的可能，在心跳检测时也需要将其考虑在内。有时为了可靠地判断是否是心跳线出现故障会对心跳线做冗余处理，这在一定程度上增加了系统的复杂度。在本控制卡的设计中，采用的是可靠的硬连接方式，两个控制卡间通过背板PCB上的连线连接，连接更加可靠。在保证状态监测电路可靠工作的同时也不会增加系统的复杂度。

状态监测电路由两个D触发器实现，利用D触发器的状态转换机制可有效地完成两个控制卡间的状态监测。

具体工作过程如下：控制卡上的微控制器定期在PA8引脚上输出一个上升沿，就可以使本控制卡上的D触发器因为/RD引脚上的一个低电平而使输出端Q为0，同时使对方控制卡上的D触发器因为CLK引脚上的一个上升沿而使输出端Q为1（因为每个D触发器的D端接高电平，CLK引脚上的上升沿使输出端Q=D=1）。这一操作类似于心跳检测中的发送心跳信号的过程。在此操作之前，要检测本控制卡上的D触发器的输出端状态，如果输出端Q为1，则说明接收到对方控制卡发送来的心跳信号，判定对方控制卡工作正常；如果输出端Q为0，则说明没有接收到对方控制卡发送的心跳信号，判定对方控制卡故障。

9.4.4　存储器扩展电路的设计

由于控制算法运行所需的RAM空间已经远远超出STM32F407ZG所能提供的用户RAM空间，而且控制算法也需要额外的空间进行存储。所以，需要在系统设计时做一定的RAM空间扩展。

在电路设计中扩展了两片RAM，一片SRAM为CY62177EV30，一片MRAM为MR4A16B。设计之初，将SRAM用于控制算法运行，将MRAM用于控制算法存储。但后期通过将控制算法的存储态与运行态结合后，要求外扩的RAM要兼有控制算法的运行与存储功能，所以，必须对外扩的SRAM做一定的处理，使其也具有数据存储的功能。

CY62177EV30属于常规的静态随机存储器，具有高速、宽范围供电和静默模式低功耗的特点。一个读写周期为55 ns，供电电源可以从2.2～3.7 V，而且静默模式下的电流消耗只有3 μA。CY32177EV30具有4 MB的空间，而且数据位宽可配置，即可配置为16位数据宽度，也可配置为8位数据宽口。CY62177EV30通过三总线接口与微控制器连接，CY62177EV30与STM32F407ZGT6连接图如图9-11所示。

功能选择引脚/BYTE是CY62177EV30的数据位宽配置引脚，/BYTE接Vcc时，CY62177EV30工作于16位数据宽度；/BYTE接Vss时，工作于8位数据宽度。

扩展的第二个RAM为MR4A16B，属于磁存储器，具有SRAM的读写接口与读写速度，同时具有掉电数据不丢失的特性，既可做控制算法运行用，也可用于控制算法的存储。

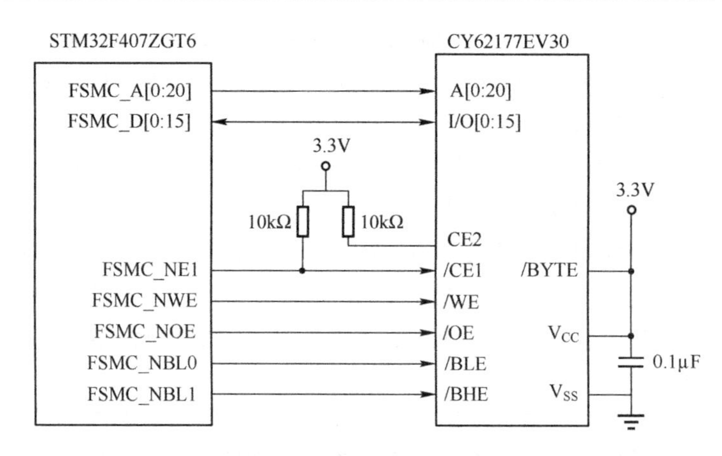

图 9-11　CY62177EV30 与 STM32F407ZGT6 的连接图

MR4A16B 的读写周期可以做到 35 ns，而且读写次数无限制，在合适的环境下数据保存时间长达 20 年。在电路设计中，可以替代 SRAM、Flash、EEPROM 等存储器以简化电路设计，增加电路设计的高效性。作为数据存储设备时，MR4A16B 标称比后备电池供电的 SRAM 具有更高的可靠性，甚至可用于脱机存档使用。

MR4A16B 的数据宽度是固定的 16 位，其电路设计与 CY62177EV30 类似，而且比 CY62177EV30 的电路简单，因为 MR4A16B 的供电直接使用控制卡上的 3.3 V 电源，不需要使用后备电池。MR4A16B 也是通过三总线接口与微控制器 STM32F407ZG 的 FSMC 模块连接，而且连接到 FSMC 的 Bank1 的 region2。

其他电路的详细设计限于篇幅就不再赘述了。

9.5　新型 DCS 控制卡的软件设计

9.5.1　控制卡软件的框架设计

控制卡采用嵌入式操作系统 μC/OS-Ⅱ，该软件的开发具有确定的开发流程。软件的开发流程甚至与任务的多少、任务的功能无关。在 μC/OS-Ⅱ 环境下，软件的开发流程如图 9-12 所示。

在该开发流程中，除了启动任务及其功能是确定的之外，其他任务的任务数目及功能甚至可以不确定。但是开发流程中的开发顺序是确定的，不能随意更改。

控制卡软件中涉及的内容除操作系统 μC/OS-Ⅱ外，应用程序大致可分为 4 个主要模块，分别为双机热备、CAN 通信、以太网通信、控制算法。控制卡软件涉及的主要模块如图 9-13 所示。

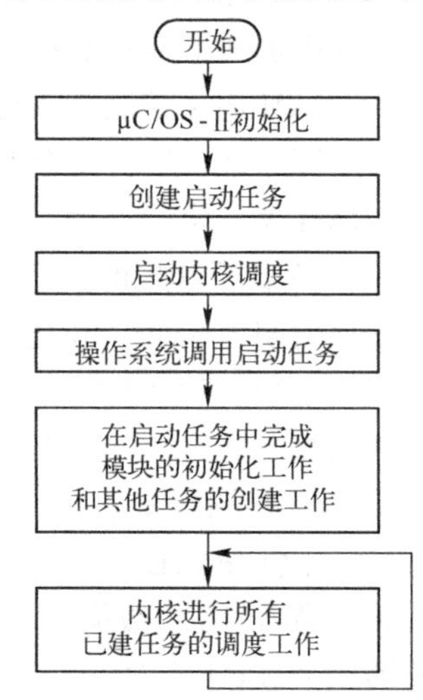

图 9-12　μC/OS-Ⅱ环境下软件的开发流程

嵌入式操作系统 μC/OS-Ⅱ 中程序的执行顺

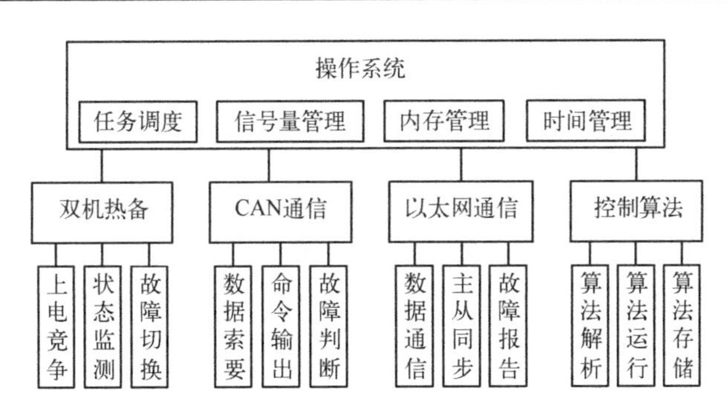

图 9-13　控制卡软件涉及的主要模块

序与程序代码的位置无关，只与程序代码所在任务的优先级有关。所以，在嵌入式操作系统 μC/OS-Ⅱ环境下的软件框架设计，实际上就是确定各个任务的优先级安排。优先级的安排会根据任务的重要程度以及任务间的前后衔接关系来确定。以 CAN 通信任务与控制算法运行任务为例，控制算法运行所需要的输入信号是由 CAN 通信任务向测控板卡索要的，所以 CAN 通信任务要优先于控制算法任务执行，也就是 CAN 通信任务拥有更高的优先级。控制卡软件中的任务及优先级见表 9-3。

表 9-3　控制卡软件中的任务及优先级

任　　务	优　先　级	任 务 说 明
TaskStart	4	启动任务，创建其他用户任务
TaskStateMonitor	5	主从控制卡间的状态监测
TaskCANReceive	6	接收 CAN 命令并对其处理
TaskPIClear	7	计数通道值清零
TaskAODOOut	8	模拟量/数字量输出控制
TaskCardConfig	9	板卡及通道配置
TaskCardUpload	10	测控板卡采样数据轮询
TaskLoopRun	11	控制算法运行
TaskLoopAnalyze	12	控制算法解析
TaskNetPoll	13	网络事件轮询
TaskDataSyn	14	故障卡重启后进行数据同步
OS_TaskIdle	63	系统空闲任务

确定了各个任务的优先级就确定了系统软件的整体框架。但是使用嵌入操作系统 μC/OS-Ⅱ，并不表示所有的事情都要以任务的形式完成。为了增加对事件响应的实时性，部分功能必须通过中断实现，如 CAN 接收中断和以太网接收中断，而且 μC/OS-Ⅱ也提供对中断的支持，允许在中断函数中调用部分系统服务，如用于释放信号量的 OSSemPost( )等。

9.5.2　双机热备程序的设计

双机热备可有效提高系统的可靠性，保证系统的连续稳定工作。双机热备的可靠实现需要两个控制卡协同工作，共同实现。本系统中的两个控制卡工作于主从模式的双机热备状态中，实现过程涉及控制卡的主从身份识别，工作中两个控制卡间的状态监测、数据同步，故障情况下的故障处理，以及故障修复后的数据恢复等方面。

1. 控制卡主从身份识别

主从配置的两个控制卡必须保证在任一时刻、任何情况下都只有一个主控制卡与一个从控制卡，所以必须在所有可能的情况下对控制卡的主从身份做出识别或限定。这些情况包括单控制卡上电运行时如何判定为主控制卡、两个控制卡同时上电运行时主从身份的竞争与识别、死机控制卡重启后判定为从控制卡。控制卡的主从身份以RS触发器输出端的0/1状态为判定依据，检测到RS触发器输出端为1的控制卡为主控制卡，检测到RS触发器输出端为0的控制卡为从控制卡。

2. 状态监测与故障切换

处于热备状态的两个控制卡必须不断地监测对方控制卡的工作状态，以便在对方控制卡故障时能够及时发现并做出故障处理。

状态监测所采用的检测方法已经在双机冗余电路的设计中介绍过，控制卡通过将自身的D触发器输出端清0，然后等待对方控制卡发来信号使该D触发器输出端置1来判断对方控制卡的正常工作。同时，通过发送信号使对方控制卡上的D触发器输出端置1来向对方控制卡表明自己正常工作。

控制卡间的状态监测采用类似心跳检测的一种周期检测的方式实现。同时，为保证检测结果的准确性，只有在两个连续周期的检测结果相同时才会采纳该检测结果。为避免误检测情况的发生，又将一个检测周期分为前半周期与后半周期，如果前半周期检测到对方控制卡工作正常则不进行后半周期的检测，如果前半周期检测到对方控制卡出现故障，则在后半周期继续执行检测，并以后半周期的检测结果为准。周期内检测结果判定见表9-4。控制卡工作状态判定见表9-5。

表9-4　周期内检测结果判定

前半周期检测结果	后半周期检测结果	本周期检测结果
正常	X	正常
故障	正常	正常
故障	故障	故障

注：X表示无须进行后半周期的检测。

表9-5　控制卡工作状态判定

第一周期检测结果	第二周期检测结果	综合检测结果
正常	正常	正常
正常	故障	维持原状态
故障	正常	维持原状态
故障	故障	故障

在检测过程中，对自身D触发器执行先检测，再清0的操作顺序，如果对方控制卡发送的置1信号出现在检测与清0操作之间，将导致无法检测到此置1操作，也就是说本次检测结果为故障，误检测情况由此产生。如果两个控制卡的检测周期相同，这种误检测情况将持续出现，最后必然会错误地认为对方控制卡出现故障。相同周期下连续误检测情况分析如图9-14所示。

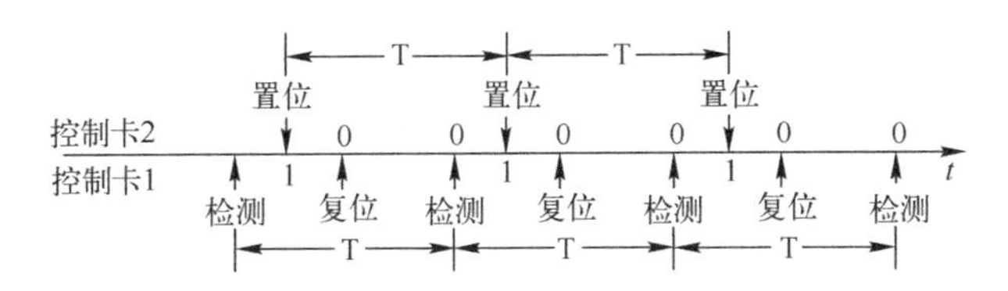

图 9-14　相同周期下连续误检测情况分析

为了避免连续误检测情况的发生，必须使两个控制卡的检测周期不同。并且，基于如下考虑：尽可能不增加主控制卡的负担，并且在主控制卡故障时，希望从控制卡可以较快发现主控制卡的故障并接管主控制卡的工作，所以决定缩短从控制卡的检测周期，加速其对主控制卡的检测。在本系统的设计中，从控制卡的检测周期为 380 ms，主控制卡的检测周期 T 为 400 ms。

由于故障的随机性，故障出现的时刻与检测点间的时间也是随机的，导致从故障出现到检测到故障的时间是一个有确定上下限的范围，该范围为 1.5~2.5 T。以从控制卡出现故障到主控制卡检测到此故障为例，需要的时间是 600~1000 ms。

两个控制卡工作于主从方式的热备模式下，内置完全相同的程序，但只有主控制卡可以向测控板卡发送命令，进行控制输出。在程序中，主从控制卡通过一个标志变量 MasterFlag 来标示主从身份，从而控制程序的执行。当从控制卡检测到主控制出现故障时，只需将 MasterFlag 置 1 就可实现由从控制卡到主控制卡的身份切换，就可以在程序中执行主控制卡的功能。

在从控制卡检测到主控制卡故障后，不但要进行身份切换，接管主控制卡的工作，还要向上位机进行故障报告。当主控制卡检测到从控制卡故障时，仅需要向上位机进行故障报告。故障报告通过以太网通信模块实现。

3. 控制卡间的数据同步

处于热备状态的两个控制卡不但要不断地监测对方的工作状态，还要保证两个数据卡间数据的一致性，以保证在主控制卡故障时，从控制卡可以准确无误地接管主控制卡的工作并保证整个系统的连续运行。

要保证两个控制卡间数据的一致性，要求两个控制卡间必须进行数据同步操作。数据的一致性包括测控板卡采样数据的一致、控制算法的一致，以及运算结果的一致。下载到两个控制卡的控制算法信息是一致的，在保证测控板卡采样数据一致且同步运算的情况下，就可以做到运算结果一致。所以两个控制卡间需要就测控板卡的采样信息和运算周期做一定的同步处理。

关于测控板卡采样信息的同步，由于只有主控制卡可以向测控板卡发送数据索要命令，从控制卡不可以主动向测控板卡索要采样信息。但是在与测控板卡进行通信时，可以利用 CAN 通信的组播功能实现主从控制卡同步接收来自测控板卡的采样数据，这样就可以做到采样数据的同步。

两个控制卡的晶振虽然差别不大，但不可能完全一致，在经过一段较长时间的运行后，系统内部的时间计数可能有很大的差别，所以通过单纯地设定相同的运算周期，并不能保证两个控制卡间运算的同步。在本设计中从控制卡的控制算法运算不再由自身的时间管理模块触发，而是主控制卡触发，以保证主从控制卡间控制算法运算的同步。主控制卡在完成测控板卡采样数据索要工作后，会通过 CAN 通信告知从控制卡进行控制算法的运算操作。

除了正常工作过程中要进行数据同步外，死机控制卡重启后，正常运行的主控制卡必须要及时帮助重启的从控制卡进行数据恢复和同步，以保证两者间数据的一致性。此情况下需要同步的信息主要是控制算法中与时间或运算次数密切相关的信息，以及一些时序控制回路中的时间信息。如PID模块的运算结果，PID的运算结果是前面多次运算的一个累积结果，并不是单次运算就可得出的；如时序控制回路中的延时开关，其开关动作的触发由控制算法的时间决定。

在正常运行的主控制卡监测到死机的从控制卡重启后，主控制卡会主动要求与从控制卡进行信息同步，并且同步操作在主控制卡执行完控制算法的运算操作后执行。部分信息的同步操作要求在一个周期内完成，否则同步操作就失去了意义，同步的信息甚至是错误的。部分信息允许分多个周期完成同步操作。部分信息要求在一个周期内完成同步操作，但并不要求在开始的第一个周期完成同步。如信息A和B关系紧密，需要在一个周期内完成同步操作，信息C和D关系密切，也需要在一个周期内完成同步操作。此时却并不一定要在一个周期内共同完成A、B、C、D的同步，可以将A和B的同步操作放在这个周期，将C和D的同步操作放到下个周期执行，只要保证具有捆绑关系的信息能够在一个周期内完成同步即可。

主控制卡肩负着系统的控制任务，主从控制卡间的数据恢复与同步操作会占用主控制卡的时间，增加主控制卡上微控制器的负担。为了保证主控制卡的正常运行，不过多地增加主控制卡的负担，需要将待同步的数据合理分组并提前将数据准备好，以便主从控制卡间的同步操作可以快速完成。

9.5.3 CAN通信程序的设计

控制卡与测控板卡间的通信通过CAN总线进行，通信内容包括将上位机发送的板卡及通道配置信息下发到测控板卡、将上位机发送的输出命令或控制算法运算后需执行的输出命令下发到测控板卡、将上位机发送的累积型通道的计数值清零命令下发到测控板卡、周期性向测控板卡索要采样数据等。此外，CAN通信网络还肩负着主从控制卡间控制算法同步信号的传输任务。

CAN通信程序的设计需要充分利用双CAN构建的环形通信网络，实现正常情况下高效、快速的数据通信，实现故障情况下及时、准确的故障性质确定和故障定位。

STM32F407ZG中的CAN模块具有一个CAN2.0B的内核，既支持11位标识符的标准格式帧，也支持29位标志符的扩展格式帧。控制卡的设计采用的是11位的标准格式帧。

1. CAN数据帧的过滤机制

主控制卡向测控板卡发送索要采样数据的命令，主控制卡会依次向各个测控板卡发送该命令，不存在主控制卡同时向多个测控板卡发送索要采样数据命令的情况。测控板卡向主控制卡回送数据时，只希望主控制卡和从控制卡可以接收该数据，不希望其他的测控板卡接收该数据，或者说目前的系统功能下其他的测控板卡不需要该数据。主控制卡向从控制卡发送控制算法同步运算命令时，也只希望从控制卡接收该命令，不希望测控板卡接收该命令。

由于CAN通信网络共用通信线，所以从硬件层次上讲，任何一个板卡发送的数据，连接在CAN总线上的其他板卡都可以接收到。如果让非目标板卡在接收到该数据包后，通过对数据包中的目标ID或数据信息进行分析来判断是否是发送给自己的数据包，这种方式虽然可行，但是却会让板卡接收到大量无关数据，而且还会浪费程序的数据处理时间。通过使用STM32F407ZG中的CAN接收过滤器可有效解决这一问题，过滤器可在数据链路层有效拦截无关数据包，使无关数据包无法到达应用层。

STM32F407ZG 中的 CAN 标识符过滤机制支持两种模式的标识符过滤：列表模式和屏蔽位模式。在列表模式下，只有 CAN 报文中的标识符与过滤器设定的标识符完全匹配时报文才会被接收。在屏蔽位模式下，可以设置必须匹配位与不关心位，只要 CAN 报文中的标识符与过滤器设定的标识符中的必须匹配位是一致的，该报文就会被接收。因此，列表模式适用于特定某一报文的接收，而屏蔽位模式适用于标识符在一段范围内的一组报文的接收。当然，通过设置所有的标识符位为必须匹配位后，屏蔽位模式就变成了列表模式。

2. CAN 数据的打包与解包

每个 CAN 数据帧中的数据场最多容纳 8 B 的数据，而在控制卡的 CAN 通信过程中，有些命令的长度远不止 8 B。所以，当要发送的数据字节数超出单个 CAN 数据帧所能容纳的 8 B 时，就需要将数据打包，拆解为多个数据包，并使用多个 CAN 数据帧将数据发送出去。在接收端也要对接收到的数据进行解包，将多个 CAN 数据帧中的有效数据提取出来并重新组合为一个完整的数据包，以恢复数据包的原有形式。

为了实现程序的模块化、层次化设计，控制卡与测控板卡间传输的命令或数据具有统一的格式，只是命令码或携带的数据多少不同。控制卡 CAN 通信数据包格式见表 9-6。

表 9-6　控制卡 CAN 通信数据包的格式

位　置	内　容	说　明
[0]	目的节点 ID	接收命令的板卡的地址
[1]	源节点 ID	发送命令的板卡的地址
[2]	保留字节	预留字节，默认 0
[3]	数据区字节数	*N*，数据区字节数，可为 0
[4]	命令码	根据不同功能而定
[4+1]	数据 1	数据区，包含本命令携带的具体数据可为空，依具体命令而定
[4+2]	数据 2	
[4+3]	数据 3	
…	…	
[4+*N*]	数据 *N*	

通信命令中的目的节点 ID 可以放到 CAN 数据帧中的标识符中，其余信息则只能放到 CAN 数据帧中的数据场中。当命令携带的附加数据较多，超出一个 CAN 数据帧所能容纳的范围时，就需要将命令分为多帧进行发送。当然，也存在只需一帧就能容纳的命令。为了对命令进行统一处理，在程序中将所有的命令按多帧情况进行发送，只不过对于只需一帧就可以发送完的命令，将其第一帧标注为最后一帧即可。

将命令分为多帧进行发送时，需要对命令做打包处理，并需要包含必要的包头信息：目的节点 ID、源节点 ID、帧序号和帧标志。其中，帧序号用于计算信息在命令中的存放位置，帧标志用于标志此帧是否是多帧命令中的最后一帧。目的节点 ID 和帧标志可以放到标识符中，源节点 ID 和帧序号只能放到数据场中。CAN 通信数据包的分帧情况见表 9-7。该表显示了带有 10 个附加数据的命令的分帧情况。

在组建具体的 CAN 数据帧时，除了上述标识符和数据场外，还要对 RTR（帧类型）、IDE（标识符类型）和 DLC（数据场中的字节数）做好填充。

表 9-7　CAN 通信数据包的分帧情况

区域	信息类型	第1帧		第2帧		第3帧	
标识符	标识符高8位	目的节点 ID		目的节点 ID		目的节点 ID	
	标识符低3位	001		001		000	
数据场	帧头信息	[0]	源节点 ID	[0]	源节点 ID	[0]	源节点 ID
		[1]	帧序号 0	[1]	帧序号 1	[1]	帧序号 2
	发送数据	[2]	保留字节	[2]	附加数据 4	[2]	附加数据 10
		[3]	数据区字节数	[3]	附加数据 5	[3]	×
		[4]	命令码	[4]	附加数据 6	[4]	×
		[5]	附加数据 1	[5]	附加数据 7	[5]	×
		[6]	附加数据 2	[6]	附加数据 8	[6]	×
		[7]	附加数据 3	[7]	附加数据 9	[7]	×

3. 双 CAN 环路通信工作机制

在只有一个 CAN 收发器的情况下，当通信线出现断线时，便失去了与断线处后方测控板卡的联系。但两个 CAN 收发器组建的环形通信网络可以在通信线断线情况下保持与断线处后方测控板卡的通信。

在使用两个 CAN 收发器组建的环形通信网络的环境中，当通信线出现断线时，CAN1 只能与断线处前方测控板卡进行通信，失去与断线处后方测控板卡的联系；而此时，CAN2 仍然保持与断线处后方测控板卡的连接，仍然可以通过 CAN2 实现与断线处后方测控板卡的通信。从而消除了通信线断线造成的影响，提高了通信的可靠性。

4. CAN 通信中的数据收发任务

在应用嵌入式操作系统 μC/OS-Ⅱ的软件设计中，应用程序将以任务的形式体现。

控制卡共有 4 个任务和 2 个接收中断完成 CAN 通信功能。它们分别为 TaskCardUpload、TaskPIClear、TaskAODOOut、TaskCANReceive、IRQ_CAN1_RX、IRQ_CAN2_RX。

9.5.4　以太网通信程序的设计

以太网是上位机与控制卡进行通信的唯一方式，上位机通过以太网周期性地向主控制卡索要测控板卡的采样信息，向主控制卡发送模拟量/数字量输出命令，向控制卡下载控制算法信息等。在测控板卡或从控制卡故障的情况下，主控制卡通过以太网主动连接上位机的服务器，向上位机报告故障情况。

在网络通信过程中经常遇到的两个概念是客户端与服务器。在控制卡的设计中，常规的通信过程里控制卡作为服务器，上位机作为客户端主动连接控制卡进行通信。而在故障报告过程中，上位机作为服务器，控制卡作为客户端主动连接上位机进行通信。

在控制卡中，以太网通信已经构成双以太网的平行冗余通信网络，两路以太网处于平行工作状态，相互独立。上位机既可以通过网络 1 与控制卡通信，也可以通过网络 2 与控制卡通信。第一路以太网在硬件上采用 STM32F407ZG 内部的 MAC 与外部 PHY 构建，在程序设计上采用了一个小型的嵌入式 TCP/IP 协议栈 uIP。第二路以太网采用的是内嵌硬件 TCP/IP 协议栈的 W5100，采用端口编程，程序设计要相对简单。

1. 第一路以太网通信程序设计及嵌入式 TCP/IP 协议栈 uIP

第一路以太网通信程序设计，采用了一个小型的嵌入式 TCP/IP 协议栈 uIP，用于网络事件的处理和网络数据的收发。

uIP 是由瑞典计算机科学学院的 Adam Dunkels 开发的，其源代码完全由 C 语言编写，并且是完全公开和免费的，用户可以根据需要对其做一定的修改，并可以容易地将其移植到嵌入式系统中。在设计上，uIP 简化了通信流程，裁剪掉了 TCP/IP 中不常用的功能，仅保留了网络通信中必须使用的基本协议，包括 IP、ARP、ICMP、TCP、UDP，以保证其代码具有良好的通用性和稳定的结构。

应用程序可以将 uIP 看作一个函数库，通过调用 uIP 的内部函数实现与底层硬件驱动和上层应用程序的交互。uIP 与系统底层硬件驱动和上层应用程序的关系如图 9-15 所示。

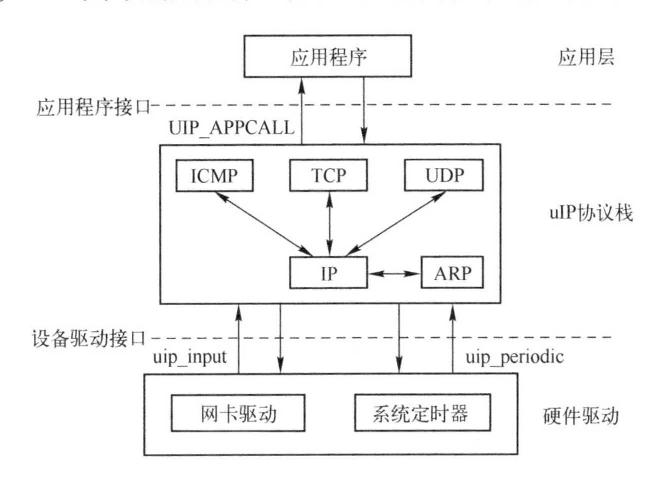

图 9-15　uIP 与系统底层硬件驱动和上层应用程序的关系

2. 第二路以太网通信程序设计及 W5100 的 socket 编程

W5100 内嵌硬件 TCP/IP 协议栈，支持 TCP、UDP、IPv4、ARP、ICMP 等。W5100 还在内部集成了 16 KB 的存储器作为网络数据收发的缓冲区。W5100 的高度集成特性使得以太网控制和协议栈运作对用户应用程序是透明的，应用程序直接进行端口编程即可，而不必考虑细节的实现问题。

在完成了 W5100 的初始化操作之后，即可以开始基于 W5100 的以太网应用程序的开发。W5100 中的应用程序开发是基于端口的，所有网络事件和数据收发都以端口为基础。启用某一端口前需要对该端口做相应设置，包括端口上使用的协议类型、端口号等。

3. 网络事件处理

以太网通信程序主要用于实现控制卡与上位机间的通信，及主从控制卡间的数据同步操作。控制卡与上位机间的通信采用 TCP，并且正常情况下，控制卡作为服务器，接受上位机的访问，或回送上位机的数据索要请求，或处理上位机传送的输出控制命令和控制算法信息；在控制卡或测控板卡或通信线出现故障时，控制卡作为客户端，主动连接上位机的服务器，并向上位机报告故障情况。主从控制卡间的数据同步操作使用 UDP，以增加数据传输的效率，当从控制卡死机重启后，主控制卡会主动要求与从控制卡进行信息传输，以实现数据的同步。主控制卡以太网程序功能见表 9-8。

主控制卡与从控制卡的以太网功能略有不同，如故障信息的传输永远由主控制卡完成，因为某一控制卡死机后，依然运行的控制卡一定会保持或切换成主控制卡。从控制卡死机重启后，在进行同步信息的传输时，主控制卡作为客户端主动向作为服务器的从控制卡传输同步信息。

表 9-8　主控制卡以太网程序功能

协议类型	模　式	源端口	目的端口	功能说明
TCP	服务器	随机	1024	上位机索要测控板卡采样信息 上位机传送测控板卡及通道配置信息
		随机	1025	上位机传送控制算法信息 上位机修改 PID 模块参数值 上位机索要控制算法模块运算结果
		随机	1026	上位机传送控制输出命令 上位机传送累计型通道清零命令
	客户端	随机	1027	连接上位机的 1027 端口，报告控制卡或测控板卡或通信线故障情况
UDP	客户端	1028	1028	向从控制卡的 1028 端口传送同步信息

注：源端口为客户端的端口，目的端口为服务器端的端口。

9.6　控制算法的设计

通信与控制是 DCS 控制站控制卡的两大核心功能，在控制方面，本系统要提供对上位机基于功能框图的控制算法的支持，包括控制算法的解析、运行、存储与恢复。

控制算法由上位机经过以太网通信传输到控制卡，经控制卡解析后，以 1 s 的固定周期运行。控制算法的解析包括算法的新建、修改与删除，同时要求这些操作可以做到在线执行。控制算法的运行实行先集中运算再集中输出的方式，在运算过程中对运算结果暂存，在完成所有的运算后对需要执行的输出操作集中输出。

9.6.1　控制算法的解析与运行

在上位机将控制算法传输到控制卡后，控制卡会将控制算法信息暂存到控制算法缓冲区，并不会立即对控制算法进行解析。因为对控制算法的修改操作需要做到在线执行，并且不能影响正在执行的控制算法的运行。所以，控制算法的解析必须选择合适的时机。本系统中将控制算法的解析操作放在本周期的控制算法运算结束后执行，这样不会对本周期内的控制算法运行产生影响，新的控制算法将在下一周期得到执行。

本系统中的控制算法以回路的形式体现，一个控制算法方案一般包含多个回路。在基于功能框图的算法组态环境下，一个回路又由多个模块组成。一个回路的典型组成是输入模块+功能模块+输出模块。其中功能模块包括基本的算术运算（加、减、乘、除）、数学运算（指数运算、开方运算、三角函数等）、逻辑运算（逻辑与、或、非等）和先进的控制运算（PID 等）等。功能框图组态环境下一个基本 PID 回路如图 9-16 所示。

在图 9-16 中没有看到反馈的存在，但在实际应用中该反馈是存在的。图 9-16 中的 INPUT 模块是一个输入采样模块，OUTPUT 模块是一个输出控制模块，在实际应用中 INPUT 与 OUTPUT 之间存在一个隐含的连接，即 INPUT 模块用于对 OUTPUT 模块输出结果进行采样。

图 9-17 中功能模块下方的标号标示了该模块所在的回路，及该模块在回路中的流水号。如 INPUT 模块下方的 1-2 表示该模块在 1 号回路中，该模块在回路中的流水号为 2。上位机在将控制算法整理成传输给控制卡的数据时，会按照回路号由小到大，流水号由小到大的顺序依

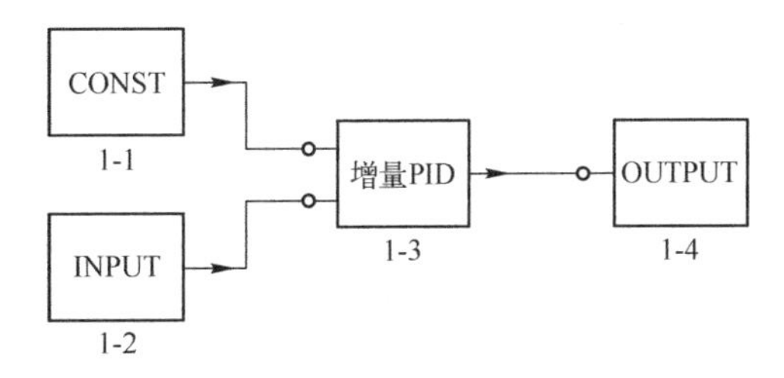

图 9-16　功能框图组态环境下一个基本 PID 回路

次整理，而且是以回路为单位逐个回路整理。回路号和流水号不仅在信息传输时需要使用，在控制算法运行时也决定了功能模块被调用的顺序。

上位机下发给控制卡的控制算法包含控制算法的操作信息、回路信息和回路中各功能模块信息。操作信息包含操作类型，如新建、修改、删除；回路信息包含回路个数、回路号、回路中的功能模块个数；功能模块信息包含模块在回路中的流水号、模块功能号、模块中的参数信息。控制卡在接收到该控制算法信息后便将其放入缓冲区，等待本周期的控制算法运行结束后就可以对该控制算法进行解析。

控制算法的解析过程中涉及最多的操作就是内存块的获取、释放，以及链表操作。理解了这两个操作的实现机制就理解了控制算法的解析过程。其中内存块的获取与释放由 μC/OS-Ⅱ 的内存管理模块负责，需要时就向相应的内存池申请内存块，释放时就将内存块交还给所属的内存池。一个新建回路的解析过程如图 9-17 所示。

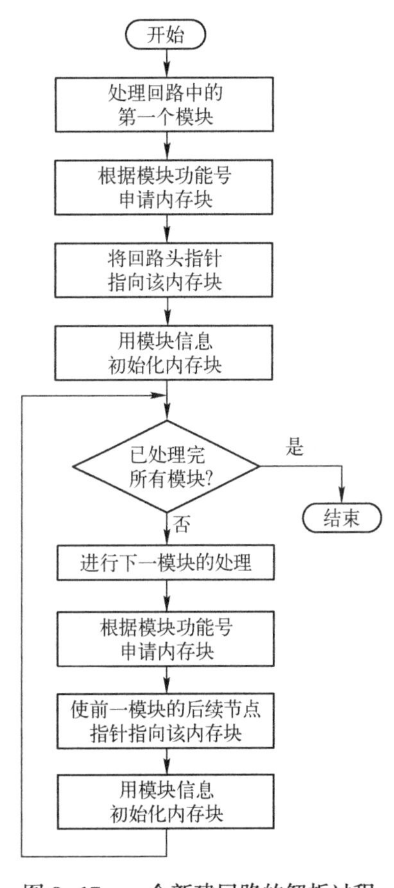

图 9-17　一个新建回路的解析过程

对回路的修改过程与新建过程类似，只是没有申请新的内存块，而是找到原先的内存块，然后用功能模块的参数重新初始化该内存块。对回路的删除操作就是根据回路新建时的链表，依次找到回路中的各个功能模块，然后将其所占用的内存块交还给 μC/OS-Ⅱ 的内存池，最后将回路头指针清空，标示该回路不再存在。

功能模块对应内存块的初始化操作就是按照该功能模块结构体中变量的位置和顺序对内存块中的相应单元赋予对应的数值。本系统中共有 32 个功能模块，每个功能模块的结构体由功能模块共有部分和功能模块特有部分组成。以输入模块为例，输入模块的结构体定义如下所示：

```
typedef struct
{ //共有部分,也是 ST_MOD 结构体的定义
  FP64          Result;                 //模块运算结果
  struct        ST_MOD  *pNext;         //指向该回路下一模块的指针
  OS_MEM         *pMem;                 //指向所属内存池的指针
  INT8U         FuncID;                 //模块功能号
  INT8U         SerialNum;              //模块流水号
  //输入模块特有部分
```

```
    INT8U       CageNum;                //机笼号
    INT8U       CardNum;                //卡槽号
    INT8U       ChannelNum;             //通道号
    FP64        UpperLimit;             //输入上限
    FP64        LowerLmit;              //输入下限
    INT8U       Type;                   //输入模块类型
} FB_MOD_IN;
```

每个功能模块都有一个功能号，用于标示该模块的功能和与该模块相对应的功能函数。在执行控制算法运算时，会根据此功能号调用对应的功能函数对各个功能模块进行运算处理。

控制算法的执行以 1 s 为周期，在执行控制算法时，实行先集中运算，将运算结果暂存，再对运算结果集中输出的方式。控制算法的运算即依次执行各个回路，通过对回路头指针的检查，判断该回路是否存在，如果存在则按照回路解析时创建的链表，依次找到该回路中的功能模块，并按照功能模块中的模块功能号找到对应的功能函数，通过调用功能函数对该功能模块进行运算，并将结果暂存到模块的 Result 中，以便后续模块对该结果的访问。在一条回路执行完毕后，如果该回路需要执行输出操作，则将对应的输出操作加入输出队列中，等待所有的运算完成后再集中输出。如果检查到回路头指针为空，则表明该回路已经不存在，继续检查下一回路，直至完成对 255 个控制回路的检查和执行。

9.6.2　控制算法的存储与恢复

在系统的需求分析中曾经提到，系统要求对控制算法的信息进行存储，做到掉电不丢失，重新上电后可以重新加载原有的控制算法。

对于控制算法的存储，如果以控制算法的原始形态进行存储，即以控制算法信息解析之前的形态存储，控制卡需要在接收到上位机的控制算法信息后逐条存储。以此种方式进行存储，如果存在频繁的控制算法修改操作，就会造成控制算法存储信息的激增，并且存储的信息量没有上限。而且，以原始形态存储控制算法，在重新加载时需要对控制算法重新解析，这也需要一定的时间。在本系统设计中没有采用这种方式，而是采用解析后控制回路的形式进行存储。

以解析后控制回路的形式进行控制算法的存储，不存在信息激增和信息量无上限的情况，因为对回路的修改操作只是对已有回路的修改，并不会产生新的回路。并且，在系统设计时限定最多容纳 255 个控制回路，所以，控制算法的信息量不会是无限制的。而且，以此种形式存储的控制算法，在再次加载时不需要重新解析。

解析后的控制回路实际上就是一种运行状态的控制回路，以此种方式存储的控制算法兼有运行时的形态，只是模块内部具体数值不同而已。如果再将控制算法信息分为存储信息与运行信息，会造成一定的重复，产生双倍的 RAM 需求。

既然控制算法的存储态与运行态是一致的，那就可以将控制算法的运行区与存储区相结合，将运行信息作为存储信息。这要求控制算法运行信息存放的介质兼有数据存储功能，即掉电数据不丢失。外扩的 RAM 中，无论是具有后备电池供电的 SRAM，还是磁存储器 MRAM 都具有数据存储特性，都可满足将控制算法存储区与运行区相结合的基本要求。

除了保证存储介质的数据保存功能外，还要保证数据不会被破坏。本系统中的控制算法存储在一个个内存块中，这些内存块由 μC/OS-Ⅱ的内存管理模块进行分配与回收，如果 μC/OS-Ⅱ的内存管理模块不知道之前分配的内存块中存储着控制算法信息，在程序再次运行时，没有记录原先内存块的使用情况，当再次向 μC/OS-Ⅱ的内存管理模块进行内存块的申请或交还操作时，就会对原有的内存块造成破坏。所以，μC/OS-Ⅱ内存管理模块的相关信息也必须得到存储。

要使 μC/OS-Ⅱ内存管理模块的信息得到有效存储，涉及整个 μC/OS-Ⅱ中内存的规划。而且要使存储的信息有效，还要保证 μC/OS-Ⅱ内存规划的固定性，比如内存池的个数、内存池的大小、内存池管理空间的起始地址、内部内存块的大小、内存块的个数等信息都必须是固定的，即每次程序重新加载时，上述信息都是固定不变的。因为，一旦上述信息发生了变化，之前存储的信息也就失去了意义。

在 μC/OS-Ⅱ内存初始规划阶段，就必须确定内存池的个数，严格限定每个内存池的起始地址与大小，以及内部内存块的大小和个数，并且不得更改。只有这样，记录的内存池内部内存块的使用信息才会有意义。

其实，存储只是一种手段，恢复才是最终目的。保证存储介质的数据保存能力和控制算法信息不会被破坏，仅仅是使控制算法信息得到了存储，但仍不足以在程序再次运行时使控制算法信息得到恢复。要使控制算法信息能够得到有效恢复，必须提供能够重建之前控制算法运行环境的信息。为此，必须单独开辟一块区域，作为备份区，以用于存储能够重建之前控制算法运行环境的信息。这些信息包括内存池使用情况信息和回路头指针信息。在每次完成控制算法的解析工作后，就需要将这些信息复制一份存储到备份区中。在程序再次运行时，再次加载控制算法就是将备份区中的信息恢复到内存池中和回路头指针中。这样原先的控制算法运行环境就得以重建。以回路头指针为例，在本系统中控制算法以回路的形式表示，而且回路就是串接着各个功能模块的链表。对于一个链表而言，得到了头指针，就可以依次找到链表中的各个节点，在本系统中就是有了回路头指针，就可以依次找到回路中的各个功能模块。

经过数次运算后的功能模块的信息与刚解析完成时的功能模块的信息是不一样的，主要是模块运算结果不再是 0。在重新加载控制算法信息后，希望能够重新开始控制算法的运行，所以需要设立控制算法初始运行标志，在各功能模块运算时需要根据此标志选择性地将模块暂存的运算结果清除，以产生功能模块与刚解析完成时一样的效果。

9.7　8 通道模拟量输入板卡（8AI）的设计

9.7.1　8 通道模拟量输入板卡的功能概述

8 通道模拟量输入板卡（8AI）是 8 路点点隔离的标准电压、电流输入板卡。可采样的信号包括标准Ⅱ型、Ⅲ型电压信号，标准的Ⅱ型、Ⅲ型电流信号。

通过外部配电板可允许接入各种输出标准电压、电流信号的仪表、传感器等。该板卡的设计技术指标如下。

1）信号类型及输入范围：标准Ⅱ、Ⅲ型电压信号（0~5 V、1~5 V）及标准Ⅱ、Ⅲ型电流信号（0~10 mA、4~20 mA）。

2）采用 32 位 ARM Cortex M3 微控制器，提高了板卡设计的集成度、运算速度和可靠性。

3）采用高性能、高精度、内置 PGA 的具有 24 位分辨率的 Σ-Δ 模/数转换器进行测量转换，传感器或变送器信号可直接接入。

4）同时测量 8 通道电压信号或电流信号，各采样通道之间采用 PhotoMOS 继电器，实现点点隔离的技术。

5）通过主控站模块的组态命令可配置通道信息，每一通道可选择输入信号范围和类型等，并将配置信息存储于铁电存储器中，掉电重启时，自动恢复到正常工作状态。

6）板卡设计具有低通滤波、过压保护及信号断线检测功能，ARM 与现场模拟信号测量之间采用光电隔离措施，以提高抗干扰能力。

8 通道模拟量输入板卡的性能指标见表 9-9。

表 9-9　8 通道模拟量输入板卡的性能指标

输入通道	点点隔离独立通道
通道数量	8 通道
通道隔离	任何通道间 AC 25 V（47~53）Hz 60 s
	任何通道对地 AC 500 V（47~53）Hz 60 s
输入范围	DC（0~10）mA
	DC（4~20）mA
	DC（0~5）V
	DC（1~5）V
通信故障自检与报警	指示通信中断，数据保持
采集通道故障自检及报警	指示通道自检错误，要求冗余切换
输入阻抗	电流输入 250 Ω
	电压输入 1 MΩ

9.7.2　8 通道模拟量输入板卡的硬件组成

8 通道模拟量输入板卡用于完成对工业现场信号的采集、转换、处理，其硬件组成框图如图 9-18 所示。

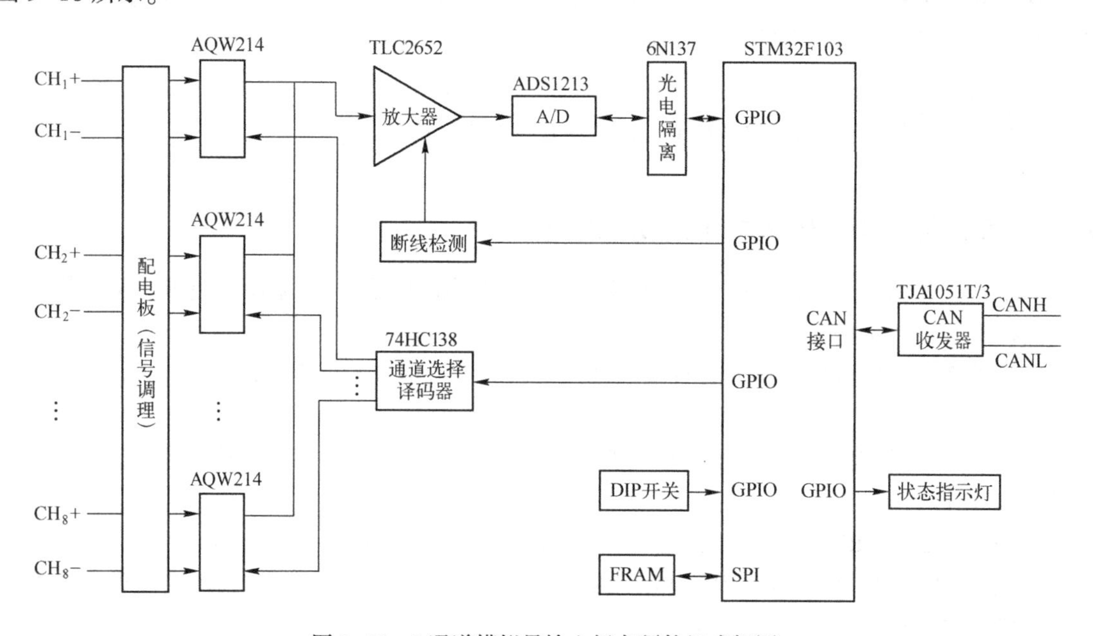

图 9-18　8 通道模拟量输入板卡硬件组成框图

硬件电路主要由 ARM Cortex M3 微控制器、信号处理电路（滤波、放大）、通道选择电路、A/D 转换电路、故障检测电路、DIP 开关、铁电存储器 FRAM、LED 状态指示灯和 CAN

通信接口电路组成。

该板卡采用 ST 公司的 32 位 ARM 控制器 STM32F103 VBT6、高精度 24 位 Σ-Δ 模/数转换器 ADS1213 、LinCMOS 工艺的高精度斩波稳零运算放大器 TLC2652CN、PhotoMOS 继电器 AQW214EH、CAN 收发器 TJA1051T/3、铁电存储器 FM25L04 等器件设计而成。

现场仪表层的电流信号或电压信号经过端子板的滤波处理，由多路模拟开关选通一个通道送入 A/D 转换器 ADS1213，由 ARM 读取 A/D 转换结果，A/D 转换结果经过软件滤波和量程变换以后经 CAN 总线发送给控制卡。

板卡故障检测中的一个重要的工作就是断线检测。除此以外，故障检测还包括超量程检测、欠量程检测、信号跳变检测等。

9.7.3　8 通道模拟量输入板卡微控制器主电路的设计

8 通道模拟量输入板卡微控制器主电路如图 9-19 所示。

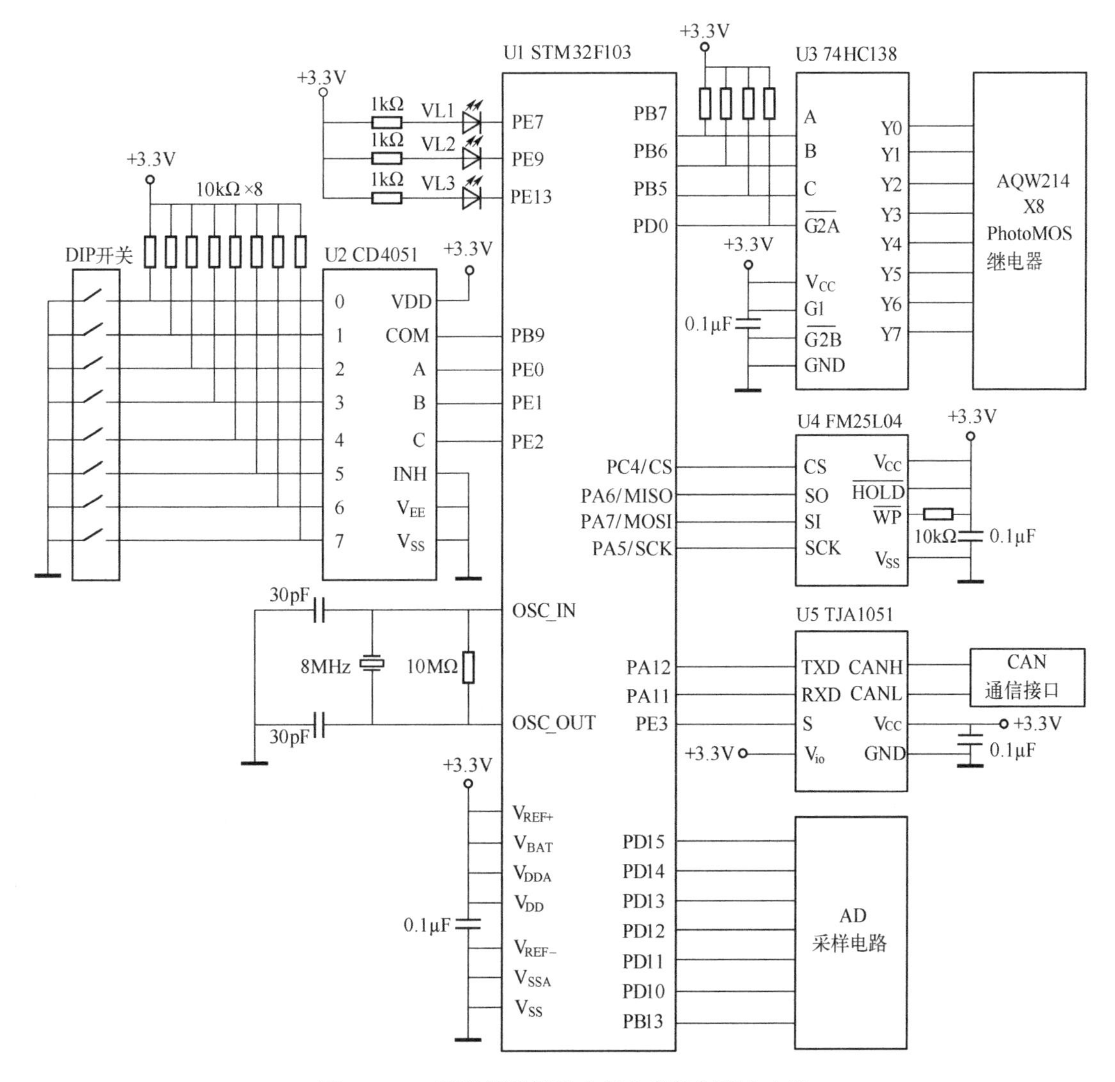

图 9-19　8 通道模拟量输入板卡微控制器主电路

图9-19中的DIP开关用于设定机笼号和测控板卡地址，通过CD4051读取DIP开关的状态。74HC138三-八译码器控制PhotoMOS继电器AQW214EH，用于切换8通道模拟量输入信号。

9.7.4　8通道模拟量输入板卡的测量与断线检测电路设计

8通道模拟量输入板卡测量与断线检测电路如图9-20所示。

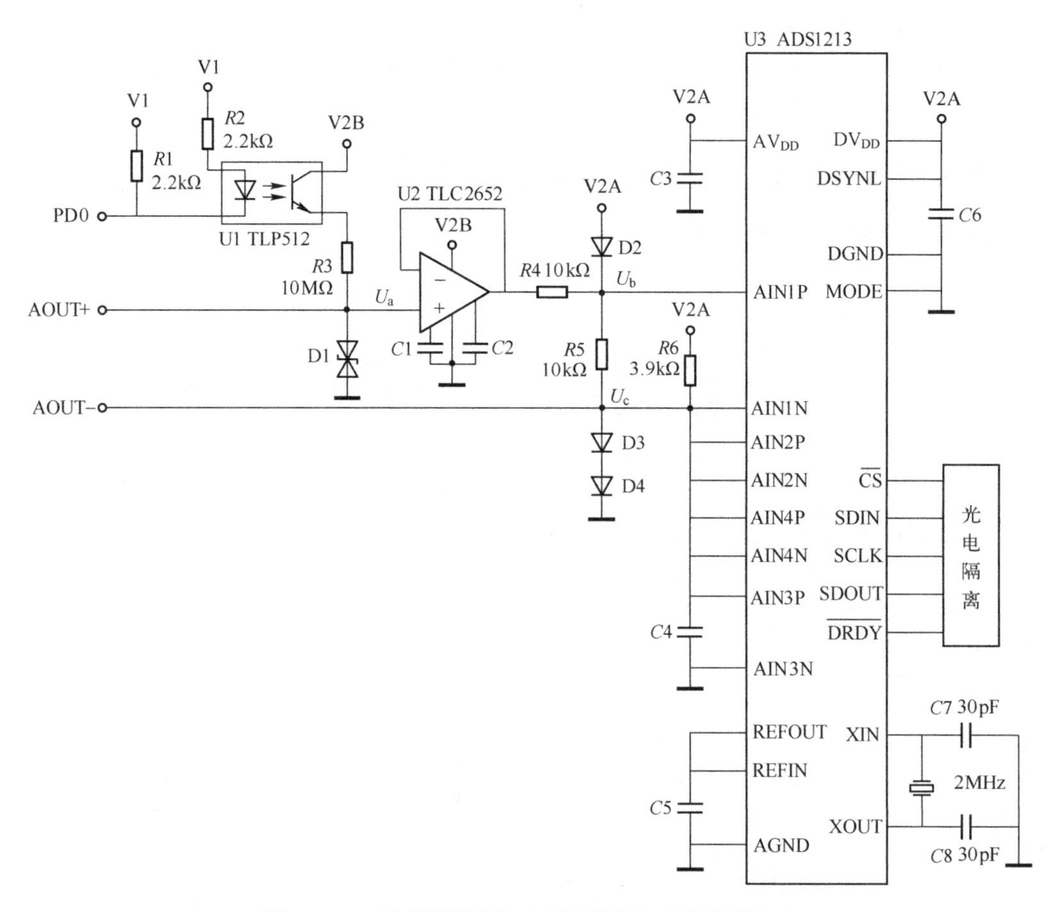

图9-20　8通道模拟量输入板卡测量与断线检测电路

在测量电路中，信号经过高精度的斩波稳零运算放大器TLC2652CN跟随后接入ADS1213，两个二极管1N4148经上拉电阻接+5V，使模拟信号的负端恒为+1.5V，这样设计的原因在于：TLC2652CN虽然为高精度的斩波稳零运算放大器，但由于它在电路中为单电源供电，这意味着它在零点附近不能稳定工作，从而使其输出端的电压有很大的纹波；而接入两个二极管后，由于信号的负端始终保持在+1.5V，当输入信号为零时，TLC2652CN的输入端的电压仍为+1.5V，从而使其始终工作在线形工作区域。由于输入的信号为差分形式，因而两个二极管的存在不会影响信号的精确度。

在该板卡中，设计了自检电路，用于输入通道的断线检测。自检功能由PD0控制光耦TLP521的导通与关断来实现。

由图9-20可知，ADS1213输入的差动电压U_{in}（AIN1P与AIN1N之差）与输入的实际信号U_{IN}（AOUT+与AOUT-之差）之间的关系为$U_{in}=U_{IN}/2$。

由于正常的 U_{IN} 的范围为 0~5 V，所以 U_{in} 的范围为 0~2.5 V，因此 ADS1213 的 PGA 可设为 1，工作在单极性状态。

由图 9-20 可知，模拟量输入信号经电缆送入模拟量输入板卡的端子板，信号电缆容易出现断线，因此，需要设计断线检测电路，断线检测原理如下。

1）当信号电缆未断线，电路正常工作时，U_{in} 处于正常的工作范围，即 0~2.5 V。

2）当通信电缆断线时，电路无法接入信号。首先令 PD0=1，光耦断开，$U_a=0\text{ V}$，而 $U_c=1.5\text{ V}$，故 $U_b=0.75\text{ V}$，可得 $U_{in}=0.75\text{ V}$，而 ADS1213 工作在单极性，故转换结果恒为 0；然后令 PD0=0，光耦导通，$U_a=8.0\text{ V}$，$U_c=1.5\text{ V}$，故 $U_{in}=(8.0\text{ V}-1.5\text{ V})/2=3.25\text{ V}$，超出了 U_{in} 正常工作的量程范围 0~2.5 V。由此即可判断出通信电缆出现断线。

9.7.5　8 通道模拟量输入板卡信号调理与通道切换电路的设计

信号在接入测量电路前，需要进行滤波等处理，8 通道模拟量输入板卡信号调理与通道切换电路如图 9-21 所示。

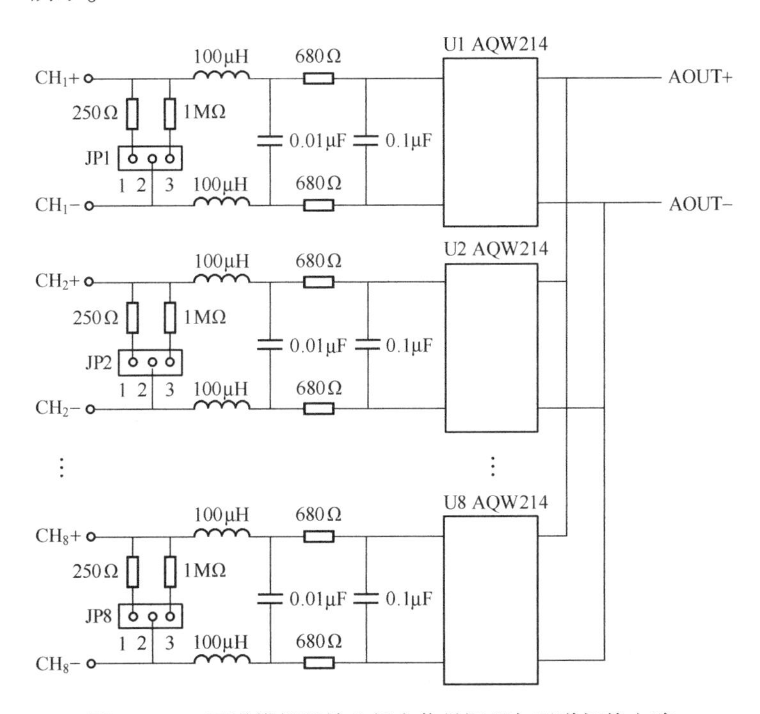

图 9-21　8 通道模拟量输入板卡信号调理与通道切换电路

LC 及 RC 电路用于滤除信号的纹波和噪声，减少信号中的干扰成分。调理电路还包含了输入信号类型选择跳线，当外部输入标准的电流信号时，跳线 JP1~JP8 的 1，2 短接；当外部输入标准的电压信号时，跳线 JP1~JP8 的 2，3 短接。信号经滤波处理后接入 PhotoMOS 继电器 AQW214EH，由 74HC138 三-八译码器控制，将 8 通道中的一路模拟量送入测量电路。

9.7.6　8 通道模拟量输入板卡的程序设计

8 通道模拟量输入板卡的程序主要包括 ARM 控制器的初始化程序、A/D 采样程序、数字滤波程序、量程变换程序、故障检测程序、CAN 通信程序、WDT 程序等。

9.8　8通道热电偶输入板卡（8TC）的设计

9.8.1　8通道热电偶输入板卡的功能概述

8通道热电偶输入板卡是一种高精度、智能型的、带有模拟量信号调理的8路热电偶信号采集卡。该板卡可对7种毫伏级热电偶信号进行采集，检测温度最低为-200℃，最高可达1800℃。

通过外部配电板可允许接入各种热电偶信号和毫伏电压信号。该板卡的设计技术指标如下。

1）热电偶板卡可允许8通道热电偶信号输入，支持的热电偶类型为K、E、B、S、J、R、T，并带有热电偶冷端补偿。

2）采用32位ARM Cortex M3微控制器，提高了板卡设计的集成度、运算速度和可靠性。

3）采用高性能、高精度、内置PGA的具有24位分辨率的Σ-Δ模/数转换器进行测量转换，传感器或变送器信号可直接接入。

4）同时测量8通道电压信号或电流信号，各采样通道之间采用PhotoMOS继电器，实现点点隔离的技术。

5）通过主控站模块的组态命令可配置通道信息，每一通道可选择输入信号范围和类型等，并将配置信息存储于铁电存储器中，掉电重启时，自动恢复到正常工作状态。

6）板卡设计具有低通滤波、过压保护及热电偶断线检测功能，ARM与现场模拟信号测量之间采用光电隔离措施，以提高抗干扰能力。

8通道热电偶输入板卡支持的热电偶信号类型见表9-10。

表9-10　8通道热电偶输入板卡支持的热电偶信号类型

R(0~1750)℃	K(-200~1300)℃
B(500~1800)℃	S(0~1600)℃
E(-200~900)℃	N(0~1300)℃
J(-200~750)℃	T(-200~350)℃

9.8.2　8通道热电偶输入板卡的硬件组成

8通道热电偶输入板卡用于完成对工业现场热电偶和毫伏信号的采集、转换、处理，其硬件组成框图如图9-22所示。

硬件电路主要由ARM Cortex M3微控制器、信号处理电路（滤波、放大）、通道选择电路、A/D转换电路、断偶检测电路、热电偶冷端补偿电路、DIP开关、铁电存储器FRAM、LED状态指示灯和CAN通信接口电路组成。

该板卡采用ST公司的32位ARM控制器STM32F103VBT6、高精度24位Σ-Δ模/数转换器ADS1213、LinCMOS工艺的高精度斩波稳零运算放大器TLC2652CN、PhotoMOS继电器AQW214EH、CAN收发器TJA1051T/3等器件设计而成。

现场仪表层的热电偶和毫伏信号经过端子板的低通滤波处理，由多路模拟开关选通一个通道送入A/D转换器ADS1213，由ARM读取A/D转换结果，A/D转换结果经过软件滤波和量程变换以后经 CAN 总线发送给控制卡。

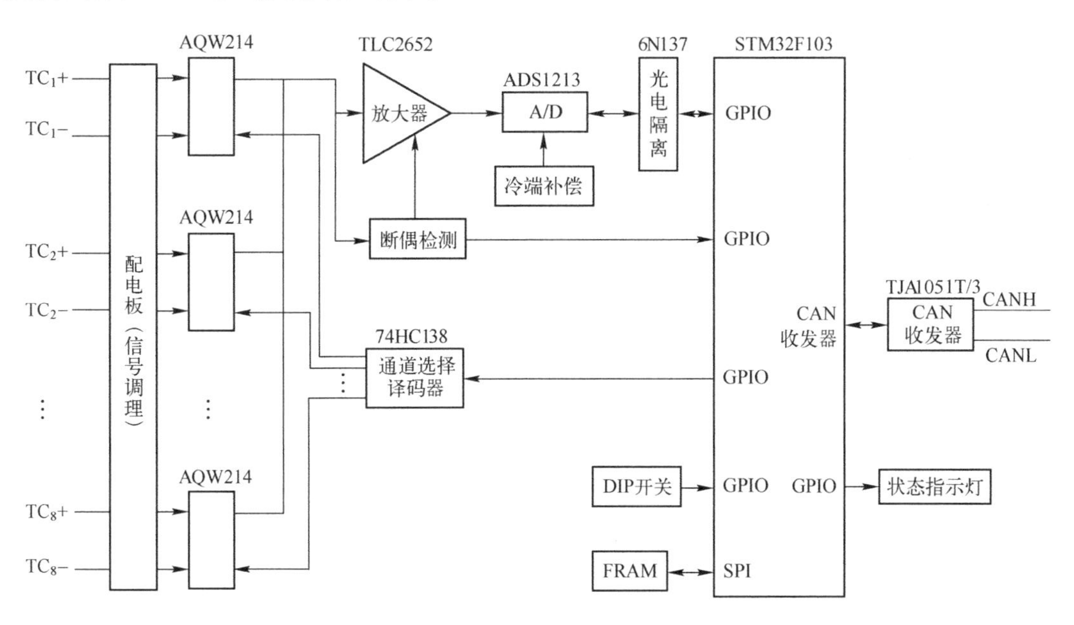

图 9-22　8 通道热电偶输入板卡硬件组成框图

9.8.3　8 通道热电偶输入板卡的测量与断线检测电路设计

8 通道热电偶测量与断线检测电路如图 9-23 所示。

1. 8 通道热电偶测量电路设计

如图 9-23 所示，在该板卡的设计中，A/D 转换器的第一路用于测量选通的某一通道热电偶信号，A/D 转换器的第二、三路用作热电偶信号冷端补偿的测量，A/D 转换器的第四路用作 AOUT-的测量。

2. 断线检测及器件检测电路设计

为提高板卡运行的可靠性，设计了对输入信号的断线检测电路，如图 9-23 所示。同时设计了能够检测该电路中所用比较器件 TLC393 是否处于正常工作状态的电路。电路中选用了 PhotoMOS 继电器 AQW214 用于通道的选择，其中 2、4 引脚接到 ARM 微控制器的两个 GPIO 引脚，通过软件编程来实现通道的选通。当跳线 PC10 为低时，AQW214 的 7、8 通道选通，用来检测器件 TLC393 能否正常工作；当 PC11 为低时，AQW214 的 5、6 通道选通，此时 PC10 为高，AQW214 的 7、8 通道不通，用来检测是否断线。图 9-23 中 AOUT+、AOUT-为已选择的某一通道热电偶输入信号，其中 AOUT-经 3 个二极管接地，大约为 2 V。经过比较器 TLC393 的输出电平信号，先经过光电耦合器 TLP521，再经过反相器 74HC14 整形后接到 ARM 微控制器的一个 GPIO 引脚 PC3，通过该引脚值的改变并结合引脚 PC11、PC10 的设置就可实现检测断线和器件 TLC393 能否正常工作的目的。通过软件编程，当检测到断线或器件 TLC393 不能正常工作时，点亮红色 LED 灯报警，可以更加及时准确地发现问题，进而提高了板卡的可靠性。

下面介绍断线检测电路的工作原理。

当 PC10 为低时，AQW214 的 7、8 通道选通，此时用来检测器件 TLC393 能否正常工作。设二极管两端压差为 u，则 AOUT-为 $3u$，D1 上端的电压为 $4u$。

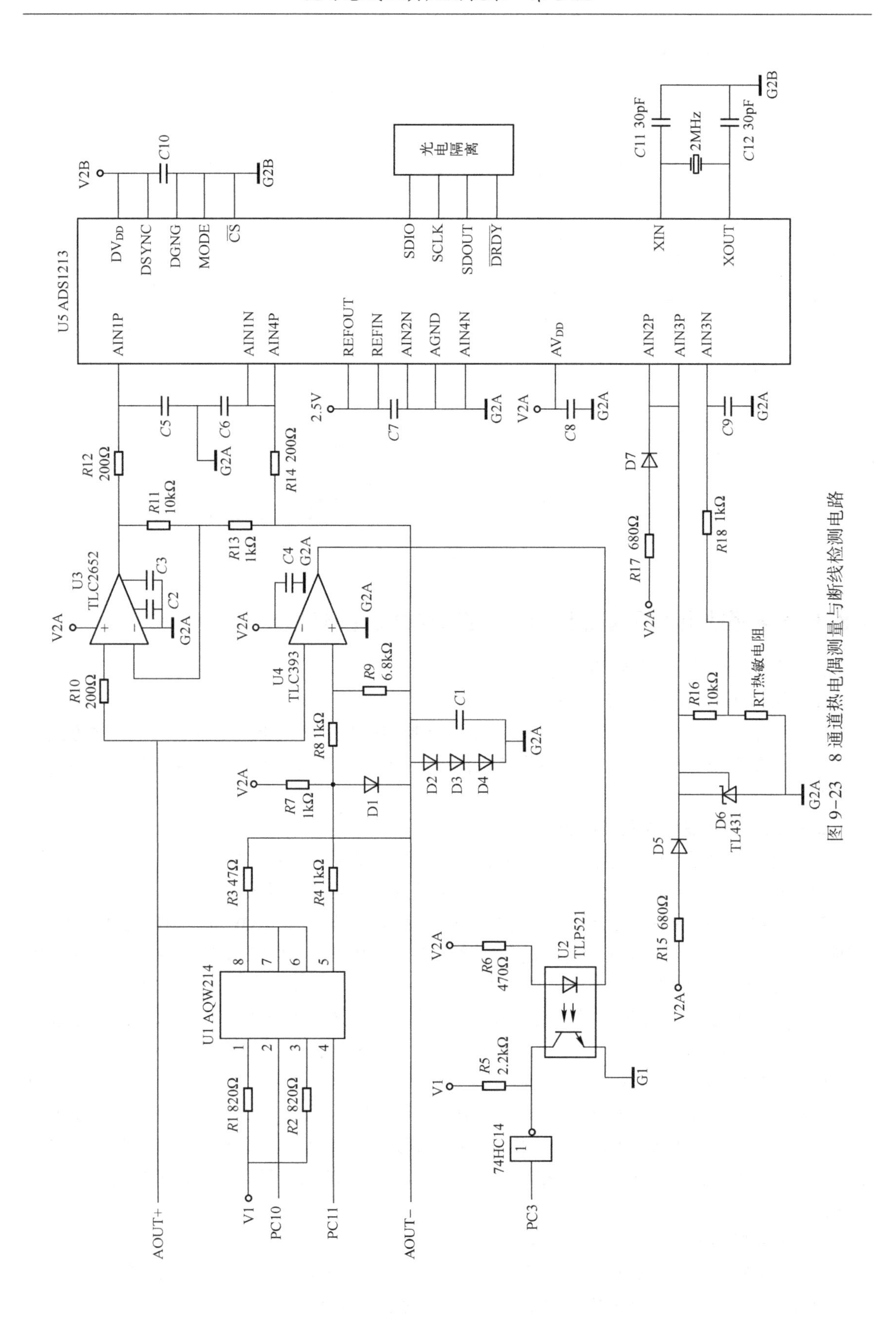

图 9-23　8通道热电偶测量与断线检测电路

$$V- = 3u$$

$$V+ = \frac{6.8\,\mathrm{k\Omega}}{7.8\,\mathrm{k\Omega}} \times u + 3u \approx 3.87u$$

$V+>V-$则输出 OUT 为高电平，说明 TLC393 能够正常工作；反之，若 TLC393 的输出 OUT 为低电平，说明 TLC393 无法正常工作。

当 PC11 为低时，AQW214 的 5、6 通道选通，此时 PC10 为高，AQW214 的 7、8 通道不通，用来检测是否断线。

1）若未断线，即 AOUT+、AOUT-形成回路，由于其间电阻很小，可以忽略不计。则：

$$V- = 3u$$

$$V+ = \frac{6.8\,\mathrm{k\Omega}}{7.8\,\mathrm{k\Omega}} \times u + 3u \approx 3.87u$$

$V+>V-$则输出 OUT 为高电平。

2）若断线，即 AOUT+、AOUT-没有形成回路，则：

$$V- = 4u$$

$$V+ = \frac{6.8\,\mathrm{k\Omega}}{7.8\,\mathrm{k\Omega}} \times u + 3u \approx 3.87u$$

$V+<V-$则输出 OUT 为低电平。

3. 热电偶冷端补偿电路设计

热电偶在使用过程中的一个重要问题，是如何解决冷端温度补偿，因为热电偶的输出热电动势不仅与工作端的温度有关，而且也与冷端的温度有关。热电偶两端输出的热电动势对应的温度值只是相对于冷端的一个相对温度值，而冷端的温度又常常不是零度。因此，该温度值已叠加了一个冷端温度。为了直接得到一个与被测对象温度（热端温度）对应的热电动势，需要进行冷端补偿。

本设计采用负温度系数热敏电阻进行冷端补偿。具体电路设计如图 9-23 所示。

D6 为 2.5 V 电压基准源 TL431，热敏电阻 R_T 和精密电阻 $R16$ 电压和为 2.5 V，利用 ADS1213 的第 3 通道采集电阻 $R16$ 两端的电压，经 ARM 微控制器查表计算出冷端温度。

在 8 通道热电偶输入板卡的冷端补偿电路设计中，热敏电阻的电阻值随着温度升高而降低。因此与它串联的精密电阻两端的电压值随着温度升高而升高，所以根据热敏电阻温度特性表，可以做一个精密电阻两端电压与冷端温度的分度表。此表以 5℃ 为间隔，毫伏为单位，这样就可以根据精密电阻两端的电压值，查表求得冷端温度值。

精密电阻两端电压计算公式为：

$$V_{阻} = \frac{2500 \times N}{7\mathrm{FFFH}}$$

N 为精密电阻两端电压对应的 A/D 转换结果。求得冷端温度后，需要由温度值反查相应热电偶信号类型的分度表，得到补偿电压 $V_{补}$。测量电压 $V_{测}$ 与补偿电压 $V_{补}$ 相加得到 V，由 V 去查表求得的温度值为热电偶工作端的实际温度值。

9.8.4　8 通道热电偶输入板卡的程序设计

8 通道热电偶输入板卡的程序主要包括 ARM 控制器的初始化程序、A/D 采样程序、数字滤波程序、热电偶线性化程序、冷端补偿程序、量程变换程序、断偶检测程序、CAN 通信程序、WDT 程序等。

9.9　8 通道热电阻输入板卡（8RTD）的设计

9.9.1　8 通道热电阻输入板卡的功能概述

8 通道热电阻输入板卡是一种高精度、智能型的、带有模拟量信号调理的 8 路热电阻信号采集卡。该板卡可对 3 种热电阻信号进行采集，热电阻采用三线制接线。

通过外部配电板可允许接入各种热电偶信号和毫伏电压信号。该板卡的设计技术指标如下。

1）热电阻板卡可允许 8 通道三线制热电阻信号输入，支持热电阻类型为 Cu100、Cu50 和 Pt100。

2）采用 32 位 ARM Cortex M3 微控制器，提高了板卡设计的集成度、运算速度和可靠性。

3）采用高性能、高精度、内置 PGA 的具有 24 位分辨率的 Σ-Δ 模/数转换器进行测量转换，传感器或变送器信号可直接接入。

4）同时测量 8 通道热电阻信号，各采样通道之间采用 PhotoMOS 继电器，实现点点隔离的技术。

5）通过主控站模块的组态命令可配置通道信息，每一通道可选择输入信号范围和类型等，并将配置信息存储于铁电存储器中，掉电重启时，自动恢复到正常工作状态。

6）板卡设计具有低通滤波、过压保护及热电阻断线检测功能，ARM 与现场模拟信号测量之间采用光电隔离措施，以提高抗干扰能力。

8 通道热电阻输入板卡测量的热电阻类型见表 9-11。

表 9-11　8 通道热电阻输入板卡测量的热电阻类型

Pt100 热电阻	-200～850℃
Cu50 热电阻	-50～150℃
Cu100 热电阻	-50～150℃

9.9.2　8 通道热电阻输入板卡的硬件组成

8 通道热电阻输入板卡用于完成对工业现场热电阻信号的采集、转换、处理，其硬件组成框图如图 9-24 所示。

硬件电路主要由 ARM Cortex M3 微控制器、信号处理电路（滤波、放大）、通道选择电路、A/D 转换电路、断线检测电路、热电阻测量恒流源电路、DIP 开关、铁电存储器 FRAM、LED 状态指示灯和 CAN 通信接口电路组成。

该板卡采用 ST 公司的 32 位 ARM 控制器 STM32F103 VBT6、高精度 24 位 Σ-Δ 模/数转换器 ADS1213 、LinCMOS 工艺的高精度斩波稳零运算放大器 TLC2652CN、PhotoMOS 继电器 AQW212、CAN 收发器 TJA1051T/3 等器件设计而成。

现场仪表层的热电阻经过端子板的低通滤波处理，由多路模拟开关选通一个通道送入 A/D 转换器 ADS1213，由 ARM 读取 A/D 转换结果，A/D 转换结果经过软件滤波和量程变换以后经 CAN 总线发送给控制卡。

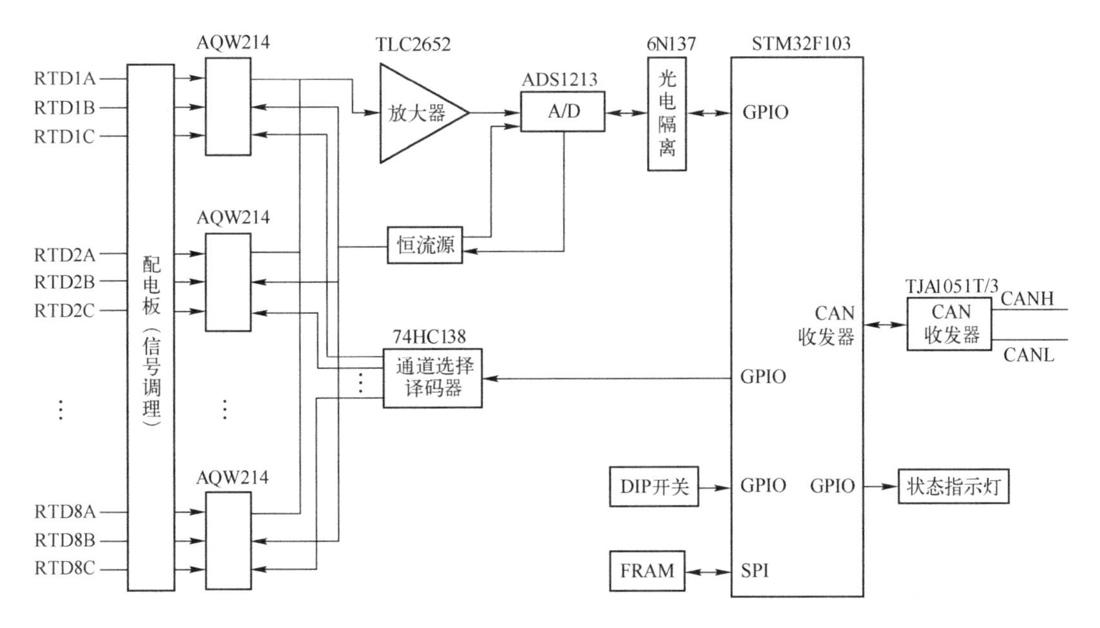

图 9-24　8 通道热电阻输入板卡硬件组成框图

9.9.3　8 通道热电阻输入板卡的测量与断线检测电路设计

8 通道热电阻测量与自检电路如图 9-25 所示。

在图 9-25 中，ADS1213 采用 SPI 总线与 ARM 微控制器交换信息。利用 ARM 微控制器的 GPIO 口向 ADS1213 发送启动操作命令字。在 ADS1213 内部将经过 PGA 放大后进行模数转换，转换后的数字量再由 ARM 微控制器发出读操作命令字，读取转换结果。

为提高板卡运行的可靠性，设计了对输入信号的断线检测电路，在该板卡中，要实现温度的精确测量，一个关键的因素就是要尽量消除导线电阻引起的误差；ADS1213 内部没有恒流源，需要设计一个稳定的恒流源电路实现电阻到电压信号的变换；为了满足 DCS 整体稳定性及智能性的要求，需要设计自检电路，能够及时判断输入的测量信号有无断线情况。因此，热电阻的接法、恒流源电路及自检电路的设计是整个测量电路最重要的组成部分，这些电路设计的优劣直接关系到测量结果的精度。

热电阻测量采用三线制接法，能够有效消除因导线过长而引起的误差；恒流源电路中，运算放大器 U4 的同相端接 ADS1213 产生的+2.5 V 参考电压，输出驱动 MOS 管 VT1，从而产生 2.5 mA 的恒流；自检电路使能时，信号无法通过模拟开关进入测量电路，测量电路处于自检状态，当检测到无断线情况，电路正常时，自检电路无效，信号接入测量电路，2.5 mA 的恒流流过热电阻产生电压信号，然后送入 ADS1213 进行转换，转换结果通过 SPI 串行接口送到 ARM 微控制器。

热电阻作为温度传感器，它随温度变化而引起的变化值较小，因此，在传感器与测量电路之间的导线过长会引起较大的测量误差。在实际应用中，热电阻与测量仪表或板卡之间采用两线、三线或四线制的接线方式。在该板卡设计中，热电阻采用三线制接法，并通过两级运算放大器处理，从而有效消除了因导线过长引起的误差。

由图 9-25 可知，当电路处于测量状态时，自检电路无效，热电阻信号接入测量电路。

假设三根连接导线的电阻相同，阻值为 r，R_T 为热电阻的阻值，恒流源电路的电流 $I=$

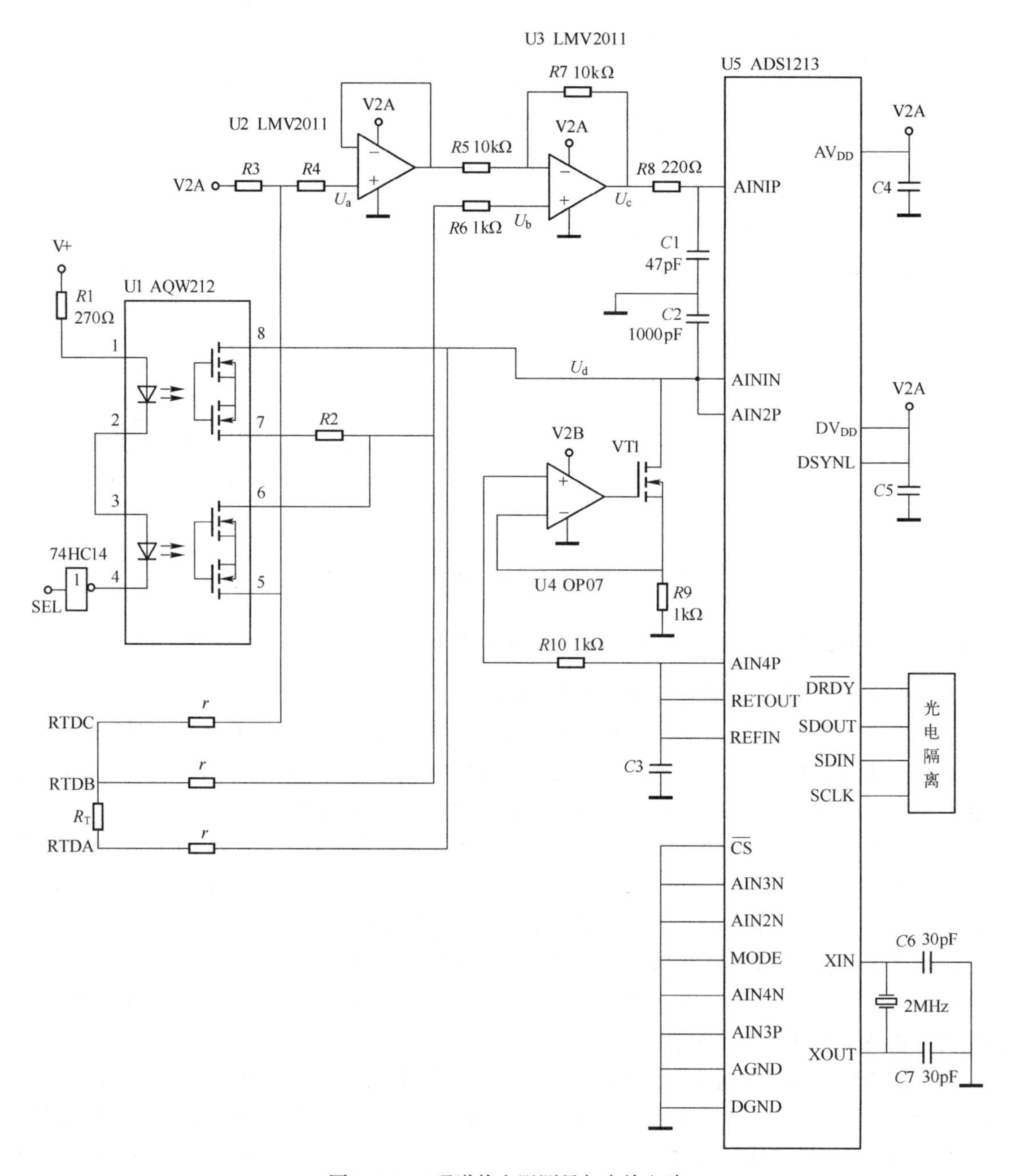

图9-25　8通道热电阻测量与自检电路

2.5mA，由等效电路可得

$$U_a = I*(2r+R_T)+U_d$$

$$U_b = I*(r+R_T)+U_d$$

$$U_c = 2U_b - U_d$$

$$U_{in} = U_c - U_d$$

整理得

$$U_{in} = I*R_T$$

由上式可知，ADS1213输入的差分电压与导线电阻无关，从而有效消除了导线电阻对结果的影响。

当自检电路使能，电路处于断线检测状态时，其中的热电阻及导线全部被屏蔽。

假设三根连接导线的电阻相同，阻值为 r，R_T 为热电阻的阻值，恒流源电路的电流 $I=2.5\,\text{mA}$，精密电阻 $R=200\,\Omega$，由等效电路可得

$$U_a=U_b=U_c=I*R+U_d$$

$$U_{in}=\text{UIN1P}-\text{UIN1N}=U_c-U_d$$

整理得

$$U_{in}=I*R=2.5\,\text{mA}\times 200\,\Omega=0.5\,\text{V}$$

由上式可知，ADS1213 输入的差分电压在断线检测状态下为 0.5 V 的固定值，与导线电阻无关。

综上可知，在该板卡中，热电阻的三线制接法及运算放大器的两级放大设计有效消除了导线电阻造成的误差，从而使结果更加精确。

为了确保系统可靠稳定地运行，自检电路能够迅速检测出恒流源是否正常工作及输入信号有无断线，其自检步骤如下。

1）首先使 SEL=1，译码器无效，屏蔽输入信号，若 $U_{in}=0.5\,\text{V}$，则恒流源部分正常工作，否则恒流源电路工作不正常。

2）在恒流源电路正常情况下，SEL=0，ADS1213 的 PGA=4，接入热电阻信号，测量 ADS1213 第 1 通道信号，若测量值为 5.0 V，达到满量程，则意味着恒流源电路的运放 U4 处于饱和状态，MOS 管 VT1 的漏极开路，未产生恒流，即输入的热电阻信号有断线，需要进行相应处理；若测量值在正常的电压范围内，则电路正常，无断线。

9.9.4　8 通道热电阻输入板卡的程序设计

8 通道热电阻输入板卡的程序主要包括 ARM 控制器的初始化程序、A/D 采样程序、数字滤波程序、热电阻线性化程序、断线检测程序、量程变换程序、CAN 通信程序、WDT 程序等。

9.10　4 通道模拟量输出板卡（4AO）的设计

9.10.1　4 通道模拟量输出板卡的功能概述

8 卡为点点隔离型电流（Ⅱ型或Ⅲ型）信号输出卡。ARM 与输出通道之间通过独立的接口传送信息，转换速度快，工作可靠，即使某一输出通道发生故障，也不会影响到其他通道的工作。由于 ARM 内部集成了 PWM 功能模块，所以该板卡实际是采用 ARM 的 PWM 模块实现 D/A 转换功能。此外，模板为高精度智能化卡件，能够实时检测实际输出的电流值，以保证输出正确的电流信号。

通过外部配电板可输出Ⅱ型或Ⅲ型电流信号。该板卡的设计技术指标如下。

1）模拟量输出板卡可允许 4 通道电流信号，电流信号输出范围为 0~10 mA（Ⅱ型）、4~20 mA（Ⅲ型）。

2）采用 32 位 ARM Cortex M3 微控制器，提高了板卡设计的集成度、运算速度和可靠性。

3）采用 ARM 内嵌的 16 位高精度 PWM 构成 D/A 转换器，通过两级一阶有源低通滤波电路，实现信号输出。

4）同时可检测每个通道的电流信号输出，各采样通道之间采用PhotoMOS继电器，实现点点隔离的技术。

5）通过主控站模块的组态命令可配置通道信息，将配置通道信息存储于铁电存储器中，掉电重启时，自动恢复到正常工作状态。

6）板卡计具有低通滤波、断线检测功能，ARM与现场模拟信号测量之间采用光电隔离措施，以提高抗干扰能力。

9.10.2　4通道模拟量输出板卡的硬件组成

4通道模拟量输出板卡用于完成对工业现场阀门的自动控制，其硬件组成框图如图9-26所示。

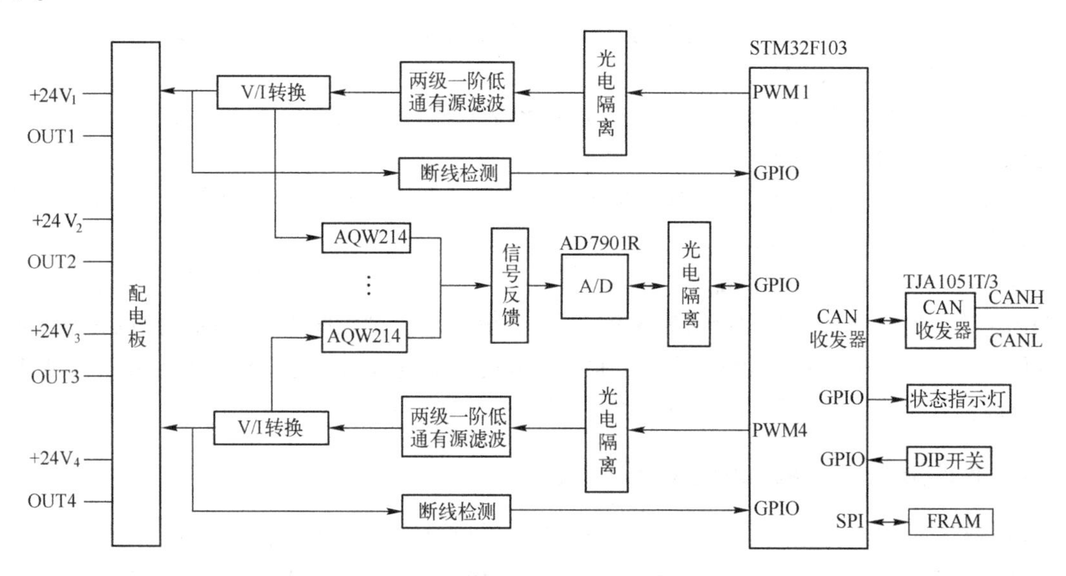

图9-26　4通道模拟量输出板卡硬件组成框图

硬件电路主要由ARM Cortex M3微控制器、两级一阶有源低通滤波电路、V/I转换电路、输出电流信号反馈与A/D转换电路、断线检测电路、DIP开关、铁电存储器FRAM、LED状态指示灯和CAN通信接口电路组成。

该板卡采用ST公司的32位ARM控制器STM32F103 VBT6、高精度12位模/数转换器ADS7901R、运算放大器TL082I、PhotoMOS继电器AQW214、CAN收发器TJA1051T/3等器件设计而成。

ARM由CAN总线接收控制卡发来的电流输出值，转换成16位PWM输出，经光电隔离，送往两级一阶有源低通滤波电路，再通过V/I转换电路，实现电流信号输出，最后经过配电板控制现场仪表层的执行机构。

9.10.3　4通道模拟量输出板卡的PWM输出与断线检测电路设计

4通道模拟量输出板卡PWM输出与断线检测电路如图9-27所示。

STM32F103微控制器产生占空比可调的PWM信号，经过滤波形成平稳的直流电压信号，然后通过V/I电路转换成0~20 mA的电流，并实现与输出信号的隔离。STM32F103微控制器通过调节占空比，产生0%~100%的PWM信号。硬件电路则将0%~100%的PWM信号转化为

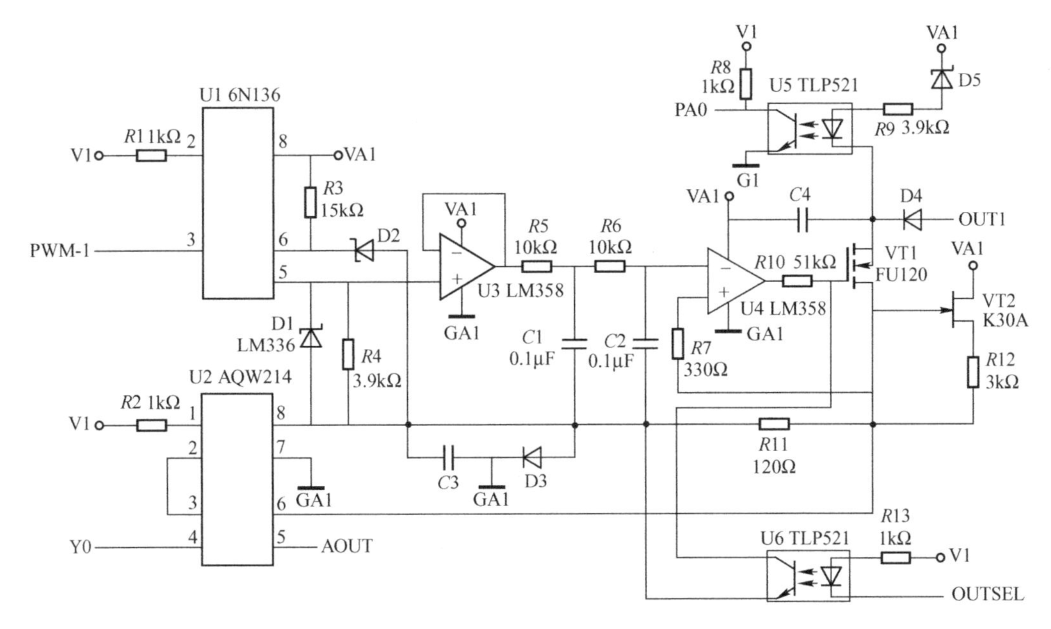

图 9-27　4 通道模拟量输出板卡 PWM 输出与断线检测电路

0~2.5 V 的电压信号，利用 V/I 转换电路，将 0~2.5 V 的电压信号转换成 0~20 mA 的电流信号。电流输出采用 MOSFET 管漏极输出方式，构成电流负反馈，以保证输出恒流。为了能让电路稳定、准确输出 0 mA 的电流，电路中还设计了恒流源。

在图 9-27 中，光电耦合器 U5 用于输出回路断线检测。当输出回路无断线情况，电路正常工作时，输出恒定电流，由于钳位的关系，光电耦合器 U5 无法导通，STM32F103 微控制器通过 PA0 读入状态 1，据此即可判断输出回路正常。

当输出回路断线时，VT1 漏极与输出回路断开，但是由于 U5 的存在，VT1 的漏极经光电耦合器的输入端与 VA1 相连，V/I 电路仍能正常工作，而 U5 处于导通状态，STM32F103 微控制器通过 PA0 读入状态 0，据此即可判断输出回路出现断线。

9.10.4　4 通道模拟量输出板卡自检电路设计

4 通道模拟量输出板卡自检电路如图 9-28 所示。

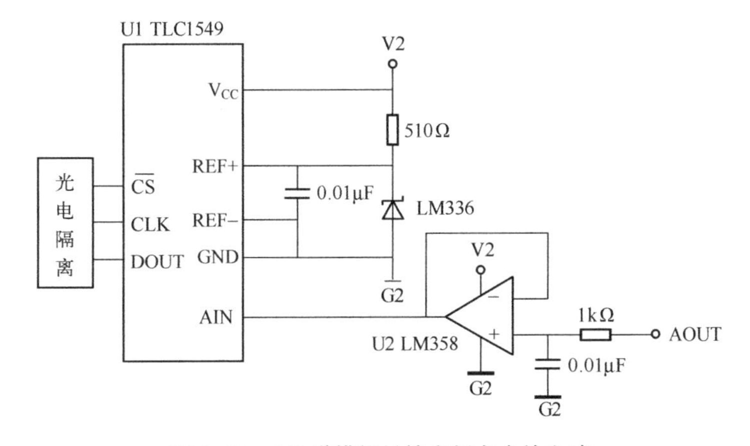

图 9-28　4 通道模拟量输出板卡自检电路

4通道模拟量输出板卡要实时监测输出通道实际输出的电流，判断输出是否正常，在输出电流异常时切断输出回路，避免由于输出异常，使现场执行机构错误动作，造成严重事故。

图9-28中的U1为10位的串行A/D转换器TCL1549。由于输出的电流为0~20 mA，电流流过精密电阻产生的电压最大为2.5 V，因此采用稳压二极管LM336设计2.5 V基准电路，2.5 V的基准电压作为U1的参考电压，使其满量程为2.5 V。这样，在某一通道被选通的情况下，输出信号通过图9-27中的PhotoMOS继电器U2进入反馈电路，经图9-28中的运算放大器U2跟随后送入A/D转换器。STM32F103微控制器通过串行接口读取A/D转换结果，经过计算得出当前的电流值，判断输出是否正常，如果输出电流异常，则切断输出通道，进行相应的处理。

9.10.5　4通道模拟量输出板卡输出算法设计

4通道模拟量输出板卡程序的核心是通过调整PWM的占空比来改变输出电流的大小。PWM信号通过控制光电耦合器U1产生反相的幅值为2.5 V的PWM信号，由于占空比为0%~100%可调，因此PWM经滤波后的电压为0~2.5 V，然后经V/I电路产生电流。电流的大小正比于光电耦合器后端的PWM波形的占空比，而电流的精度与PWM信号的位数有关，位数越高，占空比的精度越高，电流的精度也就越高。

在程序设计中，还要考虑对信号的零点和满量程点进行校正。由于恒流源电路的存在，系统的零点被抬高，对应的PWM信号的占空比大于0%。因此在占空比为0%时，通过反馈电路读取恒流源电路产生的电压值，它对应的占空比即为系统的零点。对于满量程信号也要有一定的裕量。如果算法设计占空比为100%时对应的电流为20 mA，则由于不同板卡之间的差异，输出的电流也存在差别，有的可能大于20 mA，有的可能小于20 mA，因此就需要在大于20 mA的范围内对板卡进行校正。在该板卡中，V/I电路设计占空比为100%，电压为2.5 V时，产生的电流大于20 mA。然后利用上位机的校正程序，在输出20 mA时记下当前的占空比，并将其写入铁电存储器中，随后程序在零点与满量程点之间采用线性算法处理，即可得到0~20 mA电流的准确输出。

由于电路统一输出0~20 mA的电流，板卡通过接收主控制卡的组态命令以确定Ⅱ型（0~10 mA）或Ⅲ型（4~20 mA）的电流输出。因此Ⅱ型或Ⅲ型电流的输出通过软件相应算法实现。Ⅱ(0~10 mA）型电流信号的具体计算公式如下。

$$I=\frac{\mathrm{Value}}{4095}\times 10\ \mathrm{mA}$$

其中，I为输出电流值，Value为主控制卡下传的中间值。

$$\mathrm{PWM}_{\mathrm{out}}=\mathrm{PWM}_0+\frac{\mathrm{PWM}_{10}-\mathrm{PWM}_0}{10}\times I$$

其中，I为输出电流值。$\mathrm{PWM}_{\mathrm{out}}$为输出$I$时ARM控制器输出的PWM值，$\mathrm{PWM}_0$和$\mathrm{PWM}_{10}$分别为校正后铁电存储器写入0 mA和10 mA时的PWM值。

Ⅲ(4~20 mA）型电流信号的具体计算公式与Ⅱ型相似：

$$I_{\mathrm{m}}=\frac{\mathrm{Value}}{4095}\times 16\ \mathrm{mA}$$

$$I=I_{\mathrm{m}}+4\ \mathrm{mA}$$

其中，I为输出电流值，Value为主控制卡下传的中间值。

$$\mathrm{PWM}_{\mathrm{out}}=\mathrm{PWM}_4+\frac{\mathrm{PWM}_{20}-\mathrm{PWM}_4}{16}\times I_{\mathrm{m}}$$

其中，I_{m} 为输出电流值。$\mathrm{PWM}_{\mathrm{out}}$ 为输出 I 时 ARM 控制器输出的 PWM 值，PWM_4 和 PWM_{20} 为校正后写入铁电存储器的 4 mA 和 20 mA 时的 PWM 值。

4 通道模拟量输出板卡的程序主要包括 ARM 控制器的初始化程序、PWM 输出程序、电流输出值检测程序、断线检测程序、CAN 通信程序、WDT 程序等。

9.11　16 通道数字量输入板卡（16DI）的设计

9.11.1　16 通道数字量输入板卡的功能概述

16 通道数字量信号输入板卡能够快速响应有源开关信号（湿接点）和无源开关信号（干接点）的输入，实现数字信号的准确采集，主要用于采集工业现场的开关量状态。

通过外部配电板可允许接入无源输入和有源输入的开关量信号。该板卡的设计技术指标如下。

1）信号类型及输入范围：外部装置或生产过程的有源开关信号（湿接点）和无源开关信号（干接点）。

2）采用 32 位 ARM Cortex M3 微控制器，提高了板卡设计的集成度、运算速度和可靠性。

3）同时测量 16 通道数字量输入信号，各采样通道之间采用光电耦合器，实现点点隔离的技术。

4）通过主控站模块的组态命令可配置通道信息，并将配置信息存储于铁电存储器中，掉电重启时，自动恢复到正常工作状态。

5）板卡设计具有低通滤波、通道故障自检功能，可以保证板卡的可靠运行。当非正常状态出现时，可现场及远程监控，同时报警提示。

9.11.2　16 通道数字量输入板卡的硬件组成

16 通道数字量输入板卡用于完成对工业现场数字量信号的采集，其硬件组成框图如图 9-29 所示。

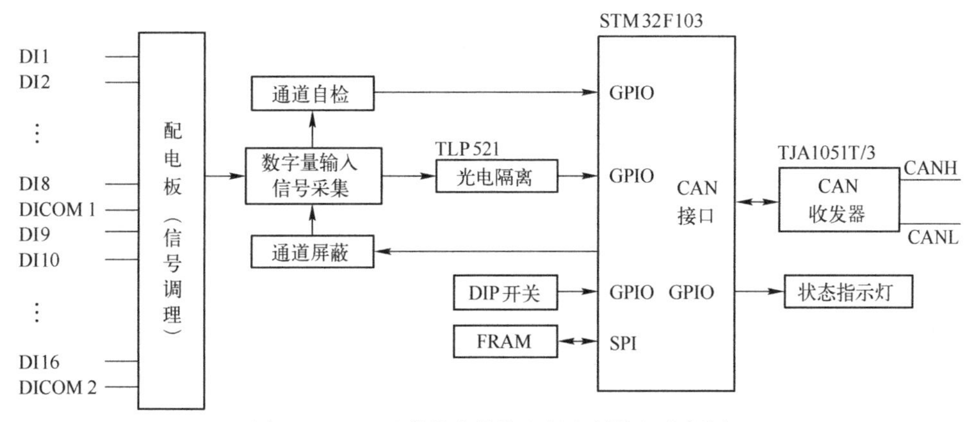

图 9-29　16 通道数字量输入板卡硬件组成框图

硬件电路主要由 ARM Cortex M3 微控制器、数字量信号低通滤波电路、输入通道自检电路、DIP 开关、铁电存储器 FRAM、LED 状态指示灯和 CAN 通信接口电路组成。

该板卡采用 ST 公司的 32 位 ARM 控制器 STM32F103VBT6、TLP521 光电耦合器 、TL431 电压基准源、CAN 收发器 TJA1051T/3 等器件设计而成。

现场仪表层的开关量信号经过端子板低通滤波处理，通过光电隔离，由 ARM 读取数字量的状态，经 CAN 总线发送给控制卡。

9.11.3　16 通道数字量输入板卡信号预处理电路的设计

16 通道数字量输入板卡信号预处理电路如图 9-30 所示。

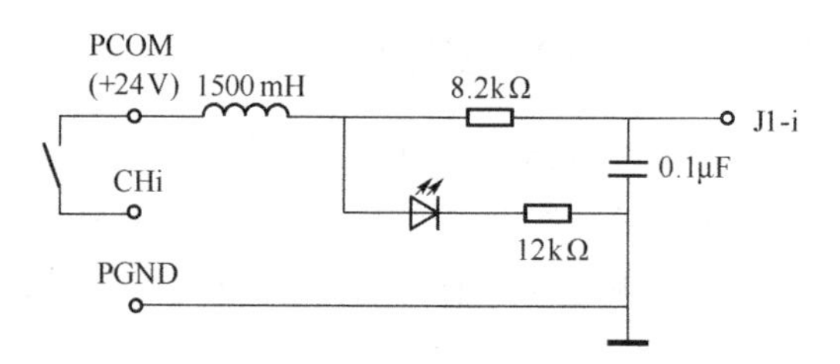

图 9-30　16 通道数字量输入板卡信号预处理电路

9.11.4　16 通道数字量输入板卡信号检测电路的设计

16 通道数字量输入板卡信号检测电路如图 9-31 所示，图中只画出了其中一组电路，另一组电路与此类似。

在数字量输入电路设计中，直接引入有源信号可能引起瞬时高压、过电压、接触抖动等现象，因此，必须通过信号调理电路对输入的数字信号进行转换、保护、滤波、隔离等处理。信号调理电路包含 RC 电路，可滤除工频干扰。而对于干接点信号，引入的机械抖动可通过软件滤波来消除。

在计算机控制系统中，稳定性是最重要的。测控板卡必须具有一定的故障自检能力，在板卡出现故障时，能够检测出故障原因，从而做出相应处理。在 16 通道数字量输入板卡的设计中，数字信号采集电路增加了输入通道自检电路。

首先 PC1=1 时，TL431 停止工作，光电耦合器 U3~U10 关断，DI0~DI7 恒为高电平，微控制器读入状态为 1，若读入状态不为 1，即可判断为光电耦合器故障。

当微控制器工作正常时，令 PC1=0，PC0=0，所有的输入信号被屏蔽，光电耦合器 U3~U10 导通，DI0~DI7 恒为低电平，微控制器读入状态为 0，若读入状态不为 0，则说明相应的数字信号输入通道的光电耦合器出现故障，软件随即屏蔽发生故障的数字信号输入通道，进行相应处理。随后令 PC1=0，PC0=1，屏蔽电路无效，系统转入正常的数字信号采集程序。

由 TL431 组成的稳压电路提供 3 V 的门槛电压，用于防止电平信号不稳定造成光电耦合器 U3~U10 的误动作，保证信号采集电路的可靠工作。

16 通道数字量输入板卡的程序主要包括 ARM 控制器的初始化程序、数字量状态采集程序、数字量输入通道自检程序、CAN 通信程序、WDT 程序等。

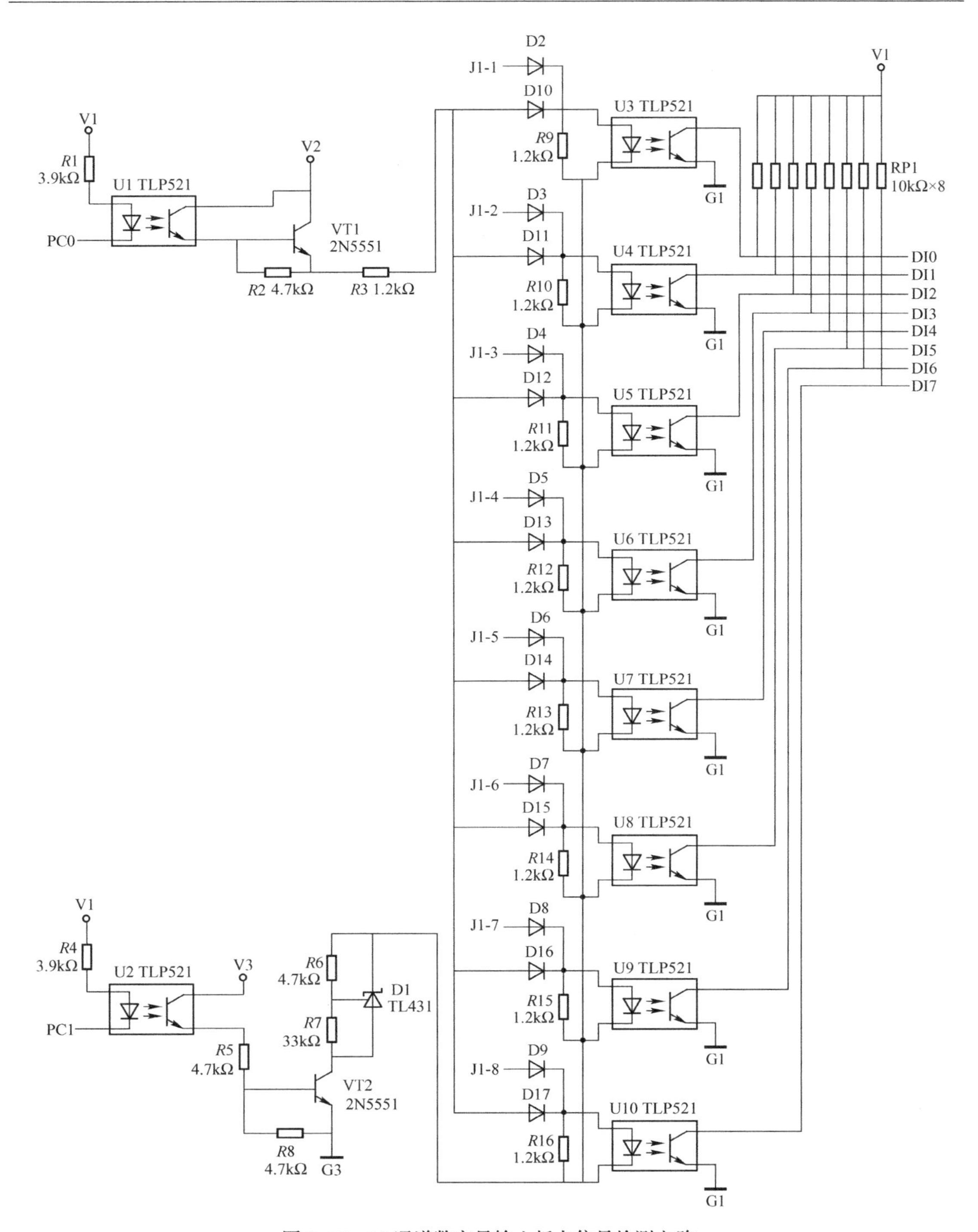

图 9-31　16 通道数字量输入板卡信号检测电路

9.12　16 通道数字量输出板卡（16DO）的设计

9.12.1　16 通道数字量输出板卡的功能概述

16 通道数字量信号输出板卡能够快速响应控制卡输出的开关信号命令，驱动配电板上独立供电的中间继电器，并驱动现场仪表层的设备或装置。

该板卡的设计技术指标如下。

1）信号输出类型：带有一常开和一常闭的继电器。

2）采用32位ARM Cortex M3微控制器，提高了板卡设计的集成度、运算速度和可靠性。

3）具有16通道数字量输出信号，各采样通道之间采用光电耦合器，实现点点隔离的技术。

4）通过主控站模块的组态命令可配置通道信息，并将配置信息存储于铁电存储器中，掉电重启时，自动恢复到正常工作状态。

5）板卡设计每个通道的输出状态具有自检功能，并监测外配电电源，外部配电范围22~28V，可以保证板卡的可靠运行。当非正常状态出现时，可现场及远程监控，同时报警提示。

16通道数字量输出板卡性能指标见表9-12。

表9-12　16通道数字量输出板卡性能指标

输入通道	组间隔离，8通道一组
通道数量	16通道
通道隔离	任何通道间AC 25V（47~53）Hz 60s
	任何通道对地AC 500V（47~53）Hz 60s
输出范围	ON通道压降 ≤0.3V
	OFF通道漏电流 ≤0.1mA

9.12.2　16通道数字量输出板卡的硬件组成

16通道数字量输出板卡用于完成对工业现场数字量输出信号的控制，其硬件组成框图如图9-32所示。硬件电路主要由ARM Cortex M3微控制器、光电耦合器，故障自检电路、DIP开关、铁电存储器FRAM、LED状态指示灯和CAN通信接口电路组成。

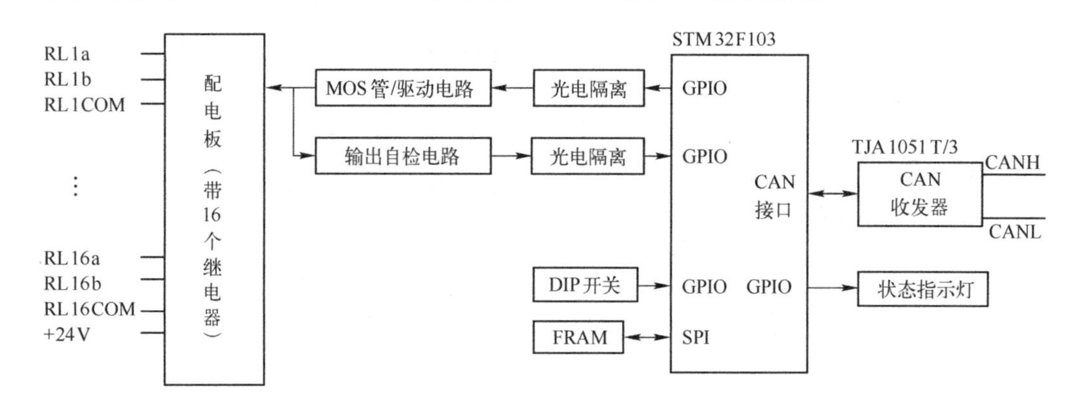

图9-32　16通道数字量输出板卡硬件组成框图

该板卡采用ST公司的32位ARM控制器STM32F103VBT6、TLP521光电耦合器 、TL431电压基准源、LM393比较器、CAN收发器TJA1051T/3等器件设计而成。

现场仪表层的开关量信号经过端子板低通滤波处理，通过光电隔离，ARM通过CAN总线接收控制卡发送的开关量输出状态信号，经配电板送往现场仪表层，控制现场的设备或装置。

9.12.3　16 通道数字量输出板卡开漏极输出电路的设计

16 通道数字量输出板卡开漏极输出电路如图 9-33 所示。图中只画出了其中一组电路，另一组电路与此类似。

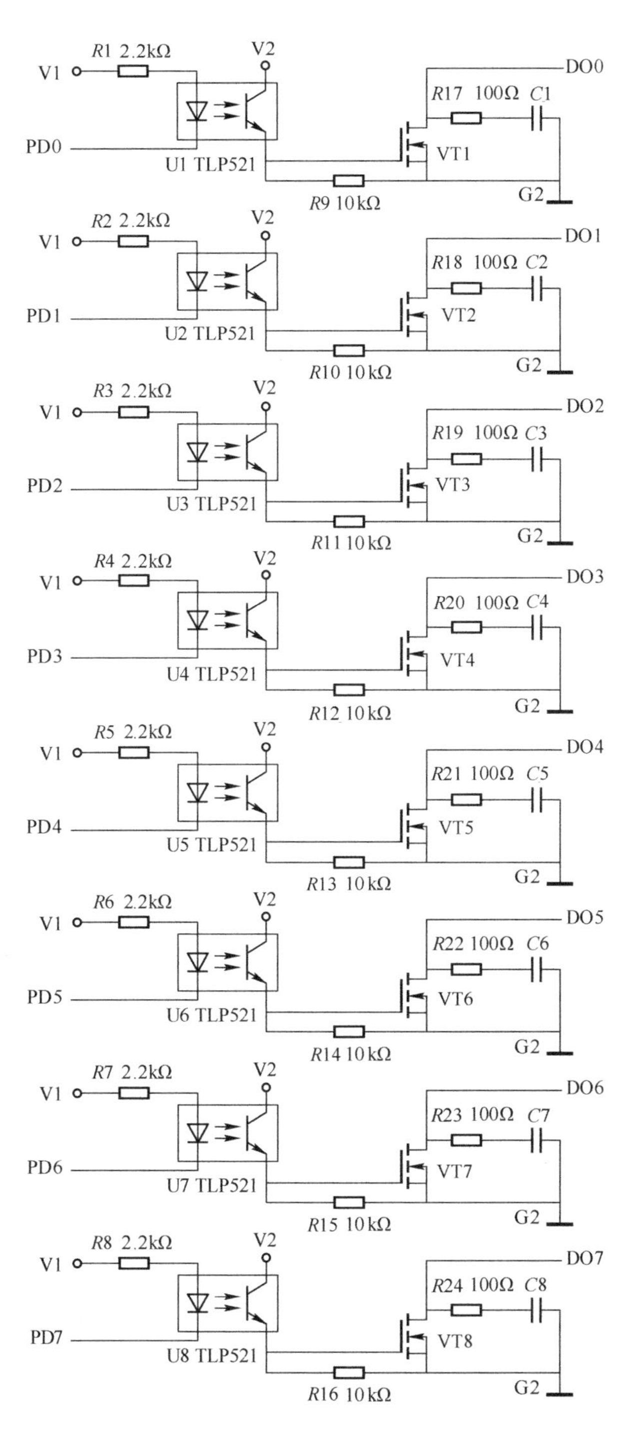

图 9-33　16 通道数字量输出板卡开漏极输出电路

ARM 微控制器的 GPIO 引脚输出的 16 通道数字信号经光电耦合器 TLP521 进行隔离。并且前 8 通道和后 8 通道输出信号是分为两组隔离的，分别接了不同的电源和地信号。同时，进入光电耦合器的数字信号经上拉电阻上拉，以提高信号的可靠性。

考虑到光电耦合器的负载能力，隔离后的信号再经过 MOSFET 管 FU120 驱动，输出的信号经 RC 滤波后接到与之配套的端子板上，直接控制继电器的动作。

9.12.4　16 通道数字量输出板卡输出自检电路的设计

16 通道数字量输出板卡输出自检电路如图 9-34 所示。

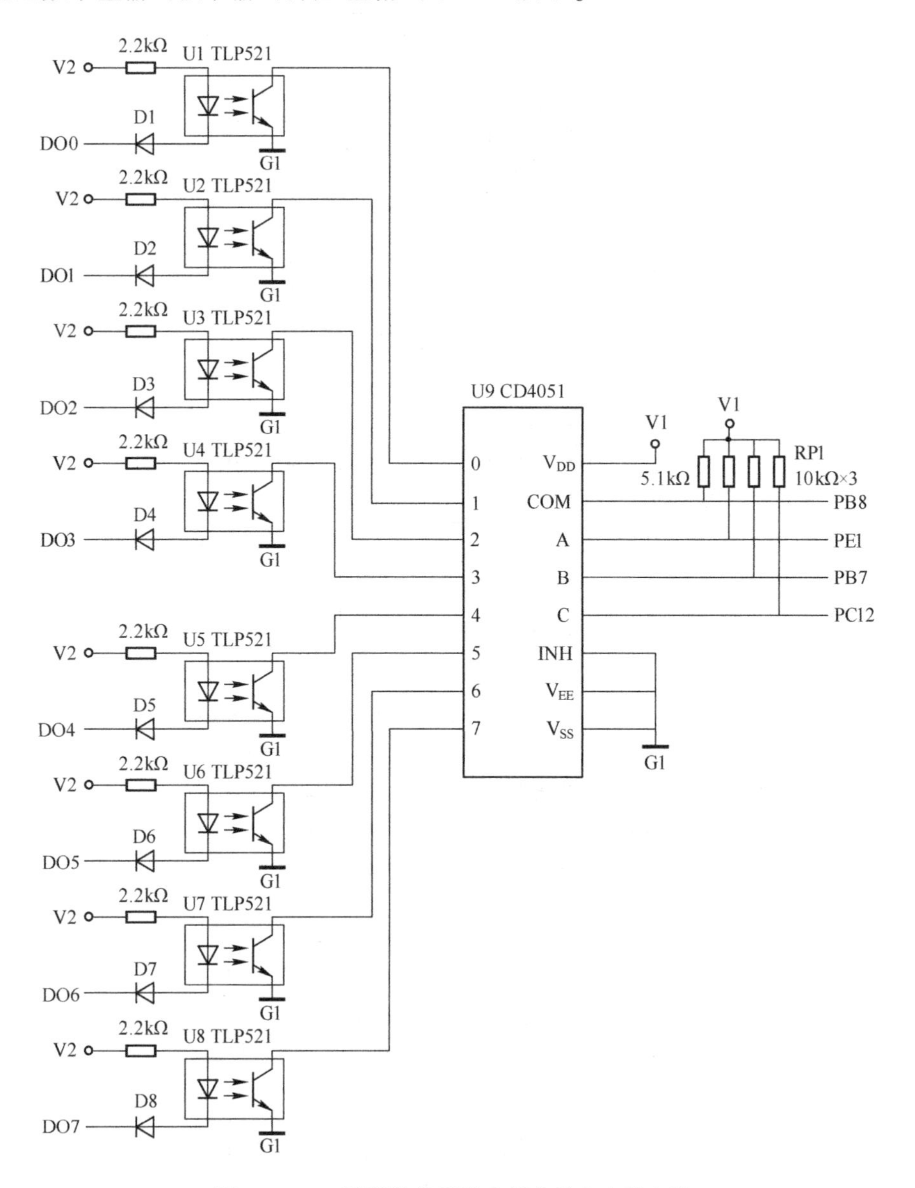

图 9-34　16 通道数字量输出板卡输出自检电路

为提高板卡运行的可靠性，设计了通道自检电路，用来检测板卡工作过程中是否有输出通道出现故障。电路如图 9-34 所示，采用一片 CD4051 模拟开关完成一组 8 通道数字量输出的自检工作，图 9-34 中只画出了对一组通道自检的电路图，另一组通道与之相同。

每组通道的输出信号分别先经过 TLP521 光电耦合器的隔离，然后连接到 CD4051 模拟开关的一个输入端，两个 CD4051 的三个通道选通引脚 A、B、C 都连接到微控制器的三个 GPIO 引脚 PE1、PB7 和 PC12 上，而公共输出引脚 COM 则连接到微控制器的 GPIO 引脚 PB8 上。通过软件编程，观察 PB8 引脚上的电平变化，可检测这两组通道是否正常工作。

若选通的某一组通道的数字信号为低电平，则经 CD4051 后的输出端输出低电平时，说明该通道导通；反之输出高电平，说明该通道故障，此时将点亮红色 LED 灯报警。同理，若选通通道的数字信号为高电平时，则 CD4051 的输出为高电平，说明通道是否正常工作的。

这样通过改变选通的通道及输入端的信号，观察 CD4051 的公共输出端的值和是否点亮红色 LED 灯报警，即可达到检测数字量输出通道是否正常工作的目的。

9.12.5　16 通道数字量输出板卡外配电压检测电路的设计

16 通道数字量输出板卡外配电压检测电路如图 9-35 所示。

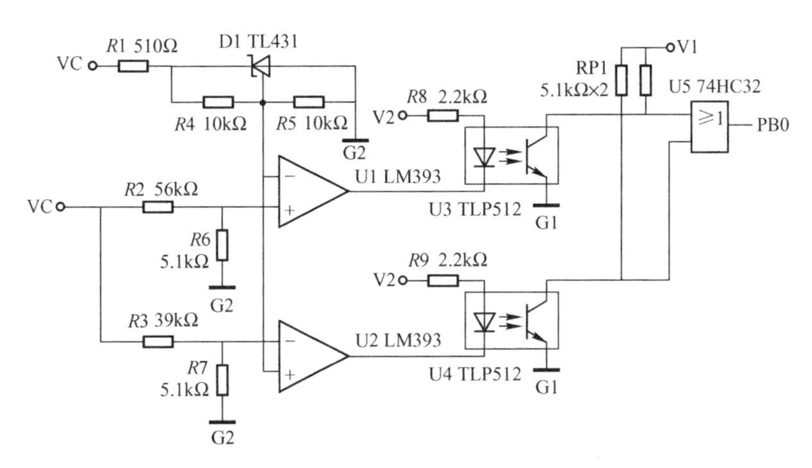

图 9-35　16 通道数字量输出板卡外配电压检测电路

板卡的 24 V 电压是由外部配电产生的，为进一步提高模板运行的可靠性，设计了对外配电电压信号的检测电路，该设计中将外部配电电压的检测范围设定为 21.6~30 V，即当板卡检测到电压不在此范围之内时，说明外部配电不能满足模板的正常运行时，将点亮红色 LED 灯报警。

由于板卡电源全部采用了冗余的供电方案来提高系统的可靠性，所以两路外配电电压分别经端子排上的两个引脚输入。在图 9-35 中是对一组外配电电压的检测电路，另外一组是完全相同的。

输入电路采用电压基准源 TL431C 产生 2.5 V 的稳定电压，输出到电压比较器 LM393N 的引脚 2 和引脚 5，分别作为两个比较器件的一个输入端，另外两个输入端则由外配电输入的电压经两电阻分压后产生。

如图 9-35 所示，比较器 U1 的同相端的输入电压为

$$\mathrm{U1P}=\frac{5.1\ \mathrm{k\Omega}}{56\ \mathrm{k\Omega}+5.1\ \mathrm{k\Omega}}\times V_C$$

当外配电电压 $V_C<30$ V 时，则 U1P<2.5 V，比较器 U1 输出低电平；反之，U1 输出高电平。

比较器U2的反相端输入电压为

$$U2N=\frac{5.1\,\text{k}\Omega}{39\,\text{k}\Omega+5.1\,\text{k}\Omega}\times V_C$$

当外配电电压V_C>21.6 V时，则U2N>2.5 V，比较器U2输出低电平；反之，U2输出高电平。

经两个比较器输出的电平信号进入光电耦合器U3和U4，再经或门74HC32输出到微控制器的GPIO引脚PB0。即当外配电电压的范围在21.6~30 V时，PB0口才为低电平，否则为高电平。

16通道数字量输入板卡的程序主要包括ARM控制器的初始化程序、数字量状态控制程序、数字量输出通道自检程序、CAN通信程序、WDT程序等。

9.13　8通道脉冲量输入板卡（8PI）的设计

9.13.1　8通道脉冲量输入板卡的功能概述

8通道脉冲量信号输入板卡能够输入8通道阈值电压在0~5 V、0~12 V、0~24 V的脉冲量信号，并可以进行频率型和累积型信号的计算。当对累积精度要求较高时使用累积型组态，而当对瞬时流量精度要求较高时使用频率型组态。每一通道都可以根据现场要求通过跳线设置为0~5 V、0~12 V、0~24 V电平的脉冲信号。

通过外部配电板可允许接入3种阈值电压的脉冲量信号，该板卡的设计技术指标如下。

1）信号类型及输入范围：阈值电压在0~5 V、0~12 V、0~24 V的脉冲量信号。

2）采用32位ARM Cortex M3微控制器，提高了板卡设计的集成度、运算速度和可靠性。

3）同时测量8通道脉冲量输入信号，各采样通道之间采用光电耦合器，实现点点隔离的技术。

4）通过主控站模块的组态命令可配置通道信息，并将配置信息存储于铁电存储器中，掉电重启时，自动恢复到正常工作状态。

5）板卡设计具有低通滤波。

9.13.2　8通道脉冲量输入板卡的硬件组成

8通道脉冲量输入板卡用于完成对工业现场脉冲量信号的采集，其硬件组成框图如图9-36所示。

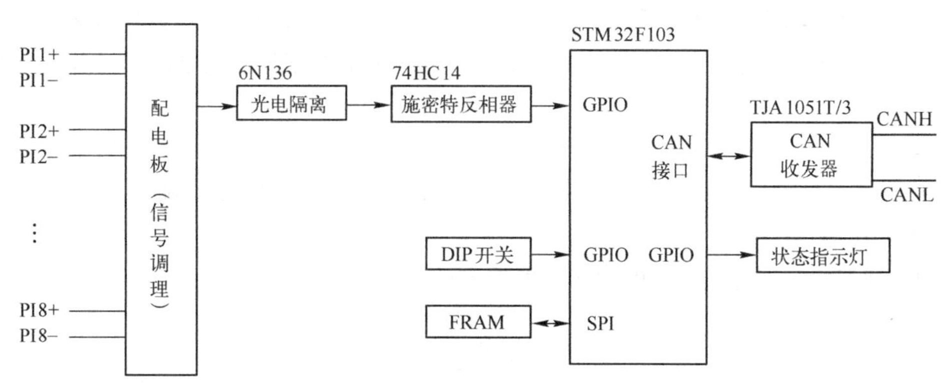

图9-36　8通道脉冲量输入板卡硬件组成框图

硬件电路主要由ARM Cortex M3微控制器、数字量信号低通滤波电路、输入通道自检电路、DIP开关、铁电存储器FRAM、LED状态指示灯和CAN通信接口电路组成。

该板卡采用ST公司的32位ARM控制器STM32F103VBT6、6N136光电耦合器 、施密特反相器74HC14、CAN收发器TJA1051T/3等器件设计而成。

利用ARM内部定时器的输入捕获功能，捕获经整形、隔离后的外部脉冲量信号，然后对通道的输入信号进行计数。累积型信号持续计数，频率型信号每秒计算一次。由ARM读取脉冲量的计数值，经CAN总线发送给控制卡。

8通道脉冲量输入板卡的程序主要包括ARM控制器的初始化程序、脉冲量计数程序、数字量输入通道自检程序、CAN通信程序、WDT程序等。

参 考 文 献

[1] 李正军，李潇然．现场总线及其应用技术［M］.2 版．北京：机械工业出版社，2017.

[2] 李正军，李潇然．现场总线与工业以太网应用教程［M］. 北京：机械工业出版社，2021.

[3] 李正军．EtherCAT 工业以太网应用技术［M］. 北京：机械工业出版社，2020.

[4] 李正军，李潇然．现场总线与工业以太网［M］. 北京：中国电力出版社，2018.

[5] 李正军．现场总线与工业以太网及其应用技术［M］. 北京：机械工业出版社，2011.

[6] 李正军，李潇然．现场总线与工业以太网［M］. 武汉：华中科技大学出版社，2021.

[7] 李正军．计算机控制系统［M］.4 版．北京：机械工业出版社，2022.

[8] 李正军．计算机测控系统设计与应用［M］. 北京：机械工业出版社，2004.

[9] 李正军．计算机控制技术［M］. 北京：机械工业出版社，2022.

[10] 李正军．现场总线与工业以太网及其应用系统设计［M］. 北京：人民邮电出版社，2006.

[11] 肖维荣，王谨秋，宋华振．开源实时以太网 POWERLINK 详解［M］. 北京：机械工业出版社，2015.

[12] 梁庚．工业测控系统实时以太网现场总线技术——EPA 原理及应用［M］. 北京：中国电力出版社，2013.

[13] POPP M. PROFINET 工业通信［M］. 刘丹，谢素芬，史宝库，等译．北京：中国质检出版社，2019.

[14] 赵欣．西门子工业网络交换机应用指南［M］. 北京：机械工业出版社，2008.

[15] 陈曦．大话 PROFINET 智能连接工业 4.0［M］. 北京：化学工业出版社，2017.

[16] 魏毅寅，柴旭东．工业互联网技术与实践［M］. 北京：电子工业出版社，2019.

[17] ZELTWANGER H. 现场总线 CANopen 设计与应用［M］. 周立功，黄晓清，严寒亮，译．北京：北京航空航天大学出版社，2011.

[18] 陈启军，覃强，余有灵．CC-Link 控制与通信总线原理与应用［M］. 北京：清华大学出版社，2007.

[19] 樊留群．实时以太网及运动控制总线技术［M］. 上海：同济大学出版社，2009.

[20] 斯可克，王尊华，伍锦荣．基金会现场总线功能块原理及应用［M］. 北京：化学工业出版社，2003.

[21] 朱友芹．新编 Windows API 参考大全［M］. 北京：电子工业出版社，2000.

[22] BAKER A. Windows NT 设备驱动程序设计指南［M］. 科欣翻译组译．北京：机械工业出版社，1997.

[23] 张惠娟，周利华，翟鸿鸣. Windows 环境下的设备驱动程序设计［M］. 西安：西安交通大学出版社，2002.

[24] Siemens. ROFIBUS Technical Description［Z］. 1997.

[25] Philips Semiconductor Corporation. SJA1000 Stand-alone CAN contoller Data Sheet［Z］. 2000.

[26] Philips Semiconductor Corporation. PCA82C250 CAN controller interface Data Sheet［Z］. 1997.

[27] Philips Semiconductor Corporation. TJA1050 high speed CAN transceiver Data Sheet［Z］. 2000.

[28] MODICON. Modbus Protocol Reference Guide［Z］. 1996.

[29] Microchip. MCP2517FD External CAN FD Controller with SPI Interface［Z］. 2018.

[30] Siemens AG. SPC3 Siemens PROFIBUS Controller User Description［Z］. 2000.

[31] Siemens AG. ASPC2/HARDWARE User Description［Z］. 1997.

[32] Foundation™ Specification：FF-800，FF-801，FF-816，FF-821，FF-822，FF-870，FF-880，FF-875，

FF-940. Fieldbus Foundation [Z]. 1996.

[33] DeviceNet Specification Release 2. 0. ODVA [Z]. 2003.

[34] PLX Technology. PCI 9052 Data Book Version2. 0 [Z]. 2001.

[35] Cypress Semiconductor Corporation. CY7C09449PV-AC 128k Bit Dual-Port SRAM With PCI Bus Controlle [Z] r. 2001.

[36] WIZnetco. W5100Datasheet [Z]. 2010.